刚 性 防 水 技 术

中国工程建设标准化协会建筑防水专业委员会　编

中 国 建 筑 工 业 出 版 社

图书在版编目（CIP）数据

刚性防水技术/中国工程建设标准化协会建筑防水专业委员
会编. —北京：中国建筑工业出版社，2012.4
ISBN 978-7-112-14099-2

Ⅰ.①刚… Ⅱ.①中… Ⅲ.①防水-文集 Ⅳ.①TB4-53

中国版本图书馆 CIP 数据核字（2012）第 035088 号

本书由中国工程建设标准化协会建筑防水专业委员会组织编撰，共收录了 60 余篇刚性防水方面代表国家领先水平的文章，分为综述、试验及应用研究、工程应用三部分：包括混凝土结构本体自防水、混凝土结构表面涂渗防水、注浆灌浆技术等内容。涵盖了房屋建筑、市政道路、地铁隧道、铁路和公路隧道、桥梁、水利水电、矿井等工程。同时，本书第四部分摘要汇总了国家刚性防水方面有关的规范标准。本书较为全面和系统地总结了我国刚性防水技术的研究及工程应用情况，对于防水技术的发展具有深远的意义。可供从事工程防水设计、施工、监理、检测、材料生产、试验研究的相关技术人员参考使用，也可作为大中专相关专业师生的学习参考书。

* * *

责任编辑：岳建光
责任设计：张　虹
责任校对：刘梦然　王雪竹

刚 性 防 水 技 术

中国工程建设标准化协会建筑防水专业委员会　编

*

中国建筑工业出版社出版、发行（北京西郊百万庄）
各地新华书店、建筑书店经销
北京红光制版公司制版
北京圣大亚美印刷有限公司印刷

*

开本：787×1092 毫米　1/16　印张：42¼　字数：1025 千字
2012 年 4 月第一版　　2012 年 4 月第一次印刷
定价：**95.00 元**
ISBN 978-7-112-14099-2
（22145）

《刚性防水技术》编委会

前　言

　　刚性防水是工程防水领域最重要的防水技术之一，随着我国工程建设发展的需要，刚性防水的重要性越来越受到重视。为了促进我国工程建设刚性防水技术的发展，保障工程质量、提高工程的耐久性，中国工程建设标准化协会建筑防水专业委员会组织编撰了《刚性防水技术》。本书共分四个部分：第一部分为综述，第二部分为试验及应用研究，第三部分为工程应用，第四部分为刚性防水技术相关标准、规范节选。前三部分共收录论文64篇，其中综述10篇、试验及应用研究27篇、工程应用27篇。第四部分摘编了与刚性防水有关的国家和行业产品标准20项、工程标准10项。文集的内容涵盖了房屋建筑、市政道路、地铁隧道、铁路和公路隧道、桥梁、水利水电、矿井、古建筑等工程。

　　作为刚性防水的材料种类有很多，如钢铁（金属）、玻璃、塑料、水泥、树脂，等等。

　　本书所界定的范围：主要作用于水泥胶结材料体，形成的刚性防水物（构造）体，即为刚性防水；包括聚合物水泥、树脂、矿物质材料等等。按此界定将刚性防水分为三部分：

　　1. 混凝土结构本体自防水——主体是防水混凝土，一般使用减水剂、膨胀剂、防水剂、密实剂等。

　　2. 混凝土结构（以此为主）表面涂刮抹喷防水——主体为表面防水层，一般使用树脂涂料、聚合物水泥涂料、防水砂浆、渗透结晶型材料等。

　　3. 注浆灌浆——主要是针对构造节点和缺陷进行灌注处理，采用特种水泥、树脂等；也包括新建工程的预处理。

　　本书是反映我国工程防水领域的第一部刚性防水技术文集，较为全面和系统地总结了我国刚性防水技术的研究及工程应用情况，对于我国刚性防水技术的发展具有深远的意义。

　　本书在组织和出版过程中得到了江苏博特新材料有限公司等单位（见本书后页支持单位的简介及名录）的大力支持，所摘编的标准得到了主编单位及主编人的帮助，在此一并表示感谢！

　　由于编辑水平所限，加之时间仓促，本书尚有不足之处，敬希广大读者予以指正。

目 录

第一部分 综 述

第二部分 试验及应用研究

第三部分　工程应用

第四部分　刚性防水技术相关标准、规范节选

第一部分　综　述

刚性防水技术阐述

高延继[1]   赵顺增[2]   邵高峰[3]

（1. 中国工程建设标准化协会建筑防水专业委员会，北京　100013；
2. 中国建筑材料科学研究总院，北京　100024；
3. 中国建筑科学研究院建筑材料研究所，北京　100013）

摘　要：介绍了刚性防水的定义、刚性防水工程的发展简述、刚性防水技术在我国的发展应用现状，指出了重新认识刚性防水技术以及加强刚性防水技术的引进、开发及研究实验工作的必要性。

关键词：刚性防水　混凝土自防水　刚柔结合　刚刚结合

Review on Rigid Waterproofing Technology

Gao Yanji[1]   Zhao Shunzeng[2]   Shao Gaofeng[3]

（1. Building Waterproofing Technical Committee of China Associating for
Engineering Construction Standardization，Beijing　100013，China；
2. China Building Materials Academy，Beijing　100024，China；
3. Institute of Building Material，China Academy of
Building Research，Beijing　100013，China）

Abstract：The definition of rigid waterproofing has introduced in this paper Firstly. Then the progress of rigid waterproofing engineering and rigid waterproofing technology in china have shown. It's necessary to apprehend the rigid waterproofing technology once more. At the same time, strengthening the introduction and exploitation and experimentation for rigid waterproofing technology are also very important.

Key Words：rigid Waterproofing，waterproof of concrete itself，integration of rigidity and flexibility，integration of rigidity and rigidity

1　刚性防水的定位

1.1　刚性防水的界定

　　防水所包括的范围，从生产（建筑工程）到生活（雨衣、雨伞、雨鞋、防水地图）、从海洋（轮船、潜水艇）到天空（飞机、航天器）等方面都需要防水。

［作者简介］高延继，男，高级工程师，中国工程建设标准化协会建筑防水专业委员会秘书长，通讯地址：北京市北三环东路30号 100013，电话：010-84283450，邮箱：yanjigao@126.com

土木工程（广义的建筑）所指的防水包括：房屋、道路、铁路、运输管道、隧道、桥梁、运河、堤坝、港口、电站、飞机场、海洋平台、海底建筑、给水和排水以及其他的工程防水等。

刚性防水的定位就是确定什么是刚性防水、刚性防水包括哪些内容。"刚性"从词典的解释为："坚硬不易变化的"。刚性防水是指形成的刚性体，从物理学上指：形状和大小保持不变的刚性防水物体。

能够形成刚性防水物体的材料有很多，如：钢铁（金属）、玻璃、塑料、水泥、树脂、阿嘎（嘎）土等。

之前，有关资料对刚性防水技术的界定为：是指以水泥、砂石为原料并掺入少量外加剂或高分子聚合物材料，起到抗裂防渗，达到防水的作用。我们现阶段拟界定为：主要作用于水泥胶结材料体，形成的刚性防水物（构造）体，即为刚性防水；包括聚合物水泥、树脂、矿物质材料等。作为藏区建筑用防水材料的阿嘎土，现在还在使用[1]。其他刚性材料根据发展的程度可再考虑。

1.2 刚性防水的划分

按前面界定的材料，拟将刚性防水分为三部分：

（1）混凝土结构本体自防水——主体是防水混凝土，一般使用减水剂、膨胀剂、防水剂、密实剂等。

（2）混凝土结构（以此为主）表面涂、渗防水——主体是防水涂、渗层，一般使用树脂涂料，聚合物水泥涂料，防水砂浆，渗透结晶型材料等。

（3）注浆灌浆——主要是针对构造节点和缺陷进行灌注处理，采用特种水泥、树脂等；也包括新建工程的预处理。

2 刚性防水工程发展历史简述

建筑始于防水，人类因为首先有了防水的需要才开始建筑活动；刚性防水始于石灰瓦砖的产生。由于刚性防水材料的发展应用，大大延长了建筑的使用寿命。无论是古代建筑，还是现代建筑，都证明了刚性防水材料的优越性、耐久性。

具有代表性的刚性防水工程有：

（1）古希腊的帕提农神庙（公元前447～前432）。当时采用的是石板瓦屋面，屋顶采用了8480块石板瓦，每块重20～50kg，但由于屋面支撑的梁檩为木材，经过600～700年屋顶即损坏，后来只留下断壁残垣[2]。

（2）古罗马输水道（公元14年）。是位于今天法国南部尼姆市的一条长50km的引水道。这条输水道在戛合地区一段现今保存完好，共有3层桥拱，长275m，最高处49m。这条输水道被马克思和恩格斯在《共产党宣言》中称为人类创造的伟大奇迹之一[3]。

（3）罗马万神庙（公元118～125年）。采用穹顶式屋面，直径44.4m、高44.4m，是世界现存建筑中保持最完好的[4]。

（4）埃及吉萨金字塔采用花岗岩石材砌筑（公元前2551～前2472年），基座长度230.33m，高度146.59m（现存高度137m），体积260万 m³[5]。

（5）中国古代建筑以木结构为主。现存年代最长的木结构建筑为山西五台山的南禅寺（公元 782 年）；现存跨度最大的木结构建筑为山西五台山的佛光寺（公元 857 年）；由于为木结构，均进行过落架大修。我国的洛阳石窟、天龙山石窟、乐山大佛等原都有屋面建筑覆盖，但由于屋面建筑为木结构，难以经受长期的水汽的侵蚀而损坏[6] [7]。

（6）巴比伦空中花园（公元前 605～前 562 年）。据讲其防水构成包括沥青混合物，但此花园早已不复存在；甚至怀疑巴比伦空中花园是否存在过[8]。

（7）世界上第一条地铁——伦敦地铁（19 世纪 60 年代）。其采用了刚性防水技术。现在隧道的盾构技术，盾构的管片其实也是采用了刚性防水为主的技术。

（8）据国外有关资料介绍，屋顶种植绿化已经有 200 年的时间了，有的资料讲 130 多年，按当时的技术采用的即为刚性防水[9]。

3 刚性防水技术研究的目的意义

防水属于依附性技术，随着工程领域的拓展而发展，随着依附条件的变化而改变；由此，防水技术的发展将是多样化的，刚性防水的作用也将会逐步加强。所以，我们应正确理解、客观反映刚性防水技术。

3.1 沥青基防水卷材在我国的应用

沥青基防水卷材为当前用量最大的防水材料，最具有代表性。我国 20 世纪 40 年代引进第一条纸胎沥青生产线，20 世纪 80 年代中后期开始引进改性沥青生产线。其后制订了相应的标准。

《地下防水工程施工及验收规范》GBJ 208—83 的规定中只有纸胎沥青卷材，还没有合成高分子卷材和改性沥青卷材的规定内容；《地下工程防水技术规范》GBJ 108—87 的规定中还无改性沥青卷材；《地下工程防水技术规范》GB 50108—2001、《地下防水工程施工质量验收规范》GB 50208—2002 才有了改性沥青卷材的规定内容；《屋面工程技术规范》GB 50207—94 列入改性沥青卷材。改性沥青卷材是由意大利（APP）、法国（SBS）于 20 世纪 60 年代末期发明的，开始用于屋面，最早用于地下工程约为 20 世纪 80 年代，我国用于地下工程约为 20 世纪 90 年代中期。以上规范的介绍，是为了说明我国最大量的防水材料——改性沥青卷材在屋面工程的应用也就 20 年多一点，在地下工程的应用也就 10 多年的时间；工程的应用年限尚未得到实际的考证（尤其是地下防水工程）。20 世纪 80 年代规范修订时，对纸胎沥青油毡的屋面工程调研，使用年限可达 25～26 年（人民大会堂 26 年、太原重机厂的厂房屋面 25 年）。20 世纪 90 年代初有关资讯介绍，纸胎沥青油毡在隧道工程中被生物侵蚀。现在地下工程中使用单独的有机类材料，是否能被生物侵蚀，可否保证防水工程的使用寿命年限还不得而知。

3.2 刚性防水材料的发展应用

我国刚性防水材料的应用，是以现代硅酸盐水泥（波特兰水泥）应用为标志的；现代水泥的应用已经有近 200 年（1824 年）的历史了。混凝土在西方古代曾经被使用过，当时主要是古罗马人用火山喷发的火山灰混合石灰、砂制成天然混凝土，应用于建筑中。但是，由于中世纪时期对于古典文明的破坏，这种材料的制造方法也就失传了。工业革命以来，为了满足建筑发展的需要，1774年英国人艾地斯东研制了初期的混凝土。1824年英国人约瑟夫·阿斯帕丁研制了"波特兰水泥"并报了专利[10]。中国的现代建筑史起于20世纪20年代（被动引进和主动发展），中国的现代建筑主要是以新中国建立为标志[11]。1950～1960年采用集料连续级配防水混凝土、1960～1970年采用富砂浆普通防水混凝土、1970～1980年采用外加剂防水混凝土，这期间的水泥砂浆的应用主要以级配与操作工艺相结合的方式。1980年开发补偿收缩混凝土至今，防水外加剂的发展渐趋多样化。

在刚性防水技术方面我们与发达国家差距比较大。刚性防水技术发祥于欧洲，日本在引进欧洲技术的基础上得到了发展。1877年，日本水泥砂浆防水已在隧道工程中应用（日本1873年开始生产水泥）。欧洲19世纪末～20世纪初已经开始生产水泥外加剂；而日本1905年开始输入应用水泥外加剂，1910～1920年开始生产，20世纪20年代已经在地铁工程、地下工程开始得到应用。

10多年来，我国刚性防水技术在引进国外技术的基础上得到了快速发展，制定了相关的标准；但是这方面我们与国外的差距还是比较大的。与刚性防水技术相关的主要标准见表1。

我国与刚性防水技术相关的主要标准　　　　　　　　　表1

序号	标　准　号	标　准　名　称
产品标准		
1	GB 8076—2008	《混凝土外加剂》
2	GB 18445—2001	《水泥基渗透结晶型防水材料》
3	GB 23439—2009	《混凝土膨胀剂》
4	GB 23440—2009	《无机防水堵漏材料》
5	GB/T 23445—2009	《聚合物水泥防水涂料》
6	GB/T25181—2010	《预拌砂浆》
7	JG/T 264—2010	《混凝土裂缝修复灌浆树脂》
8	JG/T 316—2011	《建筑防水维修用快速堵漏材料技术条件》
9	JG/T 333—2011	《混凝土裂缝修补灌浆材料技术条件》
10	JC 474—2008	《砂浆、混凝土防水剂》
11	JC/T 902—2002	《建筑表面用有机硅防水剂》
12	JC/T 907—2002	《混凝土界面处理剂》
13	JC/T 984—2011	《聚合物水泥防水砂浆》
14	JC/T 986—2005	《水泥基灌浆材料》
15	JC/T 1018—2006	《水性渗透型无机防水剂》
16	JC/T 1041—2007	《混凝土裂缝用环氧树脂灌浆材料》
17	JC/T 2037—2010	《丙烯酸盐灌浆材料》
18	JC/T 2041—2010	《聚氨酯灌浆材料》
19	JC/T 2090—2011	《聚合物水泥防水浆料》
20	HJ 456—2009	《环境标志产品技术要求—刚性防水材料》

序号	标 准 号	标 准 名 称
工程标准		
21	GB 50108—2008	《地下工程防水技术规范》
22	GB 50119—2003	《混凝土外加剂应用技术规范》
23	GB 50208—2011	《地下防水工程质量验收规范》
24	GB/T 50448—2008	《水泥基灌浆材料应用技术规范》
25	CECS 195：2006	《聚合物水泥、渗透结晶型防水材料应用技术规程》
26	CECS 203：2006	《自密实混凝土应用技术规程》
27	JGJ/T 178—2009	《补偿收缩混凝土应用技术规程》
28	JGJ/T 211—2010	《建筑工程水泥—水玻璃双液注浆技术规程》
29	JGJ/T 212—2010	《地下工程渗漏治理技术规程》
30	JGJ/T 223—2010	《预拌砂浆应用技术规程》

近 20 多年来，掺膨胀剂的补偿收缩混凝土是我国刚性防水技术的主要形式，膨胀剂的年销售量从 1990 年的 1.8 万吨，发展到 2010 年的 185 万吨，增长速度很快，使用量居世界同类产品之首，销售趋势见图 1。从现在的情况来看，混凝土膨胀剂尚有很大的发展空间。

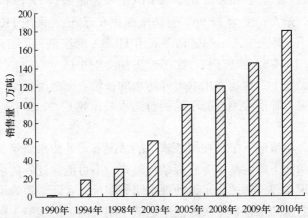

图 1　中国混凝土膨胀剂的年销售量趋势

掺膨胀剂的补偿收缩混凝土被广泛应用于我国高层建筑和商业广场地下室、地铁和隧道、水工建筑、海工、军工、核电、水利、人防等不同工程领域，在 1994 年、1998 年、2002 年、2006 年和 2010 年相继出版了第一届、第二届、第三届、第四届和第五届全国混凝土膨胀剂学术会议论文集，国内众多科技杂志也发表了大量相关论文。由于应用工程众多，选择有代表性的工程作简要介绍。

（1）北京昆泰大厦

开工于 1994 年初的北京昆泰大厦是北京朝外商业中心第一幢的现代化大厦，施工时称为"北京精品大厦"，其中写字楼面积 4 万 m²，商场面积 8 万 m²。东西长 204m，南北宽 53m，地下 3 层，地上主楼 22 层，总建筑面积 12 万 m²，其中地下室约 3.5 万 m²，槽底标高-17.10m，地下水位-12.00m，整座地下室不做外防水，不设永久伸缩缝，由4条沉降后浇缝把基础分成5块。基础为筏板结构，塔楼部分底板厚1.8m，其余为1.5m和1.2m。混凝土设计强度等级C30P16，使用掺加UEA膨胀剂的补偿收缩混凝土，取消外防水，实现结构自防水并延长建筑物伸缩缝间距，补偿大体积混凝土部分冷缩。该工程最下层的地下室常年处于地下水位之下。在此之前，已经有北京中百公司住宅楼地下室、北京蓝岛大厦地下室、北京赛特购物中心地下室、天津市第一中心医院地下室、大连华南商业大厦地下室、南昌纺织大厦地下室、呼和浩特市运动衣厂住宅楼地下室、福州市扬桥四街1号楼地下室等一大批工程使用了补偿收缩混凝土结构自防水技术，并取得了良好的使用效果。但是这些工程一是规模较小，最大长度均不足百米；二是埋深较浅，多为一、二层地下室，较大的工程如北京当代购物商城（88m×88m）等多采用刚柔双防水技术。

北京昆泰大厦于1994年4月24日开始浇筑地下室结构混凝土，至1994年12月结构主体竣工，地下室回填后即无渗漏，取得了良好的抗渗防裂效果，且使用至今不渗不漏。据施工单位测算，仅取消外防水一项，就节约工期近80d，节约外防水费用100余万元，工程获结构长城杯奖。该工程的地下室防水施工技术成为当时北京地区混凝土结构自防水的典范工程，不少设计和施工单位前去参观取经。

北京昆泰大厦开创了大型地下工程取消外防水层的先河。后来施工的北京时代广场（147m×108m，采用UEA-M膨胀剂）、北京长青大厦（140m×100m，采用UEA-M膨胀剂）、石家庄北国商城（120m×112m，采用UEA膨胀剂）、天津春和仁居住宅区地下车库（共5个车库，最大长度为170m，总防水面积6万m²，采用HCSA膨胀剂）、天津梅江畅水园小区地下车库（154m×100m，采用HCSA膨胀剂）、天津福雅花园地下车库（117m×109m，采用HCSA膨胀剂）、沈阳长岛仙女湖小区（247m×242m，采用HCSA膨胀剂）等一批大型地下工程均采用取消外防水的补偿收缩混凝土结构自防水技术，取得了非常好的防水效果。补偿收缩混凝土结构自防水技术推广20多年来，全国各地都有工程实例。

工程实践表明，小型地下工程在精心施工的情况下，外防水质量尚有保证。大型地下工程，尤其是桩基础和下反梁基础等底板结构形式，不可能保证外防水的施工质量，外防水形同虚设，这与现在建筑师的防水设计理念刚好相反。实际工程效果也证明，只做一道补偿收缩混凝土自防水的工程，一次渗漏率远低于刚柔两道防线的工程。

（2）天津市津滨水厂

天津市津滨水厂供水能力50万吨/日，清水池由8个40m×40m×4.5m的方形混凝土现浇水池组成，每2个小池子由连通管连接。混凝土设计强度等级C30P6，池壁厚度350mm，属薄壁结构。该结构不设后浇带，也不做外防水，属于超长的钢筋混凝土结构，为防止出现有害裂缝，开工前中国建筑材料科学研究总院的专家对工程进行了技术指导。

该工程严把材料关、注意混凝土温度控制等技术措施，精心施工，模板拆除后经闭水试验至今未发现有害或无害裂缝，这在天津市是罕见的，产生了良好的社会效益和经济效益，也为混凝土水池防裂提供了宝贵的经验。

在水池结构中使用膨胀剂做结构自防水的工程遍布我国各省区。如大连市石家屯配水厂（25m×30m×4m）、保定污水处理厂、石家庄桥西污水处理厂、北京海淀游泳馆游泳池、天津石化公司污水处理池、大连自来水公司反应池、青岛污水处理厂、乌鲁木齐市供销大厦消防水池、天津大港乙烯污水处理池、齐齐哈尔市污水处理厂、昆明第三污水处理厂、绍兴污水处理厂、上海白龙港城市污水处理厂等。

此外，其他刚性防水技术也同时得到了全面的发展，目前在水池结构的设计和施工中，采用补偿收缩混凝土，密实剂、防水剂混凝土，防水砂浆已经是通行做法。建筑室内防水的做法，现在大部分采用防水砂浆。刚性防水技术不断地发展，应用领域也在不断地拓展。

3.3 重新认识刚性防水技术

重新认识刚性防水实际上是重新认识"刚柔结合"的问题。"刚柔结合"是以刚为主，柔结合刚，而不是"柔刚"结合，现在是本末倒置，"刚柔结合"形成了以柔为主了，有的否定刚性防水（包括正在修订的《屋面工程技术规范》对于种植屋面的现浇混凝土，不作为防水层）。关于种植屋面的刚性防水上有两个误区：第一个误区，刚性防水的混凝土不能防植物根的穿刺；第二个误区，刚性防水不能独立作为防水层。关于第一个误区，到现在未见到植物根对混凝土的穿刺试验；认为植物的根可以穿透岩石，就可以穿透混凝土，实际岩石有缝隙，通常条件下混凝土是很难产生类似岩石中的缝隙。第二个误区，混凝土产生裂缝是不可避免的，渗漏是必然的；这只是理论上的推论，现实工程的应用并非都如此。南昌市某单位，种植屋面采用细石混凝土做防水已经推广应用 10 多年了，防水效果良好。此外，30 多年前四川已有采用细石混凝土做蓄水屋面的。由于，植物与基质土的覆盖，加上水的养护，改变和提高了混凝土的性状，在一定的种植条件下刚性防水是完全可行的。

"刚柔结合"不是一成不变的定律，主要不是大面上的结合（但现在所说的"刚柔结合"主要是大面上），"刚柔结合"主要体现在节点部位。防水大面是可以刚刚结合的（基层刚——混凝土，面层刚——防水砂浆或其他面层），但"刚刚结合"也需要柔性处理，柔性处理也体现在节点部位（如：盾构管片的交接部位）。"刚刚结合"在有些条件下比"刚柔结合"要好。如一个宾馆的洗浴中心水池的池壁及池中的柱子（池壁、柱子采用混凝土浇筑），某防水公司设计采用改性沥青防水卷材在池壁、柱子上做防水，面层贴瓷砖。显然采用防水砂浆比改性沥青防水卷材要好，既保证防水质量，又降低工程造价。

由于对于"刚柔结合"理解的片面性，致使目前现有规范的规定限制了某些刚性防水技术的应用。例如：深圳地铁的刘卡丁在 2010 年中国地下工程与隧道国际峰会发表《地下复合结构设计理念及技术措施》中"叠合结构自防水的实践及研究"讲了三点：（1）节省资源、降低成本、提高效率、简化施工工艺、提高结构的安全度和耐久性；（2）用哲学思想指导设计的理念，把"做了比不做好"变为"把最简单的事情做好"；（3）实践证明，"混凝土本身的抗裂质量是地下工程防水之本，是唯一的保障"。其中，又讲到 GB 50108—2008《地下工程防水技术规范》的不当规定与限制："单层地下连续墙不应直接用于防水等级的地下工程墙体；限制了地下连续墙的发展"。GB 50108 中规定："胶凝材料用量不应少于 $400kg/m^3$，水胶比应小于 0.55，坍落度不得小于 180mm，防水混凝土采用预拌混凝土时，入泵坍落度宜控制在 $120\sim160mm$。"而"深圳地铁 3 号线规定：坍落度不得大于 100mm"。GB 50108 中还规定："C30S8，在满足混凝土抗渗等级、强度等级和耐久性条件下，水泥用量不宜小于 $260kg/m^3$"；"深圳地铁 3 号线规定：水泥用量不得大于 280kg/m³"。文章提出了相应的技术措施，提出了以"混凝土结构自防水为主"的设计理念[12]。

刚性防水适宜于覆盖和遮蔽性的工程，如：地下工程、室内的厕浴间、有覆盖的屋面（种植、上人）；也适用于地铁隧道、港工、堤坝、桥梁、机场、道路等方面的应用。

3.4 刚柔防水有关问题的思考

(1) 作为通常的工程来说，刚性防水可以独立承担，而柔性防水不可独立使用；

(2) 随着工程发展的需要，许多工程不能采用柔性防水；例如，海（水）上大桥、钻井平台，地下逆作法的工程等；

(3) 刚柔复合做法（尤其是卷材复合），渗漏水后不好判断渗漏源，也不好处理；

(4) 如果工程做好了不渗漏水，是刚柔共同起作用了或是单独刚性防水起作用，柔性未起作用；还是柔性起作用，刚性防水未起作用；则无从判断。渗漏了，自然两方面都未起作用；当采用背水面防水时，混凝土自防水如产生渗漏，而卷材防水不渗漏，混凝土主体则被水浸泡，而无从知晓，混凝土将受到损害，降低耐久性；长此以往，安全性将受到影响。

(5) 刚柔复合采用柔性防水涂料，可以解决窜水问题，但目前对耐久性尚不能判定；

(6) 刚柔结合存在耐久性的匹配问题，对于有地下防水要求的工程，大部分寿命期为100年以上，刚性防水据前介绍的工程实例，可以达到；从现在生产厂家提供的材料，柔性防水材料的寿命期尚不能达到要求；有的讲柔性卷材可以起到防腐的作用，也仅是想象而已。其实，就现代混凝土的技术，自身的防腐蚀技术均可相应的解决。最近要建造的港—深跨海大桥混凝土的防水抗渗寿命期要求达到120年；其他类似工程还有很多。

由上所述，刚性防水之本的作用已经明了，不能本末倒置。

3.5 加强刚性防水技术的引进、开发及研究实验工作

(1) 系统了解国外刚性防水技术，选择引进适合我国的技术；

(2) 总结应用的经验，促进开发我国的刚性防水技术；

(3) 根据工程需要，结合存在的问题，加强刚性防水技术的工程试验验证工作。

刚性材料技术在不断地发展，使用功能也在多样化。甘肃天水秦安县大地湾遗址距今已有 5000～8000 年的历史。其中，挖掘出的 130 ㎡ 的地面"混凝土"地面，强度达到 120kg/cm²，相当于现在的 C10 水泥砂浆，已经有 5000 年的时间。2006 年新华网报道，日本据此，开发了耐久性可达到 10000 年的混凝土。

刚性防水技术的发展也必将促进柔性防水技术的发展，我们需要全面地推进工程防水技术的发展。

3.6 发展刚性防水技术，符合节能减排和可持续发展战略

发展刚性防水技术，提高建筑防水寿命，缩短施工周期，可以大幅度降低维修成本。推广刚性防水技术，节约大量有机防水材料，有助于缓解我国石化资源紧缺的现状。

4 结论

刚性防水是包括混凝土结构本体自防水、混凝土结构表面涂、渗防水以及注浆技术在

内的多种防水技术的总称。水泥胶结材料将是今后很长时间的主导材料，刚性防水因其自身的耐久性，与主体结构寿命的同步性，其需求广阔。在系统了解国内外刚性防水技术、总结国内外应用的经验的基础上，应加强刚性防水技术的引进、开发及研究实验工作。由于有机、无机材料技术的融合，建筑防水材料的发展也不是非"柔"即"刚"，同时向韧性和弹性发展。开展刚性防水技术的研究，并不排斥柔性防水技术的研究；在积极推进刚性防水技术的同时，也要做好柔性防水技术研究发展工作，从而全面地推进我国工程防水技术的发展。

参考文献

[1] 中国科学院自然科学研究所. 中国古代建筑技术史 [M]. 北京：科学出版社，2001：348～354

[2] 克里斯. 斯卡尔〔英〕编著. 雅典巴特农神庙 [M] //世界70大奇迹——伟大建筑及其建造过程. 吉生，姜镔，剑锋译. 漓江：漓江出版社，2001：111～115

[3] 汝信主编. 王瑷，朱易编著. 全彩西方建筑艺术史 [M]. 银川：宁夏人民出版社，2002：32

[4] 克里斯. 斯卡尔〔英〕编著. 罗马万神庙 [M] //世界70大奇迹——伟大建筑及其建造过程. 吉生，姜镔，剑锋译. 漓江：漓江出版社，2001：127～131

[5] 克里斯. 斯卡尔〔英〕编著. 埃及吉萨金字塔 [M] //世界70大奇迹——伟大建筑及其建造过程. 吉生，姜镔，剑锋译. 漓江：漓江出版社，2001：21～26

[6] 汝信主编. 徐怡涛编著. 全彩中国建筑艺术史 [M]. 银川：宁夏人民出版社，2002：78～79

[7] 祁英涛，柴泽俊. 五台南禅寺大殿修复工程报告 [M] //建筑历史研究. 北京：中国建筑科学研究院建筑情报研究所：1982：152～170

[8] 克里斯. 斯卡尔〔英〕编著. 巴比伦空中花园 [M] //世界70大奇迹——伟大建筑及其建造过程. 吉生，姜镔，剑锋译. 漓江：漓江出版社，2001：27～29

[9] 高延继，周庆，邵高峰. 关于屋面发展的叙述 [M] //中国工程建设标准化协会建筑防水专业委员会. 工程建设防水技术. 北京：中国建筑工业出版社，2009：115～147

[10] 王受之. 世界现代建筑史 [M]. 北京：中国建筑工业出版社，2000：101～102

[11] 邹德侬. 中国现代建筑史 [M]. 天津：天津科学技术出版社，2001：1～13

[12] 刘卡丁. 地下复合结构设计理念及技术措施 [C]. 2010年中国地下工程与隧道国际峰会论文集. 北京：2010：17-18，71-82

[13] 赵顺增，游宝坤著. 补偿收缩混凝土裂渗控制技术及其应用 [M]. 北京：中国建筑工业出版社，2010：206-210

[14] 高延继，赵顺增，邵高峰. 刚性防水技术的发展与展望 [J]. 新型建筑材料，2011（11）

补偿收缩混凝土刚性防水技术概述

赵顺增　游宝坤　刘　立

（中国建筑材料科学研究总院，绿色建筑材料国家重点实验室，北京　100024）

摘　要：本文介绍了补偿收缩混凝土发展情况和现状。阐述了补偿收缩混凝土刚性防水技术原理、施工要点。指出掺加膨胀剂最大的优点是能补偿混凝土收缩，减免混凝土的收缩裂缝。同时，在密实性和抗渗性能方面优于普通防水混凝土。合理使用膨胀剂和补偿收缩混凝土，能够促进我国建筑工程刚性防水技术，为建筑节能节材做贡献。

关键词：补偿收缩混凝土　刚性防水　膨胀剂

Summary of Rigid Waterproofing Technology of Shrinkage Compensating Concrete

Zhao Shunzeng　You Baokun　Liu Li

（State Key Laboratory of Green Building Materials,
China Building Materials Academy, Beijing　100024）

Abstract：This paper introduces the present condition and development of shrinkage compensating concrete （SCC）. Rigid waterproofing technology principle and construction points of SCC are also discussed. It points out that using expansive agents can compensate concrete shrinkage and reduce shrinkage cracks. SCC has an advantage over normal waterproof concrete in compactness and impermeability. The rational use of expansive agents and SCC will promote the development of rigid waterproofing technology and make contribution for energy economy, water economy of building materials.

Key Words：shrinkage compensating concrete, rigid waterproofing, expansive agents

1　补偿收缩混凝土发展概述

补偿收缩混凝土，又称微膨胀混凝土，是指由膨胀剂或膨胀水泥配制的自应力为 0.2～1.0MPa 的混凝土。

1936 年，法国洛西叶（H. Lossier）认识到钙矾石具有消除水泥收缩和产生预应力的作用，发明了膨胀水泥。1945 年，苏联的 В. В. Мхайлов 也根据形成钙矾石的原理，研制成功不透水膨胀水泥，1955 年，他又发明 M 型膨胀水泥。1958 年，美国的克莱恩（A. Klien）研发了 K 型膨胀水泥。

我国从 20 世纪 50 年代起，研究和生产了多种类型的膨胀水泥。1957 年建筑材料科学研究院（现中国建筑材料科学研究总院）研究成功回转窑烧结法制造铝酸盐水泥，为各种膨胀水泥的研究与生产奠定了基础。20世纪50年代末，以铝酸盐水泥为膨胀组分，先后研制成功石膏矾土膨胀水泥和硅酸盐膨胀水泥。1970年代研制成功硫铝酸盐系膨胀水泥。

混凝土膨胀剂是在膨胀水泥基础上发展而来的一种混凝土外加剂，在混凝土制备过程中，按一定比例掺入硅酸盐水泥混凝土中，即可拌制成膨胀混凝土。以往生产硅酸盐膨胀水泥时，是将预先制备好的膨胀剂或单独粉磨好的膨胀剂原料再与硅酸盐水泥粉磨而成，认为这种生产工艺可以保证产品的均质性和膨胀稳定性。日本是最先将膨胀剂作为产品，直接用于混凝土中的国家。1962年，日本大成建筑技术研究所购买了K型膨胀水泥专利，在此基础上，研制成功硫铝酸钙膨胀剂（简称CSA），从此开启了日本应用和发展膨胀混凝土的历史。之后日本小野田水泥公司又开发成功石灰系膨胀剂。

我国从20世纪70年代进行混凝土膨胀剂的研究。1974年，建筑材料科学研究院研制成功类似日本CSA的硫铝酸钙膨胀剂。1979年，安徽省建筑科研院等在明矾石膨胀水泥基础上，研制成功明矾石膨胀剂（EA-L）。1985年后，建筑材料科学研究院相继研制成功氧化钙－硫铝酸钙型的复合膨胀剂（CEA）、铝酸钙膨胀剂（AEA）以及UEA-Ⅰ型膨胀剂。特别是UEA膨胀剂以及应用技术的推广，极大地促进了我国补偿收缩混凝土的发展。为适应膨胀剂生产的需求，建筑材料科学研究院以后又陆续开发了UEA-Ⅱ、UEA-Ⅲ型膨胀剂，UEA、AEA和CEA三种产品均通过部级技术鉴定，其中UEA膨胀剂及其应用获国家科技进步二等奖。

1990年，山东省建筑科研院研制成功以明矾石和石膏为主原料的PNC膨胀剂，1992年，山东省建材研究院研制成功JEA膨胀剂，浙江工业大学研制出TEA膨胀剂，江西省建材院开发了HEA膨胀剂等，这些膨胀剂均属硫铝酸钙类，掺量为10%～12%。

1992年我国制定了建材行业标准JC 476《混凝土膨胀剂》，统一了试验方法和技术指标，但对膨胀剂掺量和碱含量未作规定，标准水平较低，对质量较差的膨胀剂约束力不够。随着我国对混凝土碱－集料反应的重视，1998年对该标准进行了修订，规定膨胀剂的碱含量≤0.75%。标准检验时的内掺量不得大于12%。1999年，为与国际接轨，我国实施ISO水泥标准，因此，在2001年对该标准进行第三次修订（JC 476—2001），对膨胀剂质量提出了更高的要求。随着膨胀剂使用量的扩大，市场对高品质膨胀剂的需求增加，2009年颁布实施了新的混凝土膨胀剂国家标准GB 23439—2009。

为推动补偿收缩混凝土的应用技术，2009年，由中国建筑材料科学研究总院负责，制定了国内外首部补偿收缩应用技术标准JGJ/T 178—2009《补偿收缩混凝土应用技术规程》。该标准肯定了补偿收缩混凝土的科学性和实用性，对促进补偿收缩应用技术标准的应用具有长远意义，同时，对超长钢筋混凝土结构设计和结构自防水设计以及促进施工技术进步都具有现实意义。

为不断提高补偿收缩混凝土的技术水平，以中国建筑材料科学研究总院为代表，对混凝土膨胀剂进行了深入持续的研究，不断实现产品的更新换代。他们以特制铝酸钙水泥熟料和铝酸钙－硫铝酸钙水泥熟料作为膨胀组分，研制出一种高性能膨胀剂（UEA-H），又名ZY膨胀剂。1998年起，笔者带领的科研团队历时8年，根据新膨胀机理，研制出一种高性能膨胀剂-HCSA。

经过20多年的努力，我国混凝土膨胀剂质量的发展经历了高碱高掺、中碱中掺和低碱低掺的三个阶段，如表1所列，膨胀剂的主要组成列于表2。

膨胀剂质量发展的三个阶段   **表1**

阶段	年　份	碱含量（%）	掺量（%）	品牌代表
高碱高掺	1980～1985	1.8～2.0	15～20	EA-L
中碱中掺	1986～1997	0.80～1.0	10～12	UEA-Ⅰ，UEA-Ⅱ，AEA，CEA，PNC
	1998～2000	0.50～0.75	10～12	UEA-Ⅲ，AEA，CEA，PNC，HEA
低碱低掺	2000～至今	0.25～0.50	6～8	UEA-H，ZY，CSA，FEA，HCSA

注：掺量指按照 JC 476—2001 标准检验时达到标准值时的检验掺量。

我国主要膨胀剂的组成情况   **表2**

膨胀剂品种	品牌	基本组成	标准掺量（%）	碱含量（%）	膨胀水化产物
明矾石膨胀剂	EA-L	明矾石，石膏	15	1.8～2.0	钙矾石
U-Ⅰ型膨胀剂	UEA-Ⅰ	CSA类熟料，明矾石，石膏	12	1.0～1.5	钙矾石
U-Ⅱ型膨胀剂	UEA-Ⅱ	煅烧明矾石，明矾石，石膏	12	0.8～1.2	钙矾石
U-Ⅲ型膨胀剂	UEA-Ⅲ	煅烧高岭土，明矾石，石膏	12	0.5～0.75	钙矾石
铝酸钙膨胀剂	AEA	铝酸盐水泥，明矾石，石膏	8	0.5～0.7	钙矾石
复合膨胀剂	CEA	石灰系熟料，明矾石，石膏	8	0.5～0.7	氢氧化钙，钙矾石
高效膨胀剂	ZY、FEA	铝酸钙，硫铝酸钙，石膏	8	0.3～0.5	钙矾石
高性能膨胀剂	HCSA	硫铝酸钙、氧化钙，石膏	6	0.3～0.5	氢氧化钙，钙矾石

注：掺量指按照 JC 476—2001 标准检验时达到标准值时的检验掺量。

与日本相比，我国膨胀剂开发应用较晚，1990 年销量仅为 1.8 万吨，随着掺膨胀剂的补偿收缩混凝土结构自防水、超长结构无缝设计和施工方法以及大体积混凝土裂渗控制三大应用技术的推广，膨胀剂的销量逐年递增，1994 年达 18 万吨，1998 年达 30 万吨，2003 年达 60 万吨，2005 年达 100 万吨，2008 年达 120 万吨，2010 年达 180 万吨，居世界同类产品之首，图1是我国混凝土膨胀剂历年销量情况。

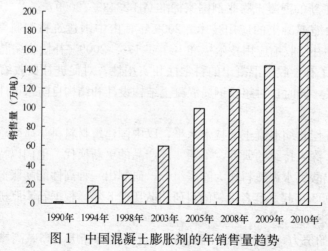

图 1　中国混凝土膨胀剂的年销售量趋势

2　补偿收缩混凝土结构自防水技术

刚性防水技术是一种由不易变形的刚性板块通过构造连接而成的防水屏障。不易变形是其区别于柔性防水的特征。刚性防水技术有着悠久的历史，它是人类在长期与自然界风雨斗争中总结出的技术结晶。现在人们通常所指的刚性防水技术就是混凝土结构自防水技术和水泥砂浆防水技术，因此刚性防水材料也就泛指改善和提高水泥基材料密实性和抗裂性的材料。把承重结构（或围护结构）与防水结构合为一体的结构自防水技术，在土木建筑工程中仍占主要地位。

显然，补偿收缩混凝土及其应用技术就是一种典型的刚性防水材料和技术。

膨胀水泥和膨胀剂拌制的补偿收缩混凝土是结构自防水的理想材料，大多膨胀水泥和膨胀剂在水化过程中以形成钙矾石（$C_3A \cdot 3CaSO_4 \cdot 32H_2$）为膨胀源，这种膨胀结晶是稳定的水化物，填充于毛细孔缝中，使大孔变小孔，使总孔隙率减少，从而增加混凝土的密实性，这是补偿收缩混凝土的抗渗原理。图 2 是普通水泥砂浆和几种膨胀水泥砂浆的孔分布图。可以看出，硅酸盐水泥砂浆毛细孔孔径的孔峰值达到 458Å，而硅酸盐自应力水泥砂浆孔峰是 170Å，明矾石膨胀水泥砂浆是 151Å，铝酸盐自应力水泥砂浆孔峰值最小，小于 25Å。正是由于膨胀水泥致密的微观结构，导致这种混凝土抗渗能力非常强，抗渗等级大于 P30，比同强度等级的普通混凝土提高 1～3 倍，国外也把膨胀水泥称为"不透水水泥"。

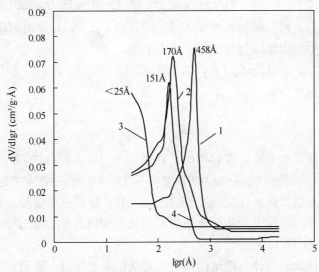

图 2　四种水泥的孔半径分布比较

1—硅酸盐水泥；2—硅酸盐自应力水泥；3—铝酸盐自应力水泥；4—明矾石膨胀水泥

补偿收缩混凝土另一重要特性是具有良好抗裂性能，其补偿收缩原理如图 3 所示。

补偿收缩混凝土在养护期间，可产生 0.02%～0.04% 限制膨胀率 ε_2，在空气中它也会产生收缩，根据混凝土膨胀的大小，最终变形值为 0.02%～0.03%。普通防水混凝土不具有膨胀性能，在空气中产生的总收缩 S_m 一般为 0.06%～0.08%，而混凝土的极限拉伸值 S_K 为 0.01%～0.02%，从变形角度来判断，当 $S_m > S_K$ 时，混凝土结构就会开裂。因

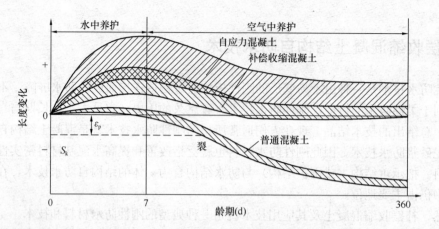

图 3　补偿收缩混凝土的胀缩变形曲线

此补偿收缩混凝土抗裂条件是：

$$\varepsilon_2 - S_m \geqslant S_K$$

图 4　补偿收缩混凝土
建立自应力的原理

另一条件是限制程度。众所周知，混凝土自由收缩不会裂，在钢筋和基层限制下才会开裂，混凝土产生过大的自由膨胀会开裂，而在限制条件下则不会开裂，如图 4 所示。

混凝土产生的膨胀应力使钢筋受拉，与此同时，钢筋则反压混凝土，使之产生压应力。如配筋率为 μ，测得试件的限制膨胀率为 ε_2，钢筋的弹性模量为 E_s（MPa），A_s 和 A_c 分别为钢筋和混凝土的截面积，则混凝土产生的膨胀压力与钢筋中拉力平衡：

即 $F_c = A_c \cdot \sigma_c$，$F_s = A_s \cdot E_s \cdot \varepsilon_2$，因 $F_c = F_s$

则 $A_c \cdot \sigma_c = A_s \cdot E_s \cdot \varepsilon_2$

设：$\mu = A_s / A_c$

得出：$\sigma_c = \mu \cdot E_s \cdot \varepsilon_2$

对于补偿收缩混凝土来说，湿养期间，在配筋率 $\mu = 0.8\%$ 试验条件下，要求它产生的限制膨胀率 $\varepsilon_2 \geqslant 0.015\%$，一般为 $0.015\% \sim 0.060\%$，可在结构中建立自应力值 $\sigma_c = 0.2 \sim 1.0 \mathrm{MPa}$。以限制膨胀来补偿混凝土的限制收缩，抵消钢筋混凝土结构在收缩过程中产生的全部或大部分的拉应力，从而使结构不裂或把裂缝控制在无害裂缝（有防水要求，缝宽小于 0.2mm）范围内。

如果把结构比作人的身体，则结构自防水是从根本上强身，而防水卷材或涂料好比穿在"人身上的外衣"。一般，柔性防水的寿命为 10～30 年，与百年寿命的结构防水寿命不同步。对于桩板结合等复杂地基，外防水很难做到天衣无缝，所以，《地下工程防水技术规范》GB 50108 把防水混凝土列为"应选"的第一道防线。

作为混凝土防水结构，抗裂是抗渗的前提，除特殊情况外，不裂就不渗。而普通防水混凝土和外加剂防水混凝土不具有膨胀性能，没有抗裂功能，即使试验室做出的试件抗渗性很高，混凝土结构也难免收缩开裂而失去整体防水功能。所以说，具有抗裂防渗双功能的补偿收缩混凝土是结构自防水技术的新发展。

3 补偿收缩混凝土刚性防水技术要点

3.1 原材料选择

补偿收缩混凝土对原材料的选择与普通混凝土一样，水泥、砂、石、掺合料和化学外加剂的质量都应符合现行国家标准。而不同的是，多了一个膨胀剂。目前，膨胀剂的生产厂家和品牌较多，由于利益的驱动，假冒伪劣膨胀剂扰乱了市场。用户必须明察，选择膨胀剂的品种和性能应符合现行国家标准《混凝土膨胀剂》GB 23439—2009。标准规定，膨胀剂掺量一律为 10%，7d 水中限制膨胀率≥0.025%的为Ⅰ型，7d 水中膨胀率≥0.05%的为Ⅱ型。

为了方便用户快速检验膨胀剂的品质，标准附录 C 提出一种混凝土膨胀剂膨胀性能快速试验方法：称取 42.5 普硅水泥 1350g 和受检膨胀剂 150g，加入 675g 水拌制成浆体，用漏斗注满容积为 600ml 的玻璃啤酒瓶，并盖好瓶口，观察玻璃瓶开裂时间。一般质量好的膨胀剂，1～3d 就会开裂。如图 5 所示。

图 5　膨胀剂膨胀性能快速检验方法

3.2 混凝土配合比设计

现行国家行业标准《补偿收缩混凝土应用技术规程》JGJ/T 178—2009 中对混凝土限制膨胀率的设计值有明确规定，最低值应大于 0.015%，膨胀加强带应大于 0.025%。在配制混凝土时，膨胀剂掺量非常重要。根据我国现行膨胀剂的质量，每立方米混凝土中膨胀剂用量可按照表 3 选取。

补偿收缩混凝土的水胶比不宜大于 0.50，单位胶凝材料用量不宜小于 300kg/m³。

补偿收缩混凝土大多由商品混凝土搅拌站供应。目前存在的问题是：为降低成本，有的搅拌站不管膨胀剂质量如何，购买便宜货；有的掺加膨胀剂用量不足，造成补偿收缩混凝土质量无法保证，导致结构裂缝出现。更甚者，有些不良商家，用粉煤灰、矿渣粉、石粉、矾石粉等材料，假冒膨胀剂。为了防止这些问题，在现行国家标准《混凝土膨胀剂》GB 23439—2009 的附录 C 中，提出一种快速检验掺加膨胀剂的混凝土膨胀率的试验方法：在现场取搅拌好的掺混凝土膨胀剂的混凝土，将约 400mL 的混凝土装入容积为 500mL 的玻璃烧杯中，用竹筷轻轻插捣密实，并用塑料薄膜封好烧杯口。待混凝土终凝后，揭开塑料薄膜，向烧杯中注满清水，再用塑料薄膜密封烧杯，观察玻璃烧杯出现裂缝的时间。合格的补偿收缩混凝土都会胀裂烧杯。如图 6 所示。

图 6　补偿收缩混凝土膨胀性快速试验方法

每立方混凝土膨胀剂用量　　　　表 3

用　　途	混凝土膨胀剂用量（kg/m³）
用于补偿收缩混凝土	30～50
用于后浇带，膨胀加强带和工程接缝填充	40～60

3.3 浇筑与养护

补偿收缩混凝土的生产和运输、浇筑和养护与普通混凝土相同，需要振捣密实。基于该混凝土的膨胀性能发挥与水养护有密切关系，要求混凝土浇筑完后要及时抹压、保温保湿养护，边墙模板拆除后，应及时用多孔淋水管养护。在冬期施工时构件拆模时间延长至7d以上并进行保温保湿养护。

3.4 验收

补偿收缩混凝土工程的验收应进行限制膨胀率指标。应在浇筑地点制作限制膨胀率试验的试件，在标准条件下水中养护14d后进行试验，应达到设计的限制膨胀率。

必须指出，膨胀剂并非万能之药，裂缝出现的原因很复杂，要具体分析和处理。如果确实按《补偿收缩混凝土应用技术规程》去做，工程大多可以达到抗裂防渗效果。

3.5 防水节点处理

一般按照《补偿收缩混凝土应用技术规程》施工的混凝土结构，刚性板块都能够满足防水要求。在很多采用刚性防水技术的工程中，渗漏大多发生在施工缝、穿墙螺栓、穿墙管道等施工节点部位，因此不仅是补偿收缩混凝土防水技术，所有混凝土刚性防水技术中，防水节点的处理都是一个关键环节，决定整体防水效果的好坏。

伸缩缝和浇灌混凝土时的施工缝，是为了避免混凝土收缩裂缝设置的，这些部位发生漏水的事故很多。因此现场施工必须要把接缝处理严密，这个环节需要在设计阶段就处理好，措施是采用可靠度高的止水措施，工程实践证明，采用钢板止水带要比橡胶止水带可靠性好。

穿墙螺栓、穿墙管道的处理方法基本相同，最好采用聚合物防水砂浆涂刷需要处理的部位，施工比较简便可靠。

4 结语

地下工程使用外包有机防水材料存在两个缺陷，一是有机防水材料的寿命一般只有30年左右，而工程的结构设计寿命往往超过50年，因此就存在外防水寿命和结构寿命不同步的问题，采用有机外包防水技术，一旦外防水达到使用年限失效后，工程就失去了使用功能，基本不存在修复的可能性；二是在大面积有机卷材防水施工过程中，几乎不可能做到完美施工，只能对施工过程进行监控，而无法对其防水效果进行检验，一处漏水，整个防水体系全部报废，事实也证明，做有机外防水的地下工程一次渗漏概率并不比只做结构自防水的低。现行的《地下工程防水技术规范》，混凝土结构自防水是必做的，而补偿收缩混凝土结构自防水技术，从改善混凝土收缩应力着手，立足于解决混凝土的收缩裂缝，兼有提高混凝土密实度和耐久性，大幅度降低混凝土渗透性，是最理想的结构自防水材料。采用补偿收缩混凝土自防水技术、科学合理的处理细部构造和节点，完全可以取消外防水，这已经被成百上千成功的工程实例所证明。

补偿收缩混凝土已普及推广，成绩显著，早在1992年建设部就颁布了《UEA补偿收缩混凝土防水工法》（YJGF2292）。例如北京亚运会奥林匹克体育中心田径场看台和高架平台，约 3 万多平方米，由于采用 UEA 防水混凝土，经 20 年考验无渗水，节省防水卷材 80 多万元，被评为亚运工程中唯一的国家级银质奖。2008 年北京奥运会的国家体育场、国家游泳中心、北京奥林匹克公园国家会议中心、中心区地下交通联系通道和中国科学技术新馆等奥运工程地下结构都采用了补偿收缩混凝土。据统计，我国成千个重大高层建筑地下室，北京、天津、南京、沈阳、上海地铁、天津站、石家庄站、广州站的站前地下商场、大连、天津、青岛、石家庄等市的自来水厂和污水处理池建筑物，使用了补偿收缩混凝土作结构自防水，都取得令人满意的效果。

加强能源资源节约和生态环境保护、增强可持续发展能力，是十七大提出的发展战略之一。有机防水材料的原料主要是石油化工材料，是紧缺的战略资源，防水材料每年要耗费大量的资源，在石油资源日益匮乏、价格高涨的情况下，应该立足技术创新，在地下工程防水中大力推广补偿收缩混凝土，实现结构自防水，可以节约石化资源，为节能减排事业做出重要贡献。

日本におけるコンクリート改質剤の現状

入江正明[1]　平松賢士[2]

アブストラクト

　　日本における社会基盤施設は1960年代以降の高度成長期や東京オリンピックに合わせて建設されたことから多くのコンクリート構造物は補修の時期に來ている。従來の補修は対症療法型維持管理法であり劣化が進行し顕著になった段階で補修を行うことになるため大規模な補修となり補修費用が膨大に必要であった。しかし、近年東京都等の橋梁維持管理で導入された予防保全型維持管理法は、劣化の進行が進展する前に対策をとるため補修費が安価で寿命延命効果も高く、建設投資額が大きく減少した成熟した日本に最適な維持管理手法と言われている。こうした維持管理手法の転換は、発注者側の維持管理予算の平滑化のメリットを生み出しただけでなく維持補修法の転換ももたらした。その結果、表面保護工法がメインの手法となり、中でもケイ酸塩系改質剤を用いた長寿命対策はその代表格であり、日本国内でも国土交通省NETISや土木学会でも最も効果が高い工法材料として認定されている。

　　そこで、本論文は、日本におけるコンクリート表面保護工法の分類とメカニズムを示し、代表的工法であるケイ酸塩系改質剤の特徴や性能についてまとめたものである。

　　所属
1. 日本躯体工事㈱ 取締役社長
2. 日本躯体処理㈱ 取締役社長

1　まえがき

　　現在の日本は、高速道路や整備新幹線などの社会基盤施設が縦横無尽に整備され国民総生産（GNP）の成長率も鈍い成熟社会である。したがって、社会基盤施設の整備は、新設構造物の建設よりも既存施設の維持管理が主な仕事となっており、適切に維持管理をすることが常識的手法として位置づけられている。

　　日本における社会基盤整備の歴史は、1955～1972年の高度成長期を基盤にしており、多種多様な構造物を短期間に多量に建設しなければならないことから形状の自由度が高く全国どこでも供給が可能で比較的安価な建設材料であるコンクリート材料が採用されてきた。そして、コンクリート構造物は維持管理が不要である高耐久的な材料として重宝されてきた。しかし、現在まで供用され続づけられたコンクリート構造物の多くは、工場排気のCO_2や交通排気ガスのNOx、さらに海岸からの塩化物飛來や凍結防止剤散布などさまざまな化学物質のアタックによりコンクリートの中性化、鉄筋腐食、化学的侵食などの外部要因による劣化が生じている。また1997年12月に行われた地球温暖化防止京都会議（COP3）[1]に代表されるような世界規模のCO_2排出量削減の下で、セメント原材料の産業廃棄物使用への転換や高炉スラグ微粉末やフライアッシュなどのリサイクル材の使用が求められ、内部要因によるセメント結晶組織の変質が生じ[2]これら内外要因により供用20〜30年程度で大規模な修繕が余儀なく求められている[3]。その結果、今日では社会基盤施設の維持管理費用の増大が財政を圧迫し、近い将来維持管理費用の不足が生じかねない事態へと発展している状況である[4]。

　日本国内での維持管理の基本は、コンクリート部材等に劣化が生じてからそれぞれの原因に応じた修繕を行う「対症療法的維持管理手法」である。したがって、劣化進行が比較的進行してから修繕を行うため大規模な修繕となり維持管理費用が高いのが特徴である。また劣化の原因は複合的であることが一般的であり複数の劣化に対応できる材料が少ないこともあり修繕効果の継続期間が短く、繰返し修繕が行われるのも特徴である。こうした従来型の修繕法は修繕費用の累積的増大に繋がることが問題となっていた。一方、こうした背景から生まれた維持管理手法が「予防保全型維持管理手法」である。この手法は劣化が生じる前に計画的に予防保全行為を行うものであり、すでに東京都の橋梁分野では採用されている手法である[5]。予防保全型維持管理手法のメリットは、コンクリートの劣化が進行する前に、言い換えれば、新設段階でコンクリートを保全するため、個々の修繕工法が簡易的で対症療法的手法に比べ工事費が軽減される。そして、事前保全であることからコンクリート劣化の進行が無い又は遅いので効果継続期間が長く繰返し施工を行う必要がない特徴を有している。したがって、維持管理費用は、削減できるとともに計画的に行われるため平滑化が可能となり、日本をはじめ成熟社会国家では、社会インフラを維持管理する有効的維持管理手法と言われている。なお、初期建設費は若干増大するが、LCCを考慮すると従来型に比べ安くできることもわかっている。

　本論文は、日本で主流となりつつある予防保全型維持管理手法の代表的材料である「ケイ酸塩系改質剤」について日本国内の評価を交えて紹介するものである。

2　成熟社会を迎えた日本のコンクリート構造物の現状

　図1は、東京都が建設管理する約1300橋の建設年度を示したものである[5]。この図にあるように橋梁建設は戦前特需や高度成長期、さらに経済発展の象徴である東京オリンピック開催（1964年）などの社会発展期に多く建設されたことがわかる。現在これらの橋梁は、建設50年を経過したものが約30％を占めており、さらに20年後の2030年には約75％を占める見通しである（図2参照）。これらは東京都の橋梁の実例であるが、日本国内の社会基盤施設の大まかな構図を示していると言える。このように日本国内の社会基盤施設は、すでに建設の時代から維持管理の時代に突入しており、そして、今後の維持管理如何によっては構造物の延命化に大きく影響を及ぼすと考えられる。

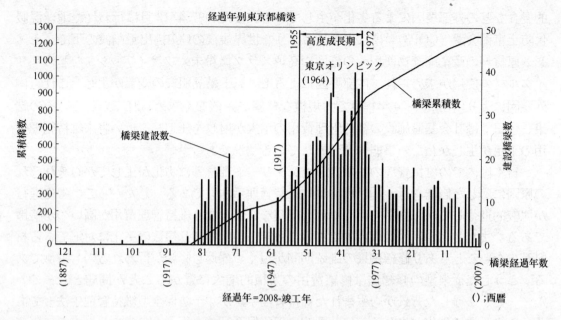

図1　東京都が建設した橋梁数と建設年代[5]

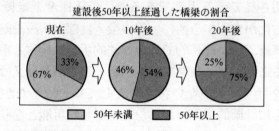

図2　東京都の橋梁の50年以上経過した橋梁比率[5]

2.1　対症療法的維持管理手法

　「コンクリートはメンテナンスフリーの材料で100年以上の耐久性を有する社会基盤形成に有効な材料である」というフレーズが高度成長時代のコンクリートの代名詞であった。そのため、社会基盤施設の建設には必ずコンクリートが用いられ、今日まで数多くのコンクリート構造物が建設された。しかし、多くのコンクリート構造物は、酸性雨や海水飛沫、さらに地震や交通量増による疲労破壊など多くの要因により劣化や損傷を生じている。地震動や疲労破壊などの過荷重はともかく、一般環境下でこれほど多くの劣化が生じることは予想されていなかった。現在のコンクリート構造物はこれらコンクリートの組織構造の変質からひび割れ発生まで益々劣化の進行が促進している現状にある。こうした中、コンクリート構造物の保守は、メンテナンスフリーから修繕を行う時代に変遷し、劣化が生じた段階で補修を行う「対症療法的維持管理」が一般化され劣化現象や劣化程度に合わせた補修工法が開発され今日に至っている。この手法のメリットは、劣化の主要因がはっきりしているため主要因に合わせた補修工法の選定が出来る點にあるが、劣化の要因は一般に複合劣化であることや劣化部分を取り去り再構築をするため薄肉補修となることから効果発揮期間が短く再補修が繰り返されるなどのデメリットもある。また、劣化程度が進行した段階で補修を行うため補修費用も高く、社会基盤施設が多く建設された成熟社会では補修対象構造物が拡大して補修費の捻出が出來なくなる恐れがあり、その結果、維持管理時期の延長が生じ、ますます劣化が進行するという悪循環を生む結果となっている。

2.2 予防保全型維持管理手法

　予防保全的維持管理手法とは、コンクリートの劣化が進行する前に将来予想される劣化進行に対して予防的に処理を行う維持管理手法である。したがって、コンクリートが健全な状態に処理するため、その維持管理手法は「コンクリート表面保護」がメインの工法となる。予防保全型維持管理手法のメリットは、維持管理手法が健全なコンクリートへの表面保護になるため、施工費が比較的安価となり、コンクリートの劣化要因を排除できることから長期耐久性の確保がし易い点にある。また計画的に維持管理が行えるために維持管理予算は平滑化され従來の対症療法的手法に比べて4分の1程度になり、自治体の予算管理を容易にすることができる[6]。

　図3は、埼玉県で試算された修繕手法の違いによる修繕費の推移を予測したものである。従來型の対症療法型維持管理手法は、修繕費が高いことや繰返し修繕費用などの累積もあり右肩上がりの増大を示すことがわかる。一方、予防保全型維持管理手法は、個々の修繕費用が安価なこともあって修繕費用の平滑化が可能となる。このように維持管理手法の変化は、社会基盤施設の運命を決める大きな転換期になると思われる。

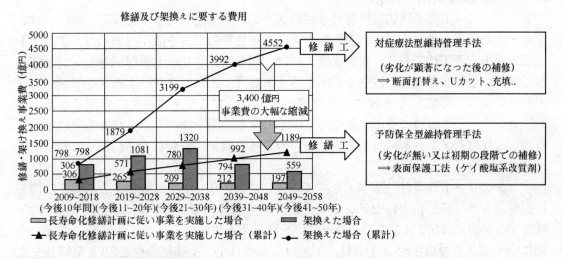

図3　維持管理手法の違いによる修繕費用の試算例（埼玉県）[6]

3　コンクリート表面保護工法の歴史的変遷

3.1　歴史的変遷

　コンクリート表面保護の原点は、地下居室、地下鉄や地下道路などの地下コンクリート構造物の防水シートからスタートしたと考えられる。防水シートは地盤中に存在する地下水がコンクリートのひび割れなどを通じて漏水し鉄筋腐食や室内への漏水を防止する目的で使用された。また、橋梁床版コンクリートのひび割れに雨水が浸透すると疲労破壊強度が低下[7]することもわかり、床版防水シートを設置してコンクリートを保護するようになった。これらの防水シートの役割はあくまで「塗膜形成による防水」（以下、塗膜防水工法と呼ぶ）が目的でありコンクリートの耐久性向上は担っていなかった。その後、1970年代後半くらいから防水は塗膜工法から水ガラスやセメントなど無機系材料を塗布・吹付する工法（以下、塗布防水工法と呼ぶ）が開発された。これらはコンクリート表面に材料を塗布吹付けすることでコンクリート表層部に含浸または浸透させ細孔空隙中にセメント結晶等を生成し緻密化することで透水性を低下させる防水工法である。一方、コンクリートの劣化は、全ての要因で水分が関与していることから止水・防水することで劣化抑制やCO_2や塩化物イオンなどの浸入抑止が可能であることがわかり「コンクリート改質材」と呼ばれ使用されるようになった。このように日本でのコンクリート改質材の歴史は1990年頃から始まりシリカ、カルシウムやアルミニュームなどさまざまなセメント結晶を生成する多くの種類の改質剤が開発された。そこで、土木学会コンクリート委員会では2000年に「コンクリート表面被覆および表面改質技術研究小（325）委員会」[8]を設置して、現状の把握や問題点の抽出を行い、材料やメカニズムによる分類を行い改質剤の体系化がなされた。また2008年には施工者のために表面保護工法設計施工マニュアル（案）[9]の発刊が行われ施工の普及が行われた。

3.2　表面保護工法の体系

コンクリートの予防的維持管理手法のメイン修繕工法である表面保護工法は、コンクリートの施工上の弱点である表層部からの有害物質の浸透を防ぐためにコンクリート表面を保護する工法である。表面保護工法は、粗なコンクリート表層部をセメント結晶等で緻密にして有害物質の浸透を遮断する「改質材」とコンクリートの状態に関係なく表面に有機膜を形成して塗膜により物質浸透を遮蔽する「被覆材」に分類できる。なお、コンクリート表層に薬剤を散布して雨水の撥水効果を期待するいわゆる撥水剤があるが、これはセメント系結晶を生成しないので非改質材の分類になる。図4に表面保護工法の体系を示す。

コンクリート改質材の基本メカニズムは、コンクリート中に残存する未反応鉱物を再活性化させて細孔径中にセメント結晶を生成するものである。たとえば、Ca鉱物が残存する場合にはSiイオンを浸透させて$C-S-H$結晶を生成する「ケイ酸塩系改質剤」や逆にCaイオンを浸透させ$Ca(OH)_2$、$CaCO_3$、$C-S-H$や$C-A-H$結晶などのCa系結晶を生成する「セメント系改質材」などがある。なお、コンクリート中の水分と反応して、水ガラス結晶を生成する「水ガラス系」もあるが、基本的に不安定な結晶であることから長期改質効果を期待することは難しい。なお、コンクリート改質材の分類は、土木分野では図4のように生成する結晶形態[8,9]で行われているが、本来は改質剤の性能は結晶の安定性、つまり変質抵抗性で評価する必要があると考えられる。

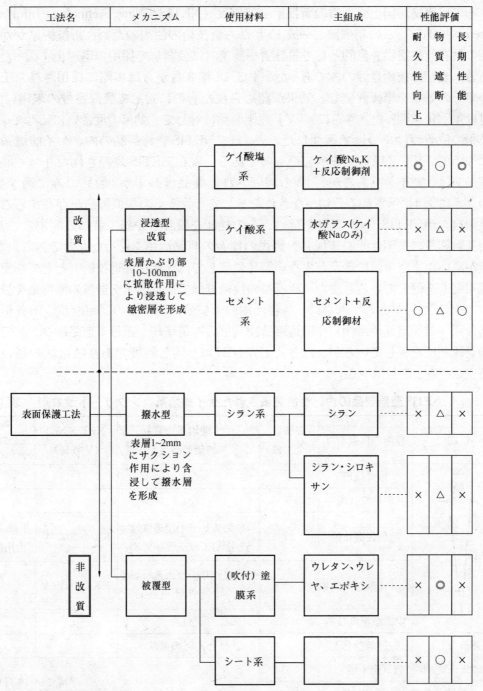

工法名	メカニズム	使用材料	主組成	性能評価		
				耐久性向上	物質遮断	長期性能
	ケイ酸塩系		ケイ酸Na,K＋反応制御剤	◎	○	◎
浸透型改質 表層かぶり部10~100mmに拡散作用により浸透して緻密層を形成	ケイ酸系		水ガラス(ケイ酸Naのみ)	×	△	×
	セメント系		セメント＋反応制御材	○	△	○
撥水型 表層1~2mmにサクション作用により含浸して撥水層を形成	シラン系		シラン	×	△	×
			シラン・シロキサン	×	△	×
被覆型	(吹付)塗膜系		ウレタン、ウレヤ、エポキシ	×	◎	×
	シート系			×	○	×

凡例：◎非常に優れている、○：優れている、△：劣る、×：効果なし

図4　表面保護工法の主な材料

4　国による性能認定制度の現状

日本には社会インフラを整備する技術を発注者が自ら技術認定する制度が存在す

る。その代表格が国土交通省の新技術登録制度（NETIS：New Technology Information System）である。この制度は、平成13年から新技術の活用のため、新技術にかかわる情報の共有及び提供を目的として設計者や施工者に公開して採用の迅速化を図ったものである。当初は技術登録のみであったが平成18年8月からは実際に採用された工事においてその効果を事後評価し、効果が認められたものに対して登録番号の末尾に「V」を付け差別化を図った。さらに、「V」評価製品に対して、効果の度合いに応じて6段階に技術の位置づけをつけて区別した。表1は、NETIS登録製品の内、ケイ酸塩系改質剤について「V」登録状況を示したものである。現在NETIS登録された「ケイ酸塩系改質剤」は、数十製品あるが、「V」評価された製品はわずか2製品のみに過ぎない。このように図4に示される分類がなされたとしても数多くの類似製品が存在することから、国自らがNETIS「V」評価を行い、その性能を設計者や施工者に公開することで、社会基盤施設の長期性能を確保し、国民の税金の有効活用を図ったものである。なお、性能が高いがまだ全国に普及が少ない製品に関しては「活用促進技術」として指定し特に採用促進を促している。また、政府系の技術登録では、国土交通省の港湾系や農林水産省のARICなどがある。さらに、各自治体および公共団体での認定制度、旧首都高速道路公団（首都高速道路㈱）や旧道路公団（東日本道路㈱、西日本道路㈱など）でも独自の登録制度を有しているが、ほとんどがNETISと同じ制度であり独自性の高い制度を持っているとことは少ない。

NETIS登録製品の内、性能評価されたケイ酸塩系コンクリート改質剤　表1

性能	技術の位置づけ	評価数（全工種）	「ケイ酸塩系改質材」評価製品名	NETIS No.（V登録）	その他
高 ↑（図）	推奨技術	0	なし		
	準推奨技術	0	なし		
	活用促進技術	21	コンクリート浸透性改質剤「RCガーデックス」	KT-060075-V	平成23度活用推進
	設計比較対象技術	71	ケイ酸質リチウム系コンクリート改質剤「Osmo」	HK-070015-V	
	少実績優良技術	64	なし		
評価なし	評価なし		ほとんどの製品		
評価「V」技術数（全工種）		551			
申請技術数（全工種）		4160			

平成23年9月現在

5　ケイ酸塩系改質剤の特徴

　コンクリート構造物の予防保全的維持管理手法の主流は表面保護工法であり、その表面保護工法の内、ケイ酸塩系改質剤は、コンクリートは表層部の施工上の弱点で粗になることを改善する安価で高性能な材料であることを全節までに示した。ここでは、ケイ酸塩改質剤の特徴について示す。

5.1　ケイ酸塩系改質剤とは

　　ケイ酸塩系改質剤は、ケイ酸ナトリウム、ケイ酸カリウムやケイ酸リチウムなどのケイ酸塩を主剤に用いたものと定義されているため、鉱物の構成比率やケイ酸塩の組み合わせなどさまざまであり一口にケイ酸塩系改質剤と言っても多くの材料が存在する。ケイ酸を用いた最初のコンクリート補修材は、1970年代の「水ガラス止水材」である。この水ガラス止水剤は、ケイ酸を希硫酸などの刺激剤でゲル化するもので、青函トンネル岩盤湧水の止水剤などとして使用された。この水ガラスをコンクリートのひび割れ止水に用いられたことからコンクリート止水剤として用いられるようになった。水と水ガラスが反応してゲル状化することで空洞やひび割れからの漏水止水に用いられたが、40数年経過した青函トンネルでは、漏水が激しく問題となっている。このように水ガラスはゲル化であるためその後の乾燥による風解が生じたりゲルそのものが流出したりして長期安定性に欠けることがわかり現在では衰退した。その後、水ガラスを応用した製品が開発されたがいずれもゲル化現象をメカニズムにしていることで適用が限られていた。しかし、現在では、セメントの結晶構造と類似のC-S-Hゲルを生成しゲルを固定化する技術がノルウェーなどで開発され長期安定性が確保されるようになった。また、日本では、さらに技術が進歩し結晶化反応を触媒を用いて制御する「RCガーデックス」が開発され、「ケイ酸塩系含水剤」がコンクリート改質剤として認知されるようになった。

5.2　ケイ酸塩系改質剤「RCガーデックス」のメカニズムと性能

　　ケイ酸塩系改質剤「RCガーデックス」は、今日では日本の建設主体の総本山である国土交通省の新技術登録評価制度（NETIS）で「V：活用促進技術」と評価され、さらに平成23年度の活用促進製品としても認定された国内最高級のコンクリート改質剤である（表2参照）。以下にケイ酸塩系改質剤「RCガーデックス」の基本性能について示す。

　（a）メカニズム

　　ケイ酸塩系改質剤「RCガーデックス」のメカニズムは、コンクリート表面に噴霧することで主剤中のケイ酸塩が拡散作用およびサクション作用によりかぶり部の表層部に浸透し、コンクリート中の細孔空隙中にセメント結晶を生成して粗構造を密構造に改質するコンクリート改質剤である。その結果、透水係数や拡散係数が小さくなり物質移動を制御することができる。RCガーデックス噴霧により生成する結晶は、安定性に高いカルシウムシリケート（C-S-H）系結晶であり超長期性能が期待できる。なお、セメント結晶化速度は、ケイ酸塩とカルシウムとの反応速度は一般に遅いので、反応制御剤を混和して、セメント結晶化の速度を制御していること、さらに分子径を平均径 $0.01\mu m$ と極小さくしていることで比表面積を大きくして反応し易い分子径としている。この制御により、セメント種や養生条件による空隙構造の違いや電荷によるイオンの移動速度の変化に対応している。

　また、浸透深さは、細孔空隙構造により大きく変化するが、ひび割れの無い床部材で150mm以上の実績がある。

　なお、同系のケイ酸塩系改質剤との違いは、①分子径が小さいこと、②反応制御剤で反応速度の制御をしていること、③コンクリと表層部の電荷を考慮したイオン形態にしていること。である。

　以下に、主な耐久性能について示す。

（b）塩化物イオン遮断性

　海岸からの海水飛沫や山岳地帯の凍結防止剤など塩化物環境下での塩化物イオンの浸透遮断特性について実験した。図5は、W/C＝0.55、普通ポルトランドセメント（以下、OPCと呼ぶ）および高炉セメント使用による無処理とRCガーデックス処理の場合の比較を行ったものである。OPCの場合、無処理に比べて7割に低減できることがわかる。一方、高炉セメントの場合は、5割に低減することが出来る。

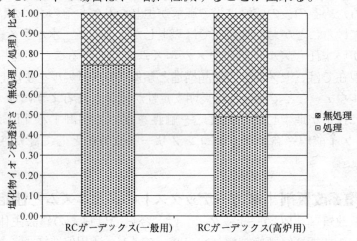

図5　塩化物イオンの遮断効果

（c）凍結融解抵抗性

　RCガーデックスを処理したコンクリートはケイ酸塩が小さな細孔へ浸透し、細孔中の水分を用いてC-S-H結晶を生成するため、凍結する水分を消費するとともに細孔構造が小さくなり膨張に対する抵抗性が高まることから凍結融解抵抗性が向上するメカニズムである。図6は、眞水および塩水を用いた場合の凍結融解抵抗性を実験した結果である。どちらの水を用いても凍結抵抗性が高いことがわかる。特に塩水の場合マイナス電荷のClイオンが小さな細孔への浸透力が大きいことで小さな細孔を凍結することやClイオンにより凍結温度が下がることから凍結融解の温度変動幅が大きくなりコンクリートの損傷が大きくなると考えられており、山岳地帯での凍結防止に塩化物が多量に散布されることはコンクリートの凍害抵抗性が大きく低下することを示唆しており、RCガーデックス処理の場合は、ケイ酸塩によりClイオンの固定化が高く凍結融解抑止性効果が高いと考えられるため、塩害と凍害が同時に発生する複合劣化の場合にRCガーデックスの処理は有効であることがわかる。

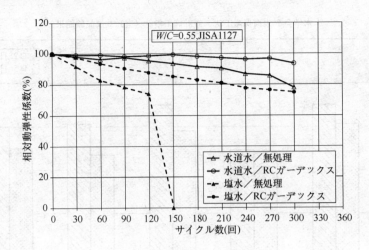

図6　凍結融解抑止効果

(d) ひび割れ抵抗性

　RCガーデックスを処理したコンクリートは、主にC-S-H結晶を生成する。そしてこのC-S-H結晶構造は立体ポリマー鎖構造であることから結合力が高く、伸び能力が高いことが向上することが曲げ試験から得られている（図7参照）。このことは、同じ荷重の場合、RCガーデックスを処理したコンクリートは、伸び能力が高いためひび割れ抵抗性が高いことを示唆するものである。したがって、RCガーデックスを新設段階で処理することで、乾燥収縮や自己収縮による微細ひび割れ発生を抑止することができるため、特に早期脱型や外気温が低い環境下では有効である。

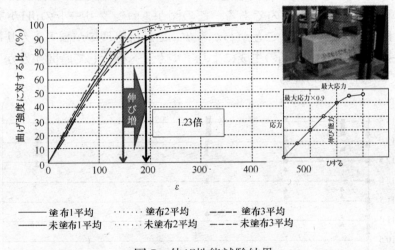

図7　伸び性能試験結果

(e) 中性化抑止性

　図8は、土木学会で行われたケイ酸塩系改質剤の中性化抑止効果を実験した結果である。土木学会では4種類の代表的なケイ酸塩系改質材を選定して実験が行われたが、RCガーデックスが中性化抑止効果が高いことが示された。

(f) アルカリ性回復性

　コンクリートは、空気中のCO_2によりセメント結晶$Ca(OH)_2$が$CaCO_3$に化学変化

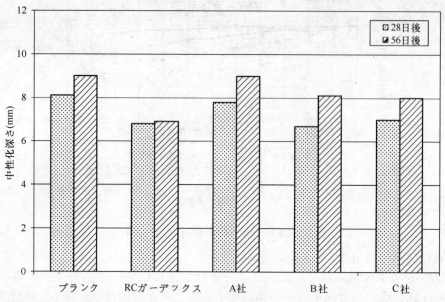

土木学会　表面保護工法　設計施工指針（案）共通試験結果

図8　中性化抑止効果

して中性となり、この中性領域が鉄筋位置まで進展すると鉄筋腐食を引き起こすことが知られている。これに対して、RCガーデックスを処理することでコンクリート表層部にCa（OH)$_2$やC-S-H結晶が生成することから中性からアルカリ性に変化することが確認された。図9は、40年経過した高速道路のコンクリート部位にRCガーデックス処理した場合のpH変化を示したものである。この図からコンクリートのpHがアルカリへ回復するには時間が必要であることがわかるが、これは処理剤が高アルカリ剤でないことを示しており、セメント結晶の生成によりアルカリへ移行して時間がかかっていることを示唆していると考えられる。

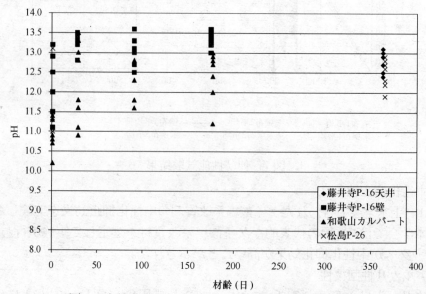

図9　中性化したコンクリート部材のアルカリ回復

5.3 ケイ酸塩系改質剤「**RCガーデックス**」の施工手順

　図 10 は、RCガーデックスの施工手順を示したものである。RCガーデックスは、サクション及び拡散作用によりコンクリート表層かぶり部に浸透するメカニズムのため、処理するコンクリートの表層面に付着した油分や汚泥等を十分に清掃を行い、主剤を散布する非常に簡易的な工法である。また、浸透速度および浸透量を上げる必要がある場合は散水を行ったり、主剤と散水を繰り返すこともできる。施工後は、コンクリート表層部の乾燥を待って完了となりその後は立入や交通開放ができるためトータルの施工時間が非常に短い効率的な工法である。

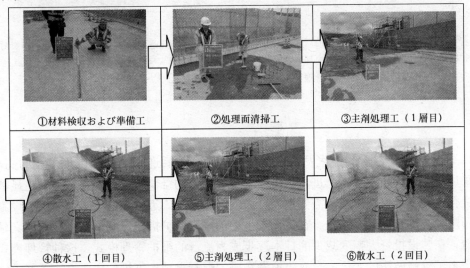

①材料検収および準備工　　②処理面清掃工　　③主剤処理工（1層目）
④散水工（1回目）　　⑤主剤処理工（2層目）　　⑥散水工（2回目）

図 10　施工順序

参考文献

［1］　環境省、京都議定書の概要、http：//www. env. go. jp/earth/cop6/3−2. html
［2］　土木学会コンクリート委員会、混和材料を使用したコンクリートの物性変化と耐久性能評価小委員会(333)、コンクリート技術シリーズ74(平成 19 年 3 月)、89(平成 22 年 5 月)
［3］　国土交通省、補修報告書
［4］　国土交通省建設白書
［5］　東京都橋梁長寿命化検討委員会、橋梁の戦略的予防保全型管理に向けて、平成 20 年 4 月 23 日
［6］　埼玉県県土整備部道路政策課、埼玉県橋梁長寿命化修繕計画、平成 22 年 1 月
［7］　松井繁之、移動荷重を受ける道路橋 RC 床版の疲労強度と水の影響について、コンクリート工学年次論文報告集、Vol. 9、No. 2、pp627-632、1987
［8］　土木学会コンクリート委員会、コンクリート表面被覆および表面改質に関する技術の研究(325委員会報告書)、コンクリート技術シリーズ58、59(平成 16 年 2 月)、68(平成 18 年 4 月)
［9］　土木学会、表面保護工法　設計施工マニュアル(案)、コンクリートライブラリー119、平成 17年 4 月

日本渗透型防水剂在混凝土工程中的应用现状

翻译：安雪晖

（清华大学土木水利学院，中国北京　100084）

摘　要： 日本已过大规模基础设施建设的高峰期，工作重心也已由开发建设逐步转移到维护管理方面。本文对混凝土表面保护的做法进行了分类说明，并对原理进行了分析，着重总结了硅酸盐系的渗透型防水剂的性能和特点。

关键词： 渗透型防水剂　混凝土　维护管理　劣化

概要

　　日本在 1960 年以后的快速发展期和东京奥运会前后迎来了基础设施建设的高峰期，其间采用混凝土的建筑现在已进入了维修阶段。通常的维修方式是在建筑物发生显著劣化之后进行大规模维修，为此，需要投入巨大的维修费用。近年来东京等地的桥梁设施采用了以预防为主的维护管理方法，在劣化发生之前采取防护措施，既节省维修费用又延长使用寿命，在建设投资大幅度减少的日本逐步成为流行的维护管理模式。这种管理模式的改变也带来了维修做法的变化，表面防护做法成为混凝土结构维护的主要方法。其中硅酸盐系的渗透型防水剂作为延长混凝土结构寿命的代表性产品，在日本国内被国土交通部和土木学会认定为最有效的表面保护材料。

　　本文对混凝土表面保护做法进行了分类说明，并对原理进行了分析，着重总结了硅酸盐系的渗透型防水剂的性能和特点。

1　前言

　　当前日本包括高速公路和新干线高速铁路在内的基础设施建设已经基本完善，其国民生产总值（GDP）的增长速度也逐步放缓，基础设施建设的工作重心也已经由开发建设逐步转移到维护管理方面。

　　从历史上看，日本基础设施建设在 1955 年～1972 年进入高速增长期，其间需要在短时间内建造大量各种各样的建筑物，混凝土适宜设计师对建筑物结构构造的要求，作为相对价格便宜、简单易得的建筑材料得到了广泛的应用。一直以来混凝土被认为是不需要维护管理的高耐久建筑材料。然而，许多现存的混凝土结构在工厂排放的废气、汽车尾气、冬季除冰盐以及海洋飞沫等外部因素的侵蚀下发生了混凝土碳化、钢筋混凝土锈蚀和化学

[翻译者简介] 安雪晖（1968—），男，教授，博士生导师，清华大学土木水利学院副院长，兼任中国工程建设标准化协会建筑防水专业委员会副主任。邮箱：anxue@mail.tsinghua.edu.cn

侵蚀等性能劣化现象。此外 1997 年针对全球变暖问题召开的京都会议达成了在世界范围内 CO_2 减排的共识[1]，提倡在混凝土中使用可循环的材料，如高炉矿渣粉和粉煤灰乃至生活垃圾焚烧物等，这些工业废料在混凝土中的使用也直接影响了混凝土的内在结晶组织结构的长期性能变化[2]，导致混凝土建筑在修建 20～30 年后便面临大规模维修问题[3]。基础设施的维护管理工作量越来越大，所需要的费用也随之增加，在不久的将来维护维修管理有可能陷入入不敷出的财政状态[4]。

日本国内的维护管理现在基本上还是通常的维护管理方法，也就是根据混凝土结构的劣化因素进行相应的维修维护。这种维护方式的特点是在劣化发展到一定程度后进行大规模的修缮工作，因此维修费也相应较高。此外，由于劣化的因素不止一个，而维修方法和材料一般无法综合治理，因此维修效果持续时间一般不长，需要反复维修，这也导致了维护管理费用居高不下。在这样的工程背景下现在提倡一种叫做"预防保养型维护管理"的概念，在劣化发生前有计划地进行保养工作，现已在东京都的桥梁上得到广泛应用[5]。预防保养型维护管理的优点就在于劣化之前先行保养，换句话说在设计建造阶段即可开始进行维护管理，采用相对简单的保养维修技术，比大规模的维修方法花费要少得多。有效的保养维护工作最大程度上减缓或防止混凝土的劣化，避免了在混凝土建筑物使用期内的反复修缮工作，可以保证维护管理预算有计划地平稳支出。对于基础设施建设相对完善的日本，预防保养型维护管理是一种很有效的管理方法。当然，采用预防保养型维护管理会导致建设初期成本的增加，但相对全寿命周期的支出，预防保养型维护管理费用还是较低的。

2 日本混凝土建筑物的现状

图 1 中小结了东京管辖的大约 1300 座桥梁的建设年份[5]。如图 1 所示，东京的桥梁建设大致有两个建设高峰，第二次世界大战之前和东京奥运会前后，形成经济的高速发展

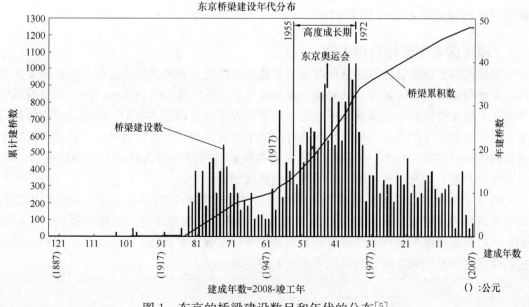

图 1 东京的桥梁建设数目和年代的分布[5]

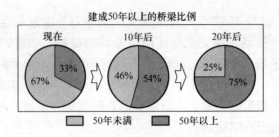

建成50年以上的桥梁比例

现在　　　　　10年后　　　　　20年后

33%　67%　　46% 54%　　25% 75%

☐ 50年未满　　■ 50年以上

图 2　东京建成年数在 50 年以上的
桥梁数量比例[5]

期。目前这些桥梁中建成 50 年以上的大约占 30％，20 年后也就是 2030 年后约占到 75％
（图2）。日本全国的基础设施大多和东京的桥梁一样，大部分已经进入了维护修缮的时
期，如何建立适当的维护管理方法，从而延长这些建筑物的寿命是当务之急。

2.1　通常的维护管理方法

在日本经济高速发展期，混凝土被当成使用寿命 100 年、免维护耐用建筑材料的代
名词。为此基础设施大多采用混凝土结构，现在依然如此。然而，为数众多的混凝土
建筑在酸雨、海水飞沫、地震荷载和车辆疲劳荷载等众多外在因素下发生了不同程度
的损伤和劣化。虽然在设计中考虑了地震等超常规荷载，然而在普通环境下发生如此
严重的损伤还是没有预料到的。当前混凝土结构大都存在内部组织结构的变化到结构
裂缝发展的各种各样的问题。为此，混凝土结构不得不从原有设计免维护思想转换到
针对损伤劣化进行维护维修的现实管理方法。这种通常的维护管理方法可以针对劣化
的主要因素选择最优的维修材料和做法，但是一般需要将劣化部位的混凝土去除进行
修补，而且通常劣化损伤是由复合型因素引起的，所以常常在较短的期间返工修复，
为此导致维修维护费用长期高企不下。由于日本高速发展期的混凝土建筑逐步进入大
规模维护修缮的阶段，通常的维护管理方法会使得预算捉襟见肘，从而不得不拖长维
修时间，致使加剧劣化的恶性循环。

2.2　预防保养型维修管理方法

预防保养型维修管理方法是在混凝土劣化发生之前，预测其损失劣化产生的因素和规
律，采取预防措施进行保养，从而避免或延缓劣化进程的维护管理方法。由于所有保养工
作是在混凝土结构处于健康状态下进行，预防保养型维修管理主要采用混凝土表面防护技
术。预防养护型维护管理的好处是只进行混凝土表面保养，费用比较低，也容易将混凝土
劣化的各种外因排除在外。据测算预防保养型维护管理费大致为对症下药型维修的 1/4，
且时间分布相对均衡，易于管理部门进行预算规划[6]。

图 3 中给出了日本埼玉县根据不同修缮方法，维修费用的估算比较。可以看出以往
通常的维护管理方法带来的高维修成本和反复维修，累积修理费用年增长很快。另一方
面，预防保养型维护管理方法带来的是预算均衡和保养成本降低。可以预见，维护管理方
法的变化将为基础设施的全寿周期带来重大的变革。

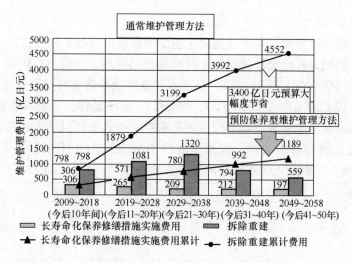

图3 维修管理费用计算比较（埼玉县）[6]

3 混凝土表面防护技术的沿革

3.1 历史

混凝土表面防护起源于地下室、地下通道和地铁等地下混凝土结构的卷材防水技术。用防水卷材防止地下水通过混凝土裂缝进入室内或导致钢筋腐蚀。研究表明雨水渗入混凝土桥梁的裂缝将导致混凝土强度降低[7]，为此混凝土桥面板也开始采用卷材防水技术。卷材和后来采用的涂膜技术，都是通过在混凝土表面形成不透水的保护层达到防水的效果，在这里统称为涂层防水技术，采用涂层防水技术并不能增强混凝土本身的耐久性。1970年代后期开始流行水玻璃和水泥基无机防水材料喷涂防水技术，简称喷涂防水技术，通过在混凝土表面喷涂无机材料，使其浸泡或渗透到混凝土表层一定深度，在混凝土结构内部生成水泥晶体，堵塞空隙进而达到防水的效果。另一方面，使混凝土产生劣化的CO_2和氯离子渗透都需要借助于水，因此防水本身可起到延缓或阻止混凝土劣化的效果。由此，喷涂防水技术所用的渗透型防水材料也称为混凝土改性剂。1990年以来日本开发了各种水泥结晶型材料，如硅、钙、铝等许多类型的渗透型防水剂。日本土木学会在2000年设立了混凝土表面覆盖和表面改性技术研究小委员会（即325委员会）[8]，对渗透型防水剂的现状和问题进行了分析总结，并对渗透型防水剂的材料和机理进行了系统的分类。为了推广和普及渗透型防水技术，还于2008年为施工人员编写了表面覆盖工法设计施工手册（草案）[9]。

3.2 混凝土表面防护技术的分类体系

预防保养型维护管理的关键在于对混凝土施工最主要的弱点，混凝土表面进行保护，防止有害物质的侵入。混凝土表面保护做法可以主要分为两类：一类是渗透结晶性防水材料通过在混凝土表层内部形成结晶体，填充空隙达到阻止有害物质侵入的效果；这类防水技术使得混凝土自身变得更加密实，也称为混凝土改性技术。另一类，在混凝土表面涂抹有机膜防止渗透而达到混凝土表面保护的效果，这一类属于覆盖材料类防水技术；此外，还有一种技术是在混凝土表面喷憎水涂料来达到防水的效果，图4对以上所述的表面保护技术进行了分类小结。

混凝土改性的基本原理是，利用混凝土内部剩余未反应的矿物再次反应，在空隙中生成水泥结晶体。例如，硅酸类渗透型防水材料是利用混凝土中剩余的矿物 Ca，使得 Si 离子渗透进去与之反应生成 C-S-H 凝胶。反之水泥基渗透型防水材料是促使 Ca 离子渗透进入混凝土内部生成 $Ca(OH)_2$、$CaCO_3$、C-S-H 和 C-A-H 晶体。另外，水玻璃类防水材料能与混凝土中的水反应生成水玻璃凝胶达到充塞空隙的效果；但是水玻璃凝胶属于不稳定晶体，难以企及长期的防水效果。混凝土改性的分类在图 4 中根据结晶形态进行了小结[8,9]。在此基础上，混凝土防水改性的效果需要根据结晶长期稳定性进行评价。

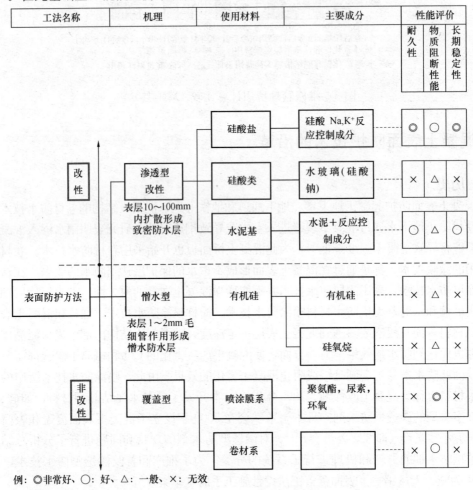

例：◎非常好、○好、△：一般、×：无效

图 4　表面防护工法的材料

4　国家级技术认证

日本对基础设施的建设技术具有业主认证制度。其中最有代表性的是：国土交通省的新技术登记系统(NETIS)。该系统从 2001 年开始实施，旨在为设计施工采用新技术提供便利快捷的信息共享手段。最初只有技术登记功能，2006 年开始针对其中实际采用过的建设技术进行评价，并在实际效果得到认定的技术登记编号后面加 V 认证。而且，根据效果的显著程度对加 V 认证的技术实行了 6 级评价以示区别。表 1 为 NETIS 登记的硅酸盐混凝土渗透防水材料注册产品的加 V 评价情况。目前 NETIS 中有数十个硅酸盐混凝土渗透防水材料进行了注册，加 V 认证的只有两个产品。日本从国家层面通过图 4 中所示的加 V 认证和分级评价的方式，对大量类似的建设技术和材料进行性能评价，并对业主和设计施工企业进行信息公示，以图在推广新技术新工艺的同时达到最好的社会效果。而且，针对性能优越但是应用尚不广泛的技术设立了促进推广的评价等级，对其工程应用进行特别推荐。此外，政府级别技术等级体系还有国土交通省的港湾建设体系、农林水产省的 ARIC 登记体系等。另外，各地方政府部门和以前的高速度公路建设公团、东日本道路、西日本道路等公共建设部门也有各自的技术登记体系。

NETIS 技术登记中的硅酸盐渗透型防水剂比较 表 1

性能	技术评价	评价数目	名称	NETIS No.（加 V）	其他
高	推荐技术	0	无		
	准推荐技术	0	无		
	推广应用技术	21	混凝土渗透型改性剂"RC 佳固士"	KT-060075-V	2011 年推广应用
	设计比较对象	71	硅酸锂系混凝土改性剂［Osmo］	HK-070015-V	
	少量应用优良	64	无		
无评价	无评价		几乎所有技术		
加 V 技术数目（全部）		551			
申请技术数（全部）		4160			

2011 年 7 月

5 硅酸盐渗透性防水剂的特征

混凝土结构表面防护方法是预防保养型维修管理方法的主要技术之一，而硅酸盐渗透性防水材料可以改善混凝土表层质量这一施工常见的薄弱层，具有低成本高性能的特点，本节就其特征进行详细说明。

5.1 硅酸盐渗透性防水剂的定义

硅酸盐渗透性防水剂的名称来源于材料主要成分为硅酸钠、硅酸钾、硅酸锂等硅酸盐，其矿物构成比例和硅酸盐种类的组合各不相同，统称为硅酸盐渗透性防水剂。最早被称为硅酸盐渗透性防水剂的是：1970 年代作为混凝土止水维修材料所用的水玻璃。水玻璃通过稀硫酸的激发作用变成凝胶状，最早的青函隧道施工将其作为止水材料，进而用作混凝土开裂堵漏的止水剂。水玻璃和水反应生成凝胶的确可以用于空洞或裂缝的堵漏和止水，但从青函隧道 40 年的运行状况来看，水玻璃凝胶缺乏长期稳定性，在运行期干燥状态下易于分解，从而导致水玻璃的工程应用越来越少。目前，挪威开发的水泥结晶技术和

C-S-H 凝胶生成机理,使水玻璃作为硅酸盐渗透性防水材料的长期稳定性得到了保证。此外,在日本进一步开发了使用催化剂控制结晶反应的硅酸盐渗透性防水材料"RC 佳固士",从而使得硅酸盐渗透性防水材料的混凝土改性功能得到了进一步完善。

5.2 硅酸盐渗透性防水材料"RC 佳固士"的机理

硅酸盐渗透性防水材料"RC 佳固士"在日本国土交通省的新技术登记系统(NETIS),中被评价为"V:推广应用技术",并在 2011 年被认定为日本国内性能最好的混凝土改性剂(表 1)。下面就其机理进行说明。

(a) 机理

硅酸盐渗透性防水材料"RC 佳固士"使用时喷洒在混凝土表面,其中的硅酸盐通过毛细管作用和渗透扩散进入混凝土保护层表层,在其细微空隙中形成水泥结晶使得混凝土空隙构造变得更加密实,从而致使混凝土渗透系数变小,防止物质移动。R 硅酸盐渗透性防水材料"RC 佳固士"在混凝土中形成的晶体是稳定性高的 C-S-H 晶体,可以保证其长期耐久性。一般来说硅酸盐与混凝土表面的钙离子反应会阻碍其渗透进入混凝土内,"RC 佳固士"通过催化剂控制其反应速度,并且其分子大小小到 $0.001\mu m$,大大加强了渗透能力。

渗透深度一般根据混凝土空隙构造有所不同,在没有裂缝的底板构件中曾经有过渗透深度达到 150mm 的效能。与其他反应硅酸盐渗透性防水材料相比,"RC 佳固士"具有(1)小分子(2)通过控制剂控制反应速度(3)其离子状态与混凝土表面电荷相匹配等特点。

硅酸盐渗透性防水材料"RC 佳固士"主要性能如下所示。

(b)防止氯离子侵入性能

图 5 为模拟海水飞沫和冬季除冰盐环境下氯离子侵蚀的实验结果。采用 $W/C = 0.55$ 的普通硅酸盐水泥和高炉矿渣水泥,比较有无使用"RC 佳固士"处理的实验体,普通硅酸盐水泥试件氯离子侵蚀深度能减少到 70%,高炉矿渣水泥试件可以减少到 50%。

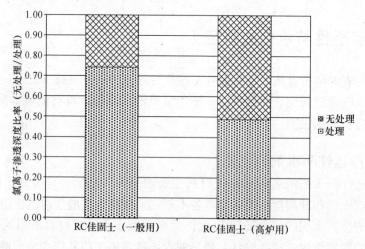

图 5　防止氯离子侵入性能

(c)抗冻融性能

采用硅酸盐渗透性防水材料"RC 佳固士"处理过的混凝土中硅酸盐在孔隙水的作用下

生成 C-S-H 晶体，在消耗孔隙水的同时，可使空隙构造更加致密从而增强了抵抗膨胀的能力，致使抗冻融性能得到增强。

图 6 是采用盐水和淡水的冻融实验的结果。可以发现两者的抗冻融性能都有明显提高。特别是采用盐水的情况下，由于带负电的氯离子能够进入更小的空隙致使空隙冻结增强以及带氯离子的孔隙水冻结温度降低导致冻融温度变化幅度变大，采用盐水的冻融实验混凝土损伤要大得多，也就是说在使用除冰盐的地区混凝土结构抗冻融能力会大幅度降低。图 6 的实验证明采用硅酸盐渗透性防水材料"RC 佳固士"处理过的混凝土即使在盐水和冻融同时作用的情况下也能够保障混凝土的耐久性。

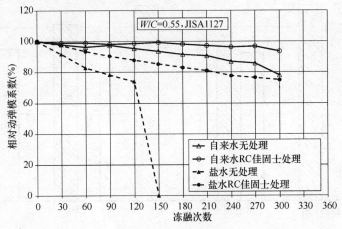

图 6　抗冻融性能

（d）抗裂性能

经硅酸盐渗透性防水材料"RC 佳固士"处理过的混凝土会在内部生产 C-S-H 晶体。C-S-H 晶体由于其立体锁状结构具有更高的结合能力，从而致使混凝土结构抗弯性能增强。图 7 的实验表明，硅酸盐渗透性防水材料"RC 佳固士"处理过的混凝土构件具有更高的抗裂性能和抗弯能力。也就是说在建筑物新建阶段采用硅酸盐渗透性防水材料"RC 佳固士"进行处理可以抑制干缩和自收缩，尤其是在快速脱模或低温环境下显效。

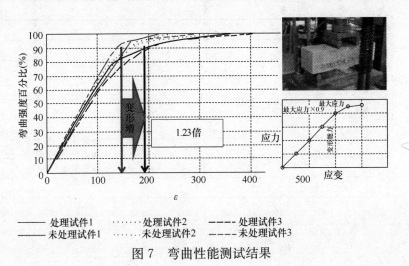

图 7　弯曲性能测试结果

（e）抗中性化性能

图 8 显示了土木学会使用硅酸盐渗透性防水材料，处理混凝土进行中性化实验的结果。土木学会采用了 4 种典型的硅酸盐渗透性防水材料进行对比实验，证明硅酸盐改性材料的抗中性化性能，实验表明"RC 佳固士"抗中性化效果最好。

日本土木学会表面防护工法设计施工指南（草案）共通试验结果

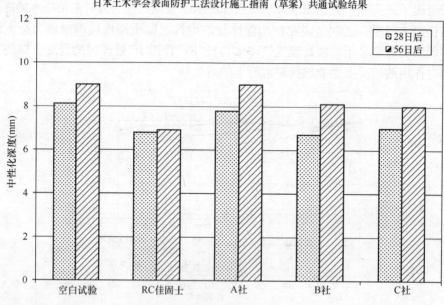

图 8　抗中性化性能实验比较

（f）碱性恢复性能

混凝土在空气中 CO_2 的作用下，水泥晶体 $Ca(OH)_2$ 会变成 $CaCO_3$，也就是中性化。中性化范围到达钢筋所在位置后会导致钢筋发生锈蚀。通过使用"RC 佳固士"处理过的混凝土会在其表层形成 C-S-H 晶体，使得混凝土从中性恢复成碱性。图 9 表明建成 40 年

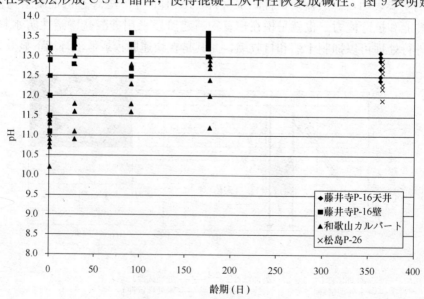

图 9　中性化混凝土的碱性恢复

的高速公路混凝土构件在使用"RC佳固士"处理后pH值的变化趋势。图中的数据说明混凝土的pH值恢复碱性需要较长的时间，由于处理所用的使用材料"RC佳固士"并不是高碱性材料，实验结果说明，由于水泥晶体的缓慢生成而使碱性恢复。

5.3 使用"RC佳固士"的施工处理过程

图10演示了使用料"RC佳固士"的施工过程。为了更好地发挥混凝土表层毛细管作用和渗透扩散效果，首先要将混凝土结构表面的油污清洗干净，然后将其喷涂即可。还可以通过反复喷涂和浇水来实现加快渗透速度和增加渗透量，施工后等待混凝土表面变干皆可实施下一步工序，整个施工过程很短、效率很高。

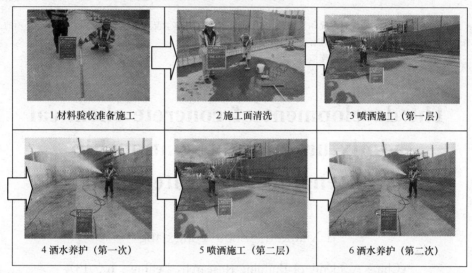

图10　施工顺序

参考文献

［1］　環境省、京都議定書の概要、http：//www. env. go. jp/earth/cop6/3-2. html

［2］　土木学会コンクリート委員会、混和材料を使用したコンクリートの物性変化と耐久性能評価小委員会(333)、コンクリート技術シリーズ74(平成19年3月)、89(平成22年5月)

［3］　国土交通省、補修報告書

［4］　国土交通省建設白書

［5］　東京都橋梁長寿命化検討委員会、橋梁の戦略的予防保全型管理に向けて、平成20年4月23日

［6］　埼玉県県土整備部道路政策課、埼玉県橋梁長寿命化修繕計画、平成22年1月

［7］　松井繁之、移動荷重を受ける道路橋RC床版の疲労強度と水の影響について、コンクリート工学年次論文報告集、Vol. 9、No. 2、pp627-632、1987

［8］　土木学会コンクリート委員会、コンクリート表面被覆および表面改質に関する技術の研究(325委員会報告書)、コンクリート技術シリーズ58、59(平成16年2月)、68(平成18年4月)

［9］　土木学会、表面保護工法 設計施工マニュアル(案)、コンクリートライブラリー119、平成17年4月

混凝土外加剂的发展及与工程防水的关系

纪宪坤　周永祥

（中国建筑科学研究院，北京　100013）

摘　要：介绍了混凝土外加剂的发展概况和我国混凝土外加剂市场的基本情况，论述了外加剂的开发与正确的工程应用技术水平对提高混凝土工程刚性防水具有重要作用。

关键词：混凝土外加剂　工程防水　发展概况

The development of concrete chemical admixture and its relationship with engineering waterproof

Ji Xiankun　Zhou Yongxiang

（China Academy of Building Research，Beijing　100013）

Abstract：The development and basic situation of concrete chemical admixture were introduced in the paper. The development and engineering application of concrete admixture play an important role on improving concrete rigid waterproof ability.

Key Words：concrete chemical admixture，engineering waterproof，development situation

1　前言

混凝土是目前人类使用最广泛的人造建筑材料，我国是混凝土的生产消耗大国，每年生产与消耗混凝土约 30 亿 m^3，占世界总量的 1/2 左右[1]。随着我国混凝土技术的发展和行业产品结构的调整，预拌混凝土已经开始大量普及，2010 年全国预拌混凝土用量达到了 10.4 亿 m^3，占混凝土总产量的 35％左右，现场搅拌混凝土将逐步被预拌混凝土所取代[2,6]。

在混凝土及混凝土结构的产生、发展过程中，钢筋与混凝土两种材料的复合应用、混凝土外加剂的发明及应用、预应力混凝土技术的应用等是具有里程碑式的技术革新，其中混凝土外加剂的发明及应用使得混凝土的材料性能和施工方式产生了质的变化。混凝土外

[作者简介] 纪宪坤，男（1983—），工程师，从事混凝土工程技术研究，北京市北三环东路 30 号中国建筑科学研究院（100013），电话：1581118457，Email：jxk0907@126.com

加剂奠定了现代混凝土技术的基础，成为混凝土的必要组分之一。目前品种多样、功能各异的外加剂的广泛应用，有效地改善了混凝土的工作性能、力学性能和耐久性能，并且使得使用大掺量的矿物掺合料成为可能，达到节省水泥、提高施工速度和施工质量、改善工艺和劳动条件的目的，从而有力促进资源节约和保护环境。

混凝土防水技术是指通过调整混凝土原材料和配合比，降低混凝土的孔隙率，改善孔隙结构，提高混凝土的抗裂、防渗能力，从而使混凝土结构达到防水的效果[3]。刚性防水技术可以根据不同的结构部位，采取不同的做法，施工简便、造价较低、易于维修，而且随着时间的延长，混凝土能够持续进行水化，因此刚性防水耐久性好，可与建筑物同寿命。在混凝土外加剂应用之前，普通混凝土水灰比较大，同时拌合物黏稠、干硬，浇筑后的混凝土密实性较差，达到 P8 或 P10 的抗渗等级存在一定难度。随着混凝土生产技术的发展，尤其是减水剂的广泛使用，混凝土的水胶比得以降低，矿物掺合料在工程中得到了大量使用，混凝土的密实性得到了较大程度的提高，普通混凝土本身的抗渗等级比较容易达到 P6 或 P8，甚至容易达到 P12[4]。加之，为了抑制混凝土收缩而开发了种类繁多的膨胀剂、渗透结晶抗渗剂以及多种补偿收缩技术，在正确使用这些产品和技术的前提下，混凝土可以获得更好的抗渗性能，利用混凝土自身进行工程防水具备了充分的条件。可见，混凝土外加剂的发展为混凝土工程刚性防水技术的进步提供了技术基础。

2 混凝土外加剂的发展概况

我国混凝土外加剂的起步较晚，到 20 世纪 70 年代以后，外加剂的科研、生产和应用取得较大发展。20 世纪 70 年代以后，由于大量开展基础设施建设，要求工期短，混凝土强度等级也不断提高；同时，混凝土生产、施工的条件，包括原材料储存、计量和混凝土搅拌、运输等都不断改善，为混凝土外加剂的应用提供了市场需求和推广应用的有利条件。20 世纪 80 年代，以高效减水剂为代表的混凝土外加剂伴随着大量基础设施的建设得到迅速推广。由于泵送混凝土使用减水剂时存在坍落度损失比较快的问题，有些工程将其与糖蜜、木钙等缓凝型外加剂复合使用；另外，一些高效减水剂品种，如密胺系、脂肪族（酮醛缩合物）也在国内得到开发，或由外商引进。由于工程需要，多种类型的混凝土外加剂，如速凝剂（用于喷射混凝土）、膨胀剂等与减水剂、调凝剂、引气剂一起，开始大量应用于基础设施建设中。进入 20 世纪 90 年代我国混凝土外加剂无论品种、牌号、产量、质量以及应用技术水平等都有了显著的提高和发展。进入 21 世纪，青藏铁路和超大跨临海或跨海桥梁，要求设计使用寿命 100 年以上，近年来采用国际上建设和运营长度都还有限的无砟轨道技术大规模建设的高速铁路等，对混凝土技术和外加剂要求提出了更高的要求：高减水率、高适应能力、高坍落度保持能力、低收缩、无氯离子及低碱含量等，某些特殊工程还要求配制具有特殊性能的外加剂，建设规模和重大工程的需求，促进了混凝土加剂行业整体技术水平的发展[5]。

我国混凝土外加剂行业现有外加剂生产企业 1500 多家，其中化学合成厂有 350 多家，聚羧酸系高性能减水剂生产企业 100 多家。合成外加剂生产企业日益规模化、大型化，大型企业开始全面实行自动化生产，中小企业逐步寻求关键工艺的自动化控制。萘系减水剂的合成工艺技术成熟稳定，产量仍然位居首位，新品种聚羧酸系减水剂产量连年翻番，外加剂产品品种齐全，产品性能不断提高，以满足国家日益增长的建设需求。

目前全国外加剂品种齐全，混凝土外加剂总产量达722.52万t。各种合成减水剂产量约484.68万t，各种高效减水剂（萘系、三聚氰胺系、氨基磺酸盐、脂肪族和蒽系减水剂）占全部合成减水剂总量的67%，聚羧酸系高性能减水剂占26%，普通减水剂（木质素磺酸盐减水剂）占7%，如图1所示。其他外加剂的产量分别为引气剂1.6317万t、膨胀剂126.362万吨、速凝剂100.71万t（其中固体速凝剂占74.32%；液体速凝剂占25.68%）、缓凝剂（葡萄糖酸钠、糖钙、糖蜜等）9.15万t。据估算，上述外加剂销售产值达到277.8亿元[7]。图2给出了各种外加剂在混凝土外加剂生产总量中所占的比例，可以发现，减水剂产量最大，占到了外加剂总量的2/3左右，其次为膨胀剂，一方面是因为膨胀剂在混凝土中的用量较大（一般为胶凝材料总量的5%～8%），另一方面就是地下工程防水技术的需求。

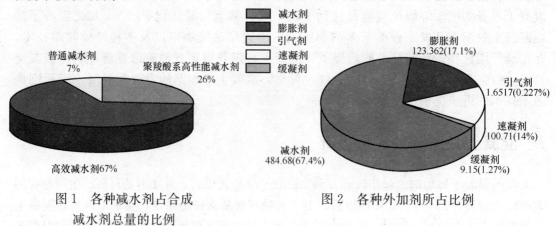

图1　各种减水剂占合成
　　　减水剂总量的比例

图2　各种外加剂所占比例

2.1　木质素磺酸盐类减水剂

木质素磺酸盐减水剂的主要来源是亚硫酸盐造纸废液，木质素磺酸盐减水剂的开发和应用是典型的"变废为宝"。木质素磺酸盐减水剂具有8%～10%的减水率，可满足中低强度等级混凝土的应用，其产品质量稳定、价格适中、应用范围广，是一种应该大力推广使用的外加剂产品。木质素磺酸盐减水剂是常用的普通型减水剂，可以直接使用，也可作为复合型外加剂的原料之一。

从现在情况来看，我国木质素资源尚未得到充分利用。在各地的利用存在不平衡，南方利用较多，如上海是利用它配制成中效泵送剂，较广泛地用于商品混凝土，而在北京地区利用的比较少，这可能与水泥的适应性有关。

2.2　高效减水剂

高效减水剂是具有较高减水率的一种外加剂，也是当前使用最广的一种外加剂，其中萘系高效减水剂使用量占第一位，是最量大面广的高效减水剂品种。密胺系减水剂在我国与萘系几乎同时出现，但其使用率仅占0.41%。这两种外加剂，在它们各自最佳掺量时，具有相似的性能，其在使用量上巨大差异，取决于性价比。

聚羧酸系高性能减水剂是最新一代的高效减水剂，其以聚羧酸盐类为主要成分，具有一定的引气性，具有较高的效减水率和良好的坍落度保持性能，是环保型的外加剂。国外20世纪90年代开始使用，现在的使用量在日本占高效减水剂的60%～70%，在欧美占20%左右。

2000年前后，我国混凝土工程界逐渐认识并使用聚羧酸系减水剂。自2004年以来我国聚羧酸系高性能减水剂及其应用技术发展迅速，年产量快速增长，2007年国内年产量已达41.43万t。据统计2009年聚羧酸系高性能减水剂（折合20%含固量）产量已超过126万t，大约为萘系高效减水剂的50%，据不完全统计，2010年聚羧酸系高性能减水剂产量大约为135万t。

聚羧酸系高性能减水剂生产、应用技术趋于成熟，与萘系等第二代高效减水剂相比，它的综合技术性能优势和自身的环保特点已得到业内人士及使用单位的认可。聚羧酸系高性能减水剂在我国的研制开发与推广应用得益于高速铁路网的大规模建设，使用效果优良。聚羧酸系高性能减水剂的推广应用，对于提高我国混凝土耐久性，提高我国建设工程的服务年限，建立节能、节材、节地的节约型社会和环境保护等都具有重要意义。

2.3　引气剂

引气剂是一种在混凝土搅拌时可以在砂浆和混凝土中引入大量均匀分布的封闭的微小气泡的外加剂，这些气泡在硬化后能保留在混凝土中，从而提高混凝土的抗冻性能。引气减水剂是兼有引气和减水两种功能的外加剂，引气剂和引气减水剂主要用来改善新拌砂浆和新拌混凝土的和易性，减少泌水和离析，同时大幅度提高砂浆和混凝土的耐久性（主要是抗冻性）。目前国内应用量较多的引气剂是松香热聚合物和皂甙类引气剂。

2.4　膨胀剂

膨胀剂是一种在混凝土水化硬化过程中，因为化学作用而使得混凝土产生一定体积膨胀的外加剂。主要特性是掺入混凝土后起抗裂防渗作用，它的膨胀性能可补偿混凝土硬化过程中的收缩，在限制条件下成为自应力混凝土。我国生产膨胀剂主要品种有：U型膨胀剂（生、熟明矾石、硬石膏等组成）、复合膨胀剂（CEA）、铝酸钙膨胀剂（AEA-高强熟料、天然明矾石、石膏）、EA-L膨胀剂（生明矾石、石膏等组成）、FN-M膨胀剂（硫铝酸盐混凝土膨胀剂）、CSA微膨胀剂（硫铝酸盐等）、脂膜石灰膨胀剂（石灰、硬脂酸等）。

膨胀剂年产量为100多万t，生产企业100多家，多数是小型企业。一些上规模的企业年产量3万～5万t，少数厂家的年产量达到10万t，年产20万t以上的企业很少。

2.5　复合型外加剂

复合型外加剂是根据工程需要，以上述的各种组分为主，再加入其他组分复合而成，如防冻剂、早强减水剂、泵送剂、防水剂、引气减水剂，缓凝减水剂、缓凝高效减水剂、水下混凝土用外加剂、灌浆剂等。这些复合型的外加剂生产设备较为简单、投资少、效益较好。我国有一大部分外加剂厂是生产这种类型的外加剂。混凝土外加剂大多数以复合外加剂加入混凝土，按外加剂产量估算，我国与先进国家相比，差距仍然较大，外加剂生产仍有较大的潜在市场。

综上所述，目前我国混凝土外加剂发展总体情况是：萘系高效减水剂合成工艺技术成熟稳定，产量仍然位居各种减水剂之首；新品种合成高效减水剂氨基磺酸盐、新型三聚氰胺、脂肪族、聚羧酸盐等多品种加速发展，聚羧酸盐高效减水剂翻番发展；混凝土外加剂品种齐全，产品性能不断提高；合成外加剂生产企业规模大型化；自动化生产越来越受到重视，大型企业开始全面自动化生产，中小企业寻求关键工艺的自动化控制。我国混凝土外加剂发展地区分布不平衡的问题比较突出，另外外加剂的绿色化生产技术还需加强。

3 混凝土外加剂与工程防水的关系

3.1 混凝土的抗渗性能

混凝土是一种内部存在毛细孔缝和连通通道的非均质材料，形成的主要原因一方面是因为混凝土水化过程中会产生各种收缩变形，从而导致混凝土开裂和形成孔隙，另一方面是由于混凝土中的用水量大于水泥水化的理论用水量，水分会从混凝土内部渗出，导致混凝土内部出现孔隙和通道。因此，提高混凝土密实性和减少混凝土内部的可见或不可见裂缝，是提高混凝土抗水渗透性能的核心。

混凝土的水胶比越小，强度越高，则混凝土密实性越好，混凝土的抗渗性能越优异。杨钱荣对不同水胶比的水泥混凝土试件进行了研究，分别测得 28d 和 90d 龄期的强度和渗透系数（水渗透法）。分析后得到的普通强度与渗透性之间有较高的线性相关性，相关系数 0.9753，见图 3[8]。水胶比是判断混凝土渗透性和密实性的一个宏观指标。混凝土要达到低渗透性，通过降低水胶比以减少混凝土中的毛细孔道。图 4 水化程度达到 93％的水泥石渗透系数和水胶比的关系[9]。

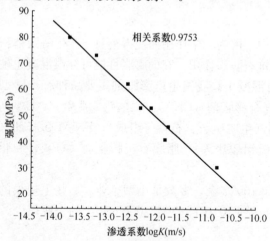

图 3　混凝土强度与渗透性关系

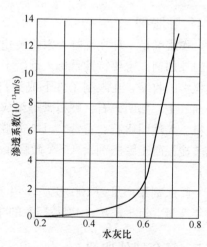

图 4　渗透系数与水胶比的关系

3.2 混凝土外加剂与抗渗性能的关系

混凝土外加剂主要包括两类，一类是改善混凝土的拌合物性能（如泵送剂、减水剂、缓凝剂等），一类是改善混凝土的耐久性能和力学性能（如减水剂、引气剂、早强剂、养护剂等）。混凝土外加剂具有以下作用：（1）在保证胶凝材料总量不变的前提下，可以降低用水量，从而降低水胶比，提高混凝土强度和混凝土密实性；（2）在保证水胶比不变的前提下，可以提高混凝土的拌合物和易性，提高混凝土中矿物掺合料的掺量，提高混凝土密实性；（3）可以在保证水胶比和拌合物性能不变的前提下降低混凝土中胶凝材料的用量，提高矿物掺合料的用量，降低生产成本。根据已有研究结果，混凝土的水胶比越低、密实性越好，则混凝土的抗渗性能越好，混凝土水胶比的降低、密实度的提高都得益于混凝土外加剂的应用。

　　目前工程中提高混凝土结构防水性能的技术措施主要包括掺加减水剂、膨胀剂、矿物掺合料和纤维等，主要目的是降低混凝土水胶比和防止混凝土开裂。一旦混凝土发生开裂，将在混凝土部内形成快速的水流介质通道，再密实的混凝土也失去了防水、抗渗的功能。研究发现，与基准混凝土相比，掺加萘系高效减水剂的混凝土收缩率增大，这对于防止混凝土开裂非常不利；而掺加某些聚羧酸系高性能减水剂混凝土的收缩率与基准混凝土相近。为了研究几种常用外加剂对混凝土收缩和开裂性能的影响，按照表1的混凝土配合比进行了混凝土试验，试验方法按照《普通混凝土长期性能和耐久性能试验方法标准》（GB/T 50082）执行，试验结果如图5～图7所示[2]。这说明聚羧酸系高性能减水剂相比萘系减水剂能有效减少混凝土的收缩，对混凝土的防水性能具有积极的作用。

减水剂对早期收缩性能影响试验配合比　　　　　　　　　　　　　表 1

编号	水泥（kg/m³）	砂子（kg/m³）	石子（kg/m³）	水（kg/m³）	高效减水剂（kg/m³）	水胶比
AF1	400	733	1099	168	2.8（聚羧酸）	0.42
AF2	400	733	1099	168	2.4（萘系）	0.42
AF3	400	733	1099	168	6.8（三聚氰胺）	0.42

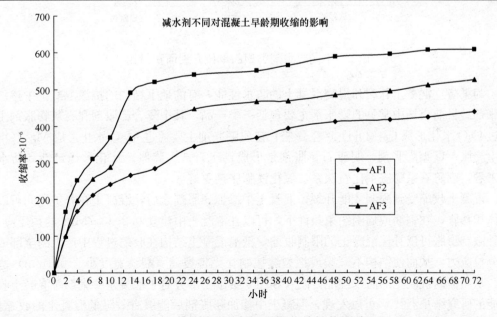

图 5　减水剂对混凝土早期收缩性能影响

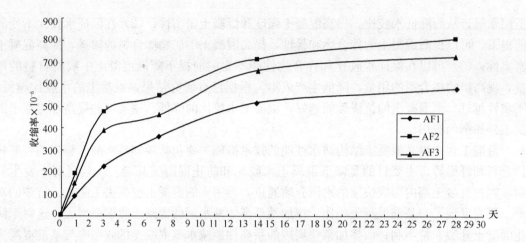

图 6 减水剂对混凝土 28d 收缩值影响

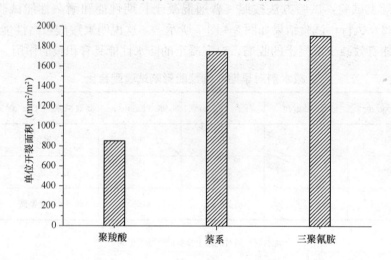

图 7 不同减水剂类型的单位开裂面积对比

为了防止混凝土开裂和提高混凝土的防水性能，有的地下结构的抗渗混凝土中掺加了膨胀剂。目前市场中常见的膨胀剂主要包括三类产品，其中复合膨胀剂和石灰膨胀剂主要通过 CaO 水化形成 Ca（OH）$_2$ 产生膨胀；镁质膨胀剂主要通过 MgO 水化形成 Mg（OH）$_2$ 产生膨胀；U 型膨胀剂、明矾石膨胀剂是形成钙矾石产生膨胀。从化学稳定性和防水效果来看，钙矾石系膨胀剂比石灰系、氧化镁膨胀剂更好。

混凝土收缩受到限制才能开裂，混凝土中掺加膨胀剂之后，混凝土在养护期间可以产生体积膨胀，在钢筋或周围约束条件下，可以在混凝土中建立 0.2～0.7MPa 的预压应力，这种限制膨胀可以补偿混凝土的限制收缩，抵消混凝土结构在收缩过程中产生的全部或大部分拉应力，从而使结构不开裂或把裂缝控制在无害裂缝（裂缝宽度小于 0.1mm）范围内，从而提高混凝土的防水性能。图 8 和图 9 给出了部分对于混凝土膨胀剂对混凝土收缩性能的研究结果[10,11]，可以发现，混凝土中掺加膨胀剂后能够有效降低混凝土的收缩值，对于提高混凝土的抗渗性能和防水性能具有较显著的效果。

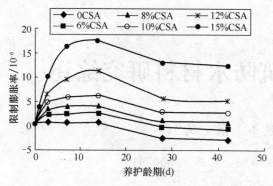

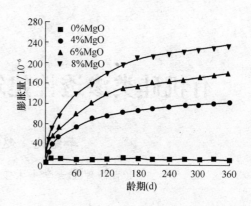

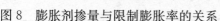

图 8　膨胀剂掺量与限制膨胀率的关系　　　图 9　不同 MgO 掺量混凝土体积变形曲线

4　结语

对于地下工程和水工工程而言，混凝土工程的设计使用寿命一般为 70～100 年，而柔性防水层的使用寿命一般只有 15～20 年，这就给后续的维护工作带来很大的不便，也给工程防水留下了隐患。因此，提高混凝土结构自身的防水性能是解决工程防水性能的主要措施。正确采用混凝土外加剂技术，能够有效提高混凝土的密实性和减少混凝土内部的可见或不可见裂缝，从而为混凝土结构工程的防水提供了合理的可选技术方案。随着外加剂产品的开发和应用技术水平的提高，混凝土在结构中的防水功能会得到进一步的凸显。

参考文献

[1]　韩素芳，王安岭. 混凝土质量控制手册. 北京：化学工业出版社，2012
[2]　冷发光，丁威，纪宪坤，田冠飞. 绿色高性能混凝土技术. 北京：中国建材工业出版社，2011
[3]　游宝坤，赵顺增，李应权. 我国刚性防水技术的发展. 工程建设防水技术，北京：中国建筑工业出版社，2009
[4]　闫培渝. 地下结构能否单独使用刚性防水的思考. 工程建设防水技术，北京：中国建筑工业出版社，2009
[5]　覃维祖. 我国混凝土外加剂的发展及存在问题. 施工技术，2009，38（4）：7-10
[6]　混凝土技术及其工程应用"十一五"行业发展报告. 建筑材料行业发展及工程应用. 北京：中国建材工业出版社，2011
[7]　混凝土外加剂行业发展报告. 建筑材料行业发展及工程应用. 北京：中国建材工业出版社，2011
[8]　杨钱荣. 掺粉煤灰和引气剂混凝土渗透性与强度的关系. 建筑材料学报，2004，7（4）：457-461
[9]　赵铁军. 混凝土渗透性. 北京：科学出版社，2005
[10]　王栋民，张守祺，王振华，欧阳世翕. 水泥—膨胀剂—粉煤灰复合胶凝材料膨胀与强度发展的协调性研究. 混凝土，2010（1）：1-3
[11]　李方贤，陈友治，龙世宗，王斌，李国刚. MgO 膨胀剂对混凝土的性能影响. 武汉理工大学学报，2009，31（11）：52-55

有机硅类渗透性建筑防水材料研究综述

李绍纯　赵铁军　张　鹏

（青岛理工大学土木工程学院，青岛　266033）

摘　要： 有机硅类渗透性防水材料在提高混凝土耐久性方面得到了广泛应用。本文阐述了有机硅类渗透性防水材料的防护机理，概述了目前较为常用的水溶性、乳液型以及硅烷类有机硅防水材料的国内外研发及应用现状，最后提出增加渗透深度、吸收时间以及改善憎水性是提高有机硅类防水材料性能的有效途径。

关键词： 混凝土　有机硅　防水材料　渗透性

Research and Application Status of Organosilicon Permeable Water Repellent Agents for Building Materials

Li Shaochun　Zhao Tiejun　Zhang Peng

（School of civil engineering，Qingdao Technological University　266033，Qingdao）

Abstract： As effective anti-corrosion materials, organosilicone permeable water repellent agents have been widely used in concrete engineering. The protective mechanism of organosilicone water repellent agents is summarized. The research status of water-based, emulsion—based and silane coatings are introduced. Three factors affect the effectiveness of the organosilicone water repellent agents are penetration depth, treatment time and hydrophobicity.

Key Words： concrete，organosilicon，water repellent agents，penetrability

1　引言

混凝土结构因耐久性不足而过早破坏，造成严重的经济损失和社会负担，这已是世界性的问题。大量研究表明，导致混凝土耐久性能劣化的原因多与水有关，因此，对混凝土进行防水处理是提高混凝土耐久性的有效途径之一。在众多的防水处理技术中，渗透性表

基金项目： 国家自然科学基金重点资助项目（50739001）；国家"973"计划课题（2009CB623203），国家自然科学基金项目（51008165）

[作者简介] 李绍纯（1979—），男，博士，主要从事混凝土结构耐久性研究。E-mail：seaman0294@126.com

面防护技术发展较快，应用范围日益广泛。采用渗透性防水材料，可与混凝土表面产生化学结合，形成良好的憎水层，使所处理的基材增强了憎水性，并且基本不影响基材的透气性[1,2]。

近年来，有机硅类渗透性防水材料在混凝土防水处理中得到了比较广泛的应用。有机硅材料具有很低的表面张力，可降低基材的表面能，使其具有出色的憎水性，同时，有机硅材料具有优异的耐高低温、耐候性、耐水性和耐紫外线降解等性能，可使被处理的混凝土表面具有持久的憎水防污性能。因此，有机硅材料成为一类理想的建筑防水材料[3~5]。

2 有机硅防水材料的防水机理

有机硅防水材料的防水机理在于有机硅化合物与无机硅酸盐材料有很大的化学亲和力，能改变硅酸盐材料的表面特性。当有机硅材料与混凝土相接触时，有机硅化合物中的烷氧基，在碱性物质激发下与混凝土中的水分反应形成硅醇基，与混凝土毛细管孔隙表面的硅羟基反应，形成不稳定的硅氧硅键，并与邻近的有机硅化合物发生脱水缩合反应，形成憎水性的聚合层，从而起到防水作用[6~8]。大致的反应过程如图1所示：

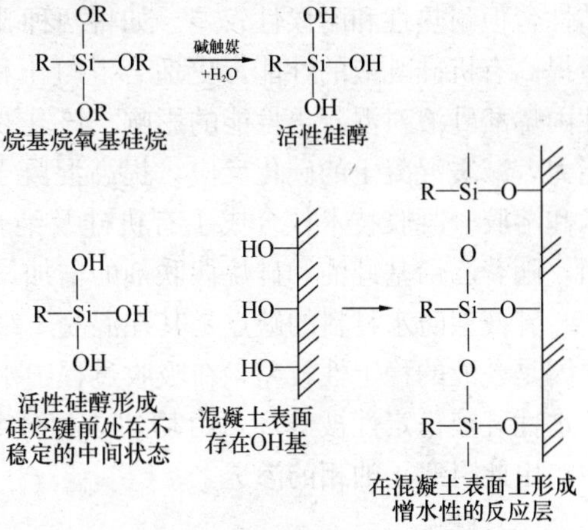

图 1 有机硅防水材料防水机理示意图[5]

3 有机硅防水材料的类型

有机硅类渗透型防水材料品种繁多，根据所使用的溶剂可分为水溶性、乳液型和硅烷类。

（1）水溶性有机硅防水材料

水溶性有机硅防水材料主要是甲基硅醇钠，其防水机理是当甲基硅醇钠遇到水和二氧化碳时，便分解成甲基硅醇。硅醇的羟基与基材上的羟基发生缩合反应，在基材表面形成一层憎水性的聚硅氧烷膜[9]。

由于甲基硅醇钠是低分子化合物，固化时间需要几天甚至几周，在这期间，一旦被雨淋湿则达不到预期效果[10]。此外，甲基硅醇钠会因为碱性太强而黄变，影响基材的外观[11]，因此，甲基硅醇钠并不适用于混凝土结构的表面防水。

（2）乳液型有机硅防水材料

乳液型有机硅防水材料主要是采用含活性基团的聚硅氧烷如甲基含氢硅油、羟基硅油、环氧硅油在乳化剂作用下分散成乳液，然后喷涂或辊涂到基材上，交联形成防水透气膜[12,13]。相比于传统的纯丙乳液，有机硅乳液具有憎水性好、与基材吸附性强等优点。

MD Meddaugh[14]等开发了一种有机硅乳液防水材料，主要由阴离子表面活性剂稳定的端羟基聚三有机硅氧烷、不定形二氧化硅与有机锡盐组成。该有机硅防水材料喷涂到混凝土表面后形成弹性涂膜，防水效果良好。徐彩宣[15]等采用非离子型乳化剂与阳离子型乳化剂复配的混合乳化剂制备了一种有机硅乳液，该防水材料具有防水性能优良、透气、渗透性好、耐候性好等优点。夏小丹等[16]采用 E 型异构醇醚系乳化剂和有机硅预先混合搅拌，再加入适量助剂和部分去离子水充分乳化，成功制备出稳定性良好的聚甲基硅氧烷类有机硅乳液，憎水效果良好。

反应性有机硅乳液中含有交联剂及催化剂等成分，失水后能在常温下进行交联反应，形成网状结构的聚硅氧烷弹性膜，具有优异的憎水性，但对某些填料的粘结性差。而一些有机高分子乳液（如丙烯酸酯、醋丙、苯丙乳液等）能形成透明膜，对基材具有良好的粘结性，但耐热性和耐候性较差。如将两种乳液进行复配或改性，可使两者性能互补，进一步提高有机硅乳液的性能，更适合混凝土材料防水处理[17,18]。李珂[19]等研究了有机硅改性丙烯酸乳液对混凝土性能的影响。该乳液可增强混凝土的抗氯离子渗透和抗硫酸盐侵蚀能力，减缓混凝土的碳化反应，提高混凝土的耐久性。周建华[20]等采用无皂乳液聚合技术和溶胶－凝胶技术，合成了有机硅及纳米二氧化硅改性聚丙烯酸酯无皂乳液。研究表明，随着乙烯基硅油和硅烷偶联剂的增加，乳液的耐水性增强。

乳液型防水材料的缺点是其在混凝土结构中的渗透深度较小。A. Gerdes[21]认为主要原因是乳液的稳定性较差，在吸收过程中水性乳液与混凝土之间发生的物理化学作用会导致水性乳液稳定性被破坏，由均匀单相分离为水相和油相，结果水被吸收到混凝土孔隙中，由此阻塞了油相的渗透。

（3）硅烷

随着分子偶联技术和溶胶－凝胶技术的发展，开发出了高渗透性有机硅防水材料（硅烷类产品）。与乳液型防水材料相比，硅烷具有更好的渗透性能。

用作防水材料的硅烷主要是长链烷基烷氧基硅烷，通常是指碳原子数 $n \geq 8$ 的直链硅烷。黄月文[22]等对比了不同有机硅分子处理水泥砂浆砖后的水接触角，结果表明，由于三乙氧基甲基硅烷单体中亲水基团——乙氧基比例最大，水接触角最小（90°），随着聚合度增大，憎水基团—甲基比例增大，水接触角增大，二聚体水接触角为 98°，齐聚物为 99°。三乙氧基丁基硅烷、三乙氧基辛基硅烷的憎水基团大于甲基，水接触角增大，分别为 94°、96°。线性或环状甲基含氢聚硅氧烷、甲基含氢硅油具有较多的憎水性甲基，水接触角较大，为 101°。K. Rodder[23]用无溶剂的丙基三乙氧基硅烷和异丁基三乙氧基硅烷作为混凝土的防水材料，发现丙基三乙氧基硅烷和异丁基三乙氧基硅烷的渗透力强，可渗透到小孔隙尺寸的混凝土内部且渗透的深度较深，具有长效防水效果。

溶胶－凝胶技术的引入能够提高硅烷防水材料的各项性能。黄月文课题组以四乙氧基硅烷（TEOS），硅烷偶联剂，功能性聚硅氧烷为主要原料，通过溶胶－凝胶法制备了一种高渗透性硅烷防水材料，可以大大提高水泥制品的憎水防污性能[24]。此外，他们通过混合预水解的甲基三乙氧基硅烷（MTES）溶胶和聚甲基水合硅氧烷（PMHS）制备了一种新型的硅烷防水材料。在材料的合成过程中，凝胶过程主要受到不同的碱性催化剂、PMHS 中活性氢的含量以及 MTES 溶胶与 PMHS 比例的影响，通过优化各项参数，得到了憎水性能优良的硅烷防水材料。

然而，目前硅烷产品的技术革新与开发主要集中在国外各大公司。道康宁（Dow Corning）开发的 Z－6403 是一种高纯度的异丁基三乙氧基硅烷，这种硅烷施用后会与建筑物中的水分发生化学反应，形成憎水层。由于碱性环境会刺激该反应并加速憎水表面的形成，因此尤其适用于混凝土的防水处理。

瓦克公司混凝土专用型有机硅浸渍剂有 Silres BS1701（异辛基三乙氧基硅烷）和 Silres BS Crème C（辛基三乙氧基硅烷膏体）。熊建波[25]等对比研究了瓦克公司不同硅烷防水材料的性能，包括 Silres BS1701，Silres BS Crème C，Silres BS SM K2101（无溶剂有机硅微乳液）。渗透深度结果表明，BS Crème C、BS1701 两种硅烷防水材料在 C30 普通混凝土中的渗透深度都超过 4mm，其中 BS Crème C 达到了 6.1mm，而 BS SM K2101 的渗透深度为 1.2mm；氯离子吸收量结果表明，BS1701 在普通混凝土中能降低 90％的氯离子吸收量，BS Crème C 达到 94％，BS SM K2101 的降低效果为 80％左右。

4 影响有机硅防水材料防水效果的因素

硅烷类防水材料的防护效果可以直接通过防水或渗透性试验进行评价，但是内在的关键指标在于防水材料自身的渗透深度、憎水性、耐碱性以及吸收时间。

（1）渗透深度

决定液体在混凝土材料中渗透深度的主要因素是液体的黏度和表面张力。对于有机硅而言，黏度与分子量成正比，所以要使有机硅材料渗透到混凝土内部较深处，化合物的分子量要相应较低。三乙氧基甲基硅烷、三乙氧基丁基硅烷、三乙氧基辛基硅烷、线性甲基含氢齐聚硅氧烷的相对分子质量小，黏度小，其本身对水泥混凝土成品具有很强的渗透力，在溶剂分子作用下更易渗透到内部的微孔中[26]。

（2）憎水性与耐碱性

有机硅类防水材料的憎水性与耐碱性来源于活性的硅烷、硅氧烷和硅树脂中的烷基。有机硅网状结构中的硅氧键在碱的存在下，会水解生成烷基硅酸盐：

$$RSi(OR')_3 + H_2O/OH^- \rightarrow RSi(OH)_2O^- \tag{1}$$

如果有机基团 R 是甲基的话，该反应会生成甲基硅酸盐，甲基硅酸盐是水溶性的，会随着雨水的冲刷而流失[26]。增加烷基碳链长度或支链长度能够提高防水材料的性能，尤其是抗碱性[15]，这可通过将部分或所有的甲基基团用长链的有机基团取代来达到。郭庆中[27]等研究了烷基链的长度和烷基密度 $n(R)/n(Si)$ 对有机硅防水材料性能的影响。结果表明，烷基的碳原子数在 3～8，$n(R)/n(Si)$ 值在 1.2～1.4 之间，有机硅防水材料具有良好的防水性能和耐碱性能。

（3）吸收时间

吸收时间直接影响着有机硅在混凝土中的毛细吸收系数与渗透系数[28]。假如混凝土各向同性，混凝土与溶液的接触角相同，吸收过程是一维的，则溶液的毛细吸收系数 A 和渗透系数 B 分别与溶液的表面张力 σ 和动态黏滞系数 η 的比值的平方根呈线性关系，如式（2）、式（3）：

$$A = P_1 \sqrt{\sigma/\eta} \tag{2}$$

$$B = P_2 \sqrt{\sigma/\eta} \tag{3}$$

如果不考虑任何化学反应，A 和 B 为确定的值。M Sosoro[29]由吸收试验得出硅烷溶液的吸收量和渗透深度与时间的平方根呈线性关系。

$$S = A\sqrt{t} \tag{4}$$

$$H = B\sqrt{t} \tag{5}$$

式中　S——硅烷溶液的吸收量（g）；

　　　H——渗透深度（mm）；

　　　t——吸收时间（h）。

A. Gerdes[30]的研究指出，当硅烷的吸附时间超过6～8h后，试验数据与计算值会产生较大偏差，其主要原因是，当硅烷进入混凝土后，硅烷与孔隙中的湿气或水发生一系列水解、聚合反应，使溶液的黏度η逐渐增加，结果导致毛细吸收系数A逐渐降低。试验数据与计算值的偏差程度与防水材料的种类有关。

5 有机硅防水材料的应用

实际上，早在20世纪60年代中期，瑞典的Stockholm就已经开始使用硅烷处理混凝土了。在欧洲，硅烷/硅氧烷作为混凝土浸渍剂发挥保护作用已有30多年的历史，20世纪80年代后这类产品被越来越多地运用在混凝土建筑的防护/修复工程中，如瑞士的Meggenhua大桥和Furstenland大桥、瑞典Trancbergs大桥、日本Okumiomote大坝和柏林凯萨纪念教堂等[1]。经过数十年的应用，欧洲已有大量的工程实例证明了硅烷类浸渍剂具有良好的耐久性。例如，1972年慕尼黑奥林匹克村的外墙混凝土采用有机硅材料进行了保护，经过跟踪调查，发现保护效果仍然良好；在中国香港用硅烷膏体（凝胶）保护的香港青马大桥已近10年，经测试发现，其保护效能与当初刚保护时的效能基本一样[24]。

6 结束语

使用渗透型有机硅防水材料是提高混凝土耐久性的有效措施之一，目前在重大工程上逐渐得到广泛应用，而且随着新材料和工艺的深入研究、开发和改进，有机硅防水材料在渗透深度、憎水性能与吸收时间方面将得到不断地优化。但是，有机硅材料与水泥基材之间的反应机理，对水泥水化反应、水化产物的影响尚待进一步深入、细致的研究，如果能够结合不同的使用环境，系统研究有机硅防水材料对水泥基材料的防水作用，那么有机硅防水材料在混凝土结构的防护中必将得到更进一步的发展。

参考文献

［1］赵铁军等. 渗透型涂料表面处理与混凝土耐久性（第1版）［M］. 北京：科学出版社，2009，1-11.

［2］M. Medeiros，P. Helene. Efficacy of surface hydrophobic agents in reducing water and chloride ion penetration in concrete［J］. Materials and Structures，2008，41（1）：59-71.

［3］A. Gerdes，D. Oehmichen，B. Preindl，R. Nuesch. Chemical reactivity of silanes in cement-based materials. In：Johan Silfwerbrand Edit. Proceedings of Hydrophobe IV International Conference on Water Repellent Treatment of Building Materials［M］. Sweden：Aedificatio Publishers，2005. 47-58.

［4］ 孙峰，吴忆南. 有机硅建筑防水材料的研究进展［J］. 有机硅材料，2009，23（1）：55-59.

［5］ S. Giessler，B. Standke，M. Buchler. A new silane system for corrosion reduction of steel reinforced concrete. In：Johan Silfwerbrand Edit. Proceedings of Hydrophobe IV International Conference on Water Repellent Treatment of Building Materials［M］. Sweden：Aedificatio Publishers，2005. 17-26.

［6］ 孙江安. 界面科学与硅烷系防水涂料［J］. 化学建材，1996，12（3）：115-116.

［7］ J. Glowacky，A. Gerdes，R. Nuesch. Bonding of silane on CSH-gel. In：Johan Silfwerbrand Edit. Proceedings of Hydrophobe IV International Conference on Water Repellent Treatment of Building Materials［M］. Sweden：Aedificatio Publishers，2005. 69-78

［8］ 陈明波，王艳梅，蒋正武. 硅烷浸渍混凝土防水技术［J］. 中国建筑防水，2010，（2）：1-3.

［9］ 朱淮军. 建筑用有机硅防水剂［J］. 有机硅材料，2007，21（6）：338-340.

［10］ 陈建强，范钱君，张立华. 有机硅建筑防水剂的研究与发展［J］. 浙江化工，2004，35（2）：23-24.

［11］ 赵铁军. 混凝土渗透性（第1版）［M］. 北京：科学出版社，2006，30-50.

［12］ 黄月文，刘伟区. 水乳型有机硅系表面处理剂的性能［J］. 涂料技术与文摘，2003，24（1）：30-31，34.

［13］ Yihan Liu，J. Rastello，Sutton-Poungthana. Aqueous emulsions of silicone resins［P］. US Patent，2010/0239771 A1，2010-09-23.－

［14］ M. D. Meddaugh，M. Mich. Method of providing waterproof coating for masonry walls［P］. US Patent，4273813，1981-6-16.

［15］ 徐彩宣，陆文雄. 新型水性有机硅系防水剂的制备研究［J］. 化学建材，2001，17（1）：33-34.

［16］ 夏小丹，张雄，张永娟. 建筑用水性有机硅憎水剂的制备及性能研究［J］. 新型建筑材料，2010，37（11）：75-77.

［17］ 胡孝勇，谭景林. 高硅烷含量有机硅-丙烯酸酯聚合物的制备研究［J］. 涂料工业，2009，39（12）：44-46.

［18］ 罗英武，许华君，李宝芳. 细乳液聚合制备有机硅/丙烯酸酯乳液及其性能［J］. 化工学报，2006，57（12）：2981-2986.

［19］ 李柯，陆文雄，党俐，乔燕，王律，张月星. 有机硅改性丙烯酸乳液防护涂层的合成及其对混凝土性能的影响研究［J］. 新型建筑材料，2007，34（4）：12-14.

［20］ 周建华，张琳，陈超，侯小青. 有机硅及纳米二氧化硅改性聚丙烯酸酯无皂乳液的合成和性能［J］. 精细化工，2010，27（5）：480-485，490.

［21］ A. Gerdes and F. H. Wittmann. Decisive factors for the penetration of Silicon-organic compounds into surface near zones of concrete. In：K. Littmann，Edit. Proceedings of Hydrophobe III-3th International Conference on Surface Technology with Water Repellent Agents［M］. University at Hannover：Aedificatio Publishers，2001. 111-122.

［22］ 黄月文，刘伟区. 高渗透有机硅型防水抗污涂料［J］. 上海涂料，2005，43（1-2）：25-28.

［23］ K. Rodder. Impregnation of concrete in depth［P］. US Patent，4716051，1987-12-29.

［24］ 黄月文，刘伟区. 高渗透溶胶-凝胶疏水防护涂料［J］. 化学建材，2009，25（6）：14-16.

［25］ 熊建波，王胜年，吴平. 硅烷浸渍剂对混凝土保护作用的研究. 混凝土，2004，（9）：63-65.

［26］ 吴平. 渗透型有机硅憎水剂在混凝土保护中的应用［J］. 新型建筑材料，2003，30（6）：55-57.

［27］ 郭庆中，黄恒超，伍青. 烷基对有机硅防水剂性能的影响［J］. 化工新型建材，2006，（8）：53-56.

［28］ 战洪艳. 混凝土表面有机硅处理与抗氯离子侵蚀性［M］. 青岛建筑工程学院，2004.

［29］ M. Sosoro. Transport of organic fluids through concrete［J］. Materials and Structures，1998，31

(3): 162-169.

[30] A. Gerdes, S. Meier, F. H. Wittmann. A new application technology for water repellent surface treatment. F. H. Wittmann edit. Proceedings of Hydrophobe Ⅱ International Conference on on Water Repellent Treatment of Building Materials [M]. Switzerland: Aedificatio Publishers, 1998. 217-230.

关于开展工程防水文化研究的思考

叶琳昌

摘 要：我国古建筑所倡导的"天人合一、道法自然"的文化遗产，是一笔宝贵的精神财富。而中国近现代防水文化的研究，还是一个有待开发的丰富宝藏。只有从"市场经济"这个新视角出发，采取现代科学研究方法，才会厘清过去被淹没的一些有价值的创新、发明，挖掘出更多的防水核心技术。因此，积极开展中国近现代建筑防水文化史的研究，是一项功在当代、利在千秋的大事，并有助于当今防水技术走上更好、更便捷的发展轨道。

关键词：古代建筑 近现代建筑 工程防水文化 传承创新

The necessity of the study on the culture of engineering-oriented waterproofing techniques

Ye Linchang

Abstract："Harmony between man and nature, Tao follows nature" is the principle that Chinese traditional building art followed, which is a precious heritage to us today. The study on the same culture in modern times should be preceded necessarily. From the viewpoint of market-oriented economy, and using the modern techniques, some key technologies embedded would be found, Briefly, the study on such culture is surely a valuable cause.

Key Words：ancient building, modern building, engineering-oriented waterproofing culture, inheritance and innovation

建筑防水技术在 20 世纪下半叶经历了快速发展时期，我们从"新材料"、"新技术"、"新工艺"等词语中，可以感受到这种变化。特别在中国，经历改革开放和 30 多年来的持续建设，城镇商品房住宅的普及，使建筑防水的重要性深入到千家万户。

在此大背景下，成绩与问题并存，主要反映在以下两个方面：一是建筑防水材料的发展与更新很快，由 20 世纪 80 年代沥青油毡一统天下，发展至目前六大门类上百个品种，防水材料性能有很大的提高，为各类现代建筑提供了可靠的功能保障，并建成了一大批有影响的防水项目。二是从总体来说，防水工程质量不容乐观，建筑渗漏的投诉率居高不下，建筑防水市场长期存在的无序和不公正现象，至今未见根本改观。

当前，随着低碳经济和节能工程的兴起，为防水工程的发展增添了新的内容，并对防水技术提出了更新、更严格的要求。因此，借鉴古今中外治水、防水有关成果，开展近现

[作者简介] 叶琳昌，1936 年生，上海嘉定人，土木建筑专业，教授级高级工程师，中国建筑业协会建筑防水分会专家委员会副主任，上海市建设系统专业技术学科带头人。联系地址：上海市田林 14 村 25 号 1803 室（200233），电话：13162521954

代建筑防水文化研究是很有意义的。

我国近代古建筑研究大师梁思成先生说："中国建筑既是延续了 2000 余年的一种工程技术，本身已造成一个艺术系统，许多建筑物便是我们文化的表现，艺术的大宗遗产。"（梁思成，中国建筑史，百花文艺出版社，1998 版第 2 页）。

那么，中国古建筑中"防水文化"精髓究竟在哪里？据作者分析，大致有以下几点：第一，保护结构、整体防水的辩证思维。其次，顺应自然、以人为本的人文精神。第三，与时俱进、传承创新的科学态度。

就中国建筑防水技术发展历程来看，可按三个阶段分类：即第一阶段是远古时代，防水主要是生存的需要；第二阶段是从商、周、秦，一直至晚清时代漫长的 3000 多年历史，防水主要是改善生活质量的需要；第三阶段是近、现代社会，可定位于 1840 年之后延续至今，防水主要是发展和可持续发展（适应环境和气候变化）的需要。

纵观我国建筑防水发展三个阶段来看，都离不开"文明、进步"与"创新"两个关键词。我们发现，从远古时代的泥土建筑到古代的土木结构、砖木结构以及近现代社会才使用的混凝土、钢筋混凝土、砖混结构以及钢结构等，每一次房屋结构的变化，都推动了防水新材料，新技术的发展；而每一项防水技术的进步或每一个优秀防水工程的诞生，也为人类的文明和社会进步作出了新贡献，其中瓦屋面、都江堰水利工程是古代防水、治水史上的辉煌杰作。

从现实来看，30 多年来，在工程建设领域内，我们虽然能盖起世界级水平的高楼大厦，建成不少高难度的桥梁与隧道，尤其是轻轨与高铁的飞速发展，带给人们的方便更是有目共睹。但我们只要仔细观察，在上述项目中"防水"问题始终没有得到应有的重视，甚至处于边缘化状态。

改革开放以后，我国引进了许多新型防水材料，其中，改性沥青防水卷材与热熔施工工法、反应型聚氨酯防水涂料与冷作业施工工法等，市场占有率大，质量比较稳定。但也有不少防水材料，因设计构造、施工工艺（含配套机具）以及工程建设标准等方面，还存在诸多缺陷，因而使用效果不甚理想。尤其在结合工程实际方面，如何掌握保证施工质量的核心技术和吸收相关的国外先进管理经验等，尚有不少差距。如果我们长期忽视上述问题，不立足于自力更生、自主创新的攻关研究，并在关键技术上有一个新的突破，那么要在短期内赶超世界先进水平也是一句空话。防水问题如果解决不好，不仅影响到使用功能与节能减排的效果，许多工程还会因渗漏水事故而引发钢筋腐蚀、混凝土剥离甚至危及结构安全等问题。为此我们也可通过防水文化的研究，厘清它们的源头，才能从根本上加以解决。否则，与结构、防水质量密切相关的短命建筑屡屡曝光，岂不应验了"其兴也勃焉，其亡也忽焉"的古语。

中国近现代防水文化史的研究，必须由传统学科和新兴学科、交叉学科并重，结合工程哲学的时代特点进行。其主要任务有两点：一是以历史和现实建筑物为对象，从防水专业角度进行客观、真实的调查，通过分析、整理，从中获得有科学价值的、规律性的史料；二是对当前涉及全面性、战略性、前瞻性的重大防水问题，也可进行梳理与评价。必须注意，在现代建筑的资料收集中，除了工程档案外，也可通过对当事人的采访或回忆，获得更为有用的第一手资料。

而在研究分类上，宜结合建设对象与用途的不同，可按防水材料、工程部位、结构类型分别撰写；也可对某一专题进行综合评价或建议，如地下工程单独采用结构自防水之得失，工程质量、功能质量指标量化与节能减排，防水工程中诚信缺失与制度预防等问题。

在防水文化研究中，我们必须坚持马克思主义的唯物辩证观点，以科学发展观为主题，吸收融合古今中外的各种先进的思想、理念和方法（如孔子的和而不同、老子的天道学说以及欧美史学研究中的"实践理论"等），使其成果既适应大规模经济发展的时代需要，又纳入到弘扬中华文化，建设社会主义文化强国的洪流中去。

"世界建筑在中国"。随着中国工程建设规模持续发展，为防水文化研究奠定了丰厚的物质基础。如何从历史和现实之"物"转化为有用之"文"，通过归纳分析、继承发展的关系，在现代科学研究方法指导下，以更高的境界，加深对历代防水文化的理解，从中梳理出更多、更好或在"当时只道是寻常，而今却难以做到"的理念和方法，使之成为现代化建设的助推器，这是我们这一代建设工作者应该担当的责任。

台湾东海大学建筑系教授汉宝德先生在研究中国古建筑后认为，其中许多技术方面有"独特的价值观和行为模式"，所以可用"文化去理解中国建筑。"（汉德宝，中国建筑文化讲座，北京：生活·读书·新知三联书店，2008 版序）。联系到我国 20 世纪 90 年代初推行的"防水工程质量保修期"制度，它的初衷是希望加强防水工程管理和维修，延长房屋寿命。孰料这一制度却为一些不法开发和建筑承包商所利用，他们相互勾结，以"最低价中标"为由，将该制度作为谋取不义之财的借口，造成假冒伪劣材料盛行，偷工减料、施工粗制滥造屡禁不止，房屋渗漏水比例和居民投诉率一直居高不下的现象。对此，虽有不少有识之士不断呼吁，但始终得不到法规或政策上的调整，最后只能沦为"年年漏，年年修，年修年漏何时休"的结局。如果我们从道德与诚信方面进行考量，那么对践行中共十七届六中全会关于建设社会主义文化强国的重要性、迫切性就会有更深刻的认识。

值得指出，当今我国建筑防水技术并非完美无缺。而中国近现代防水文化的研究，还是一个有待开发的丰富宝藏，特别是一些已经淘汰或目前使用很少的防水技术，如以油毡为代表的沥青防水技术，地下工程刚性抹面防水技术；蓄水屋面、架空屋面等史料更要进行抢救式挖掘。建议引入"工程防水"这一新的概念，将过去强调实践经验为主的普通防水技艺，转化为以理论与实践相结合的现代防水技术，才能澄清当前极为复杂的诸多工程技术难题，使防水设计避免不必要的失误，防水施工更为简便、可靠、耐久。另外，只有通过跨界、跨学科研究，特别是运用现代力学和建立起符合工程实际的教学模型之后，有望在较短的时间内促使防水施工改革步入"机械化、数字化、智能化"的正确轨道，这才是未来防水传承创新所追求的"高度"。对于改革开放以后的建筑（尤其是地下空间开发、交通建设），可用"市场经济"这个新视角，通过"材料、构造、功能与效益"等全面分析，取其精华，剔除糟粕，强调求真，为今后建设提供科学决策。

最后，作者呼吁政府有关部门，应重视"中国近现代建筑防水文化史"的研究，并在人力、财力和政策上给予关心和支持；同时，建议启动"中国近现代建筑防水文化史"的撰写工作。其中《上海市 1980～2010 年建筑防水发展回顾史》可列为开篇之作，以适应当前工程建设和文化建设的需要。作者深信，只要大家认识一致，通力合作，一定会厘清过去被淹没的一些有价值的创新、发明，挖掘出更多的核心技术，从而进一步掌握现代化建设中的经济规律、技术规律，这是值得期待的。

科学发展钢筋混凝土结构防水技术

蒙炳权

（广东省建筑科学研究院，广州　510500）

摘　要：介绍了土木与建筑工程防水的分类，针对工程防水技术的特性和防水工程的定义提出了见解，对用系统防水方法解决钢筋混凝土结构防水以及钢筋混凝土结构防水与钢筋混凝土结构防护（防腐蚀）的区别作了论述，同时对钢筋混凝土结构防水所用的一些主要材料进行了简要分析。

关键词：钢筋混凝土结构　防水工程　系统防水　防护

Scientific development of Waterproofing Technology in Reinforced Concrete Structure

Meng Bingquan

（Guangdong Academy of Building Research，Guangzhou　510500）

Abstract：The waterproofing classification in Civil and Construction Engineering is introduced. An opinion based on the character of waterproof construction technology and definition of waterproofing engineering is addressed. Systematic waterproof method for reinforced concrete is described. The difference of waterproofing and protection (anti corrosion) is illustrated. The important materials in waterproof engineering for reinforced concrete structure are analyzed.

Key Words：reinforced concrete，Waterproofing engineering，systematic waterproof，protection

1　引言

　　人类对土木与建筑工程具有防水功能的要求是从屋面工程开始的，历史悠久；但防治屋面渗漏至今仍是人们的重要使命。20 年前，"为使房屋建筑工程，特别是量大面广的住宅工程的屋面渗漏问题尽快得到解决"[1]，1991 年 6 月，国家建设部发布了《关于治理屋面渗漏的若干规定》。同年又发布了《关于提高防水工程质量的若干规定》，针对工程防水的设计、材料、施工以及维护保养等环节制订了一系列严格的规定；有关规定几经补充和强化，一直在我国建筑防水领域执行至今。

[作者简介] 蒙炳权（1938—），男，广东肇庆市人，广东省建筑科学研究院高级工程师，广州

20 年来，我国建筑防水材料的产销量和"防水工程"（指防水层施工）的施工面积有了极大的增长；当年以屋面防水为主的建筑物防水，早已"超出了建筑领域，扩展到市政、道桥、水利、高铁桥梁桥面，扩展到所有混凝土结构工程"[2]。但与此同时，我们不无遗憾地看到，在建筑防水领域里，防水材料无证生产、假冒伪劣产品流入市场导致市场秩序混乱的现象仍然存在；防水工程承包无序竞争、层层压价等弊端尚无明显扭转，我国建筑工程渗漏率仍居高不下；在治理屋面渗漏问题上，我们似乎又回到了原点。

防水治乱仍是当今话题，而混乱现象早已不只是建筑屋面工程防水独有，混乱现象在地下工程以及所有钢筋混凝土结构工程的防水中也都存在。土木与建筑工程防水如何通过科学发展走出困局，仍然任重道远。

2 土木与建筑工程防水的分类

屋面防水一直是人类建筑防水史里的主轴，因而至今我国建筑防水领域与外国对口交流的机构无一不是屋面工程承包商协会（简称屋面工程协会）。

自从有了钢筋混凝土，人类建筑工程以至整个土木工程建设进入了一个崭新的时代。除了房屋建筑，一系列地下工程、水池、输水管道等需具备防水功能的钢筋混凝土结构亦大量涌现。建筑屋面工程防水和地下工程防水代表了当代土木与建筑工程里性质不尽相同的两种防水类别。

屋面和地下工程这两类工程防水分别具有不同的特点。建筑屋面工程防水特点是要防止的是雨水的袭击，雨水是常压水；水对建筑屋面的作用具间歇性以及工程易于维护与翻修等。地下工程与屋面工程防水显然不同，它要防止的是地下水的袭击，地下水是压力水；水对地下工程的作用具持续性；工程难于维护翻修以及结构本体防水功能对工程防水有更为主导的作用等。

实际上建筑屋面防水和地下工程防水分属两个不同的工程防水技术范畴。包括地铁车站、区间隧道、地下建筑等在内的一系列地下工程以及水池、输水管道、大坝等的防水大都应归属钢筋混凝土结构防水的范围。

目前在我国土木与建筑工程领域内运作的大"建筑防水"，实质包含着三个不同的内容：建筑（屋面）防水、钢筋混凝土结构防水以及钢筋混凝土结构防护（如要求设计使用年限一百年的高铁桥梁等）；前两者为"防水"，第三种则以提高耐久性为目的，不属"防水"而是属于混凝土"防腐蚀"的范畴。

根据国外情况，笔者认为，我国土木与建筑工程的工程防水宜分为如下两类：建筑（屋面）防水和钢筋混凝土结构防水。

3 防水技术与防水工程

防止水之泄漏，谓之防水。例如屋面做到不漏、水池做到不泄，就表明这些工程已具备了防水之能力。

防水其实是一种功能；为获取防水功能人们研究总结出一系列的方法，于是人类有了防水技术。

手表的"防水"和混凝土地下工程的"防水"显然采用了大不相同的技术；足见防水技术领域范围之广；土木与建筑工程防水技术只是其中的一个分支。

多年以来，在建筑工程领域里不少人已习惯于只把"如何使用防水材料做成防水层"视为"防水技术"，把"设置防水层"视为"防水工程"，显然不够全面、准确。试想，我们传统的砖砌墙体和瓦坡屋面以及国外一些地下混凝土结构工程，它们都只是利用结构本身（未加设防水层）达到防水目的，能说没对它们使用"防水技术"、没对它们实施"防水工程"吗？其实，传统的砖砌墙体在施工过程中用符合要求的砂浆将具足够防水性的砖块砌筑，并按要求做到坐浆饱满、严格钩缝，造出的砖墙体就会具有足够的防水功能。这是我们祖先对墙体的做法，同时也是"墙体防水"的成功做法：为了防止墙体渗漏，前人早已把砖墙体防水功能的概念和技术揉合于传统的墙体砌筑技术之中，无需刻意另搞什么"墙体防水工程"就已达到目的。

当然外加防水层仍然是工程防水技术的一部分。比如，当代屋面防水技术多数包含屋面结构本体防水和外加防水层防水。这个系统技术往往连同隔热保温等技术汇入屋面工程项目整体施工技术之中，按工序予以实施；而防水功能作为屋面工程整体必备功能的一部分，体现于屋面工程整体质量要求之中。当今世界以及 20 世纪 90 年代前的中国莫不如此。

客观实践表明，土木与建筑工程防水技术并不是一项孤立的技术，它往往表现为多种技术和措施之组合，具有明显的系统性。

与此同时我们可以发现，防水技术是一类依附性的技术：各种不同的防水技术往往依附于各类不同工程的整体技术之中。

实践证明，利用防水技术使工程获得防水功能是一个系统性、综合性的操作过程，而且这个过程往往融合到工程整个设计及施工过程之中。实际上，"在工程结构的设计及施工过程中系统综合利用各种防水技术和措施，使工程具有防水功能所做的全部工作"就是"防水工程"，可见真正意义上的"防水工程"不应是一个独立的、分离的单项工程。

4 防水之系统工程说

目前我国建筑防水范围内"防水"（"防护"除外）的工作实际包含了建筑（屋面）工程防水和钢筋混凝土结构防水。按当前我国建筑防水领域里的定位，防水工程是指防水层的施工工程；而防水工程是个系统工程，这个系统由防水设计、防水材料、防水工程施工和防水工程管理维护四个环节构成。

多年来在我国土木与建筑工程防水领域内，每当遇到工程防水质量欠佳时，究其原因，通常会被指责为防水工程没做好：防水层设计不当、防水材料用了伪劣产品、防水层施工不专业、使用中管理维护不够好，等等。可是，年年总结如此，岁岁问题依旧。这是个不争的事实。

工程防水质量不良是防水工程没做好所致，此言甚是！但如果防水工程仅指防水层的施工，并认为工程防水质量欠佳只是防水层不好惹的祸，则此言差矣！

常听混凝土地下下程的工程师说，地下工程渗漏主要是因为混凝土结构存在缺陷、疏松、裂缝所导致；结构中变形缝、伸缩缝的止水带安装就位不好以及施工缝、后浇带施工不良等也是造成渗漏的主要原因；但这些问题不是单靠外加防水层所能解决的。上述见解早为工程实践所证明。可见混凝土地下下程渗漏问题主要出自混凝土结构本体的设计和施工上。在屋面工程也会有类似的情况。

由此可见，光把防水层施工定位为防水工程，看来不够全面和准确。这种定位易使人误解"设置防水层"是工程取得防水功能的不可或缺或唯一手段。事实说明，将"防水层施工工程"定位为工程项目的"防水工程"，并由专业施工防水层的机构主要担负工程项目的防水质量责任，这种做法业已产生不良后果，可以说，我国长期以来常出现工程防水质量事故却又无人真正承责的现象，与此不无关系。这种定位对提高工程防水质量不利，对防水材料的健康发展亦非常有害。

针对屋面工程和地下工程，2009年笔者曾提出如下观点："实践证明，屋面的防水功能不能单纯依靠设置防水层获得，而是要通过屋面工程系统中各环节的全部防水措施的综合作用，也就是运用'系统防水'的方法，才能获得良好的效果；而作为防水措施之一的防水层的设置，常与隔热保温层分别作为一道工序，在屋面工程施工中完成"[3]。

因此，笔者认为，防水工程的定义应为：在结构工程施工过程中系统综合利用各种防水技术和措施（包括防水层的设置）使工程具有防水功能所做的全部工作。

防水工程是个系统工程，它由结构本体防水和各种外加防水措施共同构成；将防水工程技术融汇入工程项目（如屋面工程、地下工程等）的整体技术系统里，贯穿于工程的设计及施工进程实施；工程防水质量作为工程总体质量的一部分评估。此谓之系统防水法。

5　钢筋混凝土结构之防水与防腐蚀的区别

世界各国为满足对一些钢筋混凝土结构的特殊要求，通常对它们采取不同的方法进行特殊处理，例如：对需防水的工程做成防水的钢筋混凝土结构；对要求提高工程耐久性、延长使用年限的钢筋混凝土结构（如要求工程主体结构设计使用年限为一百年的高铁混凝土桥梁、地铁地下车站和区间隧道等）则采取防腐蚀、防磨损等防护方法。

不过，目前在我国建设工程中，不论是要求防水或者是要求提高耐久性延长使用年限的所有钢筋混凝土结构，都只采用防水的方法。

对此，我国业界存在不同见解。笔者就曾提出："钢筋混凝土结构防护与建筑防水是两个不同的概念、两个不同的技术范畴"[4]。

5.1　防水与防腐蚀目的不同

钢筋混凝土结构防水的目的是防止水的渗透；有的是防止地下水渗透进入结构内部空间（如地下工程等），有的是防止水漏走（如水池等）。

对钢筋混凝土结构采取防护（防离蚀）措施的目的是："防止自然界各种环境条件对钢筋混凝土的侵蚀，避免钢筋混凝土破坏，从而提高耐久性，…"[4]。

两者目的明显不同。

5.2　防水与防腐蚀机理不同

钢筋混凝土结构防水的机理是：采取措施，防止水穿透维护结构进入内部空间（如地下工程等）不致影响使用，或者杜绝水穿透维护结构从内部空间漏走（如水池等）。对于包括水分在内各种液体对结构的渗透，原则上只要不穿越结构，不造成渗漏，对结构的防水而言是允许的。

钢筋混凝土结构防腐蚀的机理，远较防水复杂。首先我们必须弄清造成混凝土腐蚀的因素。"导致钢筋混凝土劣化包含有下述几个化学和物理的破坏机理：钢筋锈蚀、冻融循环、碱集料反应、硫酸盐侵蚀和收缩开裂等，其中钢筋锈蚀对混凝土的破坏作用最大；而混凝土的碳化和氯离子的侵入是通过破坏保护钢筋的混凝土钝化层从而导致钢筋快速腐蚀的主要因素。…要防止钢筋混凝土腐蚀，就必须防止导致钢筋混凝土破坏的各种化学和物理过程的发生，或者采取必要的补救措施，为达此目的必须阻止环境中的各种气体（包括空气）和液体（包括水分）物质接触混凝土表面、渗透进入混凝土内部…"[4]。

当然，水分也是造成混凝土腐蚀的一个因素，所以混凝土"防水"也能起部分防腐蚀作用。但水分仅为众多造成混凝土腐蚀因素之一；而且对混凝土"防水"而言，只需防止水之漏入（或漏出），无需绝对防止水对混凝土表面的局部渗透，可见"防水"不能完全阻止水分参与腐蚀混凝土的化学反应过程。面对水分，混凝土防水功能中的"防水"和混凝土防腐蚀中的"防水"有着不同的含义：防止水的泄漏只是防止一个物理过程的出现，而防止水分参与导致混凝土腐蚀的各种化学反应则是防止一系列化学过程的发生。

由此可见，钢筋混凝土结构的防水与防腐蚀之间存在原则上的差别，不能靠混凝土结构防水解决其防腐蚀问题。但鉴于混凝土的防腐蚀已包含高度防水之要求，故对于那些明确要求工程主体结构设计使用年限为 100 年等的钢筋混凝土结构，应该采用钢筋混凝土防护（防腐蚀）技术，综合解决钢筋混凝土结构耐久性以及防水问题。

6 钢筋混凝土结构的防水

钢筋混凝土结构防水主要体现在各种混凝土地下工程、混凝土水池、输水管道以及大坝等需具防水功能的钢筋混凝土结构工程。

6.1 钢筋混凝土结构的防水技术

钢筋混凝土结构防水系统由下列构成：

1）钢筋混凝土结构本体防水；

2）各种外加防水措施。

要使钢筋混凝土结构工程达到防水的目的，须将系统综合的防水技术结合到结构工程总体技术之中，并在工程设计及工程施工过程中加以实施；工程的防水质量作为工程总体质量的一个部分进行评估。

6.1.1 钢筋混凝土结构本体防水

钢筋混凝土结构要达到结构本体防水的目的，要做好一系列工作；主要有：

1）防裂防渗钢筋混凝土结构之设计（须综合考虑结构的抗裂设计、防水混凝土之采用、工程细部构造的防水处理等一系列问题）；

2）正确选择混凝土防水剂；

3）通过试配确定可靠、合理的防水混凝土配合比；

4) 严格的混凝土搅拌、浇筑和振捣；

5) 充分的湿养护；

6) 工程细部构造防水的严格处理和结构施工过程中相关防水措施之实施等。

6.1.2 钢筋混凝土结构外加防水措施

除上列钢筋混凝土结构本体防水所采取的一系列防水措施之外，主要外加防水措施还有：

1) 混凝土微孔、裂缝等之防水处理

a) 抹刮聚合物防水砂浆；

b) 喷涂或涂刷能渗透并堵塞微孔或能渗透并使孔隙壁面具憎水性的材料（如混凝土液状硬化剂、高渗透改性环氧涂料、水泥基渗透结晶涂料、有机硅涂料等）；

c) 喷涂涂料形成薄涂膜封闭；可分别选择丙烯酸涂料（兼有装饰功能）、环氧涂料、高渗透改性环氧涂料（兼有防护功能）、聚氨酯涂料等。

2) 混凝土结构节点及缺陷之处理（包括某些新建工程之预处理）

a) 灌注特种水泥灌浆料；

b) 灌注合成树脂灌浆料。

3) 工程细部构造防水处理

施工缝、后浇带、变形缝（诱导缝）等分别采用各种止水带、止水条（胶）预埋注浆管等进行防水处理。

4) 特殊地下工程等要求的增强防水效果措施

a) 涂刮涂料形成厚涂膜（如聚氨酯涂料等）；

b) 铺设防水卷材、防水板等（可选择 SBS 改性沥青卷材、PVC 卷材、HDPE 及 EVA 防水板等）。

6.2 对用于钢筋混凝土结构防水的某些材料的分析

6.2.1 混凝土防水外加剂

防水外加剂的主要作用是减少混凝土内部空隙和干缩裂缝等，从而不同程度上达到混凝土防裂防渗之目的。是现阶段我国防水混凝土配方中的重要成分。下面试对几个主要品种作简要分析：

1) 减水型防水剂

减水型防水剂的主要作用原理是通过防水剂的表面活性作用，使水泥颗粒能充分与水分接触进行水化反应，因而可较大幅度降低混凝土配合比中水的掺量，令混凝土凝固后内部孔隙和干缩裂缝大为减少，达到防裂防渗目的。由于减水剂是商品混凝土配方中的固有组分，故在商品混凝土配合比基础上采用减水型防水剂配制防水混凝土，可减少甚至免去原配方中的减水剂用量，降低防水混凝土制造成本。

a) 高效减水剂：高效减水剂具有较高的减水作用，聚羧酸盐减水剂是其典型代表；

b) 减水复合型防水剂：一种以萘系高分子缩聚化合物为主配成的减水复合型防水剂，具有减水、缓凝、微膨胀、降低混凝土水化热等效能。

2) 聚丙烯微纤维

在商品混凝土拌合料（含有减水剂）中掺入少量特种聚丙烯微纤维，在严格执行混凝土生产和施工操作规程的前提下，可得到质量较好的防水混凝土。

国内外实践表明，在众多高分子微纤维中，经特殊加工处理的聚丙烯微纤维（如早期的美国杜拉纤维等）才能发挥较好作用；因为只有特殊加工制得的聚丙烯微纤维才具备下述必要的性能：极细（1kg 含有 12mm 长的纤维 3000 万根）、能快速均匀分散以及能大量吸附水泥水化结晶使混凝土对其有极强之握裹力。

作用原理：微纤维在混凝土拌合料中形成均匀分布的乱向三维网络支撑体系，减少塑性收缩裂缝和沉降裂缝的产生；约束了早期裂缝，避免内部裂缝和孔隙发展成贯通性；同时"网络支撑体系"使混凝土拌合料泌水均匀，减少析水，保证了混凝土强度的发展。

3）微膨胀剂

用微膨胀剂制成微膨胀混凝土，在严格按要求操作，满足微膨胀混凝土发挥"补偿收缩"作用的所有条件的情况下，微膨胀混凝土有较好的抗裂防渗效果。

作用原理：根据有关文献报导[5]，多数膨胀剂在水泥水化过程中以形成钙矾石为膨胀源，这些膨胀结晶填塞于毛细孔和微裂缝中，使总孔隙率减少，从而造成混凝土之密实性增大，因而防渗；以限制膨胀来补偿混凝土的限制收缩，抵消了钢筋混凝土结构在收缩过程中产生的全部或大部分的拉应力，从而使结构不裂，或将裂缝控制在无害裂缝之范围内，因而抗裂。

微膨胀剂在我国防水混凝土结构中应用数量较大，历史较久。但在南方一些混凝土结构工程实践研究分析表明[6]，由于微膨胀混凝土只有在三向受力（受限制或受约束）状态下，才能起到补偿收缩作用，可是在一般墙板体系中的混凝土仅承受双向应力，故这些混凝土不能起到补偿收缩作用；加上微膨胀混凝土养护中湿养护时膨胀而干养护时收缩，而实际工程中往往难以提供侧壁充分湿养护条件，因而此类工程常发生开裂，要注意避免。

6.2.2 混凝土的渗透防水材料

1）渗透型混凝土硬化剂：此类材料在国外应用普遍。将它喷洒或涂刷于混凝土（养护 14 天后之新混凝土）表面后能像水一样渗入微孔，与内部的氢氧化钙等物质发生化学反应生成硅酸钙类固体物，填塞孔隙，增加表面密实度和强度，使混凝土具有防渗、防起尘、防污等功能，目前常用于混凝土地面工程。美国哈比顿（HARBETON）这种氟硅基反应型混凝土硬化防尘剂，为无色、透明、无气味、不燃的液体，便是一例。

2）高渗透改性环氧涂料：是一种我国的专利技术产品，能渗入微米级的孔隙、裂缝；在自然状态下能在混凝土表面通过毛细孔道、微孔隙和肉眼看不见的微细裂纹渗入混凝土内 2mm 以上。

3）水泥基渗透结晶材料：此类材料对混凝土有一定之渗透力并能在表面形成防水浆膜。20 世纪 80 年代中期，加拿大的 XYPEX（当时译作"大力士"）由香港传入广州，是水泥基渗透结晶材料较早在我国出现的产品，同期输入广州的还有类似的另一产品——美国的"确保时"（COPROX）。20 世纪末，XYPEX（译作"赛柏斯"）重入国门，飞速发展。目前国内市场价格混乱，质量良莠难分，须加注意。

6.2.3 灌浆材料

用于结构内部裂缝或空隙等堵漏或加固的灌浆材料主要有：

1）特种水泥灌浆料；

2）环氧灌浆材料；

3）高渗透改性环氧灌浆材料：能渗入低渗地层和 0.001mm 细微裂缝中；

4）聚氨酯灌浆材料；

5）丙烯酸盐灌浆材料等。

7 结论

1. 土木与建筑工程防水可分为建筑（屋面）防水和钢筋混凝土结构防水两类。

2. 工程防水技术是一种依附性技术，它是由一系列防水技术和措施组成，往往依附于工程系统总体技术之中。

3. 在土木与建筑工程防水中，防水工程的含义是：在工程设计和施工过程中系统综合利用各种防水技术和措施使工程具有防水功能所做的全部工作；防水层的施工仅是多数工程施工过程中的一个工序。工程的防水质量应作为工程总体质量的一部分进行评估。

4. 钢筋混凝土结构的防水系统由钢筋混凝土结构本体防水和各种外加防水措施构成。

5. 钢筋混凝土结构防水与钢筋混凝土结构防护（防腐蚀）有原则区别，它们分属不同技术范畴。不能用钢筋混凝土结构防水来解决其防护（防腐蚀）问题；但可用钢筋混凝土结构防护（防腐蚀）同时解决其提高耐久性和防水问题；因为混凝土防腐蚀里包含有高度防水的功能。

参考文献

[1] 建设部文件.关于治理屋面渗漏的若干规定.1991

[2] 蒙炳权.对中国建筑防水的观察与思索.湖北工业大学学报，2009.24（Sub）：14-18

[3] 蒙炳权.屋面和地下工程之防水及混凝土结构之防护.中国台北：2009 GHMT 第 7 届两岸四地工程师（台北）论坛论文集，2009：80

[4] 蒙炳权.论铁路混凝土桥梁桥面防水与建筑防水之不同。湖北工业大学学报，2011.26（Sup）：35-39

[5] 游宝坤.结构防水理论与实践.全国防水技术经验交流会 1995 年学术年会论文，1995

[6] 谭敬乾.微膨胀混凝土在工程防水应用中存在问题分析.广州：广东省土木建筑学会建筑防水学术委员会成立十周年暨 2005 学术报告会论文，2005

广东建筑外墙防水有关技术概述

张民苑　邓天宁

（广州市鲁班建筑工程技术有限公司，广东广州　510665）

摘　要：介绍了几种外墙新型的技术及工艺。

关键词：外墙　聚合物砂浆　维尼龙　钢网　防水隔热

The Technical Overview about Exterior Walls' Waterproof of Guangdong

Zhang Minyuan　Deng Tianning

（Guangzhou Luban Construction Engineering Technology Co.，Ltd.，
Guangzhou，Guangdong 510665）

Abstract：Several new technologies and processes of exterior wall are introduced.

Key Words：exterior wall，polymer mortar，vinyl，steel mesh，waterproof insulation

随着现代社会的发展，建筑物的高度越来越高，并且外墙砌体、填充材料和窗所采用的材料越来越多，但由于施工技术的改进跟不上材料更新的步伐，施工队伍良莠不齐，又由于在《建筑外墙防水工程技术规程》（JGJ/T 235—2011）未出台前，外墙一直采用广东省标准《建筑防水工程技术规程》（DBJ 15—19—2006）[1]，该省规范发布至今已有四年之久，其中存在很多不完善的地方。再加上广东是沿海地区，台风多、雨水量大，以致造成近年来建筑物和窗漏水现象日益严重，据不完全统计，在广东外墙及窗的漏水占全部建筑漏水投诉的 60％以上。以下结合现行新型材料及笔者多年的外墙补漏施工实践经验，总结了外墙常见的防水设计的误区或错误的习惯做法，介绍了几个外墙防水理念新技术、新工艺。

1　外墙防水设计误区及错误的习惯做法

1.1　根据大部分设计人员对外墙的设计，笔者总结出设计人员以下几种设计外墙习

[作者简介] 张民苑，1981 年生，助理工程师，广州市鲁班建筑工程技术有限公司设计主任，联系地址：广州市天河区中山大道天河科技园建中路 60 号三楼 510665，电话：13924164059

惯做法：

（1）外墙用普通砂浆（甚至用石灰混合砂浆）打底找平后做聚合物砂浆或JS涂料防水层。

（2）设计人员对防水层统一采用防水砂浆、聚合物砂浆等，无具体的指标要求，也不分聚合物种类，导致施工单位选择价格低廉、不符合聚合物砂浆指标要求的材料施工。

（3）用预拌砂浆作外墙打底抹灰砂浆后用聚合物砂浆作防水层。

（4）用水泥净浆或砂浆作粘结饰面砖和勾缝材料。

（5）不了解材料的适用性，外墙采用柔性大的防水材料作防水层，并在后做粘结饰面砖。

1.2 常见的外墙设计做法[2]，见图1。

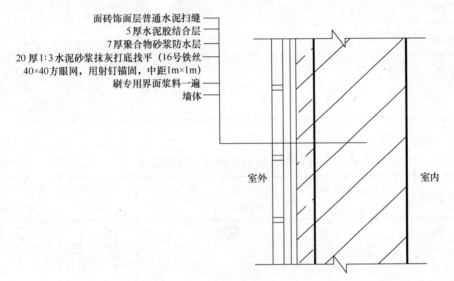

图1 常见外墙构造大样图

2 外墙防水漏水的关键因素

2.1 首先，从控制质量开始，外墙找平层的质量是影响墙体防水效果的关键点，尤其以防止找平层开裂、空鼓为重点。

2.2 了解材料的品种，设计应明确材料的种类，不能随意指防水砂浆或聚合物砂浆，并且外墙防水层应作技术指标要求，验收时抽检防水层的各项技术指标。目前我省乃至全国外墙防水层、找平层的验收，基本都不以广东省防水规程的要求作为技术指标进行验收。

2.3 找平层施工时未进行安装钢网或安装钢网的位置不正确等，造成找平层空鼓、裂缝、砂眼等质量隐患。

2.4 外墙的梁、墙不同材料交接缝处，由于混凝土及砌体不同材料收缩系数同步，容易在该部位产生裂缝，并且施工时，交接缝很难填塞饱满。

2.5 饰面砖空鼓，勾缝开裂，粘结层的砂浆开裂和空鼓存水。

2.6 窗框边的塞缝不饱满、开裂，致使窗体之间缝漏水。

3 聚合物防水砂浆的种类、性能以及价格差异

在介绍有关聚合物砂浆前，首先要了解普通砂浆、防水砂浆、聚合物砂浆之间的差别和定义，见表1。

普通砂浆、防水砂浆和聚合物砂浆的性能比较 表 1

指标性能 \ 类别	普通砂浆	防水砂浆	聚合物砂浆
粘结强度（MPa）	0.3～0.4	0.5～0.7	1.2～2.5
抗折强度（MPa）	2～3	3～4	8～15
抗渗强度（MPa）	0.4～0.5	0.8～1	1.5～2.5
折压比	1/10～1/11	1/10～1/11	1/4～1/3

3.1 聚合物防水砂浆的种类，见表2。

各种聚合物防水砂浆的性能指标 表 2

聚合物种类	粘结强度（MPa）	抗折强度（MPa）	抗渗强度（MPa）	抗压强度（MPa）	每毫米单方造价（元/mm·m²）
LB-21 环氧乳液	3.5	18	3.5	50	12～15
LB-7 氯丁胶乳	1.5	15	2.0	30	8～9
LB-16 丙烯酸胶乳	1.2	8	1.2	25	6～7
丁苯胶乳	1.1	8	1.1	30	3～5
LB-71 维尼龙胶乳	1.2	9	1.5	40	0.5～1
乙烯-醋酸乙烯胶乳	1.0	7	1.0	25	2～1.5

注：单方造价是估算价，实际价格会因不同厂家、不同质量而有所不同。

表2中各种聚合物的性能指标是该品种常规最大的数据，实际不同厂家有不同品质，会有不同出入，但主要与下面几个因素相关：

（1）不同乳液浓度（用含固量表示）具有不同的质量指标，含固量越低的乳液性能指标越低，乳液稳定性和贮存时间越短。

（2）聚灰比不同，指标也不同。聚灰比越高，砂浆抗折强度和粘结强度就越大。

（3）水灰比越大，聚合物砂浆强度指标越低。

除此之外，聚合物砂浆有干粉型和乳液型两种。一般情况下，同一种类乳液型的性价比大于干粉型，但干粉型比乳液型使用方便。

从表 2 中可以看出，性价比最高的聚合物砂浆是 LB-71 维尼龙聚合物砂浆，用它做外墙，可选 25mm 厚，只比一般水泥砂浆增加 10 元左右就能达到替代普通砂浆打底，改造全外墙砂浆为聚合物防水砂浆的目的。

3.2　108 胶所配制物是否是聚合物防水砂浆。

认为 108 胶是聚合物防水砂浆这一观点是广东工程界普遍存在的误区之一。108 胶（也称"建筑胶"）主料是聚乙烯醇，它是高分子聚合物的一种，但因达不到防水聚合物砂浆的指标，所以它不是一种聚合物防水砂浆，其中抗渗强度，抗折强度均达不到聚合物防水砂浆的指标。

案例一：肇庆某楼盘是按中南标外墙设计要求采用氯丁胶乳聚合物砂浆防水层 7 厚设计的，后来施工单位了解到氯丁胶乳聚合物砂浆的价格偏贵，则要求改用 108 胶代替。由于设计单位不清楚 108 胶与氯丁胶乳的差异，就同意了这一要求。结果是造成这楼盘外墙开裂漏水严重。

3.3　聚合物水泥防水砂浆性能[3]，见表 3。

聚合物水泥防水砂浆性能指标（JC/T 984—2005）　　　表 3

项　　目		干粉类（Ⅰ类）	乳液类（Ⅱ类）
凝结时间	初凝（min）	≥45	≥45
	终凝（d）	≤12	≤24
抗渗压力（MPa）	7d	≥1.0	
	28d	≥1.5	
抗压强度（MPa）	28d	≥24.0	
抗折强度（MPa）	28d	≥8.0	
粘结强度（MPa）	7d	≥1.0	
	28d	≥1.2	
耐碱性（饱和 Ca（OH）₂ 溶液，168h）		无开裂、剥落	
耐热性（100℃水，5h）		无开裂、剥落	
抗冻性—冻融循环（−15℃～20℃），25 次		无开裂、剥落	
收缩率（%）	28d	≤0.15	

通过各种试验及经验研究得出：外墙砂浆开裂的最大影响因素是砂浆的抗折强度；影响空鼓的最大因素是粘结强度。

4　防水、保温方案

结合广东省标准《建筑防水工程技术规程》（DBJ 15—19—2006），并根据笔者的实践及经验总结以下介绍两个可行实效的防水、保温方案，从当前优秀的材料、设计、施工方法及经济等方面进行具体介绍及分析。

4.1 方案一：抗渗抗裂防水做法（不带保温的外墙防水做法，见图2）

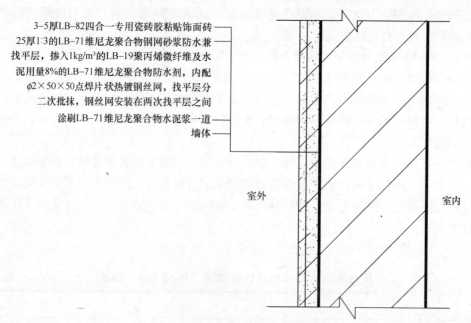

3-5厚LB-82四合一专用瓷砖胶粘贴饰面砖
25厚1:3的LB-71维尼龙聚合物钢网砂浆防水兼找平层，掺入1kg/m³的LB-19聚丙烯微纤维及水泥用量8%的LB-71维尼龙聚合物防水剂，内配φ2×50×50点焊片状热镀钢丝网，找平层分二次批抹，钢丝网安装在两次找平层之间
涂刷LB-71维尼龙聚合物水泥浆一道
墙体

室外　　　　室内

图2　外墙防水构造大样图

4.1.1 方案特点

（1）本防水砂浆掺入 LB-71 维尼龙聚合物防水剂作为砂浆防水外加剂。该防水剂主要是掺在水泥砂浆中可形成连续性的维尼龙屏蔽膜结构，当砂浆产生裂缝渗漏时，维尼龙屏蔽膜能自行密实、修补、填充裂缝从而起到防水作用。此外由于加入了维尼龙聚合物可大大提高砂浆的粘结强度和抗折强度。

（2）本砂浆通过掺入 LB-19 泰尼纤维（即聚丙烯微纤维）可以解决以往刚性防水砂浆层的致命缺点——容易开裂和空鼓的问题。掺入 LB-19 泰尼纤维以及钢网，数倍地增加水泥砂浆的抗裂、抗拉及抗折强度，两者综合在一起，起到优秀的效果。

（3）本高效自修复防水、抗裂水泥砂浆由于属刚性自修复防水抗裂类别，其组成各材料（如水泥、砂子、LB-71 维尼龙聚合物防水剂、LB-19 泰尼纤维等）均为无机物或耐腐蚀有机物，故砂浆中不存在任何有毒、发霉或污染等环保问题；同时本砂浆在开裂自修复、抗轻微变形有着较强性能，特别适合在容易产生温度变形而开裂的外墙防水砂浆层（或找平层）中使用。

（4）LB-71 维尼龙聚合物砂浆的最大优点之一是：砂浆的黏聚力高，和易性好，保水性好，批荡起来浆体柔软、轻松，从而使其挂墙率高、丢灰率低，施工功效能提高 20%～30%，使施工单位非常乐意用。

例如，珠海某一土建总包单位，开发商向其推广 LB-71 维尼龙聚合物砂浆这种产品，他们坚决不用，除非增加工钱。谁料用过之后，他们不但不要求增加工钱，反而主动要求把这种产品应用在另一个工程上。被问到原因时，他们告知使用 LB-71 可提高功效和减少掉灰率，进而节约了砂浆材料。

（5）本推荐方案钢网采用 φ2×50×50 点焊片状热镀钢丝网代替一般的细径卷网，主要是因为卷网施工时在中间容易反弹，导致第二层的砂浆找平层不能批上墙，往往因为这样，很多的施工单位为贪图方便就在批荡前事先将钢丝网钉牢固在墙体与找平层之间（见图3），由于钢丝网反弹，找平层批荡时钢网与墙体之间的缝，用砂浆根本就没办法填满，这样就更容易导致找平层与墙体不能粘牢，找平层空鼓、裂缝、水就抄砂浆层的后路，并且如果找平层施工质量不好，面层采用强度高的防水层，作用不仅不能发挥，而且防水层更因底层砂浆开裂而随之开裂，并且饰面层也容易空鼓及脱落。

现在的外墙钢丝网的安装大多数没按照设计要求放在砂浆截面中部，广东省绝大部分的习惯做法是：钢丝网直径很小只有 0.9mm，而且是直接钉压在砂浆底砖面上，故此造成的后果是根本起不到增强砂浆层抗裂抗拉强度作用，反而导致批荡层与基层空鼓起壳。为此我们研究了一套砂浆层中部安装钢丝网的新工法：

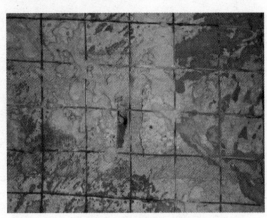

图3　钢丝网钉挂在砖墙面

1. 先打底层 10 厚的 LB-71 聚合物砂浆。

2. 待 1～2 天后干，具有一定强度时，钉装 $\phi 2 \times 50 \times 50$ 点焊片状热镀钢丝网。

3. 批荡 15 厚 LB-71 维尼龙聚合物砂浆。

这一工艺保证了钢丝网在砂浆的截面中部，真正起到抵抗砂浆开裂的功效，这一工艺也保证了施工单位不能 25 厚砂浆一次成型，避免质量隐患。

4.1.2　一般的设计做法与方案一的经济对比（表4）

一般设计做法与方案一的经济对比　　　　　　　表4

常规构造做法		推荐方案做法			
构造层次	材料造价	构造层次	材料造价	材料	单价
25厚1：2.5 钢网水泥砂浆找平层	14.59 元	25 厚 LB-71 维尼龙聚合物 LB-19 泰尼纤维钢网抗渗抗裂防水砂浆兼找平层	39.6 元	25 厚水泥砂浆	14.59 元
$\phi 1.0 \times 20 \times 20$ 钢丝网	4 元			$\phi 2 \times 50 \times 50$ 点焊片状热镀钢丝网	13 元
7厚聚合物防水砂浆防水层	38 元			LB-19 纤维	35 元/kg
				LB-71 聚合物	12 元/kg
小计	56.6 元	小计	39.6 元		

注明：以上单价仅供参考，并且价格不含人工费、所有措施技术、材料运输费及管理费等；为方便比较所有方案均忽略人工费；材料单价为估算价，具体以市场价格为准。

结论：采用此方案施工的外墙，不但造价不会比原设计高，而且还会比其低，并且把原设计的 7 厚聚合物砂浆防水层提高到 25 厚聚合物砂浆防水层，防水抗裂效果大大增加，这一方案已实践了七年，在多个房地产公司推广试验，效果很好，外墙开裂、空鼓漏的情况也减少。

4.2 方案二：外墙节能保温防水做法（图 4）

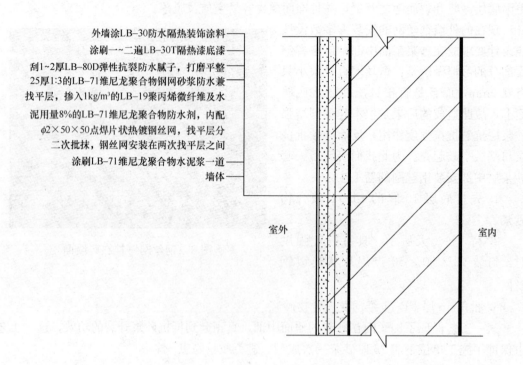

图 4　涂料外墙节能构造大样图

4.2.1 方案特点

（1）LB-30 装饰防水隔热涂料，其独特之处是面层外墙施工后的防水效果、节能效果及饰面外观效果三合一，且具有反射、抗紫外线及红外线等功能。本涂料能通过节能设计审查和节能验收。在外墙施工完毕后，可使外墙温度降低，减少外墙墙体或墙体与混凝土结构交接部位因温度作用而开裂渗漏的可能。本涂料具有较高的拉伸强度≥1.5MPa（25℃）和优秀的断裂延伸率≥300％；在外墙因温度作用或建筑物因沉降而轻微开裂时可抵抗轻度变形破坏并保持防水层的整体性。本涂料具有独特的耐污染性及自洁功能，在施工完毕后可长期保持外墙面光洁如新；且无毒、无害、无污染、耐化学腐蚀。

（2）本涂料的专用底涂具有降温、隔热的效果，在外墙施工完毕后，可使外墙温度降低，减少外墙墙体或墙体与混凝土结构交接部位因温度作用而开裂渗漏的可能。

（3）使用 LB-30 涂料的比没使用本涂料在正常夏天房屋的空调电费可节省 30％～50％，室内温度比没使用 LB-30 的房屋室内温度低 3～5℃。

（4）用 LB-30 的反射太阳能的数据计算，可替代保温砂浆 20～30 厚，而能通过节能设计审查，从而节约一层保温砂浆的造价和一层防水层的造价。每平方米外墙可为投资者节省最少 40 元/m²。

4.2.2 一般的设计做法与方案二的经济对比（表5）

一般设计做法与方案二的经济对比 表5

常规构造做法		推荐方案做法			
构造层次	材料造价	构造层次	材料造价	材料	材料单价
25厚1：2.5钢网水泥砂浆找平层	18元	25厚维尼龙聚合物钢网防水砂浆	38.6元	—	—
7厚聚合物防水砂浆防水层	38元				
20mm厚保温砂浆	22元	涂刮LB-80T聚合物腻子层	6元	LB-80T	
抗裂砂浆层	10元				
涂刮聚合物腻子层	10元	涂刷一～二遍LB-30T隔热漆底漆	10元	LB-30T	26元/kg
抗碱底涂	4.4元				
涂刷外墙乳胶漆	15元	涂刷0.3厚LB-30防水隔热装饰涂料	23元	LB-30	45元/kg
小计	117.4元	小计	77.6元		

注明：以上单价仅供参考，并且价格不含人工费、所有措施技术、材料运输费及管理费等；为方便比较所有方案均忽略人工费；材料单价为估算价，具体以市场价格为准。

结论：采用节能、防水、装饰三功能层为一的LB-30去完成，在能够保证节能设计审查通过和节能工程竣工验收的两个前提下，可为投资方节省二层功能层次的造价，最少能节约50元/m²。

4.3 外墙节点质量的控制方法

4.3.1 外墙梁与墙体交接缝节点处理（图5）

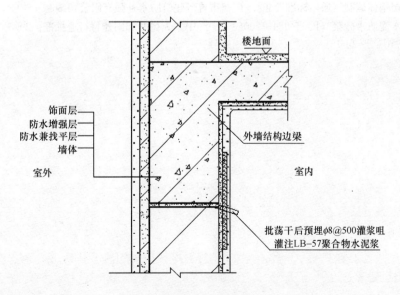

图5 梁墙交接处细部构造

4.3.2 窗框周边处理（图6）

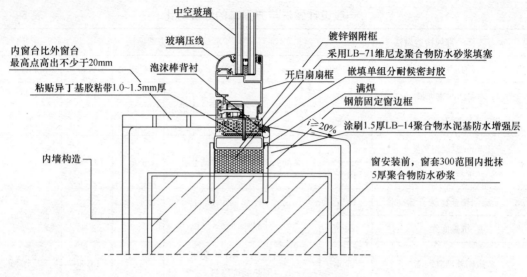

图6　窗框与墙体接缝防水大样图

5　结语

　　以上两个推荐方案及梁墙不同材料交接缝的节点的处理方案，我公司八年前就已应用于工程中，所用此外墙方案的工程均大大减少外墙开裂和漏水，并且取得不少开发商和总包土建单位的回头客。

参考文献

［1］　建筑防水工程技术规程（GD DBJ 15—19—2006）（S），广东省地方标准，2006
［2］　鲁班公司集体编制《通用标准图集》. 广州市鲁班建筑防水补强有限公司编制
［3］　聚合物水泥防水砂浆（JC/T 984—2005）（S）. 中华人民共和国建材行业标准，2005

浅谈我国混凝土结构防裂技术应用情况

王 虹 丁 鹏

（云南铜业股份有限公司，昆明 650051）

摘 要：本文简要叙述了混凝土防裂技术发展概况和混凝土收缩裂缝影响因素。简要分析了补偿收缩混凝土、纤维混凝土和预应力混凝土三种常见的防裂混凝土基本性能，并对三者进行了分析比较。认为将三大技术有机结合，从材料和施工工艺两者同时入手，用补偿收缩混凝土和纤维混凝土解决混凝土早、中、后期产生的收缩裂缝，用无粘结预应力解决混凝土主收缩应力方向的后期收缩裂缝是混凝土防裂技术的发展方向。

关键词：补偿收缩混凝土 纤维混凝土 预应力混凝土 防裂

Discussion on Application of Concrete Structure Anti-crack Technique in China

Wang Hong Ding Peng

（Yunnan Copper Industry Co. Ltd，Kunming 650051）

Abstract：This paper introduces the development of concrete anti-crack technique and influences of concrete shrinkage cracks. The basic requirements of shrinkage compensating concrete, fiber concrete, and prestress concrete are also analyzed and compared. Combination of three key techniques and proceed with two respects of materials and construction technology will be the direction of concrete anti-crack development. Shrinkage compensating concrete and fiber concrete are able to solve the early, the middle, and the late shrinkage cracks of concrete. Meanwhile, the late shrinkage cracks of concrete can be reduced by prestress concrete.

Key Words：shrinkage compensating concrete, fiber concrete, prestress concrete, anti-crack

1 混凝土防裂技术发展概况

从混凝土结构发展史看，提高混凝土抗裂能力的经典是发明了预应力混凝土，预应力混凝土把混凝土应用技术推向了新的高度，解决了设计中的材料拉压比低的问题，拓宽了混凝土材料的应用空间，使之在更大的范围内取代钢材等金属材料。但是复杂的施工工艺和极强的设计取向性导致它无法很好地解决非直接荷载作用下混凝土的裂缝问题，因为这

[作者简介]王虹（1963—），女，工程师。单位地址：云南省昆明市五华区王家桥（650051）。联系电话：13708877820

些裂缝会增加预应力钢筋安全方面的问题。

从混凝土材料方面看，一直认为纤维混凝土和补偿收缩混凝土对解决混凝土材料自身的收缩裂缝效果比较明显，在美、日、俄及欧洲都有一段较长的研究与应用历史，我国在这两方面也进行了较多的应用研究，但是目前这两类混凝土在应用方面都存在一些问题，就纤维混凝土而言，碳纤维价格太高，钢纤维的施工性能不良，也比较贵，抗碱玻璃纤维除价格因素外，耐久性尚未完全过关；聚丙烯纤维虽然具有良好分散性，但对其抗裂能力一直存有争议。补偿收缩混凝土近年来也遇到了新的挑战，过去我们都是在半干硬性条件下研究和应用它，而目前工程中大都使用泵送流态混凝土，随着高性能混凝土的进一步发展，今后混凝土流态化施工将会成为必然趋势，目前国内外对流态的补偿收缩混凝土性能研究还很少，而且随着混凝土材料组成的多元化，矿物掺合料、化学外加剂与膨胀剂相容性问题、高强混凝土中强度与膨胀的协调问题也都亟待解决，因此向补偿收缩混凝土提出了许多极富挑战性的课题。工程中混凝土强度等级的提高，导致单方混凝土中水泥含量增加，水泥新标准中早期强度提高，也致使水泥细度增加或早期水化能力强的矿物含量增加，这些因素都使得现在的混凝土水化热和水化放热速率大幅提高，增大了混凝土早期开裂的风险。

2　混凝土的收缩与开裂

2.1　混凝土的收缩裂缝

通常所说的混凝土的裂缝，是指那些肉眼可见的裂缝。产生裂缝的原因有很多种，因动、静荷载的直接作用可引起裂缝，因不均匀沉降、温度变化、湿度变异、膨胀、收缩、徐变等因素可引起变形裂缝。从材料的角度看，引起混凝土产生裂缝的主要原因是混凝土的收缩。

然而收缩并不是混凝土产生裂缝的充分条件。很显然，自由状态下的收缩会使物体更加的密实，很难产生裂缝出来。然而，工程上的混凝土构件大多处于绝对的约束条件下，局部的收缩趋势与宏观的体积稳定的矛盾最终导致会混凝土内部产生巨大的拉应力。当拉应力达到或接近混凝土抗拉能力的极限时，混凝土内部产生裂缝的风险就会大大增加。

假设混凝土的自由收缩产生收缩变形 Σf，同等条件下受到约束的混凝土内部产生的内应力值 σ_t 为：

$$\sigma_t = (\Sigma f - \Sigma \varepsilon) \times E_c$$
$$= \gamma \times \Sigma f \times E_c$$

式中　σ_t——混凝土内部的弹性拉应力；

　　　Σf——混凝土的自由收缩应变；

　　　$\Sigma \varepsilon$——混凝土的受限收缩应变；

　　　E_c——混凝土的弹性模量；

　　　γ——混凝土的约束度。

由于混凝土为非完全弹性体，因此其内应力可由于徐变而得到缓解，若应力松弛系数为 K，则实际内应力

$$\sigma'_t = \gamma \times \Sigma f \times E_c \times K = \gamma \times \Sigma f \times E'_c$$

式中 E'_c——混凝土的有效弹性模量；

σ'_t——实际内应力；

K——应力松弛系数。

易得：

$$K = \frac{\sigma'_t}{\sigma_t}$$

因此，从理论上讲，如果约束拉应力 σ'_t 超过混凝土的抗拉强度 f'_t，混凝土就会产生裂缝。

另外，从变形角度来看，结构中的混凝土主要变形有：冷缩（S_t）、干缩（S_d）和受拉徐变（C_r），这些变形中 S_t、S_d 是有害变形，它们是导致混凝土开裂的原因，C_r 是有益变形，是抵御混凝土收缩裂缝的因素，混凝土不开裂的判据是：

$$S_t + S_d - C_r \leqslant S_k$$

式中 S_k——混凝土的极限延伸率。

如果在方程的左边引入有益变形，如限制膨胀率，可补偿混凝土的收缩变形。

2.2 有害裂缝

从理论上讲，混凝土是一种各向异性的多孔非均质材料，其内部的微观结构存在大量微细的孔缝和裂隙，我们肉眼看到的裂缝都是这些微小裂隙在外力作用下扩展的结果；裂缝的大小一般用表面宽度来表示。一般将宽度大于 0.1～0.15mm 的裂缝称为可见裂缝，而小于 0.1mm 的称为不可见裂缝。

但是更有意义的是从使用角度来划分裂缝，即把裂缝分为有害裂缝和无害裂缝，一般认为，有害裂缝的主要害处是：

（1）损害建筑物的功能，如贮水建筑物造成漏水等；

（2）引进破坏因素，会缩短使用时间，如钢筋锈蚀、碳化等；

（3）降低混凝土的强度、密实度等性能；

（4）降低结构刚度；

（5）损坏表面性能，如美观等；

（6）附加影响，如道路裂缝增加，引起车辆的颠簸，机场跑道的裂缝易加速飞机着陆架的疲劳等。

在钢筋混凝土中，常常根据能否引起钢筋锈蚀来区分有害裂缝与无害裂缝。

大量观察的结果表明，当环境湿度小于 60％时，宽度小于 0.5mm 的裂缝中的钢筋不会生锈；当相对湿度大于 60％时，宽度为 0.2～0.3mm 的裂缝中的钢筋不会生锈，在饱含水的环境下，宽度为 0.1mm 的裂缝中的钢筋不会生锈（如果保护层大于 3cm，则不生锈的裂缝宽度可放大到 0.15mm）。在一定水压下或在水位经常变动和冻融循环的部位，裂缝宽度大于 0.05mm 时钢筋就可能生锈。在侵蚀性介质中，不生锈的裂缝宽度应更小。凡是大于上面这些宽度的裂缝都被认为是各该环境条件下的有害裂缝。

因为环境条件和使用条件等差异，各国对钢筋混凝土裂缝允许宽度的规定不完全相同，但在一般建筑物中（房屋标准二类），下列裂缝允许宽度是合理的：

（1）正常条件下的室内结构：0.30～0.35mm；

（2）露天而未加保护或 RH 大于 60％的结构，以及承受多次重复荷载的结构：0.20mm；

（3）水压作用下的结构：0.10mm；

（4）处于侵蚀性环境下的结构，按照专用技术规范的规定执行；

（5）特别重要的结构（相当于房屋标准一类）应适当减小允许宽度的规定值，比较次要的或临时性建筑则可适当加大。

划分有害裂缝和无害裂缝的意义在于为采取经济合理的裂缝控制技术提供依据。

3　混凝土结构防裂应用技术

从前述的混凝土收缩与开裂的原因可知，防止混凝土的收缩裂缝，需要从混凝土材料、施工工艺和结构设计等方面进行系统研究。其中，混凝土材料是基础，材料性能指标不仅决定其使用性能，也是设计和施工的基本参数，目前比较成熟的混凝土防裂技术主要有三项，即：补偿收缩混凝土防裂技术、纤维混凝土防裂技术和预应力混凝土防裂技术，这三项技术已经在国内得到不同程度的推广应用，取得了预期的使用效果。

3.1　补偿收缩混凝土

补偿收缩混凝土是在水泥中掺入膨胀剂或直接用膨胀水泥拌制而成的一种特种混凝土，当膨胀受到约束产生 0.2～0.7MPa 预压应力，能大致地抵消混凝土中出现的拉应力。研究表明，水泥与水拌合后产生的化学减缩约为 7～9mL/100g 水泥，当混凝土中水泥用量为 380kg/m³ 时，其化学减缩达 26.6～34.2L/m³，内部形成了许多孔缝。每 100g 水泥浆可蒸发水达 6mL。当混凝土中水泥用量为 380kg/m³ 时，则有 22.8L/m³ 水被蒸发掉。故水泥砂浆一般干缩值为 0.1～0.2％，混凝土为 0.04％～0.06％。当混凝土内外温差为 10℃时，其冷缩值约为 0.01％。

构筑物产生裂缝的原因是十分复杂的，就材料而言，混凝土的收缩和徐变是主要原因。水泥化学工作者的任务之一就是如何使水泥产生适度膨胀，补偿混凝土的各种收缩，使其不裂或少裂，经过几十年的研究，这一难题已得到逐步解决。

膨胀混凝土补偿收缩机理是许多研究者感兴趣的问题之一。围绕这个问题各国学者提出了不同的看法。传统的补偿收缩模式认为只要混凝土的收缩不超过 S_K（混凝土的极限延伸率），混凝土便不会开裂。从这个观点出发，限制膨胀时，膨胀率大，收缩后达不到 S_K，因此混凝土不会出现开裂。我们认为，单纯地把膨胀值作为衡量补偿收缩混凝土抗裂性能好坏的标准是不全面的。除膨胀值外，混凝土本身的某些性能（包括强度、徐变等）也是防止混凝土开裂的重要因素。大量试验已经证明，对补偿收缩混凝土施加限制后强度有不同程度的增加，从而提高了混凝土的抗裂性能。日本学者指出，膨胀大并不一定是抗裂性能好，更重要的是膨胀后收缩落差小，抗裂性能才好。P. E. Halstead 指出"要想充分利用自应力水泥，确定出最后应力是非常必要的，因而要考虑到一些应力的余量，以克服徐变造成的应力损失；同时还应将自应力混凝土强度的增加同样考虑在计算当中"。还有的文献指出"仅仅用膨胀量与收缩相互抵消的解释是不完全的。由于补偿收缩混凝土的硬化过程推迟了收缩的产生过程，所以抗拉强度在此期间获得较大幅度的增长，当混凝土收缩开始时，其抗拉强度已经增长到足以抵抗收缩应力的程度，从而减少了收缩裂缝的出现"。

从应力角度看，由于补偿收缩混凝土在养护期间产生 $0.2\sim0.7MPa$ 的自应力值，可大致抵抗由于干缩、冷缩等引起的拉应力，并由于在膨胀过程中推迟了混凝土收缩发生的时间，混凝土抗拉强度得以进一步增长，当混凝土开始收缩时，其抗拉强度已可以或基本可以抵抗收缩应力，从而使混凝土不裂。

从变形角度讲，结构中混凝土主要变形有：冷缩（S_t）、干缩（S_d）和受拉徐变（C_T），采用补偿收缩混凝土后，引入限制膨胀变形（ε_2），这些变形中 S_t、S_d 是有害变形，而 C_T 和 ε_2 是有益变形。当 $\varepsilon_2-（S_t+S_d-C_T）\leqslant S_k$ 时，混凝土不开裂。若采用普通混凝土，则总收缩为 $C_T-S_t-S_d$，这个量比较大，所以，规范要求约 $30m$ 设伸缩缝或后浇带，用以释放收缩变形产生的拉应力，采用补偿收缩混凝土后，设伸缩缝或后浇带一般可延长至 $60m$。

补偿收缩混凝土另一特点是抗渗能力强。这是由于水泥水化过程中形成了膨胀结晶体水化硫铝酸钙，它具有填充、堵塞毛细孔缝的作用。例如，掺入 U 型膨胀剂（UEA）的水泥，用高压水银测孔仪测定，其总孔隙率为 $0.1248cm^3/g$，而普通水泥为 $0.2087cm^3/g$，减少 40% 以上。从孔分布看，由于 UEA 混凝土中的大孔减少，总孔隙率下降，故抗渗能力高于普通混凝土。

补偿收缩混凝土与普通混凝土主要区别在于：（1）由于限制膨胀的作用，改善了混凝土的应力状态；（2）由于钙矾石填孔的作用使水泥石中的大孔变小，总孔隙率减小，改善了混凝土的孔结构，从而提高了混凝土的抗渗性。

补偿收缩混凝土与一般掺氯化铁，三乙醇胺、FS、JP-1 等防水剂的混凝土有本质区别，尽管两者都可提高抗渗性，但一般防水混凝土没有补偿收缩能力，亦即不能产生 $0.2\sim0.7MPa$ 的自应力值，抗裂性差。我们认为抗渗的前提是抗裂，补偿收缩混凝土同时具有抗裂和防渗之功能，这也是它适用作结构自防水工程的原因。

目前，在我国混凝土防裂技术领域，补偿收缩混凝土是主要技术手段，尽管在应用过程中也存在一些问题，但是瑕不掩瑜，从技术原理看，它也是未来混凝土防裂技术的主流。2009 年，新颁布的国家标准《混凝土膨胀剂》GB 23439—2009 和建设部行业标准《补偿收缩混凝土应用技术规程》JGJ/T 178—2009，对提高我国混凝土膨胀剂产品的技术水平，规范补偿收缩混凝土的使用具有重要作用，也是补偿收缩混凝土的发展新契机。

3.2 纤维混凝土

纤维混凝土属于纤维复合材料，只是与玻璃钢等材料相比，纤维用量较少（体积掺量很少超过 8%），且混凝土基体的破坏应变比纤维小很多，所以其中的纤维不是用来增强基体的刚度和强度，而是提高基体开裂后的韧性。所以纤维混凝土研究的重点在于水泥混凝土基体开裂后纤维的承载能力。

研究表明，当纤维的掺加量达到临界纤维体积时，基体混凝土就可能出现多点开裂，这是人们希望的情况。因为它基本上改变了脆性材料的单一断裂表面及断裂能少的情况，而成为一种假延性材料。这种材料能吸收暂时的、较小的过载荷重及冲击荷重，很少看得出损坏。因此材料工程师的目的往往是想让材料开裂时的裂缝间距尽量密，裂缝数量多而裂缝宽度极细（譬如说<0.1mm）。在粗糙的混凝土表面，与一般钢筋混凝土最大允许裂缝宽度 0.3mm 相比，这些裂缝几乎肉眼看不见。亦即通过在混凝土中掺加纤维，将裂缝控制在无害的范围。

已经用于水泥混凝土中的纤维有许多种，如钢纤维、玻璃纤维、碳纤维和聚丙烯纤维（杜拉纤维）等。其中碳纤维由于价格高昂，目前仅在加固修补中少量使用，无法大量使用，玻璃纤维因为在普通混凝土中的腐蚀问题，也没有使用在承重结构方面，仅作为维护结构和装饰制品，如 GRC 制品；在混凝土结构工程中使用较多的还是钢纤维和聚丙烯纤维。

钢纤维混凝土中乱向分布的短纤维主要作用在于阻碍混凝土内部微裂缝的扩展和阻滞宏观裂缝的发生和发展。因此对于其抗拉强度和主要由主拉应力控制的抗弯、抗剪、抗扭强度等有明显的改善作用。当纤维体积率在 1%～2%范围内，抗拉强度提高 40%～80%，抗弯强度提高 60%～120%，用直接双面剪试验所测定的抗剪强度提高 50%～100%。抗压强度提高幅度较小，一般在 0～25%之间。钢纤维混凝土中，纤维体积率、长径比、几何形状、分布和取向以及纤维与混凝土之间的粘结强度都是影响钢纤维混凝土力学性能的主要因素。当纤维含量较小时，对混凝土起不到增强作用，钢纤维混凝土仍然呈现普通混凝土的破坏特性，因此钢纤维体积率不应小于 0.5%，但是，纤维体积率也不能过大，纤维过多将使施工拌和更加困难，纤维不可能均匀分布，同时，包裹在每根纤维周围的水泥胶体少，钢纤维就会因纤维与基体间粘结不足而过早破坏。长径比越大，其对混凝土的增强效果就越好，但过长过细的钢纤维在与混凝土拌和过程中容易结团弯折，使纤维难以均匀分布和配向良好。只有在适当的纤维体积率和纤维长径比内，钢纤维混凝土的力学性能才会随纤维体积率和长径比的增大而明显改善。钢纤维混凝土弹性阶段的变形性能与其他条件相同的普通混凝土没有显著差别，受压弹性模量和泊松比与普通混凝土基本相同，受拉弹性模量随纤维掺量增加有 0～20%的小幅度提高，在设计中可以忽略这种差别。在通常的纤维掺量下，抗压韧性可提高 2～7 倍，抗弯韧性可提高几十倍到上百倍，弯曲冲击韧性可提高 2～4 倍。价格还是限制钢纤维在应用中的主要问题。

国内使用较多的聚丙烯纤维也称 PP 纤维，掺量约 0.8～1.0kg/m³，短切乱向分布于混凝土中。它与钢纤维相比具有价格低、施工性好的特点，但因弹性模量比混凝土低，且掺量太少，故对混凝土物理力学性能没有贡献，仅在混凝土凝结硬化初期对塑性裂缝有一定的抑制作用，混凝土凝结硬化之后，强度和弹性模量增加，聚丙烯纤维即不起作用。

钢纤维混凝土是一种性能优越的防裂材料，但价格是制约其推广使用的重要原因；近来人们已经认识到聚丙烯纤维的防裂作用有限，因此在结构混凝土中用量会减少。

3.3 预应力混凝土

预应力混凝土是根据需要人为地引入某一数值的内应力，用以部分或全部抵消外荷载应力的一种加筋混凝土。从原材料来看，它是一种有利于发挥高强钢材与高强混凝土强度的一种新的加筋混凝土，而且高强钢材的强度是越高越好，从施工来看，它需要对预应力筋进行张拉和锚固，要求有成套的专用设备、生产工艺与专门的技术。

从预应力钢筋与混凝土的结合方式看，预应力混凝土可分为有粘结预应力混凝土和无粘结预应力混凝土。有粘结预应力混凝土是常见的预应力方式，更多地被用于提高结构承载力；近年来无粘结预应力技术在我国发展很快，尤其是在混凝土防止混凝土收缩裂缝方面，无粘结预应力技术也得到发展和应用。

目前大多数无粘结预应力钢筋均采用挤压涂塑工艺制成，即对无粘结筋涂敷专用防腐建筑油脂，外包聚乙烯或聚丙烯套管。经过挤出成型机后，塑料套管一次成型在钢绞线或钢丝束上。该制造工艺的优点是生产效率高，能保证无粘结预应力钢筋的质量。

无粘结预应力钢筋的质量要求必须满足《无粘结预应力混凝土结构技术规范》（JGJ 92—2004）的规定。

由挤压涂塑工艺生产的带有塑料套管的无粘结预应力混凝土结构的施工过程是：按设计要求将预应力钢筋铺放在模板内，然后浇筑混凝土，待混凝土达到强度要求后，再张拉锚固，预应力钢筋与混凝土之间没有粘结，张拉力全靠锚具传到构件混凝土上去。

无粘结预应力混凝土结构的优点是：不需要预留孔道、穿筋及灌浆等复杂工序，操作方便，加快了施工进度，经济合理。无粘结预应力钢筋摩擦力小，结构性能好，且易弯成多跨曲线形状，特别适于建造需要复杂的连续曲线配筋的大跨度楼盖和屋盖。

任何事物都是一分为二的。在看到无粘结预应力混凝土的优点的同时，也要注意到它的一些缺点。由仅配有无粘结预应力钢筋的混凝土梁的试验表明：这种梁的裂缝条数比有粘结梁要少的多，而裂缝宽度大许多。同时随着荷载的增长，裂缝宽度与长度的发展也很快，破坏形态都是脆性的，这些不符合工程师要求的细而密的裂缝、具有假延性特征的裂缝形式。

无粘结后张梁的极限抗弯强度比相应的有粘结梁一般要低 10%～30%，这是由于在有粘结梁中最大弯矩截面处的钢筋应变最大，而在无粘结梁中，钢筋的应变沿梁全长是均匀的，这样导致当梁受压区混凝土达到极限压应变使梁破坏时，最大弯矩截面处有粘结筋一般均达屈服强度，而无粘结筋的应变将小于相应的有粘结筋的应变，所以其强度一般达不到屈服。由于上述原因，无粘结预应力混凝土的抗弯性能、裂缝宽度、变形和极限强度均比有粘结预应力混凝土的相应性能差。

无粘结预应力混凝土结构的上述缺点可由在无粘结筋下部配置非预应力的有粘结钢筋（即普通钢筋）的混合配筋法得到改善。无粘结部分预应力混凝土梁、板的设计理论和步骤与有粘结部分预应力梁板大致相同，主要差别在预应力损失的摩擦系数取值、极限承载时无粘结钢筋的应力取值、裂缝宽度和挠度的验算公式及某些构造规定。

4 结论

从目前我国的混凝土防裂技术应用情况来看，补偿收缩混凝土的应用范围最广泛，性价比也最好，施工最简便，但是由于大多数混凝土膨胀剂的品质较差，混凝土限制膨胀率普遍达不到防裂要求，且没有有效的监督和验收方法，有些工程没有取得预期的效果。今后应大力研发和生产、使用高性能混凝土膨胀剂，并进一步丰富和发展其应用技术。

纤维混凝土的使用有一定的误区，聚丙烯纤维的作用显然被夸大了，并且在大多数使用场合下超过了其作用的限度，造成不必要的浪费。钢纤维混凝土的抗裂性能是优越的，价格显然是制约钢纤维混凝土发展和应用的主要因素，纤维的临界体积掺量和价格之间的矛盾，使得纤维混凝土只能使用在一些不计造价、有特殊要求的工程。

预应力混凝土，尤其是无粘结预应力混凝土是从施工工艺防止混凝土裂缝的技术，原理比较清晰，但是对于混凝土的早期裂缝却无能为力，这些裂缝往往在混凝土达到张拉强度之前便产生了。另外，复杂的施工工艺和极强的设计取向性导致它无法很好地解决非直接荷载作用下混凝土的裂缝问题。

未来，补偿收缩混凝土、纤维混凝土和无粘结预应力三大技术有机结合，从材料和施工工艺两者同时入手，用补偿收缩混凝土和纤维混凝土解决混凝土早、中、后期产生的收缩裂缝，通过传感器监控混凝土内部的应力变化情况，用无粘结预应力解决混凝土主收缩应力方向的后期收缩裂缝是混凝土防裂技术的发展方向。

第二部分　试验及应用研究

CW520 丙烯酸盐化学灌浆材料交联剂合成及其浆液性能研究

汪在芹[1,2,3]　张　健[1,2,3]　魏　涛[1,2,3]

(1. 长江科学院材料与结构研究所；2. 国家大坝安全工程技术研究中心；

3. 水利部水工程安全与病害防治工程技术研究中心，湖北 武汉　430010)

摘　要： 介绍了一种环保交联剂的合成方法，该交联剂无毒且可溶于水，可取代原丙烯酸盐化学灌浆材料常用交联剂甲撑双丙烯酰胺，解决甲撑双丙烯酰胺不易溶解和污染环境等问题。并以此种交联剂为原料进行 CW520 丙烯酸盐化学灌浆材料配方试验研究，确定了其配方。对这种浆液和凝胶体的性能测试表明：CW520 丙烯酸盐化学灌浆材料具有黏度低、流动性好、可灌入细微裂缝、凝胶时间可控、渗透系数低、固砂体抗压强度较高等特点，具有很好的推广利用价值。

关键词： 丙烯酸盐　交联剂　合成　化学灌浆　浆液性能

The Synthesis of cross-linking agent and the properties of grout on CW520 acrylate grouting material

Wang Zaiqin[1,2,3]　Zhang Jian[1,2,3]　Wei Tao[1,2,3]

(1. Yangtze River Scientific Research Institute 2. National Dam Safety Engineering Technology Research Center 3. Research Center of Water Engineering Safety and Disaster Prevention of Ministry of Water Resources Wuhan，430010)

Abstract： This paper described the synthetic method of a novel cross-linker. The non-toxic and water-soluble cross-linker to replace N，N'-Methylenebisacrylamide to solve a difficult to dissolve and pollute the environment. Determine the formula of CW520 acrylate chemical grouting material which was synthesized by using the cross-linker. Studied the nature and mechanical properties of Slurries and gels，Experimental results indicated that CW520 acrylate chemical grouting material possesses many advantages，such as low viscosity，being injected into the tiny cracks，easily controlled gelling time，low osmotic coefficient，large compressive strength of gel，etc. And it had a good promotion of the use value.

Key Words： acrylate，cross-linking agent，synthesis，grouting，properties

[作者简介] 汪在芹，教授级高工，长江水利委员会长江科学院副院长，兼任中国工程建设标准化协会建筑防水专业委员会副主任，联系地址：武汉市黄浦大街 269 号 430010，邮箱：wangzaiqin@gmail.com

1 研究背景

丙烯酸盐在灌浆中的应用研究始于 20 世纪 40 年代，美国海军和马萨诸塞工科大学将其试用于军事地基加固并取得成功。1963 年日本有丙烯酸盐用于土壤加固和隧道防渗的报道。但由于当时丙烯酸产能较低，在较长的时间内，丙烯酸盐化学灌浆材料的研究进展缓慢，应用也较少，在永久工程防渗灌浆领域丙烯酰胺灌浆材料仍占主导地位。1974 年日本应用丙烯酰胺灌浆材料造成水质污染，为此，许多国家限制了丙烯酰胺灌浆材料的应用，丙烯酸盐灌浆材料受到广泛关注[1,2]。

国外主要的丙烯酸盐灌浆材料有日本于 20 世纪 60 年代开发的阿隆 A，美国研制的 AC—400，以及比利时 De Neef 公司的 Gelacryl 系列产品。国内同类产品有长江科学院研制的丙烯酸盐灌浆材料、北京朗巍时代科技有限公司的 AC 系列丙烯酸盐灌浆材料、广州化学研究所研制的 XT—丙烯酸盐化学灌浆材料及水利水电科学院研制的 AC—MS 丙烯酸盐灌浆材料等。这些材料广泛应用于防渗灌浆，并取得很好的效果。

随着社会的进步和科技的发展，人们对环保的要求越来越高，化工产品是否有毒，在使用过程中是否会对环境造成污染，已成为化工研究的重点。笔者在前人工作的基础上，研制出一种可溶于水的无毒液态低聚物交联剂，取代原丙烯酸盐化学灌浆材料常用的具有毒性交联剂甲撑双丙烯酰胺，制得 CW520 丙烯酸盐化学灌浆材料。该灌浆材料具有黏度低流动性好、可灌入细微裂缝、凝胶时间可控、渗透系数低、固沙体抗压强度较高等特点。除此之外，CW520 丙烯酸盐化学灌浆材料的浆液及凝胶毒性较现有采用甲撑双丙烯酰胺作为交联剂的丙烯酸盐化学灌浆材料低，此种灌浆材料更符合环保要求，同时，由于所合成交联剂可与丙烯酸盐单体溶液混溶，生产工艺得到了改进。

2 交联剂合成

现有丙烯酸盐灌浆材料多选用甲撑双丙烯酰胺做交联剂，甲撑双丙烯酰胺是一种难溶于水的固体，因分子结构中含有丙烯酰胺取代基而具有一定的毒性。

本文选用一种多羟基化合物与丙烯酸进行酯化反应制得新型环保交联剂，其分子结构可表示为 $H_2C{=}\overset{O}{\underset{\parallel}{C}}{-}O{-}R{-}O{-}\overset{O}{\underset{\parallel}{C}}{=}CH_2$。

该分子结构中不含丙烯酰胺取代基，是一种无毒低聚物；主链 R 中含有亲水基团，使交联剂分子能够溶解在水中，可与丙烯酸盐溶液混溶；末端含有两个（或以上）乙烯基，可以发生自由基聚合反应，形成空间网状结构的聚合物。以该交联剂为原料制得的凝胶结构中的交联键稳定，凝胶体性能好。

2.1 合成过程

在装有回流冷凝管、分水器、搅拌器、温度计的三口烧瓶中依次加入阻聚剂、多羟基低聚物后搅拌并加热，待阻聚剂完全溶解后再加入丙烯酸、催化剂、甲苯，在 30min 内升温到回流，保持反应 1~4h，反应分出水量达到理论出水量 90% 以上停止反应，冷却到室温，用弱碱溶液中和到中性，再用蒸馏水洗涤 2～3 次。分离后减压蒸馏除去溶剂和少量的水分即得到所需的交联剂。

2.2 产物红外分析

用 BRUKER TENSOR 27 红外光谱仪对制得的产品进行红外分析，得到谱图见图 1。

图 1 中 2960cm^{-1} 处为脂肪族 C—H 吸收峰；1730cm^{-1} 处为酯羰基 C＝O 的伸缩振动峰；1640cm^{-1} 处为 C＝C 的伸缩振动峰；1410 cm^{-1}、1290cm^{-1} 处为 C—H 的面内弯曲变形振动峰；1180cm^{-1}、1070cm^{-1} 处为酯类化合物 C—O—C 的伸缩振动峰；810 cm^{-1}、982cm^{-1} 处为 C—H 的面外弯曲变形振动峰。由以上分析可知，该合成产物分子结构中含酯基和端烯基。

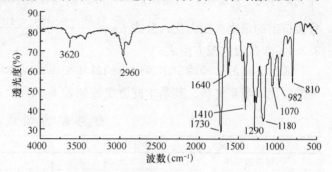

图 1　交联剂的红外光谱图

谱图中 3600 cm^{-1} 处的醇—OH 基特征吸收峰变得很弱，可知反应物中的醇—OH 基绝大部分参与酯化反应。

3　CW520 丙烯酸盐灌浆材料合成及其性能

3.1　试验方法

丙烯酸盐化学灌浆材料的基本组成有主剂、交联剂、引发剂、促进剂、缓凝剂及溶剂等。其中，主剂为含有一个 C＝C 的丙烯酸盐；交联剂为含有 2 个（及以上）可与主剂反应的官能团的单体或低聚物，在引发剂的作用下与主剂发生反应，生成具有空间网状结构的聚合物；引发剂在水中形成初级自由基，与促进剂共同作用形成能够引发链增长的活性自由基，引发单体和交联剂进行自由基聚合形成具有空间网状结构的聚合物；缓凝剂可捕捉初级自由基，延长自由基与单体结合的时间，使聚合反应的诱导期变长，以此控制凝胶时间。通过调整缓凝剂用量可控制浆液凝胶时间在几分钟到几十分钟之间。

3.2　丙烯酸盐单体选择

可用于灌浆的丙烯酸盐单体有很多，如丙烯酸钙、丙烯酸镁、丙烯酸锌、丙烯酸钾、丙烯酸钠等。20 世纪 80 年代，长江科学院在总结了多种丙烯酸盐溶液亲水性及其凝胶性状的基础上，综合考虑了不同金属离子引力场对水的吸附作用、生物毒性效应以及丙烯酸盐浆液和凝胶的力学性能，选用吸水性较强的丙烯酸镁作为主要的聚合单体，同时考虑到过量镁盐会导致中毒，添加了丙烯酸钙作为拮抗剂，得到一种毒性很低且凝胶性能良好的丙烯酸钙、丙烯酸镁复合单体溶液[3]。本文试验均选用该复合单体溶液作为灌浆液主剂。

3.3　浆液及凝胶性能研究

本文通过试验确定了 CW520 丙烯酸盐化学灌浆材料的基本配方，并对浆液及凝胶性能进行测试。各性能测试分别依据以下标准进行，浆液密度按 GB/T 4472−1984 中密度计法测定；浆液黏度按 GB/T 10247−2008 中旋转黏度计法测定；pH 值按 SL 352−2006 中水质分析 pH 值测定方法测定；渗透系数按 GB/T 50123−1999 渗透试验方法进行；遇水膨胀率按 GB/T 18173.3−2002 附录 A 的规定测定；固砂体抗压强度取 $\phi40\times100\text{mm}$ 试件 1 d 的抗压强度值，抗挤出破坏比降以凝胶在 $\phi0.3\text{mm}\times50\text{mm}$ 的玻璃毛细管中固化 1 d 后被挤出的最小水压力代入公式 $i = \dfrac{(P-0.05)\times10^4}{5}$ 计算。

3.3.1 灌浆液的配方组成

通过大量的试验确定出各组成的最佳配比，以获得较好的凝胶性能，制得 CW520 丙烯酸盐化学灌浆材料。其基本配方组成如表 1 所示。

浆 液 配 方 组 成　　　　　　　　　　　　　　表 1

配 方 组 成	质量百分含量（％）	配 方 组 成	质量百分含量（％）
丙烯酸盐单体	10～20	引发剂	0.5～2
促进剂	1～2	溶剂	70～80
交联剂	2～5	缓凝剂	根据固化时间需要调整

3.3.2 浆液及凝胶的主要性能

CW520 丙烯酸盐化学灌浆材料可按质量比 1∶1 或 2∶1 两种比例双液灌浆设计。A 液含主剂、促进剂、交联剂等组分；B 液中包括引发剂、膨胀剂、溶剂等组分，两种组分按比例混合后形成浆液。A 液、B 液及浆液的主要物理性能见表 2。

A 液、B 液、浆液的主要物理性能　　　　　　　表 2

名称　　性能	A		B	浆液	
	15％	20％		15％	20％
外观	淡蓝色溶液		无色透明液体	淡蓝色溶液	
密度/(g·mL^{-1})	1.09	1.14	1.00	1.06	1.10
pH 值	7～8	7～8	9～10	7～8	7～8
黏度/mPa·s	4.2	5.0	—	3.6	4.7
毒性	微毒	微毒	无毒	实际无毒	实际无毒
凝胶时间*/min	—	—	—	3	2

* 此凝胶时间是在 25℃下测定的不含缓凝剂的浆液凝胶时间。

按照设计比例称取 A 液和 B 液，将两组分均匀混合，加入缓凝剂溶液调节凝胶时间为 30min，按 3.2 中列出的试验方法测试凝胶体的各项性能，结果列入表 3。

凝胶主要物理性能　　　　　　　　　　　　　　表 3

性 能 名 称	丙烯酸盐含量	
	15％	20％
外观	半透明弹性凝胶	
溶解性	不溶于水、稀酸和稀碱	
遇水膨胀率（％）	94	71
渗透系数(cm·s^{-1})	3.0×10^{-8}	2.0×10^{-9}
固砂体抗压强度(MPa)	0.32	0.54
抗挤出破坏比降(MPa·cm^{-1})	500	800

3.3.3 浆液毒性

为确定 CW520 丙烯酸盐灌浆材料是否会对环境造成污染，委托同济医科大学对丙烯酸盐溶液、浆液和凝胶进行毒性试验，结果列于表 4。从表中可以看出本灌浆材料不会造成环境污染，属于环保型灌浆材料。

CW520 丙烯酸盐溶液、浆液和凝胶的毒性　　　　　　　　　　　　表 4

材料名称	浓度%	小鼠一次经口浓度 LD50/（mg/kg）	毒性分级
丙烯酸盐溶液	36	10060	微毒
丙烯酸盐浆液	15	12090	微毒
凝胶	15	>59160*	实际无毒

＊ 此数值不是小鼠的半数致死量 LD_{50}，而是试验时的最大耐受量。

3.3.4 固砂体抗压强度研究

固砂体抗压强度能反映灌浆形成的复合体强度。试件采用 $\phi 40mm \times 100mm$ 的金属试模成型，每组 6 个试件，在试模中装满标准砂后，将配制好的浆液沿试模边缘慢慢倒入砂中，待试模顶部可见浆液溢出时沿试模边缘抹平表面，然后将表面用保鲜膜覆盖养护，24h 后拆模并进行抗压强度测定，结果取 6 个试样抗压强度平均值。

本文研究了交联剂用量对固砂体抗压强度的影响，试验结果如图 2 所示。

随着交联剂用量的增大固砂体抗压强度升高，当达到某一最大值后又略有下降。这是由于当体系中不含交联剂时聚合形成的高分子呈线形，强度很低，随着交联剂用量的增加体系中的交联点数量增多，形成空间网络结构的聚合物，提高了凝胶体的抗压强度，当交联剂用量超过某一极限时，形成的交联点过多，两个交联点之间的链段很短，凝胶变得很脆，固砂体易于破坏，强度下降。

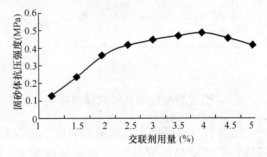

图 2　交联剂用量对固砂体抗压强度的影响

3.3.5 浆液凝胶时间研究

凝胶时间从丙烯酸盐灌浆材料各组分按配比全部混合后开始计时，同时用玻璃棒搅拌浆液使之均匀，当浆液经反应失去流动性时计时结束，该时间即为丙烯酸盐灌浆材料的凝胶时间。

将灌浆材料的 2 种组分混合后，引发剂分解产生的初级自由基在促进剂的作用下形成活性种将打开丙烯酸盐和交联剂中的 π 键引发聚合形成聚合物。该反应存在一个诱导期，在诱导期内引发剂分解生成的初级自由基被缓凝剂捕获而不能引发聚合反应，当缓凝剂消耗完之后诱导期结束，聚合反应开始进行，体系黏度在短期内急剧增大，直至失去流动性形成凝胶。影响凝胶时间的因素主要有温度，引发剂、促进剂、单体、缓凝剂的含量以及浆液的总量等。本文通过试验探讨上述各因素对浆液凝胶时间的影响（以下试验中浆液总量均为 100g，丙烯酸盐含量 20%）。

（1）温度对凝胶时间的影响

凝胶时间随温度的变化曲线如图 3 所示，从图中可以看出随着温度的升高，浆液的

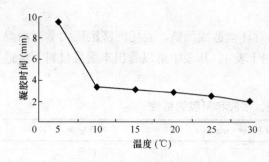

图3　温度对凝胶时间的影响

凝胶时间缩短。温度为 5℃ 时凝胶时间很长，当温度在 10℃ 以上时，凝胶时间显著缩短，并在较大的温度范围内凝胶时间的缩短幅度趋缓。根据自由基聚合反应动力学规律，聚合速率常数 k 与温度之间存在 Arrhenius 关系 $k = A \cdot e^{-E/RT}$，聚合速率随温度升高呈指数形式增张。这是因为温度升高引发剂分解速率加快，而引发速率是控制聚合速率的关键，引发速率增大则聚合速率增大，形成聚合物凝胶所需时间则减小。

（2）引发剂和促进剂对凝胶时间的影响

凝胶时间随引发剂和促进剂浓度的变化曲线如图 4、图 5 所示。

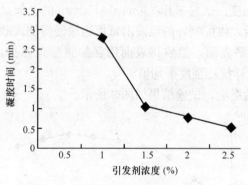

图4　引发剂浓度对凝胶时间的影响

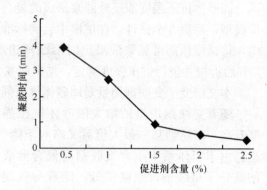

图5　促进剂对凝胶时间的影响

随着各自浓度增大，浆液的凝胶时间缩短。这是由于随着二者浓度的增加，在同一时间体系中可参与反应的活性自由基浓度增大，与单体和交联剂分子碰撞的几率增大，反应速率加快，凝胶时间缩短。

（3）缓凝剂对凝胶时间的影响

凝胶时间随缓凝剂浓度的变化曲线如图 6 所示。从图中可以看出，随着缓凝剂含量增大，凝胶时间变长。这是因为加入缓凝剂之后，引发剂分解所产生的初级自由基全部被缓凝剂分子所消耗，无聚合物

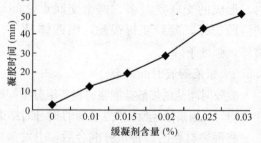

图6　缓凝剂对凝胶时间的影响

产生，聚合速率为零，体系黏度不变，只有当缓凝剂全部反应以后单体才开始正常聚合，形成聚合物凝胶。所以随着缓凝剂浓度增加，反应诱导期变长，凝胶时间延长。

4　结语

本文合成了一种新的丙烯酸盐灌浆材料交联剂，该交联剂无毒、且能与丙烯酸盐单体

溶液混溶，使得合成的丙烯酸盐灌浆材料更加环保，同时也改进了浆液的生产工艺。应用该交联剂合成的丙烯酸盐灌浆材料是一种新型的防渗堵漏材料，它具有黏度低、固砂体抗压强度高、凝胶渗透系数低、抗挤出能力强、凝胶时间可以控制等优点，此外，浆液中不含具有毒性的交联剂，凝胶体实际无毒，可用于堵漏止水、帷幕防渗、地基处理以及裂缝修补等诸多方面，可视为一种理想的环保防渗堵水材料。

参考文献

［1］ 长江科学院 谭日升．丙烯酸盐化灌材料的试验研究（阶段报告）［R］．武汉：长江科学院，1988
［2］ 何巍，谭日升等．AC-Ⅱ丙烯酸盐灌浆液的研究和应用［J］．中国建筑防水．2009．（4）：25-29
［3］ 长江科学院 谭日升．丙烯酸盐化灌材料的研究及其应用［R］．武汉：长江科学院，1990
［4］ 张维欣，邝健政，胡文东等．丙烯酸盐灌浆材料及其应用［J］．中国建筑防水．2010.2：10-12
［5］ 潘祖仁．高分子化学［M］．北京：化学工业出版社．2007
［6］ 陶子斌．特种丙烯酸酯生产与应用［J］．精细与专用化学品．2004．（4）：20-22

聚合物改性混凝土刚性防水技术的初步研究

师海霞[1,2]　孔祥明[2]

（1. 北京东方建宇混凝土科学技术研究院；2. 清华大学）

摘　要：混凝土材料是典型的脆性多孔材料，实现混凝土结构的刚性自防水性能，其关键问题是降低混凝土自身的渗透性，同时通过提高混凝土的韧性来提高其抗裂性。聚合物乳液加入到混凝土材料中，可有效提高其抗裂性和抗渗性能。本文用 3 种不同性质的聚合物乳液来研究聚合物对混凝土性能的影响，测量了不同聚合物掺量下，聚合物改性混凝土的力学性能。通过测量硬化混凝土的氯离子渗透系数研究了聚合物对混凝土渗透性的影响。用扫描电镜观察了聚合物改性水泥的微观结构。结果表明：由于聚合物成膜及其与水泥水化产物的相互作用，混凝土力学性能都得到了显著改善。聚合物性质不同，对混凝土渗透性能影响不同。扫描电镜观察微观结构证实了聚合物与水泥水化产物间的相互作用，并为解释力学性能及渗透性的改善提供证据。

关键词：聚合物改性混凝土　力学性能　耐久性　微观结构　苯丙乳液

A preliminary study on rigid waterproofing technique via polymer modified concrete

Shi Haixia[1,2]　Kong Xiangming[2]

（1. China Advanced Construction materials Group，Inc；2. Tsinghua University）

Abstract：Concrete is a typical brittle porous material，and the realization of its rigid waterproofing is closely related to reducing permeability and improving crack resistance by enhancing toughness. The crack resistance and impermeability could be visibly improved by the addition of polymer latex in concrete. Three polymer latexes were employed to investigate the impacts of polymer on properties of concrete. The mechanical properties and impermeability of concrete were measured with varied polymer additions. The microstructure of polymer modified cement paste was observed by scanning electron microscopy. Results showed that the mechanical properties of concrete were significantly enhanced due to the incorporation of polymer with the cement hydrates. The impacts of the three polymer latexes on the impermeability of concrete were different. It was proved from direct observation on cement paste by scanning electron microscopy that polymer and cement hydrates interacted with each other，which could be considered to account for the improved mechanical properties and impermeability.

Key Words：polymer modified concrete，mechanical properties，durability，microstructure，acrylate latexes

[作者简介] 师海霞，高级工程师，就职于北京东方建宇混凝土科学技术研究院，联系方式：北京市通州区长宋庄镇管头村 297 号 101117

1 前言

我国防水工程主要采用结构自防水、卷材、涂料等建筑防水相结合的方式解决。一般除了屋面和特别重要的地下工程，大多只采用结构自防水。这两种防水技术各有优缺点，以柔性材料为主的建筑防水，具有较好的弹塑性和变形能力，密封防水性好，特别适用于温差变形大的防水部位，如层面和地基不稳的地下工程，其缺点是存在材料老化失效和施工复杂。结构防水是以混凝土为主，施工简单，成本低，防水耐久性好，缺点是抗拉强度低和容易收缩开裂，导致渗漏。但渗漏地方可见，易于修补完好。结构防水大多应用于温差较小的地下、海工、水工、地铁、隧道、军事等防水工程。

钢筋混凝土结构是一个刚性体。混凝土作为一种普遍被采用的建筑材料，主要性能是抗压承载能力，较抗压强度其抗拉强度很低，表现为脆性、刚性材料特性，抗拉强度只有其抗压强度的 10% 左右，并且随着混凝土抗压强度的提高，其拉压比下降，通常混凝土结构的拉力荷载是由钢筋来承受的，混凝土的抗冲击和韧性比金属差很多。混凝土存在体积不稳定性，由于干缩和温度收缩，往往导致混凝的开裂，混凝土一旦开裂，其整体结构的防水性能则无从谈起。工程界一直以来都很重视钢筋混凝土的自防水性能，期待通过减少混凝土渗水通道和增加混凝土的密实性来提高钢筋混凝土结构的防水性能，有时虽然混凝土很致密，由于收缩变形产生了裂缝，将使钢筋混凝土结构的整体防水性下降或丧失。

实现混凝土结构的刚性自防水性能，其关键问题是降低混凝土自身的渗透性，同时通过提高混凝土的韧性来提高其抗裂性。有试验研究和工程应用表明，通过增加混凝土的密实性和掺加混凝土膨胀剂的补偿收缩混凝土技术可以改善和增强钢筋混凝土结构的自防水性能，也解决了很多的实际工程问题。但是由于掺加膨胀剂混凝土产生内应力抵消混凝土收缩应力需要一定的条件，比如混凝土产生膨胀应力的时间和大小，都将影响膨胀剂是否发挥正作用。提高混凝土自防水的各种技术探索一直都在进行着，在研究聚合物乳液改性混凝土的性能时发现，聚合物乳液的掺加可以改善混凝土韧性和抗渗性，不同品种和性能的聚合物乳液作用也不同，如果优选适合的聚合物乳液，按照一定比例加入混凝土中，可以达到较好的刚性混凝土结构自防水的功能。

2 试验原材料、配合比和试验方法

2.1 原材料

聚合物改性混凝土用乳液为苯丙乳液：Latex1、Latex2、Latex3 三种，均为阴离子型，三种乳液的粒径、玻璃化温度（Tg）、黏度、最低成膜温度等物理性能及成膜后的力学性能如表 1 所示，三种乳液比较，Latex1 的粒径最小，黏度，成膜温度高，成膜后的抗拉强度高，断裂伸长率低，而 Latex3 与之相反。

试验采用北京琉璃河水泥厂生产的普通硅酸盐水泥 P.O 42.5。采用细度模数为 2.9 的河砂为细骨料，碎石为粗骨料，水泥、砂石各项性能均符合相应标准。减水剂采用北京中砼冠疆新航建材有限公司生产的萘系高效减水剂，减水率为 18%。消泡剂是由 BASF 公司提供的 Lumiten EL。

聚合物乳液的物理性能及薄膜的力学性能 表 1

乳液	固含量 （%）	粒径 （nm）	Tg （℃）	黏度 （mPa·s）	pH	MFT （℃）	密度 （g.cm⁻³）	膜抗拉强度 （MPa）	膜断裂伸长率 （%）
Latex1	50	100	22	2500～5000	7.5～9.0	20	1.04	3.68	501.7
Latex2	50	200	10	500～2000	7.0～9.0	12	1.03	3.52	655.6
Latex3	57	300	−6	140～200	7.0～8.5	<1	1.04	0.30	1114.9

2.2 试验配合比

试验主要针对聚合物乳液掺量变化对混凝土的力学性能影响。用空白混凝土配合比作为基准，通过对不同种类乳液、不同掺量混凝土的强度试验来确定聚合物乳液对混凝土力学性能的影响。

试验水灰比 W/C＝0.5，乳液添加量按聚灰比（聚合物乳液中聚合物的固含量与水泥的质量比）P/C 为 0%、1%、3%、6%、12%的量添加，胶凝材料用量为 360kg/m³。为了获得一个相似的水泥相水化，实验保持水灰比恒定，通过掺加适量减水剂，使实验新拌混凝土坍落度维持在（180±20）mm。

考虑的变化因素有 Latex1、Latex2、Latex3 三种不同乳液混凝土与空白混凝土之间，及乳液掺量变化之间的对比。

具体配合比：

（1）空白素混凝土，作为基准；

（2）聚合物乳液按聚灰比掺入混凝土，掺量分别为 1%、3%、6%、12%；

（3）使用强度等级 C30 的混凝土配合比（表 2）为基准配合比。

C30 混凝土配合比 表 2

水泥(kg/m³)	砂子(kg/m³)	石子(kg/m³)
360	813	1030

注：该配合比中水灰比为 0.5，用水需扣除乳液、外加剂、砂子及石子中的含水量。乳液含水量参见表 1 中的固含量；砂子和石子的含水量实验前测定。

本文中的编号中 K 表示空白，即为基准的对比组；A、B、C 分别表示乳液 Latex1、Latex2、Latex31；1、2、3、4 则表示乳液掺量分别为 1%、3%、6%、12%，如 A1 表示该组配比采用乳液 Latex1，聚灰比为 1%。C5 是 C3 的干空养护对照组。

2.3 试验方法

2.3.1 标准测试

混凝土坍落度按 GB/T 50080—2002 规定的方法测试。混凝土的抗折抗压强度按照 GB/T 50081—2002 中规定的方法试验。按 GBJ 82—85 中的快冻法来测定聚合物乳液改性混凝土的抗冻性能。按 GB 50082—2009 普通混凝土的长期性及耐久性试验方法》对聚合物改性混凝土做碳化实验。

2.3.2 扫描电镜

扫描电镜采用场发射扫描电子显微镜，FEI Quanta 200FEG。用聚合物乳液及水泥按相应比例制成净浆试块，28 天后取中央的样品，在 50℃烘箱中烘 24 小时处理后进行观察。

2.3.3 氯离子渗透

氯离子渗透实验设备采用 NEL-PD 型混凝土渗透性检测系统。主要实验步骤如下：

①溶液配制：用分析纯 NaCl 和蒸馏水搅拌配制 NaCl 盐溶液，静停 24 小时备用；

②试样制备：将混凝土试件（可为钻芯样）切割成 100mm×100mm×50mm 或 100mm×50mm 的试样，上下表面应平整且表面不得有浮浆层，试验时以三块试件为一组；

③真空饱盐：将 5cm 厚的混凝土试样垂直码放于 NEL 型混凝土快速真空饱盐装置的真空室中，试样间应留有间隙。密闭真空室并开动真空泵和气路开关，在真空表显示值小于−0.05MPa 的压力下保持 4h 后，断开气路，导入 4mol/L 的 NaCl 溶液至液位指示灯灭，关闭水路开关，再打开气路开关，抽真空至上述真空度并保持 2h。关闭真空泵和所有开关，继续保持试样浸泡于真空室的状态至 24h 为止（从开始抽真空时计）。每次饱盐完毕，应及时更换真空泵油（若无油泵，则需检查工作状态是否正常），并清洗真空室；

④NEL 法量测氯离子扩散系数：擦去饱盐试样侧面盐水并置于试样夹具中两电极间（如果混凝土试样表面略不平整，可在两电极与试样表面各加一浸有 4mol/L NaCl 的 80 目铜网），用 NEL 型混凝土渗透性电测仪进行量测，混凝土渗透性电测仪可自动调节电压，直接给出该混凝土试样中氯离子扩散系数值。

3 PMC 的压折比对比分析

根据聚合物改性混凝土各龄期的抗压强度与抗折强度，混凝土试块的压折比（抗压强度与抗折强度之比值）一定程度上反映了混凝土试块的韧性和柔性，压折比越小，混凝土的柔韧性越好。

（1）Latex1 聚合物乳液改性混凝土压折比（图 1）

28d 龄期的压折比要小于 3d 和 7d，在掺入 Latex1 乳液后，压折比随着聚灰比的增加缓慢减小。在聚灰比小于 6％时，不同龄期不同掺量的折压比起伏变化较大，变化规律不明显。当聚灰比从 6％增至 12％时，各龄期压折比都降低了 15％左右。

（2）Latex2 聚合物乳液改性混凝土压折比（图 2）

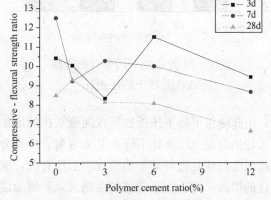

图 1　不同 Latex1 乳液掺量下混凝土压折比

图 2 显示了 Latex2 乳液改性混凝土各龄期折压比随聚灰比的变化趋势。从图中可以看出，混凝土压折比比整体上呈现随聚灰比增大而减小的趋势。在龄期达到 28d 时，12％聚灰比的改性混凝土压折比较于基准混凝土降低了 48％。

（3）Latex3 聚合物乳液改性混凝土压折比（图 3）

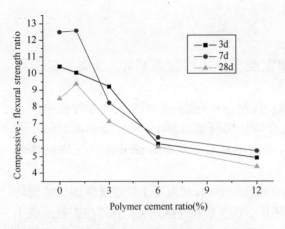

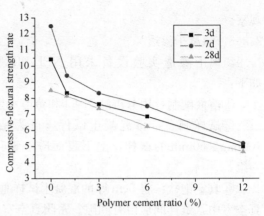

图 2　不同 Latex2 乳液掺量下混凝土压折比　　图 3　不同 Latex3 乳液掺量下混凝土压折比

从图 3 可以看出，各龄期下的混凝土压折比均随着聚灰比的增大而减小，减小幅度相对缓和，无过大的突变值。图示也直观地展示了压折比随龄期的变化趋势，即压折比 28d ＜3d＜7d，其规律与 Latex2 乳液相似。

（4）不同聚合物乳液改性混凝土的压折比对比（图 4）

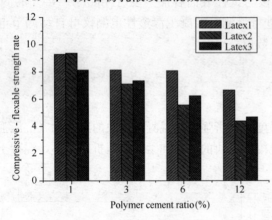

图 4　28 天龄期不同聚合物乳液
改性混凝土的压折比

图 4 展示了三种乳液改性混凝土不同聚灰比 R28 时的压折比的对比，从图中可以看出，Latex2 乳液与 Latex3 乳液各龄期压折比均比 Latex1 乳液要低。压折比则呈现随乳液的加入量增加而减小的趋势。

由抗压强度的分析中可知，随着聚合物乳液掺量的增加，混凝土的抗压强度逐渐降低，由于聚合物成膜的作用，乳液对混凝土抗折强度有一定的改善作用。压折比是抗压强度与抗折强度之比值，随着聚灰比的增大，抗压强度减小且幅度较大，而抗折强度变化小甚至增长，由此使得混凝土压折比呈现随聚灰比的增加而减小的趋势。三中乳液高分子聚合物的加入均使混凝土压折比下降，并随着聚合物高分子的增加其降低幅度增大。并且混凝土的抗折强度的变化还与聚合物的成膜温度有关，成膜温度越低的乳液压折比较低，并随着聚灰比的增加，压折比下降得幅度增大，表现为混凝土的柔韧性增加。

4　PMC 的氯离子渗透性试验结果与讨论

影响混凝土耐久性的各种破坏过程几乎都与水有密切的关系，因此混凝土的抗渗透性被认为是评价混凝土的耐久性的重要指标。混凝土的渗透性不仅对防水结构物有意义，更重要的是评价混凝土抵抗环境中侵蚀性介质侵入和腐蚀能力。

侵蚀性离子在混凝土中的传输严重影响着混凝土的耐久性，如 Cl⁻ 在钢筋和混凝土界面的富集往往会导致钢筋腐蚀，因而侵蚀性离子的扩散系数是用来评价混凝土尤其是低水灰比高强度混凝土渗透性以至耐久性的重要参数之一，最典型的侵蚀性离子被选择为 Cl⁻。

目前世界上最常用的混凝土渗透性的评价方法是美国 ASTM1202 直流电量法。该方法是将 φ100mm×50mm 的混凝土试件真空浸水饱和后，侧面密封两端安装铜网电极，一端浸入 0.3mol 的 NaOH 溶液（正极），另一端浸入 3% 的 NaCl 溶液（负极），测量 60V 电压下通电 6h 通过的电量，用以评价混凝土的渗透性。该方法的优点是测试时间短，实验结果重复性好；缺点是由于施加了 60V 的高电压而产生电极化反应，影响实验结果，实验结果还受混凝土孔溶液化学成分的影响。

交流阻抗法是评价混凝土渗透性的又一有效方法，该法与 ASTM1202 方法有很好的相关性，而所用电压低，实验时间又短。该方法可大致定性地评定高性能混凝土的渗透性，但由于所测混凝土粉末浸出液中的离子浓度实际上代表的是所取混凝土粉末试样中所有可溶出的离子浓度，而非真正孔溶液的浓度，因此仍是不准确的。

混凝土的渗透性反应混凝土的材料特性，可以直接测量，也可通过测量某介质在混凝土中的扩散性（扩散系数）来反应。如前述，Cl⁻ 被确定为最常用的扩散介质离子。目前 Cl⁻ 扩散系数的测定方法有两类，即"自然扩散法"和"电迁移法"。清华大学路新瀛博士在普通"电迁移法"的基础上，把混凝土看成是固体电解质，引入著名的 Nernst-Einstein 方程（$D_i = RT\sigma_i/Z_i^2 F^2 C_i$）。根据该方程带电粒子的扩散系数 D_i 与其偏电导 σ_i 成正比。混凝土试件在饱盐情况下的电导率与偏电导相趋近。这时在真空饱盐条件下（溶液浓度 C_i）测得电导率即可求出 Cl⁻ 的扩散系数。这就是 Cl⁻ 扩散系数的 NEL 方法的原理。

用该方法氯离子扩散系数计算公式如下：

$$D_{Cl} = f(RT/F^2 C_{Cl})\sigma$$

式中　D_{Cl}——混凝土中氯离子扩散系数，cm^2/s；

　　　C_{Cl}——饱盐混凝土中孔溶液中的氯离子浓度，通常可取饱盐溶液浓度，mol/cm^3；

　　　f——修正系数，通常可取 1.0；

　　　σ——饱盐混凝土的电导率，s/cm；

　　　R——气体常数，为 8.314J/mol.K；

　　　T——绝对温度，K；

　　　F——faraday 常数，为 96500C/mol。

NEL 方法具有如下优点：

混凝土的渗透性可通过氯离子扩散系数的大小来评价，而扩散系数的确定可以利用 Nernst-Einstein 方程通过测定在高浓度 NaCl 溶液饱和后混凝土的电导率来计算；

混凝土饱盐后，施加的电压可以足够低，从而消除有高电压引起的不良影响；

实验结果反映的完全是自由离子的传输行为；

测量时间短，即使对高强混凝土亦如此。

试验采用 NEL 方法研究了氯离子在聚合物乳液改性混凝土（PMC）中的扩散性。

试验测试了 Cl⁻ 在养护 28 天 PMC 试块中的扩散系数。扩散系数测量时将 10cm×10cm×10cm 试块面层和底层切去，留中间部分 3cm 厚薄块进行测量。Cl⁻ 在 PMC 中的扩散性能见表3，Cl⁻渗透系数随掺量变化示意图见图5。

Cl⁻ 在 PMC 中的扩散性能　　　　　　　　　　　　　表 3

编　号	初始坍落度 (mm)	28d 抗压强度 (MPa)	28 天 Cl⁻ 在混凝土中扩散系数（$\times 10^{-8}\,\mathrm{cm}^2/\mathrm{s}$）
K1	200	47.30	3.62
A1	185	47.20	3.29
A2	170	36.60	3.19
A3	160	37.20	2.47
A4	200	34.80	2.01
B1	190	40.80	3.16
B2	195	30.50	2.84
B3	195	23.00	2.42
B4	190	21.10	1.99
C1	200	33.40	2.55
C2	190	31.00	2.24
C3	190	27.00	2.13
C4	190	17.10	1.42

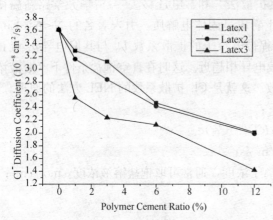

图 5　Cl⁻渗透系数随掺量变化示意图

从以上的试验结果可以看出：氯离子在三种聚合物乳液改性混凝土（PMC）的扩散系数都随着聚合物乳液掺量的增加而降低；三种 PMC 相比，由 Latex3 改性的 Cl⁻渗透系数最小，Latex2 和 Latex1 改性的渗透系数很接近，Latex2 的比 Latex1 的略小。Cl⁻渗透系数的实验结果与乳液最低成膜温度的高低结果关联较好。最低成膜温度即为乳液中的聚合物粒子有足够的活动性相互凝聚成为连续薄膜的最低温度。干燥温度低于聚合物的玻璃化温度（玻璃化温度是高分子的链段从冻结到运动或反之的一个转变温度）时，乳液干燥只得到聚合物颗粒的聚集体，粒之间没有相互凝结。在玻璃化温度以上到最低成膜温度之间，仅仅形成一些碎片，这些碎片本身是弹性体，但没有形成完整的薄膜，此时，聚合物粒子的活动能力还太小，相互之间凝聚之后仍然不能抵抗收缩引力，所以只能得到聚合物膜的碎片。在最低成膜温度以上，聚合物形成了完整的弹性良好的薄膜。只有形成连续薄膜，聚合物才能更好地发挥其性能。本实验中所用聚合物乳液的 Latex1、Latex2 和 Latex3 的最低成膜温度分别为 20℃、12℃ 和 <1℃，由此可见相同的实验环境与养护条件下，Latex3 乳液较另外两种乳液能更好地成膜，其 Cl⁻渗透系数明显低于后两种，因而其阻挡氯离子渗透的能力要高于另外两者。

Cl⁻渗透性的实验结果也与聚合物乳液的粒径大小顺序吻合：三种乳液中 Latex3 的

粒径最大（300nm），依次是 Latex2（200nm）、Latex1（100nm），可以推断大的乳液颗粒对 PMC 的 Cl⁻ 渗透性改善更为明显，这是由于大的颗粒更能完整的填充 PMC 的毛细孔，而毛细孔对渗透性影响显著，所以粒径较大的乳液渗透性更低，当然，这个推论还需要更多的依据来证明；

从试验结果还可以看出，强度高的 Cl⁻ 扩散系数并不一定低，如 Latex1 和 Latex3，虽然 Latex3 改性混凝土的强度最低，而其渗透性也最低。PMC 的强度与其乳液膜的强度具有较好的相关性，即膜的抗拉强度高 PMC 强度高，而渗透性与最低成膜温度和乳液颗粒粒径的关系较大。

5 乳液不同掺量的聚合物水泥浆体微观结构分析

为探讨聚合物乳液不同的聚灰比情况下在水泥水化的作用和影响，采用 Latex3 乳液分别掺量为水泥质量的 1％、3％、6％、12％的情况下，采用水灰比 0.5，做净浆试块并进行标准养护 28 天后，用乙醇浸泡终止水化，使用电镜进行微观结构观察，并从微观结构对宏观现象进行解释。如图 6 所示。

图 6　Latex3 不同聚灰比时改性水泥扫描电子显微图片
(a) Latex3-1％；(b) Latex3-3％；(c) Latex3-6％；(d) Latex3-12％

图 6 是 Latex3 不同掺量的扫描电子显微图片，通过电镜放大 20000 倍率时可以观察到乳液成膜状况，并且随乳液掺量的增加成膜现象明显。乳液 1％掺量情况在电镜放大30000 倍率时也观察到了较显著的雾状膜包裹在钙矾石的周围，乳液已经能形成大片的

膜，但是还不连续，此时钙矾石生长粗壮、方向性好，有聚合物膜附着在钙矾石针状晶体上，但还不足以阻碍其生长，钙矾石穿透膜继续生长；随着乳液掺量的增加，聚合物成膜连续性更好，可以看出增加乳液的膜影响钙矾石的生成，钙矾石和聚合物膜共生的现象，宏观上表现出随着乳液掺量的提高，混凝土强度下降；随着聚合物乳液掺量进一步增加，聚合物逐渐形成连续的膜并覆盖在水化产物上，局部聚合物膜较厚，已经将水化产物包裹分割开来，并明显阻碍钙矾石和氢氧化钙的生长，互穿网络结构基本形成，聚合物膜基本可以形成连续相；当聚灰比增大到12%时，聚合物膜形成较完整的连续相，将水化产物较好的包裹分割，形成明显的互穿网络结构。乳液成膜可以与水泥水化产物产生共生体，从而赋予混凝土相对韧性，并加强了混凝土的密实性，增加混凝土结构的防水性能。

6 结论

（1）一般来讲，聚合物的加入降低了混凝土的抗压强度，而对抗折强度的降低作用则并不明显，但是明显降低压折比，显著提高了混凝土的韧性。乳液薄膜的拉伸强度越高，PMC抗压强度越高。抗折强度除受乳液拉伸强度的影响之外，还与聚合物的成膜性能有关系，聚合物成膜温度越低，成膜性能越好，PMC抗折强度增加得越多。

（2）聚合物改性混凝土压折比随聚灰比的增大而减小，表现为混凝土韧性的增加，28d龄期时，Latex3乳液的压折比从聚灰比为1%到12%下降了42%，表现了混凝土韧性增加。

（3）聚合物的加入显著降低了混凝土的渗透性。三种聚合物乳液改性混凝土（PMC）的氯离子扩散系数都随着聚合物乳液掺量的增加而降低。三种乳液相比，由Latex3改性PMC的Cl^-渗透系数最小，Latex2和Latex1改性的PMC渗透系数很接近，Latex2的比Latex1的略小，表明乳液的成膜性能与改性后PMC的渗透性密切相关。

（4）对Latex3四个掺量的微观形貌比较研究表明，随着聚合物乳液掺量增加，聚合物逐渐形成连续的膜并包裹在水化产物上，阻碍钙矾石和氢氧化钙的生长，局部聚合物膜较厚，并将水化产物较好的包裹分割，形成互穿网络结构，从而改善混凝土的力学性能及耐久性。

通过对三种聚合物乳液改性混凝土的力学性能和耐久性性能的实验研究，发现低掺量的聚合物乳液改性混凝土在防水性能方面即有明显效果，如果优选适合的聚合物乳液品种，可以达到良好的刚性混凝土自防水功能，也有较好的经济优势。

参考文献

[1] 游宝坤. 结构防水理论与实践. 中国建材科技，1996年6月

[2] 钟世云，袁华. 聚合物在混凝土中的应用. 北京：化学工业出版社，2003，108-201

[3] 黄从云，陈超，付冰. 聚合物改性修补水泥混凝土综述. 山东建材，2008，（1）：18-23

[4] L Montanaro，D Festa，A Bachiorrini，A Penati. Influence of Added Polymer emulsions on the Short term Physical and Mechanical Characteristics of Plastic Mortar. Cement and Concrete Research，1990，20：62-68

[5] Y Ohama. Y Satoband，Morikawa. Pore Size Distribution and Oxygen Diffusion Resistance of Polymer modified Mortars. Cement and Concrete Research，1991，21，21：309-315

［6］ L. Bureau，A. Alliche，Ph. Pilvin，S. Pascal. Mechanical characterization of a styrene-butadiene modified mortar. Materials science & Engineering A，2001，Vol308：233-240.

［7］ S. Pacal，A. Alliche，Ph. Pilvin. Mechanical behavior of polymer modified mortars. Materials science & Engineering A，2004，Vol308：1-8.

［8］ Ru wang，Pei-Ming Wang，Xin-Gui Li. Physical and mechanical properties of styrene-butadiene rubber emulsion modified cement mortars. Cement and Concrete Research，2005，Vol35：900-906.

［9］ URBAN D，TADAMURA K，Polymer Dispersion and Their Industrial Applications ［M］. Weinheim：Widely-VCH Verlag Gmbh，2002：241-243

［10］ P. K. Mehta & P. C. Aitcin，Principles underlying production of high-performance concrete. Cement concrete and aggregate，(12) 2 1990：70

［11］ 莫斯克文，伊万诺夫，阿列克谢耶夫等．混凝土与钢筋混凝土的腐蚀及其防护方法．倪继淼，何进源，孙宝昌，等译．北京：化学工业出版社，1988

［12］ 吴中伟，连慧珍．高性能混凝土．北京：中国铁道出版社，1999，22-25

关于三膨胀源膨胀剂问题的解析

游宝坤

（中国建筑材料科学研究总院，北京 100024）

摘　要：本文针对市场上的三膨胀源膨胀剂，通过论述钙矾石、氧化钙和氧化镁三大类膨胀剂的水化速率、膨胀机理、生产工艺及适用范围，指出所谓的三膨胀源膨胀剂的生产技术不可靠，实用性能无法控制，是一种偷换概念，故弄玄虚的假伪宣传。

关键词：三膨胀源　膨胀剂　膨胀机理　生产工艺

Discussion on Three Expansive Resources Admixture

You Baokun

（China Building Materials Academy，Beijing 100024）

Abstract：This paper mainly discussed the so-called three expansive resources admixture in the present market. By describing the rate of hydration, expansion mechanism, production technique, and application areas of ettringite, calcium oxide, and magnesium expansive agents, it points out that three expansive resources admixture, with unreliable production techniques and uncontrollable expansion property, is a false conduct propaganda.

Key Words：three expansive resources, expansive agents, expansion mechanism, production technique

　　在长沙、南昌、上海、杭州等地的混凝土膨胀剂应用技术论证会上，有关设计和建设的技术人员向我们提问：有个别厂家推出三膨胀源的膨胀剂，是国内外最先进的膨胀剂，你们有何评论？

　　我们最先看到的是江西省武冠新材料公司的产品说明书，他们研制成功一种三膨胀源的新型膨胀剂，代号 CMA。它由 $CaO\text{-}MgO\text{-}Al_2O_3\text{-}SO_3$ 四种组分形成三个不同膨胀源，它们的水化速度不同，在混凝土硬化过程中，建立早期、中期和后期不同的微膨胀力，抵御混凝土在形成过程中不同时期的收缩力，阻断收缩裂缝的发展，达到抗裂作用。在河南某公司推出 MPC 聚合物纤维膨胀剂，它是以可再分散高分子聚合物、三膨胀源膨胀剂和

[作者简介] 游宝坤（1938— ），男，教授级高工。单位地址：北京市朝阳区管庄东里 1 号（100024）；联系电话：010—65766294

聚丙烯纤维复合而成，自称是国内新一代多功能抗裂膨胀剂。目前，有个别厂家为追"潮流"，也说自己可以生产三膨胀源膨胀剂。

何谓三膨胀源？在水泥化学中，能使水泥混凝土产生体积膨胀有三种化合物，有氧化钙 CaO，氧化镁 MgO，铝酸钙（CA、CA_2、C_3A）和无水硫铝酸钙（$3CA \cdot CaSO_4$）。在水泥水化过程中，以 CaO、Al_2O_3、$CaSO_4$ 形成的水化硫铝酸钙（又称钙矾石，$C_3A \cdot 3CaSO_4 \cdot 32H_2O$），高温煅烧的 $f\text{-}CaO$，水化形成 $Ca(OH)_2$；高温煅烧 MgO，水化形成 $Mg(OH)_2$。各种矿物形成水化物后固相体积变化率见表1。例如：

$$CaO + H_2O \rightarrow Ca(OH)_2$$

分子量（g）　　　　　56.08　18.02　74.08

表观密度（g/cm^3）　　3.34　1.00　2.24

克分子体积（cm^3）　　16.79　18.02　33.08

$$\Delta V_{CaO} = (33.08 - 16.79)/16.79 \times 100\% = 97\%$$

也即 CaO 水化为 $Ca(OH)_2$，固相体积增加97%，MgO 水化为 $Mg(OH)_2$，固相体积增加104%。由铝酸钙与石膏水化形成钙矾石，固相体积增加95.4%。

各种矿物形成水化物后固相体积变化率　　　　　　　　　　表 1

水化反应方程式	水化前体积（cm^3）	水化后体积（cm^3）	固相体积增加率（%）
$CaO + H_2O \rightarrow Ca(OH)_2$	16.79	33.08	97
$MgO + H_2O \rightarrow Mg(OH)_2$	12.22	24.93	104
$C_3A + 3CaSO_4 + 32H_2O \rightarrow C_3A \cdot 3CaSO_4 \cdot 32H_2O$	371	725	95.4

研究表明，这三种化合物的水化速度差别很大。其中 CaO 水化最快。钙矾石形成速度次之，而 MgO 水化最慢。在硅酸盐水泥化学成分中都含有 SiO_2、CaO、MgO、F_2O_3 等化合物，在高温煅烧过程中，都形成了硅酸钙（C_3S、C_2S），铝酸三钙（C_3A），铁铝酸钙（C_4AF）等矿物，它们与水反应分别形成水化硅酸钙 C-S-H，水化铝酸钙 C_3AH，少量钙矾石，但不能产生体积膨胀。

众所周知，水泥硬化过程会产生体积变化和放出水化热，初期会产生化学收缩和自收缩，中期（3~7d）产生温降冷缩，后期（14d 后停止湿养护）则发生干燥收缩，水泥混凝土进入使用期后，则会受到天气的热胀冷缩的影响，在骤冷下温度收缩相当大。由此可见，水泥混凝土在不同硬化时期的收缩原因和特征是不同的，人们希望通过不同的化合物的水化速度，产生不同阶段的体积膨胀，全方位补偿水泥混凝土的收缩，减免结构收缩裂缝的发生，这一愿望是良好的，在理论上也是可行的。

我院在 1985~1988 年，先后研制成功 UEA 和 AEA 膨胀剂，它们是利用水化活性不同的硫铝酸钙、铝酸钙和硅铝酸盐（明矾石、高岭土）与石膏生成钙矾石的速度不同，达到前期和后期的体积膨胀。这是单一膨胀源的硫铝酸盐类膨胀剂，目前在我国销量最大。

我院在 2000 年前，研制成功两种二个膨胀源的膨胀剂，一种是 CEA 膨胀剂，它是用含有 30%~40% 的 $f\text{-}CaO$ 和 40%~50% 的 C_3S 的高钙膨胀熟料，它是在 1300~1400℃ 煅烧而成的，用这种高钙熟料与明矾石、硬石膏粉磨而成，早期膨胀源为 $f\text{-}CaO$，水化形成

$Ca(OH)_2$产生膨胀,补偿混凝土早期收缩,而水化较慢的明矾石与石膏形成的钙矾石则产生中后期膨胀,以补偿混凝土后期干缩。另一种是 HCSA 膨胀剂,它是用含有 f-CaO、C_4A_3S 和 $CaSO_4$ 的硫铝酸钙熟料粉磨而成,或者以这种膨胀熟料与煅烧高岭土、石膏等磨制而成。这种膨胀剂是以 f-CaO 为第一膨胀源而钙矾石为第二膨胀源。上述两种二膨胀源的膨胀剂属于硫铝酸盐-氧化钙类膨胀剂。鉴于我国水泥掺入混合材多,向商品混凝土加入的掺合料多达 40%～60%,由此,水泥水化析出的 $Ca(OH)_2$ 大量被混合材和掺合料吸收,形成次生水化物,因此,我国大多混凝土“缺钙”。这对混凝土结构的耐久性不利,已引起工程界和学术界关注。基于这种现况,我国许多学者认为,推广有补钙作用的硫铝酸钙-氧化钙类膨胀剂是个发展方向。目前,中国建筑材料科学研究总院北京新中岩建材科技有限公司、石家庄功能建材有限公司、天津豹鸣股份有限公司等企业已生产上述二膨胀源膨胀剂。所谓三膨胀源膨胀剂就是在上述基础上加入了氧化镁膨胀组分的膨胀剂。

氧化镁膨胀剂生产简单,主要原料是菱镁砂或白云石,在立窑中经 1000～1100℃煅烧而成,含有 MgO 在 90%以上,MgO 与水反应形成 $Mg(OH)_2$,固相体积增大了 118%。水泥中的方镁石量经 1400～1450℃煅烧而成,其水化极慢。利用轻烧氧化镁作为膨胀剂,其水化速度远比钙矾石和氧化钙的水化速度慢。早期几乎无膨胀,而后期膨胀相当长,利用它这种膨胀特性,已成功用于筑坝大体积混凝土,作补偿冷缩的有效手段。但是它不适用常温水化的工民建大体积混凝土。

由此可见,钙矾石、氧化钙和氧化镁三大类膨胀剂的生产工艺不同,矿物结构决定了它们的膨胀机理和水化速度的差别。钙矾石和氧化钙的水化速度较快,故主要用于补偿混凝土的早期收缩,适用于各种工民建中的提高防渗工程中,而氧化镁的水化速度十分缓慢,故主要用于补偿混凝土的冷缩,适用于筑坝大体积混凝土工程。由于三类膨胀剂的特性不同,因此,要科学的规范它的适用范围。

事实上,生产三膨胀源膨胀剂是非常困难的,因为硫铝(高铝)熟料,高钙熟料和氧化镁的煅烧设备和煅烧温度不同,生产工艺复杂,生产成本高。另外,三种膨胀熟料的配合比要随机调整,能否全补偿混凝土各个时期的收缩也是个大问题。据我们了解,国内外尚没有一家公司生产三膨胀源膨胀剂。因为其生产技术不可靠,实用性能无法控制,生产成本高。

近年来,有个别厂家声称生产出三膨胀源膨胀剂,获得专利。根据以上分析,这是一种偷换概念,故弄玄虚的假伪宣传,骗取用户“无知”,故意提高自己,扰乱膨胀剂市场……

我们要提高警惕,揭穿和打击伪劣产品,使我国膨胀剂市场沿着健康轨道发展。

有机硅在混凝土保护中的应用研究

薛 庆 张孟霞

（中国建筑科学研究院，北京 100013）

摘 要：本文从我国混凝土结构耐久性现状出发，论述了一种渗透型有机硅混凝土保护材料的作用机理、开发、试验研究及施工工艺等。研究结果表明，该材料可以有效地保护混凝土结构，提高混凝土耐久性。

关键词：耐久性 有机硅 混凝土保护 渗透型

Study on appilcation of organosilicon to concrete protection

Xue Qing Zhang Mengxia

（China Academy of Building Research，Beijing 100013）

Abstract：According to the present situation of concrete stucture durability of China，this paper introduces a permeable organosilicon concrete protective material，including its effect mechanism，development，experimental study and application technology. Study result shows that this type of material can protect concrete structure effectively and improve concrete durability.

Key Words：durability，organosilicon，concrete protection，permeable

1 概述

据统计，我国现有混凝土建筑面积达 50 亿 m²，其中约 23 亿 m² 需分期分批进行鉴定加固和维护，近 10 亿 m² 急需维修加固。新中国成立初期的建筑均已达到必须大修的状态，现有大多数工业建筑不能满足安全使用 50 年的要求，一般使用 25～30 年就需大修和加固。为使建筑物继续发挥作用，各部门每年都要耗巨资加以维修，根据以往经验，混凝土工程安全使用期和维护使用期的比例为 1∶（3～10），但维护使用期的维修费用却高达建设费用的 1～3 倍。我国南方海港浪溅区钢筋混凝土建筑物由于以往设计标准偏低和施工质量问题，通常使用 8～10 年即出现因氯盐腐蚀钢筋引起的开裂剥落破坏，由此造成的直

[作者简介] 薛庆，男，副研究员，从事混凝土工程技术研究，北京市北三环东路 30 号中国建筑科学研究院（100013），电话：13641108010

接、间接经济损失惊人。我国北方如北京、天津等地的部分钢筋混凝土立交桥，使用时间不长，部分已出现钢筋锈蚀和混凝土开裂的迹象，并日益加重。专家预计，21世纪初，我国将出现混凝土结构物的维修高峰，每年所需的维修费用可能高达数千亿元。

由此可见，水泥混凝土材料给我们带来安居方便的同时，本身也暴露出许多问题，这引起有识之士极大关注和重视。国内外大量破坏实验和使用实例证明，在设计强度足够的情况下，混凝土结构仍遭到严重破坏，主要是由于混凝土的使用条件不同，随着时间推移混凝土的耐久性不够而遭到破坏，造成了触目惊心的资源和维修资金浪费。虽然我国已越来越重视新建混凝土结构的耐久性问题，但对于已建成的大量混凝土结构，如高速公路、桥梁等却仍然缺少保护的政策及手段，混凝土结构耐久性破坏的损害仍在继续和发展。

针对上述情况，中国建筑科学研究院开发了一种渗透型有机硅混凝土保护材料，其主要成分为有机硅氧烷，该材料作为一种新型混凝土耐久性处理材料，可有效地提高混凝土耐久性，延长其使用寿命。

2 作用机理

一般硅酸盐建筑材料如混凝土、砂浆、加气混凝土、陶瓷、砖、瓦等都是多孔性亲水性材料。对于硅酸盐多孔材料的保护，通常希望阻止含酸性物质、尘埃、盐、油等的雨水侵入，而又不封闭材料毛细管通道，不妨碍材料内部水汽向外扩散。一般高聚物防水、防腐涂膜材料不能做到，如聚氨酯、环氧树脂、氯化橡胶等，而有机硅化合物可理想地满足以上要求。

结合国内现浇和预制混凝土特点，开发出的渗透型混凝土保护剂产品，成功地解决了钢筋混凝土结构在制作和使用中的保护难题。混凝土保护剂内含高渗透保护因子，其特殊的小分子结构能轻易穿透混凝土的表面，渗透到混凝土内部 2~6 mm 并与之形成牢固的保护层，从而大大提高混凝土制品的防水性和氯离子吸收性。它能与保护基底产生化学反应，深层渗透并产生防水、防氯离子的性能。经保护的基材具有良好的憎水性，并保留其原有的外观。

硅氧烷特殊的小分子结构（粒径为 10^{-10} m 级），与混凝土基材有着良好的亲和力，能轻易渗透到混凝土内部几毫米，与暴露在酸性和碱性环境中的空气及基底中的水分产生化学反应，生成羟基团。这些羟基团将与基材及其本身产生交联、堆积，结合在毛细孔的内壁，不阻塞毛细孔，防水透气，形成牢固的有机硅网络保护层，被有机硅网络覆盖的混凝土表层多孔部分形成一个憎水层，能够有效地阻止外部水分和有害物质的入侵，并让内部水气和有害气体逸出（图1）从而大大提高混凝土结构的防水性、耐盐碱性、抗冻融性等特性，延长混凝土的耐久性。特别是在碱性环境，如浇制不久的混凝土会刺激该反应并加速保护层的形成。

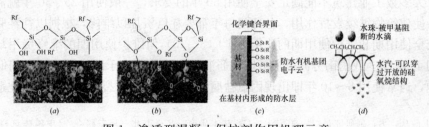

图 1　渗透型混凝土保护剂作用机理示意

3 试验研究

3.1 优选试验

所研制的渗透型混凝土保护剂的主要原材料为：

（1）有机硅乳液 A，主要成分为带有活性基的硅氧烷；（2）高效渗透剂 B；（3）表面活性剂 C。

采用以上材料，通过正交对比试验，优选出了渗透能力强、明显提高混凝土耐久性且性价比优异的配方组合作为基础研究目标，并通过进一步的性能测试和应用效果分析，不断优化，最终形成所研制的渗透型混凝土保护剂。

3.2 性能试验

试验采用 C40 混凝土，试块尺寸：100mm×100mm×100mm。试验试件用本课题所研制的渗透型混凝土保护剂均匀涂刷两道，同时制备相应基准空白试件。

3.2.1 防水性能

将基准试块与涂刷渗透型混凝土保护剂的试块半浸于水中，分别测定浸水 1h、5h 和 24h 的吸水量，求出吸水率及吸水比。结果显示，1h 吸水率降低 92%，5h 吸水率降低 88%，24h 吸水率降低 80%。结果证明，刷渗透型混凝土保护剂后，混凝土防水性能明显提高。由于渗透型混凝土保护剂能较深地渗透进混凝土内部，与混凝土基材形成一体化的保护层，从而可发挥优越的防水性能。

3.2.2 渗透深度

将涂刷渗透型混凝土保护剂的试件养护 7 天后，劈开试件，将断面浸于水中，取出试块，分别测出断面四边渗透型混凝土保护剂的浸透深度，结果取算术平均值。试验结果，渗透型混凝土保护剂在试块中的浸透深度为 3～6 mm，平均起来 4.17 mm。由于渗透型混凝土保护剂的浸透能力大，即使表面层的磨损程度达 2～3mm，仍能发挥其良好的防护作用。

3.2.3 耐碱性

将试块浸泡于饱和 $Ca(OH)_2$ 溶液中，分别测定不同浸泡时间试件的重量，求出重量变化百分率和重量变化百分比，并且观测试块的表观变化。

经饱和 $Ca(OH)_2$ 溶液浸泡 3 个月，涂渗透型混凝土保护剂的试块和无处理试件的表观均未有明显变化，没有出现色变、粉化等现象。可见，渗透型混凝土保护剂在碱环境中是稳定的。

3.2.4 耐酸性

将试块浸泡于 5% 的 HCl 溶液中，测定不同浸泡时间试块的重量以考察其被腐蚀程度，并且观测试块的表观变化。

在 5%HCl 溶液中浸泡 1d 后，涂渗透型混凝土保护剂的试块表观无变化，而无处理试件的表面水泥浆层被腐蚀，骨料明显外露，并有掉渣现象。随着浸泡时间的延长，无处理试件的腐蚀掉渣现象严重，而涂渗透型混凝土保护剂的试块仍无明显表观变化。浸泡 3 个月后，涂渗透型混凝土保护剂的试块仍只是表面泛黄，零星掉渣，而无处理试件则表面泛黄，严重剥蚀、掉渣。

可见，对于长期处于 HCl 介质侵蚀环境中的混凝土结构，渗透型混凝土保护剂能增强其耐久性能，大大延缓其劣化速度。

3.2.5 氯离子扩散系数测试

取一组基准试件，另一组试件上下表面均匀涂刷两道渗透型混凝土保护剂，三天后分别用 RCM 法和电通量法测试氯离子扩散系数，试验结果表明，涂刷渗透型混凝土保护剂后，大大降低了氯离子扩散系数。C40 混凝土使用两道后，其抗氯离子侵入性指标，可以满足设计使用年限 100 年的要求，电通量指标（56d）（C）＜800，氯离子扩散系数 D_{RCM}（28d）（$10^{-12}\,\mathrm{m^2/s}$）＜4。

3.2.6 抗碳化性能

本实验采用 C40 混凝土为基准，在实验用混凝土的一个表面均匀涂刷 2 道渗透型混凝土保护剂，其余表面用热融的石蜡密封。养护 7 d 后，在碳化箱内进行碳化对比试验，碳化时间分别为 7d、14 d 和 28d，碳化箱中 CO_2 的浓度为（20±3）%，相对湿度为（70±5）%，试验温度为（20±5）℃。试验结束后，分别测量基准试件和涂刷保护剂试件的碳化深度，计算碳化速度降低率。试验结果表明涂刷渗透型混凝土保护剂后，混凝土的抗碳化性能提高了近 80%，极大地改善了抵抗气相介质侵蚀的能力。

4 施工工艺

4.1 环境要求

施工温度低于 5℃或表干前（约 10h）有下雨、风力大于 4 级以上、强烈阳光直射时，不能施工。在水位变动区，应在海水落到最低潮位，混凝土表面看不到水迹时，再施工混凝土保护剂，应尽量延长喷涂前的干燥期。

4.2 预处理

（1）首先将混凝土表面明显的破损修补好，表面应无松动材料。当混凝土采用脱膜剂时，应通过喷涂实验确定对混凝土保护剂是否有影响，否则应在混凝土保护剂施工前将待保护表面充分处理干净。

（2）将待涂基材的碱垢和污物彻底清理干净，并使之基本干燥，再使用混凝土保护剂。

（3）混凝土保护剂对 0.2mm 以下的裂缝可直接阻止水的渗透。

4.3 施工

（1）施工混凝土保护剂的混凝土龄期应不少于 28d，或混凝土修补后应不少于 14d。

（2）混凝土表面温度应在 5～45℃。

（3）混凝土保护剂不得稀释，使用前启封，应在 72 h 内用完。

（4）施工混凝土保护剂时应连续喷涂施工，使被涂表面材料饱和溢流。在立面上，应自下而上进行喷涂，垂流长度为 15～20cm，应使被涂表面有 5s 保持湿润状态。喷涂 2 遍，2 遍之间的间隔时间为 6h 以上。

（5）施工工具可采用密封喷枪、滚筒或刷子。如果使用密封喷枪，应注意喷枪的压力不能超过 60～70kPa，并防止水进入设备的任何部位。

5　结论

试验结果表明，采用有机硅材料为主研制而成的渗透型混凝土保护剂可以有效地保护混凝土结构，提高混凝土耐久性，延长建筑物使用寿命。随着人们对工程质量要求的不断提高，混凝土耐久性问题日趋突出，新型混凝土保护材料将得到越来越广泛地应用。

建筑外墙防水做法应用简述

摘 要：建筑外墙渗漏水目前在众多地区已成为一个建筑工程质量通病。根据外墙防水施工及维修经验，针对目前外墙防水存在的材料、施工等问题，提出外墙防水材料的粘结率及抗渗性是关键，同时提出加强施工管理及提高对建筑外墙防水的认识。

关键词：JJS系列墙体防水材料 外墙防水 墙面渗漏 抗渗性

A Brief Description on The Application of Waterproof and Technologies on Exterior Wall

Chen Jiabiao Zhu Yanyu

（Jiaxing Guangxing Building Matierial & Technology Co，Ltd.）

Abstract：Water leaking on exterior wall has been a common building quality issue in most today. Based on their years of project experience on exterior wall waterproof construction and maintenance，address the problems in today's waterproof materials and constructions，the authors pointed out the adhesive rate and impervious performance of waterproof materials are the key . In the meantime，they raised the importance of construction management and awareness of waterproof exterior wall.

Key Words：JJS series waterproof material for wall，exterior wall waterproof，wall permeability，impervious performance

住建部于2011年1月28日颁布、2011年12月1日实施的《建筑外墙防水工程技术规程》对规范建筑外墙的防水，具有指导作用。如何应对建筑外墙防水的问题，是建筑防水企业的重要工作内容。我们根据多年外墙防水的经验，从材料到施工，进行研发和实践。从以下四个方面进行简要的叙述。

[作者简介] 陈家标，男，1957年1月出生，浙江嘉兴人，嘉兴市防水保温协会会长，嘉兴市广兴工贸有限公司、嘉兴市广兴建材科技有限公司董事长，地址：嘉兴市中山东路信息弄8号广兴大楼，电话：0573-82075412，e-mail：cjb_9661@163.com

1 外墙防水材料的选择

1.1 外墙防水材料选择的注意事项

目前建筑外墙分类可分为有保温层和无保温层，（我们将结构自身具有保温功能的外墙列入无保温去理解）。对有保温层和无保温层饰面为块材的外墙防水。主要要考虑四个问题：

（1）防水层的粘结强度要高，为此选材不宜用延伸率高的柔性材料。例如，延伸率在300％以上的聚合物乳液防水涂料，聚氨酯防水涂料等。延伸率越高后期对做保温层和贴饰面块材越不利。尤其是高层饰面块材，对安全是个重大隐患。由于防水层粘结强度低，饰面砖脱落到处可见，见图1。

图1 由于防水层粘结强度低，饰面砖脱落

（2）防水材料应和找平层及饰面层材质相适应。如果两种材质不相匹配，会导致分层起壳，带来诸多后期问题。

（3）防水材料自身的耐候性要好。除了耐高温、低温外，还要耐酸碱、耐紫外线等。

（4）具有高抗渗、增强找平层强度等功能。

1.2 JJS聚合物水泥防水涂料的特点

目前国内外生产的有的聚合物水泥防水涂料存在吸水率高，浸水后湿拉伸强度和延伸率下降，特别在浸泡饱和氢氧化钙后，拉伸强度和延伸率明显下降等问题，这是乳液再次乳化所产生的必然现象，俗称为不耐水。为了克服不耐水的问题，许多厂家将A、B组分中的B组分填料增加至1：2～2.5的比例（正常配比一般为1：0.7～1），希望克服再次乳化的现象。通过提高B组分填料的数量，明显改善了JS不耐水现象。但随之而来出现了另一个问题，即防水涂料成膜后由于水泥量大，它的柔软性随时间推移，水泥缓慢水化使涂层变硬，延伸率大大降低，甚至达到零延伸率。这是普通JS物理反应成膜机理所难以克服的缺点。

而我们研发的JJS交联型聚合物水泥防水涂料（获得了国家专利），是采用可交联的丙烯酸酯聚合物水分散体和粉体固化剂配合使用的双组分防水材料。其成膜性能指标符合现行国家标准《聚合物水泥防水涂料》GB/T 23445—2009，同时它更体现产品物理指标的优越性。由于采用聚合物乳液与粉体固化剂交联技术，其成膜后聚合物乳液的亲水基团会被固化剂封闭，发生交联分子量变大，其结果体现在涂料性能的粘结率、耐水性、拉伸强度、耐碱性都有显著提高，明显区别于普通 JS 涂料，尤其是耐碱性能，因为通过水泥渗出的水，均为碱性，pH 值一般在 10 以上。JJS 交联型聚合物水泥防水涂料经过权威部门检测，其延伸率能保持在原来的 93%，这个数据在水泥界面防水耐水性上起很大作用。另在涂膜的表面干燥时间上，由于采用配位化学交联反应技术，会使涂膜表面干燥时间加快，初凝和终凝时间是普通 JS 的一半，可缩短施工时间，降低施工成本。JJS 采用的胶乳是环状结构的纯丙乳液，故还有优异的耐温差和耐紫外线性能，适合外墙防水。JJS 解决了长期以来聚合物和填料不能反映或反应后的生成物不稳定等技术难题。

根据 JJS 专利技术的特点及外墙防水的特殊要求，我们研发出三种材料：

（1）低延伸率高粘结率的 JJS-Q1。由复合防水液料及填料双组分组成的外墙聚合物水泥防水涂料，涂刷厚度为 1mm 左右，其粘结率可以达到 2.0MPa 以上，远远高于国家标准。2010 年我们在嘉兴某楼盘做的对比检测，很能说明粘结率的问题。该楼盘共建 80 幢楼，其中 8 幢在我们介入做防水前已经开始贴饰面砖，而未做外墙防水，其余 72 幢全部做外墙防水，两种情况做检测对比见表 1：

外墙拉拔粘结强度对比　　　　　　　　　　　　　　　　　　　　　表 1

做外墙防水		粘结强度（MPa）	不做外墙防水		粘结强度（MPa）
1	0.865÷1.600	＝0.540	1	0.239÷1.600	＝0.149
2	2.22÷4.275	＝0.519	2	3.665÷4.275	＝0.857
3	1.353÷1.600	＝0.845	3	1.724÷1.600	＝1.071
4	2.099÷4.275	＝0.490	4	1.136÷4.235	＝0.265
5	1.659÷1.600	＝1.036	5	0.630÷1.600	＝0.393
五次平均数 0.686MPa			五次平均数 0.547MPa		

注：标准试块以 3 块为一组，检测中各有 1 块失效，故各为 5 块。行业标准规定：三块试块，其中允许一块≥0.3MPa，另两块≥0.4MPa 为合格。

从检测试验可看出，按我们的做法，做防水的强度得到了提高，而且，粘结强度的均匀性好。此种材料以聚合物和水泥等无机材料组合，和前期的混凝土找平层及后期块材粘结水泥浆材质一致，不会出现分层、起壳等不良现象，并且在抗渗性、耐候性上有上佳表现。

（2）为有效控制防水层质量，方便施工，运输，仓储等的 JJS-Q2。其为单组分聚合物水泥防水涂料，将液料改成乳胶粉，涂刷厚度为 1mm 左右，其粘结率同样能达到 1.5～1.8MPa，该材料非常适合建筑总包自己施工做外墙防水，现场只要加适量的水就可以涂刷施工，能保证内在聚合物和填料的比例不变。

（3）针对找平层强度低或者是干挂式外墙的 JJS-Q3。其为单组分聚合物水泥防水砂浆，其中大量运用刚性乳胶粉及抗渗憎水硅质粉剂，使其具有极佳的粘结强度和憎水性，涂刷厚度为 3mm 左右，实现增强找平层强度及高抗渗的防水效果。

2 JJS 聚合物水泥防水涂料的施工要求

2.1 窗框与墙交接部位的防水做法

外墙防水除墙面外，很重要的是窗框与墙交接部位的防水，窗框与墙交接部位渗漏率占整体墙面渗漏率的65％左右。因此，应重点考虑窗框与墙交接部位的防水，见图2。

(1) JJS-C，墙和窗之间的嵌缝胶泥，为第一道防水。解决窗和墙之间因为填充料不当造成的渗漏问题。该材料以无机物为主，配以聚合物材料合成的耐老化，抗收缩，高粘结率的填充胶泥，憎水抗渗性能比聚氨酯发泡材料性能优越得多，成本又低。在施工做法上，为解决一次嵌缝20mm以上会产生裂缝的问题，我们用钢直尺在20mm嵌缝胶泥中间先开一条不透底的收缩缝，有效解决胶泥固化易和窗框产生裂缝的现象，有了这道实实在在的嵌缝胶泥，可有效封堵水的入侵。

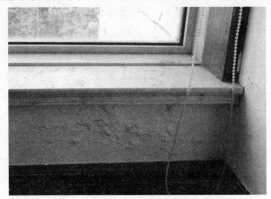

图 2 窗户渗漏导致的外墙渗漏

(2) 采用窗户专用的纯丙烯酸防水密封涂料 JJS-F1，JJS-F2 底涂及面涂（图 3、图 4），为第二道防水。涂刷在墙和窗框连接处表面，中间用无纺布加强，宽度为35mm，其中5mm粘结在窗框上，30mm粘结在墙体上，后期墙体饰面砖贴上后，防水层就隐蔽在砖下面了，如果是涂料饰面，可做5mm水泥砂浆找坡隐蔽。

经过多年施工总结，通过以上二道环节的防水处理，窗户和墙体间的渗漏得到了解决，取得了良好的效果。

图 3 JJS-F1 底涂

图 4 JJS-F2 面涂

2.2 施工注意事项

其他建筑部位防水施工作业面宽而墙面防水作业面小，安全性差，因此，要求施工队伍必须一次性完成施工，否则后期维修防水困难得多。主要原因是：

（1）建筑外墙渗漏面是垂直的，外墙进水点和墙面渗漏点往往不是同一部位，所以局部维修成功率低，经常是出现一个渗漏点需要整墙维修。

（2）外墙维修作业难度大，安全性也是一个重要的成本考量。

（3）维修费用高，一般会利用吊篮或架脚手架，不易采用单人垂吊维修，因为单人垂吊维修横向作业面窄，而没有悬挂资质的检查人员不易进行施工检查，影响修复率。所以外墙维修材料用得不多，而辅助成本却非常高，普通无资质的防水队伍轻易不敢承接外墙的维修工程，即使接了工程，维修也是做做表面工作，喷涂有机硅之类的防水材料，但不能解决根本问题。据嘉兴防水保温协会统计，嘉兴防水施工队伍70%不会接外墙渗漏维修工程，而接外墙维修的队伍，50%以上不能一次性有效按防水维修规范达到渗漏修复标准。

3　外墙防水目前存在的主要问题

外墙防水目前存在的问题很多（图5），主要是以下几个方面：

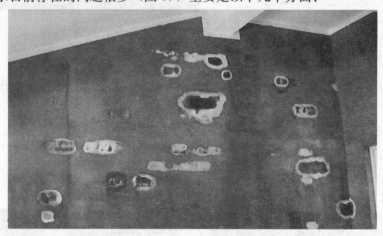

图5　嘉兴某楼盘交付后的墙面渗漏现象

（1）房地产商对外墙防水认识不足，外墙防水作为新增项目需增加投资，许多房地产商都不太愿意增加投入，目前又遇宏观调控，房价在明显下跌，人工、材料、土地等成本都在上涨，所以对新增项目需要投钱的事，房地产商会有抵触情绪。

（2）新墙体材料对墙面防水带来更多的压力，例如采用空心砌块砖，增加了防水难度。

（3）操作人员的素质低。防水工程需要每一道工序都体现防水功能，只要其中一道工序出问题，就有可能产生渗漏。

（4）能符合粘结率高，抗渗性好，耐候性好的外墙防水材料不多，对墙体防水材料投入研发、生产的企业少。

（5）相当一部分防水施工企业没有做过外墙防水施工，而外墙防水一旦施工，其防水面积可能是地下室、屋顶等面积的几倍，因此，施工力量会显得不足。

4 如何应对外墙防水存在的问题

面对外墙防水存在的问题，要加强认识、促进材料技术的发展，加强人员的培训、提高施工技术水平，具体措施有：

（1）在政府层面要加强外墙防水规范的宣传推广工作，嘉兴市防水保温协会为此也做了些尝试。2011年11月协会汇同嘉兴市建筑业协会、嘉兴土木建筑学会联合召开了"《建筑外墙防水工程技术规程》学术讲座"，组织了100多名房地产公司、建筑施工企业、设计院、监理、大学研究机构负责人参加，邀请到《建筑外墙防水工程技术规程》主编现场讲课。市建委为此还发了"关于加强外墙防水规程宣传推广"的文件，地方主管部门专门发文件贯彻《建筑外墙防水工程技术规程》行业标准，在全国是第一个，对治理建筑外墙防水的问题，具有很好的促进作用。

（2）按规范要求从设计入手，提高房地产企业对外墙防水重要性的认识，会同总包、监理，加强外墙防水材料和技术的培训。

（3）鼓励防水企业加大对外墙防水材料的研发及生产投入，使更多更好的适应外墙防水的产品面市。

（4）加强对防水操作工的培训。只有基础加强了，人员素质提高了，基础更扎实了，建筑外墙防水质量才会提高。

从目前楼盘质量来讲，防水是比较薄弱的环节，而墙面防水更是弱中之弱。究其原因很多，首先有制度上的问题。在中国，消费者购房是看哪一家房产公司开发的楼盘，在国外发达国家，人们看房子是谁建造的，建筑公司是直接面对消费者的，而房地产商只能说是地产商，负责三通一平，造房子是建筑商的事情，包括装修都是建筑商的事情。所以建筑商会重视自己建造的房子的品质，如有质量问题就会砸了自己的牌子，因此很少有偷工减料、以次充好的现象。在中国，房产质量的关键人建造商不会直接面对消费者，有了质量问题花钱摆平相关人员就行，这是制度导致我们的楼盘品质低的一个重要因素。还有造价问题，我们的许多定额多不能及时调整，价格高低不均匀。例如内墙面抹灰层按定额建筑总包几乎不赚钱，人工费用占比例大，材料又很低廉，省不下什么钱；而防水是材料成本比例高，人工费用占比例小，所以总包千方百计省材料，导致目前市场假冒伪劣防水材料充斥，外墙防水也不能幸免。

5 结束语

外墙防水是建筑防水的重要组成部分，在合理设计的前提下，材料是基础、施工是保证。选择合适的材料，采取有效的施工工艺以及资金的保障，才能最大限度地保证建筑外墙不渗漏。

非接触式测试方法对水泥基灌浆料竖向收缩性能的研究

张 量[1] 韩 炜[2] 李 伟[1] 廖灵敏[2]

（1. 陶氏化学（中国）有限公司，上海 201203

2. 长江水利委员会长江科学院材料与

结构研究所，武汉 430010）

摘 要：本文采用非接触式锥形收缩仪研究了一些典型原材料对硅酸盐水泥基灌浆材料在塑性和硬化阶段竖向尺寸变化的影响。研究发现塑性膨胀组分和能够在硬化阶段形成膨胀性水化产物的膨胀剂是控制灌浆料竖向收缩的有效技术手段。这种试验方法可以为测试和改进无收缩水泥基灌浆料的竖向性能提供可靠的技术依据。

关键词：无机非金属材料 水泥基灌浆料 竖向收缩 竖向膨胀 非接触测试

Research on vertical contractility of cement-based grouting materials by non-contact measurement techniques

Zhang Liang[1] Han Wei[2] Li Wei[1] Liao Lingmin[2]

（1. The Dow Chemical Company（China），Shanghai 201203；

2. Materials and Structural Department，Changjiang River

Scientific Research Institute，Wuhan 430010）

Abstract：In the present work，non-contact tapered shrinkage equipment was used to study the influence of typical raw materials on the vertical dimension changes in plastic and hardening stage of silicate cement-based grouting materials The results indicated that plastic expansive components and expansive agents are the key factor to control the vertical shrinkage of grouting materials. And it is proved that non-contact measurement techniques is an effective and credible method to measure and evaluate the vertical contractility of cement-based grouting materials，as well as provide technical basis for further improvement of the property.

基金项目：科技部国际科技合作项目（2010DFB70470）；中央级公益性科研院所基本科研业务费（CKSF2011017/CL）

[作者简介] 张量，男，博士，高级工程师，从事干混砂浆和混凝土外加剂方面的研究工作。单位地址及邮编：陶氏化学（中国）有限公司，上海市张江高科技园区张衡路 936 号，上海 201203

Key Words：inorganic non-metallic materials，cement-based grouting materials，vertical shrinkage，vertical expansion，non-contact measurement

1　前言

水泥基灌浆材料自 20 世纪 90 年代开始在我国大量推广使用，当时主要用于大型设备基础的二次灌浆[1]。由于这种材料性能优异，在后张预应力孔道[2]、混凝土的加固和裂缝修补[3,4]以及铁路桥梁支座砂浆[5~7]等方面也获得了推广和应用。2005 年，水泥基灌浆材料的建材行业标准 JC/T 986—2005 发布实施[8]；2008 年，国家颁布了"水泥基灌浆材料应用技术规范"，GB/T 50448—2008[9]。标准中的性能指标主要包括凝结时间、流动性、泌水、强度和竖向膨胀率。为了达到大流动性、早强、高强和微膨胀性的技术要求，不同的技术路线被用来研制水泥基灌浆材料。一些研究人员[10~13]以硅酸盐水泥为基础，采用塑性膨胀组分如铝粉或有机物、控制后期膨胀的组分如 UEA 或 CSA 膨胀剂、不同混合材如粉煤灰、硅灰等及其他添加剂开发了水泥基灌浆材料并在工程中进行了应用。另一条技术路线是以硫铝酸盐水泥为基础制备水泥基灌浆材料[14]，由于早期大量钙矾石晶体的持续形成，获得了较高的早期强度和体积膨胀性。还有一些学者[15~18]采用了将硅酸盐水泥与硫铝酸盐水泥或高铝水泥及石膏复配的技术路线，希望克服硅酸盐水泥凝结时间过长、早期强度不高的缺点，并达到补偿收缩的效果。

使用无收缩灌浆材料的目的是使其能够完全填充到设备与基础之间的空隙当中，从而保证机械设备安装时的定位和灌浆料与设备底板之间足够的有效承载面积，以将设备载荷传递到基础。因此，竖向高度的变化是水泥基灌浆材料在凝结硬化初期的一项重要性能，对确保灌浆质量具有重要的意义[19]。如果灌浆材料在这一阶段的产生竖向收缩，会使有效承载面积减少，并可能出现空鼓，导致灌浆材料失去其应有的作用。在 GB/T 50448—2008[9]中，规定竖向膨胀率的检验可以采取两种方法，一种方法是架百分表法，即将拌合好的灌浆料浇注到试模中，然后盖上玻璃板，把百分表固定安装在玻璃板中央，自加水拌合时起分别于 3 小时和 24 小时读取百分表的读数来计算灌浆材料的竖向收缩率。另一种方法是非接触式测量法，采用激光发射系统测试灌浆材料竖向长度的变化。这种方法的优点是数据可以通过电脑自动采集，从灌浆材料浇注在模具内之后即可开始进行测试，对其竖向长度的变化进行全程观察。从现有的文献资料来看，采用非接触式测量方法来研究灌浆材料中的常用组分对竖向膨胀率影响的报导并不多见[19]。

本文的研究目的是采用非接触式测试设备全程观察一些典型原材料对硅酸盐水泥基灌浆材料在塑性和硬化阶段竖向尺寸变化的影响，为测试和改进灌浆材料的这一重要性能提供必要的技术依据。

2　试验用原材料

试验采用了以下原材料：海螺普通硅酸盐水泥 PO42.5，三种级配的石英砂（10~40目，40~70 目和 70~140 目），陶氏化学的纤维素醚 MW6000PFV（黏度为 6000 cps），德国明凌公司的消泡剂 P803，BASF 粉末聚羧酸减水剂 F2651，天津豹鸣公司生产的

CSA（无水硫铝酸钙）膨胀剂、爱卡公司（Eckart）生产的铝粉RO400、海明斯公司生产的BENTONE®OC流变助剂（不经加工的天然蒙脱石黏土），上海天恺特种材料公司生产的硅灰，凯诺斯公司生产的Fondu高铝水泥和上海金虹新型建材公司生产的无水石膏。

3 测试设备和试验方法

试验采用史莱宾格公司生产的非接触式圆锥形收缩测试仪进行，如图1所示。仪器由一个圆锥形容器、放置在新拌水泥灌浆料样品表面的用于反射激光束的反射靶（表面贴有铝箔的XPS泡沫塑料）、激光发射装置和数据采集系统组成。测试从新拌灌浆料浇注到模具中并放置好反射靶后即可开始进行。测试高度的工作范围是±2mm；激光在测试范围内的精度超过$8\mu m$；分辨率超过$0.5\mu m$。激光测距仪获得的数据数字化后储存在数据记录器中。

试验步骤如下（图2）：

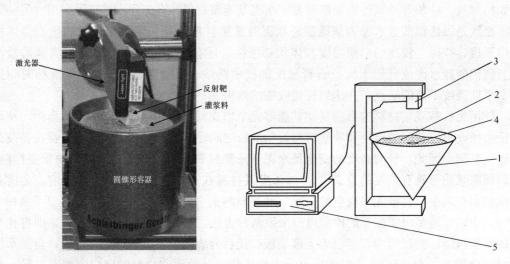

图1 史莱宾格非接触式锥形收缩测试仪　　　图2 锥形收缩测试仪装置图

（1）将拌合好的水泥灌浆材料2一次性浇注到锥形样品容器内1，高度控制在100mm左右；

（2）在灌浆料表面的中间部位放置一个激光反射靶4；

（3）将锥形容器置于固定在支架上的激光器3的正下方；

（4）通过电脑5设置数据收集系统，然后开始测量。

4 试验结果和讨论

4.1 试验配方

根据水泥灌浆料的技术要求设计了一个简单的基准配方，如表1所示。按照国标GB/T 50488—2008测得的流动度为345cm。在基准配方的基础上，掺加不同原材料配制了六种水泥基灌浆料，如表2所示。这些灌浆料的加水量保持一致，均为配方总量的17.5%，

流动度均控制在 $340\sim350$cm。为了保持固定的加水量和基本相同的流动性，通过调节水泥基灌浆料配方中超塑化剂的掺量来达到这一目标。需要说明的是这些配方只是为了进行本文的竖向尺寸变化研究而设计的初始配方，不能用于制备用于实际工程的水泥基灌浆材料。另外，在测试过程中没有对灌浆料表面进行覆盖。

水泥灌浆料的基准配方（基准）　　　　　　　　表 1

组 分		比例（%）
普硅水泥		47.00
石英砂	10～40 目	12.62
	40～70 目	20.00
	70～140 目	20.00
纤维素醚		0.03
消泡剂		0.15
超塑化剂		0.20
加水量		17.5%（占总配方量）

使用不同原材料的水泥灌浆料配方　　　　　　　　表 2

组 分		比例（%）					
		膨胀剂	铝粉	蒙脱土	硅灰	铝粉＋膨胀剂	高铝水泥＋硬石膏
普通水泥		42.70	47.00	47.00	45.00	42.70	39.00
高铝水泥							5.00
硬石膏							3.00
石英砂	10～40 目	12.42	12.618	12.07	12.418	12.418	12.12
	40～70 目	20.00	20.00	20.00	20.00	20.00	20.00
	70～140 目	20.00	20.00	20.00	20.00	20.00	20.00
纤维素醚		0.03	0.03	0.03	0.03	0.03	0.03
消泡剂		0.15	0.15	0.15	0.15	0.15	0.15
超塑化剂		0.40	0.20	0.60	0.40	0.40	0.70
膨胀剂		4.30				4.30	
铝粉			0.002			0.002	
膨润土				0.15			
硅灰					2.00		
加水量		17.5%	17.5%	17.5%	17.5%	17.5%	17.5%
流动度（mm）		340	340	337	340	343	346

4.2　竖向尺寸的变化

图 3 为采用基准配方配制的灌浆料（基准）与在基准配方的基础上掺加不同原材料配制的灌浆料浇注完毕后 24 小时的竖向高度的变化曲线。显然，没有掺加塑性膨胀组分的灌浆料配方均出现了不同程度的收缩（曲线基准、膨胀剂、蒙脱土、硅灰和高铝水泥＋石

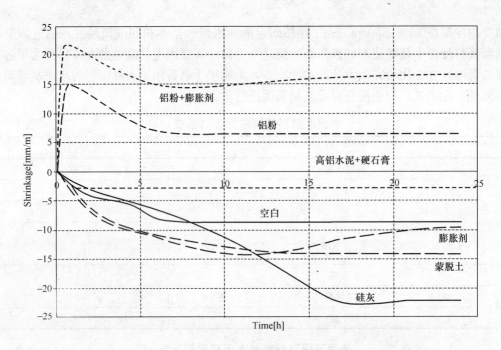

图 3　采用不同原材料配制的灌浆料早期竖向尺寸变化曲线

膏）。只有掺加了塑性膨胀组分的配方才在塑性阶段出现了膨胀现象（曲线膨胀剂＋铝粉和曲线铝粉）。相对于基准配方而言，CSA 膨胀剂和蒙脱土的掺加显著增大了灌浆料在塑性状态下的收缩，而硅灰对塑性收缩的影响似乎并不明显。但这三种材料在硬化阶段对竖向尺寸变化的影响却有很大的差别。掺加硅灰的配方 8 小时后在水泥硬化阶段的收缩显著加大，这可能是由于硅灰使灌浆料自收缩程度增加而产生的[20]。掺加了蒙脱土的配方形成的塑性收缩在水泥硬化阶段基本上稳定了。但掺加膨胀剂的配方在约 10 小时后开始出现硬化阶段的膨胀，塑性阶段的收缩得到了一定程度的补偿，这可能是由于 CSA（无水硫铝酸钙）膨胀剂的加入在这一阶段形成了大量的膨胀相如钙矾石的原因[21]。而掺加了高铝水泥和硬石膏的灌浆料的塑性收缩明显低于采用基准配方的灌浆料，并且塑性收缩很快就稳定了。这可能是由于配方中未使用缓凝剂，因此钙矾石的形成速度较快的原因[17, 22]。

掺加铝粉的灌浆料最初的塑性膨胀增长很快，但随后出现一定程度的收缩，之后逐渐稳定。在塑性阶段的这种回缩现象是否会影响到灌浆料的有效承载面积，需要进一步进行试验研究。同时掺加铝粉和 CSA 膨胀剂的配方中初始阶段的膨胀曲线与单掺铝粉的配方相似，但竖向膨胀的程度更大一些。约 10 小时后，灌浆料开始出现硬化阶段的膨胀。

对于精确无收缩水泥基灌浆料而言，要求灌浆料在塑性和硬化阶段均产生不同程度的膨胀。显然，复合掺加能够控制塑性阶段竖向尺寸的塑性膨胀组分和能够在硬化阶段形成钙矾石和/或其他膨胀性水化产物是一个较为可行的技术措施。掺加诸如硅灰等超细材料时应特别注意它们在硬化阶段加大水泥自收缩程度的问题。

采用传统的金属粉末类如铝粉等作为塑性膨胀组分来达到早期膨胀效果的技术路线存在着许多问题。铝粉的掺量非常低，不容易混拌均匀。由于其反应速度快，发气速度不好控制，对温度也很敏感。产生氢气会使钢筋产生"氢脆"，使其内部形成微小的裂纹[12]。

在一些标准规范中已经明确限制铝粉类膨胀剂的使用[23]。因此，开发和研究塑性膨胀稳定和易于控制，并且不会对钢筋产生负面作用的塑性膨胀组分对于配制高品质的水泥基无收缩灌浆料具有现实意义。

5 结论

（1）非接触式锥形收缩仪能够在水泥灌浆料塑性和硬化阶段全程测试竖向尺寸的变化，为高品质无收缩灌浆料的开发提供有效的测试和分析手段。

（2）塑性膨胀组分和能够在硬化阶段形成膨胀性水化产物的膨胀剂是控制灌浆料竖向收缩的有效技术手段。

（3）开发能克服铝粉类产品缺点的塑性膨胀组分对于制备高品质的水泥基无收缩灌浆材料具有重要的现实意义。

参考文献

[1] 颜亨吉，何丹，仲晓林．《水泥基灌浆材料》建材行业标准的编制说明［C］．第四届全国混凝土膨胀剂学术交流会论文集，2006 年 11 月，深圳，P618-621

[2] 傅沛兴，李晨光．后张预应力高性能孔道灌浆材料研究［J］．建筑技术开发，1997，24（5）：21-24

[3] 李荣海，迟术萍，魏培生，谢晓秋．灌浆料在公路桥涵工程中的应用［J］．公路，2005，（9）：198-201

[4] 朱卫华．水泥基灌浆料的发展［J］．施工技术，2009，（6）：76-80

[5] 张显锋，全黎，张瑾．客运专线超早强支座砂浆的试验研究［J］．科协论坛，2011，（6）：100-101

[6] 宋延州．预应力混凝土简支 T 梁支座灌浆技术［J］．铁道建筑技术，2010，（11）：45-47

[7] 仲朝明，邵正明，王晓丰，仲晓林．高速铁路桥梁盆式橡胶支座灌浆料的研制及应用［J］．铁道建筑，2009，（10）：18-21

[8] 水泥基灌浆料．中华人民共和国建材行业标准，JC/T 986-2005

[9] 水泥基灌浆材料应用技术规范．中华人民共和国国家标准，GB/T 50448-2008

[10] 王飞，黄伟建，赵喜敬，蔡伟桦．粉煤灰在预应力高性能灌浆材料中的应用研究［J］．施工技术，2004，（7）：43-45

[11] 戴民，聂元秋，吴解放．UEA/硅灰石粉对水泥基灌浆料性能的影响［J］．混凝土，2010，（3）：74-76

[12] 曾明，周紫晨．一种用于水泥基灌浆料的复合膨胀剂研究［J］．混凝土与水泥制品，2011，（2）：6-9

[13] 齐冬有，汪智勇，韩桂华，嵇琳．水泥基灌浆料专用膨胀剂的研究．第四届全国混凝土膨胀剂学术交流会论文集，2006 年 11 月，深圳，P636-640

[14] 杜纪锋，叶正茂，芦令超，常钧．硫铝酸盐水泥基自流平灌浆料研究．第十届全国水泥和混凝土化学及应用技术会议论文集，2007 年 11 月，南京

[15] 冷达，张雄，沈中林，张永娟．水泥基灌浆材料主要成分对其新拌及硬化性能的影响［J］．混凝土与水泥制品，2008，（5）：12-16

[16] 袁进科，陈礼仪．普通硅酸盐水泥与硫铝酸盐水泥复配改性灌浆材料性能研究［J］．混凝土，2011，（1）：128-130

[17] 李英丁，张铬，徐迅．硬石膏与高铝水泥掺量对无收缩灌浆料性能的影响［J］．新型建筑材料，

2009, 36 (3): 10-12

[18] 刘小兵. 水泥基无收缩灌浆砂浆的配制及性能研究 [D]. 重庆大学, 2010

[19] 邵正明, 周建启, 陈田, 任恩平. CGM 高性能灌浆料的性能研究 [J]. 混凝土, 2007, (11): 36-37

[20] 李悦, 吴科如, 王胜先, 张雄. 掺加混合材的水泥石自收缩特性研究 [J]. 建筑材料学报, 2001, 4 (1): 7-11

[21] 席耀忠. 关于膨胀混凝土若干问题的讨论 [J]. 混凝土与水泥制品, 2007, (5): 1-5

[22] Gasparo AD, Kighelman J, Zubringgen R, Scrivener K, Herwegh M. 自流平地面砂浆的性能机理及应用 [J]. 新型建筑材料, 2006, (9): 4-7

[23] 铁路后张法预应力混凝土梁管道压浆剂技术条件. 中华人民共和国铁道部标准, TB/T 3192-2008

HCSA 高性能混凝土膨胀剂及其应用

赵顺增　刘　立　武旭南　贾福杰　李长成　吴　勇　曹淑萍

（中国建筑材料科学研究总院，绿色建筑材料国家重点实验室，北京 100024）

摘　要：本文介绍了一种新型高性能混凝土膨胀剂 HCSA，具有膨胀能高、膨胀快、绝湿膨胀大、膨胀性能稳定的特点。该膨胀剂的主要矿物成分是 C_4A_3S、$CaSO_4$ 和 CaO。其限制膨胀率是市售 UEA 膨胀剂的 3 倍。绝湿情况下限制膨胀率值约是水中的 82%。在众多取消外防水的地下工程中应用，取得良好的抗裂防渗效果，是一种混凝土结构自防水理想材料。

关键词：膨胀剂　HCSA 性能　应用

HCSA High Performance Expansive Agents and its Application

Zhao Shunzeng　Liu Li　Wu Xunan　Jia Fujie
Li Changcheng　Wu Yong　Cao Shuping

（State Key Laboratory of Green Building Materials，
China Building Materials Academy，Beijing 100024）

Abstract：This paper introduces a new high performance expansive agents-HCSA with the characteristics of high expansive property，fast expansion，high adiabatic expansion，expansion stability. The main mineral composition of HCSA are C_4A_3S，$CaSO_4$，and CaO. The restrained expansion rate of HCSA is about 3 times of that ofUEA expansive agents. And the adiabatic restrained expansion rate is about 80% of that in water. HCSA has been successfully applied in lots of underground engineerings without outside waterproof. Therefore，HCSA is an ideal material for concrete structure self-waterproof.

Key Words：expansive agent，HCSA property，application

1　前言

混凝土膨胀剂是目前国内广泛应用一种抗裂防渗外加剂，对改善和提高混凝土的抗渗、抗裂性能起到了积极的作用。但是现有的膨胀剂大都是用煅烧高岭土、高铝煤矸石、

[作者简介] 赵顺增（1964— ），男，教授级高工。单位地址：北京市朝阳区管庄东里 1 号（100024）；联系电话：010 —51167601

明矾石、无水硫铝酸钙或铝酸钙熟料与石膏配制，普遍存在膨胀速率慢、膨胀能低、绝湿膨胀小、膨胀稳定期长等问题。而现代混凝土具有早期强度高、脆性大、应力松弛能力差的特点，因此存在膨胀与强度发展不协调的矛盾，导致补偿收缩能力不足，所以迫切需要发展新型混凝土膨胀剂，配制优质补偿收缩混凝土，解决混凝土的裂渗问题。

1998年，中国建筑材料科学研究总院开始立项研究新型混凝土膨胀剂。针对当时混凝土膨胀剂存在的问题，提出新一代膨胀剂应该具备以下四个特点（1）膨胀速率快，膨胀与强度发展协调性好；（2）膨胀能高，按照当时执行的国家行业标准检验，限制膨胀率不小于0.10%，是普通膨胀剂的3倍以上；（3）绝湿膨胀大，在绝湿情况下，其限制膨胀率也不小于0.025%，达到普通膨胀剂水中养护时的膨胀率；（4）膨胀稳定期短，水中养护7d，膨胀基本稳定。并将具备这4种特点的膨胀剂称为高性能混凝土膨胀剂。经过8年的努力，终于研制出具备上述4种特点的新型混凝土膨胀剂——HCSA高性能混凝土膨胀剂。迄今已经在包括北京奥运工程、北京南站等数百项工程中应用，取得了良好的使用效果。现将其性能和应用情况做简要介绍。

2 HCSA的化学成分、矿物组成和水化产物

表1是HCSA高性能混凝土膨胀剂的化学成分。其主要化学成分是CaO、SO_3和Al_2O_3。

HCSA的化学成分　　　　表1

Loss	SiO_2	Al_2O_3	Fe_2O_3	CaO	MgO	SO_3	Total
1.19	1.50	10.61	1.37	65.60	2.08	17.50	99.85

采用XRD、SEM分析和观察了HCSA高性能混凝土膨胀剂的矿物组成和水化产物，结果分别见图1、图2、图3和图4。

图1和图2的结果显示，HCSA高性能混凝土膨胀剂的主要矿物成分是C_4A_3S、$CaSO_4$和CaO。图3和图4的结果则表明，在掺HCSA的水泥水化产物中，仅生成了较多的$Ca(OH)_2$和AFt，而没有其他新晶体水化物生成，属于硅酸盐水泥水化体系，可以判断$Ca(OH)_2$和AFt是膨胀动力源，与HCSA的矿物成分的单独水化结果相符。

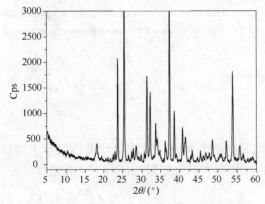

图1　HCSA矿物的XRD图谱

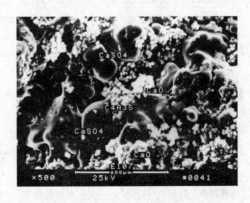

图2　HCSA矿物的SEM照片

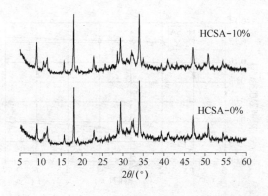

图 3　掺 HCSA 的水泥浆体的 XRD 图谱　　图 4　掺 HCSA 的水泥浆体的 SEM 照片

3　掺 HCSA 水泥砂浆和混凝土的物理力学性能

　　按照 JC 476—2001《混凝土膨胀剂》和 GB 50119—2003《混凝土外加剂应用技术规范》规定的方法进行了水泥砂浆和混凝土的限制膨胀率试验。其他性能按照相关标准进行试验。

3.1　掺 HCSA 砂浆的性能

3.1.1　掺 HCSA 对水泥凝结时间的影响

　　水化产生的膨胀是一种化学反应，势必会影响到水泥的凝结时间，而凝结时间又是表征水泥混凝土工作性能的一个重要技术指标。表 2 是掺加 HCSA 后对水泥凝结时间的影响。可以看出，在水泥中掺入 HCSA 膨胀剂，水泥浆体的凝结时间有所提前。

掺膨胀剂凝结时间　　　　　　　　　　　　　　　　　表 2

膨胀剂品种	HCSA 掺量（%）	凝结时间（h：m）	
		初　凝	终　凝
不掺	0	2：56	4：26
HCSA	10	2：17	3：31

3.1.2　膨胀速率

　　图 5 是 HCSA 与市售的普通 UEA 膨胀剂的膨胀特征曲线比较。纵坐标是 ε_t（龄期 t 时的限制膨胀率）与 ε_7（龄期 7d 时的限制膨胀率）的比值，它反映的是膨胀速率的快慢，结果显示，HCSA 具有更快的膨胀速率，2d 后膨胀基本稳定，而 UEA 的膨胀较慢，达到最终的膨胀值需要更长的养护时间。HCSA 膨胀速率快，其膨胀与强度发展协调性更好。因此 HCSA 更适合于现在的混凝土性能需求。

3.1.3　膨胀能

　　图 6 是 HCSA 与市售的普通 UEA 膨胀剂的限制膨胀率值比较。可以看出，在标准规定的 7d 检验龄期，掺加 HCSA 膨胀剂的水泥砂浆，限制膨胀率大于 0.12%，而掺加 UEA 膨胀剂的仅为 0.04%，其限制膨胀率相差 3 倍多。显而易见，HCSA 膨胀剂具有更高的膨胀能，因此用它配制的混凝土也具有更好的抗裂能力。

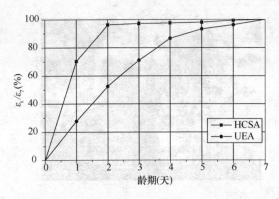

图5　龄期 t 与龄期 7d 限制膨胀率百分比

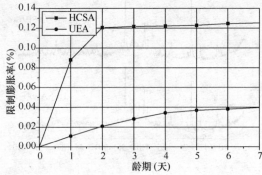

图6　不同膨胀剂的限制膨胀率值比较

3.1.4　绝湿膨胀性能

　　养护条件对限制膨胀率的影响见图7。结果显示，在绝湿情况下，相较而言 HCSA 具有很大的膨胀率，其 7d 限制膨胀率的值约是水中的 82%，而 UEA 仅为 55%，说明 UEA 的水化膨胀更依赖后期水分的补给。HCSA 优越的绝湿膨胀性能，弥补了传统膨胀剂在工程应用中过分依赖水养护不足，为补偿收缩混凝土创造了更大的应用空间。

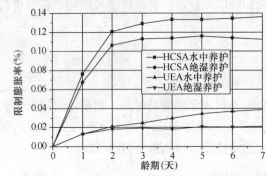

图7　养护条件对限制膨胀率的影响

3.1.5　膨胀稳定期和长期膨胀性能

　　从图6可以看出，掺加 HCSA 膨胀剂的水泥砂浆，龄期 2d 膨胀就基本稳定。因此使用这种膨胀剂无后期膨胀导致结构不安全之虞。

　　掺膨胀剂砂浆的长期膨胀收缩性能见图8，膨胀剂掺量为 8%，由于 HCSA 具有比较大的初始膨胀值，即使在长达 1 年的干燥空气中也残存着比较高的化学预应力，掺普通膨胀剂的试件受干燥收缩影响，出现受拉变形，而空白对比试件中的受拉变形则更大。

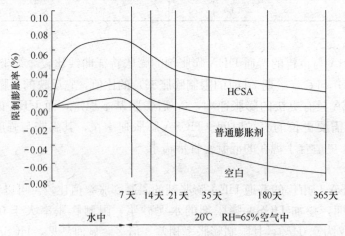

图8　掺膨胀剂砂浆的长期膨胀收缩性能

3.1.6 HCSA 掺量对膨胀和强度的影响

与所有的膨胀剂一样，HCSA 随掺量增加，限制膨胀率增大（图9），HCSA 具有较大的膨胀能，掺量 6% 时，限制膨胀率即可达到 0.04%，相当于一般 UEA 膨胀剂 10% 掺量时的膨胀率（见图6）。HCSA 掺量与抗压强度的关系见图10，随着 HCSA 掺量的增加，抗压强度呈现降低趋势。

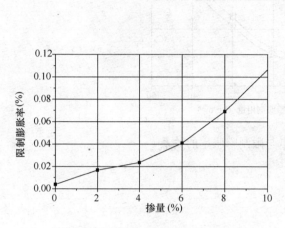

图9　膨胀剂掺量与限制膨胀率的关系　　　图10　膨胀剂掺量与抗压强度的关系

3.2 掺 HCSA 混凝土的性能

对掺 HCSA 的混凝土进行了试验研究，混凝土配合比见表3，在固定胶凝材料量、砂率、坍落度情况下，变化膨胀剂掺量和水胶比，试验相同强度下水胶比和限制膨胀率的关系。

混 凝 土 配 合 比　　　　　　　　　　　　　表3

序号	单方材料用量（kg/m³）						$\dfrac{W}{C+E}$	砂率（%）	坍落度（mm）
	C	E	W	S	G	BM			
1	430	0	215	737	1018	0.86	0.50	42	190
2	410	20	210	740	1020	1.72	0.49	42	205
3	400	30	200	743	1027	2.58	0.47	42	220
4	390	40	190	748	1032	3.44	0.44	42	200
5	380	50	170	756	1044	4.30	0.40	42	225

图11和图12结果显示，随着 HCSA 掺量增加，限制膨胀率增大，增加减水剂用量降低水胶比，能够获得抗压强度和工作性基本相同的混凝土；例如不掺 HCSA 的空白混凝土水胶比是 0.50，抗压强度约 70MPa，限制膨胀率约 0.004%，掺加 40kg/m³ HCSA 时，抗压强度同样接近 70MPa，限制膨胀率可达 0.04%，提高 10 倍，而水胶比则要降至 0.44，水胶比的降低幅度随 HCSA 掺加量增加而加大，三者的关系如图13所示。因此在进行膨胀混凝土配合比设计时，先按设计要求的限制膨胀率确定单方混凝土中 HCSA 的使用量，然后参照以往不掺膨胀剂的空白混凝土配合比选择胶凝材料使用量并降低水胶比，就可以获得要求的抗压强度。

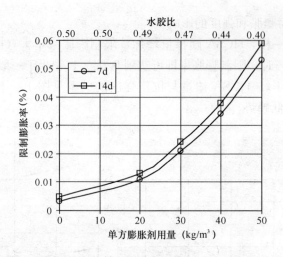

图 11　膨胀剂掺量与限制膨胀率的关系

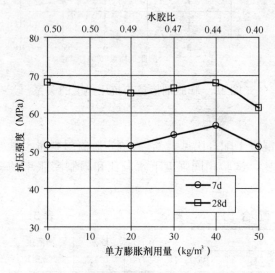

图 12　膨胀剂掺量与抗压强度的关系

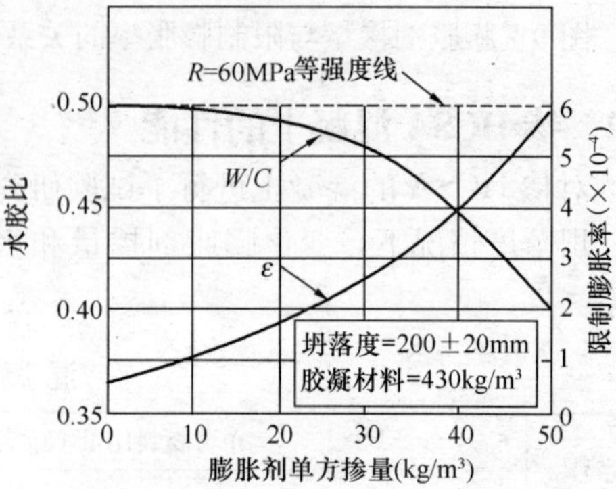

图 13　膨胀剂掺量—水胶比—限制膨胀率的关系

4　工程应用

HCSA 高性能混凝土膨胀剂已经在众多工程中得到成功应用，取得了良好的使用效果，下面简要介绍几个典型实例：

（1）天津杨柳青购物广场工程，总建筑面积 31898m²，其中地下室建筑面积 4863m²，长约 87m，宽约 69m，不留后浇带，连续浇筑混凝土，工程不裂不渗。

（2）天津春和仁居地下工程，总建筑面积约 30 万 m²，地下工程总面积 17780m²，地下工程防水面积 41810m²。地下车库最长为 170m，采用掺 HCSA 的补偿收缩混凝土连续施工，不做外防水，工程不裂不渗。

（3）天津梅江畅水园长约 154m，宽约 100m，总防水面积 27326m²，采用掺 HCSA 的补偿收缩混凝土连续施工，不做外防水，工程不裂不渗。

（4）天津市津滨水厂，有 8 个 40m×40m×4.5m 的方形混凝土现浇清水池，水池不设后浇带，也不做外防水，属于超长的钢筋混凝土结构，为防止出现有害裂缝，采用掺 HCSA 的补偿收缩混凝土，模板拆除后经闭水试验至今未发现有害或无害裂缝。

（5）天津君临大厦基础底板大体积混凝土连续浇筑。君临大厦主楼部分基础底板厚 3300mm，长度为 62m，宽度为 58m，总方量约 12000m³，混凝土强度等级为 C40S8，属于大体积高强度等级混凝土，施工季节正值夏季，气温高，混凝土极易产生裂缝，另外底板下的桩基对底板混凝土有较强的约束，也容易引起底板开裂。采用掺 HCSA 的高性能补偿收缩混凝土，补偿混凝土的自收缩和冷缩，不设后浇带、不分层连续浇筑，也没有采取其他特殊施工措施，已经完工 1 年多，没有发现任何有害裂缝。

HCSA 膨胀剂还在天津嘉畅园小区地下工程、天津浯水道两限房地下车库、天津宝镜小区地下车库、天津福雅花园地下车库、山东滨州市松鹤湖小区地下车库、滨州市天成花园地下车库、兰州格兰绿都住宅小区地下车库、沈阳长岛仙女湖小区地下工程等众多工程中取消外防水，获得良好的使用效果。在 2008 年北京奥运工程建设过程中，包括"鸟巢"、"水立方"、北京南站、首都机场、中国科技新馆等一大批工程到使用了 HCSA 高性能膨胀剂或是用 HCSA 高性能膨胀剂熟料配制的 UEA 膨胀剂。另外，沈阳地铁工程、西安地铁工程、南京长江第四大桥等许多重点工程也使用了 HCSA 膨胀剂，为保障重点工程的混凝土质量做出了贡献。

5 社会经济效果

采用 HCSA 可以配制高性能的补偿收缩混凝土，大大减少混凝土出现干缩裂缝的几率，建造宏观无裂缝的混凝土结构，不仅实现了混凝土结构自防水，而且提高了混凝土结构的耐久性。

采用 HCSA 结构自防水技术，不同结构每平方米的防水费用见图 14。按 HCSA 等量取代水泥计算，其中 HCSA：1800 元/t，水泥：300 元/t。可以看出，其费用远低于高质量的柔性卷材防水。更重要的是 HCSA 结构自防水没有菌蚀、老化导致的失效问题，防水寿命能够与结构寿命相等。节约了大量后期维护翻修资金。特别是在桩基础、下反梁结构中，由于无法可靠施工柔性外防水，使用 HCSA 结构自防水技术更加合理、安全可靠。底板防水施工是紧前工序，采用 HCSA 结构自防水技术可以大幅度缩短工期。

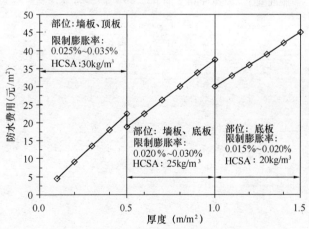

图 14 掺加 HCSA 混凝土增加的费用

采用 HCSA 补偿收缩混凝土，对混凝土的干缩和冷缩进行适当补偿，能够减免后浇带，简化大体积混凝土施工工艺，节约工期，降低施工造价。

采用 HCSA 补偿收缩混凝土，不做外防水，能够节约大量柔性防水卷材，尤其在石化资源日益紧张的情况下，十分重要，对建设环保、节能型社会具有非常现实的意义。

6　结论

HCSA 高性能混凝土膨胀剂是基于现代高性能混凝土收缩特点，在新的补偿收缩理论指导下研制成功的新型混凝土膨胀剂，具有膨胀能大、膨胀速率快、绝湿状态下膨胀显著的特点，是解决高性能混凝土体积稳定性的好材料。

采用 HCSA 补偿收缩混凝土能够实现结构自防水、减免后浇带、简化大体积混凝土施工工艺，显著缩短工期，有效的工程造价。采用 HCSA 补偿收缩混凝土施工的超长结构自防水工程不裂不渗，防水效果优异，特别是在连续施工的超长结构外墙中，体现出良好的抗裂性能。

参考文献

[1]　游宝坤．我国混凝土膨胀剂的发展近况和前景．混凝土膨胀剂及其应用［C］．中国建材工业出版社．2002 年．P4

[2]　赵顺增，刘立等．现代建筑工程中混凝土收缩特点及应对措施［J］．膨胀剂与膨胀混凝土．2005 年第 2 期 P4

[3]　薛君玕，吴中伟主编．膨胀和自应力水泥及其应用［M］．中国建筑工业出版社．1985，P86

[4]　赵顺增，吴万春等．使用补偿收缩混凝土工程实践．混凝土膨胀剂及其应用［C］．中国建材工业出版社．2002 年．P38

[5]　赵顺增，刘立等．高性能补偿收缩混凝土用膨胀剂——HCSA 的特点及其应用［J］．膨胀剂与膨胀混凝土．2009 年第 2 期 P3

无机溶胶型混凝土防水防护材料的技术和应用

殷 航

(北京三珠企画高科技有限公司，北京 100022)

摘 要：随着科学技术的发展，纳米材料在各个领域得到越来越广泛的应用，无机溶胶型混凝土防水防护材料是一种应用在混凝土防水防护领域的新型纳米材料。该材料经渗透进入混凝土孔隙，以超细刚性粒子作为反应主体，填充密实混凝土孔隙，在孔隙内反应生成刚性凝胶保护层。凝胶层减少、缩小了混凝土表层孔隙，对混凝土具有双重隔离保护作用。材料自身的无机性质、双重隔离保护作用和保护层在孔隙内等因素，决定了无机溶胶型混凝土防水防护材料具有提高混凝土抗渗防腐性、环保性、耐老化性以及防水防护作用长效可靠等优良性能。

关键词：超细粒子 溶胶 凝胶 抗渗防腐 双重隔离防护功能 耐久性

The Technology and Application of Inorganic Sol Concrete Waterproof and Shielding Material

Yin Hang

(Beijing Sanzhu High-Tech Co. , Ltd Beijing 100022)

Abstract：With the development of technology, nanometer material has been widely developed. And inorganic sol concrete waterproof and shielding material，a kind of material，has been used in the field of concrete waterproof protection. It permeates into concrete pore and filled with concrete as super fine rigid particles，and generate rigid gel layer. Reduce of gel layer will narrow concrete surface layer pore and has double isolation protection for concrete. Its inorganic properties, double isolation protection and protection layer will improve concrete anti-permeability corrosion，environmental protection and waterproof protection for long time.

Key Words：ultrafine particles, sol, gel, anti-permeability anticorrosive, double isolation protection function, durability

1 引言

混凝土是一种在各种尺度上多相的非均质复合材料，通过水化硬化过程而形成。在混凝土水化过程完成后，随着开放孔道内水分逐渐蒸发，混凝土中水泥浆体逐渐硬化而产生

[作者简介] 殷航，北京三珠企画高科技有限公司总经理，地址：北京市朝阳区建国路 93 号万达广场 6 号楼 100022，
联系电话：13910815280

各种孔隙，这个硬化过程决定了混凝土必然具有多孔性，即使是使用各种功能性添加剂，混凝土和外部环境相连通的开放孔隙还是必然存在[1]。

开放孔隙降低了混凝土自身的抗渗性并成为水及外部腐蚀介质进入混凝土的通道，当通道内的液相水连续即可成为腐蚀介质扩散进入孔隙的载体，一旦腐蚀介质进入混凝土就会侵蚀混凝土威胁结构耐久性。

为了提高混凝土的防水防腐性能，通常采用在混凝土表面外涂装有机高分子防水防腐材料的方法，利用这些材料高分子聚合特性，对多孔性混凝土实行"连续无缝"的整体包裹，在混凝土表面和外部环境间构筑一个单一物理隔离层，借以提高混凝土防水抗渗性能并通过防水间接提高混凝土的防腐能力。但这些由有机高分子材料所形成的物理隔离层，存在几个突出问题。首先，这种表面隔离层并没有真正减少或缩小混凝土自身的开放孔隙，也就是没有真正提高混凝土自身的抗渗和防腐能力，混凝土抗渗、防腐能力的提高完全依赖于隔离层的抗渗、防腐能力，一旦表面隔离层受损或破坏，混凝土依然处于本来的无防护状态；其次，隔离层受材料自身耐老化性能的影响，虽然现有技术提高了有机高分子材料的耐老化性，但其耐老化寿命和防护对象混凝土相比始终存在较大的距离；再者，有机高分子材料完全依赖石油化学工业，以石油或煤为主要原料，生产过程消耗大量不可再生资源并污染环境。

无机溶胶型混凝土防水防护材料，采用纳米技术将无机矿物加工成刚性纳米粒子，以不同级配的刚性纳米粒子经渗透填充密实混凝土表层孔隙，通过减少、缩小混凝土表层孔隙及改善表层孔隙微结构的方法，提高混凝土自身的防水抗渗能力及防腐能力。该材料采用无机纳米粒子替代有机高分子，以密实表层孔隙替代表面成膜，将防水和防腐相结合的新技术，改变了混凝土外涂装防水防护材料的传统技术。

无机溶胶型混凝土防水防护材料的中心是溶胶，而溶胶和普通溶液又有着完全不同的含义极易混淆，所以在本文简述无机溶胶型混凝土防水防护材料的技术和应用前，必须首先了解溶胶以及反应生成物凝胶的性质。

2 溶胶的性质

2.1 溶胶的定义

化学研究的对象是物质尺寸普遍小于 1nm 的原子和分子；而凝聚态物理涉及的是由无限的键合原子或分子排列所形成的尺寸大于 100nm 的物质，这两个领域之间存在一个显著的断层，这个断层指的是研究对象尺寸为 1～100nm 之间的粒子（大约 $10 \sim 10^6$ 个原子或分子）[2]。

在物理化学学科里把粒径范围为 1～100nm 之间的粒子（也称为超细粒子或纳米粒子）在分散介质（如液体、气体）里分散，超细粒子和分散介质之间须存有明显的物理分界面，把由此得到的系统确定为溶胶。分散介质为液体的称之为液溶胶，属于胶体分散系[3]（本文主要介绍的是液溶胶）。

直径 1～100nm 范围内的超细粒子是一座介于分子和凝聚态物理间的桥梁，在这样的尺度范围内，物质的性质会因尺寸大小的变化而发生改变，对化学而言尤为重要的表面能和表面形貌也依赖于尺寸，这可理解为物质固有的表面反应活性能够通过尺寸的变化而增强。超细粒子性质异于大块原物质的理由是在其表面积相对增大（如平均粒径为 $10\sim100$nm 的超细粒子，其表面积可高达 $10\sim100$m^2/g），分布于粒子表面的原子数和总原子数之比随粒径变小而急剧增加，表面布满了阶梯状结构，此结构代表具有高表面能的不安定原子，这类原子极易与外来原子吸附键结[4]；同时由于表面原子数增加，粒子内包含的原子数减少，使能带中的能级间隔加大。现代纳米科学证明，物质的性质随着原物质尺寸的变小而发生改变，当物质的尺寸小至 $1\sim100$nm 之间成为超细粒子时，物质原来的性质会发生突变，会赋予超细粒子不同于原物质新的化学和物理特性，以及不同于原来物质的表面效应和体效应，比如：具有不同于原物质的极大表面能和优良化学反应活性以及熔点、磁性、光学性等[5]。

2.2 溶胶所具有的特性

2.2.1 溶胶的运动性质

溶胶具有扩散性、布朗运动和沉降等运动性质。溶胶运动性质的意义在于虽然溶胶中的分散相是远大于分子或离子的超细粒子，但其运动性质能使超细粒子在分散介质内很长时间的"均匀"分布，使溶胶和普通溶液一样保持均匀状态。

2.2.2 溶胶的光学性质

溶胶具有光散射（丁道尔 Tyndall）效应，溶胶的光学性质可以让我们直观观察到超细粒子的运动，这对于区分溶胶和溶液及确定溶胶内超细粒子的大小和形状具有重要意义。

2.2.3 溶胶的电学性质和胶团结构

溶胶具有电动现象、双电层结构和电动电位（ζ 电位）。溶胶中超细粒子的电学性质和胶团结构具有重要意义，其意义在于不同材质可制成不同的超细粒子，所形成胶团结构的反离子层可对不同的离子进行有选择的吸附。

2.2.4 溶胶的经典稳定理论

杰里亚金（Derjaguin）、朗道（Landau）、维韦（Verwey）和奥弗比克（Overbeek）分别提出了溶胶稳定性理论，综合一起简称 DLVO 理论（主要针对无机聚沉），是目前对胶体稳定性及电解质的影响解释比较完善的理论。溶胶中超细粒子的胶团结构和极大表面能，易使超细粒子发生团聚。要使溶胶具有相对稳定性，系统内斥力势能须大于引力势能。

2.2.5 溶胶和溶液的区分

溶胶和溶液主要特性对比表 表 1

类 型	粒径大小（m）	主 要 特 性
小分子或离子分散系 （真溶液）	$<10^{-9}$ （小于 1nm）	单相系统，粒子能透过滤纸和半透膜，扩散速度快，普通或超显微镜均看不见，如 NaCl 和蔗糖水溶液
胶体分散系 （溶胶）	$10^{-9}\sim10^{-7}$ （1～100nm）	多相系统，粒子能透过滤纸，但不能透过半透膜，扩散速度慢；在普通显微镜下看不见，但在超显微镜下可分辨，如 AgI 溶胶
粗分散系 （乳状液和悬浊液）	$>10^{-7}$ （大于 100nm）	多相系统，粒子不能透过滤纸，不扩散，在普通显微镜下可看到，如牛奶、豆浆

溶胶和溶液有很多相似之处，单从外观较难分辨清楚。表1中分别列出了溶胶和溶液各自的主要特性。溶胶和溶液最主要区别就在于其分散相（溶质）粒径的大小，当分散相粒径处于一个特定尺寸 1~100nm 范围内，就成为具有特殊性质的溶胶，否则就是普通溶液。区分溶胶和溶液除了可以从粒径大小的范围着手外，还可以通过对比溶胶和溶液各自的主要特性加以区分[6]。

3 凝胶的性质

3.1 凝胶的通性

在物理化学理论中认为，所有新形成的凝胶内都含有大量液体（液体含量通常在95%左右），所含液体为水的凝胶称为水凝胶。所有水凝胶的外表很相似，呈半固体状，无流动性。凝胶中带有大量的分散介质（如水凝胶中带有大量的水），它们被机械地包藏于具有多孔结构的凝胶中。凝胶有一定的几何外形，因而显示出固体的力学性质。如：凝胶具有一定的强度、弹性和屈服值等。但从内部结构看，它和通常的固体都不一样，它由固~液（或固~气）两相组成，属于胶体分散体系。

凝胶具有液体的某些性质，例如离子在水凝胶中的扩散速度接近于在水溶液中的扩散速度。这个事实说明，在新形成的水凝胶中，不仅分散相（搭成的网状结构）是连续相，分散介质（如水）也是连续相，这也正是凝胶的主要特征。当水凝胶脱水后即变成具有多孔结构的干凝胶。

3.2 凝胶的分类

凝胶是根据分散质点（超细粒子）的性质决定凝胶的性质。按分散质点是柔性还是刚性，以及形成凝胶结构时分散质点间联结的特点（主要指结构强度），凝胶可以分成二类，既弹性凝胶和非弹性凝胶，非弹性凝胶亦称为刚性凝胶。形成刚性凝胶三维网架的单元是刚性质点，这就使体系具有一定的刚性。所以此类由共阶键形成的凝胶在吸收液体后，即使加热也无膨胀作用。

3.3 凝胶的制备

利用化学反应生成的凝胶须具备两个条件，既在产生不溶物的同时生成了大量小晶粒和由不对称形状晶粒搭成的骨架（三维网架）[6]。

4 无机溶胶型混凝土防水防护材料

无机溶胶型混凝土防水防护材料采用天然氧化硅矿物为主要原料，经纳米技术将其加工成刚性超细粒子，按专利配方和技术在分散介质水中分散成水溶胶。溶胶中 90%左右刚性超细粒子的粒径范围约为 10~50nm，粒子的摩氏硬度 HM 约为 5 级（相当于玻璃硬度）。

4.1 无机溶胶中超细粒子的弹性模量及硬度测试

表2为采用 XP 型纳米力学综合测试系统，通过对超细粒子压痕测试所得到的粒子表

面硬度、弹性模量等数据。测试过程中，纳米探针压入深度是 500nm，取值范围是 100～200nm。表 2 中左起第 2 列表示弹性模量，第 3 列表示压痕硬度，第 6 列表示探针位移。由于纳米探针的直径为 20nm，进行压痕测试时，对超细粒子定位、固定比较困难，容易产生位移而影响测试的准确性。所以，表 2 所显示的测试数据，只能对超细粒子的弹性模量和压痕硬度给出一个定性的评判，不能作为定量的依据，即超细粒子具有弹性模量和硬度，具有刚性。

从表 2 第 8 和 12 行看，在发生较大位移时超细粒子的弹性模量和压痕硬度值为零。纵观其他行的位移值可以推论，若不发生探针位移，超细粒子实际的弹性模量和压痕硬度值应该高于表 2 的测试数据。

压痕测试粒子弹性模量和压痕硬度数据表　　　　　　表 2

Test	E Average Over Defined Range GPa	H Average Over Defined Range GPa	Modulus From Unload GPa	Hardness From Unload GPa	Drift Correction nm/s	Time At Start Of Approach
1	0.303	0.003	0.907	0.005	0.142	10：32：02 PM
2	0.120	0.001	1.517	0.004	0.147	10：37：56 PM
3	0.633	0.007	14.560	0.034	0.029	10：45：52 PM
4	0.671	0.008	17.006	0.046	0.007	10：54：57 PM
5	0.645	0.004	39.805	1.018	−0.009	11：10：10 PM
6	1.077	0.004	24.341	0.510	−0.008	11：20：00 PM
7	0.428	0.007	44.464	0.923	−0.012	11：27：28 PM
8	＊＊＊＊	＊＊＊＊	0.000	＊＊＊＊	0.402	11：35：34 PM
9	0.565	0.005	12.364	0.054	−0.006	11：40：24 PM
10	0.357	0.007	0.000	＊＊＊＊	0.093	11：51：43 PM
11	1.248	0.013	6.229	0.025	0.066	11：57：08 PM
12	＊＊＊＊	＊＊＊＊	0.000	＊＊＊＊	0.811	12：06：34 AM
13	0.407	0.006	2.132	0.004	0.025	12：12：56 AM
14	0.472	0.004	37.915	0.578	−0.015	12：23：36 AM
Mean	0.577	0.006	12.578	0.291	0.123	
Std. Dev.	0.318	0.003	15.834	0.395	0.217	
COV%	55.09	51.93	125.89	135.61	176.75	

4.2 无机溶胶中超细粒子粒径及分布测试

图 1 和表 3 所示为采用 DSL-802 型激光光散射仪，依据 ASTM E 1260-95 标准在水中使用光学无呈像光散射仪测定液滴尺寸的特征的测试数据。

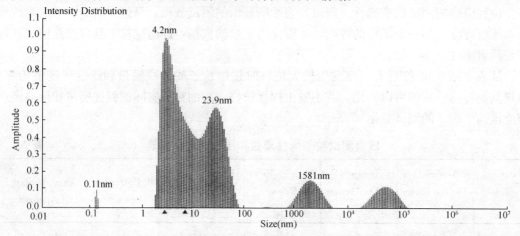

图 1 无机溶胶中超细粒子的粒径及分布图

粒子分布含量表　　　　　　　　　　　　　　　　　　　　　表 3

峰　　位	流体力学半径（nm）	含量（%）
1	0.11	0.8%
2	4.18	56.3%
3	23.86	33.9%
4	1581.12	8.9%

5 无机溶胶型混凝土防水防护材料的技术

由于混凝土孔结构对混凝土宏观性能有重大影响，中国著名混凝土专家吴中伟教授综合孔级配和孔隙率两个因素，提出了各孔级的分孔隙率和该级孔影响系数的概念，并划分出对混凝土不同影响的孔分级、分孔隙率和影响系数的关系[7]，如图 2 所示。

混凝土必然存在多孔性，但并不是所有混凝土孔隙都如传统认为是有害的[8]。从图 2 可以清楚地看到，混凝土孔隙按对混凝土的危害程度可分为两大类，混凝土<20nm 的孔隙是的无害孔级，而>20nm 的孔隙是有害孔级。因此，只要保证多孔性混凝土的孔隙<20nm，孔隙即使存在也对混凝土无害。

无机溶胶型混凝土防水防护材料以此理论观点为基础，运用溶胶中超细粒子所具有的特性，以物理填充密实孔隙和化学

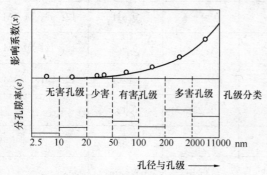

图 2 孔分级、分孔隙率和影响系数的关系

反应固定相结合，通过在混凝土表层孔隙内生成凝胶层使混凝土表层孔隙改变成小于20nm凝胶孔的方法，改变混凝土表层的孔分级、分孔隙率，减少混凝土的开口孔隙，变混凝土表层有害孔为无害孔，通过提高混凝土表层的防水防护性能实现提高混凝土结构耐久性的目的。

5.1 工作原理

当无机溶胶型混凝土防水防护材料喷涂于混凝土表面后，溶胶在毛细压力作用下以渗透的方式进入混凝土孔隙，溶胶中不同级配的超细粒子以物理方式填充密实混凝土表层孔隙，其中较大的粒子在孔隙内形成具有刚性的三维网状骨架，使凝胶层有一定的几何外形，显示出固体的力学性质，中、小粒子则在三维网状骨架和孔隙壁间紧密堆积，填充空隙，作为三维网状骨架在孔隙内的延伸，减小凝胶层自身的大孔率，密实凝胶层，使凝胶层具有很好的孔型结构和很大的孔分散度，具有极大的比表面积和优良的表面吸附能。溶胶在孔隙内和游离钙等发生反应生成富硅水化硅酸钙凝胶层（C-S-H凝胶层），在反应过程中，凝胶以化学方式通过化学键包裹、黏结各种粒子和孔隙壁表面，使凝胶层的结构非常稳定、具有不可逆性和固体力学性质，牢固的存在于混凝土孔隙中。原理示意图见图3。

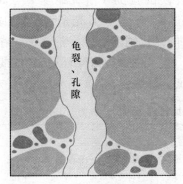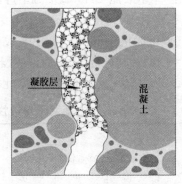

图 3   无机溶胶型混凝土防水防护材料工作原理示意图

凝胶层减小了混凝土表层原来有害孔隙的孔径，减少了开口孔隙率，改变了混凝土表层的孔分级、分孔隙率，使混凝土和外部环境相联的有害孔变成了无害孔，以及凝胶层对混凝土中易受侵蚀组分的固化、屏蔽作用和其电学性质决定的选择性离子吸附特性，对混凝土具有整体和局部的双重隔离防护功能。

5.2 双重隔离防护功能

5.2.1 整体隔离防护功能

反应生成的凝胶层使混凝土以无害孔级和外部环境相连通，混凝土表层的无害孔改变了外部环境水进入混凝土孔隙的运动方式，使其从符合达西定律的流动方式改变成为符合菲克定律的扩散方式。在此方式下，外部环境水只能以水分子形式一个一个扩散进入无害孔（凝胶孔）[9]，凝胶层自身的孔隙结构又非常曲折复杂，大大增加了水分子扩散的难度，外部环境水在无害孔中既无法形成黏性流（层流或紊流），也不会形成连续水膜。凝胶层阻止外部环境水及腐蚀物质进入混凝土孔隙，整体提高了混凝土的抗渗能力及防腐能力，在混凝土表层形成和环境间的整体隔离防护层。

刘儒平在硕士论文《提高钢筋混凝土耐久性研究》[10]一文中，对涂有混凝土防水防护溶胶试件（试件 B）和空白试件及涂有混凝土渗透密封剂（试件 A）、氟碳涂料（试件 C）、氯化橡胶（试件 D）及丙烯酸聚氨酯涂料（试件 E）的试件，采用渗水压法和快速氯离子渗透法（ASTM C1202）进行了混凝土抗渗性能的对比试验，从得到的对比试验数据看，无机溶胶型混凝土防水防护材料所形成的混凝土整体隔离防护层，能较好地提高混凝土抗渗性能。

5.2.1.1 渗水压法抗渗对比试验

试验方法：加压范围：$0.1 \sim 2MPa$；计时精度 $< 0.1\%$；试验介质：水；加压从 $0.1MPa$ 开始，恒压 2 小时，以后每隔 8 小时增加水压 $0.1MPa$，对比测试结果见表 4。

每组中有三个试件端面呈现渗水现象时的测试结果　　　　表 4

试件名称	空白试件	试件 A	试件 B	试件 D	试件 E	试件 C
压力（MPa）	1.0	1.2	1.3	1.1	1.1	1.1

5.2.1.2 快速氯离子渗透对比试验

试验方法：首先采用 SH60BⅡ-Sm 灯耐气候试验机（相对湿度 $70 \pm 5\%$；辐照度 $550W/m^2$；累积辐射能 $1.98 MJ/m^2$）对各涂层试件进行模拟日光光照人工加速老化处理，86 天后从耐气候试验机中取出，然后在 3.5% 的氯化钠溶液中浸泡 3 天，在烘箱中烘 1 天，4 天为一个周期，共进行 12 个周期的浸烘（模拟潮汐区海洋环境），各试件在盐水中浸泡 5d、10d、20d、30d 氯离子渗透性对比测试结果见表 5。

氯离子渗透性对比测试结果　　　　表 5

试件	5 天		10 天		20 天		30 天	
	电通量（库伦）	渗透性分级	电通量（库伦）	渗透性分级	电通量（库伦）	渗透性分级	电通量（库伦）	渗透性分级
空白件	2791.0	中等	2924.13	中等	4141.1	高	4959.633	高
试件 E	1750.98	低	1763.05	低	1886.88	低	2078.226	中等
试件 D	1398.8	低	1602.79	低	1607.97	低	1840.836	低
试件 C	1380.87	低	1446.88	低	1670.625	低	1726.29	低
试件 B	773.02	很低	1128.43	低	1131.39	低	1291.005	低

5.2.2 局部隔离防护功能

凝胶层在反应过程中把孔隙内的游离钙结合为自身的组分，减少了可能发生腐蚀反应的几率，凝胶的包裹、黏结作用在粒子、孔隙壁和易被侵蚀的含铝化合物等表面形成隔离保护膜，固化、屏蔽了混凝土表层孔隙中易受侵蚀组分。

凝胶层自身具有低 Cl/OH 和 Ca/Si，呈负电性，可以有选择性的将孔溶液中以及进入混凝土孔隙的 Na^+、SO_4^{2-}、Cl^- 等腐蚀介质，吸附于凝胶层空间；凝胶层很好的孔型结构和很大的孔分散度，极大比表面积形成高表面吸附能，外部环境腐蚀介质在这两部分吸附能的共同作用下，即便能够扩散进入混凝土孔隙也无法穿越凝胶层进入混凝土内部，在混凝土表层孔隙内形成了混凝土的局部隔离防护层。

葛志在硕士论文《碱、硫、氯在 C-S-H 表面的吸附及其对混凝土耐久性的影响》[11]一文中，对碱、硫、氯在 C-S-H 表面如何吸附及其对混凝土耐久性有何影响做了较为详细的实验和研究，研究结论表明：

（1）不仅 Na^+ 离子可以作为反离子吸附于 C-S-H 表面，与 C-S-H 表面带有相同电荷的 SO_4^{2-} 离子和 Cl^- 离子同样可以以吸附态存在；

（2）C-S-H 表面对碱离子的吸附量增加，减少了液相中存在的游离碱离子，有利于减小混凝土中发生碱-骨料反应的可能性；

（3）C-S-H 表面吸附的 SO_4^{2-} 离子可以成为混凝土中钙矾石晶体延迟生成的硫酸盐来源；

（4）C-S-H 表面与 Cl^- 离子之间存在较强的吸附作用，可以减轻 Cl^- 离子对混凝土钢筋的锈蚀。

5.3 无机溶胶型混凝土防水防护材料技术小结

无机溶胶型混凝土防水防护材料的技术特点，是采用 1～100nm 刚性超细粒子作为填充和反应的最小单元，密实混凝土表层孔隙生成凝胶保护层，变混凝土表层有害孔隙为无害孔，形成对外阻止水及腐蚀介质进入混凝土，对内屏蔽易受侵蚀组分的双重隔离防护，从提高混凝土表层防水防护性能着手，实现提高混凝土耐久性的目的。

5.3.1 和渗透结晶型材料的区别

无机溶胶型混凝土防水防护材料和传统渗透结晶型材料都是以密实混凝土表层的方式提高混凝土抗渗防腐性能，但有明显的不同之处。最大的不同之处是在密实混凝土孔隙时，两者采用不同的反应主体，前者采用的是固体粒子而后者是分子；其次是形成密实层的方式不同，前者是通过固体粒子直接填充孔隙后反应形成，而后者是通过反应由分子在孔隙中结晶成长形成；再者是密实层不同，前者形成的是多孔性刚性凝胶层，具有双重隔离防护功能，而后者形成晶体状的单一隔离防护层。

对比两种材料所形成的密实层，从密实孔隙所需填充料的粒径角度看，无机溶胶型混凝土防水防护材料密实孔隙的最小单元是粒径为 1～100nm 刚性超细粒子，传统渗透结晶型材料密实孔隙的最小单元是分子，1～100nm 超细粒子约等于 $10～10^6$ 个原子或分子，采用多相超细粒子密实混凝土孔隙要比分子结晶有效得多。从孔隙填充密实层的可靠性看，超细粒子构成的填充层比分子结晶构成的填充层所需最小单元的数量要少得多，也就是超细粒子构成的填充层其可靠性要高得多。

5.3.2 无机溶胶型混凝土防水防护材料的耐老化性

无机溶胶型混凝土防水防护材料反应生成的凝胶层和混凝土硬化水泥浆体非常相似，具有极好的耐老化性。凝胶层和混凝土硬化水泥浆体的原材料都是无机硅酸盐，形成时的反应都是水硬化过程，主要生成物都是 C-S-H 凝胶，生成后的凝胶层在混凝土孔隙中和混凝土成为一体。因此可以认为，凝胶层就是在混凝土孔隙中反应生成的"微观混凝土"，其耐老化寿命可以和混凝土几乎保持一致。

6 无机溶胶型混凝土防水防护材料的应用

无机溶胶型混凝土防水防护材料把混凝土防水和防腐相结合，具有非常广泛的使用领域，除了可用于较高水头压力下混凝土自身或结构的防水、海洋环境以及各种腐蚀环境下混凝土的防水防腐、抑制混凝土自身材料因素引起的 AAR 劣化反应等之外，还可应用于防水防腐以外的领域。

6.1 用于混凝土养护

在混凝土降温养护阶段，及时喷涂无机溶胶型混凝土防水防护材料，即可在混凝土孔隙内生成具有多孔性的凝胶层。凝胶层改变了混凝土表层孔隙的孔径使之无害化，并且吸存大量水分在凝胶孔中，形成混凝土表层的储水层。凝胶层极小的凝胶孔大大减小了水的蒸发面积，也减慢了水的蒸发速度，有效阻碍了混凝土内部水分的快速蒸发，良好的保水性有利于混凝土熟化和强度的正常增长。

6.2 预防早期龟裂

在混凝土表层的凝胶储水层能使混凝土表层的水硬化反应趋于完善，起到硬化早期混凝土内部的实际应力发展和混凝土表层抗拉强度的发展趋于一致的作用，这种作用可以抑止混凝土因内部实际应力发展快于表层抗拉强度发展所引发的裂缝的产生。

凝胶层极小的凝胶孔阻碍了混凝土内部水分的快速蒸发，良好的保水性起到了减小混凝土内外温差梯度的作用，使混凝土散热趋于均匀，可以抑止混凝土因表面快速降温而引发的裂缝的产生。

混凝土孔隙中形成的凝胶层具有刚性三维骨架，可以抵御因水分快速蒸发后混凝土毛细管中产生的毛细管张力作用，以及因干缩作用所导致的裂缝的产生。

6.3 提高混凝土表层耐磨性

混凝土的耐磨性决定于其强度和硬度，特别是面层混凝土的强度和硬度。无机溶胶型混凝土防水防护材料用于密实混凝土孔隙的刚性超细粒子其摩氏硬度 HM 约为 5 级（相当于玻璃硬度），反应后在孔隙中生成的凝胶层，具有固体力学性质，结构非常稳定牢固，使整个混凝土表层更加密实，整体提高了混凝土表层的强度与硬度，也即提高了混凝土表层的耐磨性。

中国国家建材监督检测中心依据 JC/T 446—2000 标准，对空白试件和涂有无机溶胶型混凝土防水防护材料的试件进行了对比试验。试验方法：将涂装无机溶胶型混凝土防水防护材料的试件经标准养护 7 天，然后开始进行耐磨对比测试。检测数据表明，经涂装后的试件其磨坑长度为 23.8mm，而空白试件的磨坑长度为 26.7mm，涂装后试件的耐磨性约提高了 11%。

在实际使用中，大量混凝土基础设施工作在机械磨耗、冲磨和空蚀的环境，混凝土在物理磨蚀和环境腐蚀共同作用下加速损坏，降低耐久性。无机溶胶型混凝土防水防护材料在提高混凝土防水防腐性能的同时提高混凝土表层耐磨性的特性，对于工作在这种环境下的混凝土设施就更具有积极的实际意义。

7 结论

无机溶胶型混凝土防水防护材料是一种应用在混凝土防水防护领域的新型纳米材料，

具有生产和使用环节绿色环保、极好的耐老化性、防水防护作用长效可靠、防护功能综合等优良性能，必将在今后混凝土防水防护领域得到更加广泛的推广和应用。

参考文献

[1] 西德尼．明得斯．J．弗朗西斯．扬等．混凝土（第一版）．化学工业出版社，2005

[2，4] K.J.克莱邦德．纳米材料化学（第一版）．化学工业出版社，2004

[3，5，6] 沈钟．赵振国等．胶体与表面化学（第三版）．化学工业出版社，2004

[7] 赵铁军．混凝土渗透性（第一版）．科学出版社，2006

[8] 吴中伟．廉慧珍．吴中伟教授从事科教工作60周年的科学讨论会，2000

[9] 廉惠珍．思维方法和观念的转变比技术更重要之二．清华大学

[10] 刘儒平．提高钢筋混凝土结构耐久性研究．机械科学研究院硕士学位论文，2006

[11] 葛志．碱、硫、氯在C-S-H表面的吸附及其对混凝土耐久性的影响．河北理工大学研究生院硕士学位论文，2005

补偿收缩防水混凝土的防水机理及应用

秦景燕　王传辉　苏　英　贺行洋

湖北工业大学土木工程与建筑学院（430068）

摘　要：本文主要阐述补偿收缩防水混凝土的防水机理、特性、应用范围和配制技术要求，并通过案例分析提出补偿收缩防水混凝土的应用注意事项。

关键词：膨胀剂　补偿收缩　防水混凝土

Waterproof Mechanism and Application of Shrinkage-compensated Waterproof Concrete

Qin Jingyan　Wang Chuanhui　Su Ying　He Xingyang

(School of Civil Engineering & Architecture,
Hubei University of Technology, Wuhan 430068)

Abstract：The waterproof mechanism, properties, application scope and mixture specification of shrinkage-compensated waterproof concrete are discussed in the pape. Through the analysis of constructional case the matters which need to be noticed are pointed out.

Key Words：expansion agent, compensation of shrinkage, waterproof concrete

1　概述

　　20 世纪 80 年代末以来，补偿收缩防水混凝土在我国的大量应用使混凝土结构开裂渗漏问题得到明显改善。补偿收缩防水混凝土是指添加膨胀剂，自应力为 0.2～1MPa 的混凝土。目前，我国补偿收缩防水混凝土所用膨胀剂按化学组成分为硫铝酸钙类、氧化钙类、硫铝酸钙－氧化钙类。本文主要阐述补偿收缩防水混凝土的防水机理、特性、应用范围和配制技术要求，并通过案例分析提出补偿收缩防水混凝土的应用注意事项。

2　防水机理

　　普通混凝土在凝结硬化过程中会产生体积收缩，如水泥水化产生化学减缩、混凝土水分蒸

［作者简介］秦景燕，女，1964 年 2 月生，副教授，主要从事防水材料与工程专业教学和科研工作

发产生干燥收缩、水泥水化热大和结构内外温差变化引起热收缩等。收缩使混凝土内存在内应力，当受到约束的混凝土收缩产生的拉应力超过抗拉强度时，就会产生裂缝，使混凝土抗渗、强度、耐久等性能下降。

掺有膨胀剂的补偿收缩防水混凝土在水化过程中，氧化钙类膨胀剂水化生成膨胀性结晶产物氢氧化钙，硫铝酸钙类膨胀剂则与水泥水化产生的氢氧化钙反应生成膨胀性水化产物钙矾石（$C_3A \cdot 3CaSO_4 \cdot 32H_2O$），这些膨胀性结晶产物使混凝土产生适度膨胀，可补偿或抵消混凝土的收缩，减少微裂缝；在约束条件下，这些膨胀性产物填充、堵塞毛细孔，可改善混凝土孔结构，使孔隙率减少，孔径变小，内部组织致密，提高抗渗性；在钢筋和邻位的约束限制条件下，可在钢筋混凝土结构中建立 0.2～1MPa 的预压应力，这就相当于提高了混凝土的早期抗拉强度，推迟了混凝土收缩产生的过程，当混凝土开始收缩时，其抗拉强度已增长到足以抵抗收缩产生的拉应力，从而可补偿混凝土收缩拉应力，防止或减少裂缝，达到抗裂防渗的目的[1]。

3 特性及适用范围

补偿收缩防水混凝土的膨胀性能，以限制条件下的膨胀率和干缩率表示，见表1所示。与普通混凝土相比，掺入膨胀剂的补偿收缩防水混凝土抗渗性提高1～2倍，建筑结构承重与防水功能合二为一，使防水有效年限和结构寿命相同；可取消外防水，施工简便、灵活，有利于缩短工期，降低工程造价；对超长结构，后浇缝间距可延长至50m，超过50m时，可用膨胀加强带代替后浇缝连续浇筑混凝土；渗漏位置直观，易于判断，修补方便。但膨胀剂主要解决早期干缩裂缝和中期水化热引起的温差收缩裂缝，对于后期天气变化产生的温差收缩是难以解决的。补偿收缩防水混凝土适用于环境温差变化较小、体型复杂、超长结构和大体积钢筋混凝土结构防水，对温差较大的结构（屋面、楼板等）必须采取相应的构造措施，才能控制裂缝。其应用范围是地下、水中、海水中、隧道等构筑物，大体积混凝土（除大坝外）、配筋路面和板、屋面与厕浴间防水、构件补强、渗漏修补、预应力混凝土、回填槽等[2]。

补偿收缩混凝土的膨胀性能要求   表 1

项目	限制膨胀率（$\times 10^{-4}$）	限制干缩率（$\times 10^{-4}$）	抗压强度（MPa）
龄期	水中 14d	水中 14d，空气中 28d	28d
性能指标	≥1.5	≤3.0	≥25

4 配制技术要点

4.1 原材料的选择

4.1.1 水泥

补偿收缩防水混凝土设计强度一般为 C25～C40，所用水泥要满足 GB/T 175－2007《通用硅酸盐水泥》的技术要求，强度等级不低于 42.5，泌水小、水化热低，并具有一定抗侵蚀性。应根据防水混凝土工程所处环境等条件选择水泥品种，一般首选普通水泥，采用其他水泥时应经试验确定。

4.1.2 骨料

粗骨料以圆形卵石和方整碎石为佳，质量应符合 GB/T 14685—2001《建筑用卵石、碎石》的技术要求。石子级配对混凝土抗渗性能影响不大。缩小石子粒径，可减少分层离析沉降，延长混凝土中沿石子周边的渗水通道，增加对压力水的渗透阻力，减少砂浆和石子间的裂缝。补偿收缩防水混凝土不得使用碱活性骨料，所用石子的粒径不宜大于40mm。细骨料宜采用中砂，以无污染河沙为优，质量应符合 GB/T 14684—2001《建筑用砂》的技术要求。

4.1.3 水

补偿收缩防水混凝土用水宜采用自来水或洁净的天然水，质量应符合 JGJ 63—2006《混凝土用水标准》的技术要求。

4.1.4 掺合料

可适当掺加一些活性矿物掺合料如磨细矿渣、硅粉和粉煤灰。加入的活性掺合料，可与水泥水化产物氢氧化钙反应生成具有强度的凝胶状产物，可堵塞混凝土中的大孔，使混凝土更密实；活性掺合料能代替混凝土中的水泥，降低混凝土早期水化热，对裂缝控制有利。掺合料质量应符合国家相关技术要求，掺量约占总骨料的 2.5%～8.0%。

4.1.5 膨胀剂

混凝土膨胀剂分硫铝酸钙类（A）、氧化钙类（C）和硫铝酸钙－氧化钙类（AC）三类，膨胀剂质量要符合 GB23439－2009《混凝土膨胀剂》的技术要求，主要控制细度、凝结时间、抗压强度和限制膨胀率。氧化钙类膨胀剂不得用于海水和有侵蚀性介质的工程。因氧化钙类膨胀剂保质期短，其膨胀速率受温湿度影响较大，且后期膨胀可能导致硬化混凝土开裂，因此只用于设备基础灌浆。硫铝酸钙类、氧化钙－硫铝酸钙类膨胀剂不能用于长期处于环境温度 80℃ 以上的工程。如果没有足够的降温措施，在厚度 2m 以上的混凝土结构和厚度 1m 以上的基础底板等厚大结构中应慎重使用膨胀剂。因膨胀剂在厚大结构内，膨胀能减小，甚至钙矾石分解，达不到预期的补偿收缩作用。

根据工程需要，膨胀剂也可与其他混凝土外加剂复合使用，但品种和用量必须经过试验确定。如采用缓凝型复合膨胀剂，有利于商品混凝土的远距离运输和泵送，抗冻型复合膨胀剂则适用于冬期施工。应注意：膨胀剂不宜与氯盐类外加剂复合使用，与防冻剂复合使用时应慎重。

4.2 配合比设计

4.2.1 水胶比

膨胀剂也属于胶凝材料，对混凝土强度有促进作用。补偿收缩防水混凝土中的胶凝材料包括水泥、膨胀剂和活性矿物掺合料，以水胶比代替水灰比更科学合理。水胶比对硬化混凝土孔隙大小、数量起决定作用，是影响混凝土抗渗性的主要因素。在满足胶凝材料水化及润湿砂石所用水量的前提下，水胶比愈小，混凝土愈密实，抗渗性愈好；但水胶比太小，和易性差，施工困难，影响混凝土密实性，降低抗渗性；水胶比太大，硬化混凝土毛细管孔径大，易泌水，使抗渗性明显降低。适宜的水胶比应保证混凝土具有良好的抗渗性及适宜的和易性。在相同用水量的情况下，收缩补偿防水混凝土比普通混凝土凝结偏快，坍落度偏低，坍落度损失大，但有较好的黏聚性和保水性。从便于施工和确保混凝土的抗渗性考虑，补偿收缩防水混凝土的水胶比不宜大于 0.5，坍落度不宜大于 50mm，泵送时入泵坍落度为 100～400mm[3]。

4.2.2　砂率

混凝土透水的主要原因是水泥石本身的毛细孔隙和水泥石与骨料接触面的裂缝，因此，要使混凝土有良好的抗渗性，主要应控制混凝土中砂浆的数量和质量。控制砂率是为了在混凝土的粗骨料周边形成足够数量和良好质量的砂浆包裹层，使粗骨料彼此隔离，从而阻隔沿粗骨料互相连通的渗水孔网，提高抗渗性。砂率过大，骨料的总表面大，在水泥浆量一定时，拌合物流动性小，混凝土结构不密实，抗渗性降低；砂率过小，水泥用量和用水量相对增多，不能在粗骨料周围形成足够起润滑作用的砂浆层，拌合物变得粗涩，粗骨料离析，水泥浆流失，混凝土均质性差，抗渗性降低。收缩补偿防水混凝土的砂率比普通混凝土大，一般要求砂率不得小于 35%，但对于钢筋稠密，厚度较小，埋设件较多等不易浇筑施工的混凝土部件，砂率不宜超过 40%。在一般水泥用量情况下，卵石防水混凝土砂率可选 35% 左右，碎石防水混凝土砂率以 35%～40% 为宜，对泵送混凝土砂率可增至 45%。

4.2.3　灰砂比和水泥用量

灰砂比反映水泥砂浆的浓度及水泥浆包裹砂粒的情况。当灰砂比偏小时，水泥浆不够包裹砂子，混凝土拌合物干涩，黏结不好，和易性差，使混凝土密实度降低，抗渗性降低；当灰砂比偏大时，不仅增加工程造价，而且混凝土拌合物流动性大，粗骨料容易产生不均匀沉降，使硬化混凝土匀质性差、收缩大，抗渗性下降。补偿收缩防水混凝土适宜的灰砂比为 1∶2.0～1∶2.5，水泥用量不宜小于 300kg/m³，当掺入掺合料时，水泥用量不应小于 280kg/m³[4]。

5　应用案例

5.1　成功案例

福州某建筑高 28 层，地下室基础长 150m，宽 40m，底板厚 0.6m，总混凝土量 3000m³。该工程紧靠闽江，地下水位很高，底板不设柔性防水，采用补偿收缩防水混凝土，泵送施工。为减少收缩应力的集中，沿地下室长度方向设后浇带，地下室侧墙纵筋间距由 20m 改为 15m。

该工程混凝土设计强度等级 C35，抗渗等级 P10，坍落度 140～160mm，60min 坍落度为 120mm，砂率 41%，水胶比 0.40。采用 52.5 普通水泥；河砂细度模数 2.53；卵石粒径 5～40mm；UEA 膨胀剂为安徽巢湖速凝剂总厂生产，水中 7d 膨胀率 0.032%，28d 膨胀率 0.041%，空气中 28d 膨胀率 0.012%；粉煤灰为长乐电厂Ⅱ级灰；TW−6 泵送剂为福建省建筑科学研究院生产，减水率 20%；混凝土配合比见表 2 所示。施工过程振捣做到不漏振、过振；混凝土终凝后立即养护，养护期 14d。该工程混凝土 28d 抗压强度实测值为 41.0 MPa～46.2MPa，高于设计强度，抗渗等级大于 P10。工程完工后，整体结构外观质量良好，没有出现裂纹现象[5]。

补偿收缩防水混凝土配合比（kg/m³）　　　　表2

材料名称	水	水泥	砂	石	UEA	粉煤灰	泵送剂
材料用量	185	362	736	1058	36.2	59	5.79

5.2　应用注意事项

5.2.1　结构设计

补偿收缩防水混凝土的膨胀只有在限制条件下才能产生预压应力，所以，构造（温度）钢筋的设计对该混凝土有效膨胀能的利用和分散收缩应力集中起到重要作用。

（1）结构设计者要根据结构部位不同，采取相应的合理配筋和分缝，应在设计图纸上注明补偿收缩防水混凝土的强度等级、抗渗等级及混凝土不同结构部位的最小限制膨胀值。

（2）墙体难施工、养护差、受外界温差影响大，易出现竖向收缩裂缝，应采取细而密的配筋原则，水平构造（温度）钢筋的配筋率宜在 0.4%～0.6%，水平筋间距应小于 150mm。

（3）墙与柱的配筋率相差较大，由于应力集中原因，在离柱子 1～2m 的墙体上易出现竖向收缩裂缝。应在墙柱连接处设水平附加筋，附加筋的长度为 1500～2000mm，插入柱子中 200～300mm，插入墙体中 1200～1600mm，该处配筋率要提高 10%～15%。

（4）结构开口部位和突出部位因收缩应力集中易开裂，与室外相连的出入口受温差影响大也易开裂，这些部位应适当增加附加筋，以增强其抗裂能力。

（5）补偿收缩混凝土刚性屋面宜用于南方地区。为减少楼板有害裂缝，设计上采用细而密的双向配筋，构造筋间距小于 150mm，配筋率在 0.6% 左右。

（6）大面积、大体积、超长结构采用后浇带控制裂缝，可不设置永久伸缩缝。后浇带宽度不宜小于 800mm，可在两侧补偿收缩混凝土浇筑 28d 后浇筑后浇带。

5.2.2　膨胀剂掺量

补偿收缩防水混凝土膨胀剂掺量按等量取代胶凝材料的内掺法，以胶凝材料总量为基数，推荐掺量为 6%～12%。不同部位补偿收缩防水混凝土的限制膨胀率和膨胀剂掺量见表3所示。

不同部位混凝土的限制膨胀率和膨胀剂掺量　　　　表3

结构部位	限制膨胀率（%）	普通膨胀剂掺量（%）	高效膨胀剂掺量（%）
底板、顶板	0.015～0.020	10～11	7～8
边墙	0.025～0.030	11～12	9～10
膨胀加强带、后浇带	0.035～0.040	13～14	11～12

我国大量试验结果表明：补偿收缩防水混凝土水中养护 14d 的限制膨胀率为（2.5～4.0）×10⁻⁴ 时，其补偿收缩效果较好。若膨胀率太小，补偿不了收缩，但过度膨胀又会造成强度的下降，所以在试配过程中需处理好强度—膨胀—抗渗三者间的关系。补偿收缩防水混凝土设计时要指明抗压强度、抗渗等级、限制膨胀率和限制干缩率，由用户根据这些设计指标要求通过试配确定适宜的膨胀剂掺量。因膨胀剂的品种和掺量不同，它与水泥、化学外加剂和掺合料存在适应性问题，考虑到试验室条件与现场条件的差异，试配时

应比设计抗渗等级提高 0.2MPa，单位混凝土中膨胀剂含量控制在 $30\sim50kg/m^3$，经反复试验，最终混凝土配比除满足坍落度、强度、抗渗等级外，还应满足限制膨胀率要求。

5.2.3 施工

严格控制原材料质量，确保混凝土配料计量准确，称量误差控制在规定范围内。特别注意当含水率有较大变化及雨天施工时，要依据检测结果及时调整用水量。为保证膨胀剂在混凝土中分散均匀，必须搅拌均匀，以免产生局部过度膨胀。收缩补偿防水混凝土采用机械搅拌，比普通混凝土拌合时间延长 30s，搅拌机加料顺序为：石子—水泥及膨胀剂—砂子，先干拌 $30\sim60s$，再加水继续搅拌。

收缩补偿防水混凝土适宜浇筑温度为 $5\sim35℃$；要求混凝土浇筑以阶梯式连续浇筑，间隔时间不得超过混凝土的初凝时间；施工中应按要求检查混凝土坍落度，每班至少两次；混凝土浇筑时振捣必须密实，不得漏振、欠振和过振，以混凝土表面出现浮浆和不再沉落为准；在混凝土终凝之前，采用机械或人工多次抹压，防止表面沉缩裂缝的产生。

膨胀剂的掺入会使混凝土的早期水化热提高，为防止或减少混凝土温度裂缝，掺膨胀剂的大体积混凝土工程内外温差一般宜小于 25℃。施工中要及时了解各测点温差，控制降温速率，及时指导大体积混凝土浇筑及养护。

及时良好的保温保湿养护是确保收缩补偿防水混凝土膨胀性能的关键因素。混凝土凝结后，应立即进行保湿保温养护，养护时间不得少于 14d。基础底板易养护，一般用麻袋或草席覆盖，定期浇水，能蓄水养护最好；墙体浇筑完后从顶部设水管慢慢喷淋养护，模板拆除时间宜不少于 3d，拆膜后用湿麻袋紧贴墙体覆盖，并浇水养护。为防止后期气候变化产生的温差裂缝，要注意对结构的保养，如地下室完成后，要及时回填土。

参考文献

[1] 吴明，秦景燕等．防水工程材料（第 1 版），北京：中国建筑工业出版社，2010
[2] 吴会萱．膨胀剂在防水混凝土中的正确应用，中国建筑防水，2006（5）：10-12
[3] 谢建平，钱克刚．防水混凝土的配制原则探讨，湖南水利水电，2009（5）：46
[4] 宋卓，郭建龙等．自防水混凝土的配制机理及应用，辽宁建材，2005 3）：25-26
[5] 颜秀明．自防水混凝土技术简析，福建建材，2004（3）：50-51

刚性防水技术在种植屋面中的应用

邹尚云[1]　胡　松[2]　朱开来[3]

(1. 江西省汇合科技有限公司；2. 江西省建筑设计研究总院；
3. 江西省建筑设计研究总院)

摘　要："防排结合，以排为主；钢筋混凝土主体防水（刚性防水），植被养护；上下通汽，有水排水，有汽通汽"的技术路线，"植被""排水排汽层"实现了养护混凝土与消除温度应力裂缝，"钢筋混凝土结构为主体防水"实现延长建筑使用寿命和防渗水的技术目的。

关键词：防排结合，以排为主

Application of rigid waterproof technology in planted roof

Zou Shangyun[1] Hu Song[2] Zhu Kailai[3]

(1. Jiangxi Huihe Technology Ltd. Co. ;
2. Jiangxi Architectural Design&Research General Institution;
3. Zhu Kailai Jiangxi Architectural Design&Research General Institution)

Abstract：Combining draining with waterproof while focus on draining; waterproof for reinforced concrete main structure (rigid waterproofing), covered by vegetation; top and bottom ventilated, capable of draining and ventilation. Achieving elimination of temperature stress, extending building life span and achieving the purpose of waterproof.

Key Word：combining draining with waterproof while focus on draining

1　引言

屋面工程作为建筑工程的重要部分，从简单的"遮风避雨"作用已逐步发展成为具有"保温隔热、休闲、绿化"多重功能的围护结构部件。而因屋面温度裂缝和其他原因导致的屋面渗漏作为建筑质量通病成为施工和建筑产品的消费者的主要难题。

我国建筑防水工程中的指导思想是"防排结合，预防为主，刚柔结合，以柔适变，多

[作者简介] 邹尚云，高级工程师，中国发明专利"屋面生态复合排水呼吸系统"发明人，江西省建筑设计研究总院绿色节能中心特聘专家，江西省土木学会理事，手机：13907003865，电话：0791-86201872

道设防，复合防水。"这种以"堵"为主的思想把屋面防水的重点放在防水材料的效果上，而忽略设计质量和施工质量，忽略具有自防水功能的钢筋混凝土结构的作用。在施工中未对屋面女儿墙，高低层，屋面变形缝等部位的钢筋混凝土自防水加以重视，只在重复防水层数的效应；未对钢筋混凝土出现的蜂窝或干缩裂缝，未对钢筋在混凝土浇筑过程中是否发生错位、结构板厚度是否达到设计要求采取加强修复。以上这些都导致钢筋混凝土因质量原因无法发挥自防水作用。

2 刚性防水技术与绿色生态呼吸屋面

刚性防水技术与绿色生态呼吸屋面是相辅相成的，在绿色生态呼吸屋面系统中刚性防水实现性能最优化。

我们在修复混凝土裂缝后的屋面上发现，堆有建筑垃圾并长出野草的屋面结构板要比旁边裸露在外的修复效果更好。难道是屋面上的垃圾与野草对下方的钢筋混凝土起到了保护作用？

通过在大量工程中的探索和实践，我们创立了"防排结合，以排为主；钢筋混凝土主体防水（刚性防水），植被养护；上下通汽，有水排水，有汽通汽"的技术路线。"植被""排水排汽层"实现了养护混凝土与消除温度应力裂缝，实现了在建筑全生命周期中养护混凝土、提高混凝土强度的技术目的。"钢筋混凝土结构为主体防水"实现了延长建筑使用寿命和防渗水，同时刚性防水层实现了对原结构板自防水的补充。值得一提的是，在进一步的建筑节能计算中，我们发现该技术同时实现了不采用保温材料，而通过排水排汽层和种植层的性能计算能满足屋面热工指标；实现了不采用防水材料而满足屋面防水的要求。这也是真正体现了顺应自然规律的技术路线必然能实现节约材料、节约资源的目标。

3 技术路线

绿色生态节能防水呼吸屋面防水技术提出了一个"以排为主，植被保护"的技术思想，其核心是"防排结合，以排为主；钢筋混凝土主体防水（刚性防水），植被养护；上下通汽，有水排水，有汽通汽"。其技术思想设计新颖、奇妙，从大禹治水的典故和中国汉代瓦屋面呼吸理论中吸收精华，得到启迪，打破防水常规思维，把以"防"为主改为以"排"为主，顺应自然规律。围绕这一原则，采取了二次配筋、二次浇捣混凝土的倒置刚性防水叠合层技术；采取了倒置式滤水层及两级排水排汽系统，采取区间找坡、利用空气对流，减弱负压力技术措施，加强屋面排水排汽功能，在发挥刚性防水屋面的造价低，耐久性好的优点同时，采取了倒置式屋面技术、种植屋面技术、复合防水技术、变形缝技术，进行综合保护，在一定程度上克服了刚性防水易裂缝渗漏的弱点。

绿色生态节能防水呼吸屋面技术在分析屋面渗漏中寻求解决方法。传统屋面建筑防水"以堵为主，只堵不疏"，水汽无出路，自然要"有缝就钻"，致使屋面渗漏不可避免地发生。而中国悠久文明流传下来的建筑防水技术精髓，认为水既可"堵"也可"疏"。从顺应自然的防水理念中我们总结出"防排结合，以排为主"的设计新思路。

在钢筋混凝土顶层屋面板上分区片铺设防水找坡层，其上依次覆盖有由粗颗粒组成的滤水层、以沙土为主的保护层，防水找坡层的各区片之间形成交叉的排水沟槽，其上部扣盖有带滤水孔的拱形盖板并在上述排水沟槽的高位处设有若干根与其相连通的排潮气管，该排水沟槽又直接与此建筑物的排水系统相连通。在该屋面板上局部应力集中处还开设有若干带防水套的应力释放孔。在最上面的保护层上表面低洼处增设与排水沟槽相通的地漏水管，以利于加速上表面层雨水的排效；上述排水沟槽的低洼处直接与该建筑物内的卫生间主排水管相连通，便于顶层屋面积水的顺利排放；还可以在顶层屋面板下部设置储水箱，通过连接管将流经主排水管的积水引入其储存起来；将所述应力释放孔上的防水套向上延伸形成排汽通风管，以减少钢筋混凝土顶层屋面板上下部的温差并改善建筑物内的通风条件。

绿色生态防水呼吸屋面技术构造始终贯穿着顺应自然，符合可持续发展的绿色建筑要求。在屋面上覆盖绿色植被、两级排水排汽系统并配有给排水设施，使屋面具备隔热保温，净化空气，阻噪吸尘增加氧气的功能，从而提高人居生活品质。从科学、合理和简单化中易于实施的防水构造，不仅对钢筋混凝土顶层屋面无损害，防渗漏、排积水、通风透气性能良好且防屋面裂缝能力强，还适合种植绿色植被或农作物，成本造价低廉，保温隔热效果显著，并可以将所排除的积水进行收集储存、循环利用。同时，针对建筑物因基础不均匀沉降等多种原因出现的屋面裂缝修复，修复不受气候影响，二、三天就可恢复，创造了极为便利的技术条件。绿色生态屋面示意图见图1。

图1　绿色生态屋面示意图
①专利基层处理层；②钢筋混凝土层；
③专利排水排汽层；④种植景观层

4　工程实例

（1）南昌市滕王阁紫金馆绿色生态屋面

1）工地现状：多道卷材防水层和粉刷层，炉渣保温层，屋顶有多处渗漏，工人正在翻掉面层、卷材层、保温层，见图2。

2）修复屋顶结构板蜂窝和裂缝。重新安装出屋面板的钢管套筒（空调管）并做好防水弯头，见图3。

3）绑扎钢筋，见图4。

4）植筋，浇筑混凝土，见图5。

5）屋面女儿墙、屋面变形缝、高低层、管道井、烟道的钢筋混凝土自防水的节点，见图6。

6）做排水排汽系统安装二级排水系统，同时设立砾石盲沟，见图 7。

7）建立倒置式炉渣滤水层（作用：养护混凝土），见图 8。

图 2

图 3

图 4

图 5

图 6

图 7

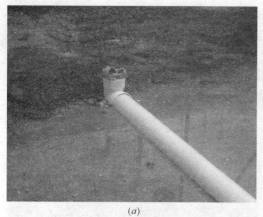

(a)   (b)

图 8

8）建立硬质小道和建筑小品，见图9。

9）屋面100～120mm厚种植土层，见图10。

10）2009年8月滕王阁紫金馆，见图11。

11）2011年5月滕王阁紫金馆，见图12。

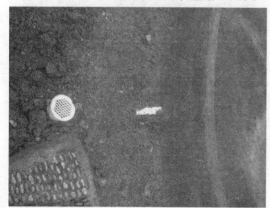

图 9   图 10

图 11   图 12

（2）江西省建筑设计研究总院办公楼（2003年竣工）（图13）

图13

（3）南昌市洪都宾馆裙房（2001年竣工）（图14）

（4）江西省国土资源厅办公大楼（2009年竣工）（图15）

图14   图15

（5）江西省委组织部井冈山教育基地（2011年竣工）（图16）

（6）宜春市文化之窗（2011年竣工）（图17）

图16   图17

5 结语

时至今日，绿色生态节能防水呼吸屋面技术已历经十余载的发展，累计在几万平方米的屋面上得到了应用，最早采用本项技术的工程：南昌市洪都宾馆屋顶早已摆脱了屡修屡漏的窘境，10年间屋面未再发生任何渗漏，得到了业主的充分认可。事实证明绿色生态节能防水呼吸屋面技术达到了消除温度应力，延长建筑使用寿命的技术目的，同时提供了与自然共生、顺应自然的符合可持续发展的新思路。遵循了生态环境的共生、平衡、循环的原则。绿色生态节能防水呼吸屋面技术构造比其他的种植屋面设计更为科学、合理和简单化。易于实施的防水构造不仅对钢筋混凝土顶层屋面无损害，防渗漏、排积水、通风透气性能良好且防屋面裂缝能力强，还适合种植绿色植被或农作物，成本造价低廉，保温隔热效果显著，并可以将所排除的积水进行收集储存、循环利用。同时针对建筑物因基础不均匀沉降等多种原因出现的屋面裂缝修复不受气候影响，两三天就可完成，创造了极为便利的技术条件。绿色生态节能防水呼吸屋面技术构造始终顺应自然，符合可持续发展的绿色建筑要求。

平遥古城城墙顶部与外侧散水部位夯土结构加固及防水抗渗保护工艺研究与实施

曲　雁[1]　邵高峰[2]　高延继[3]

(1. 北京凯莱斯建筑工程有限公司，北京 102628，2. 中国建筑科学研究院，北京 100013；
3. 中国工程建设标准化协会建筑防水专业委员会；北京 100013)

摘　要：对山西平遥古城当地土质及城墙使用的传统土质材料进行了分析和性能测试，并对传统土质进行了固化剂改进，提高了传统土质的性能。通过现场实验，研究确定了土体的性能增强、灰土层抗渗、海墁铺设、顶部结构增强、散水坡加固等的实施方案和实验施工工艺。研究实施的加固及防水抗渗做法对于此类工程有借鉴作用。

关键词：平遥古城　城墙　夯土结构　固化剂　防水抗渗　施工工艺

Research on Technics of Reinforcement and Waterproofing and Seepage Resistance for Rammed Earth Struture of Coping and Side Apron of City Wall of Ping Yao Ancient City

Qu Yan[1]　Shao Gaofeng[2]　Gao Yanji[3]

(1. Cannex Construction Technology CO. LTD.　Beijing 102628；
2. China Academy of Building Research，Beijing 100013；
3. Waterproofing Technical Committee of China Association for
Engineering Construction Standardization，Beijing 100013)

Abstract：In this paper，the soil form Ping Yao Ancient City region and form the city wall have been analyzed and tested. Then the curing agents have been used to improve the traditional soil. According to field experiment，the construction scheme and technics which are relate to soil reinforcement and seepage resistance of lime soil layer and apron paving and coping and side apron reinforcement have been confirmed. The result shows that the technics of reinforcement and water-

[作者简介] 曲雁，(1952.9～)，男，北京凯莱斯建筑工程有限公司总经理，联系电话：13501013676

proofing has great reference volue to similar construction.

Key Words：Ping Yao Ancient City，city wall，rammed earth struture，curing agent，waterproofing and seepage resistance，construction technics

1 前言

山西省平遥古城是中国境内目前保存最为完整的一座古代县级城镇，属国家级文物保护单位，1997 年 12 月被联合国教科文组织列入《世界遗产名录》。平遥古城城墙（图 1）作为古代防御工程以其规整的格局、保存完好的形态，成为这一遗产的重要组成部分。

图 1　平遥古城墙外貌

城墙由墙身、马面、垛口（挡马墙）、城门、瓮城等部分组成。城门六道，南北各一，东西各二，城门都建有不同形式的瓮城。城墙顶部的附属建筑包括敌楼、角楼、城楼。城内有马道，城外有护城河。古城墙东、西、北三面俱直，惟南墙随柳根河蜿蜒而筑，形如龟状，墙高约 10m，底宽约 8~12m，顶宽约 3~6m。城墙内侧以黄土夯筑，外墙青砖包砌。城墙顶部以青砖海墁，排水道位于女儿墙下的水口，通过砖砌水槽，排往城内"马道"。

平遥古城墙经过历代的修缮，迄今六百余年，虽历经沧桑，却保存较好，因而更显其珍贵。但是，随着时间推移与自然环境的侵蚀，亟待解决的问题也日益增多。2004 年 10 月 17 日平遥古城南门瓮城外侧一段长 17.3m 的城墙突然坍塌，这是古城被评为世界文化遗产后出现的第一次大面积塌陷，曾引起各界广泛的关注（图 2）。而后的 2005 年与 2006 年都相继出现不同程度的险情（图 3~图 5）；3 年期间城墙四次产生塌陷，当地维修部门多次修缮未果。此外，古城城墙的诸多部位一直存有墙体裂缝、破损、酥碱，外闪鼓胀，地基下沉等等安全隐患。尽快制定出针对平遥整个古城墙抢险加固，排除安全隐患的实施方案已刻不容缓、迫在眉睫。

2006 年由中冶集团建筑研究总院和总装备部工程设计研究总院，采用现代科技手段，先后对平遥古城城墙进行了较为详细的建筑勘查与病害调研，为今后制定抢险加固维修方案提供了依据[1]。

2006 年 10 月受国家文物研究所和山西古代建筑保护研究所的委托，我单位又进一步着手对城墙顶部土体失稳、海墁层渗漏、根部散水残缺、砖体风化等现状及病因进行了调研；在此基础上对使用的传统材料及相关工艺进行了测试分析与性能的检测；确立了"在沿用传统材料与保留基本做法的前提下，增强土体夯筑强度，提高结构自身抗渗性能，最大限度满足建筑整体稳定的要求"的宗旨；并研究确定了土体的性能增强、灰土层抗渗、散水坡加固等的实施方案和实验施工工艺。

图 2　2004 年平遥古城墙出现的大面积坍塌

图 3　城墙夯土松散与塌陷造成顶面失稳

图 4　海墁层开裂渗水造成土体失稳

图 5　渗漏水加剧了墙体结构变形

2　材料分析与性能测试

2.1　土质分析与测试

2.1.1　当地土质

采集当地所使用的土质进行分析和测试，编号 A，显微照片见图 6。

（1）样品分类：粉质黏土。

（2）镜下特征：主要矿物为石英、长石，其次有蚀变为绿泥石的黑云母，以及闪石、辉石、方解石等碳酸盐矿物和铁质等不透明矿物，并见有岩屑等。石英表面有铁质浸染。长石表面多有蚀变的高岭石、伊利石和云母等。黑云母及白云母多已蚀变为绿泥石，闪石亦有蚀变为绿泥石，辉石有蚀变为闪石。不透明矿物主要为赤铁矿和褐铁等氧化铁矿物。岩屑主要由石英、长石、绿泥石等组成。该样品主要为陆源沉积物。

一般粒径为 0.01～0.08mm，少部分 <0.01mm，少数 >0.1mm，个别达 0.2mm，即以细粉砂级为主。粉砂多呈次圆状。

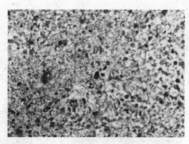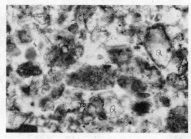

图 6　当地土质 A 的显微照片

（3）含量估算：石英，30%；长石（包括部分风化后的黏土，如伊利石、高岭石），30%～35%；绿泥石（次变黑云母），25%；闪石、辉石，6%～8%；方解石等碳酸盐矿物，4%～5%；铁质等不透明矿物，2%～3%。

（4）主要成分见表1。

当地土质主要成分表　　　　　　　　　　　　　　　　表 1

成分	SiO_2	Al_2O_3	TFe_2O_3	MgO	CaO	Na_2O	K_2O	TiO_2	P_2O_5	MnO	Lol	TOTAL
含量（%）	60.50	11.32	4.12	2.10	8.24	1.70	2.19	0.60	0.12	0.08	9.43	100.40

（5）材质性能见表2。

当地土质的材质性能　　　　　　　　　　　　　　　　表 2

编号	颜色	分类	pH 值	液限%	塑限%	塑性指数
				ω_L	ω_P	I_P
A	淡黄	粉质黏土	8.34	25.6	17.2	8.4

（6）击实试验结果见表3。

击实试验结果　　　　　　　　　　　　　　　　　　　表 3

含水量（%）	9	11	13	15	17	19	21
湿密度（g/cm³）	2.140	2.162	2.184	2.206	2.228	2.250	2.722

当地土质（新土）的最佳含水量为 15%，最大湿密度 2.206g/cm³，最大干密度 1.845g/cm³。

2.1.2　城墙顶部旧土

采集小东门 SC84～SC85 城墙顶部旧土进行分析和测试，编号 B，显微照片见图7。

（1）样品分类：粉质黏土。

（2）镜下特征：该样品镜下观察其成分和结构特征，与原土（A）样品基本一致。即：主要矿物为石英、长石，其次有蚀变为绿泥石的黑云母，以及闪石、辉石、方解石等碳酸盐矿物和铁质等不透明矿物，并见有岩屑等。石英表面有铁质浸染。长石表面多有蚀变的高岭石、伊利石、云母等，并亦有铁染现象。黑云母及白云母多已蚀变为绿泥石，闪石亦有蚀变为绿泥石，辉石有蚀变为闪石。不透明矿物主要为赤铁矿和褐铁等氧化铁矿物。岩屑主要由石英、长石、绿泥石等组成。该样品主要为陆源沉积物。

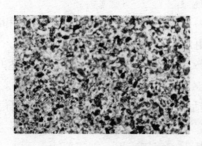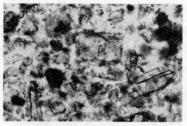

图 7　城墙顶部旧土 B 的显微照片

粉砂粒径一般为 0.02～0.1mm，少部分＜0.02mm 或＞0.1mm。

（3）含量估算：石英，30％；长石（包括部分风化后的黏土，如：伊利石、高岭石），30％～35％；绿泥石（次变黑云母），20％～25％；闪石、辉石，6％～8％；方解石等碳酸盐矿物，5％～6％；铁质等不透明矿物，2％～3％。

（4）主要成分见表 4。

城墙顶部旧土主要成分表　　　　表 4

成分	SiO_2	Al_2O_3	TFe_2O_3	MgO	CaO	Na_2O	K_2O	TiO_2	P_2O_5	MnO	Lol	TOTAL
含量（％）	62.40	11.52	3.85	1.99	7.14	1.59	2.37	0.55	0.14	0.06	8.40	100.01

（5）材质性能见表 5。

城墙顶部旧土的材质性能　　　　表 5

编号	颜色	分类	pH 值	液限％	塑限％	塑性指数
				ω_L	ω_P	I_P
B1	土黄	粉质黏土	8.12	24.7	14.1	10.6

2.1.3　外侧散水旧土

采集小东门 SC84～SC85 城墙外部散水基础实验段土质进行分析和测试，编号 C，显微照片见图 8。

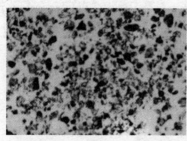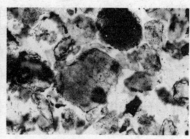

图 8　城墙外部散水旧土 C 的显微照片

（1）样品分类：粉质黏土。

（2）镜下特征：该样品镜下观察其成分和结构特征，与原土（A）样品基本一致。即：主要矿物成分为石英、长石，其次有蚀变为绿泥石的黑云母，以及闪石、辉石、方解石等碳酸盐矿物和铁质等不透明矿物，并见有岩屑等。石英表面有铁质浸染。长石表面多有蚀变的高岭石、伊利石、云母等，并亦有铁染现象。黑云母及白云母多已次变为绿泥石、闪石亦有蚀变为绿泥石，辉石有蚀变为闪石。不透明矿物主要为赤铁矿和褐铁等氧化铁矿物。岩屑主要由石英、长石、绿泥石等组成。该样品主要为陆源沉积物。

粉砂粒径一般为 0.02～0.1mm。少部分<0.02mm，少数>0.2mm，达 0.5mm。以粉砂为主，泥质≤25%。

（3）含量估算：石英，30%；长石（包括部分风化后的黏土，如伊利石、高岭石），30%～35%；绿泥石（次变黑云母），20%～25%；闪石、辉石，5%～7%；方解石等碳酸盐矿物，3%～5%；铁质等不透明矿物，2%～3%。

（4）主要成分见表 6。

城墙外部散水旧土主要成分表　　　　　　　　表 6

成分	SiO_2	Al_2O_3	TFe_2O_3	MgO	CaO	Na_2O	K_2O	TiO_2	P_2O_5	MnO	Lol	TOTAL
含量（%）	59.90	13.42	4.02	1.61	5.52	1.48	2.16	0.62	0.20	0.07	10.55	100.55

（5）材质性能见表 7。

城墙外部散水旧土的材质性能　　　　　　　　表 7

编号	颜色	分类	pH 值	液限% ω_L	塑限% ω_P	塑性指数 I_P
C	土黄	粉质黏土	8.00	26.8	19.4	7.4

（6）击实试验结果见表 8。

城墙外部散水旧土的击实试验结果　　　　　　　　表 8

含水量（%）	9	11	13	15	17	19	21
湿密度（g/cm³）	2.133	2.165	2.197	2.229	2.261	2.293	2.325

城墙旧土的最佳含水量为 15%，最大湿密度 2.229g/cm³，最大干密度 1.864g/cm³。

2.1.4　土质材性评价

A、B、C 样相对比：A 样最细，B 样次之，C 样相对较粗。

从平遥采集的土样化学成分与物理性能显示，本地新土、城墙顶部旧土及外侧散水土质的成分等量相差不大。三种土质的 pH 值均介于 7.5～8.5 之间，材性都属于粉质黏土，但由于旧土中含有少量的石灰水化反应，将有利于土质性能的改进。所以，通过科学筛选、合理组配，加以改进后的旧土材料，均可达到使用上的指标要求。

2.2　材料改进与性能提高

2.2.1　固土方法选用

遵循我国文物保护原则，对于所沿用传统材料与传统工艺，通过科学分析、合理改进、规范量化、适当整合以适应现场的实际需要。经试验，适量添加一定比例的固化剂，能有效增强土粒的固化凝聚力，改善土质的物理与水稳性能。针对当地的土质特性，试制了"TG-土质材料固化剂"（以下简称"固化剂"），为下一步的现场实验性施工提供了技术上的保证。

2.2.2　固化剂的组配

在实际应用中，土质的种类、含水量、固化剂掺量、养护条件，施工措施等因素，都将影响土质性能的改进效果。

固化剂是以铝矾土、粉煤灰、赤泥、石灰、石膏等为主要成分，经一定的混配工艺，比表面积大于 $300m^2/g$ 的复合性无机组料。

在现场实验中，因存在素土夯实与灰土夯实两种常用做法方式。在固化剂的化学与矿物组成上，可分为：作用于素土的Ⅰ型固化剂；作用于灰土的Ⅱ型固化剂。固化剂基本材料的化学与矿物组分见表9～表13。

固化剂主要材料组分 表9

主要组分	粉煤灰	熟石灰	铝矾土	石膏	赤泥	其他
比例（%）	20～35	25～30	15～20	10～15	5～8	3～10

固化剂Ⅰ型主要化学组分 表10

化学成分	CaO	SiO_2	SO_3	Al_2O_3	Fe_2O_3	其他
含量（%）	38	26.2	8.8	12.5	8.6	5.9

固化剂Ⅰ型主要矿物组成 表11

矿物成分	C_3S 硅酸三钙	C_2S 硅酸二钙	C_4AF 铁铝酸四钙	C_3A 铝酸三钙	CA 铝酸一钙	其他
含量（%）	45	9.6	10.2	6.8	20.5	7.9

固化剂Ⅱ型主要化学组分 表12

化学成分	CaO	SiO_2	SO_3	Al_2O_3	Fe_2O_3	其他
含量（%）	40	12.5	10.2	18.5	12.6	6.2

固化剂Ⅱ型主要矿物组成 表13

矿物成分	C_3S 硅酸三钙	C_2S 硅酸二钙	C_4AF 铁铝酸四钙	C_3A 铝酸三钙	CA 铝酸一钙	其他
含量（%）	41	5.2	15.6	8.5	21.3	8.4

2.2.3 反应基本过程

（1）生成较多的针状钙矾石晶体，使较多的自由水变成结合水，同时钙矾石的相互交叉联生约束了土颗粒之间的移动，达到固结状态。

（2）氢氧化钙晶体和硅酸钙凝胶体的生成，使土质强度提高。

（3）从氢氧化钙、硅酸钙等溶出的 Ca^{2+} 使土颗粒凝聚。

（4）土中所含的 SiO_2、Al_2O_3 等可溶成分与 $Ca(OH)_2$ 生成不溶于水的水化物而硬化。

（5）添加Ⅰ型固化剂的土质，主要由针状的钙矾石结晶体在土颗粒中相互交叉联生形成骨架结构，改善土质材料的稳定性能与固结强度。

（6）经添加Ⅱ型固化剂的灰土材料，提高灰土的水化反应速度，促进灰土的早期强度，在能满足实际使用的同时，后期强度仍可由石灰土自身的缓慢水化反应加以完成。

改进后的土质，能达到同等或类似建筑材料性能指标，满足建筑结构要求的同时，也较好利用了本地区的现有资源，保留传统文物建筑的主要特征的前提下，提高现有文物建筑修缮的质量与保护力度。

2.2.4 改进性能测定

根据场实验的所涉及的内容，在实验室进行了不同配比的检测。

（1）天然土（新土）配比试验（表14）

天然土（新土）配比试验检测结果　　　　　　　　表 14

编号	配合比		含水量（%）	湿密度（g/cm³）	抗压强度（MPa）		吸水率（%）
	Ⅰ固化剂	新土：天然沙 1:1			7 天	28 天	
1	10	100	10	2.33	4.88	7.26	3.8
2	15	100	10	2.41	5.75	8.26	3.2
3	20	100	10	2.35	10.3	13.8	2.8

注：含水量=水/干土×100%。

（2）城墙旧土配比试验（表15）

城墙旧土配比试验检测结果　　　　　　　　表 15

编号	配合比		含水量（%）	湿密度（g/cm³）	抗压强度（MPa）		吸水率（%）
	Ⅰ固化剂	旧土：天然沙 1:1			7 天	28 天	
1	10	100	11	2.38	5.02	7.45	3.4
2	15	100	11	2.41	6.15	8.52	2.9
3	20	100	11	2.33	9.88	13.47	2.5

注：含水量=水/干土×100%。

（3）灰土配比试验（表16）

灰土配比试验检测结果　　　　　　　　表 16

编号	配合比		含水量（%）	湿密度（g/cm³）	抗压强度（MPa）		吸水率（%）
	石灰粉：Ⅱ固化剂 2.5:1	旧土			7 天	28 天	
1	20	100	12	2.46	4.82	6.95	3.8
2	25	100	12	2.53	6.05	7.62	3.2
3	30	100	12	2.36	7.72	9.67	2.9

注：为提高灰土材料的抗渗性能，混料时的水中可稀释一定比例的亚克力乳液，混配比例为：水：乳液：5～8:1。

（4）砌筑土浆配比试验（表17）

灰土配比试验检测结果　　　　　　　　表 17

编号	配合比		水灰比（%）	抗压强度（MPa）	抗折强度（MPa）
	土料：砂 5:3	Ⅰ固化剂			
1	100	15	25	3.06	0.52
2	100	20	25	8.80	2.84
3	100	25	25	15.02	3.02

2.2.5 改进后的评价

改进后的素土和灰土的显微照片分别见图9、图10。

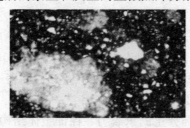
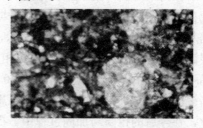

图9 改进后的素土的显微照片　　图10 改进后的灰土的显微照片

改进后的素土的碎屑成分有石英、长石岩屑、方解石、不透明矿物、云母等；胶结物为泥质、细晶质及铁质等；碎屑粒级基本为粉砂级，粒径为 0.01 ～ 0.1mm，0.1～0.25mm

（即细砂级）约占15%，另含有较大不规则凝聚团状结构、细砂粉砂质结构，基底式胶结。含量估算：石英，45%～50%；长石（部分风化后伊利石、高岭石），6%～8%；方解石，3%；胶凝体，1%～2%；岩屑及凝聚状结构，20%～25%；不透明结晶体，2%。

改进后的灰土的主要矿物成分为石英，其次有长石、岩屑、方解石及不透明矿物等。碎屑矿物粒径主要为 0.03～0.1mm，约占40%；其次 0.1～0.25mm，约占25%，＞0.25mm者约2%。含量以粉砂级为主，其次为细砂质，碎屑多呈棱角，次棱角状，其次为次圆状，岩屑之间有较多结晶再生长物。含量估算：石英，50%；长石（部分风化后伊利石、高岭石），5%～8%；岩屑，5%；不透明细晶体，2%～5%；凝胶体，30%。

经电镜微观分析：改进后的素土，产生了针状、纤维状钙矾石结晶体，由土颗粒辐射向外伸展，相互连接形成空间蜂窝状结构，改变了原土粒的松散分离状态；改进后的灰土，由于活性次生黏土及非晶质矿物，如硅酸钙凝胶和氢氧化钙等迅速反应，使土质中出现重新结晶与凝胶，迅速增强了土粒的固化凝聚力，促使早期强度的形成。

根据对实验现场所拟的内容，在素土夯筑、灰土抗渗、土浆砌筑等配比与测试，改进后土质的抗压强度、抗折强度、水稳定等物理性能，均满足目前加固维修所需要的技术指标。在文物建筑保护与修缮中，可选择更为经济与利于环保的方法加以实施。

3 现状调研与现场实验

3.1 土体加固与改进实验

3.1.1 土体结构失稳

2007 年 6 月经确定，将平遥东城墙的 SC84～SC85 标段作为现场实验段。为进一步摸清顶部土体结构与海墁层的内部状况，自海墁层向下进行清理了约 1m（这是历次勘察中所未涉及到的深度），在长 20m，宽 3.3 m（66m²）的顶面实验段中，单层海墁砖体基本上单摆浮放；灰土层普遍松散，构不成板结；400mm 以下的夯土层除潮湿，强度偏低等因素外，仅纵向裂隙就出现三条；其中一条沿墙体内侧 400mm 处（女儿墙下方）呈纵向贯通。不同程度大小的陷坑三个，最大的长 1050mm，宽 280mm ，显示深度 1.2m。验证了"中冶"与"总后"勘察报告中的病害评估，但所呈现的程度更为严重。对于空洞及裂隙，既存在原旧夯土层中，也出现在后期维修的修复层面上。

根据对实验段现场所采集的数据显示，海墁层深 40mm 处的土层含水率为 13.72%；而海墁层深 1m 处的土层含水率为 6%；相差近一倍多。贯入强度平均次数深 400mm 处为 17 次；而深 1m 处的贯入强度平均低于 10 次。海墁层下夯土密实性差、强度丧失、土体失稳等诸多因素，是导致目前城墙安全隐患的主要原因之一。

对此，在今后的抢险与加固过程中，提高顶部夯土的承载力，保证土体结构整体性，将是防止变形与渗漏的基本前提。

3.1.2 夯土性能改进

顶部夯土性能的改进是本次现场实验重要内容之一，见表 18、图 11～图 13。

现场改进顶部夯土性能的对比实验结果 表 18

测试名称		贯入强度次数	湿密度（g/cm³）	干密度（g/cm³）	含水率（%）	抗压强度（MPa）
原状土	40cm 深	17	1.97	1.70	13.72	0.53
	70cm 深	16	1.75	1.65	6.40	0.14
	100cm 深	10	1.68	1.58	6.01	0.12
改性土	7 天	134	1.93	—	10.66	1.58
	30 天	—	—	1.88	3.65	3.10

根据以上数据的检测显示，改进后夯土性能有了较大的提高。贯入强度次数提高了 10 倍以上；抗压强度由原来的平均最高值 0.53MPa，30 天内提高至 3.10MPa（6 倍），随着时间的增长，最终的强度值还会有所增强。

图 11　清理土体基层，　　　　图 12　按规定比例　　　　　图 13　用机械夯
　　　定制模板　　　　　　　　　　配制夯土料　　　　　　　实机夯实

经改进后的夯土性能，已具备了抵御城墙顶部结构承重荷载与局部变形的影响。

3.2　灰土抗渗与改进实验

3.2.1　灰土功能丧失

经探查，海墁砖体下存有灰土层，其初衷是想作为城墙顶部海墁砖下防水抗渗层。但目前现状，灰土层下面的夯土含水率（11%～13%）大大高于墙体土的正常含水率（5%～6%）。现有的灰土层没有形成板状连接，其松散与石灰团块的无序分布，根本无法构成有效的防水抗渗体系。灰土层下土质含水率的偏高，说明现灰土层防水抗渗性功能已基本丧失。

在天然石灰与土的硬化反应过程中，其反应时间相当漫长。少则几年，多则几十年，甚至上百年。仅当前的维修程序与施工工艺，不可能等其完成物化反应后再进行下一步的工序。

为此，提高灰土材料的早期强度，增强灰土的抗渗性能，满足现有施工程序工艺做法，是治理顶面渗漏的关键。

3.2.2 灰土性能改进

在以上分析测试的基础上，结合现场实验，改进灰土的混料级配、环境失水及夯实密度等问题，以完善现场实验要求，见表19、图14～图16。

图14 按比例混拌灰土料　图15 夯实机夯至标准密实量　图16 进行一定时间的养护

现场改进灰土性能的对比实验结果　表19

测试名称		湿密度 (g/cm³)	含水率 (%)	干密度 (g/cm³)	吸水率	抗压强度 (MPa)
原状灰土	40cm 深	1.97	13.72	1.70	—	0.53
改性灰土	7 天	1.77	15.79	1.58	—	1.26
	15 天	1.72	10.55	1.55	8%	2.24

性能改进后的灰土，在提高早期强度（15天内）与物理性能上有了显著的改进。抗压强度由原来的不足1MPa，提高为2.24MPa，吸水率降至小于10%。由于灰土的终凝反应需要较为漫长的时间，性能改进后的灰土，其强度与抗渗性能提高还存在较大的空间。

3.3 海墁铺设与改进实验

3.3.1 海墁层的缺陷

在城墙顶面用砖体通铺了海墁层。现实验段海墁基本上仅一层砖体；海墁砖体与外侧的挡马墙、内侧的女儿墙属分离单独砌筑，没有形成结构性衔接。由于砖体的单摆浮放，仅仅起到与外界隔离的作用。砌筑砖体的灰浆强度总体偏低（0.3～4.2MPa 不等）。由于海墁层凹凸不平、闪缝开裂的现象较为普遍，一旦排水不畅，极易形成积水。水通过砖缝可直接渗入到灰土与夯土层中。所以在改善土体结构基础、提高灰土防渗性能的同时，对海墁层的厚度也要相应增加（不少于二层），砌筑时不但要保证灰浆的标准强度（＞7.5MPa），还要与外侧挡马墙、内侧女儿墙进行交槎衔接，形成有机的结构整体，使海墁层在满足外界综合荷载力与抗变形的同时，起到保护墙体的作用。

3.3.2 海墁结构改进（图17、图18）

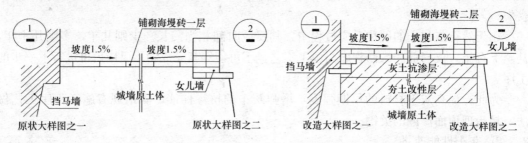

图17 原状海墁层结构   图18 改进后的海墁层结构

改进后的海墁层，增砌厚度（二层），在提高承载与抗变形能力的同时，与外侧挡马墙、内侧女儿墙形成结构性衔接，加强了面层整体的稳定性。改进后的砌筑土浆，满足了强度与抗渗要求。在不使用其他现代防水材料的前提下，具备了顶面结构加固与防水抗渗功能，见图19～图21。

图19 海墁与挡马   图20 两层海墁结构   图21 抗渗土浆提高
墙做好衔接   了防水性能

3.4 顶部结构改进与做法

改进后城墙顶部结构是由夯土结构基础、灰土抗渗层、海墁砖层共同组成的有机整体。根据结构与外部环境需要，对所夯实的厚度进行了计算分析[2]。

3.4.1 夯土厚度计算

海墁下的夯土层作为顶部的基础，承担着整个墙体上部结构的稳定，所以通过计算，夯土层改进后的厚度为400mm。以下是计算的方法。

计算程序采用SAP2000三维有限元分析软件，夯土改性层下原土的基床反力系数取10000kN/m³，夯土改性层顶面活荷载取3.5kN/m²，恒荷载取9.52kN/m²，夯土改性层厚度400mm，计算模型见图22、图23。计算表明：表面夯土最大沉降为18.8mm；最大压应力为0.1MPa，小于实验结果（6MPa）；最大拉应力为0.13MPa，也小于实验结果（0.52MPa）。

3.4.2 灰土厚度计算

最大降雨量按400mm计算，抗渗层厚度计算公式为 $t = \dfrac{Kh\rho_\mathrm{w} - (G-1)(1-n)t\rho_\mathrm{w}}{\rho}$ ，式

中：K—安全系数，取值 2；h—承压水头，取值 0.4m；ρ_w—水的密度，取值 $10kN/m^3$；G—灰土的比重，取值 2.75；n—灰土的孔隙率，取值 0.5。

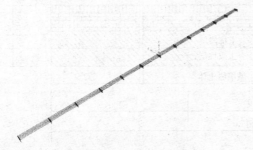

图 22　平遥古城城墙顶面
夯土改进层计算模型

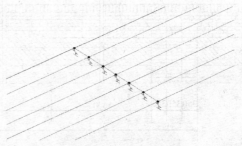

图 23　平遥古城城墙
基底约束弹簧模型

经计算：$t=0.278m$，本工程灰土抗渗层厚度取 300mm，满足变形与抗渗要求。

3.4.3　顶面结构做法（图 24）

改进后城墙顶部自上而下由增强的海墁层、灰土抗渗层、夯土基础层组成的结构体系，提高了城墙顶部结构的整体性，稳定了土体；两层海墁与灰土抗渗层，在稳定顶面结构同时阻滞了水的浸渗；挡马墙、女儿墙与海墁的连接处，用砌体的咬槎衔接，加强并弥补边角部位的薄弱。在不改变原有做法工艺，不影响整体外观的前提下，满足墙体结构功能上的要求。

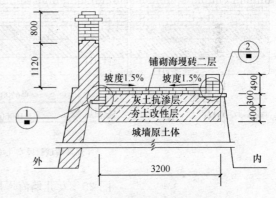

图 24　顶部结构做法示意图

3.4.4　水口与女儿墙（图 25、图 26）

在顶部做法中，由于水口属于海墁部位的最低点，在铺砌海墁砖时，要根据排水坡度给予渐变。到水口的边角部位必须保证有三层砌体的空间，以满足排水与防水功能上的要求。

3.5　墙体散水与土体基础

在城墙的根部普遍砌有两层条状基石，由于城墙四周的地势高低落差较大，北城墙根部已砌起了高台；而南城大部分还在被地面掩埋。在东、西、北三面城墙根部条石外侧，铺砌了砖体散水。

在现场实验段，选择长 6m，宽 2.3m 的散水作为本次现场实验地段。经清理，表层砖体的灰浆基本上已无粘结性，砖层下的土体由杂土填埋；下挖 300mm 后才出现原黄土层。两层条石基础略显潮湿，条石下方呈现出原垫土层。一旦降雨，水顺城墙流向散水，待散水饱和后才有可能排向外侧的地面或绿化带。

由于散水基础大部分与绿化带彼邻，北侧、东侧等墙基常年处于阴潮状态，所以外部的湿气也会较大程度影响到墙体根部的条石与垫土层中。过多的湿气导致内部夯土松散、失稳与滑移。由于水气常年止滞，墙体下部砖体酥解、粉化、残缺的现象较为普遍。

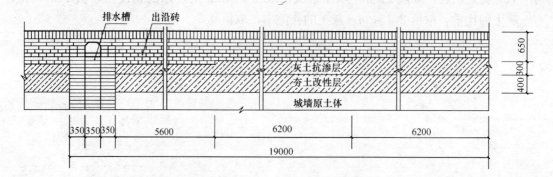

平遥城墙试验段女儿墙立面外侧铺砌示意图

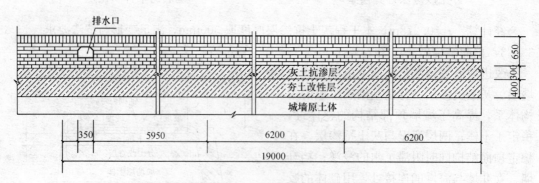

平遥城墙试验段女儿墙立面内侧铺砌示意图

图 25　女儿墙海墁层做法示意图

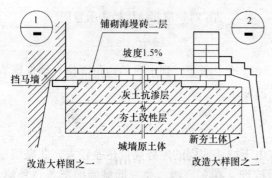

图 26　水口部位结构做法示意图

城墙根部与周边的地面连为一体。目前市场上通用的防水材料均属封闭隔离性方式，如无选择照搬，将会阻隔了地气的散发，其后果更会加剧绿化带的湿气向条石下方垫土层侵蚀。所以，较为理想的方法：提高散水夯土的抗渗性能，在保证根部稳定的同时，既能防止城墙上部淌水滞留，也能隔离护城河或绿化带的水汽向城墙根部浸渗。

3.5.1　夯土性能改进

现场实验中，为验证旧土的实际应用效果，在进行散水基础土体改进实验时，特采取新、旧两种土质进行实验性对比，见表 20。

新旧夯土对比结果　　　　　　　　　　　　　表 20

测试名称	贯入强度次数		湿密度（g/cm³）	含水率（%）	抗压强度（MPa）
旧土改进	7 天	160	1.80	11.32	1.84
	15 天	295	1.84	5.28	3.02

170

测试名称	贯入强度次数		湿密度（g/cm³）	含水率（%）	抗压强度（MPa）
新土改进	7天	121	1.92	11.71	2.41
	15天	—	1.71	5.86	2.78

经现场实验及测试显示，新、旧土质在改进后的性能没有太大的差异，旧土改进后的早期强度稍缓；但后期强度则明显提高。在今后平遥城墙的保护维修中，仅夯土一项就有近70%的旧土可以再利用，不仅节省了大量的自然资源，避免浪费，也减少过多的建筑垃圾对周边环境的破坏，利于自然资源与环境的保护。

3.5.2 散水基础计算[3]

（1）灰土抗渗计算

最大降雨量按400mm计算，抗渗层厚度计算公式为 $t = \dfrac{Kh\rho_w - (G-1)(1-n)t\rho_w}{\rho}$，式中：$K$—安全系数，取值2；$h$—承压水头，取值0.4m；$\rho_w$—水的密度，取值10kN/m³；$G$—夯土的比重，取值2.8；$n$—夯土的孔隙率，取值0.3。经计算：$t = 0.25$m，本工程夯土抗渗层厚度取0.5m，满足防水抗渗要求。

（2）强度刚度计算

计算程序采用SAP2000三维有限元分析软件，夯土抗渗层下原土的基床反力系数取10000kN/m³，夯土抗渗层顶面活荷载取3.5kN/m²，恒荷载取2kN/m²，夯土抗渗层厚度取0.4~0.5m。

3.5.3 散水结构做法（图27~图30）

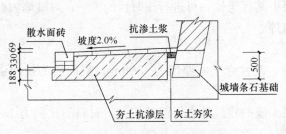

图27 城墙根部散水做法示意图

图28 在实验段虚铺夯土料

图29 用机械进行夯实至标准厚度

图30 按要求铺设表层砖

墙体的散水是地面整体结构的一部分，利用散水部位的原土质，经改进重新夯筑，在满足基础强度与抗水性能的同时，恢复散水坡的原有形态。

3.6　墙体风化与综合治理

经调研，目前平遥城墙的砖体存在较严重的风化、酥解、松散等问题，尤其是接近地面的部位比较显著。此现象产生的原因比较复杂，而且也是多种诱因交替影响的结果。当然，水的浸渗与腐蚀是其中主要病害之一。通过以上对墙体顶面、外侧散水的加固与抗渗治理，将会降低水浸的影响。所以，在治理工作完成后，经观察作出评估后，再进行砖体表面防风化的治理。

4　实验施工工艺

4.1　土体夯筑工艺

指城墙顶部海墁层往下 800mm 内的夯土基础层、灰土防渗及海墁层的施工工艺。

4.1.1　准备工作

（1）拆除海墁砖体（包括女儿墙），将砖体材料清理摆放整齐备用。

（2）拆除海墁层下的灰土及夯土层，拆除深度约 0.7～0.9m，将拆除的旧土过筛（5mm 孔筛）晒干备用。

（3）主要设备工具：支撑模板、平板式振实机、机械冲击夯、搅拌器、含水率测定仪、铁锹、十字镐、水桶等。

（4）对清理后的基层，检查原夯土体有无裂隙及孔洞，对较大的裂隙与孔洞应立即通知建设方，并采取相应的措施进行填补与密封。

（5）对城墙外侧的挡马墙，为保护其稳定性，可进行临时性的支护；对城墙内侧夯土层，边缘过于松散的部位，可进行清理。

4.1.2　工艺步骤

（1）根据所夯筑的面积计算用量，改性夯土实厚度为 400mm。凝固后的抗压强度应 ≥5MPa，饱和吸水率 ≤10%。

（2）将过筛晒干后的旧土与过筛干燥的建筑沙进行混拌均匀，材料的比例为 1：0.8，干混要在三遍以上，含水率不得 >3%。

（3）将混拌后的土砂与固化剂（Ⅰ型）进行干混，比例为 1：0.2 干混的翻拌次数应在三遍以上。

（4）将均匀的混合料加水进行湿混拌，水灰比应控制在 11%～13% 之间。

如天气过于燥热，应考虑适当遮挡。

（5）将湿混拌后的混合料，摊铺在作业面的模板内，虚铺量高度一次不得大于 ≤ 25cm。虚铺水平高度应以原排水坡度为依据。

（6）在虚铺好的土层上先用平板振实机进行 2～3 遍的压实。然后再用机械冲击夯按顺序进行夯打。夯打后的压实量应降低在 35%～40%（密实度 >85%），达到压实量后，再用平板振实机整平。

（7）按以上方法完成合计 40cm 的压实厚度。

（8）覆盖遮挡物采取湿水养护 7 天以上后，再进行上面作业。

4.2 灰土抗渗工艺

4.2.1 准备工作

过筛后的旧土、建筑砂、熟或半熟石灰粉、TG-Ⅱ土质固化剂、亚克立乳液。

4.2.2 工艺步骤

(1) 根据夯筑的面积计算用量，夯筑的实厚度为 30cm。凝固后的抗压强度应≥5MPa，饱和吸水率≤10%。

(2) 将石灰粉（熟或半熟）与固化剂（Ⅱ型）进行干混成混合灰料；比例为 2：1，干混的翻拌次数应在三遍以上（有条件的话，可用干粉混拌机进行）。

(3) 将过筛后的旧土与混合灰料进行干混拌，比例为 0.7：0.3，干混的翻拌次数应在三遍以上。

(4) 将亚克力乳液用清水进行稀释，比例为 6：1。

(5) 将混合均匀的灰土用稀释液进行湿混拌，水灰比应控制在 12%～14% 之间。如天气过于热燥，考虑适当遮挡。

(6) 将湿混拌后的混合料，摊铺在作业面的模板内，虚铺量高度一次不得大于 25cm。虚铺水平，应以原排水坡度为依据。

(7) 在虚铺好的土层上先用平板振实机进行 2～3 遍的压实。然后再用机械冲击夯按顺序进行夯打。夯打后的压实量应降低 35%～40%（密实度＞85%），达到压实量后，再用平板振实机整平。

(8) 按以上方法完成合计 300mm 的压实厚度。

(9) 覆盖遮挡物采取湿水养护 7 天以上后，再进行上面作业。

4.3 海墁铺设工艺

4.3.1 准备工作

(1) 按规定达标的青砖。

(2) 砌筑采用混合土浆。土浆材料为黄土：建筑砂：固化剂（Ⅰ型）；比例为 1：1：20。混合的水灰比为 20%～30%。

4.3.2 工艺步骤

(1) 海墁砖为二层，按传统做法进行铺砌。

(2) 在养护 7 天后的灰土抗渗层上砌筑海墁砖，铺砌前将作业面、砖体用水润湿，砌筑形式按传统方法相互咬碴，灌缝用混合灰浆进行。

(3) 在砌筑底层海墁砖时，与外侧挡马墙，内侧女儿墙形成整体衔接。

(4) 顶面层的排水坡度为 1.5%，由海墁层纵向的中间部位流向垂直排水通道。

(5) 在水口做法中，要注意因找坡因素海墁铺筑的递增与递减。海墁层与女儿墙体衔接部位砌筑体不得少于三层。

4.4 散水部位工艺

4.4.1 准备工作

(1) 指城墙外侧散水部位，往下 0.5m 内的改性夯土防渗层。表面铺砌砖体散水。

(2) 过筛后的旧土、建筑中砂、TG-Ⅰ土质材料固化剂、亚克力乳液，城砖。

4.4.2 工艺步骤

(1) 根据所夯筑的面积计算用量，改性夯土实厚度为 400mm。凝固后的抗压强度应≥5MPa，饱和吸水率≤10％。

(2) 将石灰粉（熟或半熟）与固化剂（Ⅱ型）进行干混成混合灰料；比例为 2：1，干混的翻拌次数应在三遍以上（有条件的话，可用干粉混拌机进行）。

(3) 将过筛后的旧土与混合灰料进行干混拌，比例为 0.7：0.3，干混的翻拌次数应在三遍以上。

(4) 将亚克力乳液用清水进行稀释，比例为 6：1。

(5) 将均匀的混合料与稀释水进行湿混拌，水灰比应控制在 11％～13％之间。如天气过于燥热，应考虑适当遮挡。

(6) 将湿混拌后的混合料，摊铺在作业面的模板内，虚铺量高度一次不得大于≤25cm。虚铺水平高度应以原排水坡度为依据。

(7) 在虚铺好的土层上先用平板振实机进行 2～3 遍的压实。然后再用机械冲击夯按顺序进行夯打。夯打后的压实量应降低在 35％～40％（密实度＞85％），达到压实量后，再用平板振实机整平。

(8) 按以上方法完成合计 500mm 的压实厚度。

(9) 覆盖遮挡物采取湿水养护 7 天以上后，再进行上面作业。

(10) 散水砖为一层，按传统做法进行铺砌。

(11) 砌筑采用混合土浆，砌筑土浆的材料为黄土：建筑砂：固化剂（Ⅰ型）；比例为（1：1）：25。混合的水灰比为 20％～30％。

(12) 在养护 7 天后的夯土抗渗层上砌筑散水砖，铺砌前将作业面、砖体用水润湿，砌筑形式按传统方法相互咬碴。

(13) 散水的坡度为 2％，由墙根处向散水外侧排放。

4.5 施工注意事项

(1) 在进行每次的夯土作业之前，应注意气候的变化，如过于燥热，应在工作面上适当洒水。

(2) 每层之间的夯土作业最好连续完成，如当天完不成，间隔时间，不得超过 12 小时。

(3) 在夯土层的养护期间，要进行遮挡，防止水分蒸发过快，必要时每天早、晚各洒水一遍。

5 结论

2011 年 11 月 25 日，山西省文物局与平遥县文物局组织 2007 年参加平遥古城城墙结构加固实验的相关单位，对平遥城墙实验段进行回访调查。检验实验部位经过四年自然环境的实际考验，是否达到当初的预期效果，验证加固结果。考察检验采取在实验部位随机抽取点位，打开隐蔽外层，露出实验部位，对实验材料进行表面观察和触探检查，检验实验效果，确认施工工艺和材料配方；条件许可的可进行实验室检测。考察检验的原则是在保证真实性、典型性的前提下，尽可能打开较小的部位，以保证对遗址最小的扰动。

经山西省文物局与平遥县文物局有关领导和中国文化遗产研究院专家的认可，对我公司在成墙试验段顶部的海墁砖下的夯筑灰土层的加固效果进行了检查。

在打开海墁砖后，观察砌筑浆层固化较好，砌筑灰浆具有一定的含水率。在敲掉砌筑层观察夯筑灰土部分，夯筑灰土层具有一定的含水率（估计在 $5\% \sim 8\%$），低于砌筑灰浆部分；夯筑灰土具有相当的强度（不低于 C20），样块中石灰颗粒均匀、明显。经观察满足作为基础层的强度与防水抗渗效果，达到预期旧土重新使用的目的。

相关单位在组织回访检查会议，对此次回访检查进行总结，会议一致认为 2007 年的实验达到了预期目的，工艺及配方合理，效果显著。

平遥古城城墙结构固化加固和防水抗渗的技术的实施对于此类工程维修加固具有指导和借鉴作用。

参考文献

[1] 平遥古城城墙勘察与病害评估报告. 中冶集团建筑研究总院、总装备部工程设计研究总院内部资料，2006 年
[2] 平遥城墙顶部结构计算报告. 东南大学建筑设计研究院内部资料，2006 年
[3] 平遥城墙散水基础结构计算. 东南大学建筑设计研究院内部资料，2006 年

地下室顶板自防水方法

曹立新　蔡九德　邓庆洪

（杭州力顿新型建材有限公司，杭州，310000）

摘　要：本文介绍地下室顶板刚性防水方法，强调解决混凝土泌水和塑性收缩是消除裂纹的主要方法。

关键词：结构自防水　膨胀剂　泌水　塑性收缩

Self-Waterproofing Method of Basement Roof

Cao Lixin　Cai Jiude　Deng Qinghong

（Hangzhou Lidun New Building Materials Co，.ltd，Hang Zhou，310000）

Abstract：Rigid waterproofing method were introduced in this article，which emphasize that to solve the problem of bleeding and plastic shrinkage was the primary way to eliminate the crack of concrete.

Key Word：self-waterproofing, expansive agent, bleeding, plastic shrinkage

1　前言

本文讨论钢筋混凝土现浇地下室顶板的防水方法。地下室顶板上部覆土种植，长期处于潮湿有水的环境，必须保证其不裂不渗，否则将严重影响地下室的正常使用，甚至不能使用。目前国内此类顶板混凝土浇筑后出现裂纹的工程较多，完全没有裂纹的工程很少。由于顶板厚度较小（一般只有 120~250mm，少数厚度有 350mm），因此裂纹大部分是贯穿的，渗水的。

为保证地下室的正常使用，顶板上部（迎水面）普遍需要做一道柔性防水层。柔性防水材料易老化，寿命一般 15 年左右，远小于结构寿命（50~100 年）。此外，植物根系的穿刺作用也时刻威胁着柔性防水层，柔性防水的局限性是很明显的。

如果混凝土顶板能够完全消除裂纹或者只出现几条裂纹，经过修补后不渗水，覆土后混凝土顶板处于恒温、恒湿环境，体积稳定，防水寿命与结构相同，完全可以省去柔性防水层。

［作者简介］曹立新，杭州力顿新型建材有限公司技术总监，杭州市西湖区古翠路 76 号秦泰大厦 1103 室，310013，电话：0571-85819449，邮箱：lidungood@163. com

2 混凝土板渗水原因及解决办法

2.1 渗水原因

混凝土渗漏多数是由混凝土水分蒸发引起混凝土收缩从而产生裂缝引起的。从混凝土浇筑时开始水分就在蒸发，硬化后水分继续蒸发。所以，混凝土的收缩从浇筑时开始，硬化后继续进行。硬化前的收缩叫塑性收缩，一般伴有泌水和竖向沉降现象；硬化后的收缩叫刚性收缩，一般伴有水平方向尺寸减小和裂纹产生。

2.2 减小收缩的方法

目前最流行的解决方法是在普通混凝土中掺入 8‰～12‰ 的膨胀剂，补偿混凝土的收缩，使其收缩减小一半以上，甚至产生微膨胀，同时提高混凝土的密实度，使其不裂不渗。这种混凝土自身防水性能好，寿命长，不需要再做外防水层（柔性防水层）。

此技术在全国应用中成功的案例不少，失败的案例也比较多，有些工程甚至出现用了膨胀剂后裂纹比不用还多，导致国内一些专家、学术机构公开反对使用膨胀剂。

2.3 收缩与膨胀的关系

掺膨胀剂的混凝土开裂主要原因不是膨胀剂没有补偿收缩的效果，而是膨胀与收缩不同步，膨胀率也偏小。膨胀剂 3 天才有明显膨胀，7 天膨胀达到最大。混凝土的收缩从浇捣后 1～2 小时就开始了，塑性阶段已有收缩（泌水引起沉缩，水分蒸发引起水平方向干缩），硬化后因各种因素影响，继续收缩。它能使混凝土浇筑后 1 天内产生裂纹，此时膨胀剂还未产生有效膨胀，不能补偿收缩。解决的方法有两个，一是研制新型膨胀剂，使膨胀率增大，膨胀时间提前；二是加强振捣和人工抹压。

2.4 新型膨胀剂

HCSA 膨胀剂搅拌后 10～15 小时开始膨胀，3 天达到最大膨胀（5×10^{-4}）。它能够有效补偿混凝土的早期收缩，已在一些工程上成功应用。因产量低，还不普及。

2.5 多次振捣和人工抹压施工方法

多次振捣和多次人工抹压是消除塑性收缩的有效方法。此法可以将混凝土内多余的水分赶出来并蒸发出去，人为降低了水胶比，减少了收缩；同时人工抹压还提高了混凝土的密实度，封堵泌水孔道，提高了抗渗能力。具体做法是：顶板混凝土第一次振捣后间隔 1～2 小时（以表面泌水蒸干为准），进行第二次振捣，此时必须使用平板振捣器，振捣后表面重新变得湿润多水；待表面蒸干无水，进行人工抹压，表面又重新湿润；如此反复，直到抹不出水来。接近终凝时，抹压可以使用钢抹子，最后一遍抹压完，立即覆盖塑料薄膜，24 小时后开始淋水养护，夏季至少湿养护 7 天。

如果顶板混凝土振捣二遍，人工抹压一遍，也会有明显降低塑性收缩的效果，但是不能保证混凝土硬化后没有裂纹。如果只振捣一遍，没有人工抹压，也不盖塑料薄膜，混凝土水平方向的收缩很明显，裂纹会比较宽，数量也较多。

减小板筋间距，减小水胶比都可以提高混凝土的抗裂性能，但是没有多次振捣和人工抹压效果明显。它们可以同时使用，抗裂效果更佳。

2.6 错误的浇筑方法

混凝土只进行一次振捣，然后立即覆盖薄膜。此法应用很普遍，其思想是：尽早封闭混凝土，使其不失水，混凝土也就不会收缩，不会产生裂纹。实际上，混凝土中的泌水无法挥发出去，只能被自身重新吸收，泌水孔道原封不动地保留下来，相互串联，形成树枝状或沿着钢筋走向分布的孔道，待混凝土硬化后就形成了树枝状或者沿着钢筋走向分布的裂纹。

2.7 泌水定义

清水由混凝土内部析出，浮在表面。它表示混凝土拌合用水量过大，或者混凝土配合比不佳，保水性不好。这是产生收缩、开裂和渗水的主要原因之一。

2.8 成功案例

（1）天津翔宇广场：该工程位于南开中学门前。地下室顶板长 210m，宽 150m，厚 0.35m，C40/P8 泵送商混，夏季浇筑。使用 HE 型膨胀剂，连续浇筑，多次抹压，终凝后立即覆盖草袋并淋水养护 14 天。不做外防水，顶板上覆土绿化。天津三建施工，2006 投入使用，至今不裂不渗。

（2）深圳体育场看台：该工程位于深圳市上步北路。共有 12 观看区，每个区的防水面积 4000m²，板厚仅 80mm，混凝土强度 C30/P6，看台下是运动员训练房。混凝土中掺 10%UEA 膨胀剂，现场搅拌，泵送入模。采用结构自防水，不做外防水，防水总面积超过 50000m²。先在一个观看区采用随浇筑随抹光工艺，直到终凝，然后立即覆盖麻袋淋水。14 天后多方人员一起观察无任何裂纹，随即余下的 11 区全部采用此法浇筑。1992 年由华西建筑集团深圳公司施工。

2.9 失败案例

云水华庭：该工程位于天津市水上东路，2011 年夏季顶板混凝土浇筑完毕。地下室顶板长 100m，宽 100m，厚度 0.3m，C30/P6，混凝土中掺入 10%膨胀剂，采用商品混凝土，泵送入模。顶板内侧涂刷水泥基渗透结晶型防水涂料，顶板上部覆土种植。顶板混凝土振捣后立即覆盖塑料薄膜，薄膜下有明显泌水，终凝后淋水养护 14 天。一个月后拆除顶板模板，发现大量细小裂纹，成树枝状分布，也有的顺着钢筋走向分布。随后在顶板内侧（背水面）涂刷水泥基渗透结晶防水涂料，厚度 1.5mm，几天后下大雨，几乎所有裂纹处都渗水，见图 1。

图 1　云水华庭顶板裂纹附图

3 新思路

桥梁预应力混凝土中，预应力筋孔道需要使用压浆剂填充，它的塑性收缩几乎为零，其抗收缩方法可以借鉴。在水泥＋水＋减水剂的体系中加入防沉剂，使泌水率降到1％，甚至降到0。同时，缩短凝结时间，使泌水没有机会产生。防沉剂一般为纤维素醚，它和聚羧酸减水剂可以共同使用，有效减缓骨料的下沉速度，提高浆体的均质性；同时它还具有保水性能，降低水的蒸发速度，即使不淋水，浆体也能硬化，不会粉化。纤维素醚有很多品种，主要技术参数是黏度，从300到200000mPa.s，只有黏度在300～500范围的可以作为抗沉剂，化学代号是HPMC。

预应力孔道压浆剂标准中除了零泌水率要求外，还提出了3小时自由膨胀率0～2％的要求。此技术如果能应用到防水混凝土中，收缩和膨胀会完全同步，塑性收缩可以完全消除，这不仅解决了顶板抗裂问题，而且能解决侧墙普遍开裂问题。

图2是加入防沉剂和未加入防沉剂的水泥净浆，在流动度相同的情况下的泌水情况：

图中玻璃管的高度是50cm，净浆流动度大于330mm。图2（a）是加入防沉剂的浆体，硬化后液面只下降1～2mm。图2（b）是未加入防沉剂的浆体，硬化前泌水深度达到50mm以上（用水量较前者少25％），硬化后，表面降了65mm。防沉剂的用量一般是水泥量的0.5‰～1.0‰，它

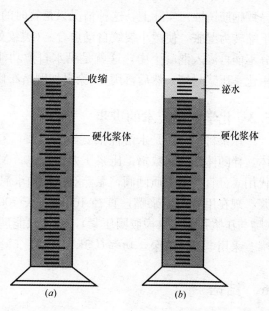

图2　水泥净浆泌水对比图

可以保持混凝土的流动度长时间不变化，有利于混凝土泵送。图2说明单独使用减水剂虽然减少了25％的用水量，仍然不能解决泌水和收缩问题。

4　云水华庭修补方法（从顶板下部修补渗漏点）

该地下室顶板修补时上部堆放大量施工材料，没有工作面，修补工作只能从下面（背水面）进行。雨停后暂时不渗漏的裂纹直接涂刷JS防水涂料，厚度2mm，用网格布加强。JS选用Ⅲ型，其延伸率在30％左右，粘结强度大于1.0MPa，可以在潮湿的基面上施工，顶面上继续施工引起的振动不会使JS防水层开裂；水的重力也不能使其下弯，形成水袋。JS的固化时间在2小时以内。长时间有水渗漏的裂纹（顶板上部有积水），先用堵漏王封堵或者用化学灌浆法止水，然后再用JS-Ⅲ防水涂料加网格布修补。

5　修补说明

5.1　快干型JS防水涂料

在潮湿阴暗环境下，二小时内固化的JS涂料是我公司自行配制的，目的是让JS涂料尽快具有止水能力。云水华庭地下室顶板修补后经历了4场大雨，再无渗水点，随后覆土。

5.2　修补可靠性

修补顶板下部裂纹，上部不修补，理论上渗水仍然可以顺着裂纹到达混凝土全断面，导致钢筋锈蚀。实际上，这种情况只是暂时的。覆土后顶板长期处于潮湿环境，混凝土由干缩转为湿胀，使微小裂纹自动愈合。（裂纹处的钙矾石见水会继续生长，填实裂纹，水分不能再渗入混凝土中，这就是见水自愈功能）。宽度大于0.5mm的裂纹无法自愈，先用化学压浆封堵，然后再用JS涂料加网格布修补。

5.3　化学压浆技术的进步

压浆材料仍然是水溶性聚氨酯或丙凝，它们压注前是液体，压注后遇水变成弹性胶体，伴随体积膨胀数倍。压浆压力0.3～0.5MPa。压浆设备有了很大改进。压浆嘴90年代用4分直径的铜质闸阀，靠熟石膏粉加水泥固定；阀与压浆管靠铁丝绑扎，用手压泵压浆。现在用专用压浆嘴，直径10mm，长100～150mm，内含单向阀门，固定只需拧紧（嘴与压浆孔之间靠橡胶圈压紧），液体只能进不能出，浆液凝固后可以反向旋转拆除压浆嘴。采用电动压浆泵，功率0.5kW，重量5kg，搬运操作方便。

6　结语

（1）地下室顶板混凝土浇筑时采用多次振捣和多次人工抹压完全可以消除塑性收缩；硬化后淋水养护7～14天，混凝土完全可以不裂不渗，不需做外防水层。

（2）泌水引起混凝土分层，形成竖向孔道；水分蒸发产生塑性收缩，使泌水孔道变成渗水点或裂纹。此时，膨胀剂尚未膨胀，无法避免裂纹产生。移植预应力孔道压浆剂技术，添加防沉剂消除泌水，使水泥浆体不分层，提高均质性和稳定性。同时，混凝土内部水分不易蒸发，塑性收缩不易发生。混凝土不需要多次振捣及多次人工抹压，简化施工工艺。应当进一步研究此技术在防水混凝土中的应用方法。

（3）混凝土振捣后，绝不可以立即覆盖塑料薄膜。此法100%引起混凝土开裂，特别是泌水较多的时候，必须先处理泌水。

（4）利用JS-Ⅲ型防水涂料从顶板下面（背水面）修补渗水裂纹是可行的，既可以立即止水，又可以利用膨胀剂混凝土的自愈能力，使裂纹在覆土后最终闭合，防水层不需要做保护层，简化施工工艺。如果裂纹的迎水面和背水面都进行修补，防渗效果更加可靠。

（5）现在的压浆技术比90年代进步很大，操作大为简化。局部裂纹经压浆修补后可以保持长期不渗水，它与 JS 涂料一起成为结构自防水技术的重要补充手段。

参考文献

[1] JGJ/T 178—2008《补偿收缩混凝土应用技术规程》
[2] JGT/F 50—2011《公路桥涵技术规范》
[3] GB/T 23445—2009《聚合物水泥防水涂料》

外墙刚性材料对渗漏水的影响

胡 骏

杭州金汤建筑防水有限公司

摘　要：造成建筑外墙渗漏水的因素很多，而针对外墙渗漏水的有效防水措施却很少，这与我们对造成外墙渗漏水原因和机理的研究还不够深入有关。本文运用力学方法，分析了材料收缩、弹性模量和线胀系数与开裂的关系等问题，同时就这些问题提出了初步建议。防水工程学有很多问题可以采用力学方法进行定量的分析，虽然不一定与实际情况完全一致，但可以得出定性分析结论，以正确引导工程应用，为建筑外墙防水设计提供了理论依据。

关键词：外墙渗漏　水泥砂浆层　裂缝

Exterior Wall rigid materials
effect on water leakage

Hu Jun

（Hangzhou Kingbird Construction Waterproof Co. Ltd）

Abstract：Water leakage through the exterior wall of building is the unexpected results derived from many factors. However, there is few effective measure to change such negative circumstance because of the few knowledge on the sound reasons and mechanism related to leakage till now. This paper analyzes the relationship between material shrinkage, elastic modulus, linear expansion coefficient and cracking by methods of mechanics, meanwhile proposes suggestions on these problems. Mechanics methods can be used to do quantitative analysis concerning problems of waterproof engineering. Although the results may not necessarily consistent with the actual situation, qualitative conclusions can be drawn to correctly guide engineering application and provide theoretical basis for exterior waterproof design.

Key Words：leakage of exterior wall，mortar layer of the cement，crack

　　造成外墙渗漏水的原因很多，不同的外墙形式、结构形式、饰面材料、墙体构造、门窗构件布置，都会影响到外墙防水性能。外墙从结构到饰面一般以刚性无机材料为主，无机材料具有比有机材料更好的受力性能和耐久性，同时无机材料也存在着温差变形开裂、吸水率高等问题。分析这些刚性无机材料的力学性能与防水的关系，是解决外墙渗漏水的重要理论依据。本文就外墙刚性材料对渗漏水的影响进行分析，由于外墙体系所涉及的材料很多，在此仅对部分材料进行分析。

[作者简介] 胡骏，男，1963 年出生，教授级高级工程师，地址：杭州凤起东路 78 号 5F 310020，电话：13306520669

1 砂浆的收缩变形及减少收缩方法探讨

1.1 砂浆的收缩

建筑物的外墙通常有水泥砂浆层，其不仅是使建筑表面平整的需要，也是提高建筑物耐久性和起到墙体防止雨水浸入的重要构造层次。砂浆出现宏观裂缝的原因多种多样，通常是因为砂浆发生体积变化时受到约束，或因受到荷载作用时，在砂浆内部引起过大拉应力（或拉应变）而产生裂缝。裂缝按其产生的时间可分为砂浆硬化之前产生的塑性裂缝和硬化之后产生的裂缝。

1.2 砂浆的塑性收缩

塑性收缩发生在砂浆终凝之前。砂浆凝缩导致骨料受压、水泥胶结体受拉，故其既可使水泥石与骨料结合紧密，又可能使水泥砂浆产生裂缝。凝缩量与砂浆的组成材料有关，砂浆拌合物的凝缩随用水量及胶凝材料用量的减小而减小。另外，砂浆表面因蒸发失水或因基底干燥吸水引起的失水，均能增加砂浆的凝缩，并且可能导致砂浆的表面开裂。

由于塑性收缩检测比较困难，影响因素较多，试验数据离差较大，尚无统一的检测标准。图1是普通砂浆在4h内的塑性收缩变形情况，试件在初凝到终凝期间收缩量最大。多项学术研究报告显示和实际情况证实，砂浆在终凝前的收缩量占总收缩量的75%左右，见图3。

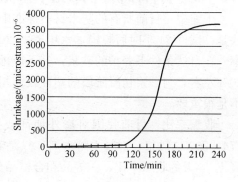

图1 水泥砂浆0～4h 的塑性收缩变化

1.3 砂浆的后期收缩

硬化之后砂浆的收缩变形主要是干燥收缩变形，其他有自生收缩变形、冷缩变形、碳化收缩等。这次变形中干缩变形是主要的，自变形只有干缩变形的1/10左右。干缩是一个长期的过程，可能在10年以后还会观察到。在这个阶段中，早期（四周～五周内）收缩量较大，占后期收缩量的60%～70%，见图2、图3。

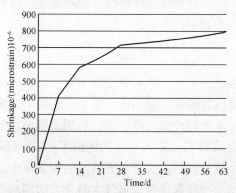

图2 水泥砂浆标养1～63d收缩变化

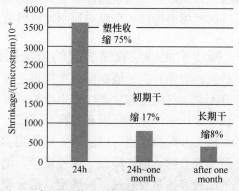

图3 水泥砂浆收缩速率变化典型阶段比较

1.4　砂浆收缩对砌体的影响及改善措施

框架结构的砌体墙主要起围护填充作用，砌体与混凝土梁、柱间的接缝经常有明显的开裂现象，除了砌筑砂浆的压缩变形外，砂浆的收缩也是主要原因之一。以烧结多孔砖为例，砖块规格是 240mm×115mm×90mm，层高 3m 的住宅砌体高度约 2.75m，按规范要求，用 M5 砂浆砌筑，灰缝厚度 10mm。自然条件下砂浆收缩及砌体压缩变形，取综合变形率 ε 为 0.3%，变形量 ΔL 计算如下：

$$\Delta L = L \times \varepsilon = (2.75 \times 1000) \div 90 \times 10 \times 0.3\% = 0.9mm$$

0.9mm 的裂缝已是比较宽了，但在实际工程中，通过优化操作工艺，和其他措施，裂缝并没有很大。其中以下几项措施是必须保证的：①砌体不得一次砌很高，每日砌筑高度不宜超过 1.2m；②在保持砌体平整和砌体块间不通缝的前提下，水平灰缝的厚度要尽量减薄，宜为 0.8mm 或更薄，从而减少砌体收缩量；③施工前湿润砌块、在砂浆中掺入保水性材料，以减少早期收缩；④砌体与混凝土还存在温差变形差异，在接缝处应增设镀锌钢丝网或其他抗拉措施，采用优化施工工艺和技术措施，综合改进砌体裂缝对饰面层影响。

1.5　关于材料标准中的收缩率和收缩率比的问题

干缩率：目前所有的防水材料标准中，有关收缩率的指标只表示早期干收缩。检测方法是：试件 24 小时后脱模，水中养护 2d 测初始值，再在养护箱中养护至 28d 测定干缩率。在自然条件下养护的砂浆，其干收缩率要大 20% 左右。干缩率只占砂浆全部收缩的 20% 左右，与砂浆初凝阶段的塑性收缩相比，标准中的收缩率对评定砂浆的开裂性能显得不是很重要。

收缩率比：目前我国对掺外加剂或掺合料的普通防水砂浆没有一个统一标准，JC 474—2008《砂浆、混凝土防水剂》只是对防水剂的一个质量评定标准。其中，砂浆、混凝土 28 天的收缩率比，一等品和合格品分别是 125% 和 135%。也就是掺了防水剂的砂浆和混凝土干缩率要比不掺的允许大 25%～35%，这是相对很大的比率。但从总收缩量计算，增加 35% 只占塑性收缩＋初期干缩 92% 中的 5.6%，即实际总收缩比例不大，这可能是大家对防水砂浆收缩率增大并未引起重视的原因。

对于工程运用，砂浆收缩率应包括全过程的收缩，由于干缩率没有全面反映砂浆收缩实际情况，所以，干缩率指标对砂浆实际工程运用的开裂性能评价没有指导意义，防水材料标准的收缩率指标，会影响对刚性材料收缩率的真实判断。

1.6　减少水泥砂浆收缩裂缝的方法探讨

砂浆的收缩开裂是墙面渗漏水的最主要原因之一，解决砂浆开裂除了对砂浆正确保养和避开不利天气施工等常规注意事项外，可以从改善砂浆性能和优化施工工艺两个方面考虑。掺一定比例的化学纤维和掺高分子聚合物是效果较好的两种方法。利用无机添加剂改变砂浆成分和配合比也可以起到一定作用。据有关研究，掺入一定比例的 EVA、SBR 或丙烯酸类聚合物，由于降低了弹性模量，增加了抗折性能，裂缝开展的量会明显减少。聚合物的品种和掺量要通过试验确定，部分聚合物品种或聚合物掺量过大时，会增加水泥砂浆的塑性收缩和干缩率。在砂浆中掺入 0.7～0.9kg/m³ 左右的聚丙纤维 PP，可降低塑性

收缩达 $30\% \sim 60\%$。

除了对砂浆进行改性达到降低收缩率的方法外，优化施工工艺也是一个重要的方面，初凝前二次收水抹面和多遍抹灰工艺可以有效地减少砂浆的收缩裂缝，增加砂浆的密实性。在砂浆终凝前，失水收缩、化学收缩、低温收缩已完成大部分，但还处于塑性状态，此时对砂浆进行二次收水抹面，通过施压和扰动，可修复已开展的细裂缝，增加砂浆的密实性。一次性抹厚度不应过大，应采用多遍抹灰的工艺，利用第 2 遍砂浆的抹压过程，将第 1 遍砂浆层收缩裂缝进行填补。如果分 3 遍抹灰，前 2 遍的裂缝可得到有效的弥补，使整个砂浆层不会形成贯穿性裂缝，从而阻止了雨水的浸入。据以上对砂浆的收缩时间分析，第 2 遍与第 1 遍砂浆施工的时间间隔尽可能要长一点，如能间隔四周以上，将对整个砂浆层减少贯穿裂缝起到十分好的效果。

2 砂浆的弹性模量与开裂

砂浆的收缩不等于开裂，影响砂浆的开裂因素十分复杂，基层粘结力的约束和砂浆的弹性模量是最主要的影响因素。砂浆的弹性模量随着强度的增长而增长，4 周后随着强度增长趋缓而稳定。28d 普通水泥砂浆的弹性模量高达 22GPa 以上，在砂浆中掺入高分子聚合物材料，砂浆的弹性模量会明显下降，根据掺入材料的类型与掺量不同，通常可下降 40% 以上。表 1 中聚合物砂浆数据摘自西安建筑科技大学学术报告，水泥砂浆数据摘自水利部西北水利科学研究所学术报告。

砂浆抗拉强度与弹性模量 表 1

试样	龄期（d）	抗压强度（MPa）	抗拉强度（MPa）	弹性模量（GPa）
聚合物砂浆（水泥重量的 0.5% 胶粉）	3	6.8	1.3	
	7	15.8	3.0	13.6
	28	22.6	4.3	20.2
1：2 水泥砂浆	28	22.1	1.4	23.2

砂浆抗裂性能的评价用收缩试验法，通过弹性模量定律计算。对 28 天龄期的聚合物砂浆与普通水泥砂浆每米允许收缩量进行比较。由于实际砂浆是受基层粘结力约束，计算中约束度取值为 $R=0.5$，计算长度 $L=1$m。

$$E = \frac{\sigma}{\varepsilon} = \frac{f_1}{\varepsilon_f}$$

式中　E——砂浆弹性模量，MPa；

　　　σ——应力，MPa；

　　　ε——应变；

　　　f_1——砂浆抗拉强度，MPa；

　　　ε_f——砂浆拉应变，$\varepsilon_f = \Delta L/L$

聚合物砂浆每 1m 允许变形 ΔL_1：

$$\Delta L_1 = \frac{(f_1 \times L)}{(R \times E)} = \frac{4.3 \times 10^6 \times 1}{0.5 \times 20.2 \times 10^9} = 0.00043\text{m} = 0.43\text{mm}$$

普通水泥砂浆每 1m 允许变形 ΔL_2：

$$\Delta L_2 = \frac{(f_1 \times L)}{(R \times E)} = \frac{1.4 \times 10^6 \times 1}{0.5 \times 23 \times 10^9} = 0.00012\text{m} = 0.12\text{mm}$$

由于聚合物砂浆的弹性模量降低，同时抗拉强度提高，每米允许变形量相比普通砂浆要提高 3 倍多。以上计算并非精确计算，但反映了聚合物砂浆具有更好的抗开裂能力。

3 墙体表面材料温差变形与防水

很多地区外墙面夏季高温与冬季严寒之间的温差高达 70℃ 以上，因此墙体表面材料承受着最严酷的气候变化及化学、紫外线等破坏影响。通常材料的抗压强度远大于抗拉强度，工程中较少发现表面材料受热膨胀破坏的现象，相反降温造成的收缩裂缝比较普遍。我们以外墙施工期间的气温为平衡温度，计算用极限温差为 50℃，对砂浆面层与陶瓷砖面层进行温差变形差异分析。

3.1 砂浆墙面

外墙墙面有很多饰面形式，水泥砂浆可以直接施工在砖砌体或钢筋混凝土墙体上，更多的施工在墙体保温材料外面。不同的基层对砂浆的约束度不同，砂浆与基层材料的线膨胀系数也不一致，以至温度变化时砂浆与相关层材料的共同作用效应也不相同。

砂浆直接抹在砖砌体、钢筋混凝土结构、无机保温砂浆上，砂浆与这些材料承受相同的气候温降。根据线膨胀系数定义，分别计算两种材料间的同温降变形差异，见表 2。

$$\alpha = \frac{\Delta L}{\Delta T \times L_0}$$

式中　α——线胀系数，℃$^{-1}$；

　　　ΔT——温差值，取 50℃；

　　　ΔL——变形量，mm；

　　　L_0——初始长度，取 1000mm。

砂浆与砖砌体、钢筋混凝土变形差（mm）　　　　　　　表 2

材料名称	线胀系数（℃$^{-1}$）	ΔL（mm）	与水泥砂浆的变形差
水泥砂浆	0.9×10^{-5}	0.45	
砖砌体	0.7×10^{-5}	0.35	0.10
钢筋混凝土	1.6×10^{-5}	0.80	0.35
无机保温砂浆	1.2×10^{-5}	0.60	0.15

从表 2 可以看出，砂浆与砖砌体的线胀系数较为接近，温差变形时差异比较小，而砂浆与钢筋混凝土的温差变形差异较大。在暴露的室外，钢筋混凝土面上直接抹砂浆，比在砖砌体上更容易受温差变形而开裂或剥落。通过砂浆的弹性模量可以算出相应温差的拉应力，如果超出砂浆的抗拉强度势必会产生开裂。同时可以通过砂浆的剪切弹性模量和砂浆与混凝土面的粘结强度，判断砂浆是否可能与混凝土基面脱开起壳。

3.2 陶瓷砖墙面

很多人认为，陶瓷砖墙面渗漏水在很大程度上是由于墙面的温差变形在两块陶瓷砖的接缝处产生微裂缝，导致雨水进入墙体。其实通过以下分析可以看到陶瓷砖墙面的温差收缩量是很小的，相当于普通水泥砂浆墙面的一半。陶瓷砖的线胀系数约为 $3.5\sim7\times10^{-6}℃^{-1}$，假定连续 10m 长墙面，陶瓷砖规格为 $145\times55mm$，拼缝间距 5mm，降温 50℃的自由收缩量为：

$$\Delta L = \Delta T \times L \times \alpha = 50 \times 10000 \times 5 \times 10^{-6} = 2.5mm$$

两块陶瓷砖长向接缝间的收缩量 ΔL_l 约为：$\Delta L_l = 2.5/(10000/145) \approx 0.04mm$

短向接缝间的收缩量 ΔL_s 约为：$\Delta L_s = 2.5/(10000/55) \approx 0.001mm$

由于陶瓷砖的线胀系数小，块体均匀分布在墙面上，有效地将温差应力进行了分散，阻止了较大裂缝的发生。因此，可以认为温差收缩不是陶瓷砖墙面渗漏水的主要原因。

4 总结

本文采用力学分析方法，探讨分析了外墙刚性材料对渗漏水的影响，并提出了相关问题的初步解决方案。

（1）水泥砂浆及聚合物水泥防水砂浆的塑性收缩占到了整个材料收缩的 70% 以上。通过在砂浆中掺入适量的高分子聚合物、聚丙烯纤维等方法，可以有效地降低塑性收缩和长期收缩。终凝前二次收水抹面和砂浆多遍分层施工工艺，是一种经济有效的减少塑性收缩裂缝的好方法。

（2）聚合物水泥防水砂浆标准中的收缩率指标和防水剂标准中的收缩率比，属于砂浆的早期干缩，只占收缩总量的 17% 左右，对砂浆真实收缩率状况评价没有指导意义。

（3）砌体也存在因砌筑砂浆收缩使墙体开裂的情况，控制每天砌筑高度、减少灰缝厚度、采取砂浆保水措施是控制裂缝开展的主要方法。必要时，可采取在砌体与混凝土结构交接处设置钢丝网片等措施。

（4）由于线膨胀系数的差异，水泥砂浆与墙体结构、保温材料等相关层的粘结面会产生剪切应力。线膨胀系数差异较大的两种材料粘结在一起时，在气温变化过程中，容易发生空鼓、剥落现象。

（5）陶瓷砖的线性膨胀系数很小，温差变形比水泥砂浆要小许多，同时，小块瓷砖有效地将大平面温度应力进行了分散，因此，由温差引起的开裂会更少，温差变形不是陶瓷砖墙面渗漏的主要原因。

参考文献

[1] 钟世云，王峰，贺鸿珠. 聚合物改性抹面砂浆抗开裂性能的研究 [J]. 上海同济大学，2005

[2] 王宝玉，尚建丽. 抹面抗裂砂浆性能的试验研究 [D]. 西安建筑科技大学，2005

[3] 刘顺发. 聚合物对水泥砂浆及混凝土改性机理分析 [J]. 水利部西北水利科学研究所 1996

[4] 北京住总集团开发中心. 保温墙体裂缝产生机理分析 [R]

[5] 马一平，仇建刚，王培铭. 聚丙烯纤维对水泥砂浆塑性收缩行为的影响 [J]. 建筑材料学报，2005，8（5）：499-507

[6] Brooks J J, Johari M A M. Effect of metakaolin on creep and shrinkage of concrete [J]. Cement & Concrete Composites，2001，23：495-502

水泥基渗透结晶型防水材料及施工工艺探讨

姜洪伟[1]　康根植[2]　姜　哲[2]

（1. 延边朝鲜族自治州建设局 133000；2. 延边健熙防水工程有限公司 133000）

摘　要：文章介绍水泥基渗透结晶型防水材料在混凝土结构、构件中，渗透、形成不被水溶解的枝蔓装结晶体的防水机理，对现行国家标准的解析，在不同建筑防水工程的防水施工中，与其他防水材料，搭配应用方面的，防水施工示意图及方案、施工工艺程序等。

关键词：水泥基渗透结晶型防水材料　防水机理　现行标准的解析　防水施工工艺

Some Discussions on Mechanism and Application Procedure of CCCW Materials

Jiang Hongwei[1]　Kang Genzhi[2]　Jiang Zhe[2]

（1. Construction Administration Bureau of Yanbian Korean Autonomous Region，Jilin 133000；2. Yanbian Jianxi Waterproof Engneering Co. Ltd.，Jilin 133000）

Abstract：The waterproofing mechanism of cementitious capillary crystalline waterproofing materials in concrete structure was discussed firstly. The standard related the material was deciphered consequently. The application procedure upon the different circumstance were discussed finally.

Key Words：cementitious capillary crystalline waterproofing materials，mechanism，deciphering of standard，application procedure

　　水泥基渗透结晶型防水材料（渗晶防水材料），在国内是一种新型建筑防水材料，它具有节约能源、保护环境、对人身体健康无害，生产工艺简单、成本低、施工工艺简便、防水效果长久，应用前景广泛等特点。以往渗晶防水材料由国外几个发达国家生产，国内20 世纪 80 年代开始进口渗晶防水材料，20 世纪 90 年代进口活性材料（母料）配比生产渗晶防水材料。现阶段国内自己开发渗晶防水材料，生产所需的原材料全部国产化研制的厂家甚少，基本都为采购母料，配比生产。

[作者简介] 姜洪伟，延边朝鲜族自治州住房和城乡建设局工程师，地址：吉林省延吉市河南街 088 号 13300，电话：18843333357

本文介绍水泥基渗透结晶型防水材料（涂料）的防水机理、特点，现行国家检测标准的解析及其在建筑防水工程中的防水施工工艺及应用实例。

1 浅析水泥基渗透结晶型防水材的防水机理

（1）混凝土表面有着多孔性的结构，当水性溶液与其接触后，毛细作用、表面吸收及渗透三个过程同时发生。其中，毛细作用与表面吸收在短的时间内完成，并达到几个毫米的深度。离子渗透过程主要是发生在上述过程基本完成后或之同时进行，但相对的渗透速度要慢得多。当然何种过程起主导作用与混凝土的配合比及施工质量密切相关。

（2）在表面浸润及吸收的同时，水泥基渗透结晶活性化合物的水化产物及络合离子开始了向混凝土内部渗透的过程。络合物在初期浓度较高，并与毛细孔溶液中的钙离子发生络合反应，生成在水中稳定的络合物，并向毛细孔内部渗透，SiO_3^{2-} 离子的离子渗透系数 Kd 值基本不变。

（3）Ca^{2+} 浓度由于络合离子的减少而升高，体系中络合物浓度升高，SiO_3^{2-} 离子浓度升高，并与 Ca^{2+} 和水发生反应生成 C—S—H，造成毛细孔局部堵塞。此时混凝土中的 SiO_3^{2-} 离子的离子渗透系数 Kd 值变小。

（4）毛细孔中的 C—S—H 生成量增加，溶于水中的络合物 Ca^{2+} 结晶。络合物结晶后，络合离子渐渐被 SiO_3^{2-} 离子置换，生成 C—S—H 凝胶，并同时释放出络合物离子。络合物离子被不断循环使用，生成更多的 C—S—H 结晶，同时在没有水的情况下以水溶性化合物的形态存在于毛细孔中，再次经物理化学反应，生成为不被混凝土外界水溶解的结晶体，使得混凝土的大、小孔隙与微裂缝的封闭，达到长期保持防水的目的。

（5）显微照片浅析。水泥基渗透结晶型防水涂料防水处理过的混凝土，取芯切片处理，图 1 中的显微照片中可见：活性化学物质的渗透、结晶，硅溶物的凝胶，渗透到混凝土毛细孔中的活性物质，只要遇水，它即起物化反应，重新活化、结晶、凝胶，使得混凝土毛细管与微裂缝中填满，生成不被水溶解的枝蔓状结晶体、硅溶胶质（主要化合物为 $Na_2O. nCaO. nSiO_2. nH_2O$，即硅酸钙钠水化物，结晶，再结晶，枝蔓状结晶体），生成的

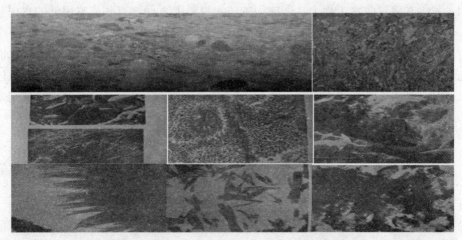

图 1　用水泥基渗透结晶型防水材料，防水处理后的混凝土切片显微照片

结晶体，阻断不同位置、不同方向侵蚀混凝土的液体水路，起到长久防水的效果。

水泥基渗透结晶型防水材料（涂料）以水为载体，渗进混凝土毛细孔中生成大量的 C—S—H，体系中的水分减少，混凝土中的 $SiO_3{}^{2-}$ 离子的渗透系数 K_d 值进一步变小，涂料所含的未曾反应的 $SiO_3{}^{2-}$ 离子、Ca^{2+}、Na^+ 离子与 nH_2O 分子，分布在毛细孔中，渗透与结晶过程完成。当混凝土中水泥石结晶水结构破坏或混凝土出现微裂缝渗水时，毛细孔就会有水渗透，体系中的络合物离子和 $SiO_3{}^{2-}$、Ca^{2+}、Na^+ 离子被激活，并再次溶解于水中，开始进一步的渗透结晶过程，周而复始直至最后所有的 $SiO_3{}^{2-}$ 离子反应生成 C—S—H（主要化合物为 $nNaSi. nNa_2O. nCaO. nSiO_2. nH_2O$，即硅酸钙钠水化物，结晶，再结晶，枝蔓状结晶体）。从宏观上看这个过程是晶体生长过程，但从微观角度上看，不过是一个多种离子溶解并再结晶的过程而已。

2 现行国家标准的解析

（1）水泥基渗透结晶型防水材料（涂料）现行国家标准为 GB 18445—2001《水泥基渗透结晶型防水材料》，是强制性国家标准。标准指标中规定：渗透压力比，（28d），％；抗渗压力，（28d），MPa；抗渗压力，（56d），MPa。测试程序规定：制作相应混凝土抗渗试件（渗透压力 0.4 MPa）的两组，按标准养护后一组涂抹渗晶材料，另一组为基准试件（空白），按有关标准测试后计算涂层混凝土最大抗渗压力与基准混凝土最大抗渗压力比值的百分率为渗晶材料的抗渗压力比％，涂层试件抗渗压力为渗晶材料 28d 抗渗压力值 MPa，第二次抗渗压力系指第一次抗渗试件全部透水后的试件置于水中继续养护 28d（56d），再进行第二次抗渗试验所测得的抗渗压力。GB 18445—2001 中规定抗渗测试标准与水泥基渗透结晶型防水材料的防水机理存在有些问题，水泥基渗透结晶型防水材料的防水机理本文一中讨论过，顾名思义水泥基渗透结晶型防水材料中的活性物质渗透到混凝土毛细孔、裂缝中与水进行物化反应，生成不被水溶解的枝蔓状结晶体，封闭混凝土的水通道达到防水目的，水泥基渗透结晶型防水材料与其他聚合物水泥砂浆、防水砂浆的表面成膜、表面密实防水是防水目的相同，防水机理完全不同的。

（2）我国在建筑防水工程上，能应用的防水材料上百种，有些成本很低的水泥基防水材料，也靠 GB 18445 2001 标准检测，改名为水泥基渗透结晶型防水材料，使得市场混乱，防水质量下降，已使用的建筑物渗漏现象频频发生。这些问题与国家标准《水泥基生透结晶型防水材料》GB 18445—2001 的测试规定、试验标准的缺陷有关。我们做过以下最简单试验，从表1中看出在混凝土截面上粘结、涂抹的防水材料，只要把涂抹层拿掉就失去防水功能。

（3）我们认为 GB 18445—2001 标准应修改部分技术条款：

1）GB 18445—2001 标准 5 技术要求中，5.1 匀质性指标可取消，总碱量（$Na_2O+0.65K_2O$）、细度（0.315mm 筛）的控制指标，对渗透结晶型防水材料的质量和防水功能，没有实际意义，其实生产商在生产过程中也不好控制。

2）GB 18445—2001 标准 6 试验方法中，6.2.8.5 的测试方法第二次抗渗压力试验应改为试件的防水涂层全部干净清除后做抗渗压力试验。

不同防水材料抗渗透水试验表 表1

序	材 料 名 称	渗透压力，28d 0.8MPa	渗透压力，56d 0.8MPa	渗透压力，56d 0.8MPa（注）
1	防水堵漏剂	不透水	不透水	透 水
2	聚合物防水砂浆	不透水	不透水	透 水
3	聚合物水泥防水涂料	不透水	不透水	透 水
4	渗透结晶型防水涂料	不透水	不透水	不透水

注：1. 抗渗试件的基准试件抗渗压力值 0.4MPa；
　　2. 序号 1-4 的试件全部按 GB 18445—2001 中第 6.2.8 条试验；
　　3. 第二次抗渗压力试验是试件制作起 55d 从养护池中捞起，用非金属切割机切磨所有试件的涂层后的抗渗试验。

3）防水材料的测试时间 56d 太长，我国对大部分建筑材料的物理力学强度以 28d 强度为标准值，抗渗压力的测试时间也规定 28d 为好，因为水泥基渗透结晶型防水材料涂抹后活性物质即开始渗透结晶、再渗透结晶的过程，这一过程也就是根据时间的延长渗透深度增长与抗渗压力的增加，但也不可能无限度的渗透，渗透深度与抗渗压力也不是正比例关系。

4）渗透深度的浅析：有些人主张，在标准修改时，将材料的渗透深度纳入修改标准中的一项指标。渗透深度纳入标准指标不合适，因为，渗透深度与混凝土的强度等级、混凝土的密实度，有着直接的关系。混凝土设计强度等级越高，混凝土配合比设计时，每立方混凝土中水泥的掺入量就越多，振捣越好的混凝土拌合物，密实度越高。水泥基渗透结晶型防水材料的渗透深度，取决于混凝土的空隙、毛细孔及微裂缝的宽度。水泥基渗透结晶型防水材料的渗透深度与混凝土结构的抗渗强度不为正比例关系，与混凝土的抗渗压力无关。混凝土不密实，渗透深度长，混凝土的密实度越高，渗透深度也越小。混凝土结构中水的渗漏，与水压力、混凝土的空隙、毛细孔的大小有关，微米级的毛细孔混凝土，水是不可能渗漏的，也就是 0.1mm 以下的小空隙混凝土，不可能渗水。设计为抗渗级的混凝土结构，只要是水泥基渗透结晶型防水材料能够渗进混凝土毛细孔中，与混凝土中的化合物和水泥基渗透结晶型防水材料中的活性物质起到化学物理反应，形成不被水溶解的枝蔓状结晶体，填充、堵塞混凝土结构中的空隙，就能起到防水作用。水泥基渗透结晶型防水材料渗透不进混凝土结构内部，混凝土结构本身就不可能渗透漏水。

3 防水材料及防水施工设备、工具

防水材料针对不同结构、不同用处，应选用不同防水材料，才能保证验收、使用年限等。根据水泥基渗透结晶型防水材料的特性，一般的工业与民用建筑工程中的防水工程施工，应配套使用以下主材料及辅助防水材料：

（1）防水材料：①水泥基渗透结晶型防水材料（JX-F-05 型防水材料）；②聚合物水泥防水涂料（JX-F-01Ⅱ型聚合物防水涂料）；③无机防水堵漏剂（JX-F-08 型堵漏剂）；④聚合物防水砂浆（JX-F-06 型防水砂浆）；⑤聚氨酯灌浆材料；⑥50g/m² 聚酯无纺布。

（2）防水工程施工用设备、工具：①电动可调试液料搅拌器；②非金属切割机；③空气压缩机；④料称、液体计量器；⑤电动喷雾器；⑥高、低压灌注浆泵；⑦钢刷、棕毛刷、滚涂刷、竹箬帚；⑧锤子、凿子；⑨抹子、压子；⑩推料车。

4 防水施工工艺

（1）处理混凝土界面裂缝、蜂窝麻面等缺陷，均应凿修、清理后用该材料腻浆填刮抹平。

（2）混凝土界面的钢筋头、铁丝等要清除，灰尘、油污要清除，应保持清洁、干净，涂刷防水施工前用水湿润。

（3）防水施工：防水施工按照《国家建筑标准图集》02J301（16）至（18）构造做法、《地下工程防水技术规范 GB 50108—2008》、《地下防水工程质量验收规范 GB 50208—2011》、《种植屋面工程技术规程 JGJ 155—2007》、《屋面工程技术规范 GB 50345—2004》及设计要求分部逐项施工。地下室底板、剪力墙的防水施工工艺简图见图2、图3。

1）混凝土底板防水：撒 JX-F-05 型水泥基渗透结晶型防水材料；浇筑底板混凝土前 30min，防水材料撒在绑扎钢筋后的混凝土垫层上 1.7～2.0kg/m²，现浇混凝土浇筑完毕，底板防水施工也结束。无等待养护保护层等程序。防水施工示意图见图2。

2）混凝土剪力墙（外墙）防水：混凝土模板拆除即可涂刷或喷涂，按质量比 JX-F-05 型粉料：水为1：（0.4～0.5），用电动搅拌器搅拌稀浆（涂料）后涂刷，1.7～2.0kg/m²（两次），涂层总厚度≥0.8mm，48h后可回填土，不做保护层。防水施工示意图见图3。

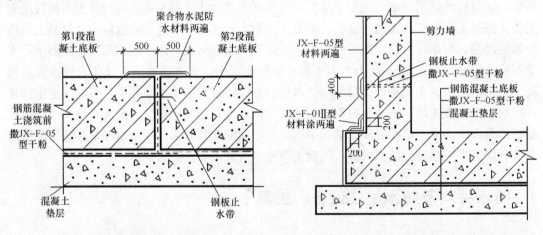

图2 底板防水示意图　　　　图3 放大脚、侧墙防水示意图

3）柱与底板的衔接部位处理：地下室混凝土柱（独立柱）的防水施工处理，按照柱防水施工示意图（图4）的示意说明防水处理。①现浇混凝土柱时，混凝土垫层混凝土柱高四周涂刷 JX-F-05 型水泥基渗透结晶型防水材料涂两遍，涂层厚度≥0.8mm。②底板混凝土浇筑后，衔接混凝土柱时，混凝土底板与现浇混凝土柱底面撒 JX-F-05 型水泥基渗透结晶型防水材料 1.5～2.0kg/m² 后浇筑混凝土柱。③柱底、防水处理，用 JX-F-01 Ⅱ型聚

合物防水涂料防水。

4）混凝土施工缝的加强处理：施工缝，第二次衔接浇筑现浇混凝土时，浇筑混凝土前，撒 JX-F-05 型防水材料粉料，1.5～20kg/m²，即可浇筑混凝土施工。等模板拆除后，清理施工缝衔接部位的蜂窝麻面，填刮 JX-F-05 型水泥基渗透结晶型防水材料腻浆，涂刷 JX-F-01 Ⅱ型聚合物防水涂料、JX-F-01 Ⅱ型与 30g/m² 聚酯无纺布，加强涂刷处理。见图2、图3。

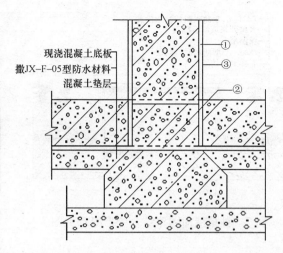

现浇混凝土底板
撒JX-F-05型防水材料
混凝土垫层

①
③
②

图4　独立柱防水示意图

5）水槽（沟）、水池及集水坑部位的防水：水槽、集水坑部位用 JX-F-05 型撒粉、涂刷后用 JX-F-01 Ⅱ型涂料和聚酯无纺布，再涂 JX-F-01 Ⅱ型涂料，最后抹 JX-F-06 型聚合物防水砂浆。示意图见图5。

6）穿墙管部位的加强防水处理：穿墙管根部周围用凿子凿开 V 形槽，用聚氨酯嵌缝材料灌满，用 JX-F-08 型防水堵漏剂刮圆，再涂 JX-F-01 Ⅱ型涂料后用 JX-F-06 型聚合物防水砂浆涂抹处理。示意图见图6。

7）种植屋面（顶板）防水：顶板防水施工按照《种植屋面工程技术规程》JGJ 155—2007，施工步骤为：现浇顶板混凝土→振捣混凝土拌合物、找平→撒 JX－F－05 型防水材料，抹压实→保温层→找坡找平层→JX－F－01 型聚合物防水涂料防水→聚合物水泥防水砂浆、耐根穿刺防水→排（蓄）水层→种植土→植被层→造景、水池喷泉→道路。顶板防水（变形缝、排水沟）施工示意图见图7、图8。

8）后浇带的（加强带）处理：后浇带，现浇后浇补偿收缩混凝土时，先浇混凝土与准备浇筑混凝土部位要清理干净，喷、撒 JX-F-05 型渗透结晶型防水涂料后，浇筑补偿微膨胀混凝土。剪力墙后浇带的加强防水处理时，后浇带部位模板拆除后，清理后浇带与原混凝土衔接部位的蜂窝麻面及浮灰，涂刷 JX-F-05 型水泥基渗透结晶型防水涂料，再涂 JX-F-01 Ⅱ型与无纺布加强涂刷处理。后浇带防水施工示意图如图9所示。

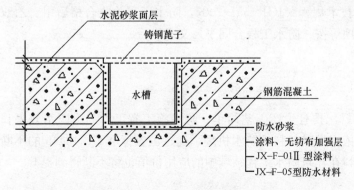

水泥砂浆面层
铸钢箅子
水槽
钢筋混凝土
防水砂浆
涂料、无纺布加强层
JX-F-01 Ⅱ型涂料
JX-F-05型防水材料

图5　水沟防水示意图

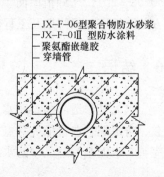

JX-F-06型聚合物防水砂浆
JX-F-01Ⅲ型防水涂料
聚氨酯嵌缝胶
穿墙管

图6　穿墙管根防水示意图

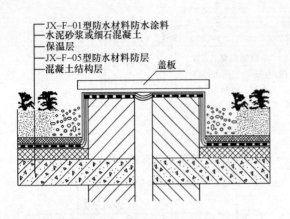

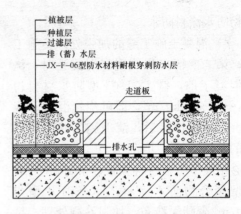

图 7 种植屋面园路结合变形缝示意图　　　图 8 种植屋面园路结合排水沟示意图

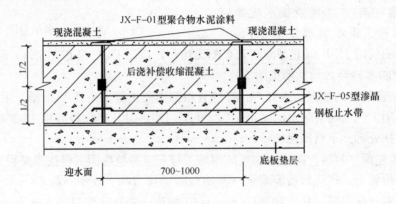

图 9 后浇带防水施工示意图

9）其他细部结构部位及不可预见部位防水：与设计院、建设部门协商处理。

5 验收

防水工程施工完毕，由甲方、甲方监理及乙方工程技术人员参与的防水工程验收小组，按分项分部逐项进行查验，验收按国家现行规范《地下防水工程质量验收规范》GB 50208—2011、《种植屋面工程技术规程》JGJ 155—2007，防水工程验收合格后甲、乙双方共同签字，保修期及工程款项等按《防水工程合同书》文本执行。

6 结语

水泥基渗透晶晶型防水材料，具有生产工艺简单、防水施工省工省力、防水效果长久、防水综合造价低等特点。依据渗晶材料的防水机理，通过国家标准 GB 18445 的不断完善，水泥基渗透晶型防水材料在建筑防水工程领域中的应用价值也将不断得到提升。

参考文献

[1] 邓舜杨. 化学配方集锦. 北京：化学工业出版社，1995 年 4 月

[2] GB 18445—2001. 水泥基渗透结晶型防水材料. 北京：中国标准出版社，2001 年 10 月

[3] 朱洪法. 精细化工常用原材料手册. 北京：金盾出版社，2003 年 12 月

[4] 沈春林. 建筑防水材料标准手册. 北京：中国标准出版社，2006 年 4 月

[5] 姜哲. 水泥基渗透结晶型防水材料配方及生产工艺和施工方法. 北京：国家知识产权局，2006 年 6 月

[6] 姜洪伟. 水泥基渗透结晶型防水材料的研发及应用. 全国第十次防水材料技术交流大会论文集，2008 年 5 月

新型膨胀剂的制备及其在补偿水泥基材料干燥收缩中的应用

张守治　刘加平　田　倩

（高性能土木工程材料国家重点实验室，江苏省建筑科学研究院有限公司）

摘　要： 针对水泥基材料干燥收缩开裂的特点，以石灰石、石膏和矾土为主要原料，添加烧结调节组分和水化速率调控组分，制备了新型膨胀剂 HME，研究了掺与不掺膨胀剂 HME 的水泥净浆、砂浆和混凝土在直接干空养护条件下的收缩变形，分析了膨胀剂 HME 对水泥净浆、砂浆以及混凝土的干燥收缩影响规律，并探讨了膨胀剂 HME 在干空养护条件下的减缩作用机理。结果表明：膨胀剂 HME 在干空养护条件下仍然具有水化反应的能力，产生有效膨胀，可以完全消除水泥净浆、砂浆以及混凝土的早期干燥收缩，并对其中后期干燥收缩也有较好的补偿作用。

关键词： 新型膨胀剂　干燥收缩　水泥净浆　砂浆　混凝土

Preparation and application of type expansive agent in the cement based materials for drying shrinkage

Zhang Shouzhi　Liu Jiaping　Tian Qian

（State Key Laboratory of High Performance Civil Engineering Materials，Jiangsu Academy of Building Science Co. Ltd.）

Abstract： In order to improve the volume stability of the cement based materials for drying shrinkage cracking, the new type expansive agent (HME) was prepared with limestone, gypsum and bauxite as raw materials. The shrinkage deformations of cement based materials with or without HME in dry air environment were studied. The influences of HME with replacement percentages of 0% and 10% on the drying shrinkage of cement paste, mortar and concrete were compared and analyzed. The effect of reduction mechanism of HME was discussed. The results show that HME still have the ability to participate in the hydration reaction in the dry air curing conditions, produce effective expansion, and can completely eliminate the drying shrinkage of cement paste, mortar and concrete at the early age, and also have an excellent ability to compensate for drying shrinkage of cement based materials at the later age.

Key Words： new type expansive agent，drying shrinkage, cement paste, mortar, concrete

[作者简介] 张守治（1982—），男，工程师；地址：南京江宁区万安西路 59 号 211103；电话：025－52705911；邮箱：zhangshouzhi@cnjsjk.cn

1 引言

干燥收缩是指水泥混凝土材料暴露于自然环境中，由于环境湿度低于其内部湿度，内部水分蒸发而引起的失水收缩。Neville. A. M[1]认为干燥收缩是硬化水泥浆体中由于水分的损失（如蒸发 干燥等过程）而引起的体积缩小变形。已有的研究资料表明，干燥收缩是水泥混凝土所有收缩中所占比例最大的一种收缩，干燥收缩量约占收缩总量的 70%～80%。水泥混凝土材料由于干燥收缩变形引起的干缩开裂是一种很普遍的收缩裂缝[2~3]。近年来，随着矿物掺合料和化学外加剂在混凝土中的普遍采用，混凝土的流动度逐步增大，造成混凝土干燥收缩较以往增大，干缩开裂的风险和程度加大。特别是越来越细的水泥和越来越高的强度等级的混凝土在工程中的应用，导致了混凝土了干缩开裂加剧[4~5]。

国内外已有的研究表明，利用膨胀剂水化产生的膨胀来补偿收缩是解决混凝土材料裂渗的有效技术途径之一[6]。现行的国家标准和技术规范对掺膨胀剂的砂浆、混凝土的性能控制都是限定预先在水中养护一定龄期后转入干空养护后的性能[7~8]。在实际工程中，大量的墙体和钢筋密集结构复杂的箱梁等部分的湿养护是很难进行的，即使洒水保湿养护，实际作用也仅限于混凝土表层。因此，开发和研究新型膨胀剂在干空养护条件下对水泥混凝土材料收缩的影响规律，对解决实际工程中不易进行湿养护部位的收缩开裂问题具有指导意义。

本文以石灰石、石膏和矾土为主要原料，通过低温煅烧制备了以游离氧化钙和无水硫铝酸钙为主要矿物组成的新型膨胀剂 HME，研究了新型膨胀剂 HME 在干空养护环境下对水泥净浆、砂浆、混凝土干燥收缩的补偿效果，为新型膨胀剂 HME 在实际工程中的应用提供有参考价值的相关技术参数。

2 试验

2.1 原材料

水泥：选用江南小野田产 P. Ⅱ 52.5 级水泥，标准稠度用水量 28.6%，细度 2.1%，化学组成如表 1 所示；粉煤灰：南京产 Ⅰ 级粉煤灰，需水量比 91.2%，含水量 0.2%，比表面积 320m²/kg，化学组成如表 1 所示；矿粉：江南粉磨公司产 S95 级矿粉，流动度比为 110%，含水量 1.80%，比表面积为 400m²/kg，化学组成如表 1 所示；减水剂：江苏某公司产萘系高效减水剂 JM-B；砂：细度模数为 2.6 的天然河沙；石子：粒径 5~20mm 连续级配的玄武岩碎石。

水泥、粉煤灰和矿粉的化学组成（%）　　　　表 1

原材料	CaO	MgO	Fe₂O₃	Al₂O₃	SiO₂	SO₃	Loss	Total
水泥	64.21	1.55	3.94	4.29	19.89	3.25	2.31	99.44
粉煤灰	1.62	0.55	4.59	33.10	56.20	0.96	2.49	99.51
矿粉	31.49	4.31	1.54	20.31	36.50	2.51	3.00	99.66

2.2 新型膨胀剂 HME 的制备

新型膨胀剂熟料所用生料粉是由石灰石、石膏和矾土按一定比例混合后，再加入少许烧结调节组分，用球磨机粉磨至一定细度制成。在生料粉中加入 5% 的水，用高速搅拌机混合均匀，压制成小方块，在 100℃ 下烘干 2h 后，放入高温炉中，煅烧至 1200℃ 并保温 1h 后取出，在空气中急冷，将冷却后的熟料与一定量的水化速率调控组分一起混合粉磨至一定细度后，即制得粉状新型膨胀剂 HME。采用日本理学公司出产的 D max/RB 型 X-射线衍射仪对膨胀剂 HME 的矿物组成进行定性分析，电压为 40kV，电流为 40mA，Cu 靶，入射波长为 0.15406nm，衍射角为 20°至 80°，结果如图 1 所示。由图可以看出膨胀剂 HME 的主要矿物组成是游离氧化钙和无水硫铝酸钙，还有少量的无水石膏。

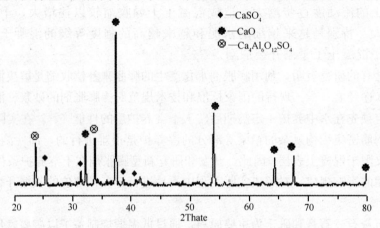

图 1 新型膨胀剂 HME 的 X 射线衍射图

2.3 试验配合比

试验用水泥净浆配合比见表 2。

试验用水泥净浆配合比（g）　　　　　　　　　　　　　　表 2

编号	水泥	膨胀剂	水
0%HME	1000	0	350
10%HME	900	100	350

试验用水泥砂浆配合比见表 3。

试验用水泥砂浆配合比（g）　　　　　　　　　　　　　　表 3

编号	水泥	膨胀剂	砂	水
0%HME	675	0	1350	270
10%HME	607.5	67.5	1350	270

试验用 C30 混凝土配合比见表 4。

试验用 C30 混凝土配合比（kg/m³）　　　　　　　　　　　表 4

编号	水泥	粉煤灰	矿粉	膨胀剂	砂	石子	水	减水剂
0%HME	171	76	133	0	716	1074	171	1.6
10%HME	153.9	68.4	119.7	38	716	1074	171	1.6

2.4 试验方法

采用 25mm×25mm×280mm 规格的三联试模(每组 3 条试件),两端预埋测头,成型水泥净浆试件和水泥砂浆试件。试件成型后表面立即覆盖 PVC 塑料薄膜,在(20±1)℃环境下,标准养护(24±2)h 后拆模,并测量每个试件的初始长度 L_0。然后将试件放置在温度为(20±1)℃,相对湿度为(60±5)%的环境试验箱中养护至规定龄期测试试件长度 L_n。试件的变形率 E_n 为:$E_n=[(L_n-L_0)/L]×100\%$,L 为试件的有效长度,250mm。E_n 为正值时表示试件发生膨胀变形,E_n 为负值时表示试件发生收缩变形。测试长度变形的仪器为上海第二光学仪器厂生产的 JDY-2 型万能测长仪,读数显微镜的分度值为 1μm。

采用 100mm×100mm×515mm 规格的试模,其中一端预埋测头,成型混凝土干燥收缩试件。试件成型后表面立即覆盖 PVC 塑料薄膜,在(20±1)℃环境下,标准养护(24±2)h 后拆模,并立即移入温度为(20±1)℃、相对湿度为(60±5)%的恒温恒湿环境中,用带固定千分表的立式混凝土收缩仪测定初始长度,此后按规定的测试龄期测量其变形读数。按 GB/T 50082—2009《普通混凝土长期性能和耐久性能试验方法标准》计算混凝土干燥收缩率。

3 试验结果与分析

3.1 新型膨胀剂 HME 对水泥净浆干燥收缩的补偿

图 2 是内掺 0%和 10%的新型膨胀剂 HME 的水泥净浆试件在温度为 20℃,相对湿度为 60%养护条件下的干燥收缩随水化龄期变化的曲线。从图中可以看出,不掺 HME 的水泥净浆试件在 20℃干空中养护时,随着水泥浆体的水化和低湿条件下自身水分的散失,试件呈持续收缩变形特征,直到 60d 龄期后收缩变形曲线才趋于平缓,60d 龄期时的干燥收缩值为-0.246%,此后干燥收缩变形基本稳定,至 180d 试验龄期内最终干缩值达-0.272%,如图中 0%HME 的曲线所示。当HME 等质量取代水泥总量的 10%时,掺 HME 的净浆试件在干空养护条件下存在三种体积变形,一

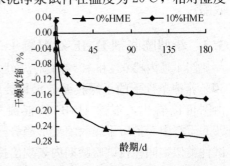

图 2 掺与不掺膨胀剂 HME 的水泥浆体在 20℃干燥条件下的收缩率

种是由水泥浆体自身水化引起的化学减缩,一种是试件在干空低湿条件下 C-S-H 凝胶的内部毛细孔和凝胶孔水分蒸发所引起的干燥收缩,还有一种就是由 HME 水化反应产生的体积膨胀,净浆试件的宏观体积变形取决于以上三种变形的综合作用。由于 HME 水化时需水量小,在缺水养护的干空条件下,也能进行水化反应,早期水化反应产生的膨胀大于水泥水化造成的化学收缩与水分蒸发引起的干燥收缩之和,故试件在早期表现出膨胀变形,干空养护 1d 的膨胀值为 0.032%。此后随着干空养护龄期的延长,HME 水化反应产生的体积膨胀不能完全补偿水泥水化造成的化学收缩与水分蒸发引起的干燥收缩之和,试件表现出收缩变形,但与不掺 HME 的净浆基准试件相比,掺 10%HME 的净浆试件 7d、28 d 和 180 d 的干燥收缩值分别降低了 40.5%、38.1%和 37.2%,表现出优异的减缩效果。另外,对比掺与不掺 HME 的净浆试件随养护龄期延长的干燥收缩变形曲线的发展趋

势还可以看出，掺 HME 的净浆试件在干空养护条件下的干燥收缩变形曲线趋于稳定的时间提前。

3.2 新型膨胀剂 HME 对水泥砂浆干燥收缩的补偿

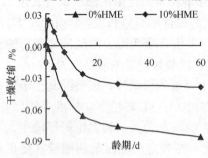

图 3 掺与不掺膨胀剂 HME 的
水泥砂浆在 20℃干燥条件下
的收缩率

图 3 是内掺 0％和 10％的新型膨胀剂 HME 的水泥砂浆试件在温度为 20℃，相对湿度为 60％养护条件下的干燥收缩随水化龄期变化的曲线。由图可以看出，掺与不掺 HME 的水泥砂浆试件在 20℃干空中养护时干燥收缩变形趋势与净浆试件类似。不掺 HME 的砂浆试件在 60d 试验龄期内表现出持续收缩的趋势，掺 10％HME 的砂浆试件表现出先膨胀后收缩的趋势。1d 时，掺 HME 的砂浆试件在干空养护条件下的膨胀值达到最大，为 0.024％，1d 后这种干空膨胀值开始降低，3d 时降低为 0.013％，7d 时降低为 −0.007％，这时砂浆试件已经从膨胀状态转变成收缩状态，此后掺 HME 的砂浆试件在干空养护条件下的收缩趋势与不掺 HME 的砂浆基准试件相似，但收缩值要小的多。内掺 10％HME 的砂浆试件的干燥收缩值在 60d 时为 −0.040％，仅为不掺 HME 的砂浆基准试件收缩值（−0.088％）的 45％。可见，膨胀剂 HME 的掺入，可以明显降低砂浆试件在干空养护条件下的干燥收缩。

3.3 新型膨胀剂 HME 对混凝土干燥收缩的补偿

图 4 是内掺 0％和 10％的新型膨胀剂 HME 的混凝土试件在温度为 20℃，相对湿度为 60％养护条件下的干燥收缩随水化龄期变化的曲线。由图可以看出，不掺 HME 的混凝土基准试件在 20℃干空中养护时干燥收缩变形趋势与净浆砂浆基准试件类似，同样在试验龄期内表现出持续的收缩变形趋势。当 HME 等质量取代胶凝材料总量的 10％掺入混凝土后，HME 在干空养护条件下的膨胀特性在 1d 后即发挥出来，3d 时膨胀率达到最大，为 0.016％，3d 后混凝土试件膨胀变形开始回落，但试件的体积变形在宏观上仍然为正值（膨胀状态），8d 时试件宏观体积变形开始从膨胀状态转变成收缩状态，但收缩值比未掺 HME 的基准混凝土试件相应值

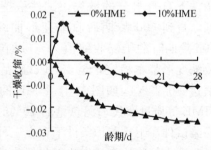

图 4 掺与不掺膨胀剂 HME 的
混凝土试件在 20℃干燥条件
下的收缩率

要小很多。与基准样相比，10％HME 的掺入可以使混凝土试件在直接干空养护条件下 7d 内不收缩，28d 时的收缩值仅为 −0.011％，比未掺 HME 的基准样相应值（−0.026％）降低了 57.7％。

对比分析膨胀剂 HME 在水泥净浆、砂浆和混凝土中的干燥收缩变形曲线可以发现，当试件自加水成型标准养护 24h 左右拆模后移入干空环境起，膨胀剂 HME 的掺入可以完

全消除水泥净浆、砂浆和混凝土的早期干燥收缩，在干空养护条件下产生膨胀效应。其中膨胀剂 HME 掺入混凝土使混凝土试件保持不收缩状态的时间持续到 7d 以上，而膨胀剂 HME 掺入砂浆仅使砂浆试件保持不收缩状态的时间持续到 5d 左右，膨胀剂 HME 掺入水泥净浆仅使净浆试件保持不收缩状态的时间持续到 2d 左右。另外对比膨胀剂 HME 在净浆、砂浆以及混凝土的减缩效果可以看出，与不掺膨胀剂 HME 的基准样相比，膨胀剂 HME 的掺入使净浆试件 28d 干燥收缩值降低了 38.1%，使砂浆试件 28d 干燥收缩值降低了 51.9%，使混凝土试件 28d 干燥收缩值降低了 57.7%。由此可见，膨胀剂 HME 在混凝土中的减缩效果最好，在砂浆中的减缩效果次之，在净浆中的减缩效果最弱。究其原因，一方面，可能由于净浆、砂浆及混凝土中骨料的含量不同，骨料本身不产生收缩，它的作用主要是约束水泥浆体水化产生的收缩，混凝土中骨料含量最多，砂浆中骨料含量次之，净浆中不含骨料，相同龄期时混凝土收缩最小，净浆收缩最大，因此膨胀剂 HME 对混凝土的干燥收缩补偿效果最强，对净浆的干燥收缩补偿效果最弱；另一方面，由于实验中混凝土试件尺寸与净浆、砂浆试件尺寸存在较大的差异性，混凝土试件的表面积与体积之比为 0.044，而净浆砂浆试件的表面积与体积之比为 0.167，试件的表面积与体积之比越小，其在低湿环境下水分流失得越少[9]，在干空养护条件下试件内部相对湿度下降的速率越慢，膨胀剂 HME 在相对湿度高的环境中水化的能力更强，产生的膨胀效能更大，因此膨胀剂 HME 的混凝土试件中的干缩补偿效果最好。

3.4 机理探讨

为了探讨膨胀剂 HME 在干空条件下的减缩作用机理，取膨胀剂 HME 粉末样品若干，在 105℃下烘 24h，将粉末样品分成 2 份，一份进行 SEM 观察其微观形貌，另一份摊铺在玻璃板上，使样品堆积厚度在 10mm 左右，然后将样品连同玻璃板一起放入温度为 (20±1)℃，相对湿度为 (60±5)% 的环境试验箱养护 28d 后取出，用结合水法测试其水化程度，用 SEM 观察其水化产物形貌。

采用日本电子公司生产的 JSM-5900 型的扫描电镜对未水化的膨胀剂 HME 和在干空环境中水化 28d 的膨胀剂 HME 的形貌进行观察，结果如图 5 所示。对比图 5 (a) 和图 5 (b) 可以看出，未水化的 HME 颗粒尺寸大小基本一致，颗粒相互粘结，颗粒之间存在细小的孔隙；而在干空环境中养护 28d 的 HME 粉末则水化生成很多六方板状的 Ca (OH)$_2$ 晶体和针棒状的 AFt 晶体。采用结合水法对干空养护 28d 的 HME 粉末进行水化程度测

(a)   (b)

图 5　膨胀剂 HME 在干空环境中养护不同龄期的 SEM 形貌

(a) 未水化的 HME；(b) 干空养护 28d 的 HME

试，计算出 HME 在干空养护 28d 的水化程度为 35.2%。由此可知，HME 粉末即使在温度为（20±1）℃，相对湿度为（60±5）%的干空环境下仍然能进行水化反应。笔者认为 HME 在干空环境下所具有的继续水化的能力，是造成其在干燥条件下优异减缩能力的根本原因所在。

4 结论

新型膨胀剂 HME 是以游离氧化钙和无水硫铝酸钙为主要矿物成分组成的双膨胀源膨胀剂，它在温度为（20±1）℃，相对湿度为（60±5）%的干空环境中，仍然能参与水化反应，生成六方板状的 Ca（OH）$_2$ 晶体和针棒状的 AFt 晶体，产生有效膨胀，能完全消除水泥净浆、砂浆以及混凝土的早期干燥收缩，并对水泥净浆、砂浆以及混凝土的中后期干燥收缩也有较好的补偿效果。

参考文献

[1] A. M. Neville. Properties of Concrete [M]. Fourth Edition, 1996：426～428
[2] 朱鹭佳. 减水剂对水泥混凝土干燥收缩作用机理的研究[D]. 北京：中国建筑材料科学研究总院，2006
[3] 王新娟. 轻烧氧化镁和钙矾石的膨胀性能对比[D]. 南京：南京工业大学，2006
[4] 刘加平. 水泥基材料塑性收缩与塑性开裂[D]. 南京：南京工业大学，2008
[5] 田倩. 低水胶比大掺量矿物掺合料水泥基材料的收缩及机理研究[D]. 南京：东南大学，2006
[6] 张巨松，彭丙杰，金亮等. 干空养护补偿收缩混凝土的性能研究[C]. 第五届全国混凝土膨胀剂学术交流会论文集. 北京：中国建材工业出版社，2010
[7] 国家标准 GB 23439—2009.《混凝土膨胀剂》. 北京：中国标准出版社，2009
[8] 行业标准 JGJ/T 178—2009.《补偿收缩混凝土应用技术规程》. 北京：中国建筑工业出版社，2009
[9] Pierre-Claude Aitcin, Adam Neville, and Paul Acker. Integrated View of Shrinkage Deformation [J]. Concrete International，1997，19（9）：35～41

湿养条件对 C30 膨胀混凝土变形性能的影响

王育江　田　倩　姚　婷　张守治　刘加平

（高性能土木工程材料国家重点实验室，江苏省建筑科学研究院有限公司）

摘　要：本文研究了湿养条件对 C30 膨胀混凝土膨胀性能的影响及机理，并对采取养护剂养护条件下膨胀混凝土在大面积屋面板中的应用情况进行了介绍。结果表明：对膨胀混凝土而言水养是最好的养护方式，而采取养护剂养护同样可以促进膨胀混凝土的膨胀并提高其抗裂性；膨胀剂中的 CaO 膨胀组分具有较低的湿度敏感性，在较低的相对湿度下也具有一定的水化和膨胀能力，该观点也得到了实验及现场监测的变形数据的佐证；膨胀混凝土在大面积屋面板式结构中取得了良好的应用效果。

关键词：膨胀剂　相对湿度　养护　养护剂　膨胀

Effects of curing methods on the deformation of the C30 expansive concrete

Wang Yujiang　Tian Qian　Yao Ting　Zhang Shouzhi　Liu Jiaping

(State Key Laboratory of High Performance Civil Engineering
materials，Jiansu Research Institute of Building Science)

Abstract：Effects of curing methods on the deformation of the C30 expansive concrete were studied in this paper. Meanwhile，the application of expansive concrete cured by curing compound was also introduced. The results indicated that water curing was a prior method for expansive concrete，while application of curing compound was also an effectively way to promote the hydration of expansive agent and reduce the cracking risk of the concrete. The CaO expansive agent，which showed lower moisture sensitivity，can hydrate in a low relative humidity. Furthermore，well application results were obtained when expansive concrete was used in the roof with large area.

Key Words：expansive agent，relative humidity，curing，curing compound，expansion

1　前言

采取膨胀剂提高混凝土的抗裂防渗能力是刚性防水的一项重要技术内容。膨胀混凝土性能的实现则主要取决于包括膨胀剂在内的胶凝材料的水化，而水泥基材料的水化需要在

――――――――――――――

[作者简介] 王育江（1985—），男，工程师；地址：南京江宁区万安西路 59 号；邮编：211103；电话：025－52705917；邮箱：wangyujiang@cnjsjk.cn

一定温湿度养护条件下进行。就养护湿度条件而言，已有的研究结果已表明，掺加膨胀剂可以降低水泥浆体体系收缩—膨胀平衡点的相对湿度[1]，而氧化钙类的膨胀剂效果更为明显。本文在此基础上，进一步从氧化钙膨胀组分在不同相对湿度下的水化性能角度，阐述膨胀组分对养护湿度条件的敏感性，与此同时，也对水养条件对氧化钙系膨胀剂而言仍是较优的养护方法的原因进行初步阐述。

此外，考虑到并非所有工程和结构均具备水养的条件，如：混凝土结构的坡面和立面很难进行水养，而诸如我国西北等干旱地区水资源匮乏水养成本较高，而养护剂在上述条件下则具有良好的适应性。基于此，本文在对几种典型的湿养护条件对 C30 膨胀混凝土变形性能的影响进行研究和分析基础上，进一步对养护剂养护水泥基材料的抗裂性进行分析，并对养护剂养护的膨胀混凝土在大面积屋面板式结构中的应用效果进行介绍。

2 试验

2.1 原材料及配合比

试验采用：小野田 P·Ⅱ52.5 水泥；南京热电厂Ⅰ级粉煤灰；江南 S95 级磨细矿粉；细度模数为 2.6 地河砂；5～20mm 连续级配玄武岩碎石；江苏博特新材料有限公司 HME®-Ⅲ型膨胀剂和 Ereducer（201 型混凝土养护剂）。混凝土配合比如表 1 所示。

混凝土配合比（kg/m³）   表 1

编号	水泥	粉煤灰	矿粉	膨胀剂	砂子	石子	水
C1	154	68	120	38	738	1108	154
C2	171	76	133	—	732	1097	171
C3	209	70	50	26	740	1020	180

2.2 试验方法

膨胀组分水化的湿度敏感性：将 HME®-Ⅲ膨胀剂中的 CaO 膨胀组分在 105℃下烘干 1d 后，分别置入不同相对湿度环境中养护至一定龄期后，采取热重分析测试其水化程度。其中，相对湿度采取饱和盐溶液进行控制[2]。

混凝土收缩：成型 100mm×100mm×515mm 混凝土试件，1d 后拆模，其后分别采取如下养护方法：不同龄期水养后转入干燥养护（温度：(20±2)℃，相对湿度（60±5）%）；养护剂养护；塑料薄膜密封养护和干燥养护。混凝土的变形采取千分表进行测试。

养护剂对干燥开裂的影响：采取圆环开裂法（参照 AASHTO PP34-99[2]）对干燥开裂性能进行评价，试件的养护方案如表 2 所示。

养护方案   表 2

编号	养护方案
REF	标养 1d 拆模后干燥养护
养护剂	标养 1d 拆模后，刷养护剂后进行干燥养护
水养 3d	标养 3d 后进行干燥养护
水养 7d	标养 7d 后进行干燥养护
水养 14d	标养 14d 进行后干燥养护

3 试验结果与讨论

3.1 CaO 水化的湿度敏感性

不同湿度条件下 CaO 膨胀组分水化程度和时间关系曲线如图 1（a）所示。

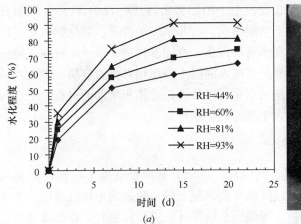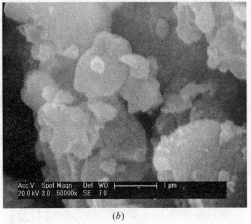

图 1　CaO 在不同相对湿度下的水化性能

（a）水化程度和时间关系曲线；（b）60％湿度下养护 21d 龄期的 SEM 图片

从图 1（a）可以看出，在 44％相对湿度下 CaO 仍具有较强的水化能力，21d 的水化程度为 65.7％，且达到 93％相对湿度下该龄期水化程度的 72.2％。从该图中同样可以看出，在实验中所采取的四种相对湿度，水化程度随时间变化的曲线基本趋势保持一致。在相对湿度由 44％至 93％范围内，水化过程并未发生类似于水泥水化的显著改变（水泥在 80％相对湿度下水化基本停止[3]）。此外，图 1（b）也表明，氧化钙粉末样品放置在 60％相对湿度下有明显的 Ca（OH)₂ 片状晶体生成。因而，试验中所采取的 CaO 水化具有较低的湿度敏感性，即膨胀组分中的 CaO 的水化对外界养护湿度条件要求相对较低。

3.2 养护条件对变形的影响

表 1 中编号 "C1" 配合比混凝土在不同养护条件下的变形曲线如图 2 所示。图中正值代表膨胀，此外，编号水养 3d、7d 和 14d，分别表示水养 3d、7d 和 14d 后转入干燥养护。

从图 2 中很明显可以看出，对于膨胀混凝土的膨胀性能而言，"水养"优于"密封养护"优于"养护剂养护"优于"干燥养护"。

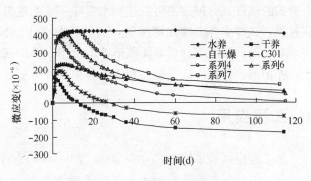

图 2　养护条件对收缩变形的影响

就水养而言，水养 14d 后混凝土的膨胀值和其膨胀终值基本一致，且转入干燥养护至

110d 时，混凝土的膨胀值依然高于水养 7d 和 3d 的试件。因而膨胀混凝土最好采取 14d 的水养，当然这一点也已写入《补偿收缩混凝土应用技术规程》[4]，在此不再讨论。

需要说明的是，采取水养方式，混凝土的早期膨胀值远大于其他养护条件，而按照图 1 中的实验结果，图 2 中所采取的养护条件对膨胀组分的水化的影响应没有图中膨胀曲线表现得明显。这主要由于以下两个方面原因：（1）非水养条件下的变形曲线中叠加了混凝土的干燥收缩和自收缩；（2）虽然氧化钙在混凝土中的膨胀机理还存有争议[5,6]，但氧化钙和水体系在水化反应前后总体积减小是不争的事实。在非水养条件下，氧化钙水化虽然引起膨胀，但体系的总体积是减小的，而在水养条件下，水泥基材料需要一定龄期才能由毛细管连续变为不连续[6]，在此期间外界养护水进入混凝土内部相对较为容易，因此，该条件下，就混凝土试件体系而言，部分氧化钙水化可以认为是总体积增加的过程。上述两种效应使得水养条件下混凝土的膨胀值远大于其他养护条件。

3.3 养护剂对干燥开裂的影响

养护剂一般在混凝土初凝抹面后则可进行喷涂，可以有效降低混凝土的塑性开裂风险。而 2.2 节则表明，养护剂养护同样可以降低膨胀混凝土的长龄期的干燥收缩值。本节主要对养护剂对干燥收缩的影响进行分析。考虑到采取圆环法进行评价时，膨胀混凝土很难开裂，本节采取表 1 中 "C2" 配比（不掺加膨胀剂）筛除粗骨料后的砂浆进行测试。试验结果如表 3 所示。

部 分 试 验 结 果 表 3

养护方式	初裂时间（d）	裂缝条数	平均裂缝宽度（mm）
REF	5	2	0.6
养护剂	12	1	0.15
水养 3d	9	2	0.1
水养 7d	18	2	0.08
水养 14d	16	2	0.05

从表 3 可以看出，采取养护剂养护试件的初裂时间、裂缝宽度和条数三个指标均优于不养护的试件，养护效果可以达到水养 3～7d 的效果。需要指出的是，本实验为了加速开裂过程，试件中并未掺加膨胀剂，而根据图 2 中试验结果，采取养护剂养护的膨胀混凝土，其早期的膨胀值和后期膨胀落差均优于不养护试件。因而可以推断，若采取膨胀混凝土，养护剂养护试件的抗裂性相比不养护试件将更具优势。

4 工程应用

某工程屋面板结构，尺寸为 60m×26m×0.12m，属大面积混凝土结构，非常容易发生开裂。设计采取膨胀混凝土，强度等级为 30MPa（配比见表 1 中编号 "C3"）。混凝土浇筑当天天气晴朗，相对湿度较低，混凝土存在早期塑性开裂风险，故在抹面结束后即采取养护剂养护（见图 3）。

混凝土的变形采取在混凝土内埋设差阻式应变计进行监测，在测试过程中同时测试相对湿度和温度。温度和相对湿度测试结果如图 4 所示，而应变计测试的结果如图 5 所示。

图 3　现场施工及养护

（*a*）抹面；（*b*）涂刷养护剂

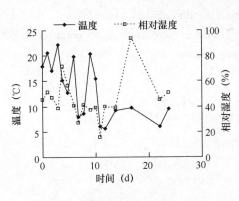

图 4　现场温度和湿度条件

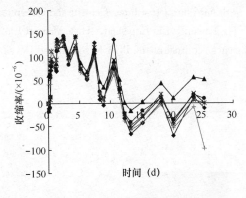

图 5　混凝土变形监测结果

　　从图 4 和图 5 可以看出，尽管测试龄期内相对湿度较低（多在 50％以下），且混凝土变形随温度变化而波动，但从图 5 中还是可以很明显地看出膨胀组分发挥了较好的膨胀作用。在前 10d 龄期内，相比于初值基本无收缩。而现场混凝土并未发现明显的塑性开裂裂缝和后期干燥开裂裂缝。监测结果进一步说明了氧化钙膨胀剂具有相对较低的湿度敏感性，同时也表明养护剂在降低膨胀混凝土开裂风险上具有良好的应用效果。大面积屋面板结构相对而言是较易开裂的结构（既存在塑性开裂风险也很容易发生干燥开裂），因而本部分应用效果，对不存在塑性开裂风险的结构（如地下室墙等）的养护而言则具有较好的借鉴意义。

5　结论

　　（1）氧化钙类膨胀剂水化具有较低的湿度敏感性，对湿养条件要求相对较低。

　　（2）养护剂养护方式可以降低混凝土的干燥开裂风险。

　　（3）水养是膨胀混凝土相对较好的养护方式，而养护剂养护也具有自身的优势和特点。

　　（4）采取养护剂养护的膨胀混凝土，在大面积屋面板这一较易开裂的结构中取得了良好的应用效果。

参考文献

[1] 赵顺增，郑万霖，刘立. 膨胀水泥浆体收缩——膨胀平衡点湿度的研究. 第五届全国混凝土膨胀剂学术交流会论文集：混凝土膨胀剂及其裂渗控制技术. 中国建材工业出版社，2010：59-64

[2] SJ/Z 9003—87，非注入式恒定相对湿度试验箱

[3] Spears R E. The 80 Percent solution to inadequate curing problems，Concrete International，1983，22（11）：15-18

[4] AASHTO PP34-99，Standard practice for estimating the cracking tendency of concrete. AASHTO，1999

[5] JGJ/T 178—2009，补偿收缩混凝土应用技术规程

[6] 王善拔，季尚行. 关于 fCaO 影响水泥安定性机理的探讨. 水泥，1986(8)：23-28

[7] Deng Min, Hong Dongwen, Lan Xianghui, et al. Mechanism of expansion in hardened cement pastes with hard-burnt free lime. Cement and Concrete Research，1995，25(2)：440-448

[8] TC Powers, LE Copeland, HM Mann（1959a）. Capillary continuity or discontinuity in cement pastes. Journal of the PCA Research and Development Laboratories，1959，1(2)：38-48

浅析刚性防水中脂肪酸防水剂的应用

赵灿辉　陈俊峰

（北京东方民丰防水材料有限公司，北京　102605）

摘　要：脂肪酸防水剂是一种性能优良、技术可靠、经济实用的产品，并且经过二十多年的实际应用充分证明了它的产品价值。通过选择合理的工程材料和工艺方案，特别是砖墙、地下室、水池、浴池、种植屋面、地下室结构自防水工程中的实践应用，有效解决了渗漏问题。

关键词：脂肪酸防水剂　刚性防水　结构自防水

Application of Fatty Acid Waterproof Agent in Rigid Waterproofing Engineering

Zhao Canhui　Chen Junfeng

（Beijing East Minfeng Water Proof material co，LTD ，102605）

Abstract：Fatty acid waterproof agent is an excellent reliable，economical and practical waterproof product. By over the 20 years of practical application its value has been fully demonstrated. By choosing the reasonable engineering materials and technology projects，leakage problem can be solved effectively in the Self-waterproofing engineering of walls，basement，pool，bath，green roofs，basement structure.

Key Word：fatty acid waterproof agent，rigid waterproofing，structure self-waterproofing

1　脂肪酸防水剂的历史沿革

　　防水剂是由化学原料配制而成的一种能起到速凝和提高水泥砂浆或混凝土不透水性的一种工程外加剂。它按比例掺入水泥或混凝土中形成防水砂浆或防水混凝土，从而起到防水作用。大致有氯化物金属皂类防水剂、硫酸钠类防水剂、金属皂类防水剂等三种。本产品技术 1996 年从日本引进，是当今最先进的无毒、无味、不腐蚀钢筋、环保型脂肪酸类防水剂。在日本已广泛应用在工程中，已有三十多年历史，韩国已有二十几年的成功使用

[作者简介] 赵灿辉，男，1969 年生，现任北京东方民丰防水材料有限公司副总经理。联系地址：北京市大兴区青云店镇，E-mail：zhaocanhui@yahoo.com.cn

经验，我公司生产也有十五年的历史。砂浆防水剂在阴面、卫生间地面、地下室防水、水中浸泡的浴池、水池、泳池、有覆盖层的种植屋面保护层中得到了广泛应用，效果颇佳又经济又实效。

2 脂肪酸防水剂防水机理

防水剂是以脂肪酸、明矾、氢氧化钾、三乙醇胺、硬脂酸、抗裂纤维、扩散剂、增塑剂等十几种精细原料按一定比例混合，反应釜高温加热反应八小时左右皂化配制而成。掺于水泥砂浆或混凝土中生成一种胶状悬浮颗粒，可使水泥质点和集料间形成憎水吸附层并生成不溶性物质，填充微小孔隙和堵塞毛细管的通路作用，并生成防水膜达到防渗、密实、早强，最终达到防水目的。

3 脂肪酸防水剂的施工工艺

3.1 机械、工具

250L自落式倒顺搅拌机；箱式独轮手推车；钢刷（用100根/1mm钢绞线制作）；竹笤帚、铁笤帚；照明灯、碘钨灯；铁抹子、压子、木抹子；凿子（平、尖两种）铁锤、手铲。

3.2 防水材料配合比

防水素浆：水泥∶防水剂＝1∶0.6；

防水砂浆：水泥∶砂子∶防水剂＝1∶2.5∶0.5（稀释40倍）；

速凝堵漏剂：水泥加防水剂湿润至能搓动的散状面，然后加速凝堵漏迅速搅拌立即堵渗漏部位。

3.3 施工工艺

（1）先用堵漏剂处理水池墙面、地面的渗水及涌水部位。

（2）先抹顶棚、墙面，最后抹地面防水砂浆。

（3）防水层厚度。地面：地面防水层厚度为20mm，分两次完成，每次先抹2mm厚防水厚浆，后抹8mm厚防水砂浆。第一遍抹完后要压实扫毛，第一遍砂浆终凝后，再抹第二遍，第二遍终凝前压实压光。

顶棚及墙面：顶棚和墙面防水层厚度为16mm，分两次完成。每次先抹2mm厚防水素浆，后抹6mm厚防水砂浆，第一遍砂浆抹完后压实拉毛，第二遍砂浆抹完前凝前压实压光。

（4）阴阳角的防水处理：基层处理干净以后，阴角抹成防水层厚度两倍45度斜角，阳角抹成圆角，直径不小于50mm。阴阳角的防水层也分两遍防水砂浆完成，先抹防水素浆后抹防水砂浆，最后一遍墙、地、顶棚面同时压实压光。

（5）防水施工中的留槎与接槎处理：墙、地、顶棚面的接槎留在墙、地、顶棚面，不应在阴角处，墙面留横向槎，不设留纵向槎，留茬面做成阶梯斜坡，所有接槎面距阴阳角

200mm 以外留置，施工缝留槎，以层次分明，每层相距 40mm。接槎时，先在阶梯槎面上均匀地涂抹防水素浆，再抹防水砂浆，依次层层搭接，接头表面要平整、严密并压实压光。

竹框抹面砂浆防水见图 1，热力管线井室内墙渗透砂浆防水见图 2。

 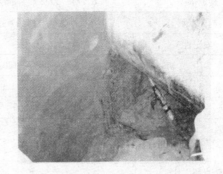

图 1　竹筐抹面砂浆防水　　　　　图 2　热力管线井室内墙渗漏砂浆防水

3.4　成功案例

混凝土中的掺量为水泥重量的 1.5%～2%，把防水剂称好后按混凝土搅拌中的水的比例充分稀释防水剂融于水中，并混拌混凝土。掺入后振捣混凝土中生成一种胶状悬浮颗粒，填充混凝土中微小孔隙和堵塞毛细通路，有效提高密实性和不透水性。抗渗强度达 1500～3500kPa。

(1) 1998 年我公司承建的宁波、韩国 LG 化学 ABS 十五万吨污水处理厂，位于宁波镇海后海塘，污水的碱性非常大需要做严格的防水防腐处理，采用脂肪酸防水剂及明矾石膨胀剂做混凝土结构自防水，超早强水泥及水玻璃做防腐处理，工程量 12000m³，冬季施工难度大，使用我公司产品提高了混凝土强度和密实性，达到了良好的防水防腐效果见图 3。

(2) 2001 年北京天竺工业区北京韩美制药厂是一家生产儿童药物的世界级企业，地下室防水要求极为严格，甲方在工程预算上也非常苛刻，地下一层 9000m³ 也采用脂肪酸防水剂及明矾石膨胀剂做混凝土结构自防水，局部做砂浆防水剂处理，仅做了一道刚性防水效果甚佳。这两项工程给韩方投资者既省了一大笔资金又提前了工期得到甲方一致表扬，至今防水效果颇佳，是我公司混凝土结构自防水的经典案例。

图 3　宁波 LG 化工污水处理厂　　　图 4　北京韩美制药厂地下室防水工程

3.5 脂肪酸防水剂技术性能（表1）

脂肪酸防水剂技术性能　　　　　　　　　　　　　表1

样品名称	MF3 型防水剂		按水灰比	当用水
检测依据	JC474—2008 砂浆混凝土部分		水泥品种	基准水泥
检测项目	性能（合格品）指标		检测结果	
安定性	合格		合格	
凝结	初凝	−90～+120	−84	
时间	终凝	−120～+120	120	
抗压	7d	≥100％	136％	
强度	28d	≥95％	112％	
比	90d	≥90％	105％	
透水高度比		≤40％	25％	
48h 吸水量比		≤75％	46％	
90d 收缩率比例		≤120％	113％	

结论：检测结果达到合格品指标。

4 脂肪酸防水剂产品的发展展望

建筑防水要"刚性为主，柔性为辅，刚柔相济，刚柔并举"，扎扎实实把混凝结构自防水和砂浆自防水等质量提高，响应节能减排、绿色、环保的时代召唤，努力节约化工、石油副产品，充分做到社会效益和经济效益两面双赢的生产理念。脂肪酸防水剂作为刚性防水材料的一分子，做好基础的每一个缝隙，渗漏，严把工程质量关，为我国防水事业做出应有的贡献。回顾过去，展望未来，刚性防水将一如既往地肩负起工程防水中的中坚作用。

5 结语

目前国内、国际防水材料千万种，但是对于不同区域、不同结构、不同用途的防水，再好的防水材料也不是万能的，我们在防水施工时，对不同区域、不同阶段、不同用途的防水工程，应该因地制宜，客观、科学地针对等级、用途，采用不同的防水材料及不同的防水施工工艺。

参考文献

[1] 化学建材配方手册. 化学工业出版社，1999 年 3 月，679～683

[2] 日本涂膜防水施工指南. 日本建筑学会，2007 年（平成 19 年），57～58

[3] 高延继. 刚性防水技术的发展与展望，2011 年中日韩防水技术交流大会

一种混凝土"三明治"结构的防渗加固新技术

王鸿鹏　戴书陶

（深圳巍特工程技术有限公司，深圳）

摘　要：某混凝土结构渡槽，经多年运行后对槽身内壁进行过二次维修，新旧混凝土结构层间出现分离，完全没有剪切强度，形成"三明治"结构，导致修补层开裂、渗水。我司采用化学灌浆的方法对该渡槽进行了防渗加固施工处理，有效地解决了渡槽结构出现的"三明治"病害现象。本文就对此渡槽化学灌浆防渗加固技术施工进行了阐述和分析。

关键词：薄壳渡槽　"三明治"结构　裂缝　化学灌浆　防渗加固

A New Technology of Seep Resistance and Reinforcement for Concrete Structure with Sandwich Form

Wang Hongpeng　Dai Shutao

（Vicquik Engineering Technology Co.，LTD, Shen Zhen）

Abstract：After experiencing twice reinforcement，the aqueduct appears that the old and new concrete delaminated，forming "sandwich"．Adopt the chemical grouting scheme to resolve the delamination problem of aqueduct concrete structure，achieving the bonding of old and new concrete，plays the role of seep resistance and reinforcement.

Key Words：shell aqueduct，sandwich form，crack，chemical grouting，seep resistance and reinforcement

1　工程概况

某渡槽为排架式薄壳渡槽，全长98m，设计过流量为$6.5m^3/s$，槽身为无拉杆U形钢丝网薄壳结构，过水断面半圆部分半径1.4m，直墙部分高0.7m。槽身宽2.8m，槽身壁厚0.07m，深2.1m。纵向结构为双悬臂装配式。支撑结构为单排架，最大支撑高度13.5m。

该渡槽分别于1996年和1998年进行了两次维修，主要以防渗补强为主。1996年的维修施工方法为：先将槽身内表面凿整干净，用环氧砂浆首先填充平整，然后用固化剂将煮好已破碱的玻璃钢布黏在混凝土表面，共两布三涂。1998年灌区节水改造与续建配套项目对渡槽采取结构加固及防渗、防锈相结合的处理方案，即槽内叠加钢丝网混凝土壳槽，两筋两网厚度为4cm，槽身外壁涂抹改性水泥砂浆。

在2010年的水利工程普查中发现，该渡槽原结构碳化进一步加剧，叠加钢丝网层出现不同程度锈蚀，槽身出现大量的渗水。通过检测机构检测，1998年维修时槽内叠加钢丝网混凝土与原结构之间完全剥离，没有任何剪切强度。为此，经过安全评定需要进行除险加固改造。

2 问题分析

根据现场察看及工程有关资料分析，渡槽存在的问题如下：

（1）渡槽为薄壳渡槽，渡槽内经过了二次防渗补强处理，由于材料的相容性和老化性的因素，导致各结构层间出现空鼓、剥离现象，形成"三明治"结构；

（2）由于二次防渗补强材料产生分层及空鼓，加上渡槽多次过水及变形，使渡槽结构受力不均，故内部U形钢丝网薄壳结构产生裂缝，出现开裂现象；

（3）渡槽经过多年运行，变形缝内原有止水结构老化失效，形成渗漏；

（4）由于混凝土碳化，渡槽内钢丝网层局部外漏锈蚀，在冻融的作用下，出现大面积的裂缝和渗漏现象。

鉴于以上实际工程情况，该项目的维修重点应在于怎样将已经分离的"三明治"（即原结构混凝土）固结成一个整体，提高槽身的抗剪强度。

3 解决方案

经过多方研究和分析，采用化学灌浆的方法进行处理。但是必须保证以下几点：

（1）选用灌浆材料必须与"三明治"各结构层有很好的相容性，能水下固化。同时要有很好的渗透性、可灌性和高强性；

（2）施工时，保证浆液走动层面的干净、无明水，不能对原结构造成新的破坏和劈裂现象。

故此，该项目选用斯卡露SG501化学灌浆液进行化学灌浆，起始压力定在0.05MPa，最高压力不能操过0.2MPa，灌浆孔依次穿过叠加钢丝网混凝土、环氧砂浆层，到达环氧玻璃钢层与渡槽原结构相接面。利用SG501化学灌浆液的高浸润性、粘结性，浸入混凝土结构毛细、缝隙，对渡槽内新旧混凝土进行粘结，使两次防渗补强材料与渡槽原结构形成一个整体，共同受力，起补强加固的作用。

4 材料选择

SCL SG501化学灌浆液是由改性树脂、稀释剂、改性固化体系及添加表面活性剂配制而成的高渗透灌浆液。其所采用的新型固化体系接近无害，材料的毒性、刺激性和腐蚀性大大降低，固结体无毒。

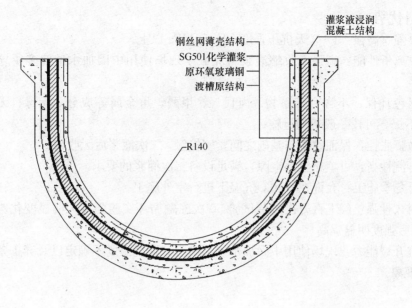

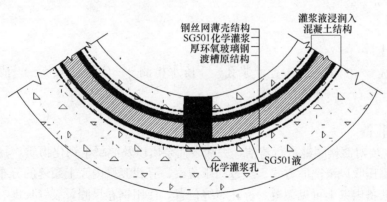

解决方案

　　SCL SG501 化学灌浆液既具有憎水性又有亲水性，其比重、黏度略大于水，内聚力强，能与水形成稳定界面。与一般的化学灌浆材料相比，表面张力小，黏度低，接触角小，具有特优的湿润和浸润能力。

　　该材料能以浆排水，且抗渗和耐老化性优越；特别是在有压力水条件下对细微裂缝的防渗加固，在同类产品中处于领先地位，能广泛使用于断层破碎带及泥化夹层的加固补强、基础防渗补强，混凝土及岩石裂缝。

4.1　材料特性

　　（1）接触角小、黏度低、高渗透性、高浸润性。

　　（2）与各种不同的介质均具较好的亲和力，固化后力学性能优良。

　　（3）憎水性兼具亲水性，水下灌注性好，在干、湿、含饱和水及有压流动水的环境中均可施工。

　　（4）可灌时间长，根据施工要求自由进行调空灌注时间而不会影响性能。

　　（5）该产品环保，操作毒性大大降低，固结体无毒。

4.2 材料优势

(1) 早强、高强：1～3天抗压强度30～50MPa以上。

(2) 抗离析性能：高强无收缩灌浆料克服了现场使用中因加水量偏多所导致的离析现象。

(3) 绿色环保：不含有苯系物、卤代烃、甲醛、重金属等成分，无毒、无味、无污染、不燃不爆，可按一般货物运输。

(4) 微膨胀性：保证设备与基础之间紧密接触，二次灌浆后无收缩。

(5) 自流性高：可填充全部空隙，满足设备二次灌浆的要求。

(6) 可冬季施工：允许在－10℃气温下进行室外施工。

(7) 耐久性强：经上百万次疲劳试验50次冻融循环实验强度无明显变化。在机油中浸泡30天后强度明显提高。

(8) 抗开裂能力：现场使用中因加水量不确定、环境温度不确定以及养护条件限制等因素裂纹现象。

5 施工

5.1 施工工序

裂缝清洗——封缝——布置灌浆孔——压水检测——安装注浆嘴——清洗——配料——灌浆——检查——清除注浆嘴。

5.2 裂缝准备

(1) 首先要对渡槽裂缝进行清洁，去除表面杂质以及混凝土钙化物质，具体实施采用机械打磨，高压吹风清洗的方式。经过初步观察，寻找渡槽内壳上裂缝的分布。然后在图纸上描绘出渡槽内壁上可见裂缝，标注裂缝位置，使用钢卷尺测量裂缝长度、宽度，观察裂缝走向及渗水情况。

(2) 裂缝打磨：使用打磨机对描绘的裂缝进行打磨，需保持打磨面平整，并且不破坏渡槽表面美观。沿裂缝左右各10cm进行打磨，清理出肉眼看不到的裂缝。

(3) 高压洗缝：裂缝表面打磨结束后使用高压风吹去裂缝表面及缝口石渣，浮尘。使裂缝能清晰可见；风压完成后，使用丙酮清洗裂缝表面，去除碳化的混凝土结构。

(4) 封缝：为了保障灌浆过程中发生漏浆的情况，沿裂缝左右各10cm使用胶凝材料对裂缝进行封堵。

5.3 布孔

(1) 布置灌浆孔：工程共完成钻孔62个，其中A段完成钻孔27个，B段完成钻孔35个。灌浆孔在渡槽内壳的分布和排列：渡槽A段3m范围内，以施工缝为基线在一米处、两米处分界，在靠近一米线与两米线上布置两竖排灌浆孔，以底部中线为起始孔，孔距500mm，呈梅花状向渡槽两侧分布。渡槽B段3m范围内，以1.5m处为中心线分别响左右延伸1m距离布置3竖排灌浆孔，以底部中线为起始孔，孔距500mm（其中近底端以孔距400mm分布）。灌浆孔孔径统一为25mm。

(2) 孔深：孔的深度穿过上层的混凝土与 U 形钢丝薄壳网至渡槽环氧砂浆层，约为 50~70mm。灌浆孔达到设计深度后，用压水实验检查是否吸水，否则必须继续钻入。直到孔内有明显的吸水效果。

(3) 灌浆孔风压检查：在所有裂缝的封堵和灌浆孔的布置完成后，进行风压检测。对于不串通的孔查明原因进行分析和处理。首先使用细铁丝扎紧部分注浆皮管，采用鼓风机对灌浆孔逐个进行风压检查。检查现象，当鼓风机对灌浆孔进行高压鼓风时，临近灌浆孔均有风力排出。

(4) 打孔及芯样分析：打孔过程中，当灌浆孔深入叠加钢丝薄壳结构内 50~70mm 处，有很明显的裂缝。薄壳内约 50mm 深处有一层细铁丝网结构，穿过铁丝网是大约 2mm 厚的松散沙石层。此时压水实验检查，吸水非常明显。保留每个灌浆孔芯样进行观察、分析。芯样在 50~70mm 处有明显的断层。从抽出芯样观察均为松散砂石，或带孔隙混凝土，且芯样上 U 形钢丝薄壳结构的钢丝网以锈蚀。

(5) 根据芯样及现场对芯孔观察发现钢丝网以下部分均为松散砂浆，采用 2mm 铁丝钩对芯孔探测发现铁丝沟可钩到混凝土与砂浆层中间，从上述中可证明原渡槽与砂浆层有大于 2mm 的孔隙缝，并且钢丝网的下层为不密实、松散现象。从芯孔观察，芯样只发现少量带有环氧层，从 37 个芯样中观察只有 2 个芯样有环氧层。

(6) 安装注浆嘴：安装注浆嘴时用铝管插入灌浆孔，此次灌浆管采用"埋入式"。铝管需延伸出灌浆孔 500mm，另接长约 200mm 的橡皮管，且皮管口统一朝上安装。为了保证铝管在孔内不被堵塞，进浆铝管离孔底面之间的距离保持 2mm。安装完毕，采用环氧砂浆封孔。

5.4 化学灌浆

(1) 灌浆方法采用由下至上分布灌浆，渡槽化学灌浆过程的控制，采用单孔逐个灌浆，多孔分量灌浆和停灌结合。灌浆采用自下而上分段灌浆，灌浆按三序施工。首先采用有压注射器单孔一次灌注，然后从下而上采用电动化学灌浆机多孔分量灌注，最后再使用有压注射器进行分个补灌。

(2) 灌浆前清洗：灌浆前使用丙酮对渡槽内部松散的"三明治"结构进行清洗，使化学灌浆液在渡槽内部流通更加顺畅，清洗灌浆孔内部分砂石杂质。丙酮的灌注使用灌浆注射器从灌浆孔压入，各孔约 300mL。

(3) 配料：化学灌浆材料的配置，根据对渡槽的检查结果，按照 1：8 的配合比进行配料。配比时准备 2000mL 量杯两个，首先将 SCL SG501 浆料倒入量杯，根据配合加入固化剂，倒入的同时搅拌混合均匀，并防止杂物混入浆液中，按量倒入灌浆机。

(4) 灌浆压力：因为渡槽内部出现"三明治"结构现象，渡槽内部孔距较大，灌浆进行时灌浆起始压力不明显。进浆速度快，吸浆量大。最后一轮灌浆结束后，按 0.2MPa 的压力进行闭浆。

(5) 清除注浆嘴：待最后一个注浆孔灌浆结束 90 个小时后铲除注浆管，将不平整的部位及空洞采用环氧胶泥材料堵平整。清理渡槽内壁滴漏、溢出的浆液，保持工程完成后的渡槽美观。

6 效果检查

验收检查在灌浆结束 38 天后进行，采用抽芯发进行检验，经抽芯检验得出性能指标见下表。

性　能　指　标

测试项目	芯样抗压强度	芯样抗拉强度	粘结强度		抗渗压力	渗透压力比
			干粘	湿粘		
性能指标	80MPa	30MPa	6.0MPa	6.0MPa	5.0MPa	500MPa

从渡槽内表面抽取出来的芯样进行检验得出，各项性能指标均符合标准。相对施工前混凝土结构承载力大大提升，粘结力达到 30MPa。浆液很好的侵入混凝土结构毛细缝隙，将渡槽原结构与新建混凝土薄壳粘结为一个整体，完成了新旧混凝土的粘结，固结后浆液对新旧混凝土起到了相互锚固的作用。

7 结束语

根据本工程的最终抽芯检测的结果来看，针对混凝土建筑物出现的"三明治"现象，采用合理的科学的化学灌浆方法，结合合适的灌浆材料，能有效地解决混凝土"三明治"病害现象，起到加固补强的作用。所以对于这项针对于水工建筑"三明治"结构的新技术，在我国未来水利建筑防渗加固工程中有广泛应用前景。

CKC 新型混凝土抗冲撞材料生产性试验研究及展望

汪在芹[1,2,3]　韩　炜[1,2,3]

(1. 长江科学院材料与结构研究所；2. 国家大坝安全工程技术研究中心；
3. 水利部水工程安全与病害防治工程技术研究中心，湖北 武汉 430010)

摘　要：船闸的耐久性一直是水利水电领域研究的重要课题，而船闸闸墙混凝土受过往船只的碰撞、摩擦容易受到破坏，形成擦痕，这不仅极大地影响到了船闸的耐久性，并影响其美观。通过对国内外现有部分工程材料的技术资料和使用情况的调研，选择具有环氧树脂和聚氨酯分子链段结构的特殊树脂为基体，初步制备出了 CKC 系列新型防护修补材料，并在三峡工程五级永久船闸现场进行了生产性科学试验研究。由于 CKC 系列新型防护修补材料特殊的分子结构，使它既具有环氧树脂硬度高、粘结性强的特点，又具有聚氨酯的韧性和耐磨性的特点。通过 2 次半年期与一年期的检测，闸墙修补的 CKC 材料基本完好无损。

关键词：防护修补材料　环氧树脂　聚氨酯　分子结构　韧性

Application of CKC-Series Impact Resistance Concrete and Its Development

Wang Zaiqin[1,2,3]　　Han Wei[1,2,3]

(1. Yangtze River Scientific Research Institute 2. National Dam Safety Engineering Technology Research Center　3. Research Center of Water Engineering Safety and Disaster Prevention of Ministry of Water Resources Wuhan，430010)

Abstract：The durability of a lock concrete wall would have influence on the flood prevention and power generation of a hydrojunction. The concrete wall of a lock is always damaged by impacting of the through ships，which leads to the reduction of durability. Therefore，how to protect the concrete wall to reduce damage is a very important problem in navigation project. By selecting special resins having an epoxy and polyurethane molecule structure as the base，the novel CKC-concrete protection impact material was prepared. For the special structure，the novel CKOconcrete has both epoxy and polyurethane performances of high hardness，and good cohesiveness and anti-wear capacity. By two times examination of half-year period and one-year period，the CKC-ma-terial repaired on the lock wall is basically perfect without damage.

Key Words：protection and repair material，epoxy resin，polyurethane，molecule structure，toughness

[作者简介] 汪在芹，教授级高工，长江水利委员会长江科学院副院长，兼任中国工程建设标准化协会建筑防水专业委员会副主任，联系地址：武汉市黄浦大街 269 号 430010，邮箱：wangzaiqin@gmail.com

1 概述

船闸是水利水电工程中的重要工程之一，是关键通航建筑物，不仅能够极大地改善航运条件、承担频繁的通航任务，更对水利水电工程防洪、发电功能的正常及有效运行起到了不可忽视的作用。船闸的耐久性一直是水利水电领域研究的重要课题，而船闸闸墙混凝土受过往船只的碰撞、摩擦容易受到破坏，形成擦痕，极大地影响到了船闸的耐久性和美观。如葛洲坝船闸经过 20 多年的运行，其闸墙混凝土受船只的碰撞、摩擦非常严重，最严重的部位甚至露出了钢筋，并被锈蚀。三峡大坝的双线五级永久船闸施工现场揭示：在南北二线闸室最高和最低水位以上 3m 范围内的闸墙混凝土受过往船只碰撞、摩擦使表面形成许多擦痕，严重部位擦痕深度达 5cm 左右。船闸闸墙混凝土受碰撞、磨损而影响耐久性的问题是我国大规模水利水电基础建设高潮中所面临的共性问题，因此研究解决船闸闸墙混凝土碰撞、摩擦破损问题是当务之急。

从葛洲坝和三峡船闸的运行状况看，解决闸墙混凝土碰撞、摩擦破损问题主要包括两个方面：一是已有缺陷的修补；二是对闸墙碰撞的防护，而后者尤为重要。防护方法主要有：①给所有进闸船只增加护弦；②对闸墙进行防冲撞处理。常规状况下船只护弦主要是为船只停靠码头而考虑的，要求所有进闸船只增加护弦很难做到，因此应从闸墙混凝土防护处理入手进行研究。

2 CKC 材料结构及性能

通过大量调查分析，目前国内并无相关船闸闸墙混凝土破损修补问题的工程实例及研究，国外也鲜有相关问题研究及解决方法的报道。据悉，国外某水利水电工程中曾经利用钢板对船闸闸墙进行防护，但这样做不仅工艺复杂、造价高昂；而且钢板同样存在破损、锈蚀等问题，同时对钢板的二次修复及更换更为不便。因此，通过与相关设计人员的分析探讨，决定采用性能优越、易施工、便于二次修复的高分子聚合物为基体的新型材料作为本研究首选防护修补材料。由于船闸闸墙的破损受到碰撞和摩擦两种类型的外力作用，所以防护修补材料不仅应该兼具较好的强度与韧性，同时还要具备与闸墙混凝土较好的粘结性。国内外虽然有大量关于高分子材料增强和增韧的研究，而通常情况下通过增韧处理后，会极大地影响到高分子材料的粘结性能。

综上所述，只有通过更深层次的设计改变材料的分子结构，自主研发具有优秀综合性能的新型材料来解决闸墙混凝土的防护问题。在对国内外现有部分工程材料的技术资料和使用情况调研的基础上，通过对美国、日本、荷兰、中国台湾地区以及国内不同高分子聚合物物性的分析比较，初步选择了不饱和树脂 W 为具体的研究对象。

不饱和树脂 W 具有环氧树脂的结构，因此具有好的强度和粘结性能。国外研究人员对不饱和树脂 W 进行了大量的研究。经研究发现，不饱和树脂 W 固化后的性能与主链的柔性、环氧基团的含量、分子量分布、引发剂的浓度等有关。另外，对不饱和树脂 W 的改性主要分为两类：①无机材料，如 SiC，$SiO_2 \cdot ZrO_2$ 和 Al_2O_3 等，对不饱和树脂 W 进行改性，树脂的强度和韧性得到了一定的提高；②有机材料，如添加有机橡胶，与环氧树脂形成互穿网络，在树脂中引入松香结构，用羧基封端等对不饱和树脂 W 进行了改性，一定程度上提高了树脂的机械性能和耐久性。但是，这些改性对不饱和树脂 W 的增韧和增强都很有限。

众所周知，聚氨酯的韧性好，机械性能优异，如能在不饱和树脂 W 中引入聚氨酯的结构，必将大幅提高树脂的韧性、耐磨性等机械性能。因此以不饱和树脂 W 为基体，通过选取不同类型的活性增韧剂、填料、固化剂和促进剂，调整不同的固化体系，从材料的分子结构设计人手来对其性能进行调整，初步制备出了 CKC 系列新型混凝土抗冲撞材料，其主要分子结构如图 1 所示。

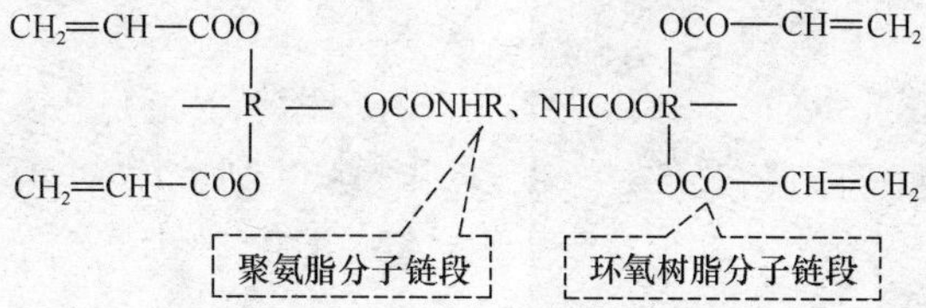

$$CH_2=CH-COO \qquad\qquad OCO-CH=CH_2$$
$$|\qquad\qquad\qquad\qquad\qquad\qquad\qquad |$$
$$-R-\quad OCONHR、NHCOOR\quad -$$
$$|\qquad\qquad\qquad\qquad\qquad\qquad\qquad |$$
$$CH_2=CH-COO \qquad\qquad OCO-CH=CH_2$$

聚氨脂分子链段　　　　环氧树脂分子链段

图 1　CKC 系新型混凝土抗冲撞材料分子结构示意图

如图 1 可见，CKC 系列新型混凝土抗冲撞材料不仅具有环氧树脂的分子链段，还具有聚氨酯的分子链段。因此，它既具有环氧树脂的硬度高、粘结性强的特点，又具有聚氨酯的韧性、耐磨性，可以说是综合了这两种材料的特点，具有优良的综合性能。通过大量的前期实验研究，制备了 CKC-A、CKC-B、CKC-C 系列混凝土抗冲撞材料，其主要性能指标如表 1 所示。

CKC 系新型混凝土抗冲撞材料的部分性能指标　　　　表 1

项　　目	CKC-A	CKC-B	CKC-C	测试方法
黏度（20℃）（Pa·s）	38 ±0.05	45 ±0.05	50 ±0.05	GB/T 7193.1—1987
热稳定性（80℃/h）	>48	>48	>48	GB/T 7193.5—1987
抗压强度（28d）（MPa）	110	100	90	GB/T 2569—1995
抗拉强度（28d）（MPa）	12	21	18	GB/T 2568—1995
粘结强度（28d）（MPa）	>3.5	>3.5	>3.5	GB/T 2794—1981
抗冲击性能（28d）（kg·cm）	>50	>50	>50	GB/T 1732—1993
外　　观	深灰黑色	深灰黑色	灰色	目测
贮存稳定性	25℃下储存 3 个月			

另外，本研究采用了一种活性增韧剂 H，当它与树脂 W 进行混合后，不仅可以使树脂 W 的柔韧性得到进一步增强，更对其产生了固化作用，从而避免了使用传统的固化剂及促进剂，这不仅降低了成本，精简了工序，还增加了操作的安全性和可控性，减少了对环境的污染。目前国内外文献还没有该材料固化机理合理准确的解释，因此对 CKC 系列新型混凝土抗冲撞材料的交联固化机理及其微观结构的研究和准确揭示，还有待于进一步的研究，这不仅能够对 CKC 系列新型混凝土抗冲撞材料进一步的优化和发展奠定科学基础，更有可能为高分子材料研究领域中不饱和树脂交联固化反应的类型及机理提供新的科学研究素材和理论依据。

3 CKC材料的生产性试验研究

在三峡五级永久船闸现场进行了 CKC 系列新型船闸抗冲撞材料的生产性科学试验，具体情况如图 2 所示。通过半年期与一年期实时检测观察，CKC 材料基本完好无损（如图 3 所示），达到了较好地防护船闸闸墙混凝土的目的。CKC 系列新型船闸抗冲撞材料工程应用，仍需通过进一步观察研究来确定其服役效果和期限。

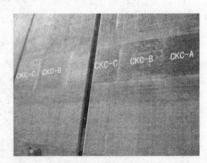

图 2　CKC 系列新型混凝土抗冲撞材料现场生产性科学试验照片

应用半年期照片　　　　　　　　　　应用一年期照片

图 3　CKC 系列新型混凝土抗冲撞材料现场实时检测观察照片

4 材料的应用研究展望

综上所述，CKC 系列新型混凝土抗冲撞材料的研究及应用，不仅具有一定的原始创新性，更具有较大的理论研究及实际应用价值。相信通过对材料性能和配套施工工艺的不断改进和完善，同时通过相关关键技术研究，取得前瞻性、战略性的研究成果并加以推广应用，为水利水电工程的建设与管理提供宏观决策支持和技术支撑，从而保证水利水电工程的安全运行，延长工程使用寿命，提高大坝安全管理水平和工程运行效率，防止和减少病险大坝对人民生命财产带来的损失，将产生巨大的社会效益及经济效益。

参考文献

[1]　KARGER K J，KULEZNEV V N. Dynamic Mechanical and Impact Properties of Polypropylene/EP-DM blends [J]. Polymer，1982(23)：699-705.

[2] BOOGH Louis, PETTERSSON Bo, MFINSON J-AE. Dentritic Hyper-branched Polymers as Toughners for Epoxy Resins[J]. Polymer, 1999, 40(9): 2249-2261.

[3] RATNA D, VARLEY RUSSELL J, SINGH Raman R K, et al. Studies on Blends of Epoxy-functionalized Hyperbranched Polymer and Epoxy Resin [J]. Journal of Material Science, 2003, 38(1): 147-154.

[4] CHOUDHARY V, AGARWAL N, VARMA I K. Evaluation of Bisacrylate Terminated Epoxy Resins as Coatings [J]. Progress in Organic Coatings, 2006, 57: 223-228.

[5] F SCOOT T, COOK W D, FORSYTHE J S. Kinetics and Network Structure of Thermally Cured Vinyl Ester Resins[J]. European Polymer Journal, 2002, 38: 705-716.

[6] NAZARETH da SILVA A L, TEIXEIRA S C S, WIDAL ACC, et al. Mechanical Properties of Polymer Composites Based on Commercial Epoxy Vinyl Ester Resin and Glass Fiber[J]. Polymer Testing, 2001, 20: 895-899.

[7] GóMEZ de SALAZAR J M, BARRENA M I, MORALES G, et al. Compression Strength and Wear Resistance of Ceramic Foams Polymer Composites [J]. Materials Letters, 2006, 60: 1687-1692.

[8] ZHAO Su, ZHANG Jizhong, ZHAO Shiqi, et al. Effect of Inorganic-organic Interface Adhesion on Mechanical Properties of Al_2O_3/Polymer Laminate Composites [J]. Composites Science and Technology, 2003, 63: 1009-1014.

[9] AUAD M L, FRONTINI P M, BORRAJO J, et al. Liquid Rubber Modified vinyl Ester Resins: Fracture and Mechanical Behavior [J]. Polymer, 2001, 42: 3723 − 3730.

[10] DEAN K, COOK W D, BURCHILL P, et al. Curing Behaviour of IPNs Formed from Model VERs and Epoxy Systems Part II. Imidazole-cured epoxy [J]. Polymer, 2001, 42: 3589-3601.

[11] ATTAAM, EI-SAEED S M, FARAG R K. New Vinyl Ester Resins Based on Rosin for Coating Applications[J]. Reactive & Functional Polymers, 2006, 66: 1596-1608.

一种地下工程超前止水技术措施

赵顺增 刘 立 李长成 贾福杰 武旭南

（中国建筑材料科学研究总院，绿色建筑材料国家重点实验室，北京 100024）

摘 要：本文介绍了一种地下工程超前止水技术。工程实践表明，该技术具有超前止水效果可靠、调节混凝土基础变形的能力强、不用下挖垫层、工程量小、施工简单、节省工期、降低工程造价等优点，与传统方法相比，经济技术优势明显。

关键词：超前止水技术 地下工程 混凝土 变形 后浇带

A New Measure for Advanced Water-stop Technique

Zhao Shunzeng Liu Li Li Changcheng Jia Fujie Wu Xunan

(State Key Laboratory of Green Building Materials，China Building
Materials Academy，Beijing 100024)

Abstract：This paper introduces an advanced water-stop technique applied in underground waterproof engineering. Engineering practices show that this new technique has advantages of reliable effect of advanced water-stop, strong foundation deformation adjustment ability, no cushion, less project loads, easy operation, shortening time for a project, and cost saving. Compared with traditional method, its technical and economic superiority is obvious.

Key Words：advanced water-stop technique, underground waterproof engineering, concrete, deformation, post-pouring belts

后浇带是混凝土建筑结构施工中经常使用的一种用于释放收缩变形和应力的构造措施，尤其是在高层建筑的地下工程中，为了调节不同高差建筑之间的沉降，往往需要设置沉降后浇带。这种后浇带需要在结构沉降变形稳定之后（一般在结构封顶之后）才能浇筑，留置时间很长。这期间，周边或内部的降水井必须不断抽水，确保地下水不从留置的后浇带渗入地下室中。长时间抽取地下水，一是工程费用很大，另外也会造成周边地下水位变化，引发周边建筑发生沉降变形。因此，在这些后浇带部位设置超前止水构造措施，对于节省工程造价，安全施工非常必要。

后浇带超前止水技术[1]是依据水浮力、水土压力、地基反力、建筑物荷载和现场情况，对基础底板及地下室外墙后浇带实施超前止水的一种防水做法，已成功用许多地下防水工程，如南京军区南京总医院门诊楼工程[2]，三亚万丽度假村工程[3]，太原市高科技开发区创业大厦[4]等。然而，现有的后浇带超前止水技术还存在以下不足：（1）垫层混凝土施工前，预先在后浇带部位下挖土方，如果底板下有外防水层，还需施工防水层，费工费时；（2）采用橡胶止水带，施工中很容易损坏，止水效果不理想；（3）由于预留的伸缩缝宽度很窄，调节变形的能力有限。本文介绍一种基于超前止水钢板的地下工程超前止水新技术，该技术具有超前止水效果可靠、调节变形能力强、不用下挖垫层、工程量小、施工简单、节省工期、降低工程造价等优点。

1 地下工程超前止水技术

地下工程超前止水技术是一种新型后浇带超前止水构造设计，可以提前取消降水，在混凝土结构沉降变形的时候，允许在预留后浇带部位发生较大的变形，并能够有效防止地下水渗入后浇带。该技术适用于基础位于地下水位以下的高层建筑或主体施工时间较长的基础底板、外墙后浇带工程，也适用于须留设后浇带但基础不能长时间暴露需立即进行基础土方回填的工程，同时适用于施工场地狭小或工期紧需进行砌体等后续工序穿插的工程。

地下工程超前止水技术原理是：直接在基础垫层混凝土预留后浇带的部位铺设带有止水构造的超前止水钢板，钢板厚度 0.5～7.5mm，宽度为后浇带宽度加 15～1000mm。两块超前止水钢板之间的接缝采用焊接或粘结相连接。超前止水钢板的边缘止水凸起嵌入基础底板的保护层混凝土之中，起到止水作用，后浇带部位的钢板不仅可以防止地下水渗入后浇带，而且钢板的延性足以适应后浇带变形的要求。当地下建筑结构重量能够平衡上浮力之后，提前撤掉降水，并且主体建筑完成可以浇筑后浇带时，再浇筑后浇带处的混凝土。后浇带超前止水构造[5]见图 1。

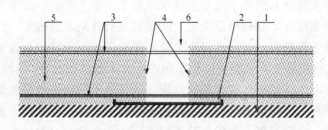

图 1　后浇带超前止水构造

1—基础垫层混凝土；2—超前止水钢板；3—钢筋；4—后浇带侧模；

5—基础底板混凝土；6—后浇带

超前止水钢板的止水构造多样化，可以采用两侧钢板上弯，也可以满焊角钢。钢板上弯时，可以是一侧一道，或将上弯的止水凸起外折，形成有外沿的止水凸起，也可以在其里侧再焊接角钢，形成是一侧多道止水凸起构造，弯起的止水槽内可以镶嵌或不镶嵌遇水膨胀橡胶止水条，具体构造见图 2。

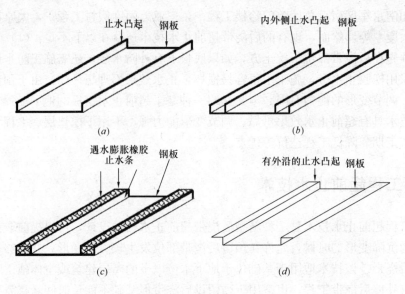

图 2　超前止水钢板的止水构造

2　施工方法及操作要点

2.1　基础底板后浇带

地下工程基础底板后浇带超前止水构造的做法见图 1，施工工艺流程为：基础底板混凝土→超前止水钢板→后浇带钢筋工程→后浇带模板→底板混凝土，具体施工方法如下：

（1）基础底板混凝土施工：依据是否设置外防水层分为两种做法：①未附加外防水层时，直接按设计要求进行基础垫层混凝土浇筑，对于局部不平处，采用水泥砂浆进行找平处理；②附加外防水层时，基础垫层混凝土浇筑后进行外防水层施工，然后按设计要求在防水层上浇筑混凝土保护层，对于局部不平处同样采用水泥砂浆进行找平处理。

（2）超前止水钢板施工：依据实际情况选择适合工程的超前止水钢板止水构造（见图 2），在基础垫层混凝土（基础底板无外防水层）或其之上的防水材料的保护层（基础底板有外防水层）上预留后浇带的部位直接铺设超前止水钢板，保证超前止水钢板的中心线与后浇带中心线重叠，并沿长度方向的接缝满焊或用防水胶粘结（两块相邻的超前止水钢板底缘的宽度相差 2 倍板厚度，这样的超前止水钢板可以形成连锁搭接），焊缝刷防锈漆。为防止使用期间超前止水钢板锈蚀损坏，超前止水钢板的表面涂刷防锈漆或环氧漆。

（3）后浇带钢筋工程施工：按设计图纸进行基础底板钢筋绑扎，保证钢筋绑扎牢固，钢筋铺设位置及间距正常。

（4）后浇带模板施工：后浇带模板侧模可以采用支模板、焊接外包钢丝网钢筋梯子、钢板网或"快易收口网"[6]，此外建议采用成品"快易收口网"，减少后期后浇带清理工作。模板应支护牢固，避免混凝土浇筑时发生跑模现象。

（5）底板混凝土施工：基础混凝土浇筑到后浇带部位时，应加强振捣使混凝土密实，并确保超前止水钢板的边缘止水凸起嵌入基础底板的保护层混凝土之中，更好地发挥其超前止水作用。后浇带部位的钢板不仅可以防止地下水渗入后浇带，而且钢板的延性足以适应后浇带变形的要求。

2.2 外墙后浇带

地下工程侧墙后浇带超前止水构造施工工艺与基础底板类似，超前止水钢板安装方式与底板基本相同，只需要将钢板立在后浇带部位，并点焊在钢筋上或固定在侧墙模板上，浇筑混凝土即可。

3 施工质量控制

3.1 超前止水钢板

超前止水钢板之间的接缝采用焊接或粘结相连接，表面应涂刷防锈漆或环氧漆。镶嵌遇水膨胀橡胶止水条时应防止其发生位移，并防止止水条遇水膨胀失效。

3.2 后浇带模板

后浇带模板支护应牢固，避免混凝土浇筑时发生跑模现象影响超前止水效果，同时增加后期后浇带清理工作，建议采用"快易收口网"。

3.3 底板混凝土浇筑

底板混凝土浇筑时，应确保超前止水钢板的边缘止水凸起嵌入基础底板的保护层混凝土之中，更好地发挥其超前止水作用。

4 超前止水技术特点

与相有的后浇带超前止水技术相比，本文提出的地下工程超前止水新技术具有发下优点：

（1）不用下挖垫层，工程量小，施工简单，节省工期。

（2）超前止水效果可靠，在地下建筑结构重量能够平衡上浮力之后，可以提前撤掉降水，不仅节约地下水资源，降低施工成本，还可以减少因降水对周边建筑稳定性的影响。

（3）调节变形能力强，由于超前止水钢板可以变形的宽度为后浇带宽度，与已有技术相比，具有更大的调节变形能力。

5 工程应用及经济分析

5.1 工程应用

目前，地下工程超前止水技术已成功用于天津浯水道限价房地下车库工程、聊城市市民文件中心及沧州招商大厦（市民服务中心）工程，见图3。当地下建筑结构重量能够平衡上浮力之后，即提前撤掉降水。工程实践表明，该地下工程超前止水技术可以有效地防

(a)   (b)

图3 地下工程超前止水技术工程应用案例

(a) 沧州招商大厦工程；(b) 天津浯水道限价房地下车库

止地下水渗入后浇带，而且钢板的延性足以适应后浇带变形的要求。

5.2 经济分析

采用地下工程超前止水技术，节省了外侧模板的二次施工与常规应在后浇带两侧布置的止水钢板，防水一体化施工也节省了常规做法在后浇带混凝土浇筑后的基层处理、防水与保护层等二次费用，同时因后浇带提前封闭避免了常规敞开做法时因垃圾杂物入内产生的清理费用及施工用水、雨水等进入地下室产生的抽水与清理费用。此外，该超前止水新技术与以往的后浇带超前止水相比，其经济技术也明显。下面以沧州招商大厦（市民服务中心）工程为例，说明地下工程超前止技术的经济优势，超前止水钢板与沉式混凝土加强垫层防水层做法见图4，经济对比见表1。

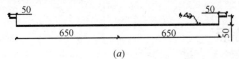

(a)

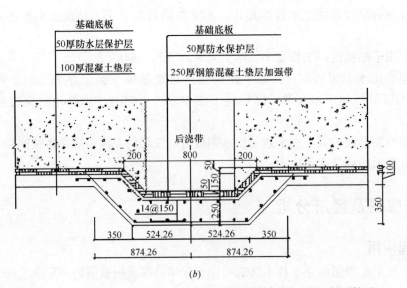

(b)

图4 地下超前止水技术与下沉式混凝土加强垫层防水层构造

(a) 地下超前止水钢板；(b) 下沉式混凝土加强垫层防水层

地下工程超前止水技术与下沉式混凝土加强垫层防水层做法的经济效益对比　　表1

	地下超前止水板	下沉式混凝土加强垫层防水层	
制作单价	35.325kg/m×5600元/t ＝193.95元	土方开挖运输	1m/10m/工日×150＝15元
安装焊接	10元	钢筋	0.045t/m×5000元/t＝225元
		C15混凝土增量	0.2m³×220＝44元
		模板	1.5m²×15元/m²＝22.5元
		SBS附加防水层	2m²×50元/m²＝100元
合计	203.95元	合　计	406.5元
特点	可预成型，加快施工进度，成本低	特　点	工序多，工期长，材料准备量大

由表1可知，超前止水钢板的造价仅为沉式混凝土加强垫层防水层做法造价的50%左右，显然，地下工程超前止水技术具有明显的经济优势。

6　结语

近年来，随着建筑业的发展，高层、超高层、大体量的工程越来越多，后浇带的应用随之频繁出现。按设计的技术规定，现场地下水位较高时，不能在封闭后浇带前停止基坑降水，从而造成资源和能源的浪费。地下工程超前止水技术可以在地下建筑结构重量能够平衡上浮力之后，提前撤掉降水，不仅节约地下水资源，降低施工成本，还可以减少因降水对周边建筑稳定性的影响。并且与已有技术相比，该超前止水效果可靠、调节变形能力强、不用下挖垫层、工程量小、施工简单、节省工期、降低工程造价等优点，具有良好的推广价值。

参考文献

[1] 高正为. 高层建筑后浇带超前止水技术的应用[J]. 广东建材，2009，6：120-122

[2] 葛明华. 提高超前止水后浇带施工质量[J]. 建筑工人，2007，8：14-15

[3] 叶金宜，王俊，周爱江，薛茂家. 三亚万丽度假村工程超前止水施工技术[J]. 施工技术，2010，6：137-148

[4] 李东驰. 后浇带超前止水技术的工程应用[J]. 建材技术与应用，2004，3：39-40

[5] 赵顺增，刘立. 一种地下工程后浇带超前止水的方法及超前止水钢板构造[P]. 中国专利：CN 102226345 A，2011-10-26

[6] 石伟国，赵林. 快易收口网模板及应用[J]. 新型建筑材料，1999，8：44-45

补偿收缩混凝土在端岛井口槽大体积混凝土施工中的应用研究

邵文静[1]　白殿刚[1]　高国栋[1]　巩向楠[2]

(1. 中国石油大港油田公司，天津 300280；

2. 天津大港油田集团工程建设有限责任公司，天津 300280)

摘　要： 膨胀混凝土加强带是一种采用膨胀混凝土设置在建筑物混凝土收缩应力发生的最大部位，来增加混凝土的密实度，提高连续浇筑混凝土的强度及抗裂、防渗性能的超长混凝土整浇浇筑技术。通过该项技术在冀东南堡油田井口槽中的应用，防渗水性强，缩减了施工工序，加快了施工进度，取得良好的技术经济效益和社会效益。

关键词： 补偿收缩混凝土　膨胀剂　井口槽

Research on the Application of the Compensatory Shrinkage Concrete in the End Island Wellhead Solt Mass Concrete Construction

Shao Wenjing[1]　Bai Diangang[1]　Gao Guodong[1]　Gong Xiangnan[2]

(1. Petrochina Dagang Oilfield Company，Tianjin 300280；

2. Engineering Construction Group Co.，LTD of Petrochina

Dagang Oilfield，Tianjin 300280)

Abstract： Expanding reinforcing belt is an overlong integral concreting techenology in concrete structure construction. That is the expansive concrete set in the area of the building where the concrete shrinkage stress is largest in order to Increase the density of concrete and improve the strength，crack resistance and seepagee control performance of the concrete continuous casting. The application of the techenology in the Jidong Nanpu Oilfield wellhead solt improves the seepage control performance，cuts the construction process，speeds up the construction progress and obtains good economic and social benefits.

Key Words： compensatory shrinkage concrete，expanding agent，wellhead solt

---

[作者简介] 邵文静，女，工程师，主要从事滩海海洋工程建筑的研究工作，邮箱：swjing57@163.com

1 前言

冀东南堡油田 A、B 井口槽位于唐山南堡开发区以南约 15km 的新填场地内，井口槽底标高比人工井场低 2.96m，井口槽顶面比人工井场顶面高 100mm。为防止海水渗入井口槽，井口槽必须做成防水结构。井口槽内共布置井口 15 口，每口井均打隔水导管，井口成"一"字形布置，井口间距 3.7m。钻井采用改造后的井架，井架可沿井口槽上轨道移动。

井口槽长达 79.8m。根据规范，至少设置 2～4 道伸缩缝。井口槽为防水结构，不允许出现任何渗漏现象。设计在主体结构设有后浇带。整个井口槽的后浇带时间总计需要 60～90 天。而井口槽的整体工期仅为 60 天。工期如此之紧，无法进行后浇带的二次浇筑。所以开展了补偿收缩混凝土技术的研究，并将补偿收缩混凝土应用于端岛井口槽大体积混凝土工程的施工中。

2 补偿收缩混凝土技术研究

超长混凝土结构常规施工每隔 20～30m 需要设置一道后浇带，由于后浇带延长工期，钢筋断后的搭、焊接和清理凿毛均给填缝施工带来一定麻烦，处理不好将留下隐患，因此可采用补偿收缩混凝土取代后浇带连续浇筑超长建筑的无缝设计施工方法。利用补偿收缩混凝土在硬化过程产生的膨胀作用，在结构中产生少量预压应力用来补偿混凝土在硬化过程中产生的温度和收缩拉应力，从而防止收缩裂缝或把裂缝控制在无害裂缝范围内。

2.1 超长混凝土结构收缩裂缝原因

众所周知，一维线性混凝土结构发生收缩裂缝的主要原因是在外界和混凝土自身的因素影响下，混凝土收缩变形受到混凝土结构体内和周边约束时，在混凝土体内产生与收缩变形方向相反的分布收缩应力，当分布收缩应力沿一维结构长度方向累加在结构中部横截面上形成的最大拉应力超过混凝土的抗拉强度时，混凝土开裂，超长混凝土结构收缩应力分布如图 1 所示。

超长混凝土结构内的分布收缩应力可按式（1）计算：

$$\sigma_x(t) = E_c(t)K_r S(t)\varepsilon_c(t) \qquad (1)$$

式中：$\sigma_x(t)$ 为结构内分布收缩应力，随时间和位置变化，在某一时间 $\sigma_x(t)$ 的最大值为 $\sigma_{xmax}(t)$ 发生在混凝土结构的中部，由 K_r 可知，随着混凝土结构的长度加大 $\sigma_{xmax}(t)$ 也逐渐增大，说明收缩应力沿混凝土结构长方向有累加作用；$\varepsilon_c(t)$ 为混凝土的弹性模量，随时间变化；K_r 为约束系数，$K_r = 1 - \mathrm{ch}\beta x / [\mathrm{ch}\beta(L/2)]$，随混凝土结构位置变化，

当 $x=0$ 时 K_r 取最大值为 $K_{rmax} = 1 - 1/$

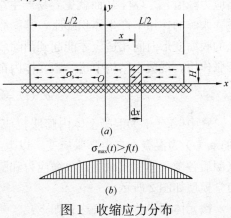

图 1 收缩应力分布

$[\mathrm{ch}\beta(L/2)]$，当 $x = L/2$ 时 $K_{\mathrm{r}} = 0$，其中 $\beta = \sqrt{C_{\mathrm{x}}/(HE_{\mathrm{c}}(t))}$，$C_{\mathrm{x}}$ 为阻力系数，H 为板厚度；$S(t)$ 为混凝土徐变松弛系数，随时间变化；$\varepsilon_{\mathrm{c}}(t)$ 为混凝土在外界和自身因素影响下的体积自由收缩应变，随时间变化。当某一时间 $\sigma_{\mathrm{xmax}}(t)$ 大于混凝土抗拉强度时结构开裂，即

$$\sigma_{\mathrm{xmax}}(t) > f(t) \tag{2}$$

式中：$f(t)$ 为混凝土极限抗拉强度，随时间变化。

由于收缩拉应力 $\sigma_{\mathrm{x}}(t)$ 在结构中的分布是不均匀的，$\sigma_{\mathrm{xmax}}(t)$ 发生在对称的一维线性结构的中间，一般收缩裂缝往往出现在结构的中部。

2.2 补偿收缩混凝土防裂机理

补偿收缩混凝土是利用在混凝土中添加具有膨胀性能的外加剂使硬化后的混凝土产生与收缩相反的体积膨胀来补偿混凝土的收缩，以此消除或减小收缩应力，其关系如下：

$$\sigma_{\mathrm{x}}(t) = E_{\mathrm{c}}(t)K_{\mathrm{r}}S(t)[\varepsilon_{\mathrm{c}}(t) - \varepsilon_{\mathrm{v}}(t)] \tag{3}$$

式中：$\varepsilon_{\mathrm{v}}(t)$ 为混凝土体积自由膨胀应变，随时间变化。

由式（3）可见，$\sigma_{\mathrm{x}}(t)$ 随 $\varepsilon_{\mathrm{v}}(t)$ 增大而减小，当 $\varepsilon_{\mathrm{v}}(t)$ 大于 $\varepsilon_{\mathrm{c}}(t)$ 时，$\sigma_{\mathrm{x}}(t)$ 还可以从收缩拉应力变为膨胀压应力，从而达到防止收缩裂缝的目的。但在收缩应力 $\sigma_{\mathrm{x}}(t)$ 减小的同时，由于混凝土体内的膨胀源的作用，混凝土原生结构的每一微元点上都受到均匀较小的膨胀拉应力，这种膨胀拉应力大小与膨胀量有关并且可以在远小于 $\sigma_{\mathrm{max}}(t)$ 的范围内加以控制。由此可见，补偿收缩混凝土实际上就是将混凝土结构收缩拉应力峰值 $\sigma_{\mathrm{max}}(t)$ 的能量均匀转化分摊到混凝土体积内的每一点上，使不均匀的收缩应力在混凝土结构内基本达到均匀。只要控制结构内每一点的膨胀应力值都小于混凝土抗拉强度，就能防止收缩裂缝的发生。因此，用补偿收缩混凝土来防止结构收缩裂缝是经济有效的方法。

2.3 补偿收缩混凝土安全性研究

资料表明，要使补偿收缩混凝土达到既能消除结构裂缝又能防止混凝土原生结构的局部胀裂破坏的目的，就必须注意混凝土膨胀量及膨胀时间的有效控制。一方面当一维线性结构的长度较大时，由于结构中较小的收缩应变 $\varepsilon_{\mathrm{c}}(t)$ 值就会在结构的中部产生较大的收缩应力峰值 $\sigma_{\mathrm{max}}(t)$，从而就更容易产生结构中部的收缩裂缝。从式（3）中可知当混凝土在膨胀源的作用下产生体积膨胀，其膨胀量应大于或等于收缩应变量且膨胀时间应和混凝土的收缩变形时间相适应才能起到消除收缩应力的最佳效果。另一方面由于膨胀源的体积膨胀作用，混凝土结构中每一微元体内都受到膨胀拉应力：

$$\sigma_{\mathrm{v}}(t) = E_{\mathrm{c}}(t)S(t)\varepsilon_{\mathrm{v}}(t) \tag{4}$$

式中：$\sigma_{\mathrm{v}}(t)$ 为混凝土体内膨胀拉应力；$E_{\mathrm{c}}(t)$ 为混凝土的弹性模量，假定拉、压相同；$\varepsilon_{\mathrm{v}}(t)$ 为混凝土自由膨胀应变。以上各量都是时间的函数，混凝土结构中均匀加入膨胀源后各微元体上同时受到收缩应力和膨胀拉应力的共同叠加作用，将微元体单独取出其力学模型如图 2 所示。

微元体所受总应力表达式如下：

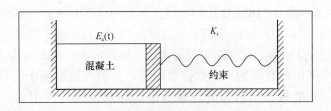

图 2　微元体受力模型

$$\sigma = \sigma_v(t) + \sigma_x(t) = E_c(t)S(t)\varepsilon_v(t) + E_c(t)K_rS(t)(\varepsilon_c(t) - \varepsilon_v(t))$$
$$= E_c(t)S(t)[\varepsilon_v(t) + K_r(\varepsilon_c(t) - \varepsilon_v(t))] \tag{5}$$

从式（5）中可知当混凝土周边约束刚度较大时即约束系数 $K_r \rightarrow 1$，此时微元体所受总应力可用式（6）表示：

$$\sigma = \sigma_v(t) + \sigma_x(t) \approx E_c(t)S(t)\varepsilon_c(t) \text{（拉）} \tag{6}$$

即总应力仅与混凝土自由收缩应变 $\varepsilon_c(t)$ 有关，而与混凝土的自由膨胀应变值 $\varepsilon_v(t)$ 无关，表明当周边约束较大时混凝土的自由膨胀应变值 $\varepsilon_v(t)$ 可以相对地大一些，所以在工程中一般用于封堵或填槽的混凝土膨胀量可相对较大。

当混凝土周边约束很小时即在自由情况下约束系数 $K_r \rightarrow 0$，此时微元体所受总应力可用式（7）表示：

$$\sigma = \sigma_v(t) + \sigma_x(t) \approx E_c(t)S(t)\varepsilon_v(t) \text{（拉）} \tag{7}$$

即总应力仅与混凝土膨胀应变值 $\varepsilon_v(t)$ 有关，所以在小约束情况下为保证补偿收缩混凝土使用的安全性，对混凝土结构的膨胀应变有一定的限制要求，否则就容易造成混凝土的局部破坏。

通过以上的讨论可知，要确保补偿收缩混凝土在小约束条件下的应用有效性和安全性，其混凝土在硬化过程中任意时间的自由膨胀应变都必须满足下列关系式：

$$\varepsilon_{vmin}(t) < \varepsilon_v(t) < \varepsilon_{vmax}(t) \tag{8}$$

式中：$\varepsilon_{vmin}(t)$ 为满足补偿收缩要求所需的最小自由膨胀量，$\varepsilon_{vmin}(t) = \varepsilon_c(t) - \dfrac{f(t)}{E_c(t)K_rS(t)}$；$\varepsilon_{vmax}(t)$ 为确保补偿收缩混凝土安全的最大自由膨胀应变量，$\varepsilon_{vmax}(t) = \dfrac{f(t)}{E_c(t)S(t)}$

公式中的各值都是时间的函数，可见 $\varepsilon_{vmin}(t)$ 和 $\varepsilon_{vmax}(t)$ 是两条随时间变化的曲线。

综上所述，为确保补偿收缩混凝土防裂效果和安全性，在工程应用之前必须通过试验研究确其容许的最大和最小自由膨胀曲线，只要补偿收缩混凝土实际膨胀曲线在此范围内就能保其防裂效果和安全性。

2.4　膨胀剂的工作原理

HEA 膨胀剂，是以高铝熟料为主要原料生产的具有良好膨胀源的混凝土膨胀剂，其特点是膨胀能量大，干缩小，掺入混凝土后能补偿混凝土的收缩，达到抗渗防裂目的。超长无缝混凝土结构是以 HEA 补偿收缩混凝土为结构材料，以加强带取代后浇带连续浇筑的超长钢筋混凝土结构。利用掺 HEA 的补偿收缩混凝土为结构材料，在硬化过程中产生膨胀作用，由于钢筋和邻位约束，在结构中建立 0.2～0.7MPa 的少量预压应力，通过调整混凝土中 HEA 掺量可使不同区段获得不同的预压应力，以此来补偿混凝土在硬化过程中因温差和干缩产生的拉应力，从而防止裂缝出现，起到抗渗、防水的作用。使用这种方法可连续浇筑 100～200m 超长结构。根据抗裂原理，只要控制混凝土的收缩与膨胀保持一个相对的范围内，就能做到结构无缝或裂缝控制在规范允许范围内，满足工程的使用功能。

在应力集中的 σ_{max} 膨胀加强带两侧铺设密目钢丝网，并用立筋加固，防止混凝土流入加强带，加强带之间适当增加水平构造钢筋 10%～15%。施工时，加强带外用掺 8%～10%HEA 的小膨胀混凝土，浇筑到加强带时，用掺 14%～15%HEA 的大膨胀混凝土，其强度等级比两侧高 5MPa。到另一侧时，又改为浇筑掺 8%～10%HEA 的小膨胀混凝土。如此循环下去，连续浇筑 HEA 混凝土，实现无缝施工。如图 3 所示。通过 HEA 的不同掺量，可使混凝土结构在长度方向获得相应大小的补偿收缩的膨胀应力。

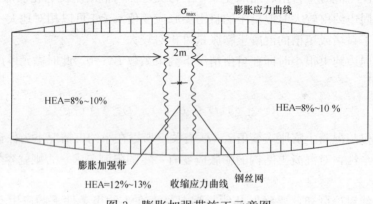

图 3　膨胀加强带施工示意图

2.5　具体做法

所有井口槽槽池壁及钻机承台均掺 10%～12%UEA（膨胀率 $2～3×10^{-4}$）。但每间隔 50m 设置一条 2m 宽膨胀加强带，带内混凝土掺加 14%～15%UEA（膨胀率 $4～6×10^{-4}$），两侧设密孔钢丝网，防止混凝土流入加强带，可连续浇筑 100～150m 的超长建筑。

由于这种方法，规范未列入，施工要求严，气候环境影响大，潮湿地区膨胀可保持，干燥地区会存在问题。最好在有条件保湿养护的地下结构中采用。也可考虑在建筑长度 70m 以下，设置后浇带后影响工期的工程上试用，但对混凝土构件仍应针对性地采取一些必要的控制和抵抗温度收缩应力的设计措施。另外特别提请施工时要严格保湿养护。

收缩补偿带的留设：补偿带相当于后浇带，宜选在结构受力较小的部位，由于井口槽为均匀受力体，因此在承台及池壁的中部均匀选取两处作为伸缩补偿带，弯矩虽大，但剪力很小。补偿带宽度 2300mm 为宜，补偿带两端用 30～40 目细钢丝网隔离，防止混凝土相互乱窜。

混凝土的选择：后浇带内的二次浇筑混凝土，应使用无收缩的混凝土。混凝土的强度至少与先浇筑混凝土相同或提高一级，并提高微膨胀剂的掺量，膨胀率为 2.5%～3.1% 为宜。补偿带体积为整体混凝土量的 0.02% 为宜。

3　补偿收缩混凝土在端岛井口槽大体积混凝土施工中的应用

3.1　设计情况

钻机轨道基础承台通常 70～90m。一般在井口槽中部设置 1～3 道后浇带，后浇带混凝土浇筑时间为混凝土浇筑后两个月，但由于：（1）后浇缝的保护、清理与凿毛非常困难；（2）井口槽防水等级高，采用后浇带施工缝增多，留下渗漏水隐患；（3）后浇带的填缝需待结构两侧混凝土浇筑后 2 个月方可施工，影响总工期。鉴于以上原因，依据超长无缝结构技术，膨胀加强带和后浇膨胀加强带的间距控制在 25～45m，总长控制在 100～150m，结构设计图后浇带设计的间距和位置均可满足"无缝设计"膨胀加强带的要求，膨胀加强带布置为原后浇带的位置，见图 4 中的阴影部分。

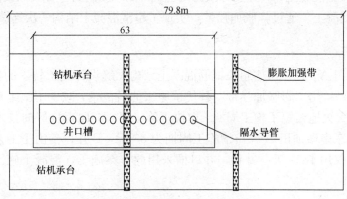

图 4　膨胀加强带布置图

3.2　施工情况

3.2.1　原材料的选择

本工程水泥选用较稳定、水化热低的炼石牌 P.O.42.5 普通硅酸盐水泥，以降低水化热。粗骨料选用闽江产破碎河卵石，级配 5～31.5mm 连续级配，且含泥量、泥块含量、针片状含量、压碎指标符合建筑用粗骨料Ⅱ类质量要求；细骨料选用洁净的闽江中砂，连续级配，细度模数为 2.3～2.5，含泥量＜1％；外加剂Ⅰ选用 TW-10A 高效泵送剂；外加剂Ⅱ HEA 高性能膨胀剂；掺合料选用Ⅱ级原状粉煤灰，其各项指标均符合 GB 1596—1991 中的Ⅱ级粉煤灰技术标准，降低水化热，并且使水化热均匀缓慢释放，减少早期收缩，增强混凝土后期强度。

3.2.2　井口槽膨胀加强带施工

混凝土配合比见表 1 及表 2。

混凝土配合比（小膨胀混凝土）　　　　　　　　　　　　　表 1

试配强度	砂率（％）	水	水泥	砂	石	外加剂Ⅰ	外加剂Ⅱ	掺合料
C30P8	40	175	305	707	1121	6.6	27	59
		0.57	1.0	2.3	3.7	0.03	0.09	0.19

					混凝土配合比（大膨胀混凝土）			表 2
试配强度	砂率（%）	水	水泥	砂	石	外加剂 I	外加剂 II	掺合料
C35P8	39	175	335	654	1124	7.5	40	65
		0.52	1.0	2.3	3.4	0.02	0.12	0.19

　　超长无缝结构混凝土浇筑时，应与混凝土搅拌站加强联系，严格按配合比和施工组织设计进行施工。混凝土浇筑完毕，进行混凝土表面处理，及时浇水养护；大体积混凝土还应覆盖一层塑料薄膜及保温被进行保温保湿养护，并加强温度监控。

　　我们在冀东南堡 A、B 井口槽原设计设置后浇带的地方设置膨胀加强带，膨胀加强带两侧铺设密目钢丝网，并用立筋加固，防止混凝土流入加强带，加强带之间适当增加水平构造钢筋 15%。施工时，加强带外用掺 8%HEA 的小膨胀混凝土，浇筑到加强带时，用掺 15%HEA 的大膨胀混凝土，其强度等级比两侧高 5MPa。到另一侧时，又改为浇筑掺 8%HEA 的小膨胀混凝土。通过膨胀加强带，实现了超常混凝土结构一次连续浇筑。

3.3　效果分析

　　冀东南堡油田 A、B 井口槽超长钢筋混凝土结构无缝设计施工技术的应用，突破了传统的设计施工规范，用"膨胀加强带"替代了原来的后浇带，减少了施工对后浇带处理这一繁琐的环节，大大地缩短了施工周期，加快了施工进度，取得良好的技术经济效益和社会效益。其中冀东南堡油田 A 井口槽施工周期为 85 天，B 井口槽由于工艺已较成熟，在冬期施工情况下仅用了 57 天；并且，井口槽采用此方案施工，混凝土施工质量高，防渗水性强。

4　结论

　　膨胀混凝土技术解决了超长混凝土结构传统的后浇带施工法施工周期长，整体性和防渗水性差等难题。该技术在端岛井口槽中的成功应用，大幅度缩短了施工周期，提高了超长混凝土结构的整体性和闭水性。同时在井口槽槽壁及轨道承台基础上均匀设置 6 个测温孔，及时掌握温度变化情况，便于采取相应的养护措施，为今后的混凝土施工积累经验。

超长地下室外墙的温度场和温度应力分析

贾福杰[1]　刘　伟[2]　徐培清[2]　李长成[1]　聂凤义[2]　何有磊[3]

(1. 中国建筑材料科学研究总院　绿色建筑材料国家重点实验室，北京　100024；

2. 聊城昌润住房开发建设有限公司，聊城　252000；

3. 聊城市聊建集团第四建筑公司，聊城　252000)

摘　要：针对常见的地下室混凝土外墙因温度应力而导致的开裂问题，本文利用 ANSYS 有限元分析软件对聊城市民文化中心工程地下室外墙的温度场和温度应力进行了模拟计算，并对混凝土的施工期温度进行了监控。工程结果表明，通过对混凝土温度应力的估算，选择合理的后浇式膨胀加强带设置方式以及采用补偿收缩混凝土，该工程地下室可以取消外墙伸缩缝，做到超长无缝施工。

关键词：温度应力　有限元　温度裂缝　补偿收缩

Temperature field and temperature stress Analysis of Super long basement wall

Jia Fujie[1]　Liu Wei[2]　Xu Peiqing[2]　Li Changcheng[1]　Nie Fengyi[2]　He Youlei[3]

(1. State Key Laboratory of Green Building Materials, China Building Materials Academy, Beijing 100024；2. Liaocheng ChangRun housing development and construction Co., Ltd, Liaocheng 252000；3. Fourth Construction Company of Liaocheng Liaojian Construction Group, Liaocheng, 252000)

Abstract：This paper carried out basement wall temperature field and temperature stress simulation calculation of Liaocheng citizens cultural center using finite element analysis software ANSYS, in view of common cracking problem of concrete basement wall due caused by temperature stress , and monitored the temperature during concrete construction period. The results show that through the estimation of concrete temperature stress, the reasonable selection of setting method about post-pouring expansion reinforcing band as well as the use of shrinkage compensating concrete, we can achieve seamless construction with the wall joints cancelled.

Key Words：temperature stress, finite element, temperature crack, shrinkage compensating

[作者简介] 贾福杰，1985 年 12 月生，男，助理工程师。单位地址：北京市朝阳区管庄东里 1 号（100024）。联系电话：010-51167601，15001349855

1 引言

结构物在使用过程中承受着两大类的荷载作用，其中静荷载、动荷载和其他荷载，称为第一类荷载作用；温度变形、收缩变形、不均匀沉降等变形荷载则称为第二类荷载作用。国内外关于第一类荷载作用下混凝土构件的设计都有自己的经验公式，并纳入有关的规范，尽管计算结果出入比较大，但毕竟可参考应用，作为理论依据。但是国内外对受基础约束地下室墙板的调查资料表明，近年来大量裂缝的出现，并非与第一类荷载有直接的关系，而是主要由第二类荷载作用引起的。这类裂缝约占裂缝总数的80%，而由第一类荷载引起的裂缝仅占20%左右[1]。

在工程应用中，由于温度场的变化，使结构产生膨胀或收缩，当结构受到约束时，产生温度应力。而由于温度应力的作用，对结构的强度、刚度产生一定的影响，会产生裂缝，降低结构的寿命。因此分析结构的温度场和温度应力可以对结构采取控制措施，以防建筑结构开裂。

2 混凝土温度裂缝形成原因及特点

混凝土跟自然界万物一样，都遵循着"热胀冷缩"的规律，混凝土在升温过程中会发生膨胀，称之为热膨胀，在降温过程中会发生收缩，也称之为冷缩。热膨胀的危害在于，一旦混凝土内部温度与表面温度的温度梯度过大，在表面边界条件的限制下，混凝土内部产生压应力，混凝土表面则会产生拉应力，当温升梯度超过某一临界值（我国大体积混凝土规范规定25℃）时，混凝土表面就会开裂，出现表面裂缝。随着水泥水化的延续，混凝土的温度会从最高温度逐渐向环境温度回落，发生冷缩变形，如果混凝土是处于自由状态下，这种冷缩变形会得到释放，一般不会产生裂缝；然而在结构中，由于邻位以及钢筋等的约束，冷缩会使混凝土结构产生拉应力，而一旦拉应力超过此时混凝土的抗拉强度，混凝土就会开裂。像以上所述的各种因温度变化产生的变形裂缝，称之为温度裂缝。

地下室外墙温度开裂的主要特点是：地下室外墙墙体温度变化时间较短，一般在24小时内温度达到最高，7天左右墙体内外温度趋于相同；沿墙长方向的正应力是导致墙体开裂的控制应力，墙中应力较大，墙端应力较小；绝大多数为竖向裂缝，即垂直于受基础约束较大的方向，缝长接近墙高；地下室外墙墙体越薄，徐变温度应力越小，拉应力出现时间越早；裂缝发展随着时间变化，发展情况与混凝土是否暴露在大气中的气候变化和暴露时间有关；地下室侧墙越长正应力越大，但当墙体长度超过一定范围后，正应力就不再增加；裂缝在墙板中部附近较多，其形状呈枣核形，两端窄中间宽；夏季施工多于秋冬施工等[2]。

3 工程实例

聊城市民文化中心位于聊城市东昌东路以北，徒骇河以西，由山东省聊城市规划建筑设计院设计，占地面积122亩，主体建筑面积83000m²，其中地上56000m²，地下

27000m²。建筑层数为地下一层，地上五层。地下车库结构为板柱—抗震墙结构，基础形式为筏板基础＋柱墩，屋盖采用柱支撑现浇密肋楼盖形式（图1）。根据设计图纸，该建筑长193.8m、宽154.8m，筏板和地下室外墙设计强度等级C30，抗渗等级P8，该建筑为超长结构。

图1 聊城文化中心地下室外墙及顶板浇筑情况

4 设计要点

温度荷载是影响墙体开裂的最主要因素之一，温降越大，墙体温度应力就越大，开裂的可能性就越高。因此采取必要的措施以减小温降是合理的。如初期升温阶段的降温和降温阶段的保温。约束也是影响墙体开裂的最主要因素之一。局部刚性约束如顶板、柱子等将增大墙体的应力。并且如果约束太强还会使墙体在约束附近产生应力集中现象，结构更容易开裂。整体柔性约束如横向的分布筋则会使应力减少，降低墙体开裂的可能性。

我们需要同时从"抗"和"放"的两个角度对地下室外墙裂缝进行控制。在混凝土材料的选择上，从水泥的品种，水泥的用量，外加剂的选用，粗细骨料的选择等方面尽可能地降低水化热，以减少温度应力对裂缝控制的影响。采用补偿收缩混凝土，利用其混凝土的膨胀应力，来抵消其干缩以及温度变化造成的应力，但是其膨胀剂掺量和膨胀应力需适宜，不能过大，否则会适得其反，对结构物造成损害，不能过小，小了起不到补偿收缩的作用。在外部环境方面，从混凝土搅拌到养护的一系列过程中，使用原材料降温、洒水保湿等方法尽量减小温差以降低温度应力。这主要是对裂缝的"抗"；地下室外墙所受的约束是比较大的，约束所产生的应力也是导致外墙开裂的一个重要的因素，因此针对约束的作用，选择设置后浇带或应力释放带减小单片地下室外墙的长度，通过"放"来达到控制裂缝的目的[2,3,4]。

5 施工中的注意事项

（1）浇筑地下室外墙之前，将底板导墙水平面剔凿好，并清洗干净止水钢板，保证模板支护牢靠，防止跑浆漏浆。

（2）合理安排浇筑顺序，保证在混凝土浇筑过程中，接茬时间不超过4h，不会形成施工冷缝。

(3) 外墙浇筑混凝土前，底部先浇筑 50mm 厚砂浆，以防止出现烂根现象。

(4) 尽量控制混凝土的入模温度不要过高。

(5) 浇筑外墙时，切忌将应预留的外墙后浇式加强带一起浇筑。

(6) 地下室外墙浇筑完后，应带模养护 7d，拆模后洒水养护至 14d。

6 温度场和温度应力分析

6.1 有限元预测温度场温度应力结果

对于外墙来说，其长向，宽向的温度基本没有梯度，只有厚度方向的温度梯度较大，所以取其一跨的距离 10.2m 进行计算。

混凝土配合比 表 1

强度等级	混凝土配合比（kg/m³）								混凝土强度（MPa）		
	C	FA	SL	UEA-D	W	S	G	AD	7d	28d	60d
C30	210	80	60	50	170	855	965	11.2	31.0	51.3	56.6

按照长度 10.2m，高度 4.5m，厚度 0.3m 进行建模，配合比见表 1，材料参数按表 2 中值定义，根据施工时间来推断环境温度水平，应该在 5～15℃，折合成公式为

$$T = 5\cos(2\pi t - \pi) + 10$$

混凝土计算参数 表 2

材料	导热系数 [kJ/（m·h·℃）]	比热 [kJ/（kg·℃）]	密度（kg/m³）
混凝土	10	0.96	2400

根据当时的骨料温度，以及搅拌站历史记录估算入模温度为 20℃。将入模温度和环境温度加载到模型上，模型只有垂直厚度方向的两面散热，其他两个侧面以及顶面绝热，底面与已浇筑混凝土存在热传导，计算结果见图 2，最高温度出现在 1.6d 左右，为 33℃。

根据计算结果外墙 7d 时，温度已经降到环境温度，故只需对外墙 7d 龄期的温度应力进行计算，在底面加载全约束，因为只取了外墙的一段，所以在沿厚度方向的两个侧面加了对称约束。

计算结果如图 3 所示，计算结果拉应力为 1.84MPa，乘以松弛系数 0.5，得到结构最大拉应力为 0.92MPa，出现在墙根底部。

混凝土早期开裂概率应由裂缝抗裂指标给出，裂缝抗裂指标由抗拉强度与温度应力之比决定。

$$K = f_t/\sigma_{max}$$

式中 K——大体积混凝土抗裂安全系数，应 ≥1.15；

f_t——到指定期混凝土抗拉强度设计值，N/mm²。

此时的混凝土抗拉强度为 $f_t = 1.5$MPa，算得安全系数为 $K = 1.63 \geq 1.15$，结构不会开裂。

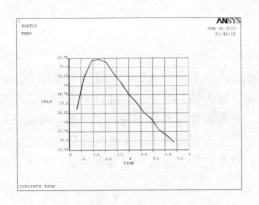

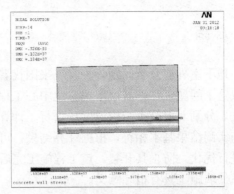

图2 有限元温度场计算结果　　　　　图3 有限元温度应力计算结果

6.2 现场测温结果

施工时，采用远程无线混凝土测温仪分别对中心位置的核心部位以及环境温度进行了现场温度监测，测量结果见图4～图7。

图4 现场预埋温度传感器　　　　　图5 测温信号中继器

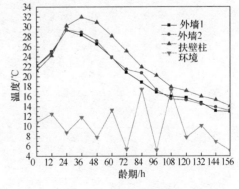

图6 现场实时测温情况　　　　　图7 实际测温结果

测温结果显示，最高温度为32℃，出现在36h左右，与计算结果基本相符。

7 总结

地下室外墙开裂问题，一直以来困扰着施工人员和研究人员，始终没有好的办法能够解决这个问题，在聊城市市民文化中心工程地下室外墙的施工中，通过半有限元计算分析方法，分别对混凝土结构温度场进行了计算，并对温度应力分布进行了模拟，模拟计算结果与实测结果基本相符，根据计算结果，可以提前对混凝土的施工配合比进行调整，对设计进行优化，防止其开裂，该工程施工完后，效果良好，没有产生有害裂缝，对以后的地下室外墙施工具有指导意义。

参考文献

[1] 王铁梦. 工程结构裂缝控制. 中国建筑工业出版社，1997：5-6
[2] 王强，尹润杰，刘桂玲，刘明，张毅斌，张前国，荣秀芳. 超长地下室混凝土结构温度应力分析[J]. 沈阳建筑大学学报（自然科学版），2009，25(3)：437-441
[3] 肖水华. 地下室钢筋混凝土外墙板非荷载作用裂缝控制研究[D]. 湖南大学. 湖南，2004
[4] 李骁春. 高层建筑地下室侧墙温度裂缝机理及控制技术[D]. 河海大学. 南京，2004

NC-P 膨胀剂配制刚性防水混凝土的研究与工程应用

肖 斐[1,2] 鲁统卫[2]

（1. 重庆大学，重庆 400030；2. 山东省建筑科学研究院，济南 250031）

摘 要：膨胀组分加入水泥中，可以生成体积增大的水化产物，这些水化产物能填充、堵塞硬化体的毛细孔、改变了孔结构和孔级配，提高了硬化体的密实度。宏观表现混凝土产生体积膨胀，约束条件下膨胀能转化成预压应力，可在混凝土中形成适宜的应力状态，使混凝土具有良好的抗裂性能和抗渗性能等。混凝土结构自防水的前提是控制有害裂缝，关键要解决钢筋混凝土硬化过程中的收缩变形。补偿收缩混凝土具有抗裂防渗的双重功能，这是其他外加剂防水混凝土所不具备的。配制结构自防水混凝土是混凝土膨胀剂的主要用途之一。本文介绍 NC-P 膨胀剂配制刚性防水混凝土的性能，并列举工程应用实例。

关键词：混凝土结构自防水 混凝土膨胀剂 抗裂防渗 补偿收缩

Research and Application of Rigid Waterproof Concrete with NC-P Expansive Agents

Xiao Fei[1,2] Lu Tongwei[2]

（1. Congqing University，Congqing 400030；2. Shandong Provincial
Academy of Building Research，Jinan 250031）

Abstract：Shrinkage compensating concrete has dual functions of anti-crack & anti-leakage which not available with other waterproof concrete. Structure self-waterproof concrete batching is one of the leading purposes for expansive agents. This paper introduces the property of rigid waterproof concrete with NC-P expansive agents, some engineering applications are also presented.

Key Words：concrete structure self-waterproof，expansive agent，anti-crack & anti-leakage，shrinkage compensating

1 前言

刚性防水材料是指以水泥、砂石为原材料，或其内掺入少量外加剂、高分子聚合物等

[作者简介] 肖斐（1979—），女，工程师。单位地址：山东省济南市无影山路 29 号（250031）。E-mail：邮箱 feitian_07@sina.com

材料，通过调整配合比，抑制或减少孔隙率，改变孔隙特征，增加各原材料界面间的密实性等方法，配制成具有一定抗渗透能力的水泥砂浆混凝土类防水材料。刚性防水是相对防水卷材、防水涂料等柔性防水材料而言的防水形式，主要包括防水砂浆和防水混凝土。刚性防水材料按其发展历程及使用胶凝材料的不同可分为三大类，最初是以膨胀水泥作为刚性防水的基材，用以解决刚性防水材料的收缩开裂问题。第二类是通过加入无机或有机外加剂来达到防水的目的，如添加铝粉、三乙醇胺、有机硅或聚合物等，形成胶体或络合物，堵塞毛细孔隙，提高水泥砂浆和混凝土的抗渗性，或是掺加引气剂形成不连通的微小气孔，切断毛细孔缝的通道，从而提高材料的抗渗性，或是加入减水剂，通过降低用水量的途径减少材料的孔隙率，提高其防水性能。第三类是掺加膨胀剂拌制补偿收缩混凝土，通过水泥的水化反应混凝土产生适量膨胀，在钢筋和邻位结构限制下，在钢筋混凝土中建立预压应力，可抵消混凝土收缩时产生的拉应力，防止混凝土开裂，同时水化反应生成的钙矾石晶体填充、切断、堵塞混凝土的毛细孔，大大提高混凝土的密实度和抗渗能力，混凝土膨胀剂可同时解决混凝土的抗裂和防渗的问题，有力的推动的刚性防水技术的快速发展。

2 NC-P 混凝土膨胀剂的性能及抗裂防渗机理

混凝土自由收缩是不会产生裂缝的，只有当混凝土受到钢筋和邻位约束时，这种限制收缩才可能产生裂缝，当其收缩超过极限拉伸变形值 ε_p 时，混凝土会开裂。在混凝土中掺加适量的膨胀剂可配制补偿收缩混凝土，是一种适度膨胀的混凝土。当混凝土膨胀时，混凝土中的钢筋对它的膨胀产生限制作用，钢筋本身也因与混凝土一起膨胀而产生拉应力（σ_s），同时混凝土中就产生相应的压应力（σ_c）：

则：
$$\sigma_c = \rho \cdot E_s \cdot \varepsilon_2$$

式中 σ_c——膨胀混凝土产生的预应力（MPa）；

ρ——混凝土的配筋率（%），$\rho = A_s / A_c$；

E_s——钢筋的弹性模量（MPa）；

ε_2——混凝土限制膨胀率（%）。

可见，掺加膨胀剂的混凝土内膨胀预压应力 σ_c，亦即防渗抗裂效果，与配筋 ρ、钢筋弹性模量 E_s 和膨胀剂的限制膨胀率 ε_2 分别有关。

《混凝土外加剂应用技术规范》GB 50119—2003 中对补偿收缩混凝土提出一些技术要求，混凝土在湿养期间，在配筋率 $\rho = 0.78\%$ 试验条件下，它产生的限制膨胀率 ε_2 应大于 0.015%，一般为 0.02%~0.03%，在混凝土中建立的预压应力 σ_c 为 0.2~0.7MPa，这一预压应力能够抵消导致混凝土开裂的全部或大部分应力。与此同时，推迟了混凝土收缩的产生过程，抗拉强度在此间能获得较大幅度的增长，当混凝土收缩开始时，其抗拉力已经增长到足以抵抗收缩应力，从而防止和减少收缩裂缝的出现。

NC-P 系列混凝土膨胀剂在配方中未引入明矾石等含碱量高的原材料，而是利用山东地方资源，选用含碱量极少的原材料，同时部分采用工业废料研制而成，碱含量很低，能够有效地避免碱—骨料反应，是一种绿色混凝土外加剂。NC-P 膨胀剂掺入混凝土中，生成大量体积增大的膨胀结晶水化物，在钢筋等限制条件下，结晶受到内部应力的影响，形成的结构致密的小颗粒，结晶之间的孔隙也较少，使混凝土结构孔级配更加合理，总孔隙率降低，提高了混凝土的密实度，从而提高了混凝土的抗渗能力。宏观表现为混凝土产生适度膨胀，膨胀率在 0.02%～0.04%，在配筋合同邻位约束下，可在混凝土中建立 0.2～0.7MPa 的预应压力，改变了混凝土的应力状态，膨胀能转变为自应力，使混凝土处于受压状态，提高了混凝土的抗裂能力，达到不裂不渗的目的。还可明显改善混凝土中骨料与水泥石界面结构，膨胀剂混凝土具有较好的自愈合功能，从而减少了有害裂缝的出现等，延长工程的使用寿命。另一方面，由于混凝土具有了微膨胀的功能，通过采取合理的技术措施，可适当延长施工缝间距，一次性施工较大体积的混凝土，减少了施工缝，给施工带来方便，也减少了渗漏水的几率。

参照 GB 23439—2009《混凝土膨胀剂》测试不同掺量膨胀剂的砂浆限制膨胀率和强度。结果如表 1 所示。NC-P 膨胀剂等量取代水泥掺入后早期强度有所降低，但 28 天的抗折和抗压强度能达到或超过空白砂浆的强度，表明 NC-P 膨胀剂对混凝土的长期力学性能发展有促进作用。NC-P 膨胀剂根据不同工程要求膨胀率能达到 GB 23439—2009 中的 I 型和 II 型的标准，继续水中养护膨胀率会持续增长。水中养护 7d 后在恒温恒湿箱中养护 21d，膨胀率依然为正值。

X—射线分析和差热分析表明，掺加 NC-P 后水泥石中钙矾石数量增多，氢氧化钙数量显著减少，生成更多的凝胶物质填充堵塞有害孔，优化混凝土的孔结构分布，孔径分布向少害孔和无害孔移动。有效提高混凝土的后期强度和抗渗、抗冻、抗碳化等耐久性能，同时还可以显著降低混凝土的水化热，有利于大体积混凝土的施工。

砂浆限制膨胀率　　　　　　　　　　　　　表 1

序号	NC-P 及掺量	抗压强度（MPa）		抗折强度（MPa）		膨胀率（%）		
		7d	28d	7d	28d	水养 7d	水养 28d	水养 7d+恒温恒湿箱 21d
1	0	33.1	49.5	6.7	7.7	—	—	—
2	NC-P（I），10%	25.7	49.3	6.5	8.1	0.031	0.042	0.003
3	NC-P（II），10%	28.5	51.9	6.7	8.6	0.051	0.072	0.005

注：1. 试验采用基准水泥和标准砂，砂浆配比为 1：3：0.5；
　　2. 恒温恒湿箱温度为（20±2）℃，湿度为（60±5）%。

3　NC-P 混凝土膨胀剂在刚性防水工程中的应用

3.1　污水沉池混凝土无缝施工

某污水处理厂污水沉池，池外直径 50.7m，内径 50m，池顶外设 850mm，厚 120mm 悬挑平台。池底磨角厚 400mm，池底板厚 400mm。池壁高 4400mm，厚 350mm，结构配筋双层双向 φ14@120，地上部分为 900mm，其余埋入地下。混凝土设计强度等级为 C30，抗渗等级为 P6。污水池仅设计一道刚性自防水混凝土，因此不允许产生开裂渗漏，污水的渗漏会严重影响结构的使用功能和使用寿命。按图纸设计，在底板中心设置了直径 12m

圆形后浇带和五条宽 800mm 放射形后浇带，直径 50m 的池壁上设置了 5 条宽 800mm 后浇带，按设计要求该工程采用掺加膨胀剂的补偿收缩混凝土，限制膨胀率为 0.025%。

沉池基础底板直径 51m，基础底板设在原土持力层上，基础底板受 400mm 厚磨角约束，总体上水平阻力系数 C_x 较小，即基础底板受地基约束较小。环形池壁设在基础底板上，属基础长墙结构，受约束较大。要防止混凝土开裂，必须使混凝土的收缩变形小于混凝土的极限延伸，水泥混凝土专家吴中伟提出的采用补偿收缩混凝土防止混凝土开裂的判断公式：

$$| \varepsilon_2 - (s_\tau + s_d - c_r) | \leqslant \varepsilon_\rho$$

式中　ε_2——限制膨胀率；

　　　s_d——干缩；

　　　s_τ——冷缩；

　　　c_r——受拉徐变；

　　　ε_ρ——极限拉伸。

混凝土的限制膨胀率是补偿收缩混凝土最重要的性能指标，在潮湿环境中限制膨胀率越大，补偿收缩性能就越强。在干空气中补偿收缩混凝土其收缩起主导作用，考虑到本工程的结构特征，在施工管理和质量控制条件下，总体上混凝土处于微膨胀状态，按设计取计膨胀率为 0.025%。按补偿收缩混凝土的定义，掺加膨胀剂可使混凝土在限制条件下产生 0.2~1.0MPa 自应力来补偿混凝土收缩变形和提高混凝土抗渗性能。

$$\delta_C = \mu \cdot E_S \cdot \varepsilon_2$$

式中　δ_C——混凝土预压应力；

　　　μ——混凝土配筋率；

　　　E_S——钢筋的弹性模量；

　　　ε_2——限制膨胀率。

依据底板和池壁的结构配筋，底板可产生 0.2MPa 预压应力，池壁可产生 0.37MPa 预压应力，满足混凝土抗渗性能要求。施工配合比如表 2 所示。混凝土入模坍落度控制在 160~200mm，凝结时间 15~20 小时。本工程采用 NC-P3 混凝土流化膨胀剂，混凝土的限制膨胀率≥0.025%，满足设计要求的限制膨胀率指标。

施工配合比 （kg/m³）　　　　　　　　　　　　　　　　表 2

原材料	水泥	砂	石	粉煤灰	NC-P3	水
1m³ 用量（kg/m³）	300	732	1098	60	40	170

沉池底板采用补偿收缩土，不设后浇带，也不设连续式膨胀加强带，一次连续浇筑完成。考虑到时补偿收缩混凝土不易泌水，施工时混凝土经振捣、抄平、压实，马上覆盖塑料薄膜保湿养护，混凝土硬化后，再覆盖湿毛毡保湿养护至 14 天。环型池壁采用补偿收缩混凝土不设缝也不设连续膨胀加强带，一次连续浇筑完成，由于池壁高 4.4m，混凝土浇筑时采用分层完成，以维持混凝土的匀质性，池顶悬挑部位采用底板施工做法，覆盖塑料膜和湿毛毡保湿养护，池壁竖向结构不易保湿养护，施工管理采用晚拆模板的方法。

环型池壁拆模后，检查已施工的沉池，不管池底板和池壁均无裂缝产生，按设计要求分三次逐渐试水，沉池无任何渗漏发生，取得了预期的效果。

3.2 超长结构地下室防水板

某公寓底盘尺寸 101.09m×76.1m，1 号、2 号楼位于底盘中。1 号楼地上 12 层，2 号楼地上 18 层，主楼结构形式为剪力墙结构，地下室为储藏室，长约 68.8m，宽 15m。基础采用桩筏基础，桩为混凝土管桩。1 号楼筏板厚 650mm，结构配筋为双层双向，$\phi18$ @200。2 号楼筏板厚 700mm，结构配筋为双层双向 $\phi18$@150。该工程属超长混凝土结构工程，图纸设计时设置了多道沉降后浇带和温度后浇带。

地下车库防水板设在天然地基上，厚 300mm，主楼挡土墙厚 250mm，DTQ-DTR3 厚 300mm，上端 500mm 范围设暗梁，挡土墙水平构造筋为 $\phi10$@150，且设在垂直分布筋外侧。地下车库结构形式为框架结构。顶板采用密肋楼盖，高 650mm，其中上层混凝土板厚 150mm，密肋高 400mm。

车库防水底板不设缝，一次浇筑完成。地下车库采用整体支护整体浇筑的方法来完成。使用 NC-P1 混凝土膨胀剂和 NC-F2 混凝土泵送剂配制泵送微膨胀混凝土。掺膨胀剂的补偿收缩混凝土在潮湿环境和限制条件下，膨胀剂转化成预压应力来抵消和补偿混凝土早期温度变形和收缩变形产生的拉应力，在空气中补偿收缩混凝土 60 天收缩变形与普通混凝土基本相同，采用超长混凝土结构无缝施工工艺。混凝土膨胀剂采用 GB 23439—2009《混凝土膨胀剂》中的 I 型产品，NC-P1 掺量 8%，可产生 0.02% 以上的限制膨胀率，膨胀加强带掺量 10%，混凝土限制膨胀率约在 0.030%～0.035%。防水板采用 C30P8 混凝土，膨胀加强带采用 C35P8 混凝土，混凝土配合比见表 3。

施工配合比（kg/m³）   表 3

原材料	水泥	砂	石	粉煤灰	NC-P1	NC-F2	水
C30P8	300	728	1092	68	32	10	170
C35P8	350	708	1062	55	45	11	170

车库防水底板混凝土浇筑按补偿收缩混凝土的技术要求进行施工管理和质量控制，掺膨胀剂的混凝土不泌水，混凝土经振捣、抄平、压实后，要用塑料薄膜覆盖，抹压宽度的大小与塑料薄膜大体相同。覆盖塑料薄膜对混凝土保湿养护。混凝土硬化后，按 GB 50119、GB 50204 和图纸设计要求，应进行保湿养护，养护时间不宜少于 14 天，车库顶板除了覆盖塑料薄膜，还应覆盖湿毛毡，保水养护。

4 结语

随着我国建筑行业的快速发展，传统防水材料在很多工程中显示出不足，应用受到诸多限制。随着环保、节能的理念深入人心，刚性防水材料迅速发展并广泛应用工业与民用建筑中。用 NC-P 系膨胀剂配制的补偿收缩混凝土，同时具有防水和承重的功能，能节约材料，加快施工速度，在结构构造复杂的情况下，施工简便，防水性能可靠。广泛应用于混凝土地下工程、刚性自防水混凝土工程、超长及大体积混凝土无缝施工等工程中，取得了良好的应用效果。

参考文献

[1]　游宝坤. 刚性防水技术综述[J]. 混凝土，1993(01)：19-22

[2]　刘绪光，游宝坤，赵顺增. 我国刚性防水技术的发展[J]. 中国建筑防水：2009(12)：9-12

[3]　王铁梦. 工程结构裂缝控制. 中国建筑工业出版社. 2005.6

[4]　GB 50119—2003. 混凝土外加剂应用技术规范

超细特种水泥注浆材料的研究与应用

范德科 齐冬有 王建黔

（北京新中岩建材科技有限公司，北京 100024）

摘　要：以硫铝酸盐水泥熟料、石膏、普通硅酸盐水泥熟料及多种外加剂制备了超细特种水泥注浆材料，研究了不同配方制备的材料在多个水灰比下的流动性、泌水率、膨胀性、强度等性能，分析了黏度改性剂对浆体泌水率、强度的影响。试验结果表明，该材料具有比超细普通硅酸盐水泥更好的可注性、早强性、抗分散性和膨胀性，适用于多种情况下的堵水加固，并成功应用于天津西站公交枢纽工程。

关键词：超细特种水泥　注浆材料　早强　抗分散性

Study and Applications of Super-fine Special Cement Grouting Materials

Fan Deke   Qi Dongyou   Wang Jianqian

(New Zhong Yan Building Materials Technology Co. Ltd，Beijing 100024)

Abstract：Super-fine special cement grouting materials has been prepared by sulphoaluminate cement clinker，gypsum，Portland cement clinker and other admixture，the performance of which such as paste liquidity，bleeding，expansion，compressive strength was studied，analyzed the influence of the viscosity modified agents on paste bleeding and compressive strength，the results indicated that super-fine special cement grouting materials has better performance than ordinary Portland cement grouting materials in early strength，undispersed underwater，expansion，it is applicable for various cases of the reinforcement of waterproof，and successfully applied to tianjin west station bus hub project.

Key Words：super-fine special cement，grouting materials，early strength，undispersed underwater

　　注浆材料是用压送的手段，把具有一定凝胶时间的浆液注入松散土层或含水岩层裂缝中，浆液凝结后，固结土的颗粒或者充塞岩层裂缝，使土层（岩层）的力学性质得以改善。这种对地层的加固方法设备简单，占地小，不影响交通，加固深度可深可浅，工期短，见效快，施工中噪声小、振动小。已在土建、市政工程、隧道、地铁、矿井工程等领域广泛应用[1]。

[作者简介] 范德科（1981—），男，工程师。单位地址：北京朝阳区管庄东里 1 号（100024）。联系方式：010-51167714，e-mail：deco2004@163.com

常用的注浆材料主要有：水泥类浆材（包括普通水泥、超细水泥、湿磨水泥、硅粉等）、水玻璃浆材、有机高分子浆材，根据注浆土质条件、环境条件、注入目的及预期效果选择合适的浆材及工艺是注浆效果的关键。本文制备出一种特种超细水泥注浆材料，研究了浆体性能，并在实际工程中得到应用。

1 试验原材料及方法

1.1 原材料

试验用水泥熟料的化学组成如表1所示。

试验用水泥熟料的化学组成 表1

熟料	Fe$_2$O$_3$	TiO$_2$	Al$_2$O$_3$	CaO	MgO	SiO$_2$	SO$_3$	IL	SUM
硫铝熟料	2.60	0.71	29.24	40.25	1.25	7.00	16.39	2.12	99.56
普硅熟料	3.50	0.60	5.12	64.25	1.51	22.30	0.48	1.75	99.51

试验所用的硬石膏 SO$_3$ 含量大于等于 48%。

试验以硫铝熟料为主，加硬石膏、普硅熟料改性用球磨机混合粉磨制备出超细水泥，改性用比例不同，制备出的超细特种水泥性能相差较大，试验主要以两种配比为研究对象（配比1，配比2），粉磨相同时间制备的水泥粒径大致相近，具体粒径分布如图1所示。

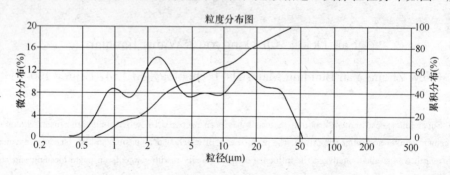

图 1　超细特种水泥粒径分布

图1中的分布数据：D50，4.77μm；D75，15.08μm；D90，27.43μm。按照传统的超细水泥[2]的最大粒径不大于 20μm 或者大于 20μm 的含量小于 5% 的标准，本文制备的超细水泥粗颗粒含量偏多，大于 20μm 的颗粒超过 10%。比表面积 790m^2/kg，跟传统的 1000m^2/kg 的超细水泥也有差别。

由于硫铝酸盐本身的特性，试验还用到了缓凝剂、促凝剂、减水剂、絮凝剂等外加剂。

1.2 试验方法

超细水泥颗粒粒径分布采用欧美克 LS-C（Ⅱ）型激光粒度分析仪测试。

泌水率测试方法：取量程为 100mL 的带塞量筒，在其中装入制备好的浆液，密封量筒，静置 60 分钟，测量表面泌水体积；结石率测试的正好是除去泌水部分的体积；

根据 GB 8077—2000《混凝土外加剂匀质性试验方法》测定特种注浆材料的净浆流动

度；用 GB 751—81《水泥胶砂干缩试验方法》测试水泥净浆的自由膨胀率；根据 DL/T 5100—1999《水工混凝土外交剂试验标准》进行水下抗分散性试验；GB 177《水泥胶砂强度检验方法》测定特种注浆材料的抗压强度。

2 试验结果与分析

2.1 浆液流动度

试验用配比 1 和配比 2 固定减水剂掺量 1%，在多个水料比下测试浆体流动性见图 2，浆体水料比越大，浆体初始流动度越大。但是浆体的水料比不能过大，水料比过大，水会从浆体中析出或存留在孔隙中，破坏裂隙中灌注的水泥结石连续性和形成空洞。而且大水料比浆液稳定性差，水携带水泥微细颗粒沿裂隙扩散，水泥颗粒越细，被携带越远，裂隙被充填的时间也越长，而较粗的颗粒会在裂隙的通道上沉淀淤积，逐渐堵塞通道使得细颗粒也难以通过，成为透水不透浆，导致析水回浓。因此采用较小的水料比注浆，或采用稳定性好的浆液注浆，其注浆效果将明显优于大水料比浆液[3]。所以，浆体稳定性是关键。用于防水为目的的注浆在有水的情况下除了考虑浆体本身的稳定性外，还要考虑浆体的抗分散性。

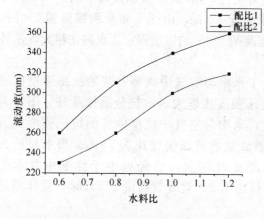

图 2　浆体初始流动度与水料比的关系　　　图 3　絮凝剂掺量与流动度的关系

絮凝剂是提高浆体抗分散能力最常用的外加剂，图 3 是配比 2 在不同絮凝剂掺量下的流动度，随着絮凝剂掺量的增加，浆体初始流动度逐渐降低。絮凝剂的加入明显降低了浆体的流动性。

2.2 浆体泌水率

水料比越大，浆液流动度越大，泌水趋势越大，浆液稳定性不好，注浆效果不理想。如图 4 所示，随着水料比的增大而增加，配比 1 在同样的水料比时泌水率比配比 2 高。添加絮凝剂可以明显降低浆体的泌水率，随着掺量的增加，配比 2 在 0.8 和 1.2 两个水料比下的泌水率逐渐降低（图 5）。在相同的水料比时，浆体流动性越大，添加絮凝剂，可以降低泌水率，同时也降低了浆体的流动性。所以，浆体既要求有较高的流动性，又要有低的泌水率才能达到理想的注浆效果。

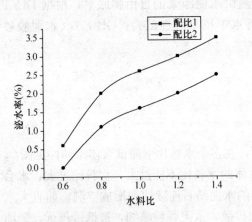

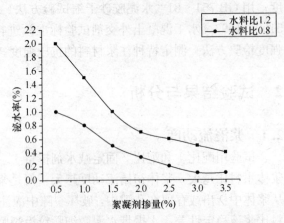

图 4　泌水率与水料比的关系　　　　图 5　絮凝剂的掺量和泌水率的关系

2.3　浆体抗分散性

　　水下抗分散的混凝土指标有三个：（1）留存率；（2）pH 值；（3）水中与空气中成型的混凝土抗压强度比。pH 值试验简单易操作，根据 DL/T 5100—1999 中水下抗分散性指标，水中分离度 pH<12 表示浆液满足水下抗分散性，pH≥12 表示浆液不满足水下抗分散性。由于硫铝酸盐体系低碱性，pH 值要求要比 12 低，由图 6 絮凝剂掺量为 2％时，pH 值已经降到 10 以下，所以图 7 的试验按絮凝剂 2.5％的掺量固定，水料比越大，浆体的抗分散性能力下降。

　　考虑含水砂层注浆的特点，同时也进行了水中与空气中成型砂浆的抗压强度比来评价抗分散性，水中与空气中成型砂浆的抗压强度比越大表示抗分散性越好。图 8 为固定絮凝剂掺量 2.5％，在水料比为 1.0 时，水中与空气中成型砂浆的抗压强度比为86％；水料比为 1.2 时，水中与空气中成型砂浆的抗压强度比为 73％；当水料比为1.5 时，水中与空气中成型砂浆的抗压强度比为 53％，已经远小于标准中要求的70％。与图 6、图 7 的 pH 值结果对照，水料比 1.2，絮凝剂掺量 2.5％时，浆体满足水下抗分散性。

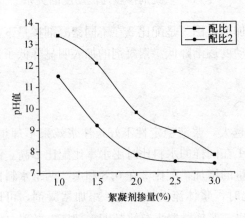

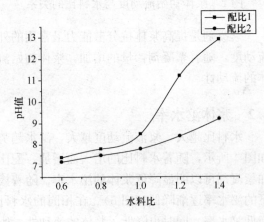

图 6　絮凝剂掺量与 pH 值的关系　　　　图 7　水料比与 pH 值的关系

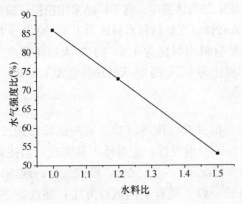
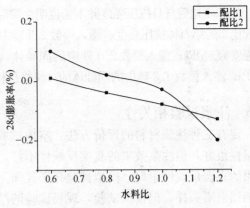

图 8　水气强度比与水料比的关系　　　图 9　28d 膨胀率与水料比的关系

2.4　胀缩性

注浆材料浆液硬化变成固结体产生体积变化，固结体随龄期增长体积变化，这两种体积变化的累加就是注浆材料的胀缩性。超细水泥浆体由于大水料比本身就具有较大的收缩，注浆完成后需要浆材具有一定的膨胀性来补偿体系自身的收缩。由于超细特种水泥注浆材料是由硫铝酸盐水泥加石膏制备出来的，本身就具有较好的膨胀性，图 9 是配比 1 和配比 2 两个体系在不同水料比下 28d 的自由膨胀率，可以看出水料比越低，自由膨胀率越高，超过 1.0 的水料比，28d 几乎没有膨胀。而配比 1 体系整个几乎在各个水料比下都处于收缩状态，这与其配比中石膏含量偏低有关。

2.5　抗压强度

超细特种水泥注浆材料的最大特点就是早强性，由于硫铝酸盐体系本身水化就很快，加上超细水泥颗粒较细，水化活性高，水化充分，所以早期强度高，可以在较大的水料比情况下得到较高的抗压强度，例如制备的超细特种水泥样品水料比 1.5 时，1d 强度能超过 8MPa。图 10 特种注浆材料配比 1 和配比 2 的 1 天龄期抗压强度与水料比关系，水料比越大，1 天龄期抗压强度越小。图 11 是配比 1 和配比 2 在水料比 0.8 的强度增长曲线，可见特种注浆材料随龄期增长，抗压强度增大，没有强度倒缩现象。

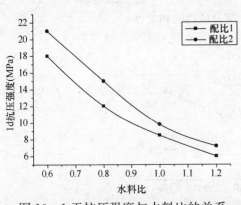
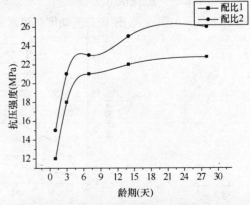

图 10　1 天抗压强度与水料比的关系　　　图 11　特种注浆材料强度增长曲线

浆体硬化后自身抗压强度并不能说明注浆后形成的结石体强度。对于样品采用模拟试验测试配比2的结石体抗压强度：渗入模数2.3砂中的固砂体（注浆材料水料比为1.0）的28天抗压强度为6MPa；渗入模数2.0砂中的固砂体（注浆材料水料比为1.2）的28天抗压强度为3MPa；渗入模数1.8砂中的固砂体的（注浆材料水料比为1.5）的28天抗压强度为1.8MPa。

2.6　注浆试验相关性

现有三种注浆材料的评价方法：室内试验，模拟试验，现场试验。室内试验重现性、定量性很好，但注浆效果的真实反映性不好。现场试验重现性、定量性不易实现，但注浆效果的真实反映性很好。模拟试验介于其间。很多情况下，室内试验，模拟试验，现场试验的结果不一样，但模拟试验，现场试验的结果较一致。现有室内试验方法：黏度方法、流动度方法、强度方法、泌水率方法、结石率方法、凝结时间方法、抗分散性方法。注浆均匀性与每个室内试验都有关系，但没有单一相关关系，因此，一般的室内试验方法不能反映现场实际情况。注浆材料的泌水率、结石率与注浆均匀性相关。主要有四种室内试验之间单一相关关系与模拟试验相关：流动度—强度，流动度—泌水率，流动度—抗分散性，早期强度—凝结时间。

选用4个不同的超细水泥注浆材料配比固定水料比1.2，分别测试流动度、泌水率、抗分散性数据测试，把数据汇总到图12可以看出，流动度与泌水率、抗分数线具有较好的相关性。图13是注浆材料可操作时间与硬化时间的相关性，由于硫铝酸盐体系的凝结时间可以通过缓凝剂和促凝剂来调整，其可操作时间与硬化时间的相关性受外加剂影响较大。

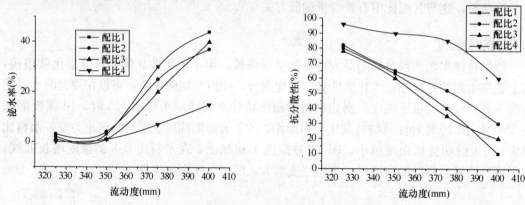

图12　流动度与泌水率、抗分散性的相关性

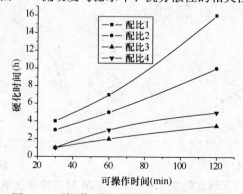

图13　可操作时间与硬化时间的相关性

3 应用技术

3.1 应用范围

超细特种水泥注浆材料可用于含水粉细砂地层的堵水、加固及纠偏；淤泥质地层的堵水、加固及纠偏；极破碎岩体的堵水、加固。施工在建的地下工程初支后的渗漏水防治；已建成地下工程初砌结构的渗漏防治及其他工程中。

3.2 工程举例

天津西站交通枢纽位于天津市中心城区西北部，集高速铁路、城际铁路、普速铁路、公路长途、城市轨道交通、公交中心、地下停车场和市政交通于一体，为天津市规划的重要交通枢纽。2011年初，在建枢纽工程地下发生严重渗水，混凝土墙无法挡住地下水涌入，严重影响后续施工，与中国中铁隧道集团技术中心合作提供超细特种水泥注浆材料，很快注浆成功堵住渗水，得到各方一致好评。

4 结论

（1）所研究的超细特种水泥注浆材料最显著的特点就是早强，可注性好，泌水率低，微膨胀性；浆液有一定的抗分散性，可在地层中形成连续性好的堵水层；耐久性好，不含水玻璃类材料，耐久性不失效，而且抗硫酸盐侵蚀。

（2）注浆材料室内试验方法与模拟试验、现场试验的相关性是注浆行业研究的一个方向。

参考文献

[1] 郑志刚. 注浆材料及其选用[J]. 科技情报开发与经济，2004(9)：227-228

[2] 陈明祥. 超细水泥灌浆材料的发展现状及应用[J]. 水泥，1998(11)：8-11

[3] 管学茂，胡曙光，丁庆军. 超细水泥基注浆材料性能研究[J]. 煤矿设计，2001(3)：28-31

地下工程混凝土结构自防水技术体系的实施
——欣生 JX 抗裂硅质防水剂应用概述

胡景波　　陈土兴

（金华市金华欣生沸石开发有限公司）

摘　要：本文概述了欣生 JX 抗裂硅质防水剂在地下工程混凝土结构自防水技术应用情况。从全国各地使用范围、使用量，抗裂硅质防水剂的机理，混凝土结构自防水体系的实施（材料配比试验、混凝土结构自防水施工、养护），重点部位的控制及工程应用实例进行了简要介绍。

关键词：抗裂硅质防水剂　无机刚性防水材料　沸石　混凝土结构自防水

The Practice of Technology System of Self-Waterproofing of Underground Concrete Structures
——Application of Xinsheng JX Siliceous Anti—split Water-proofing Additive

Hu Jingbo　　Chen Tuixing

（Jinhuashi xinsheng feishi kaifa co. ，ltd）

Abstract：The application of xinsheng JX siliceous anti-split water-proofing additive in the system of self-waterproofing of underground concrete structures are introduced from the application range and amount, the waterproof mechanism, the practice of technology system of self-waterproofing of underground concrete structures (mix proportion design, construction, curing), the quality control of key points of the concrete structures and application example.

Key Words：siliceous anti-split water-proofing additive, inorganic rigid waterproof materials, zeolite, self-waterproofing of underground concrete structures

[作者简介] 胡景波，金华市金华欣生沸石开发有限公司总工程师，浙江省金华市双溪西路 268 号，321017，邮箱：jhxs2006@163.com

在地下建筑工程中，防水的重要性是毋庸置疑的，但防水工程实际投资比例与工程总造价相比往往偏低，多年来工程建设习惯把防水定位在单一的防水材料选择上，而忽略了防水的系统性、综合性和耐久性。许多工程建设方在选择防水材料时，又往往侧重选择一种价格较低的柔性防水材料，认为与结构商品混凝土刚柔结合构成二道防水，即可满足防水要求又符合常规做法。即使日后出现渗漏水，也认为是无奈的选择，设计方可不承担责任。由此，地下工程发生渗漏的责任难以区分。

我们自 2004 年以来，采用欣生 JX 抗裂硅质防水剂（无机刚性防水材料），先后在福建、广东、广西、海南、江西、云南、贵州、湖南、湖北、山东、安徽、河北、浙江等省、区的地下工程防水中应用，总面积达 300 多万平方米（不包括地上建筑防水工程）。这些地下工程基本是以混凝土结构自防水为主，工程设计按照抗裂硅质刚性防水构造图集，施工按照硅质防水材料应用技术规程，达到了预期的防水效果，得到了广大用户和专家们的一致好评。下面从三个方面简要介绍。

1 JX 抗裂硅质防水剂的机理

JX 抗裂硅质防水剂是以高品级天然沸石为主要原料，利用其特有的离子交换性、吸附性、催化性、耐酸、碱、盐性和热稳定性等，通过活化、焙烧、改性等一系列特殊工艺处理而成。是集密实、引气、憎水、二次结晶、微膨胀等防水抗裂机理于一体的多功能无收缩性的砂浆、混凝土防水剂。由于沸石富含 SiO_2、Al_2O_3 和少量的 MgO，能与水泥进行连续均匀的水化反应，生成具有微膨胀性的双膨胀源硅铝酸钙（钙矾石）和氢氧化镁（水镁石），可起到补偿早期收缩的作用；同时能降低水泥石体系的表面张力，减小水泥毛细孔失水后产生的负压，又能起到减小后期干缩的作用。沸石中的活性硅和活性铝能参与胶体材料的水化及硬化过程，生成水化硅铝酸钙增加胶凝产物，改善集料与胶体材料的胶结，因而提高强度。沸石特殊的多孔架状结构及火山灰活性，还能降低水泥水化热和抑制碱—骨料反应，减小温差收缩、提高长期稳定性。经改性处理后的沸石微晶能改善水泥拌合物均匀性、和易性，促进水泥水化并形成憎水吸附层和不溶性胶体物质，填充微裂缝和堵塞毛细孔通道，阻止水分迁移，降低吸水量，提高憎水性和抗渗性。同时还能与水泥水化后产生的 $Ca(OH)_2$ 及石膏发生二次反应，生成憎水性结晶物质堵塞毛细孔、填充微裂缝，进一步提高密实性和裂缝自愈合能力，其综合性能可达到长期的防水防潮、提高耐久性的作用。

2 混凝土结构自防水体系的实施

（1）材料是基础

以混凝土结构自防水为主，首先强化混凝土结构具有良好的防水性能。混凝土结构自防水，包括：混凝土防水；混凝土结构防水。混凝土防水：就是要求其自身应具有抗渗能力和优良的体积稳定性，以达到不渗不产生有害裂缝。所以选择保证混凝土抗渗性、干缩率小的原材料是基础。混凝土结构自防水：是指混凝土结构整体具有防水性能，在防水混凝土结构迎水面或背水面再采用一道防水砂浆增强防水层，并在节点部位采用柔性处理或其他相应的方法，使整个防水混凝土结构具有防水性能。

防水混凝土的原材料要求：

首先，水泥、砂、石、水，应符合国家相关的材料标准要求，同时，应符合国家工程标准《地下防水工程技术规范》GB 50108—2008（以下简称规范）第4.1.8条、第4.1.10、第4.1.11条。当采用掺合料时应严格控制其掺量，并应符合规范第4.1.9条的规定。同时不宜采用石粉，因其活性较低，增大混凝土的收缩。

其次，关于混凝土外加剂，由于我国商品混凝土采用的减水剂，多数为奈系减水剂，少数为氨基磺酸盐减水剂，近几年来聚羧酸减水剂增加使用较快。减水剂是目前预拌混凝土中不可缺少的组成部分。但减水剂会增大混凝土的收缩，近年来已被研究人员所证实并达成共识。有关专家研究结果表明，掺减水剂的混凝土极大地增加混凝土的早期收缩和总收缩。掺聚羧酸系、奈系、氨基磺酸盐系减水剂24h时收缩率比分别为357%、410%和368%；28d时收缩率比分别为130%、138%和135%，即使减少用水量，保持坍落度相同，也不会减小混凝土的早期收缩和总收缩，反而有进一步增大收缩的趋势，另一方面，水泥用量的增加会增大混凝土的早期收缩和总收缩，而对不掺减水剂的混凝土，影响相对很小。我们也对上述减水剂按照《普通混凝土长期性能和耐久性能试验方法标准》GB/T 50082—2009方法进行收缩率比试验，结果与上述研究试验结论基本一致。另外我们还按照《建筑砂浆基本性能试验方法标准》JGJ/T 70—2009方法，对奈系减水剂、氨基磺酸盐减水剂、膨胀剂、JX-ⅢW抗裂硅质防水剂，进行水泥胶砂28d收缩率比对比试验，试验结果见表1。

奈系减水剂、氨基磺酸盐减水剂、膨胀剂、JX-ⅢW抗裂硅质防水剂，水泥胶砂收缩率比对比试验

表1

外加剂品种	编号	配 合 比				90%湿度标养7d初始长度(mm)	60%湿度室内28d龄期长度(mm)	28d收缩率比(%)
		水泥(g)	标准砂浆(g)	水(g)	外加剂(g)			
基准	1号~3号	607.5	1350	270	0	1.086	1.063	100
奈系减水剂	4号~6号	607.5	1350	220.4	14	1.379	1.348	134.8
氨基磺酸盐	7号~9号	607.5	1350	220.4	14	1.379	1.349	130.4
膨胀剂	10号~12号	607.5	1350	270	67.5	0.190	0.166	104.3
JX-ⅢW防水剂	13号~16号	607.5	1350	270	30.4	0.707	0.685	95.6

注：奈系、磺酸盐减水剂浓度35%，扣除15%减水率，水泥为P.O42.5级，符合GB175规定。

试验结果表明：掺减水剂的水泥胶砂在减少用水量的条件下，也同样是增大砂浆的收缩，掺5%JX-ⅢW抗裂硅质防水剂的砂浆不但不增加收缩，反而减小收缩。掺10%膨胀剂的砂浆比掺减水剂的砂浆收缩率略小，虽然其产品标准（GB 23439）水中7d限制膨胀率≥0.025%，但较空气中21d时回缩较大，即干缩落差较大，因此对于不具备检测设备（比长仪，精确度0.001mm）的用户慎用。我们早在90年代初即研发了混凝土膨胀剂，工程应用效果褒贬不一，主要原因是实际工程应用条件很难达到产品性能的使用要求。在潮湿环境中使用能发挥补偿收缩提高抗裂效果，但用于干湿交替环境或混凝土逐渐干燥易发生开裂现象。采用我们生产的膨胀剂与市场上其他厂家生产的膨胀剂进行对比试验结

果，大多数膨胀剂较空气中 21d 限制膨胀率均为负值，虽然产品标准允许≥-0.020，但用于干燥环境必然存在开裂问题，原因是钢筋混凝土结构随着养护期的结束，逐渐失水干燥，干燥过程中产生较大的回缩落差，而此时钢筋混凝土结构已经完全固化成刚性体，强度已达设计强度的 70% 及以上，干缩又在钢筋限制条件下，如果回缩落差大于基准混凝土的回缩落差，必然引起开裂，因此掺膨胀剂的混凝土宜用于完全浸没于水中的混凝土构筑物，不宜用于干湿交替的地下工程混凝土结构侧墙及顶板。所以防水混凝土采用商品混凝土时（泵送剂是由减水剂＋缓凝剂组成）宜同时采用一种减缩型防水剂控制混凝土的收缩总量（干缩率），提高体积稳定性及抗渗性。

（2）施工是关键

1）做好防水混凝土配合比

防水混凝土属特种混凝土，应在符合规范第 4.1.16 条规定要求的前提下，通过优化试验、调整实验室常用配合比，在满足结构设计强度、抗渗性及施工工作性等要求的条件下，尽可能减小砂率，采用骨料密度最大的级配，尽可能减少单位水泥用量和用水量，提高体积稳定性。其中水泥用量也不宜少于 260kg/m³，采用的外加剂 28d 收缩率比应符合相关标准的要求，采用粉煤灰时，其掺量不宜超过 30%，不得使用Ⅲ级粉煤灰。

2）做好防水混凝土的浇筑

防水混凝土的浇筑应符合规范第 4.1.17～第 4.1.28 条的规定，其中第 4.1.22 条和 4.1.26 条为强制性条文应严格执行。同时还应注意以下几点，① 浇筑前应采取避免产生冷缝的措施或可靠的处理方法，如事先备有防水砂浆和界面处理剂等。② 施工缝是防水薄弱环节，因此应采取合理的构造措施防水。水平结构（底板、顶板）留置施工缝时（包括后浇带），宜采用遇水膨胀止水条（胶），此方法便于支模板，以利接缝处混凝土密实齐整，为后期接缝界面处理提供质量保证。垂直结构（墙体）宜采用止水板，尽量避免采用止水条（胶）在支模板前期安装到后期浇筑混凝土前遇雨水等，导致膨胀能减弱止水失效的问题。③防水混凝土入泵坍落度不宜大于 160mm。④ 应严格控制保护层厚度的准确性。⑤ 有个别 200mm 厚以内的顶板还应辅以平板振动器以利振捣均匀密实。

3）防水混凝土的养护

干缩湿胀是混凝土的物理特性，如果防水混凝土养护不及时，其表面水极易蒸发造成表面裂缝，继而内部水蒸发会造成水泥毛细管网彼此连通，形成渗水通道降低抗渗性，同时诱发由表及里收缩裂缝。防水混凝土一旦养护不及时，后期再加强养护也于事无补，因此防水混凝土及时养护至关重要。对于水平结构的底板和顶板，一次捣实和收面后随即用一层塑料薄膜湿贴在混凝土表面，终凝后再用麻袋、草帘等覆盖并浇水养护。对于垂直结构的墙体，3d 后松动模板距构体留有 3～5mm 的缝隙，安设水管带模养护，模板拆除后应及时在墙体表面覆挂麻袋、草帘等喷水养护，或喷涂养护液，但养护液应事先确认保湿养护效果。

防水混凝土终凝后应立即进行养护，养护时间不得少于 14d，后浇带养护时间不得少于 28d。另外采用防水砂浆强化防水混凝土结构作为一体化的防水工程，在未受压力水作用期间应保持湿润状态。

（3）强化混凝土结构防水

1）所谓的强化混凝土结构防水，是在防水混凝土层的迎水面或背水面再采用一道防水砂浆防水层，增强混凝土结构整体的防水，即通常意义上的防水砂浆防水层。为了避免由于混凝土结构初期变形过大可能拉裂砂浆防水层，防水砂浆宜在混凝土结构变形基本稳定后施工，混凝土的收缩变形一般在龄期6周后才能基本稳定，在条件许可时，间隔时间适当延长。

2）防水砂浆主要包括聚合物水泥防水砂浆和非聚合物水泥防水砂浆。掺无收缩的JX抗裂硅质防水剂配制的防水砂浆为非聚合物水泥防水砂浆，其主要优点：① 强化混凝土结构整体防水能力；② 与混凝土结构形成一体，避免了层间串水的发生；③ 可替代找平层、保护层，减少层次、减少工序，潮湿基面可施工，缩短工期；④ 材料易得，造价低又环保；⑤ 一旦发生渗漏，可修复性强、修复成本低；⑥ 强度高不老化，耐久性与工程同寿命。其主要缺点：① 无延展性，不适用于结构刚度较差或受振动作用的工程；② 采用外掺防水剂配制防水砂浆时，对砂的质量要求较高，主要是砂的含泥量不得超过1%。

3）结构主体防水，按照规范表3.3.1-1明挖法地下工程防水设防要求，主体结构防水措施，防水等级为一级的，应选防水混凝土和应选一至二种其他防水层，如：防水卷材、防水涂料、塑料防水板、膨润土防水毯材料、防水砂浆、金属防水板。就地下室底板防水而言，前三种防水材料，由于需要设置保护层，因此与防水混凝土形成彼此分离各自独立的防水层，由于保护层无防水性，一旦外包柔性防水层失效（如上万平方米的工程间接施工完成，防水层的收头保护、接缝、遇雨等，要保证100%无纸漏很难），保护层间接成为串水层，虽然是两道防水，但其防水效果及耐久性与一道防水区别不大。地下工程设计使用寿命大部分上100年，一般50年。从耐久性角度考虑，地下工程防水应以混凝土结构本身防水为主，再根据地下水位的高低合理设防。当地下水位高于底板时：以强化混凝土结构防水为主，在迎水面再采用一道柔性防水材料；或以强化混凝土结构防水为主，在背水面再采用一道防水砂浆。当地下水位低于底板时，采用防水砂浆强化做混凝土结构自防水即可满足防水要求。如浙江绿城建设集团，在全国的地下工程防水项目中，底板和侧墙采用防水混凝土和防水砂浆二道防水，顶板采用防水混凝土、防水砂浆和防水涂料三道防水。该集团以文件形式下达到全国所有工程项目中，有效地保证了防水工程的质量，取得了良好的社会效益和经济效益。另外防水砂浆在地下工程渗漏修缮中发挥了不可替代的作用，地下工程的渗漏，经堵漏处理后，为了防止复漏，在其表面做10～20mm厚防水砂浆防水层，是控制渗漏的有效方法。我们每年采用JX-Ⅰ（砂浆专用）抗裂硅质防水剂配制的防水砂浆，重新做内防水层的地下工程修缮达50多万平方米。

4）细部构造防水

①变形缝，沉降缝和伸缩缝统称变形缝。沉降缝主要是解决高层建筑与地下室或裙房间沉降差异过大（包括地基承载差异较大的部位）而设置的永久性沉降缝。变形缝按规范设防要求，中埋式止水带是应选的一种防水措施，通过对变形缝渗漏维修发现，大多数渗漏原因是止水带空心圆环偏离变形缝，细观止水带原始纹理（墙）沉降差一般仅10～20mm，偏心部位均被拉斜向纺锤状裂口，因此止水带的空心圆环必须做到与变形缝的中心线重合。另外地下室顶板变形缝两侧宜设置不小于250mm宽、250mm高的混凝土上翻构造，其他同规范一致。

②后浇带是为了解决混凝土结构因干缩、温度变化所引起的变形以避免产生有害裂缝而设置的，是取代伸缩缝的技术措施。但后浇带的间距也不宜过大，主要原因是虽然采用

掺膨胀剂的补偿收缩混凝土，但补偿收缩的效果毕竟取决于混凝土收缩总量的大小，收缩总量的大小主要取决于原材料的品质、骨料的最大密度、水灰比等。对于膨胀混凝土只能补偿一小部分的收缩，而对于混凝土的干缩、碳化收缩及温度变化引起的收缩几乎不起作用，因此后浇带间距宜为 30～60m。

其他节点防水构造做法，应严格按照规范要求执行。

5）防水混凝土的施工质量管理和检查

防水混凝土的质量管理按照《地下防水工程质量验收规范》GB 50208—2002 第4.1.1～4.1.6 条和第 4.1.7～4.1.12 条的规定执行。另外为了控制混凝土的干缩裂缝，有条件的应增加 28d 收缩率比检验项目，试验方法按照《普通混凝土长期性能和耐久性能试验方法标准》GB/T 50082—2009的有关规定执行。

3 工程应用实例

（1）实例一

三亚和合置业大厦位于三亚市三亚湾，为两栋塔楼，工程总建筑面积 70000m²。其中1 号塔楼为酒店式公寓，建筑面积为 32510m²，2 号楼为商住楼，建筑面积为 37517m²，二层地下室，但地下有一面外露；地下二层为核 6 级甲类防空地下室。设计基础防水做法采用刚性防水：桩台（基础）、基础梁和筏板强度、抗渗等级为 C35 P8，地下室外墙及内柱 C45 P8（外墙柱），楼梯及梯梁、梯柱同楼层，屋顶水池 C30 P8，底板和基础、地梁、外墙、顶板的混凝土内掺按胶结材料质量 5%JX-Ⅲ W 硅质防水剂，不做柔性防水层。在外墙的迎水面和顶面增抹 20mm 厚的防水砂浆（按 1：2.5 水泥砂浆中掺水泥质量 5%的JX-Ⅰ硅质防水剂）；分两次抹，每次 10mm 厚。地下停车库（基础）防水做法采用刚性防水：底板和基础、地梁、顶板的混凝土内掺加按胶结材料质量 5%的JX-Ⅲ W 硅质防水剂，不做柔性防水层，在外墙的迎水面和顶面增抹 20mm 厚的防水砂浆（按 1：2.5 水泥砂浆掺水泥质量 5%的JX-Ⅰ硅质防水剂）；分两次抹，每次 10mm 厚。由于本工程停车库结构较长，为施工方便和减少收缩裂缝，除与主楼相接处用后浇带外，另设两道后浇带，带宽 800mm（以上摘自该工程结构设计总说明）。

该工程采用商品混凝土泵送施工，2010 年 5 月浇筑混凝土，11 月两栋塔楼封顶，于2011 年 3 月地下停车库主体和砂浆防水层完工。至今防水混凝土结构未出现裂缝、地下室未出现渗水现象。

（2）实例二

海南省建筑设计院办公楼，地下室面积约 1700m²。地下室采用刚性防水：底板为有梁式筏板基础，墙厚 300mm，混凝土强度等级 C35 P12，混凝土按胶结材料质量的 5%掺JX-Ⅲ W 硅质防水剂；筏板、墙体迎水面抹 20mm 厚的防水砂浆（按 1：2.5 水泥砂浆，掺水泥质量 5%的JX-Ⅰ硅质防水剂），分两次抹，每次 10mm 厚。该工程于 2010 年 3 月地下室主体和砂浆防水完工，至今未发生渗漏。

（3）实例三

南湖隧道为南宁市首条水底隧道，南湖隧道贯穿整个南湖底连接青山路和星湖路，全线长 1.25km，为城市Ⅰ级主干道，设计车速为 50km/h，双向六车道，其中主线隧道长

879m，匝道隧道长 474m，三交匝道长 1938m。工程总投资 2.5 亿，于 2010 年 4 月 1 日动工，2011 年 1 月 25 日完工。

政府业主：南宁城市建设投资发展公司。

设计单位：中建信和基础设施投资公司。

施工单位：中建五局土木工程有限公司。

搅拌站：广西金汇通混凝土有限公司。

隧道防水工程设计：混凝土结构强度 C40，抗渗等级 P8，防水等级为 I 级（二道设防）。

原材料：

1) 水泥：华润（红水河）P.O 42.5 级；

2) 中砂：细度模数 3.0～2.6；

3) 石子：连续级配 7.75～31.5；

4) 外加剂：高效减水剂；

5) 防水剂：JX-ⅢW 抗裂硅质防水剂；

6) 掺合料：粉煤灰，Ⅱ级低钙。

混凝土配合比：根据设计和施工要求，采用商品混凝土配合比见表 2。

防水混凝土配合比　　　　表 2

强度等级	坍落度（mm）	水胶比	水泥	砂	石	水	外加剂	防水剂	粉煤灰	砂率（%）
C40 P8	170	0.36	418	680	1010	185	11.6	21	95	40

施工：

在搅拌站积极配合下，防水混凝土不泌水、不离析、和易性好，经现场测定坍落度 140～160mm，符合技术要求，施工单位按照抗裂硅质防水剂生产厂家提供的《硅质防水剂材料应用技术规程》Q/JXF010—2010，严格控制，施工质量达到了预期效果，混凝土表面光洁、平整，无裂缝、无渗漏，全线验收合格，于 2011 年 3 月交付使用顺利通车。

综上所述，地下工程混凝土结构自防水技术：

（1）以混凝土结构自防水为主，首先是混凝土自身应具备抗渗能力和体积稳定性，体积稳定性的关键在于控制 28d 干缩率。使混凝土达到不渗不裂的目的。如果混凝土自身的防水性不能保证，即使在其外表做了柔性防水，也只是治标不治本的短期防水措施，归根结底地下工程防水还是要求混凝土自身具有防水、隔绝水的性能，才能满足工程合理使用年限的要求。

（2）应强化混凝土结构防水性能的整体性。根据工程情况可采用防水砂浆强化混凝土结构自防水。一是强调面与面的结合以刚刚结合为主，既防水混凝土的外防水层（或内防水层）采用同质性的防水砂浆，使防水砂浆与防水混凝土结构形成一体化——即躯体结构一体化。二是强调节点及变形部位以刚柔结合为主，即在施工缝、变形逢、后浇带、穿墙管、埋设件、桩头等结合处，采用止水条、防水密封材料等柔性防水处理，使地下工程结构主体形成整体防水。

（3）建立综合防水技术体系，要达到设计、原材料、施工、管理各环节全过程的质量保证措施；以防水质量的耐久性为最终目标，使地下工程防水达到与结构同寿命的防水年限。

4 结论

（1）地下工程防水就混凝土结构自防水而言，结构设计是前提，原材料质量和配合比的优化是基础，施工是关键，管理是保障。

（2）转变防水理念，在地下工程防水中，应从工程防渗漏的耐久性，施工性到工程使用的易修缮性、维护性重新审视地下工程防水。

（3）地下工程防水应优先采用以混凝土结构自防水为主的技术体系，根据工程的具体条件要求增设附加防水层。

一种刚性防水和变形缝止水做法介绍

鞠建英[1] 鲁 跃[2] 王占升[2] 介 勇[2]

（1. 北京市市政工程设计研究总院，北京 100082；

2. 吉林刘房子膨润土科技有限公司北京分公司，北京 100013）

摘 要：本文主要介绍了刚性防水和变形缝止水的两个做法；通过在混凝土中掺加能梯级微胀的密实剂（BTN），从而达到耐久性刚性防水的做法，以及通过在变形缝中嵌填 BTN 干粉，达到长期变形缝止水的目的。

关键词：地下空间 混凝土 密实剂 刚性防水 变形缝止水

Introduce a method of rigid waterproof and water stop for expansion joint

Ju Jianying[1] Lu Yue[2] Wang Zhansheng[2] Jie Yong[2]

（1. Beijing General Municipal Engineering Design&Research Institute，Beijing 100082；

2. Jilin Liufangzi Bentonite Technology CO.，LTD. Beijing Branch，Beijing 100013）

Abstract：This paper introduces two waterproof method：rigid waterproof and water stop for expansion joint. The grade micro-expand waterproof material (BTN) is added in concrete to improve rigid waterproof durability. The BTN dry powder is embedded into expansion joint，in order to achieve long term water stop for expansion joint.

Key Words：underground space；concrete；waterproof material；rigid waterproof；water stop for expansion joint

地下空间结构绝大多数为六面体的刚性钢筋混凝土结构，其防水主要指混凝土主体结构自防水和附加在结构上的辅助防水层，包括变形逢止水；应从设计、施工、材料、管理、维护等多方面的考虑。其功能是永久性的提供一个安全实用地下空间，并把作用其上的各种静、动荷载，温度，干、冷缩，水、土压力，地震及各种突发作用等，合理地传递所承托的岩土上。使结构和岩土共同产生抗力，同时具有抗渗漏水，抗污染等满足功能要求的作用。

常说十隧九漏，即很少有地下空间不渗漏水，这是目前一个共性的问题；因此，国家工程标准《地下防水工程质量验收规范》GB 50208—2002 允许 100m² 有 4 个漏水点，而

[作者简介] 鞠建英，高级工程师，中国土木工程学会高耸结构委员会委员、全国膨润土专业委员会专家组成员。通讯地址：100089 北京海淀区车道沟南里 31 号楼，电话/传真：010-68453967，邮箱：jjn72@sina.com

不能杜绝渗漏。这意味着像地铁、大型公建、隧道，地下停车场、人防等地下工程每延长米至少有 1 个渗水点，使其安全性，耐久性缺乏保障。为通风除湿，造成机电设备的运营耗费大量能源，同时，增加日常的维修。而维修费用在国外一般为当年防渗造价的 5 倍以上，在我国有的工程甚至超过 10 倍。

1 刚性混凝土结构防水做法

众所周知混凝土是一种非匀质结构，易产生裂纹、空隙，影响耐久性。一般不可能消除裂缝、孔隙，硬化只能把其大小控制在无害级别（孔隙小于 20nm）。混凝土在凝结硬化过程中会形成大量凝胶孔隙，尺寸一般为 0.5～2.5nm，除了凝胶空隙以外，还会形成毛细孔和重力造成的沉降空隙，尺寸一般为 $10～1.0×10^3$nm，形状一般为多开口，这些空隙对混凝土的渗透性影响很大。试验证明，当空隙率＜20％时，混凝土一般没有渗透能力，当空隙率＞5％时，渗透能力随空隙率的增大而迅速提高。对于由水泥、砂、石子组合而成的混凝土材料，水泥硬化收缩过程中还会产生微裂缝。裂缝可分为砂浆裂缝、粘结裂缝和骨料裂缝等各种形式，这些裂缝的存在增大了混凝土的空隙率，从而增加了混凝土的渗透性。

影响钢筋混凝土结构耐久性的最主要原因是腐蚀，而混凝土的腐蚀主因，是钢筋腐蚀造成结构破坏。钢筋混凝土结构是工程结构主体，按美国统计，所有结构破坏中，钢筋腐蚀破坏可占 55％。影响混凝土耐久性的原因是复杂和多方面的，钢筋锈蚀是使钢筋混凝土结构破坏最为突出的原因。而钢筋的锈蚀，无论是混凝土中性化，还是氯盐进入混凝土内部，或是周围环境的氧化，二氧化硫、微生物、水等因素造成，使腐蚀物进入混凝土内，锈蚀钢筋，生成氧化铁。氧化铁的膨胀造成了混凝土的破坏。因此，防止混凝土腐蚀，主要是提高钢筋混凝土密实度，即抗渗性。混凝土愈密实，抗渗性能愈高，难以渗透，从而延长混凝土的寿命。

如上所述，作为地下空间工程主体钢筋混凝土结构中的混凝土结构材料本身存在收缩大，粘结强度低等先天性的不足，使主体结构与其外面的岩土及初期支护之间形成大于水分子直径的细微裂隙，使钢筋置于各种腐蚀离子之中。而现在主体结构外所附加的大多是有机辅助防水层，将其结构与岩土之间形成隔离状态，当岩土产生扰动，将使结构辅助防水层处于不可靠的工作状态。这就是很少有地下空间不渗漏的原因。在相应的条件下，天然钠基膨润土防水毯辅助防水层可与主体钢筋混凝土结构进行良好的匹配。影响混凝土耐久性的重要因素越来越受关注，为使工程主体混凝土结构获得高强、抗裂、防渗、耐候、抗污等高性能，法国最先在混凝土中加纤维，日本最先加膨胀剂，现在美国和包括我国在内的其他国家和地区，纤维、膨胀剂都有着广泛应用。日本最近开发的据称寿命可达上万年的混凝土，则是从中国五千年前遗址中找到的超细物质得到的启发。将渗漏、裂缝多发的混凝土剖面放在高倍电显微镜下，可清楚地显示其均质密实性很差。因此，只有提高混凝土的密实性才能达到其高性能目的。为此，最常用的做法是在混凝土设计施工中掺加超细微胀外加剂—密实剂 BTN。

目前见诸市场的外加剂有几十种，工程部门为求得高性能混凝土，往往同时加进具有各种功能的几种外加剂，但很多结果适得其反，混凝土的耐久性不增反减，这样的例子时有出现，其原因就是外加剂自身有缺陷及使用不当。实践证明：在设计施工中所用外加剂在混凝土中（特别是地下空间工程所普遍采用的 C20～C35 混凝土中）的作用应包括以下几个方面：

（1）对混凝土工作性能的影响。混凝土中掺入的外加剂应有巨大的比表面积和微粉效应。能使混凝土的黏聚性和保水性能得到显著改善。遇水能有自我修复能力，特别是结构凌空面的微裂缝，遇水自修复能挽回其受损时的刚度，永久性地保持安全承载能力。能有抗冻融，抗干湿循环的能力，且工艺性能优良，当掺量≤5%水泥用量时，对混凝土的流动影响较小，易于搅拌、运输、浇注。

（2）对混凝土力学性能的影响。混凝土中掺入的外加剂应能保证水泥充分梯级水化，有效分散、削减水泥水化热峰值，显著提高其中、长期抗压强度，抗弯强度和劈裂抗拉强度和抗渗等级，应能与结构外的岩土，形成共同作用的耐久整体。

（3）对混凝土抑制碱—硅酸反应的影响。混凝土中掺入的外加剂应能形成辅助水化物，促进水泥和各种骨料中的无机物、微量有机物等的化学反应，降低 pH 值。

（4）对混凝土的自收缩作用的影响。混凝土中掺入的外加剂应能补充、填满、固化其所形成的细微管孔，最大限度地减小混凝土的收缩，徐变，开裂，增加其密实性。

（5）对混凝土抗渗和耐久耐蚀性的影响。混凝土中掺入的外加剂应能降低其微孔孔径和 $Ca(OH)_2$ 含量，有效增加其耐蚀性、耐久性，抵御对混凝土的侵蚀。

（6）对混凝土性价比的影响，混凝土中掺入的外加剂主要原材料及辅料应尽量使用来源易得的天然矿物材料，经过特殊加工后质量稳定可靠，性能高，价格低。

经研究比对，国产外加剂 BTN 系列，主要由天然纳米级无机矿物材料、聚合物与桥联催化制剂复合而成的混凝土密实剂，遇水能进行梯级微胀，形成凝胶络合物与硅酸盐、砂、石、水合成无收缩集合体，采用专有技术生产的产品。BTN 系列可改变为求混凝土高性能而采用单一性能混凝土外加剂的状况。在后浇带中或止水带周围稍增加这种超细梯级微胀密实剂（BTN）的组分，可以起到预期的效果。

由于重力作用等因素地下空间工程的顶拱、顶板、侧墙等部位常与岩土脱离，而超挖，塌方，回填更使岩土与主体结构之间留有大量孔隙，很难产生共同整体作用。隧道衬砌必须进行填充型注浆。

世界上注浆应用于地下工程的历史已超过 200 年。注浆材料中水泥的应用最普遍，水泥浆的优缺点之前已述。在进行水泥浆或砂浆注浆时应加入超细梯级持续微胀的密实剂 BTN 可使注浆料达到所需部位，产生长期性的整体作用。

当初期支护喷射混凝土中加入超细梯级持续微胀密实剂（BTN），可达到理想的支护效果。

2 变形缝止水做法

地下空间工程的变形缝是为防渗和结构安全而设，按其功能要求主要有四种。其中，伸缩缝是为适应构筑物由于温度、湿度作用及混凝土收缩、徐变对其变形影响而产生的水平变位；沉降缝是为适应构筑物不同部分的不均匀沉降而产生的垂直变位；防震缝是为适应地震或突发动荷载作用导致构筑物的变形影响，可以吸收其水平和垂直两个方向的变位；引发缝通常是根据设施需要设置的收缩缝。上述前三种缝的构造大致相同，实际工程中，一般尽量三缝合一，即一个变形缝具有三、四种功能。地下空间钢筋混凝土结构通常≤40m留一条变形缝。还有一种最常见也最难处理的变形缝是地下管涵接口、穿墙管、预埋件、桩、柱、井根部及地下通道口、通风口、窗井等构造缝。一般变形缝止水的常规做法都是外侧设背衬式止水带，中间设钢边注浆止水带。变形缝的中填以填缝材料。

上述各种变形缝渗漏水的原因，除有的接缝材料劣质外，其最根本的原因是设计、施工、使用中未能考虑到各种止水带与混凝土接触面之间的关系。当混凝土的收缩形成大于水分子直径的渗水通路，渗漏水是必然的。加之未能在施工、运营中始终保持所用接缝材料（如止水条、止水带等）处在弹性工作状态。当接缝材料超过弹性工作状态后，便失去密封性，则起不到止水作用。为使止水条、止水带长久地保持弹性变形工作状态，就必须在变形缝的两侧设置若干刚性支点。如不设刚性支点，大型地下工程的变形缝必然首先漏水，往往更换、修补也很难解决问题。国外直径1~10m的地下钢筋混凝土输水管、地下通道等的变形缝两侧均设置了刚性支墩（条），既可保证工程运营安全，又能节省维护费用。

现在用的钢边注浆止水带，比传统止水带好。中国历史上有的管接口用油麻丝外加铅封，经久耐用，其道理与上述类似防止止水带产生不可逆的永久变形。20世纪50、60年代重要的水下地下工程用Ω形紫铜做嵌缝材料，至今很好，其道理亦如此。20年前国外即有人在试用热缩冷胀材料做止水条（带）以与热胀冷缩的工程材料相适应。因这种材料稀缺，不能大力推广，只能用在航天等特别重要的工程。

国外用特殊工艺处理过的天然膨润土做成的止水条、止水膏、粒、粉等处理的接缝，效果也很好。但我国在应用中出现不少问题，有的还很严重，主要原因是用了人工钠化膨润土，人工钠化膨润土的活性大，寿命短，失去了对水和环境污染的抵御能力。这方面广东的谭敬乾、陈奕沔在地下空间工程变形缝漏水处置方面积累了许多成功的经验，很值得推广。具体做法就是将天然钠基膨润土干粉填满整个变形缝的所有空间，周边用背贴式止水带进行封闭，限制其自由膨胀。当地下水渗入天然钠基膨润土，在压力状态下形成永久性凝胶体，阻止水分和污物进入变形缝。

如能实施在地下空间工程主体结构无收缩并与辅加防水层、岩土层形成牢固整体，变形缝的间距可增加到100~200m。或仅在水文地质状况稳定性差处设防，在设计、施工、运营过程中增加能确保止水带橡胶部位设置刚性支墩（条），使其始终保持其在弹性工作状态；在所有可能出现渗漏的变形缝等缝隙处塞满BTN干粉。因BTN的止水性质比天然钠基膨润土耐久性、可操作性更好。具体做法是用可溶性无纺布或能呈递降分解的有韧性的纸制品装满BTN干粉，再填塞在变形缝中。其量比其缝空间所需量即使少10%以内，对长期止水也无影响。

3 结语

综上所述，地下空间工程防水比较保险的做法是：

（1）主动地在主体结构混凝土中掺加能使混凝土密实并能梯级持续微胀的密实剂BTN。

（2）预防性地在主体结构外加与其同寿命，能与其结构和岩土产生共同作用的辅助无机防水层。在适宜部位采用天然钠基膨润土防水毯做辅助防水层是不错的选择。

（3）确保后注浆封闭孔隙。

（4）变形缝采用 BTN 干粉填满。综合设防，精细施工，才能使地下工程达到预期超百年的整体耐久性而不渗水。

参考文献

［1］ Corina-Maria Aldea. Surendra P. shah. Alan karr. cracking on water and chloride permeability of conererete. Journal of Materials in civil Engineering，1999，No. 11.

［2］ 李艳茹等. 地下洞库防潮工程试验及效果评估.《施工技术》2011 年第 3 期

［3］ 刘湘. 混凝土腐蚀与防护.《工程建筑标准化》2010 年第 4 期

［4］ 鞠建英. 实用地下工程防水手册. 北京：中国计划出版社，2002

［5］ 鞠建英. 膨润土在工程中的开发应用. 北京：中国建材工业出版社，2003

［6］ 游宝坤. 混凝土膨胀剂及其应用——混凝土裂渗控制新技术. 北京：中国建材工业出版社，2006

［7］ 鞠建英. 隧道与地下工程应能增加其整体耐久性.《地下工程与隧道》，2011 年增刊 2

［8］《施工技术》杂志社. 建设工程混凝土应用新技术. 北京：人民交通出版社，2009

［9］ 韩跃新等. 矿物材料. 北京：科学出版社，2006

［10］ 熊厚金等. 岩土工程化学. 北京：科学出版社，2001

［11］ 刘明华. 有机高分子絮凝剂的制备与应用. 北京：化学工业出版社，2006

［12］ 鞠建英. 钠基膨润土防水毯及地下工程防水技术规范有关膨润土条款中的若干问题探讨.《工程建设标准化》，2010，No. 11

混凝土抗裂防水剂在新建井筒刚性防水工程中的应用研究

鲁统卫[1,2]　王　谦[1,2]　王勇威[1,2]

（1. 山东省建筑科学研究院，济南，250031；

2. 山东建科建筑材料有限公司，济南，250031）

摘　要：NC-P7 混凝土抗裂防水剂组成中以膨胀组分为主体，复合了减缩和增加密实的组分，充分发挥每种材料的优势，起到叠加效应，可配制出具有高抗渗能力的高性能抗裂防水混凝土。新建矿井，对井壁结构的抗裂、防渗、防漏的要求较严格。本文介绍抗裂防水剂配制刚性防水混凝土在井筒内壁刚性防水工程中的应用情况。

关键词：冻结法　内壁　混凝土刚性防水　混凝土抗裂防水剂

Application Research of Anti-cracking Waterproofing Agent for concrete in Rigid Waterproofing Engineerings of New Shaft

Lu Tongwei[1,2]　Wang Qian[1,2]　Wang Yongwei[1,2]

（1. Shandong Provincial Academy of Building Research，Jinan 250031；

2. Shandong Building Research and Building Materials Co.，Ltd，Jinan 250031）

Abstract：NC-P7 anti-cracking waterproofing agent（AWA）is mainly prepared with expansion constituent，compounded with shrinkage reducing and compacting constitute. NC-P7 is suitable for high performance anti-cracking and waterproofing concrete. The requirements of anti-crack & anti-leakage of new mine to shaft lining structure are critical. This paper introduces the application of rigid waterproofing concrete with AWA in shaft waterproofing engineering.

Key Words：freezing method，inner wall，concrete rigid waterproofing，anti-cracking and waterproofing agent for concrete

1　前言

新建煤矿井筒采用冻结法施工，主要采用双层钢筋混凝土塑料夹层复合井壁结构形

[作者简介] 鲁统卫（1963—），男，教授级高级工程师。单位地址：济南市无影山路29号。联系电话：0531-85595361

式。根据设计要求，外层井壁在冻结段施工过程中起临时支护的作用，抵抗冻结压力，套壁后构成永久井壁的一部分，承受土压或岩石压力；内层井壁为永久井壁的主体，起封水作用，承受全部水压。近年来，随着冻结井筒穿过的表土层厚度增加，在山东有的特厚表土层达到 800m 以上，当冻结井壁施工结束外围冻结壁解冻后，表土含水层水直接作用于钢筋混凝土井壁上，水压将达到 8MPa 以上，内层井壁在高压水的长期作用下，井壁混凝土中原有裂纹等缺陷损伤将逐渐扩展、贯通开裂，而导致井筒渗漏水，甚至出现井筒破坏。

混凝土自身存在着微裂缝等缺陷：水泥和水发生反应，混凝土内部形成毛细管张力导致混凝土裂缝；水泥石和粗骨料界面是一薄弱区域，存在微裂缝；水泥水化放热，混凝土内外温差过大，会使混凝土产生裂缝；混凝土是一个非匀质材料，在搅拌、浇筑不均匀，就会造成混凝土的变形不均匀而开裂；混凝土配合比设计不当引起混凝土开裂。根据井壁设计理论和工程实测表明，当冻结壁解冻后，内层井壁受到静水压力、自重、竖向附加力和壁筒支持力等共同作用下，结构中混凝土处于多向应力状态，即由外缘的三向应力转变为内缘的二向应力，在多向应力作用下，井壁混凝土中的原有缺陷也将发生变化。在高压水的作用下，井筒极易出现渗漏水，进而影响使用。

为了提高井筒混凝土刚性自防水能力，我们在混凝土材料的研究上倾注了巨大的精力，研制出 NC-P7 型混凝土抗裂密实防水剂是由膨胀组分、减缩组分和密实组分等组成的复合型外加剂，配制的混凝土结构自防水是以混凝土结构自身的密实性和抗裂性实现防水功能的，使混凝土井筒能承受 8MPa 以上的高水压作用，在过程中应用取得了很好的技术经济效果。

2 试验材料和试验方法

2.1 试验材料

水泥：山东水泥集团生产 P.O42.5R，中联 P.O42.5R；

砂：中砂，河砂；

碎石：5～25mm 的石灰岩碎石；

抗裂防水剂：山东省建筑科学研究院生产的 NC-P7。

2.2 试验方法

《水泥水化热测定方法》GB/T 12959—2008 中的直接法，《普通混凝土力学性能试验方法标准》GB/T 50081，《普通混凝土长期性能试验方法》GB 50082，《混凝土外加剂应用技术规范》GB 50119—2003，《普通混凝土长期性能试验方法标准》GBJ 82，混凝土抗裂性能测试方法文中有说明。

3 试验结果与讨论

3.1 新拌混凝土的性能

工程混凝土的浇筑方式是：用吊桶运输混凝土至井下，首先将混凝土卸至在吊盘上的受灰槽，经分灰器、溜灰管下至浇注部位，要求混凝土拌合物应具有良好的工作性能。

表1可见，NC-P7混凝土抗裂防水剂具有很高的减水率，可显著改善混凝土拌合物的性能，大大降低混凝土的坍落度损失，1小时坍落度损失小于20mm。

NC-P7 对新拌混凝土的影响 表 1

水泥及 混凝土配合比	NC-P7	坍落度 mm		抗压强度 MPa					
		出机	60min	1d	3d	7d	28d	180d	360d
中联 P.O42.5R 1∶1.51∶2.26∶0.33	10%	220	210	20.6	44.7	51.7	63.0	67.5	71.8
山水 P.O42.5R 1∶1.51∶2.26∶0.33	10%	200	185	20.9	41.8	51.6	60.1	66.1	70.6

3.2 硬化混凝土的强度性能

3.2.1 标准养护混凝土强度发展

内壁采用滑模套壁时，一般较外壁施工速度更快，24h要滑20m左右，要求混凝土必须具有较高的小时强度，才能确保井壁不会出现"软腰"，甚至混凝土坍塌现象。

由表1可知，掺加NC-P7混凝土具有良好的早期强度，对于C50混凝土1d抗压强度大于20MPa，3d抗压强度大于40MPa，7d抗压强度大于50MPa。后期强度持续增长，360d较28d增长10%以上。

3.2.2 自然低温下养护混凝土强度发展

井筒施工阶段井帮一直处于冻结状态，当外层井壁掘进到一定深度，外层井壁的内侧会结一层冰霜，一般情况下套壁前井通内处于负温。一定要保证在低温下套壁混凝土强度发展满足要求。

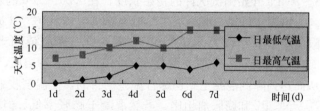

图 1　前 7 天室外自然气温变化曲线

掺NC-P7混凝土在实验室成型后立即放到室外背阳的地方，用塑料薄膜覆盖。室外养护前7天室外自然气温见图1，混凝土的强度发展情况见表2。

由表2可以看出，用NC-P7配制的混凝土在低温下强度发展好，与同龄期标准养护的混凝土强度相比，只是早期强度偏低，7天强度能达到90%以上，28天强度在95%以上。

低温养护条件下混凝土强度发展 表 2

水泥 混凝土配合比	NC-P7	坍落度 mm	养护条件	抗压强度（MPa）强度比			
				1d	3d	7d	28d
中联 P.O42.5R 1∶1.54∶2.41∶0.38	10%	205	标养	18.5/100	40.8/100	51.6/100	55.3/100
			室外	6.2/33.5	29.5/72.3	48.4/93.8	53.4/96.6
山水 P.O42.5R 1∶1.54∶2.41∶0.38	10%	200	标养	16.8/100	34.2/100	46.1/100	53.0/100
			室外	5.5/32.7	23.9/69.9	42.8/92.8	52.5/99.1

3.3 混凝土的变形性能

3.3.1 混凝土温度变形

按测水泥水化热的方法测定 NC-P7 对水泥水化热的影响，结果见表 3。

由表 3 可见，和空白样相比，10％NC-P7，水化最高温度降低 4℃左右，最高温度出现的时间要推迟 16 小时以上，水化热降低 14％。

降温冷缩是混凝土开裂的影响因素之一，NC-P7 能推迟混凝土的温升，并使混凝土温峰降低。混凝土内部最高温度降低，冷缩减小，有利于混凝土的抗裂。

掺 NC-P7 的水化热　　表 3

编号	胶结材（％）		最高温度（℃）	温峰出现时间（h）	水化热（kJ/kg）
	水泥	NC-P7			
1	100	0	29.05	12	449/100
2	90	10	25.13	28.5	386/86

3.3.2 混凝土的限制膨胀

膨胀组分加入水泥中，可以生成体积增大的水化产物，这些水化产物能填充、堵塞硬化体的毛细孔、改变了孔结构和孔级配，提高了硬化体的密实度。宏观表现混凝土产生体积膨胀，约束条件下膨胀能转化成预压应力，可在混凝土中形成适宜的应力状态，使混凝土具有良好的抗裂性能和抗渗性能。

混凝土膨胀率按照《混凝土外加剂应用技术规范》GB 50119—2003 的规定进行。混凝土试件为 100mm×100mm×300mm，配筋率为 0.79％，规程要求在混凝土强度达到 3～5MPa 开始测试试件的初始长度，在（20±2）℃的水中养护。试验结果见表 4。

由表 4 可见，混凝土线膨胀系数 $\alpha = 10 \times 10^{-6}$（1/℃），引入膨胀组分后，使混凝土限制膨胀率为 ε_2 为 2.0×10^{-4} 左右，这一膨胀值相当于"膨胀相当温差" $T_p = \varepsilon_2/\alpha = 20℃$ 左右，这一数据与混凝土的收缩当量温差相反，这是一很大的潜在补偿收缩效应。从而达到降低混凝土结构综合温差的目的，使温度收缩应力降低，防止开裂。

NC-P7 和膨胀剂相比，虽然混凝土膨胀率低，但水中养护转入干空养护后混凝土收缩落差小，有利于混凝土的抗裂性能。

混凝土限制膨胀率　　表 4

序号	外加剂	混凝土膨胀率（％）					
		水 1d	水 3d	水 7d	水 14d	水 14＋干 21	水 14＋干 28
1	10％ 膨胀剂	0.011	0.018	0.025	0.031	0.012	−0.002
2	10％ NC-P7	0.015	0.019	0.021	0.023	0.014	0.008

3.3.3 混凝土早期抗裂

平板抗裂试验：试件尺寸为 600mm×600mm×63mm，用于浇筑试件的钢制模具。模具的四边用 10/6.3 不等边角钢制成，每个边的外侧焊有四条加筋肋，模具四边与底板通过螺栓固定在一起，以提高模具的刚度；在模具每个边上同时焊接（或用双螺帽固定）两排共 14 个 ϕ10×100mm 螺栓伸向锚具内侧。两排螺栓相互交错，便于浇筑的混凝土能填充密实。当浇筑的混凝土平板试件发生收缩时，四周将受到这些螺栓的约束。在模具底板的表面铺有低摩阻的塑料布。

试验方法：将混凝土拌合物沿模具边缘螺旋式向试模中心进行浇筑，使拌合物充满整个模具，立即用刮平长木条快速刮平试件表面。成型后即打开位于试模上方约 1m 处的风速约为 5m/s 的电风扇，并开启位于试模约 45°斜上方垂直高度约 1m 的 500W 碘钨灯试验。根据 24h 混凝土开裂情况，依据下列公式计算出裂缝的平均裂开面积、单位面积的开裂裂缝数目和单位面积上的总裂开面积，评价混凝土的早期开裂性能。

(1) 裂缝的平均裂开面积 $a = \dfrac{1}{2N} \sum_i^N W_i \cdot L_i \, (\mathrm{mm^2/根})$

(2) 单位面积的开裂裂缝数目 $b = \dfrac{N}{A} \, (根/\mathrm{mm^2})$

(3) 单位面积上的总裂开面积 $c = a \cdot b \, (\mathrm{mm^2/m^2})$

式中　W_i——第 i 根裂缝的最大宽度，mm；

　　　L_i——第 i 根裂缝的长度，mm；

　　　N——总裂缝数目，根；

　　　A——平板的面积 0.36m²。

采用掺加 NC-P7 和掺加膨胀剂的混凝土对比试验来评价平板抗裂性能。NC-P7 抗裂防水剂内掺 10%，通过掺加萘系减水剂调整混凝土掺膨胀剂混凝土的坍落度，使混凝土的水胶比相同，坍落度均为 200mm。试验结果见表 5。可见，掺加 NC-P7 混凝土较掺加膨胀剂和萘系减水剂的混凝土具有更好的早期抗裂性能。

混凝土平板抗裂试验结果　　　　　　　　　　　　　　表 5

| 序号 | 胶凝材料（%） | | a | b | c |
	水泥	外加剂	（mm²/根）	（根/m²）	（mm²/m²）
1	90	10 膨胀剂	2.67	19.33	51.61
2	90	10 NC-P7	2.57	9.67	24.85

注：掺加混凝土膨胀剂的对比试验中，通过掺加萘系减水剂，使混凝土的水胶比相同，坍落度为 200mm。

3.4　混凝土的抗渗防水性能

混凝土渗透性是决定混凝土耐久性的根本因素，也是目前广泛采用的设计与质量控制指标，是配制刚性防水混凝土的主要性能指标。

3.4.1　混凝土的抗水渗性能

按照《普通混凝土长期性能和耐久性能试验方法》GB/T 20082—2009 中抗水渗试验方法中的逐级加压法进行试验。试验结果见表 6。

可见，对比空白混凝土在 1.2MPa 水压下，平均渗水高度为 135mm。掺 NC-P7 抗裂防水剂的 C50 混凝土在 2.0MPa 水压下，平均渗水高度为 36mm。

NC-P7 对混凝土抗渗性能的影响　　　　　　　　　　　表 6

| 水泥（%） | NC-P（%） | 水胶比 | 坍落度 | 抗渗水渗透性能 | |
				压力（MPa）	平均渗水高度（mm）
100	0	0.48	55	1.2	135
90	10	0.38	200	2.0	36

随着新建煤矿冻结井筒穿过的表土层厚度增加，有的特厚表土层达到 800m 以上，当冻结井壁施工结束外围冻结壁解冻后，表土含水层水直接作用于钢筋混凝土井壁上，水压将达到 8MPa 以上，鉴于目前检测设备的检测能力，只能检测抗渗等级不大于 P40 的混凝土的抗渗能力，如何评价井筒混凝土的抗渗性能是否能满足要求是一大难题。

混凝土渗透系数与抗渗等级的关系式 $K = \dfrac{mD^2}{2TH}$；

当逐级施加水压时，$K = \dfrac{m}{2H} \cdot \dfrac{D^2}{\Sigma T}$

其中 m 为常数，H 为压力水头，D 为试件渗水平均高度，T 为渗水时间。

当试验方法采用从 0.1MPa 开始，每 8 小时逐级加压，

则：
$$K = \frac{m}{2H} \cdot \frac{D^2}{\dfrac{n(n+1)}{2}}$$

其中 $n = P + 1$，P 为混凝土抗渗等级。

对于同一混凝土，同一试验方法，K、H 为常数，则有 $D^2 \propto n(n+1)$。

本试验为 C50 混凝土，28d 强度为 60.1MPa，抗渗试验用试件高为 150mm。混凝土抗渗试验是从 0.1MPa 开始，每 8 小时增加 0.1MPa 水压，至 2.0MPa 时试件的平均渗水高度为 36mm。即 $n_1 = 20$，$D_1 = 36$，$D_2 = 150$ 时，则有：$n_2(n_2+1) = (D_2/D_1)^2 \times n_1(n_1+1)$，经计算得 $n_2 \approx 85$，即最大抗渗等级 $P = 85 - 1 = 84$。

可见掺加 NC-P7 的混凝土具有很高的抗水渗能力，配制的 C50 混凝土抗渗等级能达到 P84，能满足深厚表土层冻结法施工井筒混凝土的抗渗性能要求。

3.4.2 混凝土抗氯离子渗透性能

侵蚀性离子在混凝土中的传输会严重影响混凝土的耐久性，侵蚀性介质在混凝土中扩散系数的大小可以很好地反映混凝土渗透性的高低，混凝土的渗透性可以通过氯离子在混凝土中的扩散系数的大小进行评价。氯离子扩散系数与混凝土渗透性之间的关系见表 7，NC-P7 对混凝土渗透性的影响见表 8。

混凝土的渗透性与扩散系数　　　　　　　　　表 7

扩散系数（$10^{-14} \mathrm{m^2/s}$）	>500	100~500	50~100	10~50	5~10	<5
混凝土渗透性	高	中	低	很低	极低	可忽略

混凝土的氯离子扩散系数（28d 龄期）　　　　　表 8

混凝土配合比	NC-P7（%）	W/B	坍落度（mm）	氯离子扩散系数（$10^{-14} \mathrm{m^2/s}$）
1：1.54：2.41	0	0.48	55	92.16
	10	0.38	200	35.60

从表 8 可以看出，基准混凝土标准养护 28d 的氯离子扩散系数为 $92.16 \times 10^{-14} \mathrm{m^2/s}$，混凝土的渗透性在低的范围内，而用 NC-P7 抗裂防水剂配制的大坍落度混凝土，在比基准混凝土的坍落度增加 145mm 的前提下，氯离子扩散系数仅为 $35.60 \times 10^{-14} \mathrm{m^2/s}$，混凝土的渗透性在很低的范围内。

4　工程应用

井筒设计内井壁一般按 $0.95H \sim 1.0H$ 静水压力，对于深厚表土层（冲积层）井筒，冻结深度也深，要求井筒混凝土要承受较大的静水压，抗裂防水。如 2012 年将要开建的山东万福煤矿冻结深度要达到 800m 以上，井筒抗裂防水是一大难题。

我院研发的 NC-P7 抗裂防水剂配制的高性能混凝土技术迄今已在几十个深冻结井筒工程中得到了成功应用。龙固煤矿副井井筒，冲积层的总厚度为 567.70m，冻结深度 650m。郭屯煤矿主、副、风井井筒，表土层厚度分别为 587.4m、583.4m 和 577.1m，冻结深度均为 702m。郓城煤矿主、副井井筒工程，穿过厚达 534.2m 的冲积层，冻结厚度在 603m 和 625m。应用 NC-P7 抗裂防水剂并且冻结深度在 400m 以上的典型矿井工程还有：山东花园矿、杨营煤矿、梁宝寺 1、2 号井、陈满庄煤矿、单县张集煤矿、军城煤矿、济西生建煤矿、新阳煤矿、齐河赵官镇煤矿、曲阜星村煤矿，河南的薛湖矿、朱集煤矿、梁北煤矿，安徽的潘集三号矿，内蒙古的新上海庙一号井等矿井工程应用，都取得了很好的技术经济效益。

5　结束语

新建煤矿井筒冻结孔施工贯穿了各含水层，而外层井壁施工条件差，接槎多，封水效果差。解冻后地下水必然通过外壁缝隙进入内、外层井壁的间隙，而作用于内层井壁。内壁作为永久支护结构，对井壁结构的抗裂、防渗、防漏的要求较严格，研究抗裂防渗对内层井壁非常关键。

NC-P7 型混凝土抗裂密实防水剂是由膨胀组分、减缩组分和密实组分等组成的复合型外加剂，配制的混凝土结构自防水是以混凝土结构自身的密实性和抗裂性实现防水功能的，使混凝土井筒能承受 8MPa 以上的高水压作用。NC-P7 具有良好的技术性能，在几十个井筒过程中应用取得了很好的技术经济效果。

参考文献

[1]　矿山建设工程新进展. 2006 全国矿山建设学术会议论文集 ［C］. 中国矿业大学出版社，2006．7
[2]　混凝土结构耐久性设计与施工指南 ［S］. 中国建筑工业出版社，2004.5
[3]　鲁统卫，王谦，郭蕾. 深冻结井壁高强高性能混凝土抗裂性能研究 ［J］. 建井技术，2009，3

第三部分　工程应用

云南小湾水电站坝体裂缝加固
化学灌浆技术简述

吕联亚

（浙江华东工程科技发展有限公司，杭州　310014）

摘　要：云南小湾水电站坝体混凝土由于多种原因产生了多条贯穿或不贯穿的裂缝，严重影响了大坝的安全运行。经专家论证，采用化学灌浆技术对坝体混凝土裂缝进行处理，达到了预期的目的。本文介绍了化学灌浆技术、工程概况、裂缝产生的原因及分布情况、化灌施工技术要求、施工过程和化灌质量评定情况。

关键词：化学灌浆　混凝土裂缝　坝体加固　低黏度环氧树脂灌浆材料　低压慢灌

Dam cracks reinforcement chemical grouting technology at Xiaowan hydropower station

Lv lianya

(ZHEJIANG HUADONG ENGINEERING SCIENCE & TECHNOLOGY DEVELOPMENT Co., Ltd (ZHEST), Hangzhou, 310014)

Abstract：Due to a variety of causes, many dam concrete cracks through or not were found in Xiaowan hydropower station, this seriously affected the safe operation of the dam. Demonstrated by experts, chemical grouting technology was used on the dam concrete crack processing, and the expected purpose. Was achieved. This paper introduces the chemical grouting technology, crack distribution situation and reasons, chemical grouting technical requirements and construction process and chemical grouting quality evaluation.

Key Words：Chemical grouting, Concrete crack, Dam reinforcement, Low viscosity epoxy resin grouting material, Low-pressure slow filling

　　云南小湾水电站大坝于 2007 年 11 月发现 EL. 1100 m 高程以下的坝段分布有多条裂缝。裂缝的产生引起建设各方和水电界专家高度关注。2008 年 4 月底在工地现场召开了"拱坝 EL. 1095m 高程以下混凝土裂缝成因分析及处理措施专题咨询会"。经专家研究论证，决定对裂缝采用化学灌浆技术进行处理。笔者作为技术顾问全过程参与了小湾坝体裂

[作者简介] 吕联亚（1963.8～），男，浙江缙云人，教授级高工，浙江华东工程科技发展有限公司，海外部主任，长期从事化学灌浆材料和施工技术研究。联系电话：0571-56738898。通讯地址：杭州市潮王路 22 号，邮政编码：310014。电子信箱：lv_ly@ecidi.com

缝化灌处理的方案论证、生产性试验和施工。

1 化学灌浆技术简述

化学灌浆（Chemical Grouting）是将一定的化学材料（无机或有机材料）配制成真溶液，用专用压送设备，通过钻孔、埋管、贴嘴等方法，将化学浆液注入基岩、覆盖层（砂层）、混凝土裂缝、结构缝等需处理的工程部位，使其充填、渗透、扩散进而胶凝、固结，达到防渗堵漏、补强加固目的的工程措施。

灌浆工法出现于19世纪初，采用灌浆技术以解决土建工程的有关技术难题，至今已有一个多世纪的历史。随着灌浆技术的广泛应用，灌浆材料得到了较大的发展。灌浆材料从最早的石灰和黏土、水泥，发展到今天的水泥——水玻璃浆液和各种化学灌浆浆液。而灌浆材料的开发与应用，又反过来推动了灌浆工法在更广泛的领域内的应用。灌浆按其目的不同可分为：固结灌浆、帷幕灌浆、接触灌浆、接缝及补强灌浆、劈裂灌浆、高压喷射灌浆等。按其所用的材料不同可分为：水泥灌浆、黏土灌浆、化学灌浆和沥青灌浆。通常说的灌浆材料是指浆液中的主剂。灌浆材料必须是能固化的材料。按灌浆材料的材性可分为溶液型和悬浊液型两大类。

溶液型浆材又称化学灌浆材料，化学灌浆是用高分子材料配制成的溶液作为浆液的一种新型灌浆。浆液灌入地基或建筑物裂隙中，经凝固后，可以达到较好的防渗、堵漏和补强加固的效果。化学灌浆材料一般可分为水玻璃类、木质素类灌浆材料、丙烯酰胺类灌浆材料、丙烯酸盐类灌浆材料、聚氨酯类灌浆材料、环氧树脂灌浆材料、甲基丙烯酸酯类灌浆材料、脲醛树脂类、其他类化学灌浆材料等。化学灌浆材料有较好的可灌性，其胶凝时间可根据工程需要调节。有的可在瞬间固化，适用于大流量漏水、涌水的处理；有的胶凝时间长，起始黏度低，适用于混凝土细微裂缝和孔隙的渗漏处理。由于化学灌浆可将化学浆材压入很细的混凝土孔隙中，因此可有效地保护混凝土。渗漏治理施工过程中，可根据孔隙的大小和材料的可灌性选用适当的化灌材料。

化学灌浆技术是应用化学与工程技术相结合，保证工程的顺利进行或借以提高工程质量的一项特种技术。在工程建设中的基础加固、堵漏止水、帷幕防渗和裂缝修补等方面得到广泛应用。

2 工程概况

该水电站位于云南省西部南涧县与凤庆县交界的澜沧江中游河段，在干流河段与支流黑惠江交汇处下游1.5km处，系澜沧江中下游河段规划八个梯级中的第二级。

该工程属大Ⅰ型一等工程，永久性主要水工建筑物为一级建筑物。工程以发电为主兼有防洪、灌溉、养殖和旅游等综合利用效益，水库具有不完全多年调节能力，系澜沧江中下游河段的"龙头水库"。该工程由混凝土双曲拱坝（坝高295m）、坝后水垫塘及二道坝、左岸泄洪洞及右岸地下引水发电系统组成。正常高水位运行时的水库库容为 $149.14 \times 10^8 m^3$，电站装机容量4200MW（6×700MW），多年平均发电量189.9亿千瓦时。

该水电站地形陡峭，场地狭窄，施工区地质构造复杂，地表岩层破碎，地震区的抛物线形混凝土双曲拱坝、700m 高边坡开挖、大跨度地下厂房洞室群，高强度的泄洪消能、高水头、高参数、大容量水轮发电机组制造等技术参数和施工难度，均可名列世界之最。

3 裂缝的范围和成因分析

3.1 裂缝发生的范围

2007 年 11 月 11 日坝体中部 EL1048.5m～EL1059.25m 横缝灌区压水检查时，发现部分坝段之间有互串现象，随后进行了外露表面检查、少量检查孔检查、横缝压水检查和化灌施工过程中化灌孔详查等检查。采用数字成像等资料分析，结果表明，各坝段在 EL1100m 高程以下，分布有相邻横缝贯通的裂缝。

坝体混凝土温度裂缝展布情况见图 1。在 R13～L32 共 20 个坝段，EL.1116m 以下 B 区混凝土范围，共 38 条。

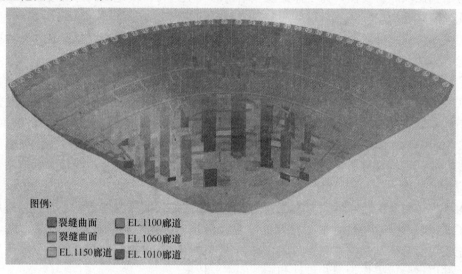

图 1　坝体混凝土温度裂缝展布情况

3.1.1　内部温度裂缝分布于 13 号～32 号坝段共 20 个坝段，其中 2 个坝段有 1 条裂缝，14 个坝段有 2 条裂缝，2 个坝段有 4 条裂缝，另外，31 号和 32 号坝段仅发现零星裂缝。从拱圈平切面裂缝分布看，多数裂缝不完全沿拱圈轴线方向分布，且不连通，在横缝处错开，但左右岸各有一条呈贯通趋势近横河走向的裂缝，右岸一条在 15 号～20 号共 6 个坝段，左岸一条在高程 1037m 以上 24 号～27 号共 4 个坝段。

3.1.2　内部温度裂缝主要分布在坝体高程 1100m 以下的 B 区（C18035）混凝土范围，最低高程 970m（22 号坝段）、最高高程为 1116m（15 号坝段），裂缝高度最大为 24 号坝段 24LF-1，达 125m。裂缝宽度 ≤1mm 约占 13.3%，宽度在 1～2mm 范围内约占 56.1%，宽度在 2～3mm 范围内约占 27.6%，宽度 ≥3mm 约占 3.1%，裂缝平均宽度约 1.7mm，最宽达 5mm。

3.1.3　内部温度裂缝底缘未延伸到基础，也未延伸到坝踵诱导缝，目前内部温度裂缝均止于铺设的限裂钢筋高程以下。

3.2 产生裂缝的原因分析

参建各单位开展了全面深入细致的计算分析研究工作。分析研究表明，小湾拱坝内部裂缝产生的主要原因在施工期混凝土温度控制方面。

3.2.1 坝体混凝土一期冷却结束后混凝土温度回升较大，二期冷却同冷层混凝土高度范围小，在高程方向形成较大的温度梯度。

3.2.2 部分坝段同高程二期冷却分Ⅰ、Ⅱ、Ⅲ三个区不同步通水冷却，形成局部过大的温度梯度等，导致坝体混凝土内产生较大的拉应力，超过了混凝土的实际抗拉强度。因此，产生了延伸长、范围大、规律性强的坝体混凝土内部温度裂缝。

4 化灌处理方案的提出和化灌施工技术要求

4.1 化灌处理方案的提出

考虑到拱坝的重要性，为了保证拱坝结构的安全运行，决定对内部温度裂缝进行高质量的化学灌浆处理。

相关单位通过外露表面检查、少量检查孔检查、横缝压水检查、化灌孔详查和孔内数字成像等方法对坝体裂缝进行了系统的检查，查明了裂缝的数量、开度和分布。并对产生裂缝的原因进行了分析。

2008 年 4 月底在工地现场召开了"拱坝 EL.1095m 高程以下混凝土裂缝成因分析及处理措施专题咨询会"。笔者提出采用低黏度环氧化灌材料进行补强加固处理的咨询意见，并被专家组采纳。5 月初，设计单位提出了化学灌浆参数及其技术要求。按拱坝中部混凝土温度裂缝的性状及分布特点，设计利用坝后马道、栈桥、排架及坝内检查廊道钻设灌浆孔进行化灌处理。

由于坝体裂缝的特殊性，同类工程的灌浆经验往往仅能作为参考，不宜直接搬用。因此为了了解裂缝灌浆特性，取得必要的灌浆经济技术数据，确定或修正灌浆方案，使设计、施工更符合实际情况，布置更为合理；先期进行了一定规模和深度的化学灌浆生产性试验，并以试验成果作为灌浆设计和施工的主要依据。

生产性试验的目的是：论证采用化学灌浆方法在技术上的可行性，效果上的可靠性和经济上的合理性；推荐合理的施工程序和良好的施工工艺、合宜的化学灌浆材料和配合比；提供有关的技术数据，如孔距、排距、灌浆压力；分别在 14 号、16 号、24 号、30 号四个坝段进行了坝体裂缝化学灌浆现场生产性试验。

同时选用的灌浆材料分别在工地现场做室内试验、指标测试及外送第三方测试，以测试材料是否满足设计要求。

4.2 化灌施工技术要求

4.2.1 灌浆原则

灌浆采用孔口封闭灌浆法，总体按从裂缝底部自下而上的灌浆原则。裂缝分灌区进行灌浆。灌区水平方向一般按单个坝段划分；高程方向根据裂缝深度及灌浆孔布置综合考虑划分，若裂缝深度大于 30m，灌区高差范围一般按 30～50m 控制。在钻孔孔容充满后，应使用化学灌浆专用泵，采用小流量、低压慢灌的原则进行灌浆。

4.2.2 化灌的工艺流程

布孔→钻孔→单孔压水试验→孔内物探成像→灌区压水试验→孔内制安射浆管→预埋灌浆管→压缩空气排水→化学灌浆→待凝、封孔。

4.2.3 灌浆压力控制

（1）化学灌浆压力：进浆压力 0.5～0.8MPa，回浆压力 0.3～0.6MPa。

（2）灌浆压力从 0.1MPa 开始，采用分级升压方式，逐级升压至上层进浆孔或回浆孔返浆为止。

（3）分级升压速度为 0.1MPa/(30～60)min。

4.2.4 灌浆结束标准

（1）单孔灌浆：对于单孔灌浆，待孔口排气管回纯浆后，封闭回浆管，在灌浆孔填充满并达到设计灌浆压力下，当浆液注入量小于 0.01L/min 后，则保持设计压力再屏浆 4 小时可以结束灌浆。

（2）对于完全封闭的灌区：当最后一孔返纯浆起压后，在设计压力下，当浆液注入量小于 0.01L/min 后，则保持设计压力再屏浆 4 小时可以结束灌浆。

（3）对于灌区顶部无法完全封闭的灌区：当顶层回浆孔出浆为纯浆后，按该孔回浆压力不大于 0.05MPa 控制所有进浆孔的进浆压力及注入量继续灌浆，直至最后一个进浆孔浆液注入量小于 0.01L/min 后，再屏浆 4 小时可以结束该批串通孔灌浆。

（4）上述各种情况灌浆结束后，应进行闭浆，即孔口阀门要保持完全关闭状态不少于 14d 且直至浆液完全失去流动性。

5 裂缝处理施工情况

自 2008 年 6 月裂缝化学灌浆生产性试验开始，至 2009 年 6 月 14 日共四批化学灌浆施工全部结束。

5.1 裂缝化学灌浆生产性实验

5.1.1 裂缝化学灌浆生产性实验选取在左右两岸高程 1061m 以下各两个坝段平行进行，其中右岸选取 14 号坝段为 YA 试验区（灌注 PSI-500 材料）、16 号坝段高程 1022m 以下为 YB 试验区（灌注 YDS 材料），左岸选取 24 号坝段高程 1011m 以下为 ZA 试验区（灌注 HK-G-2 材料）、30 号坝段为 ZB 试验区（灌注 CW 材料）。现场生产性实验于 2008 年 5 月开始化学灌浆，至 2008 年 8 月上旬结束，并于 2008 年 10 月完成质量检查。

5.1.2 本次实验化学灌浆孔为 76 个，通过实验比较了不同的化学灌浆材料性能、灌浆工艺及灌浆效果，通过试验和招标选出了适合小湾拱坝坝体裂缝处理的灌浆材料，制定化学灌浆施工工艺及参数，设计编制了《拱坝混凝土裂缝化学灌浆施工技术要求》。

5.1.3 根据设计提出的《坝体裂缝化学灌浆现场生产性试验研究技术要求》，试验材料选用长江科学院生产的 CW 和中科院广州化学研究所生产的 YDS 灌浆材料。根据参加试验单位各自的渠道，四局选用了 YDS 和长江科学院生产、深圳帕斯卡销售的 PSI-CW，葛洲坝只选用了长科院的 CW。后又增加了华东院的 HK-G 化灌材料在 24 号坝块试验。

5.2 高程1061m以下坝体裂缝化灌处理

5.2.1 高程1061m以下坝体裂缝化学灌浆处理范围为13号～31号坝段，该区于2008年7月上旬开始施工，2008年12月中旬灌浆施工结束，右岸15号～23号坝段灌浆采用YDS-10化学灌浆材料，左岸24号～30号坝段采用PSI-500化学灌浆材料，2009年2月中旬灌浆质量检查全部结束。高程1061m以下坝体裂缝化学灌浆孔为566个。

5.2.2 大坝高程1061m以下坝体裂缝化灌质量检查结果表明，该区域浆材充填效果相对于试验区的整体效果有较大的提高，但裂缝芯样粘结效果欠佳。针对裂缝芯样粘结效果欠佳的情况，经业主、设计、监理及施工各方研究确定，在后续灌浆施工中统一采用黏度低、可操作时间长、综合性能好的PSI-500环氧浆材。强调在施工过程中采取"低压慢灌、屏浆赶水"的灌浆工艺和改进取芯工艺。

5.3 高程1061～1084m高程坝体裂缝化灌处理

坝体高程1061～1084m范围裂缝处理坝段为12号～32号坝段，该区于2008年2月下旬开始造孔，总孔数为323个，2009年4月初灌浆施工结束（其中12号、32号坝段钻孔结束后未发现裂缝，未作化灌处理）。该批次灌浆质量检查于2009年5月下旬全部结束，其灌浆注入效果和注入量有明显的改善，并提高了灌浆取芯检查芯样粘结良好率。

5.4 坝体裂缝扩大范围补充化灌处理

2009年3月底，业主、设计、监理、施工单位四方联合对高程1061m以下高程1010m检查廊道、主帷幕廊道、排水廊道、导流中孔等部位进行现场巡视检查，同时结合裂缝分布情况和裂缝补充检查情况进行综合分析后，发现部分坝段裂缝下缘在此前灌浆时未能找到。为了保证坝体裂缝处理质量，2009年4月初，设计下发通知明确在15号、18号～23号、24号～26号、29号等坝段主帷幕廊道、高程1010m检查廊道、1号～3号导流中孔、排水廊道等相应部位增加钻孔进行扩大范围补充化灌处理，高程1084m以上坝体裂缝化学灌浆处理范围为12号～32号坝段区域。

2009年6月初灌浆施工结束，7月底完成了灌浆质量取芯检查。

6 裂缝处理施工质量评价

6.1 施工质量检测要求

6.1.1 考虑到断开的裂缝芯样在孔内有磨损，取出后裂缝上的浆液结石多少并不能代表真正坝内裂缝充填情况，孔内数字成像亦存在同样问题，因此，将裂缝化灌充填标准根据芯样充填检查情况和孔内数字成像充填情况分为粘结良好、有化灌充填和无化灌充填3类，进行统计。

6.1.2 裂缝化灌效果统计标准见表1：

裂缝化灌效果统计标准   表1

序号	裂缝化灌效果分类	芯样检查情况	孔内数字成像检查情况
1	粘结良好	粘结良好	充填良好

序号	裂缝化灌效果分类	芯样检查情况	孔内数字成像检查情况
2	有化灌充填	脱开、有化灌充填饱满芯样、脱开、局部有化灌充填芯样	充填良好、局部充填
3	无化灌充填	无化灌浆液结石	未见充填

6.2 裂缝处理分部工程质量评定

6.2.1 有效检查孔发现有化灌浆液充填的裂缝数应达到有效检查孔发现裂缝总数的 85％以上。

6.2.2 粘结良好的裂缝数达到有化灌浆液充填裂缝总数的 50％以上。

6.2.3 芯样抗拉试验裂缝面断开时，粘结强度≥1.0MPa 的芯样数加混凝土断裂而裂缝面未断开的芯样总数，应达到进行芯样试验总数的 75％以上。

6.2.4 压水试验合格的裂缝段应达到压水总段数的 95％以上。

6.2.5 单元工程质量评定合格率 100％，单元工程优良率大于 80％。

6.3 施工质量评价

6.3.1 综合分析已检查的结果，在有效的 173 个检查孔中，芯样裂缝充填良好率 89.4％，物探分析充填良好率 93.1％，芯样粘结良好率 77.8％，透水率合格率 100％，坝体内部温度裂缝化学灌浆浆液充填较好，满足设计要求。

6.3.2 能够做力学性能检测的芯样数为 43 个，这说明选用的化学灌浆材料和采用低压慢灌的工艺适用于小湾大坝混凝土内部温度裂缝化学灌浆加固处理工程。

7 结论

（1）坝体混凝土内部温度裂缝化学灌浆已完成，综合分析灌浆充填粘结效果检测和芯样抗剪断力学初步试验成果，化学灌浆施工质量总体满足设计要求。坝内温度裂缝对拱坝整体安全性影响分析专题研究阶段成果已通过主管部门审查，作出了"拱坝在多年平均消落水位 1181m 以下运行时，经化灌处理后的裂缝是稳定的"结论。

（2）经过生产性试验和高程 1061 以下化灌施工的摸索，总结出"延长浆材操作时间（5～30h）；低压低速慢灌；排气排水排浆；自下向上升层；持压屏浆结束"的灌浆工艺，对裂缝的充分充填是行之有效的。

（3）实践证明，对坝内温度裂缝采取以低黏度环氧化学灌浆为主的措施进行处理是必要的。化学灌浆可以有效填充裂缝，提高裂缝面强度，消除裂缝的不利影响，对恢复拱坝的整体安全性有重要作用。该工程的化学灌浆技术值得借鉴和推广。

参考文献

[1] 建筑防水材料. 化学建材系列丛书. 中国建筑工业出版社，2007

[2] 吕联亚、张捷. 混凝土渗漏综合治理技术. 中国建筑防水，2001，No.3

三峡永久船闸右侧中间山体段
混凝土防渗墙的化学灌浆

汪在芹[1,2,3]   魏　涛[1,2,3]   张　健[1,2,3]

(1. 长江科学院材料与结构研究所；2. 国家大坝安全工程技术研究中心；

3. 水利部水工程安全与病害防治工程技术研究中心，湖北　武汉　430010)

摘　要：介绍了丙烯酸盐化学灌浆材料的性能、组成和配制，以及该材料在三峡永久船闸右侧中间山体段混凝土防渗墙下的灌浆施工工艺和灌浆效果。

关键词：船闸　混凝土防渗墙　丙烯酸盐　灌浆工艺

Chemical grouting of concrete cutoff wall sited to the right of ship lock of Three Gorge

Wang Zaiqin[1,2,3]   Wei Tao[1,2,3]   Zhang Jian[1,2,3]

(1. Yangtze River Scientific Research Institute
2. National Dam Safety Engineering Technology Research Center
3. Research Center of Water Engineering Safety and Disaster
Prevention of Ministry of Water Resources，Hubei Wuhan，430010)

Abstract：The article introduces performance, composition and preparation of acrylate chemical grouting material as well as its application and results archived when used in concrete cutoff wall sited to the right of ship lock of Three Gorge.

Key Words：ship lock, cutoff wall, acrylate, grouting

1　工程概况

　　三峡永久船闸右侧中间山体段混凝土防渗墙进行了水泥灌浆，但灌后检查孔压水透水率 q 为 2~5Lu，没有达到设计指标。因此，研究决定对该区段 160m 以下、$q>1$Lu 的岩

[作者简介] 汪在芹，教授级高工，长江水利委员会长江科学院副院长，兼任中国工程建设标准化协会建筑防水专业委员会副主任，联系地址：武汉市黄浦大街 269 号 430010，邮箱：wangzaiqin@gmail.com

体，以及 175～160m、$q>3$Lu 的岩体，进行丙烯酸盐化学灌浆处理。施工范围：$X=$ 15027.30～15047.30，$Y=7816.00$。该单元上部为混凝土防渗墙，混凝土防渗墙宽 80cm，厚度为 16～30m。下部基础岩性为前震旦系闪云斜长花岗岩，中粗粒结构，岩质坚硬、岩性均一，其主要矿物成分为石英、斜长石、角闪石、黑云母。

施工自 2003 年 3 月 6 日开始至 2003 年 4 月 12 日结束，历时 38 天。本工程实际完成的工程量见表 1，共完成钻孔 70 个，其中化灌孔 69 个、质量检查孔 1 个。检查孔透水率为 0.25Lu，灌后检查达到了设计要求。

实际完成工程量 表 1

类　别	孔数（个）	总进尺（m）	混凝土进尺（m）	基岩钻灌（m）	镶管套数（套）
第 3 单元	19	423.61	327.4	96.21	19
第 6 单元	16	481.29	348.6	132.69	16
第 7 单元	14	466	395.3	70.7	14
第 8 单元	20	657.59	526.5	131.09	20
检查孔	1	24.25	19	5.25	1
合计	70	2052.74	1616.8	435.94	70

2 材料介绍

2.1 丙烯酸盐化学灌浆材料的浆液性质见表 2，凝胶体性质见表 3。

浆液的主要性质 表 2

项　目	性　能
外观	淡蓝色溶液
密度（g/cm³）	1.06
黏度（Pa·s）	0.0015，可灌性好
pH 值	＞7.5
胶凝时间	通过改变阻聚剂铁氰化钾的用量进行控制
毒性	无毒

凝胶体的主要性质 表 3

项　目	性　质
外观	乳白色、半透明、可弯曲的凝胶
溶解性	不溶于水、煤油、汽油，水中稍许膨胀
耐久性	良好
渗透系数（cm/s）	10^{-9}～10^{-7}
抗挤出破坏比降	1400（Φ0.2mm 玻管长 5cm，挤出压力 0.7～0.95MPa）
标准砂固结体抗压强度（MPa）	0.21～0.46
毒性	无毒

2.2 丙烯酸盐化学灌浆材料的组成和配制

2.2.1 丙烯酸盐化学灌浆材料的组成

丙烯酸盐化学灌浆材料的基本组成见表 4。

丙烯酸盐化学灌浆材料的组成　　　　　　表 4

原料名称	作用	含量（%）
丙烯酸盐	主剂	10～15
双丙烯酰胺	交联剂	1～2
三乙醇胺	促进剂	1～2.5
铁氰化钾	缓凝剂	0～0.1
过硫酸铵	引发剂	0.5～1.5
水	溶剂	78.9～87.5

2.2.2 浆液的配制程序

（1）先称取双丙烯酰胺，用含浆液 10%（体积）的热水溶解成溶液。若溶解不完，则再加含浆液 25%（体积）的热水使其溶解，再加的水量必须从配过硫酸铵的用水量中扣除。

（2）称取计算量的丙烯酸盐溶液，加入双丙烯酰胺溶液中。

（3）称取计算量的三乙醇胺加入交联剂溶液中，加水稀释至浆液体积的 1/2。若溶解交联剂时用了含浆液 35%（体积）的水，则应加水稀释至浆液体积的 3/4。这 3 种成分的混合液称为甲液。

（4）称取计算量的过硫酸铵放入另一容器中，加水溶解，并稀释至浆液体积的 1/2。若溶解交联剂时用了含浆液 35%（体积）的水，则应加水稀释至浆液体积的 1/4。此为乙液。

（5）称取 5g 或 50g 铁氰化钾放入量杯或量筒中，加水至 500mL，使其溶解成 1% 或 10% 的铁氰化钾溶液，倒入棕色瓶中。

3 施工工艺

3.1 钻孔

采用 SGZ-IB 型回转地质钻机，金刚石钻头造孔。化灌孔采用 Φ76mm 孕镶钻头开孔钻进 1m，镶 73mm 孔口管，变径为 Φ60mm 至终孔。检查孔采用 Φ91mm 孕镶金刚石钻头钻进 1m，镶 89mm 孔口管，变径为 Φ76mm 至终孔。

3.2 冲洗

每段钻孔结束后，立即进行钻孔冲洗，即用大流量的水将孔内岩粉冲出，直至回水澄清 10min 后结束。检查孔和灌浆孔第 1 段，再进行裂隙冲洗，即用压力水脉动式冲洗，至回水澄清 10min 后结束。冲洗时间单孔在 30min 以上，压力为 1.0MPa。

3.3 压水

本灌浆工程共有 1 段次做稳定压水试验，有 87 段次做简易压水，设计压力为 0.5MPa。

3.4 灌浆

1）采用自上而下的填压式灌浆法，射浆管距离孔底不大于 0.5m，段长为 5.0m。

2）灌浆压力：第 1 段灌浆压力为 0.5MPa，第 2 段灌浆压力为 0.7MPa，第 3 段及以下各段灌浆压力为 1.0MPa。

3.5 灌浆结束标准

在设计压力下，注入率为 0 时，即可结束灌浆。

3.6 封孔

封孔采用置换和压力封孔灌浆法：用 0.5∶1 的浓浆分 3 次将孔内稀浆替换出来，采用孔口封闭，在设计压力下 1h 后，即可结束。

3.7 灌浆质量检查

本施工单元布设了 1 个检查孔，透水率为 0.25Lu，检查合格，达到了设计指标。

4 灌浆成果分析

4.1 透水率成果分析

表 5 列出了化学灌浆各序孔的灌前透水率区间的段数和透水率平均值。从表 5 可以看出：除第 6 单元由于Ⅱ序 2 号孔先灌，导致Ⅱ序孔平均透水率略大于Ⅰ序孔平均透水率外，其余单元 $q_Ⅰ > q_Ⅱ$。Ⅰ序孔、Ⅱ序孔透水率随孔序递增而递减，说明随着灌浆的进行，岩体的抗渗能力得到提高。

化学灌浆透水率区间段数和平均值 表 5

部位	灌浆次序	孔数	透水率民间段数/段					透水率平均值（Lu）
			总段数	<1Lu	1～3Lu	3～5Lu	5～10Lu	10～50Lu	
第 3 单元	Ⅰ	10	10	4	6	0	0	0	1.220
	Ⅱ	9	9	6	3	0	0	0	0.887
	小计	19	19	10	9	0	0	0	1.054
第 6 单元	Ⅰ	8	14	10	4	0	0	0	0.761
	Ⅱ	8	13	8	5	0	0	0	0.879
	小计	16	27	18	9	0	0	0	0.818
第 7 单元	Ⅰ	7	7	6	1	0	0	0	0.540
	Ⅱ	7	7	7	0	0	0	0	0.400
	小计	14	14	13	1	0	0	0	0.470
第 8 单元	Ⅰ	10	14	6	6	2	0	0	1.367
	Ⅱ	10	13	5	8	0	0	0	1.102
	小计	20	27	U	14	2	0	0	1.239
总计		69	87	52	33	2	0	0	0.946

4.2 灌浆注入量（C）成果分析

表 6 列出了化学灌浆单位注入量区间的段数。从表 6 可以看出：第 6 单元Ⅱ序 2 号孔先灌，是导致该单元单位注入量Ⅱ序孔大于Ⅰ序孔的原因。其余各单元单位注入量Ⅰ序孔均大于Ⅱ序孔，可见 $C_Ⅰ > C_Ⅱ$。由此可以看出，Ⅰ序孔灌浆单位注入量明显大于Ⅱ序孔灌浆单位注入量，符合一般灌浆规律。

化学灌浆单位注入量区间段数　　　　　　　表 6

部位	灌浆次序	孔数	灌浆总长度（m）	单位注入量（kg/m）	单位注入量区间段数/段					
					总段数	<1kg/m	1~10kg/m	10~50kg/m	50~100kg/m	100~500kg/m
第 3 单元	Ⅰ	10	50.65	17.77	10	0	1	9	0	0
	Ⅱ	9	45.56	13.95	9	0	6	3	0	0
	小计	19	96.21	15.86	19	0	7	12	0	0
第 6 单元	Ⅰ	8	70.79	14.93	14	0	5	9	0	0
	Ⅱ	8	61.90	19.99	13	0	5	8	0	0
	小计	16	132.69	17.29	27	0	10	17	0	0
第 7 单元	Ⅰ	7	35.02	11.60	7	0	2	5	0	0
	Ⅱ	7	35.68	5.63	7	0	7	0	0	0
	小计	14	70.70	8.59	14	0	9	5	0	0
第 8 单元	Ⅰ	10	65.35	20.37	14	0	2	12	0	0
	Ⅱ	10	65.74	18.38	13	0	4	8	1	0
	小计	20	131.09	19.37	27	0	6	20	1	0
总计		69	430.69	16.20	87	0	32	54	1	0

5　结语

（1）丙烯酸盐灌浆材料无毒、工艺简单，具有很好的防渗能力。

（2）永久船闸右侧中间山体段混凝土防渗墙下用丙烯酸盐灌浆材料进行灌浆，效果较好，达到了透水率小于 1 Lu 的设计指标。

参考文献

[1]　谭日升. 丙烯酸盐化学灌浆材料的研究及应用[R]. 长江科学院，院编号 90-040.

[2]　谭日升. 丙烯酸鈦化学灌浆材料的研究及其应用[R]. 岩土工程学报，1991(6)：27-34

高渗透改性环氧系列材料在刚性
防水工程中的应用

叶林宏

（广州科化防水防腐补强有限公司）

摘　要：简明阐述了刚性防水的重要性，介绍了高渗透改性环氧防水材料的防水机理，对耐久性的贡献，还对工程应用情况作了介绍。

关键词：刚性防水　材料　工程应用

Application of high infiltration modified epoxy waterproofing series materials in rigit waterproofing works

Ye Linhong

（Guang Zhou Kehua waterproofing anticorrosion reinforcement Co. Ltd.）

Abstract：In this paper，the importance of rigid waterproofing，the waterproof mechanism，endurance function and engineering application of high infiltration modified epoxy waterproofing materials were introduced.

Key Words：rigid waterproofing, materials, engineering application

1　对刚性防水与柔性防水辩证关系的再认识

混凝土结构防水的目的是要有效阻止结构外的水进入混凝土内，因为水的进入会引起钢筋的锈蚀，同时进入水中的氯离子、酸根或氢氧根也会引起钢筋的腐蚀，这必然造成混凝土使用寿命的缩短，所以，防水、防腐、混凝土缺陷修复及裂缝灌浆都是混凝土结构维护的措施，其最终目的是保证混凝土结构的耐久性，从而达到设计的使用年限。

[作者简介] 叶林宏，原中国科学院广州分院副院长、研究员，享受国务院特殊津贴专家。30多年来从事改性环氧类粘合剂、化灌浆材、防水涂料及灌浆机理、反应机理的研究。现任广州科化防水防腐补强有限公司董事长、总经理。

电话：13802531115，邮箱：zhonghua798@163.com

混凝土结构内自防水通常在混凝土制作过程中添加减水剂、抗渗剂，或通过蒸汽养护等方法来提高其密实度，降低混凝土的渗透系数，使水难于渗入混凝土中，同时还添加抗裂剂、钢纤维、聚合物短纤维来提高其自身的抗裂性，两者的共同作用达到混凝土结构的自防水能力。由于混凝土是刚性的，这些防水措施又称为刚性防水。混凝土结构的附加防水，视其使用的防水材料不同分为刚性防水和柔性防水两类材料。刚性防水材料常见的A1500、堵漏灵、水不漏、水泥基渗透结晶等无机盐类涂料和有机硅、环氧树脂（分渗透性和非渗透性）等有机高分子类涂料，其共同特点是涂层与渗入形成的结晶或固结体均无弹性，断裂伸长率低。附加防水中的柔性材料，有涂膜类和卷材类，其共同特点是断裂伸长率高，两种材料组合使用形成刚柔结合的复合防水体系，效果更好。

刚性防水与柔性防水是可以效果叠加的两种技术措施，分别使用时，视使用条件而定，无须进行刚柔谁好谁劣之争。在刚性防水的自防水、附加防水和缺陷灌浆补强三种方式中，提高混凝土自防水性能应是固本扶元之策，这好似一个不太贴切的比喻，混凝土结构防水好比人体防病，人体很健康，自防病能力强是根本，穿衣保暖防感冒、防紫外光直射损伤皮肤有如结构的附加防水措施，生病了吃药打针好比混凝土结构出现裂缝灌浆补强，所以，提高自防水能力是根本。20世纪80年代前，南方的住宅未做防水，但混凝土质量好，其漏水率反而低过现在的商品房，现在在建的港珠澳大桥，要求使用寿命120年，其中过海大沉管隧道，用钢模板浇筑，单节重量上万吨，无法实现全包防水防腐施工，因此，只能实施一些特殊措施增强结构自身的抗渗能力，以防止海水和氯离子等有害物质的渗入，其试验结果显示，只做结构自防水依然能确保使用寿命120年，现已开始施工建造。这样的工程应用实例在发达国家的类似重要工程中也为数不少，说明了刚性防水中提高其结构自防水能力是十分重要的，是防水之本。当然，在可以进行防水防腐施工的情况下，重要工程还是应通过复合防水防腐的方式来确保达到设计使用寿命，这在经济上也是合算的。

2　一种优秀的刚性防水材料——高渗透改性环氧系列材料

2.1　环氧树脂防水材料的特点及在国内外的应用

环氧树脂有几十种，其用途最广、用量最大的双酚A型环氧树脂，常称为通用型环氧树脂，因其分子结构中含有羟基、醚基、活泼的环氧基极性基因，因而具有独特的高粘结力，固结体呈立体网状结构，收缩率小、耐酸、耐碱、耐溶剂、耐水性能好，机械强度高，力学性能好，所以，已广泛用作胶粘剂、防腐涂料、防水涂料和灌浆材料。

德国的道桥防水基层处理原用溶剂沥青打底，防水与粘结性差，后改用环氧树脂做底涂，两遍总用量 $0.9\sim1.1\mathrm{kg/m^2}$，上面再铺厚度 $4.5\sim5.5\mathrm{mm}$ 的改性沥青卷材做复合防水，2009年此 ZTV 标准已成为欧洲标准。

日本也有环氧树脂防水涂料，并形成了系列产品。

香港地铁 20世纪80年代后新建的地铁车站和大开挖地段的结构顶板和边墙采用环氧树脂防水涂料喷涂，直接喷涂在混凝土面上，达到香港 A 级防水要求，此做法在香港地铁后期项目中占了大多数，为国内地铁防水工程提供了参考和借鉴。

我国水利水电工程应用环氧涂层作防渗防漏和环氧化灌浆材对结构裂缝灌浆补强始于

20 世纪 60 年代，也有使用环氧砂浆喷涂 1～2cm 厚做防水层，均取得较好的效果，但未实现环氧类材料的商品化，也未能在其他民用建筑工程中推广应用。

2005 年，广州科化防水防腐补强有限公司推出了国内首创的高渗透改性环氧防水涂料，它与国外产品相比，力学性能差不多，但湿粘结强度更高，还可在潮湿的混凝土基面施工，其防水机理是在混凝土结构表面涂刷后能沿着毛细管道和肉眼难于发现的裂纹自外而内渗入混凝土内 2～10mm（强度等级不同，用量不同，渗入深度不同），固化后形成一个不透水的固结增强层，不仅水难于进入，空气之中的有害气体也难于进入，并且使渗入层的强度拉高 30％以上，起到防水、防腐、修补结构基层表面和补强的作用。2009 年 9 月通过了建设部的评估鉴定，专家们形象地称之为"植根式涂膜"，同年底列为建设行业推广项目，并获《国家重点新产品证书》。几年来，在许多防水与渗漏治理工程中应用效果显著，也带动了国内一批科研单位和企业研发生产环氧类防水涂料，目前，科化公司作为副主编单位参加了《环氧树脂防水涂料》行业标准的制定。

2.2 高渗透改性环氧防水涂料及系列材料的性能特点

高渗透改性环氧防水涂料的基本技术源自国家发明专利"高渗透呋喃环氧化灌浆材"即中化－798 第一代浆材，科化公司董事长叶林宏研究员作为该项专利发明人之一，向原工作单位购买了该项专利，并在此基础上运用研究长达七年之久的浆液渗透机理和各组分间的反应机理做指导，研制出了性能更好的第三代中化－798 高渗透改性环氧化灌浆材（即中化－798－Ⅲ）。还针对混凝土属多孔介质的特性和工程要求，研制出了混凝土专用的高渗透改性环氧系列材料：防腐涂料（KH-1）、防水涂料（KH-2）、化灌浆材（KH-3）、防水与粘结又功能界面粘合剂（KH-5）、喷涂聚脲专用底涂（KH-7），统称为中化－798－Ⅲ高渗透改性环氧系列材料，2011 年列为国家火炬计划，科化公司成为广交会优质供应商。

系列材料的固结体虽然有一定韧性，但均属刚性体，都具有防水功能，所以，都属刚性防水材料。共有物理力学性能见表 1。

系列材料共有物理力学性能　　　　　　　　　　表 1

序号	项　　目		技术指标
1	密度（g/mL）		1.03～1.12
2	黏度（mPa.s）		2.6～10.3
3	初凝时间（h）		4～100
4	抗压强度（MPa）		60～100
5	抗拉强度（MPa）		15～26
6	抗剪强度		7～15
7	粘结强度（MPa）	干燥基面≥	4.6～5.6
		潮湿基面≥	3.6～4.2
8	透水压力比（％）≥		300～370
9	冻融循环前后重量变化率（％）≤		1.3～3.2
10	耐化学质介浸泡 14 天	5%HCL≤	无变化
		饱和 Ca（OH）$_2$≤	无变化
11	耐紫外线老化 1000 小时		无变化
12	C30 混凝土渗入深度（mm）		3～10mm

高渗透改性环氧与国内外同类产品相比较，具有以下特点：

（1）具有优异的渗透性，能渗入大坝基础泥层与软弱岩石中使其加固，能渗入混凝土表层下 3～10mm，这是绝大多数同类产品不具备的，见图1～图3。

青海龙羊峡G劈理带化灌后取出的含泥固结岩芯样

图1

二滩Ⅲ类岩总样偏光显微镜照片，三条裂缝均被化灌浆液充填，其宽度分别为0.032、0.02、0.006mm

图2

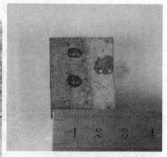

在未渗入浆料的水泥砂浆上滴水，水即铺展渗入。在已渗入涂料的水泥砂浆固结层上滴水，水成珠、不渗入

图3

（2）具有优良的力学性能，特别是与混凝土基层的湿粘结强度，远高于同类产品。

（3）国内产品大多用糠醛－丙酮稀释体系，属非活性稀释剂，而本公司产品独有催化剂能将丙酮活化参加反应，因而韧性、耐久性都大幅提高。

（4）施工方便，不像同类产品对混凝土干燥度有要求，可直接在潮湿基面施工。

（5）固结体无毒，不产生污染。

（6）从中化－798第一代到现在的第三代，均具有优异的耐老化性，用于结构裂缝止水补强工程最长已23年，用于屋面与地下室防水工程最长已20年，均无渗漏。

（7）性价比优良，与国外同类产品相比，价格不到它们的三分之一。

3 高渗透改性环氧系列材料在工程中的应用

高渗透改性环氧化灌浆材（KH-3），一是用于大坝基础低渗透含泥地层与软弱岩体的加固，已用于多个大坝，卓有成效，因不属防水范围，不作介绍；二是用于大坝防水帷幕和混凝土裂缝止水补强，属刚性防水，连同防水、防腐、粘结、卷材及聚脲、底涂系列材料在预防水及渗漏治理工程中的部分应用案例介绍如下。

3.1 在水利、水电工程中的应用

（1）大坝裂缝渗漏治理与补强

大坝裂缝的治理和一般民用建筑结构渗漏治理不同的是不仅要止水还必须补强，所以基本上不选择只有堵水效果，但无补强功能的聚氨酯材料，而选用环氧类化灌浆材。在工程实践中业主方体会到使用渗透型，尤其是高渗透型的环氧类灌浆材料耐久性好，因为这类浆材能往裂缝壁内渗透一定深度，形成植根式的固结增强层。加上非活性溶剂丙酮的活化，提高了裂缝内充填的浆材固结体的韧性，可抵御轻微的变形。自然耐久性大幅提高。云南小弯电站大坝大量裂缝补强灌浆就选用了这两种环氧浆材，总用量达到了500多吨。

（2）在广州抽水蓄能电站中的应用

1990 年，广州抽水蓄能电站输水管高压堵头出现严重漏水，堵头动水头压力大于 8MPa，静水头压力达到 6MPa，堵头喷漏水量达 11.5m³/h，其处理方案为水泥－化灌复合灌浆方法，环堵头洞壁布置三排环形灌浆孔，使用速凝水泥进行灌浆，第一环灌完后，漏水量和漏水压力明显减少，接着灌第二环、第三环，到渗漏水量很小时，使用中化－798进行化学灌浆，处理结果，堵头迎面不再漏水。各方均满意，《南方日报》进行了报道。2006 年输水管出现大量空洞，被迫停机抢修，先在空洞壁涂刷 KH-5，再用混凝土修复，最后在管内侧涂刷 KH-2 两遍，至今完好无渗漏。

（3）治理水电厂混凝土输水管缺陷

象山梯级电站一条预应力混凝土输水管使用 20 多年出现了三种缺陷。一是管外碳化引起的白色沉淀堆积和"鼓泡"。二是出现贯穿性裂缝。三是锈蚀在管外多处存在黄褐色锈斑。经多次论证后"就地维护"取代了"换管"方案。

治理上述三种缺陷的方法为使用高渗透改性环氧浆材进行裂缝灌浆补强。对白色沉淀堆积和鼓泡及锈蚀点采取清理后进行表面涂刷法处理。

业主方经八年观察结果统计，灌注后的裂缝无一返渗，碳化严重的点渗、鼓泡及其 10cm 半径所包的面积内反渗的占已处理量的 5%。大面积高密集度碳化点出现反渗的仅占已处理面积的 2%～3% 之间。业主方面认为："使用高渗透改性环氧材料对碳化、开裂混凝土输水管的处理，已获得良好的防蚀效果和耐久性长的使用功能，因而有关各方均表满意。"这也对水电厂混凝土输水管道的缺陷治理，避免换管，节省投资开创了一个好的工程应用先例。

3.2 在地铁工程中的应用

（1）KH-3 化灌材料在结构裂缝渗漏治理与补强工程中的应用

地铁工程中，大多数混凝土结构工程在地下，一旦出现裂缝，均会产生不同程度的渗漏，需要进行化灌处理止水补强；化灌后的效果，是否还渗漏，立即可查。其耐久性，可观察再出现复漏的时间来判定，不同的化灌浆材，化灌后的耐久性差别很大，这已成为业主方重视和考虑选材的重要问题了。

广州地铁公园前站是 1 号线和 2 号线的交换站，分上下两层，在建时混凝土结构裂缝多，渗漏水较严重，1997 年初，曾分区域使用三种材料进行施工止水补强。其跟踪观察结果见表 2：

跟踪观察结果　　　　　　　　　　　　　　　　　表 2

使用时间	聚氨酯	一般改性环氧	中化 798－Ⅱ高渗透改性环氧浆材
使用时间	3 年 2 个月复漏	5 年半复漏	已 14 年无渗漏

比此更长时间的是广州黄沙珠江隧道大沉管裂缝的灌浆补强，大沉管长 105m，宽 38m，高 7.95m，浇筑后产生了 92 条裂缝，总长 447.4m，缝宽大多为 0.1mm，使用第一代和第二代中化－798 化灌浆材做化灌处理。经沉水、试压检查无一渗漏后沉入江底安装。现已使用近 20 年，至今仍无渗漏。

2008年，广州地铁2号线进行大修时，鉴于表2中的使用效果和过江隧道使用效果，将中化-798-Ⅲ化灌浆材KH-3列为2号线大修指定使用的化灌浆材。

2009年，深圳地铁也鉴于原来深圳地铁1号线使用高渗透改性环氧化灌浆材的良好效果，也列为5号线14个在建车站渗漏化灌处理指定使用的化灌浆材。

天津、成都、昆明地铁结构裂缝治理也是使用中化-798-Ⅲ化灌浆材，均取得良好效果。

（2）地铁高架桥面复合防水

广州地铁4号线至南沙的30km为高架桥路段，桥面原设计使用水泥基渗透结晶防水涂料与SBS改性沥青自粘卷材组成复合防水，后因水泥基渗透结晶涂料施工速度慢，涂刷后要养护至少2天才能贴卷材，难于保证工期且造价较高。后改用高渗透改性环氧防水与粘结双功能界面粘合剂KH-5替代，与上述卷材组成复合防水系统（见图4、图5）。

桥面防水横断面1:50

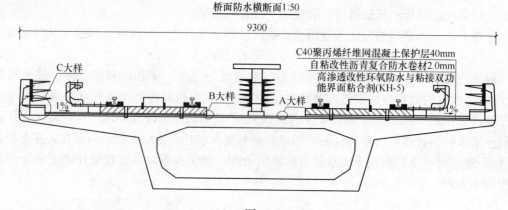

图4

设计用量0.5kg/m²，实际使用量约0.4m²，涂刷两遍。涂后2~4小时即可铺设卷材。复合防水层做粘结强度和剥离强度检测时，都是卷材在粘结面外断裂，完全实现了高强度满粘。施工时正值7至9月份，是广州雷雨季节，为赶工期，雨后不到一小时桥面完全潮湿就施工，依然粘结效果好。不仅提前了工期，还节省了投资，质量也比用水泥基渗透结晶涂料好，现已投入使用5年，检查未发现有渗漏。

图5

（3）车站顶板复合防水

正因为在4号线桥面用上述复合防水系统取得良好效果，后来广州地铁这一复合防水系统用在车站顶板的防水上。

目前，广州地铁5号线、6号线及广佛地铁均在施工。

（4）大开挖地段的顶板与侧墙复合防水

原来1号线大开挖地段的顶板与侧墙曾使用热溶型卷材，效果不理想，去年三元里至嘉禾段6km大开挖地段已使用上述复合防水系统，已完成该路段施工。

（5）桩头防水

国外使用无溶剂环氧做防水涂料，从涂刷到焊筋、钉模板到浇筑。可操作时间只有19个小时，施工较紧张。国内原来使用水泥基渗透结晶结晶防水涂料，新老混凝土间粘结不好，现在使用KH-5防水与粘结又功能界面粘合剂，不仅防水与粘结效果好，可操作时间可达40小时以上，施工方便，现已推广到深圳地铁、佛山地铁和广州、中山等地的建筑工地应用。

（6）盾构管片防腐与防水工程中的应用

国外盾构管片的防腐与防水，基本上都使用无溶剂环氧涂料，用量在 $0.5\sim0.6kg/m^2$。因不能渗透，要求涂层厚度达到 0.3mm 左右，国内前几年曾用过环氧—沥青涂料、环氧聚氨酯涂料、水泥基渗透结晶涂料，但柔性涂料在管片安装时容易被盾构机尾扫扫掉一部分，完整的涂层部分受到破坏、因而只用过少量工程。而水泥基渗透结晶涂料本身是水泥的活性成分，对防水有作用，对防腐是起不到作用的。曾有少量盾构工程中用过，去年深圳地铁 5 号线其中一个标段设计使用，在麻涌管片厂涂刷后放水池养护 14 天，取出后发现脱皮剥落，后改为用 KH-1。现在国内地铁工程中大量使用的是高渗透改性环氧防腐涂料 KH-1。深圳地铁 1 号线延长线和 2 号线的一部分和 5 号线全线均使用 KH-1，用量是 $0.4kg/m^2$，总面积约 100 万 m^2，天津地铁 2 号线 3 号线盾构管片使用面积达 100 万 m^2，使用效果均超过设计要求。天津地铁朱敢平总工等人写的文章"高渗透改性环氧涂料在天津地铁盾构管片外防腐防渗中的应用"已发表在《中国建筑防水》2010 年第二期上。因为效果好，天津地铁 4 号线 5 号线、深圳地铁 7 号、9 号、11 号线将继续使用高渗透改性环氧防腐防水涂料，大连地铁也开始使用 KH-1。涂刷后盾构管片的情况见图 6、图 7。

图 6 图 7

3.3 在污水处理池、化工车间、军港码头防腐工程中的应用

（1）生活污水处理池防水与防腐

生活污水处理池过去也曾使用过水泥基渗透性结晶涂料，防腐效果不如环氧类材料。2006 年汕尾污水处理池使用 KH-1 作防腐防水，用量 $0.6kg/m^2$，涂刷两遍，已运行 5 年多，效果良好。

（2）工业污水处理池防水与防腐

广州开发区一电镀厂污水处理池水温 80℃，原使用环氧玻璃钢做内防腐，因环氧玻璃钢与池壁剥离并渗漏需每年重新更换，后改用 KH-1，用量 $0.6kg/m^2$，现已使用 4 年，完好无损。

（3）军港码头的防水与防腐

2010年，先后对广东的几个军用码头潮差带用KH-1作了防腐处理，效果令部队很满意。现在珠海神华集团新建的煤码头也设计使用KH-1。

3.4 在国家文物保护工程中的应用

北京云居寺文物地库渗漏治理工程，由北京海马建筑防水工程施工，采取了不拆除面砖，用专用工具在砖块缝间灌注KH-2。3天后在花岗岩上涂刷无色的KH-2防水涂料，治理效果使库内湿度下降到35%。满足40%~45%的要求，比原拆除地砖重做防水层方案工期提前90%，工程成本降低65%（详见《防水工程与材料会讯》2008节四期）。

广州六榕塔加固维修由中科化灌公司施工，裂缝和砖缝采用第二代中化-798化灌浆材灌注，已经使用12年，效果良好。

3.5 民用建筑工程中的应用

（1）在预防水方面的应用

2006年开始，KH-2纳入了由建设部工程质量安全监督与行业发展司组织，由中国建筑标准设计研究院主编的《全国民用建筑工程设计技术措施—建筑产品选用技术》，但因推广力度不够等原因，并未在预防水工程中大量应用。从此前同类配方所做的工程来看，效果与耐久性还是令人满意的。中科院广州分院1998年，分院大楼大修时屋面防水和新建的住宅高楼，其地下室和屋面使用第二代化灌浆材作预防水。用量为$0.5kg/m^2$，未做复合防水，不规范，但已使用13年，仍无渗漏。2005年广州生物基地使用PVC卷材与KH-2复合作地下室与屋面防水，分院所属5个研究所住宅屋面单层防水，至今无一渗漏。室内装修时，厨卫间使用KH-2的已越来越多，现已开始在颐和集团商品住宅小区开始应用。

（2）地下工程混凝土裂缝的止水补强

这方面的应用越来越广，目前，高渗透改性环氧防水材料与灌浆材料均已纳入《地下工程渗漏治理技术规范》。广州站前路5万m^2地下商城采用逆作法施工，竣工前几十处渗漏，施工方选用KH-3采取单一或复合灌注方式解决了裂缝漏水问题，对混凝土墙壁渗水工程，先找有无集中渗漏点，有就用聚氨酯点灌；没有的先用堵漏灵涂刷，然后再刷两遍KH-5，解决了渗水问题。5月武汉保利的一个地下车库，地面渗漏水每天约2t，使用KH-3采用复合灌浆方式先堵水，然后在地面先涂刷KH-2一遍，再用KH-2与水泥粉按1∶1混合涂刷一遍，解决了渗水问题。业主方十分满意，愿意长期合作。

（3）穿墙管结合部渗漏

装修公司碰到的此类问题最多，解决方法是在将管周围2cm楼面混凝土凿深度约0.5cm的环形槽，在槽内及管结合部涂KH-2两遍，每遍间隔约40分钟，然后用水泥砂浆将槽抹平，效果十分理想。见图8、图9。

图8　管孔位防水处理（背面）

（4）新建游泳池的渗漏治理

2005年5月，广州淘金花园新建的游泳池渗漏严重，施工队将饰面砖和原来卷材防水层剥掉，在混凝土浇筑的池壁和池底寻找渗漏裂缝，大于0.15mm的裂缝用KH-3灌浆，小于0.15mm的裂缝用KH-2沿缝3遍涂刷。其余地方均用KH-2涂一遍，用量0.2 kg/m²，再用KH-2按1∶1比例加水泥粉调匀后涂刷一遍。在涂层未完全干时批水泥砂浆，再在砂浆上贴饰面砖。现已使用6年多，未发现渗漏。见图10。

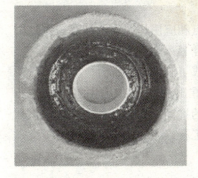 

图9　管孔位防水处理（正面）　　　　图10　广州淘金花园游泳池用KH-2施工现场

3.6　在京沪高铁桥面和水电大坝喷涂聚脲防水层工程中的应用

KH-7是专门针对京沪高铁喷涂聚脲防水层作底涂使用的，检测部门透露是几十家送样样品中检测指标最高的，经2009年8月底中铁15局现场试验检测，不论是抛丸的与未抛丸的粘结强度都远远超过《暂行技术条件》要求。而且不抛丸的更高，因KH-7能渗入桥面浮灰层提高其强度。但底涂未作为甲供材料，是由施工方自行采购，由于施工中标价低，价格不相宜。所以，KH-7仅在济南附近使用了很小一段。2011年6月，水电三局在云南洛札渡大坝迎水面用喷涂聚脲做防水层，要求湿粘结强度≥3MPa，开始选用的几家底涂均不达标，选用我公司产品KH-7喷涂5天作检测已超过设计要求，也是不抛丸的更高，施工完成后又在湖北潘口电站使用KH-7完成了同样的工程。见图11、图12。

图11　　　　　　　　　　　　　　　图12

3.7　应用中要注意的几个问题

每种材料都不是万能的，都有它的优点和不足，有它的使用范围和局限性。同样，高渗透改性环氧系列材料也不例外。所以，应用中应注意以下几点：

（1）不能在预制板的屋面及外墙使用。应在现浇的混凝土结构面上使用。

（2）对混凝土表面有颜色要求的不能使用。

（3）可在全湿基面施工，但不要有积水。

（4）对裂缝进行化灌处理时，在灌后 12 小时内应补灌一次。补充缝内浆液向裂缝壁内渗透后缝内浆液不满的问题。

（5）KH-3 可以堵水补强，但它不是堵水材料，涌水量大时不能单独作为堵水材料使用，应和其他材料复合灌注使用。

随着时间的推移，高渗透改性环氧系列材料的性能特点和应用情况逐渐被有关人员所了解，其应用范围在扩大，现在已列入国家行业标准《地下工程渗漏治理技术规程》，应用的工程实例也越来越多，上述的应用例子仅是笔者参与或了解的一少部分。近年来一些防水、防腐的学术刊物和会议论文集都有用户或施工单位在工程中成功应用的文章发表，这对高渗透改性环氧材料在各类工程中的应用起到了很好的推动作用，在此深表感谢，并愿与大家共同交流，以便不断改进创新，共创一流质量的工程。

控制性水泥浆液在刚性防水处理中的应用

李旺雷 程鹏达

（北京旺雷宏基础堵漏工程技术有限公司，北京 100055）

摘 要：本文对黏性可控的控制性水泥浆液和滤排水式注浆法在刚性防水中的应用进行研究。首先对常用水泥浆液和控制性浆液的黏度时变性做了实验测量，同时以砂砾石层刚性防水为例，对两种浆液黏度优缺点进行了分析。基于砂砾石层注浆流固耦合数学模型，对比分析注浆过程中水泥净浆和控制性浆液应变率和孔隙率变化对防渗能力的影响，并进行验证实验。在实际应用中，对滤排水式注浆法进行实验研究，该方法可有效降低注浆区域内外水压力，并大幅提高结石强度。

关键词：刚性防水 控制性水泥浆液 黏度 应变率 滤排水式注浆

Application of Time-varying Viscous Grout in Anti-seepage Treatment

Li WangLei Cheng Pengda

（Beijing WangLeiHong foundation project Co.，Ltd，Beijing 100055）

Abstract：The controllable grout whose viscosity can be regulated and the filtering water of grout method are studied in the article. The variation of viscosity of common grout and controllable grout are measured by our experiment. The advantage and disadvantage of different grout is analyzed according to the characteristics in the process of anti-seepage treatment for gravel foundation. Based on the fluid-structure coupling in grouting, which contains coupling physical variables, dynamic models of porosity, permeability and viscosity, the porosity and strain are analyzed for capacity of anti-seepage, and then the verify experiments are arranged. In practical applications, the filtering water of grout method is studied by experiment. With this method the high water pressure of foundation could be decreased and the strength could be enhanced.

Key Words：anti-seepage，the controllable grout，viscosity，strain，the filtering water of grout

1 引言

随着我国经济快速发展，大量工程常常遇到复杂地层。复杂地层容易产生垮塌、透

[作者简介] 李旺雷（1938—）；男，浙江人，高级工程师。专职从事化学灌浆、应急堵漏抢险及地基加固处理工作，北京旺雷宏基础堵漏工程技术有限公司董事长。地址：北京市丰台区水口子街 51 号，100055；联系电话：13901196768

水、管涌等一系列对工程不利的问题。因此如何高效地在复杂地层中实施防渗加固处理，具有十分重要的意义[1]。本文中控制性水泥浆液即黏性可控的水泥浆液，该浆液为水泥浆液为主，外加剂含量低于5%。控制性注浆立足于注浆浆液黏性可控性，结合浆液流变过程中流体和固体的受力特征，成功地解决了常规砂砾层注浆过程中串浆、冒浆及不易升高注浆压力等问题，为防渗处理提供了新的思路。控制性水泥浆液用普通硅酸盐水泥浆作堵漏浆材，首先，避免了化学浆成本高、污染环境、制浆及施工复杂、堵漏效果欠佳等问题，其次，一定程度上克服了化学灌浆堵漏的局限性，对各类渗漏水及高压大涌水等水害都能进行有效治理。

有学者对普通浆液的流变性做了很多研究，杨晓东[2]对水泥浆的流变性做了研究，得到水泥浆 $W/C=0.5$、0.7时的黏度和切力变化曲线。阮文军[3]研究浆液的流变参数时，对水灰比为0.9的水泥浆、水泥粘土浆液、水泥复合浆液和5种化学浆液的黏度变化进行了试验。控制性浆液即通过研究黏度随时间的变化（黏度时变性）控制浆液黏度，普通浆液在注浆过程中黏性随时间变化不大，主要与剪切应力有关，而控制性浆液黏度随时间变化明显，这是控制性浆液与普通浆液的重要区别。目前很多注浆理论忽略了浆液流变参数的时变性，并对注浆过程中的流固耦合过程研究较少。而在控制性注浆过程中，黏度时变性是非常重要的特性之一，通过对黏度的控制，可以保证浆液流动在注浆孔周围一定范围之内，克服传统注浆扩散范围无法控制、压力不易提高等不利因素。另外在注浆过程中流固耦合现象非常明显，当注浆压力提高，砂砾层会产生体积应变，孔隙率、渗透率等参数会相应发生变化，进而影响浆液流动情况，浆液流动压力又会影响到被灌介质的体积应变率。因此要在砂砾层防渗处理中成功应用控制性浆液，必须将注浆过程中黏度时变特性和流固耦合相结合进行分析。

2 控制性浆液时变特性实验研究

黏度是表示浆液在流动时由于相邻层之间流动速度的不同而发生的内摩擦力的一种指标。黏度是度量流体黏滞性大小的物理量[4]，按照美国土木工程学会（ASCE）注浆委员会的定义[5]，黏度为液体的内部强度，它使流体能抵抗流动，可以确定两种类型的黏度，即塑性黏度和表观黏度，后一个黏度是我们在黏度实验中所采用的。

实验室内采用旋转黏度计首先测量不同水灰比（0.5，0.6，0.7，0.8，0.9，1，1.5）的水泥浆液黏度随时间的变化规律，其结果如图1所示。

浆液黏度的大小直接影响浆液在砂砾层中的流动速度和扩散半径。黏度大，流动性差，压力容易提高，注浆密实度也相应提

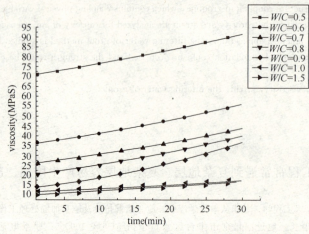

图1 不同水灰比水泥浆液黏度随时间的变化规律

高，防渗能力加强；黏度小，流动性好，浆液扩散较难控制，致使浆液扩散到无用的地方，造成大量的浪费，另外压力不易提高，注浆密实和防渗能力相对较弱。因此控制性浆液就是对其黏性进行控制，浆液的初始黏度低，短时间内浆液黏度能够迅速升高，失去流动性，直至很快凝固。这种浆液既有利于扩散，又能很好地控制注浆效果。

本文所采用控制性浆液由 42.5MPa 普通硅酸盐水泥和速凝控制液组成。这种浆液的特点是：浆液初配黏度较低，但随着流动时间增长，黏度迅速提高，初凝时间最短可控制在 30～270 秒。实验工况如表 1 所示，速凝剂加入比例为 5%，水灰比分别为 0.6、0.8 和 1.0。

实 验 工 况　　　　　　　　　　　　　表 1

工况编号	1	2	3
速凝剂比例	5%	5%	5%
水灰比	0.6	0.8	1.0

比较不同水灰比普通水泥浆液和控制性水泥浆液，黏性随时间变化的实验结果如图 2 所示。

图 2 可以看出，水灰比保持不变，加入控制液后浆液黏性随时间指数增长。但同一时刻，浆液黏性随控制液含量增加而增加（总量低于 5%）。将实验结果拟合成黏性随时间变化的指数函数，可进一步了解控制液含量与控制性水泥浆液黏性之间的关系，可根据实际需要，通过调节控制液含量控制水泥浆液黏性，进而控制水泥浆液的凝胶时间和扩散范围。

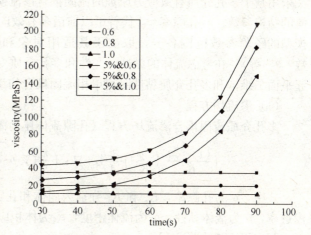

图 2　黏性随时间的变化

另外，对比控制性浆液和相同水灰比的水泥净浆，水泥净浆的黏度随时间变化比较平缓，控制性浆液在注浆初期黏度与水泥净浆较为相似，注浆中后期相同时刻黏度比净浆大 2～10 倍，说明控制性浆液注浆初期黏性变化不大，基本和水泥净浆相似，流动性较强，中后期黏度随时间成指数函数增加，直至初凝具有一定塑性特征，内聚力可以抵抗水流产生的剪切应力。

在防水处理过程中，水泥净浆黏性随时间变化不明显，扩散无法控制，经常出现跑浆串浆现象，导致水泥浆液流动防渗处理区域之外，造成很大浪费，注浆压力也无法有效提高，防渗区域不能有效固结密实，影响了防渗效果。而控制性浆液能在短时间内黏性迅速提高，有效避免了流动性强带来的浪费。根据工程实际需要，通过控制黏性来调整浆液扩散范围，随着黏性进一步提高，浆液初凝，注浆压力可以有效提高，进而浆液与砂砾的胶结程度与密实度都有了大幅提升，有效地提高了防渗效果。另外利用黏性可控还可以克服较高的外水压力和通道内水流的冲刷造成的浪费。

3 控制性浆液扩散过程流固耦合研究

经典渗流力学一般假定流体流动的多孔介质是完全刚性的，即在孔隙流体压力变化过程中，固体骨架不产生任何弹性或者塑性变形。而在砂砾层防渗处理过程中，由于孔隙流体压力的变化，一方面引起多孔介质骨架有效应力变化，由此导致砂砾层物理特性比如渗透率、孔隙率等的变化；另一方面，这些变化又反过来影响孔隙流体的流场和压力的分布。因此，在砂砾层采用注浆防渗处理过程中，很有必要考虑孔隙流体在多孔介质中的流动规律及其对多孔介质本身的变形或者强度造成的影响，即考虑多孔介质内应力场与渗流场之间的相互耦合作用。

3.1 流固耦合数学模型

目前所应用的流固耦合渗流模型几乎都是建立在 Terzaghi 有效应力原理之上的。本文采用基于多孔介质有效应力原理的流固耦合渗流模型[7]，该有效应力原理包含了多孔介质的结构参数——孔隙率 φ，代替了以前诸多有效应力公式中广为使用的经验参数（各个模型的经验参数范围各异，取决于其适用对象和使用条件，比如比较常用的 Biot 常数[8,9,10]等）。在考虑流体的黏性时变性和多孔介质变形特性的前提下，利用平衡条件建立起平面二维饱和多孔介质黏性时变单相流固耦合的渗流模型。

（1）渗流场方程

多孔介质流固耦合渗流场方程（孔隙流体压力满足的微分方程）：

$$\left(\frac{(1-\varphi)}{K_s}+\frac{\varphi}{K_f}\right)\frac{\partial p}{\partial t}-\nabla\cdot\left(\frac{\kappa}{\mu}(\nabla p-\rho_f g\,\nabla H)\right)+\frac{\partial\varepsilon_v}{\partial t}=0 \tag{1}$$

式中，φ 为孔隙率，K_s 和 K_f 分别为固体和孔隙流体体积压缩模量，p 为压力，κ 为渗透率，μ 为液体黏性，ρ_f 为流体密度，ε_v 为体积应变。

（2）平面应力场方程

对于各向同性弹性体，忽略重力影响则有：

$$\frac{E}{2(1+\nu)}\nabla^2 u+\frac{E}{2(1+\nu)(1-2\nu)}\nabla\cdot(\nabla u)+\varphi\frac{\partial p}{\partial x}=0 \tag{2}$$

式中，E 为弹性模量，ν 为泊松比，u 为位移，p 为流动压力。式（2）对应于 Biot[4]固结方程。

（3）等温条件下孔隙率 φ 的动态模型

$$\varphi=1-\frac{(1-\varphi_0)(1-\Delta p/K_s)}{1+\varepsilon_v} \tag{3}$$

式中 $\Delta p=p-p_0$，φ 为孔隙率，φ_0 为初始孔隙率，K_s 为固体体积压缩模量，表达式为 $K=E/(3(1-2\nu))$，ν 为泊松比。

（4）等温条件下渗透率 κ 的动态模型

$$\kappa=\frac{\kappa_0}{1+\varepsilon_v}\cdot\left[1+\frac{\varepsilon_v}{\varphi_0}-\frac{(1-\varphi_0)\Delta p/K_s}{\varphi_0}\right]^3 \tag{4}$$

（5）黏性动态模型

$$\mu = ae^{bt} + c \tag{5}$$

式中，μ 为黏度，t 为时间，a、b 和 c 为常数。

3.2 流固耦合分析在砂砾层防渗处理中的应用

某矿井平均外水压力 6MPa，防渗加固施工难度很大。由于本文控制性水泥浆液黏性可控，凝固时间较短，并且强度较高，为保证防渗注浆的有效性和结石强度，现场施工采用本文配制的控制性水泥浆液进行防渗加固注浆。为了降低外水压力过高带来的不利影响，注浆时采用滤排水式注浆方法，该方法在注浆孔周围设置一圈排水孔，可有效降低注浆孔周围的高外水压，使注浆压力对地层的挤压更加有效，也使浆液结石含水率大幅下降，结石强度和防渗能力显著提高。

3.2.1 几何模型、边界条件及初始条件

防渗处理区域主要以砂砾层为主，假定该砂砾层为均匀多孔介质，垂直方向进行注浆后，浆液扩散应该在每个水平面上都为对称分布。依据采样资料，取水位线下 3m 平面的砂砾层，进行二维建模。下面将对控制性注浆单孔防渗处理过程进行流固耦合有限元分析。建立如图 3 所示边长为 5m 的正方形，中心处为直径 80mm 注浆孔的几何模型，1~4 号边界分别为渗流出口，5 号边界为环形，为渗流入口。并按比例划分网格。

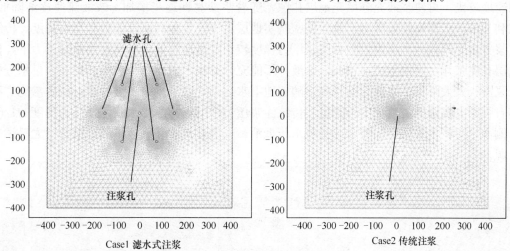

| Case1 滤水式注浆 | Case2 传统注浆 |

图 3 几何模型

根据施工现场技术要求，将采用水灰比 0.8，控制液含量 5% 的控制性浆液进行注浆。依据现场地质勘探报告，计算初始条件设置如表 2 所示。

计算初始条件设置 表 2

浆液参数			地层参数					注浆压力
纳米颗粒含量	黏性 η (MPaS)	浆液密度 (kg/m³)	固体密度 (kg/m³)	弹性模量 E (MPa)	泊松比 υ	初始孔隙率 φ	初始渗透率 κ (m²)	入口压力 (MPa)
0.5%	$\eta=80$	1540	2350	42	0.23	0.25	2.3e-8	7

设置数值模拟工况 Case1 为滤排水式注浆，Case2 为传统注浆方法。

边界条件设置如下：

（1）达西边界条件：1～4 号边界为压力出口，压力为 6MPa。5 号边界为压力入口。

（2）平面应变边界条件：1～4 号边界为对称边界条件，位移为 0。5 号边界为自由边界。

3.2.2　计算结果与讨论

在高压富水区孔隙地层防渗加固注浆过程中，浆液在以渗流体积力的形式作用于多孔介质，会使多孔介质应力场发生变化，应力场的改变造成多孔介质位移场随之改变，位移场改变产生的体应变使得多孔介质的孔隙率发生变化，孔隙率的变化必然引起介质渗透性能即渗透系数的改变，多孔介质的渗流场也会发生改变。为了分析滤排水式注浆和传统注浆过程中浆液扩散情况，下面对注浆过程中不同时刻压力、速度、孔隙率、渗透率之间的相互关系进行分析。首先分析两种注浆方式下不同时刻压力等值线分布。

从图 4 至图 11 可以看出随着时间的增加，两种工况下压力云图影响范围逐渐增大。对比滤排水式注浆 Case1 和传统注浆 Case2 压力云图可以发现，在同一时刻，同一注浆压力下，滤排水式注浆的压力梯度变化范围远远大于传统注浆方式。对比两种注浆防范可以发现，滤排水式注浆方法可有效降低了注浆孔周围的水压力，大幅提高了浆液流动梯度，初速度较快，可使浆液充分填充地层孔隙，随着浆液黏性逐步增加，浆液流速逐渐降低，有利于进一步提高注浆压力，从而压密挤实地层，进一步提高防渗能力和结石强度。传统注浆方法受到高外水压力影响，注浆压力梯度较小，流速较低，虽然在高注浆压力下，使地层孔隙张开，但由于流速较低，浆液并不能充分驱水，因而在孔隙中仍存在大量水分稀释浆液，大大降低了浆液凝固时间。随着地下水运动，浆液进一步被冲蚀，使防渗能力和结石强度大幅降低，造成安全隐患。传统注浆压力梯度仅为滤排水式注浆压力梯度的 1/6，从侧面说明，传统注浆压力大部分被水压抵消，未能有效驱动浆液扩散，浪费了大量注浆能源。

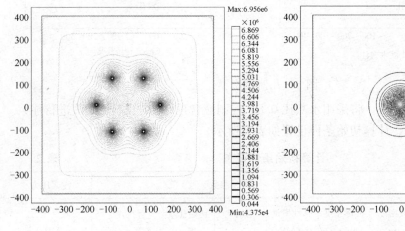

图 4　300s 时 Case1 压力云图　　　　图 5　300s 时 Case2 压力云图

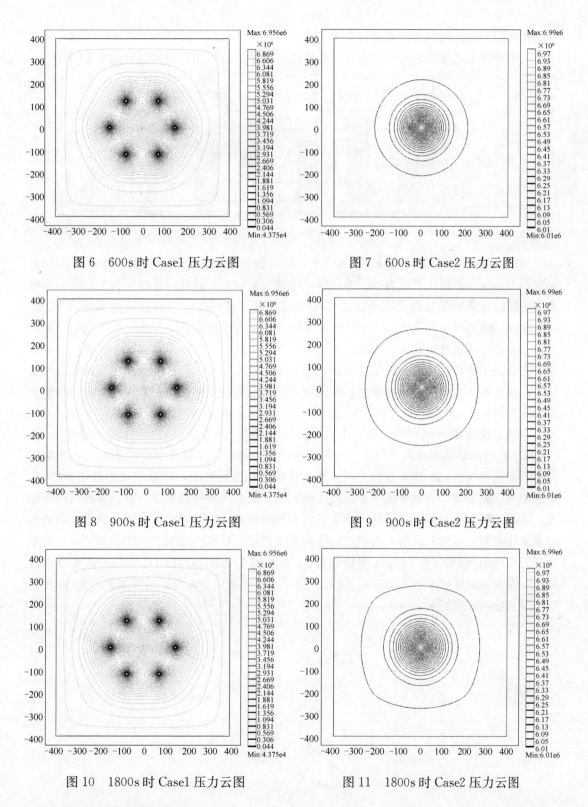

图 6　600s 时 Case1 压力云图　　　　图 7　600s 时 Case2 压力云图

图 8　900s 时 Case1 压力云图　　　　图 9　900s 时 Case2 压力云图

图 10　1800s 时 Case1 压力云图　　　　图 11　1800s 时 Case2 压力云图

3.2.3　实验现场测量数据

　　整个注浆结束后，在开挖时可见浆液填充均匀，密实，搭接良好。并采用钻心取样强度试验和压水试验对施工效果进行了测试。

首先对排水式注浆结石强度和传统注浆结石强度进行对比，得到结果如图 12 所示。

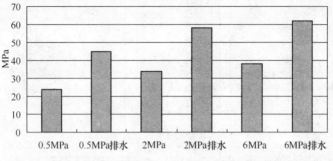

图 12　不同注浆压力下结石强度对比图

从图 12 中可以看出，同等注浆方式下，结石强度随着注浆压力提高而提高，但提升幅度不大。这与提高注浆压力后，地层进一步被浆液填充，并且压密挤实有关。而采用排水方法的结石强度明显高于同等注浆压力下的传统注浆结石，结石强度最大提高 87%，这也验证了数值模拟结果中，排水式注浆浆液流速远大于传统方法，从而在相同应变条件下，充分填充了张开的孔隙，形成高强度的结石。由此可见，高压富水区注浆结石强度和注浆方式关系密切，排水式注浆方法在注浆孔周围设置排水孔有效降低了注浆孔周围外水压力，使注浆压力集中作用在浆液扩散范围内，大幅提高了结石强度和注浆效率，降低了注浆能源消耗。

在施工现场 30m 范围内，取 7 个点进行压水实验。压水实验结果平均为 0.83Lu。从 7 个压水孔的测试结果来看，排水式注浆方法可有效降低了注浆孔周围的水压力，大幅提高了浆液流动梯度，初速度较快，可使浆液充分填充地层孔隙，随着浆液黏性逐步增加，浆液流速逐渐降低，有利于进一步提高注浆压力，从而压密挤实地层，进一步提高防渗能力。良好的防渗治水处理对矿井安全生产、节能减排和保护环境均具有重要意义。以降低抽水能耗为例，近期对某煤矿巷道进行防渗治水处理，目前治理漏水量约 200m³/h，抽水标高为 450m，煤矿每年节约抽水能耗接近 300 万度（图 13），约合 1200t 标准煤。按 1m³/h 漏水量每年抽水费为 1.3w，仅此一项年节省经费近 260 万，若以煤矿开采 50 年计算，节省能耗经费近亿元。

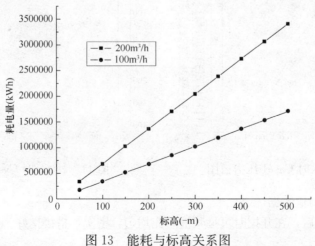

图 13　能耗与标高关系图

4 应用实例

控制性水泥灌浆堵漏新施工法已成功应用于多项难度较大的工程抢险工程。

4.1 国家特级的福清核电站跌落坑防渗帷幕难题

该电站跌落坑是核电站冷却水出海的重要部位（图14），地层中包含大量块石和软泥，防渗灌浆难度很大。原设计采用高喷方案，但效果不佳。采用控制性水泥浆液结合滤排水式注浆方法后不但成功地抢回了工期，完工后经测试其总漏水量约为 $40m^3/h$，远低于设计要求的总漏水量不超过 $400m^3/h$ 的要求，创造了巨大的社会效益和经济效益，为沿海类似地质条件的工程处理提供了新思路。

4.2 中缅铁路大柱山隧道大断层的高压大涌水、泥石流难题

大柱山隧道地处高压富水区，地质情况复杂，涌水、涌泥时有发生。此前中铁一局曾联合多家单位对该隧道进行处理，但效果欠佳，延误了工期。采用控制性水泥浆液结合滤排水式注浆方法后，解决了粉砂地层中高压大涌水、泥石流问题。目前，总长约120多米的高压泥砂石大断层已顺利成功地通过。见图15～图17。

图14　CC跌落井工程全貌

图15　大柱山隧道施工队伍风貌

图16　第二次爆破作业断面示意图

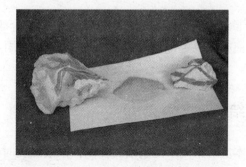

图17　粉砂地层注浆后结石示意图

4.3 沪渝高速公路龙潭隧道塌方涌泥难题

龙潭隧道位于宜昌市长阳县贺家坪镇堡镇村，出口位于长阳县椰坪镇长丰村，左洞长

8674m，右洞长 8670m，是沪蓉西高速公路的重要控制性工程之一。龙潭隧道集溶洞、暗河、突水涌泥、断层、岩爆等地质灾害于一体，被专家界定为我国目前高速公路施工条件最艰苦、地质状况最复杂的高风险岩溶隧道。左线 ZK72＋190-ZK72＋145 的洞段长45.0m，如图 18 所示，从 2006 年 10 月开始第一次塌方产生泥石流至 2009 年 7 月共产生多次泥石流，成为沪蓉西高速公路最后的控制性工程。设计方提出采用冰冻法进行处理，但冰冻法不但高耗能且工期长成本高，而且塌方体内钻孔严重回弹，冰冻法需要的大量钻孔难以完成。中铁十四局采用我公司控制性水泥浆液结合滤排水式注浆方法后，成功地解决了涌漏水的难题，恢复了施工进度，并于 2010 年底顺利完成该隧道施工，使得沪蓉西高速公路全线贯通。

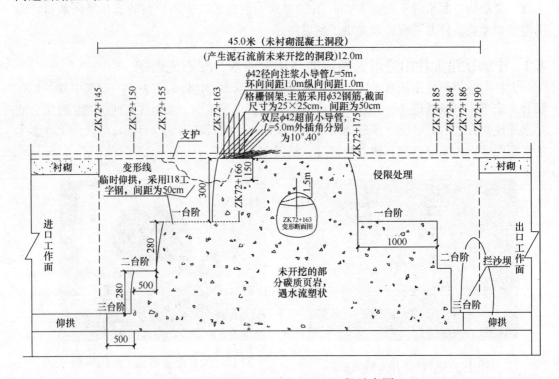

图 18　ZK72＋190-ZK72＋145 段示意图

除此之外，我公司控制性水泥浆液结合滤排水式注浆方法还在重庆丰盛煤矿巷道和四川锦屏二级水电站辅助洞东段中的到应用，成功解决了现场超 8MPa 的高压大涌水难题。

5　结论

本文对常用水泥浆液和控制性浆液黏度时变性进行了实验测量，并对两种浆液优缺点进行了比较，同时对注浆过程中的流固耦合进行了初步研究，成功将流固耦合模型应用于砂砾层注浆的数值模拟中，对比分析传统注浆方法和滤排水式注浆方法过程中压力梯度、应变率变化对防渗能力的影响，并进行现场实验验证。主要结论如下：

（1）同一时刻不同水灰比的水泥净浆，黏度随水灰比增大而减小；同一时刻相同水灰比，浆液黏度随控制液含量（小于 5%）增大而增大；同一时刻相同控制液含量，浆液黏度随水灰比增大而减小。控制性水泥浆液可依据实验测量拟合得到的浆液黏性时变函数，基于黏性随时间变化的函数，可以依据实际需求，对浆液黏性进行控制，进而控制浆液的凝胶时间和扩散半径。

（2）注浆过程中流固耦合现象明显，采用基于多孔介质的有效应力原理流固耦合数学模型，避免了经验参数选取时带来的误差，引入孔隙率、渗透率和黏性的动态模型，在充分体现砂砾层注浆过程中流固耦合物理特性的同时，也为准确模拟注浆过程中结构参数和流场参数动态变化奠定基础。通过计算得到压力梯度、应变率等参数动态变化，判断浆液扩散方式，分析这些因素对防渗效果的影响，最终确定单孔防渗有效区的直径，为施工中孔距安排提供指导。

（3）对比滤排水式注浆方法和传统注浆方法，前者可有效降低了注浆孔周围的水压力，大幅提高了浆液流动梯度，初速度较快，可使浆液充分填充地层孔隙，随着浆液黏性逐步增加，浆液流速逐渐降低，有利于进一步提高注浆压力，从而压密挤实地层，进一步提高防渗能力和结石强度。后者受到高外水压力影响，注浆压力梯度较小，流速较低，虽然在高注浆压力下，使地层孔隙张开，但由于流速较低，浆液并不能充分驱水，因而在孔隙中仍存在大量水分稀释浆液，大大降低了浆液凝固时间，随着地下水运动，浆液进一步被冲蚀，使防渗能力和结石强度大幅降低，造成安全隐患。因此，滤排水式注浆方法比传统注浆方法具有明显优势，结石强度和防渗能力都有了大幅提高。

（4）不同控制液含量的浆液黏度随时间变化有很大区别，因此可以根据实际需求，通过改变控制液含量达到控制黏度时变的目的，进一步拓展了控制性浆液和滤排水式注浆方法的使用范围。目前该材料和方法已成功应用于大量工程，解决了众多复杂地质条件下的治水难题，创造了可观的经济效益和社会效益。

参考文献

[1] 徐静，丰定，翁建良．王甫洲枢纽工程砂砾石地基防渗处理[J]．人民长江，2003，34(7)

[2] 杨晓东，刘嘉材．水泥浆材灌入能力研究[J]，中国水利水电科学院科学研究论文集（第 27 集）[C]．水利电力出版社，1987：184～191

[3] 阮文军．浆液基本性能与岩体裂隙注浆扩散研究[D]．吉林大学博士学位论文，2003

[4] 中国岩石力学与工程学会岩石锚固与注浆技术专业委员会编．锚固与注浆技术手册[M]．北京：中国电力出版社，2003

[5] K. salen，T. Mirza 等．波特兰水泥和超细水泥为主的灌浆浆液之选择准则[J]．岩石与混凝土灌浆译文集[C]，1995：65～74

[6] 水利水电工程施工手册编写委员会．水利水电工程施工手册．北京：中国电力出版社，2004

[7] 李培超，孔祥言，卢德唐．饱和多孔介质流固耦合渗流的数学模型[J]．水动力学研究与进展，2003，18(4)

[8] BIOT M A. Willis D G. The elastic coefficients of the theory of consolidation [J]. ASME J. Appl Mech. ，1957，24：594-601

[9] ZIENKIEWICZ O C and SHIOMI T. Dynamic behavior of saturated porous media：the generalized Biot formulation and its numerical solution[J]. Int. J. Num. and Analy. Meth. in Geomech，1984，8：

71-96

[10] CHEN H Y. Coupled fluid flow and geomechanics in reservoir study-1. Theory and governing equations[R]. SPE30752,1995

[11] 东北勘探设计院. 水利水电工程钻孔压水试验规程 SL 31-2003. 北京：中国水利水电出版社，2003

浅谈涂、抹刚性防水层施工

曹征富[1]　叶林标[2]

（1. 中国建筑学会防水技术专业委员会；2. 北京建筑工程研究院）

摘　要：本文通过对涂、抹刚性防水层的施工准备、施工工艺、养护、保护的叙述，提出了保证涂、抹刚性防水层施工质量的基本要素。

关键词：涂、抹刚性防水层　施工准备　施工工艺　养护　保护

An analysis of spreading and painting rigidity cover of waterproof construction

Cao Zhengfu[1]　Ye Linbiao[2]

（1. China building construction association waterproof science section；
2. Beijing building and construction research institute）

Abstract：The article gives the full view of waterproof construction process. The analysis of spreading and painting rigidity cover of waterproof construction preparing, operation process, maintains, protection, is stated. The basic factors to guarantee construction quality are provided.

Key Words：spreading and painting rigidity cover of waterproof construction, construction preparing, operation process, maintains, protection

　　刚性防水层包括防水混凝土、水泥砂浆防水层和水泥基涂、渗材料防水层。防水混凝土是通过调整配合比或掺加外加剂、掺合料等措施，增强和提高结构自身的密实性和抗裂性，实现防水功能的一种防水做法；水泥砂浆防水层主要依靠特定的施工工艺和要求或在水泥砂浆中掺入某种防水剂，来提高它的密实性或改善它的抗裂功能，从而达到防水抗渗目的的一种防水做法；水泥基涂、渗材料防水层，是指将水泥基防水涂料、水泥基渗透结晶型防水涂料涂布在防水基层上形成的刚性防水层的一种防水做法。

　　防水工程质量的好坏，施工质量是关键因素。施工质量的好坏，施工工艺是关键因素。只有严格按照操作工艺和规范要求施工，防水工程质量才有可能得到保证。本文叙述

[作者简介] 曹征富，1946 年 10 月出生，高级工程师。通讯地址：北京市莲花池西路 6 号院 2 号楼，邮编 100161，联系电话：13901024838

的是刚性防水层中水泥砂浆防水层和水泥基涂、渗材料防水层从施工准备与施工工艺等方面的要求。

1 水泥砂浆防水层

水泥砂浆防水层分为刚性多层抹面防水层与掺外加剂的水泥砂浆防水层两大类。

多层抹面的水泥砂浆防水层，也称"刚性五层做法"。该做法是利用不同配合比的水泥浆和水泥砂浆分层施工，相互交替抹压密实，充分切断各层次毛细孔网的渗水通道，使其构成一个多层防线的整体防水层。刚性多层抹面的水泥砂浆防水层适用于结构稳定、不易活动变形的防水工程。

掺外加剂水泥砂浆防水层有掺无机盐防水剂的水泥砂浆和掺聚合物的防水砂浆两种。在水泥砂浆中掺入占水泥重量一定比例的无机盐防水剂，可以提高水泥砂浆的抗渗性能。掺入无机盐防水剂水泥砂浆防水层适用于水压较小的工程或作为其他防水层的辅助措施；聚合物水泥防水砂浆是由水泥、砂和一定量的橡胶乳液或树脂乳液以及稳定剂、消泡剂等化学助剂，经搅拌混合均匀配制而成。聚合物水泥砂浆防水层具有良好的防水抗渗性、粘结性、抗裂性、抗冲击性和耐磨性，适用于地下、外墙面、室内的防水工程。掺外加剂水泥砂浆防水层主要性能应符合表1的要求。

掺外加剂水泥防水砂浆主要性能要求　　　　表1

防水砂浆种类	粘结强度（MPa）	抗渗性（MPa）	抗折强度（MPa）	干缩率（%）	吸水率（%）	冻融循环（次）	耐碱性	耐水性（%）
掺外加剂、掺入料的防水砂浆	＞0.6	≥0.8	同普通砂浆	同普通砂浆	≤3	＞50	10%NaOH溶液浸泡14d 无变化	—
聚合物水泥防水砂浆	＞1.2	≥1.5	≥8.0	≤0.15	≤4	＞50	—	≥80

1.1 施工准备

1.1.1 技术准备

（1）防水施工项目技术负责人应查阅图纸、查勘施工现场和了解工程相关情况，编制施工方案和进行技术交底。

（2）对施工操作人员、质检人员、工长进行技术交底与技术培训。

1.1.2 基层准备

（1）基层应坚实、牢固、稳定，不得有孔洞、蜂窝、裂缝、空鼓、起砂、酥松等缺陷，突出的钢筋头、钢丝网应切割平整。

（2）穿透防水层的管件、预埋件等应安装牢固，根部应凿成 V 形或环形沟槽，用密封材料嵌填密实。

（3）排水坡度应合理，不得有倒坡和积水现象，地漏口、排水口应低于防水层的完成面。

（4）基层应湿润，但不得有明水，有渗漏水的基层，应先采用压力灌注化学浆液或用快速堵漏材料进行堵漏处理。

（5）基层表面应洁净，不得有浮浆、渣土、灰尘及影响水泥砂浆粘结的油渍。

1.1.3 材料准备

（1）水泥：选用普通硅酸盐水泥或硅酸盐水泥，强度等级不低于 32.5R。

（2）砂子：选用洁净的中砂，料径 1～3mm。

（3）水：饮用水。

（4）外加剂：符合设计及相关标准要求。

1.1.4 工具准备

（1）清理工具：笤帚、高压吹风机、高压水枪、铲刀、毛刷。

（2）施工用具：电动搅拌器、料桶、灰抹子、喷洒水壶、水管。

（3）计量工具：磅秤。

（4）检测工具：卡尺、水平仪、测厚仪。

1.2 多层抹面水泥砂浆防水层施工

1.2.1 施工顺序与工艺流程

基层清理→基层浇水湿润→涂刮第一道水泥净浆层→抹压第一道水泥砂浆层→涂刮第二道水泥净浆层→抹压第二道水泥砂浆层→涂刮第三道水泥净浆层→养护。

1.2.2 施工工艺

（1）涂刮第一道水泥净浆层。将水泥与水按重量比进行配制（水泥∶水＝1∶0.45），采用机械充分搅拌均匀后，用抹子将浆料涂刮在干净、湿润的防水基层上，厚度 2mm 左右，涂刮均匀，覆盖完全。

（2）抹压第一道水泥砂浆层。在基层水泥净浆层涂刮后，紧接着抹压第一道水泥砂浆层。将水泥、中砂、水按重量比进行配制（水泥∶砂∶水＝1∶2.5∶0.45），采用机械充分搅拌均匀后，用抹子将砂浆铺抹在水泥净浆层上，厚度 8～10mm，砂浆层要求抹压密实，与水泥净浆层充分咬合，在水泥砂浆层初凝时二次抹压，并用木抹将面层搓成麻面。

（3）涂刮第二道水泥净浆层。在第一道水泥砂浆层完成后 8h 左右、表面还未发白时进行涂刮第二道水泥净浆层施工，第二道水泥净浆层材料、配比、厚度、操作方法同第一道水泥净浆层。

（4）抹压第二道水泥砂浆层。第二道水泥砂浆层材料、配比、厚度、操作方法同第一道水泥砂浆层。

（5）涂刮第三道水泥净浆层。在第二道水泥砂浆层初凝后进行涂刮第三道水泥净浆层施工，第三道水泥净浆层厚度为 1mm 左右，材料、配比、操作方法同第一道水泥净浆层，水泥净浆层在初凝时用铁抹子抹压收光。

（6）阴角应做成圆弧或八字坡，圆弧半径不应小于 20mm，阳角应圆滑。

1.2.3 养护

待刚性多层抹面的水泥砂浆防水层施工完后，应及时进行湿润养护，以免水泥砂浆中的水分过早蒸发而引起干缩裂缝。养护从水泥砂浆终凝后开始，养护时间不宜小于 14d，前 7d 应保持潮湿养护。在潮湿的环境下施工时，则不需要再采用其他的养护措施，在自然状态下养护即可。在整个养护过程中，应避免振动和冲击，并防止风干、太阳暴晒和雨水冲刷。

1.2.4 注意事项

（1）严格控制刚性多层抹面的水泥砂浆每层施工间隔时间，确保每层紧密结合。

（2）施工环境温度宜为 5～35℃，环境温度低于 5℃时，施工现场应采取供暖措施，环境温度高于 35℃时，施工现场应采取降温措施。

（3）下雨天不得进行室外作业。

（4）在通风较差，影响水泥砂浆的正常凝结的环境下施工时，应采取机械通风的措施。

1.3 掺入无机盐防水剂的水泥砂浆防水层施工

1.3.1 施工顺序与工艺流程

基层清理→基层浇水湿润→涂刮净浆层→抹压第一道防水砂浆层→抹压第二道水泥砂浆层→养护。

1.3.2 施工工艺

（1）涂刷结合层。将水泥、水、防水剂按重量比进行配制（水泥：水：防水剂＝1：0.5：0.03～0.05），先将水与防水剂进行混合，然后再放入水泥，采用机械充分搅拌均匀，用毛刷、滚刷涂刷在防水基面上，或用机具喷涂在防水基面上。

（2）抹压第一道水泥砂浆防水层。将水泥、砂、水、防水剂按重量比进行配制（水泥：砂：水：防水剂＝1：2.5：0.40：0.03～0.05），先将水与防水剂进行混合、水泥和砂子干拌均匀，然后再将两种混合材料合在一起，采用机械充分搅拌均匀，用抹子抹压，厚度6～8mm。砂浆层要求抹压密实，与基层粘结紧密。施工顺序原则上为先立墙后地面，阴阳角处的防水层必须抹成圆弧或八字坡。

（3）抹压第二道水泥砂浆防水层。第二道水泥砂浆层在第一遍水泥砂浆防水层终凝前进行，第二道水泥砂浆层材料、配比、厚度、操作方法同第一道水泥砂浆层，终凝前抹压收光。

1.3.3 养护与施工注意事项

掺入无机盐防水剂的水泥砂浆防水层完成后的养护见 1.2.3 条相关内容，施工注意事项见 1.2.4 条相关内容。

1.4 聚合物水泥砂浆防水层施工

1.4.1 施工顺序与工艺流程

基层清理→基层浇水湿润→涂刮净浆层→抹压第一遍聚合物砂浆防水层→抹压第二遍聚合物砂浆防水层→保护层施工→养护。

1.4.2 施工工艺

（1）结合层施工。将水泥、聚合物乳液、水按重量比配制（水泥：聚合物乳液：水＝1：0.35～0.45：适量）成净浆，先将水与聚合物乳液进行混合，然后再放入水泥，采用机械充分搅拌均匀，用毛刷、滚刷涂刷在防水基面上，或用机具喷涂在防水基面上，厚度1mm 左右。

（2）抹压聚合物水泥砂浆防水层。

1）聚合物水泥砂浆配制

将水泥、砂、聚合物乳液、水按重量比进行配制（水泥∶砂∶聚合物乳液∶水＝1∶2.5∶0.3～0.4∶适量），先将水与聚合物乳液进行混合稀释，把水泥和砂子干拌均匀，然后再将用水稀释的乳液与之混合在一起，采用机械充分搅拌均匀。

2）在聚合物水泥净浆施工 15～30min 后，即可将混合好的聚合物水泥砂浆抹压在基层上。用抹子抹压时，应沿着一个方向，在压实的同时抹平整，一次成活。

3）施工顺序原则上为先立墙后地面，垂直面每次抹聚合物砂浆的厚度宜为 5～8mm，水平面宜为 10～15mm，阴阳角处的防水层必须抹成圆弧或八字坡。砂浆层要求抹压密实，与基层粘结牢固。

4）聚合物水泥砂浆防水层分遍完成，在防水砂浆层达到硬化状态时抹压第二遍聚合物水泥砂浆防水层。

1.4.3 养护

聚合物水泥砂浆防水层达到硬化状态时，即应进行洒水养护。有保护层的聚合物水泥砂浆防水层养护时间不小于 7d，其他养护要求见 1.2.3 条相关内容。

1.4.4 保护层

聚合物水泥砂浆防水层表面应做保护层，垂直面保护层宜抹普通水泥砂浆，水平面宜为细石混凝土。保护层施工时间宜在聚合物水泥砂浆防水层初凝后终凝前进行。

1.4.5 注意事项

（1）聚合物容易成膜，所以在抹压聚合物砂浆时必须一次成活，切勿反复搓揉。

（2）在墙面保温层或轻体隔断墙上做聚合物水泥砂浆防水层时，砂浆防水层内应夹铺钢丝网或网格布。钢丝网或网格布与聚合物水泥砂浆应粘结牢固并形成整体的防水层。

（3）配制好的聚合物水泥砂浆应在 1h 内用完。最好随用随配，用多少配制多少。聚合物水泥砂浆在配制涂抹过程中出现干结时，可适当补加用水稀释的聚合物乳液，不得任意加水。

（4）聚合物水泥防水砂浆大面积施工时，为避免因收缩而产生的裂纹，应设置分格缝，分格缝的纵横间距宜为 6m，分格缝宽度宜为 10～15mm。缝内可嵌填弹塑性的密封材料封闭，或在聚合物砂浆防水层完成 15d 后，用相同的聚合物砂浆抹平。

其他注意事项见 1.2.4 条相关内容。

2 水泥基防水涂料防水层施工

水泥基防水涂料是以水泥为主要原料，加入细砂和其他外加剂、掺合料或可分散的聚合物粉末等制成的单组分粉状材料，施工时，掺入一定比例的水搅拌均匀后，涂刮在防水基层上。主要产品有高分子益胶泥、确保时、防水宝、可立特等。

2.1 施工准备

2.1.1 技术准备

水泥基防水涂料防水层施工技术准备见 1.1.1 条相关内容。

2.1.2 基层要求

水泥基防水涂料涂层比较薄，为了保证防水涂层均匀，所以对防水基层平整度有一定要求，基层应为水泥砂浆找平层，如是混凝土面层应对缺陷进行修补，不得有凹凸不平现象。基层其他要求见1.1.2条相关内容。

2.1.3 材料准备

（1）掺外加剂、掺合料或可分散的聚合物粉末等水泥基防水涂料性能指标
应符合表2的要求。

掺外加剂、掺合料或可分散的聚合物粉末等水泥基防水涂料性能指标　　表2

序　号	项　目	指　标
1	抗折强度（MPa）	＞4
2	粘结强度（MPa）	＞1.0
3	抗渗性（MPa）	＞0.8
4	冻融循环（次）	＞50

（2）浆料配合比（重量比）

涂刷法施工：粉料∶水＝1∶0.7

刮压法施工：粉料∶水＝1∶0.4

（3）浆料配制方法

按照材料配合比，在容器中放入规定数量清水（饮用水），将粉料徐徐放入，采用电动搅拌器充分搅拌成为均匀糊状物，静置10～15min左右，使其充分起化学作用。

2.1.4 机具准备

（1）清理、修补工具：笤帚、高压吹风机、高压水枪、铲刀、小抹子、毛刷。

（2）施工用具：电动搅拌器、拌料桶、小桶、刮板、滚刷、毛刷、喷雾器；如采用机械喷涂方法施工，还应准备喷涂机械。

（3）计量工具：磅秤。

（4）检测工具：卡尺、小刀、测厚仪。

2.2 施工顺序与工艺流程

基层清理→基层洒水湿润→底涂施工→中涂施工→面涂施工→养护→保护层施工。

2.3 施工工艺

2.3.1 底涂施工

在防水基层上先涂刷一道底涂，封堵细小孔洞和裂缝，并增加水泥基涂料防水层与基层表面的粘结力。将按涂刷法施工调配的浆料用机具均匀的喷涂或涂刷在充分湿润的基层上，覆盖完全。

2.3.2 中涂施工

在底涂层施工后已经硬化不粘脚时，即可进行中涂施工，将按刮压法施工调配的浆料用抹子或刮板均匀、顺序刮压在基面上，紧密搭接，不得留有缝隙。涂抹层遍数根据设计的防水层厚度确定，每遍涂层厚度宜为1.0～1.5mm。

2.3.3 面涂施工

做涂抹层施工后已经硬化不粘脚时，即可进行面涂层施工，将按涂刷法施工调配的浆料，用机具均匀的涂布在已完成的涂层上，以提高水泥基涂料防水层表面的密实度。

2.4　养护

2.4.1　养护开始时间：最后一遍涂层指触不粘时即进行养护。

2.4.2　养护方法：开始 24h 内采用喷雾状养护，24h 以后采用洒水养护，不得采取蓄水养护。

2.4.3　养护时间：不得小于 168h。

2.5　保护层

养护完成后应及时做保护层，垂直面保护层宜用聚合物水泥砂浆，平面宜用细石混凝土。保护层大面积施工时，应设置分格缝，分格缝的纵横间距宜为 6m，分格缝宽度宜为 10~15mm。缝内嵌填弹塑性的密封材料封闭。

2.6　注意事项

2.6.1　基层质量的好坏对刚性防水涂层的质量和耐久性影响很大，因此，对基层质量必须严格要求，尤其是基层的强度、平整度、湿度完全具备施工条件时，方可进行水泥基涂料防水涂层施工。

2.6.2　水泥基涂料防水涂层养护应及时，养护方法应正确，养护时间应足够。

其他注意事项见 1.2.4 条。

3　水泥基渗透结晶型涂料防水层施工

水泥基渗透结晶型防水材料，是以水为载体的活性化学物质向混凝土内部渗透，在混凝土的毛细孔道和微小裂缝中形成不溶于水的结晶体，从而使混凝土表面的一定深度形成耐水、耐久、致密的防水层。水泥基渗透结晶型防水材料适用于以混凝土为防水基面的防水工程，可涂布在混凝土结构迎水面或背水面，水泥基渗透结晶型防水材料涂层可单独作为一道防水层，也可与卷材或其他涂膜防水层复合使用。

3.1　施工准备

3.1.1　基层准备

水泥基渗透结晶型防水材料施工前，对混凝土表面应进行下列处理：

（1）基层表面的孔洞、蜂窝等缺陷应用凿子剔至坚实部位，用高标号细石混凝土塞实抹平；裂缝凿成 V 形槽，嵌填水泥砂浆；突出的钢筋头切割后应低于基面 10~20mm，并用高强度等级水泥砂浆抹平；凸出基面水泥浆块剔凿平整；光滑的混凝土表面应做打毛处理。

（2）穿透防水层的管件、预埋件等应安装牢固，根部应嵌填密实。

（3）基层表面的浮浆、浮灰、污垢和油渍应清除，并用高压水枪冲洗干净。

（4）基层应湿润，但不得有明水；有渗漏水的基层，应先采用压力灌注化学浆液或用快速堵漏材料进行堵漏处理。

3.1.2 材料准备

水泥基渗透结晶型防水材料应为无杂质、无结块的粉末，其物理力学性能应符合表 3 的要求。

水泥基渗透结晶型防水材料的物理力学性能　　　　表 3

序　号	项　目	指　标
1	抗折强度（MPa）	≥4
2	粘结强度（MPa）	≥1.0
3	一次抗渗性（MPa）	＞1.0
4	二次抗渗性（MPa）	＞0.8
5	冻融循环（次）	＞50

3.1.3 机具准备

水泥基渗透结晶型防水材料施工机具准备见 2.1.4 条。

3.2 施工工艺

水泥基渗透结晶型防水材料涂布有两种方法：一种是涂刷或喷涂法施工，粉料加上一定比例的水调配成浆料，涂刷或喷涂在防水基层上；二是干撒方法施工，在浇筑混凝土前干撒在混凝土垫层上，或混凝土浇筑后立即干撒在混凝土表面并铺压密实。

（1）涂刷和喷涂法施工工艺

1）浆料配制

涂料应多遍涂刷，第一遍涂浆料配制方法：将粉料、水按重量比配制（粉料：水＝1：0.7)混合，先将计量好的水存放在料桶内，然后再徐徐放入粉料，用电动搅拌器充分搅拌，配制好的浆料应均匀，色泽一致，无粉团、无结块。

第二遍及以后每遍涂层的浆料配制比例为　粉料：水＝1：0.5，搅拌方法同上。

2）浆料施工

①涂刷法施工：用毛刷或滚筒将配制好的浆料涂刷在充分湿润的防水基面上，涂布要均匀，覆盖要完全，不得漏刷漏涂。后一遍涂层应在前一遍涂层指触不粘或按产品说明书要求的间隔时间后进行，每遍应交替改变涂布方向。

②喷涂法施工：大面积宜采用喷涂法施工。喷涂时喷枪的喷嘴应垂直于基面，合理调整压力，喷嘴与基面距离宜为 500mm 左右。

3）加水调配后浆料，宜在 20min 内用完；在施工过程中应不停地进行搅动，以防止沉淀，且不得任意加水。

4）采用涂刷或喷涂法施工，水泥基渗透结晶型防水材料的用量不应小于 1.5kg/m²，且厚度不应小于 1.0mm。

（2）干撒法施工工艺

水泥基渗透结晶型防水材料涂刷法不易施工的平面防水部位，可采用干撒方法施工。干撒分先撒和后撒两种做法。干撒法施工材料用量不小于 2kg/m²。

1）先撒施工

①先撒施工，是在混凝土浇筑前 30min 以内，将粉料均匀撒布在混凝土垫层上的施

工做法。目前采用人工手撒方法，撒布质量主要靠操作人员技术熟练程度和施工经验、以材料单位面积用量来控制。在大面积施工前，先作样板块，测量出 $10m^2$ 防水基层，计量出不小于 $2kg/m^2$ 的粉料，撒布后有关方面进行检查验收，确定质量合格后，按照样板块做法展开大面积施工。

②水泥基渗透结晶型防水材料撒布检查验收合格后，紧接着进行浇筑混凝土施工，混凝土浇筑和振捣时应避免将撒布在基面上的粉料层挤走。

2）后撒施工

后撒施工是在混凝土浇筑后初凝前将粉料干撒在混凝土面层上的施工做法。后撒施工方法同先撒施工方法。粉料撒布后紧接着用抹子抹压，使粉料与混凝土面层水泥浆料柔合并嵌入混凝土面层。

3.3 养护

（1）养护开始时间：涂层终凝后及时进行。

（2）养护方法：喷雾状水保湿养护，不得采取蓄水或浇水养护。

（3）养护时间：不得小于 72h。

3.4 保护层

水泥基渗透结晶型材料与卷材、或涂膜复合防水时，可不用单独做保护层，作为独立防水层时，应做保护层，垂直面保护层宜用聚合物水泥砂浆，平面宜用细石混凝土。保护层大面积施工时，应设置分格缝，分格缝的纵横间距宜为 6m，分格缝宽度宜为 10～15mm，缝内应嵌填弹塑性的密封材料封闭。

3.5 注意事项

（1）水泥基渗透结晶型材料应施做在坚实、湿润、粗糙、干净的混凝土基面上，才能发挥其作用，防水基层质量应严格控制。

（2）水泥基渗透结晶型材料防水层养护非常重要，养护过早、过晚或方法不当，对质量影响很大。养护时间应在指触不粘时进行，采用喷雾状水保湿养护，养护时间应充分。

（3）水泥基渗透结晶型材料涂刷、干撒不易施工的垂直面部位应采用喷涂法施工。

其他注意事项见 1.2.4 条相关内容。

自密实混凝土技术发展应用简述
——水利工程除险加固工程应用

周 虎

（清华大学水利水电工程系，北京，100084）

摘 要：自密实混凝土技术自 1988 年在日本东京大学发明以后，在世界范围内得到了广泛的关注和快速的发展。我国于 2006 年出版了第一本技术规程，为规范自密实混凝土施工提供了依据和保障。自密实混凝土具有施工简便、抗渗性和耐久性好的特点，不仅适合于复杂钢筋混凝土结构的浇筑，而且在水利工程的除险加固中也可广泛应用。本文针对河南窄口水库和山西赵家窑水库的除险加固工程中自密实混凝土技术解决方案和施工情况进行了介绍与分析，供其他类似工程参考借鉴。

关键词：自密实混凝土　水利工程　除险加固　泄洪洞衬砌　穿坝涵管

Self-compacting concrete technology development and application briefly reviewed
——Hydraulic project reinforcement engineering application

Zhou Hu

（Department of Hydraulic Engineering，Tsinghua University，Beijing，100084）

Abstract：Self-compacting concrete has a wide range of attention and fast development in the world scope since it had been invented by Tokyo University，Japan in 1988. China in 2006 published the first this technical regulations，which is in order to regulate the self-compacting concrete construction to provide the basis and guarantee. Self-compacting concrete has construction simple，penetration-proof quality and durability good characteristic. It is not only suitable for complex reinforced concrete structure of the casting，but also suitable for reservoir reinforcement widely. This article in view of the Henan zhaikou reservoir and Shanxi zhaojiayao reservoir of kiln problems in reinforcing project of self-compacting concrete technology to solve the construction scheme and introduce and analysis for other similar projects for reference.

Key Words：Self-Compacting Concrete，hydraulic engineering，reservoir reinforcement，spillway tunnel lining，culvert pipe in dam

[作者简介] 周虎，博士，清华大学土木水利学院，电话：13910989015

1　自密实混凝土技术的起源与发展

自密实混凝土（Self-Compacting Concrete，简称 SCC）是指在浇筑过程中无需施加振捣，仅依靠混凝土自重就能完全填充至模板内任何角落和钢筋间隙并且不发生离析泌水的高性能混凝土；它最早由东京大学混凝土实验室冈村甫（Hajime Okamura）教授于1988年研制成功[1]。自密实混凝土以其特有的自密实性能被普遍应用于钢筋密集或是无法振捣的结构部位，然而自密实混凝土的发明原因却并非如此。20世纪60、70年代，日本经历了基础建设的高速发展，到了80年代初期，混凝土结构的耐久性问题不断出现。从1983年起，日本混凝土结构耐久性问题已经发展为民众广泛关注的社会问题，而造成这一问题的主要原因是日本建筑行业中逐渐减少的技能熟练的振捣工人。为了使混凝土结构达到足够的耐久性并且其耐久性不受工程中混凝土的振捣质量决定，冈村甫教授于1986年提出了开发自密实混凝土的必要性，并由东京大学前川宏一副教授和小泽一雅博士生开始研究。自密实混凝土在新拌初期具有自密实的性能特点，在硬化后的初期能够有效避免初始的缺陷，在后期通过合理的养护具有出色的力学及耐久性能；因此，自密实混凝土最早被定义为"高性能混凝土（High Performance Concrete）"。与此同时，加拿大Aitcin 教授等人（Gagne 等，1989）将由于低水灰比而具有高强度的混凝土定义为"高性能混凝土"，从此高性能混凝土被全球各地广泛用于表示高耐久性混凝土。为了避免混淆，发明者将上述混凝土的重新定义为"自密实混凝土"[2]。至1994年底，日本已经有28个建筑公司掌握了自密实混凝土的技术[3]。1998年日本土木学会编制了日本自密实混凝土技术规范《高流动混凝土施工指南》。

20世纪90年代末期自密实混凝土技术引起了我国学者的关注，曾经出现过一阵自密实混凝土研究应用的热潮；但是受当时对自密实性能认识水平不足以及外加剂性能不足的影响，自密实混凝土技术并没有获得太多的成功经验和接受认可。2002年，时任日本东京大学副教授的安雪晖回到清华大学任教，将本源的自密实混凝土技术带到中国；并于2004年与中国建设标准设计研究院共同主编了我国第一本有关自密实混凝土技术工程应用的标准《自密实混凝土应用技术规程》（CECS203：2006）。自密实混凝土技术虽然是为了避免振捣工艺提高混凝土结构的耐久性而发明的新型混凝土材料，可是在实际推广应用中即使在日本也未能够大规模取代常规混凝土。与常规混凝土相比，自密实混凝土的胶凝材料用量偏高、粗骨料用量偏低并且需要使用聚羧酸系高性能减水剂，因此自密实混凝土的水化温升和材料成本都高于常规混凝土，由于自密实混凝土消除了振捣使其内部减少了粗骨料周边的过渡区，其抗渗性能和抗冻性能均优于常态混凝土。虽然在施工简便、消除振捣方面能够带来一定的效益，但是在常规工程中并没有被建设方普遍采用，只是在钢筋密集、形状特异等不易振捣的结构中被当做特种材料使用。

对于水工大体积混凝土而言，自密实混凝土水化温升高不易温控更是先天不足。针对自密实混凝土的显著优势与先天不足，清华大学金峰教授和安雪晖教授在原有自密实混凝土的基础上，于2003年发明了一种新型的混凝土施工技术——堆石混凝土（Rock-Filled Concrete，简称 RFC）：将一定粒径的堆石直接入仓，形成有空隙的堆石体，然后在堆石

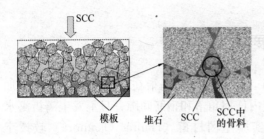

图1 自密实混凝土充填堆石体形成
堆石混凝土示意图

体表面浇筑满足特殊要求的专用自密实混凝土,利用自密实混凝土的高流动抗离析性能,使自密实混凝土依靠自重自动填充到堆石的空隙中,最终形成完整、密实、有较高强度的堆石混凝土,如图 1 所示[4]。堆石混凝土技术已获得国家发明专利,具有低碳环保、低水化热、工艺简便、造价低廉、施工速度快等特点;已在国内宝泉抽水蓄能电站、向家坝水电站、恒山水库除险加固、围滩水电站等水利水电项目中成功应用近 30 万 m³,在建设成本和工期上均取得了显著的效果。

自密实混凝土技术在中国发展了 10 多年,随着工程实践的增多、对自密实性能认识水平的加深,自密实混凝土的应用方式和范围已经得到了长足的发展,除了复杂的建筑结构应用外,又拓展了工程应用范围:

(1)自密实混凝土技术:各种洞径的隧洞衬砌,竖井、斜井回填,病险水库充填混凝土加固,不规则的岩溶洞回填,较发育的岩体裂隙,防渗墙等。

(2)堆石混凝土技术:混凝土重力坝、拱坝坝体,各种基础回填,混凝土换基部位,尾水区消力池、海曼、护坦、边墙等构筑物,混凝土围堰,各种堤防工程,各种挡土墙工程等。

本文将结合自密实混凝土技术在水利工程除险加固中的工程应用,对自密实混凝土的施工特点进行介绍。

2 自密实混凝土工程应用技术要点

自密实混凝土技术实施成功的关键在于严谨的配合比设计和合理的施工工艺。自密实混凝土的特点在于高流动性和高抗离析性的结合,并且在一定时间内自密实性能能够保持稳定,通过严谨的配合比设计和外加剂的优选,保证自密实混凝土的工作性能能够满足要求。自密实混凝土虽然施工简便,但是并不意味着其能够适应粗犷型的施工方式,在诸多施工环节上有着其自身的特点,应该结合工程情况和自密实混凝土的性能特点有针对性地选择合理的施工方式。

2.1 自密实性能的基本要求

自密实混凝土的配合比必须采用严格的体积法进行设计,虽然在《规程》中提到了四种自密实性能的检测方法,但根据实践经验通常选取坍落扩展度和 V 形漏斗试验作为检测方法来控制自密实混凝土的性能。对于一般的工程,自密实性能应严格满足二级自密实性能即表 1 中的要求。为了有效避免自密实混凝土在运输、浇筑中由于时间延长而造成的自密实性能损失,还应要求自密实混凝土具有一定的稳定性,基本要求应满足 1h 坍落度变化±10mm,扩展度不小于初始值的 95%,V 漏斗满足要求;对于运输、浇筑时间更长的工程则应根据需求设计稳定性要求。

二级自密实性能要求	表 1

检测项目	指 标
坍落度（mm）	250～280
扩展度（mm）	600～750
V 漏斗通过时间（s）	7～25

2.2 自密实混凝土施工注意事项

相比常规混凝土，自密实混凝土对原材料的稳定性、含水量变化、气温变化、搅拌程度等因素均比较敏感，需要在施工过程中有针对性地进行控制和管理。

在自密实混凝土施工时，应在以下方面特别注意：

（1）密切关注原材料性能的变化，对于不同批次的材料应进行复检。

（2）密切关注砂石骨料的含水率，并进行及时调整。

（3）根据材料性能和温度变化调整拌合时间。

（4）针对季节变化和一天内的温差变化配备不同类型的外加剂。

（5）使用平整光洁的模板，模板拼接密闭要求严格，不允许大于 2mm 的缝隙；模板自身刚度和支撑强度能够抵抗自密实混凝土的压力。

（6）浇筑速度不宜过快，间隔时间不宜过长。

（7）混凝土入仓后，应及时通过敲击判断混凝土与模板的接触边界，使用平板振捣器、橡皮锤等工具在模板外侧进行辅助振捣，特别是混凝土与模板的新接触面。

（8）自密实性能应以浇筑入仓前作为检测控制点，即检测合格后方可入仓；检测后半小时内未浇筑的自密实混凝土应在浇筑前重新检测。

3 工程应用案例

3.1 自密实混凝土在引水洞衬砌的应用

3.1.1 工程概况

窄口水库位于河南省宝泉市南 23km 处，它于 1959 年 11 月动工修建，1973 年 4 月基本建成。大坝为黏土心墙砂砾石外壳块石护坡混合坝型，坝顶长 258m，坝顶宽 8.0m，坝顶高程 657m，最大坝高 77m。该水库以防洪为主，兼顾灌溉、发电等综合作用，其控制流总库容量 1.85 亿 m³，域面积 903m²。在 2009 年进行的窄口水库除险加固工程三期工程中，需要对泄洪洞进行重新衬砌加固。但由于泄洪洞在坝体内部距地面高达 69m，洞径 3.5m，长 300m。车辆无法进入洞内，给混凝土运输带来了很大困难。衬砌混凝土厚度 150mm，内置一层钢筋，钢筋保护层 50mm。使用常态混凝土浇筑，不仅施工难度大，而且施工进度缓慢导致工期延误。针对这一问题，经设计方建议采用自密实混凝土技术进行衬砌，既解决了振捣问题而且加快了施工进度，提高了衬砌质量。

3.1.2 自密实混凝土配合比设计

（1）原材料

水泥：灵宝市金城水泥厂生产的嵩山牌普通硅酸盐 42.5 水泥（P.O42.5）；经过激光粒度分析仪检测，体积平均径 16.03μm。

粉煤灰：满足1级粉煤灰标准；经过激光粒度分析仪检测，体积平均径 8.74μm。

砂：河砂，细度模数 3.0，表观密度 2.56g/cm³。

石子：小碎石，最大粒径 10mm，表观密度 2.75g/cm³。

外加剂：由北京华实水木科技有限公司提供 HS-T 型堆石混凝土专用外加剂，性能满足《混凝土外加剂应用技术规范》（GB 50119—2003）和《水工混凝土外加剂技术规程》（DL/T 5100—1999）中的相关规定。

（2）配合比设计

由于泄洪洞衬砌运输、浇筑距离长，充填空间狭窄，因此按照一级自密实混凝土的性能要求设计配合比，见表2。该配合比混凝土试块的 28 天抗压强度委托国家建筑工程质量监督检测中心进行检测，抗压强度数值见表3。

专用自密实混凝土配合比（kg/m³）　　　　　　　表 2

水泥	粉煤灰	水	砂	石子	专用AD	含气量	扩展度（mm）	坍落度（mm）	V漏斗（s）
415	125	189	850	743	7.3	2.4%	685	265	15

专用自密实混凝土 28d 抗压强度（MPa）　　　　表 3

100mm 立方体试块强度			均值	达到设计强度值（%）
523	505	538	49.6	124

3.1.3 施工方案

由于现场施工条件复杂，在总结不同浇筑实验的经验的基础上，得到了适合工程实际情况的施工方案，如图2所示。罐车运输 SCC 至竖井口，通过内径 105mm 的泵管自由下落，上端连接有接料漏斗，下端连接同样内径的 135°的弯头。在长度为 70m 的竖直泵管中部加设一根"S"型泵管，用作缓冲，目的是减小混凝土下降的巨大落差，从而较好地改善由于落差过大、冲力过强造成的混凝土骨料分离。为了最大限度地缩短泵机与浇筑点的距离，减少泵压损失，采用人工小推车进行水平运输，在弯管处接料，并在弯头处加设一个缓冲控制阀，控制管内出料速度，从地面到泵车料斗搭设木板斜坡小推车接料后由工人运输至泵车料斗[5]。

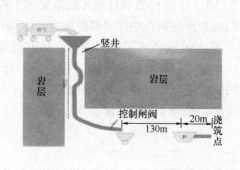
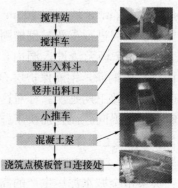

图 2　窄口水库泄洪洞衬砌施工方案与流程[5]

3.1.4 衬砌效果

使用自密实混凝土衬砌，拆模后未发现不密实的部位，无蜂窝、狗洞、麻面，混凝土成型整体性好。由于采用了能够有效抑制气泡的专用脱模剂，同时在混凝土入仓后，使用了平板振捣器和橡皮锤等工具在模板外侧进行了轻微的辅助排气振捣，因而混凝土外观平整光滑、气泡少，如图3所示。

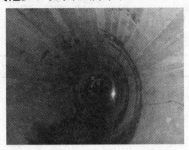 

图3 窄口水库泄洪洞衬砌外观

3.2 自密实混凝土在穿坝涵管回填中的应用

3.2.1 工程概况

赵家窑水库位于海河流域、永定河水系、桑干河干流御河支流的淤泥河上，距大同市区西北二十公里，是大同市唯一的地表饮用水水源地。水库始建于1960年4月，同年7月拦水，12月竣工，1977年至1984年进行了加固改造，工程等别为Ⅲ等，主要建筑物等级为3级，次要建筑物等级为4级，抗震设防烈度为Ⅶ度，是一座以防洪为主兼顾城市生活供水、农业灌溉、水产养殖等综合利用的中型水库。本次除险加固工程封堵的穿坝涵管位于左岸桩号0+085处，全长110.86m。在距上游进水洞67..86m处有一道蝴蝶阀，将涵管分为两段，对上游67.86m长距离进行封堵。

3.2.2 自密实材料性能要求

根据赵家窑水库穿坝涵管封堵措施专家论证意见，自密实混凝土（自密实砂浆）强度等级不低于C15，自密实混凝土和自密实砂浆工作性能指标应满足表4的要求。

自密实封堵材料的工作性能要求 表4

材 料	坍落度	坍落扩展度	V漏斗通过时间	工作性能保持时间
自密实混凝土	≥260mm	≥650mm	≤20s	≥2h
自密实砂浆	≥280mm	≥800mm	≤10s	≥2h

注：检测采用《自密实混凝土应用技术规程》（CECS203：206）中的相关方法。

3.2.3 自密实材料配合比设计

（1）原材料

水泥：厂家、品种、强度等级；材料由商混站提供，并经商混站检测满足相应的标准；经过激光粒度分析仪检测，体积平均径15.24μm。

粉煤灰：厂家、品种；材料由商混站提供，并经商混站检测满足相应的标准；经过激光粒度分析仪检测，最大粒径68.58μm，平均粒径12.44μm。

砂：河砂，细度模数2.76，属于典型的中粗砂，表观密度2.58g/cm³。

石子：小碎石，最大粒径 10mm，表观密度 2.64g/cm³。

外加剂：由北京华实水木科技有限公司提供 HS-T 型堆石混凝土专用外加剂，性能满足《混凝土外加剂应用技术规范》（GB 50119—2003）和《水工混凝土外加剂技术规程》（DL/T 5100—1999）中的相关规定。

（2）自密实材料配合比设计

自密实材料配合比设计与基本性能见表 5、表 6。

自密实封堵材料理论配合比（kg/m³）　表 5

编号	强度等级	水泥	粉煤灰	水	砂	石子	外加剂
SCM （自密实砂浆）	C15	430	305	280	1062	0	12.86
SCC （自密实混凝土）	C15	316	224	204	780	740	11.88

自密实封堵材料性能指标　表 6

编号	强度等级	坍落度 （mm）	扩展度 （mm）	V 漏斗（s）	抗压强度（MPa）		
					3d	7d	28d
SCM （自密实砂浆）	C15	285	820×830	3″17	19.2	29.4	47.3
SCC （自密实混凝土）	C15	275	690×700	8″67	18.3	22.5	40.6

3.2.4　封堵措施

封堵措施应采用自密实混凝土和自密实砂浆配合的方式进行封堵，自密实材料主要用于封堵涵管内的大空腔，而对于自密实材料无法到达的小空腔采用灌浆的方式进行修补，因此涵管封堵应分两道工序进行，封堵方案及封堵材料在涵管内的分布示意图见图 4。在

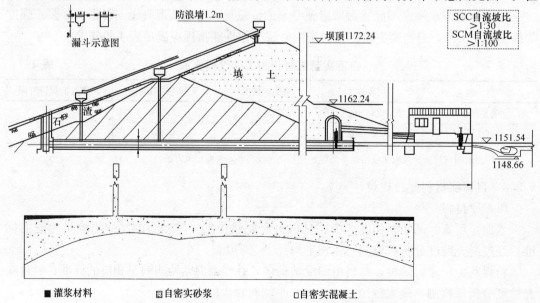

图 4　封堵方案及封堵材料分布示意图

采用自密实材料封堵前须在涵管顶部铺设进浆管、回浆管和排气管，自密实材料封堵完成后10天可以根据《水工建筑物水泥灌浆施工规范》（SL 62—1994）中的相关规定实施灌浆。

3.2.5 观测方案设计

在施工过程中，为了实时观测自密实封堵材料在涵管内流动充填情况，配合浇筑方案的实施，设计了混凝土充填电测传感器与红外摄像头配合的观测方案。具体由8组混凝土电测传感器和3个红外摄像头组成，按照图5的方案进行布置。

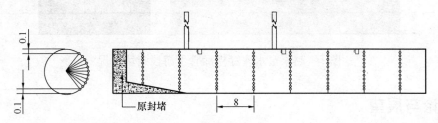

图5　观测设备布置图

混凝土电测传感器用于探测自密实混凝土和砂浆流动充填的情况，当测点被充填材料湮没时电路联通，外部探测灯亮起，亮灯情况能够反映充填距离、高度和流动坡度；需要记录探测灯亮灭的顺序、时间，将情况实时通报浇筑点。红外摄像头用于辅助观测浇筑点入料情况和浇筑厚度，同时对洞内流动充填情况进行辅助观测。

3.2.6 涵管封堵情况

浇筑完成后，采用以下方法对充填情况进行了检测，涵管的封堵情况如下：

（1）孔内充填深度测量：待混凝土硬化后对浇筑孔内的自密实材料充填深度进行了测量，1号充填深度高出涵管顶部约0.5m，2号充填深度高出涵管顶部约0.2m，对涵管形成了有效的封堵；在两个孔内进行了辅助的注水试验，试验结果呈现不透水性，表明封堵材料与涵管壁结合紧密。

（2）在涵管下游段拆除了封堵的模板，观测结果显示在涵管的末端尚有200mm高、700mm宽、深约20m的空腔，如图6、图7所示。

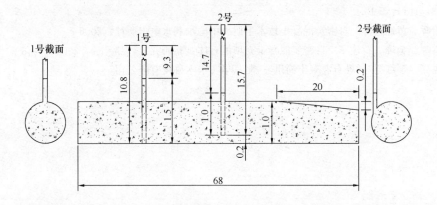

图6　赵家窑水库穿坝涵管封堵情况示意图

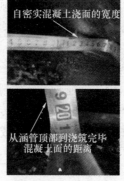

图 7　赵家窑水库穿坝涵管下游段封堵情况

4　结论与展望

自密实混凝土技术为混凝土的施工带来了更广阔的空间，使得工程师们不再因为结构狭小、充填距离过长、钢筋密集等问题而一筹莫展。自密实混凝土技术随着工程中不断涌现出来的新问题而不断地拓展其应用领域。窄口水库泄洪洞衬砌的成功为施工条件复杂、狭小、异型空间的混凝土浇筑提供的典型案例；而赵家窑水库穿坝涵管回填工程也为土坝中普遍存在的穿坝涵管封堵的问题带来了新的解决思路。自密实混凝土在工作性能方面有着突出的优势，但是它也存在着如胶凝材料用量高、材料成本高、生产浇筑工艺精细等特点，还应该针对这些问题结合工程实际开展新的研究，堆石混凝土技术的发明就是其中的典型代表。随着工程人员对自密实混凝土技术了解的不断加深，这项技术一定会在中国取得长足的发展。

参考文献

[1]　H. Okamura，Development of Self-Compacting Concrete，presentation as a Ferguson Lecture at ACI Fall Convention，New Orleans，Nov. 6，1996

[2]　Okamura，H. Ouchi，M. ，Self-Compacting Concrete[J]. Journal of Advanced Concrete Technology，2003，1(1)：5-15.

[3]　安雪晖、黄绵松等. 自密实混凝土技术手册. 中国水利水电出版社，2006

[4]　安雪晖、金峰、石建军. 自密实混凝土充填堆石体试验研究.《混凝土》，2005(1)：3-6

[5]　李风亮、李红旭.《堆石混凝土简讯》. 北京华实水木科技有限公司

水泥基渗透结晶型防水材料在地下防水工程中的应用

秦刚民

（北京立达欣科技发展有限公司）

摘　要：文章介绍了水泥基渗透结晶型防水材料防水原理、材料性能、施工设计、施工要点；以及在地下防水工程中的应用实例。

关键词：地下工程　刚性防水　互补性　适应性　水泥基渗透结晶型防水材料

The Application of cementitious capillary crystalline waterproof materials on underground waterproofing Engineering

Qin Gangmin

（Beijing Lidaxin Technology Development Co. , Ltd）

Abstract：This paper introduces the waterproof principle, material properties, construction design, construction points and application example of cementitious capillary crystalline waterproof material on underground waterproofing works.

Key Words：underground engineering, rigid waterproof, complementary, adaptability, cementitious capillary crystalline waterproof material

随着国家城市化进程的快速发展，建设用地逐年减少，尤其是大中城市建设性用地更越来越少。许多大型公共建筑在绿化广场时，同时在地下建设大型的商场、停车场、人防等建筑设施。地下建筑的增多扩大了地下防水设计、施工的范围。

整个地下防水工程是一个系统；首先，地下工程防水设计应做到定级准确、方案可靠、施工简便、耐久使用、经济合理，其次，地下工程防水施工应结合土建施工，每一步，每一环节都要相互配合，只有做到每一环节都不出现问题，那么工程防水系统才能完

[作者简介] 秦刚民，男，高级工程师，1968年生，中国房地产业协会绿色节能技术复核工作总工专家组专家，从事水泥基渗透结晶防水材料推广应用多年，现任北京立达欣科技发展有限公司技术部经理。单位地址：朝阳区五里桥一街1号院4号楼201室，邮编：100024，联系电话：18911991001

善，方可保证整个地下防水工程不渗漏。

1 刚性防水

长期以来，防水混凝土一直被看成是工程结构材料，未单独列入防水构成，对此重视不够。随着防水混凝土在建筑工程中的广泛应用，国家工程标准《地下工程防水技术规范》GB 50108—2008 已将将防水混凝土列为一章，其中将"地下工程迎水面应采用防水混凝土"列为强制性条文，体现了刚性防水在工程防水中的重要地位与作用。

2 与防水混凝土的匹配

防水混凝土在防水中有着十分重要的作用，选用什么防水材料适于防水混凝土的匹配？通过笔者多年的防水施工经验，认为水泥基渗透结晶型防水涂料与防水混凝土是比较理想的匹配材料，与刚性防水混凝土有很好的适应性、互补性。此外，与土建施工同步进行，对每个施工环节能够有效地控制，因此，水泥基渗透结晶型防水涂料逐渐在更多的地下防水工程中应用。

3 机理及应用方法概述

3.1 防水机理

水泥基渗透结晶型防水材料是由一组活性极强的化学物质和硅酸盐水泥、特殊级配的硅砂等组成的灰色粉末状无机材料。其工作机理是：该材料特有的活性化学物质利用混凝土本身具有的化学特性及多孔性，以水做载体，传输渗透到混凝土微孔及毛细管中，催化混凝土内的微粒和未完全水化的水泥再次发生水化作用，从而形成不溶于水的枝蔓状结晶体，充塞混凝土的微孔及毛细管道，提高混凝土的密实度。由于它的活性物质和水有良好的亲和性，可以在施工后乃至很长的一段时间里，沿着需要维修的混凝土中的细小裂缝和毛细管道中的渗漏水源向内层发展延伸，进入到混凝土的内部再水化结晶与混凝土成为一个整体，它与混凝土的膨胀系数是一致的，不易产生裂缝，即便产生新的裂缝，又可通过水化作用再结晶进行自我修复，提高抗渗能力。防水、防渗起到保护并增强混凝土的强度、密实度及耐久性，延长混凝土的寿命，因此，防水作用是长久的。

3.2 物理力学性能

见表 1。

物理力学性能　　　　　　　表 1

序号	试 验 项 目		性能指标	
			I	II
1	安定性		合格	
2	凝结时间	初凝时间（min）≥	20	
		终凝时间（h）≤	24	

序号	试 验 项 目		性能指标	
			I	II
3	抗折强度（MPa）≥	7d	2.80	
		28d	3.50	
4	抗压强度（MPa）≥	7d	12.0	
		28d	18.0	
5	湿基面粘结强度（MPa）≥		1.0	
6	抗渗压力（28d）（MPa）≥		0.8	1.2
7	第二次抗渗压力（56d）（MPa）≥		0.6	0.8
8	渗透压力比（28d）（%）≥		200	300

3.3 防水设计方案

3.3.1 地下室侧墙做法
具体做法见图 1。

3.3.2 地下室底板做法
具体做法见图 2。

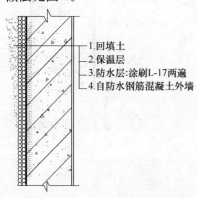

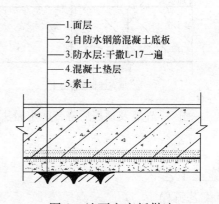

图 1 地下室侧墙做法   图 2 地下室底板做法

3.3.3 地下室顶板做法
具体做法见图 3。

3.3.4 底板后浇带接缝处理
浇筑混凝土前，先浇料浆，浇筑后在底板背水面涂刷 L-17 料浆两遍，宽度为 300mm，厚度不小于 1.0mm。具体做法见图 4。

3.3.5 外墙及顶板后浇带防水做法
在后浇带里涂刷两遍，浇筑完混凝土后，在外墙及顶板的迎水面和背水面涂刷两遍，其宽度超出后浇带两侧各 300mm。具体做法见图 5。

3.3.6 施工缝防水做法
在浇筑前应清理干净，浇筑前先浇料浆，浇筑后沿施工缝两侧进行涂刷，宽度超出施工缝两侧各 300mm。具体做法见图 6。

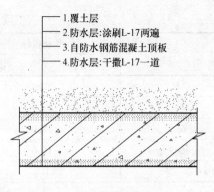

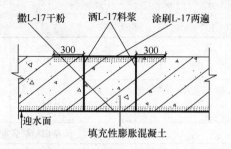

图3 地下室顶板做法　　　　　图4 底板后浇带接缝处理

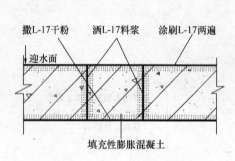

图5 外墙及顶板后浇带防水做法

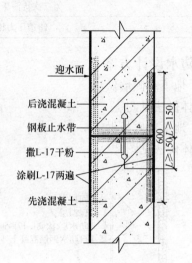

图6 施工缝防水做法

3.4 施工工艺

3.4.1 工艺流程

浇筑垫层混凝土→放线、钢筋绑扎→干撒防水材料→浇筑底板混凝土→外墙钢筋绑扎、支模→干撒水平施工缝防水材料→浇筑外墙混凝土→顶板支模、钢筋绑扎→干撒施工缝防水材料→浇筑顶板混凝土→外墙混凝土基面处理→基面润湿→外墙涂刷防水材料两遍→养护→验收。

3.4.2 施工要点

3.4.2.1 底板防水施工以干撒为主,材料用量为 $1.5kg/m^2$;立面或较大斜面需要涂刷两遍,材料用量合计为 $1.5kg/m^2$。干撒前,应确定干撒部位的准确面积,保证材料用量。先布料、后干撒,应请监理到现场核实材料用量、检查撒料均匀性,并进行书面签证。

3.4.2.2 底板后浇带防水施工前应将浇混凝土接槎凿毛并清理干净、后浇带底面垃圾清理干净;后浇带浇筑时,应将后浇带底面积水清除、有降水的继续降水;后浇带两侧涂刷防水材料、底板干撒,用量不少于 $2.0kg/m^2$,且材料干撒要求相对均匀;浇筑混凝土振捣密实;后浇带浇筑后,应及时进行材料涂刷,涂刷分两遍完成,并保证每遍用量不少于

$1.0kg/m^2$。

3.4.2.3 外墙防水施工以涂刷为主，第一遍涂刷材料用量为 $0.8kg/m^2$；第二遍涂刷材料用量为 $0.7kg/m^2$；涂刷前应先割除突出外墙钢筋头，深度不小于20mm，然后用材料砂浆抹平压实，材料砂浆配比—材料：水泥：砂＝1：1：3（重量）；基面润湿应充分，浇水时间不少于1天，每天不少于3遍；材料搅拌必须充分，且严格按水料比＝0.45进行搅拌；第一遍涂刷应十分重视，分二次涂刷完成。第一次涂刷应用力反复超过三遍，以确保料浆与混凝土充分粘结；第二次涂刷反复二遍，确保料浆厚度。依据现场情况，涂层要进行及时养护，涂层3天内需要养护，应使用雾状水；3天后不能回填土的，应连续养护7天，每天不应少于一遍。

3.4.2.4 施工缝二次浇筑时，应及时进行材料干撒，并保证材料用量不少于 $2.0kg/m^2$，且材料干撒要求相对均匀；施工缝涂刷前，必须将施工缝下方的混凝土流浆凿除干净，松散的混凝土凿除后用砂浆抹平压实，材料砂浆配比—材料：水泥：砂＝1：1：3（重量）。

3.4.2.5 顶板防水施工采用涂刷施工，分两遍涂刷，用量不少于 $1.5kg/m^2$；涂刷顺序先上后下、先立面后平面；涂刷前基面混凝土流浆凿除干净，基面尘土清洗干净，并用明水浸泡超过12小时；每遍涂刷前，严禁基面积水；依据现场情况，涂层要进行及时养护，涂层3天内养护必须使用雾状水，且禁止明水浸泡；3天后不能回填土的，每3天应养护一遍。

4 地下防水工程应用实例

4.1 中国特色经济之窗二期地下防水工程

该工程位于北京城东常营地区，项目南临朝阳北路，北临五里桥一街，东西两侧分别是草房东路与草房西路，本项目分一、二号地。一号地地下室防水面积 $94526.70m^2$，顶板防水面积 $72200.50m^2$。地基基础采用钢筋混凝土梁板式筏形基础，车库采用现浇钢筋混凝土梁板结构，地下一屋地下水位5.7m。地下室填埋深度为9.4m；本项目于2009年7月10日开工，2010年6月25日完工，并通过甲方、监理共同验收合格。二号地地下室防水面积 $73050.53m^2$，立墙防水面积 $32685.37m^2$。顶板防水面积 $51327.45m^2$，地基基础采用现浇钢筋混凝土柱下筏板及局部梁板式筏形基础，车库采用现浇钢筋混凝土板柱结构及局部框架结构，地下车库二层局部有夹层，层高地下二层3.6m地下一层3.9m，地下水位6.3m，地下室填埋深度11.5m，本项目2010年8月25日开工，2011年10月25日完工并通过验收。

本工程最大特点是地下室为通体车库，施工面积大，主楼与车库之间靠沉降后浇带来解决主楼与车库之间的沉降不均，车库间设置多条后浇带，在方案论证过程中许多人提出反对意见，其主要意见是针对施工面积大，混凝土在施工中的温度裂缝和后期混凝土徐变发生开裂问题，经过多方面专家认真研究，并对采用水泥基渗透结晶型防水材料施工的可行性进行分析最后采用此方案进行施工。在施工过程中，有关防水专家多次来地工现场考察，防水效果比较理想，业主对此非常满意，二号地项目仍然采用了一号地的施工方案进行施工。

4.2　国贸三期工程

国贸三期工程位于北京东三环与建国门外大街立交桥的西北角。工程总建筑面积54万 m^2，主塔楼建筑高度为330m，为北京第一高楼，地上层数为74层，地下4室。工程主塔楼主体结构为筒中筒结构，即外部的型钢混凝土框架与内部的型钢混凝土支撑核心筒体的组合。地下结构工程防水等级为一级。该工程地下室防水设计为底板和外墙侧壁采用水泥基渗透结晶型防水涂层和钠基膨润土防水毯，地下顶板一次结构上采用水泥基渗透结晶型涂层和双层3mm厚SBS改性沥青防水卷材。该工程由中建一局承建，开工日期2005年6月16日，竣工日期为2008年8月16日。经过几年的跟踪观察，防水效果良好。

4.3　呼伦贝尔市中心城区公共租赁住房（老年公寓）

该工程位于呼伦贝尔市海拉尔区贝尔大街南侧，总建筑面积110566m^2，地下室为钢筋混凝土梁板基础，框架剪立墙结构。地下防水施工面积43000m^2，地下一层防水设计采用水泥基渗透结晶型防水材料施工。该工程于2011年4月27日开工建设，现主体工程已经完工，地下防水施工已完工。

该工程地处我国高寒地区，地下水位高，施工时降水作业就用了一个半月，才降到设计垫层标高，局部电梯坑、集水坑施工时处于水位线以下，施工时为了不影响土建施工，采用局部降水即在集水坑、电梯进内再设置一个积水坑，用潜水泵降水达到施工条件，在浇筑底板混凝土时，始终保持降水，干撒水泥基渗透结晶防水材料与浇筑混凝土同时进行，待底板混凝土强度上来有一定抗渗性后停止降水，封密降水口。在底板后浇带施工时同样采用局部降水的方法进行防水施工。在结构施工完成后通过甲方、监理验收无渗漏现象发生，现已回填土。此方法施工解决了用防水卷材施工的难题，取得了很好的防水效果，得到了甲方、监理方、总包方的一致好评。

4.4　某地下室渗漏治理工程

工程位于北京市长安街延长线主干道的南侧，总建筑面积94448m^2。其中地上19层，地下5层。该地下室设计的防水等级为一级，填埋深度29m。地下的水文地质状况为：层间潜水位为-16.5m$\sim$18.1m，承压水位-21.8m$\sim$23.3m。该工程的地下室为全现浇钢筋混凝土筏板基础，结构形式为框架—剪力墙结构。由于在外墙迎水面铺SBS改性沥青防水卷材防水层发生渗漏，致使整个防水体系破坏。在混凝土刚性防水体外墙上的施工缝、对拉螺栓孔、收缩裂缝等部位出现严重渗水现象，使该地下室无法交付使用，急需治理。

经现场施工人员与防水专家实地考察，根据工程与实际情况采用在背水面注浆堵漏与全面涂刷水泥基渗透结晶型防水涂料相结合的技术措施，完成治理后，经过两年多的使用考核，未发现渗漏现象，满足使用功能要求，达到了治理渗漏的预期效果。

5　结语

通过上述几个典型工程实例的施工总结，水泥基渗透结晶型防水材料应用于地下防水工程有以下优势：与混凝土有良好的结合匹配，加强混凝土本体的防水功能，具有长久性；有高效的渗透性和长期潜在的有效性，在水的作用下可以对 0.4mm 以下的裂缝实现自愈合；涂层与混凝土粘结度高，防水层与基层之间不存在窜水问题，迎水面与背水面都可以进行防水施工；施工简便，异形部位易于处理；与刚性防水混凝土同步施工，各个环节可得到控制。

综上所述，该防水材料应用于地下防水工程，与刚性防水混凝土具有良好的互补性、适应性；经过多年的实际工程应用，总结了大量的施工经验和完整质量控制体系，用于地下室防水工程具有良好的发展趋势。

高分子益胶泥的工程防水应用

陈虬生　陈晓倩　魏华林

（华鸿（福建）建筑科技有限公司，福建，365500）

摘　要：本文主要论述水泥基聚合物改性复合材料（益胶泥）微观结构，以及用于建筑不同部位防水和建筑物墙、地面饰面砖、饰面石板材防水粘结的施工和工程实例。

关键词：高分子益胶泥　界面层　防水层　迎水面防水　背水面防水

The Application of Polymer Plaster in Construction Water-proofing

Chen Qiusheng　Chen Xiaoqian　Wei Hualin

（Huahong (Fujian) Construction Technology Co., Ltd., Fujian, 365500）

Abstract：This paper deals with the microstructure of the cement-based polymer modified composites (polymer plaster), and the corresponding water-proofing and binding technique that is applied to various parts of all kinds of buildings, such as the outer surfaces of buildings, floor ceramic tiles and stone tiles. Application cases of the technique are also given.

Key Words：modified properties, Interface layer, Waterproof layer, Positive side waterproofing, Dorsal surface of the water waterproof

1　前言

　　高分子益胶泥属水泥基聚合物复合材料，具有抗渗力强、粘结强度高、耐水性能好、耐热、耐冻融、耐老化，是近年来国内外建筑界普遍使用的一种高性能、多功能、无毒、无味的新型环保建筑防水、粘结材料。益胶泥可在干燥或潮湿的基面上作业，应用于地下室、卫生间、游泳池、贮水池、外墙、屋面等建筑工程部位的防水、抗渗；也可用于外墙外保温系统的粘结和抗裂防渗。作为防水层使用时，涂层薄、用量省、施工的可操作性好。用于有防水要求的饰面砖工程时按双面涂层法操作，粘贴过程即可同时完成防水作业，即"防水粘贴一道成活"，可不用另作防水层。

　　高分子益胶泥用作粘结剂施工时，一般饰面砖不用浸泡，可干作业粘贴瓷砖、大理石

[作者简介] 陈虬生，现任中国建筑学会防水专业委员会委员；中国散协干混砂浆专业委员会专家组专家。电话：0598-5823567，邮箱：fjhuahong@163.com

等饰面材料。使用厚度薄、用量省，大理石可不用埋桩、扎丝，直接进行粘贴。可使用薄形石材减少了用材厚度，因此减少了能耗又减轻了建筑物的荷载；并且较好地解决了饰面砖、饰面板材使用水泥作粘结剂容易空鼓、起壳、脱落、易泛碱等现象，治理了建筑外墙的通病。

建设部在推广应用"10项新技术"第8项中将其作为背水面防水材料推广，具体做法可按 DB35/516—2003 标准。

2　改性机理

普通水泥砂浆是非均质、多相无机脆性材料，集料之间的结构结合力低，水泥在硬化过程中内部会产生许多毛细管，随着硬化过程的完成，水分消失，水泥固结体内就生成了许多空腔（图1）。固结体内抗拉强度低，管壁厚薄不一，易形成应力集中现象和产生微裂纹，在外力作用下结构容易遭到破坏。以常规的 P.O32.5 水泥、灰砂比为 1：3 的水泥砂浆为例，其粘结强度一般约为 $0.3\sim0.4\mathrm{MPa}$，抗渗强度约为 $0.2\sim0.3\mathrm{MPa}$，这些性能远不能满足砂浆作为粘结剂或是防水剂时的技术要求，要满足砂浆作为粘结剂或是防水剂的使用要求则应对水泥砂浆进行改性，如往水泥砂浆中添加外加剂或是聚合物等。我们用聚合物对水泥砂浆进行改性取得了较好的效果。聚合物改性砂浆（PMM）是指在水泥砂浆中掺入一定量的聚合物来对砂浆进行改性，以期获得比普通水泥砂浆提高性能的新型砂浆。聚合物因其分子链段运动的不同而呈现出不同的弹性和柔性。弹性体一般具有线性结构，分子间交链度较低，分子内旋自由，因而表现出良好的柔性；热固性聚合物分子间交链度高，可形成体型网状结构，分子内旋受阻，因而表现出刚性很强、耐热性好、脆性大的特点；热塑性聚合物分子交链度居中，其性能也处于二者之间。温度升高，分子热运动能量增大，分子的内旋及构象变化更容易，分子链就变得柔和，表现出弹性增加；反之，温度降低柔性聚合物也会变成刚性。一般不定形聚合物随温度变化呈现出三种力学状态即：玻璃态、高弹态和粘流态。通过对聚合物在水泥水化过程、水化产物中的影响，以及从界面结构、孔结构、互穿网络结构的形成等诸多方面研究聚合物与水泥的相互作用中，我们可以得出聚合物与水泥的相互作用以两种方式存在：①聚合物在水泥水化过程中聚合成膜，同时聚合物颗粒对水泥浆体孔隙具有填充作用的；②某些聚合物的活性基团如—OH、—C—OH、—C—OR 等能与水泥水化产物发生化学键合作用，改变了水泥材料以硅氧键为主的键型，添加了有机碳氢键的键型，使结构得到明显增强，形成叠叠交错的双套互穿网络结构，改善了界面间的结合，提高了抗渗性和韧性。因此，利用聚合物对水泥砂浆进行改性，可保持水泥原有的无机材料抗压、抗折强度大、耐穿刺、耐老化等优点；同时，增加了有机材料粘结力大、微变形性好、封闭性强的网络结构特点，从而使水泥砂浆的粘结力和抗渗力都有了较好的改善。主要表现在砂浆固结体的内部孔隙由管状结构成转变为球状或近似球状的闭合孔洞结构（见图2），使砂浆界面处的粘结力增强，砂浆自身抗拉强度增大以及砂浆抗渗性得到改善等；这正是水泥基聚合物复合材料的一个重要特征，而且这些改变随着用来对水泥进行改性的聚合物种类的不同，随着聚合条件，聚合形式的不同而产生着不同的变化。

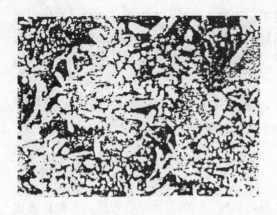 

图1　　　　　　　　　　　　　　　　图2

3　防水工程施工

3.1　地下室工程防水

地下室工程防水可分为迎水面防水及背水面防水，除个别节点外其高分子益胶泥防水层的施工方法基本上是一样的。

3.1.1　工艺流程

地下室工程防水施工工艺：基层找平、清洁→基面刮涂界面层（Ⅰ型厚 1mm）→基面刮涂防水层（Ⅱ型厚 2～3mm）→养护。

3.1.2　基层处理

3.1.2.1　基层应牢固、平整，2m 长度内平整度误差不得超过 3mm，无空鼓、起壳，无裂缝。

3.1.2.2　基层必须清洁，如有浮灰、污垢、油渍等应清洗干净。

3.1.3　界面层：在清理好的基面上用Ⅰ型高分子益胶泥稀浆稍用劲刮涂一道界面层，刮涂时应满铺、密实，涂层厚度约 1mm，刮涂时基面应保持湿润但不得有明水。

3.1.4　防水层：界面层初凝前，即可在其面上刮涂Ⅱ型高分子益胶泥稠浆作为防水层，刮涂时应铺满、密实、均匀，涂层厚度约 2～3mm。

3.1.5　养护：防水层终凝后颜色变白时，应及时用花洒或洒水喷雾器均匀的洒水养护，每日数次；不得用水龙头冲洒，以免损坏防水层。防水层施工完毕养护 72h 后，若后续工序无及时展开，防水层裸露在外，则应对防水层继续进行养护至 14d 龄期。

3.1.6　增强层：节点部位需做增强的，应根据设计和结构要求另做增强层。

3.2　蓄水池工程防水

蓄水池是一种贮水设施，这里指的主要是暴露于屋面及地面上的外露式蓄水池，如屋顶水池、砌筑的泳池等，以及隐蔽于地下的埋置式水池和游泳池等。外露式通常只在迎水面设防，而埋置式则应考虑池内、外双面设防处理。

3.2.1　工艺流程

蓄水池、游泳池工程防水施工工艺：基层找平、清洁（墙、地面）→进水口、排水口防水节点（Ⅱ型）→基面刮涂界面层（Ⅰ型厚1mm）→基面刮涂防水层（Ⅱ型厚2～3mm）→饰面砖背面刮涂粘结层（Ⅰ型厚2～3mm）→饰面砖→填缝→养护。

3.2.2 外露式

3.2.2.1 基层处理：同3.1.2。

3.2.2.2 进、排水口防水节点：进水管、排水管管根与基层间空隙应用Ⅱ型高分子益胶泥填充密实，其端面应视设计要求与基层面或饰面砖砖面平齐。

3.2.2.3 界面层：同3.1.3。

3.2.2.4 防水层：同3.1.4。

3.2.2.5 养护：同3.1.5（若同时采用双面涂层法粘贴饰面砖则无须对防水层进行养护）。

3.2.2.6 饰面砖粘结：在基面稍用力刮涂一道Ⅰ型高分子益胶泥（厚2～3mm）稠浆，铺贴的饰面砖应均匀满粘益胶泥；砖面和砖缝采用水平尺和托尺校正。

3.2.2.7 嵌缝：饰面砖施工完毕24h后方可用高分子益胶泥或其他填缝剂嵌缝。

3.2.2.8 养护：饰面砖上的落灰应在终凝前用湿布擦净，以免硬化后清洗不干净，有损饰面美观；填缝处的高分子益胶泥终凝后应用花洒或背负式喷雾器洒水进行养护，养护期不少于72h。

3.2.3 埋置式

若属地下埋置式水池则应考虑池内、外双向设防防水；防水层具体作法可参照外露式作法。

3.3 厕浴间、室内工程防水

3.3.1 工艺流程

厕浴间室内工程防水施工工艺：基层找平、清洁（墙、地面）→管根、地漏边做防水节点（Ⅱ型）→基面刮涂界面层（Ⅰ型厚1mm）→饰面砖背面刮涂防水粘结层（Ⅰ型厚3～5mm）→粘贴饰面砖→填缝→养护。

3.3.2 墙、地面

3.3.2.1 基层处理：同3.1.2。

3.3.2.2 地漏、管根套管防水节点：地漏边、坐便器根部以及管根套管与基层间的空隙应用Ⅱ型高分子益胶泥填充密实，并用高分子益胶泥沿套管根部向上翻起10～20mm，套管与管道间应用柔性密封材料填充密实。

穿墙管根防水节点：穿墙管根与基层间空隙应用Ⅱ型高分子益胶泥填充密实，其端面应视设计要求与基层面或饰面砖砖面平齐。

3.3.2.3 界面层：在清理好的基面上用Ⅰ型高分子益胶泥稀浆刮涂一道界面层（厚约1mm），刮涂时应满铺、密实。刮涂时基面应保持湿润但不得有明水。

3.3.2.4 饰面砖粘结：同3.2.2.6。

3.3.2.5 填缝：同3.2.2.7。

3.3.2.6 养护：同3.2.2.8。

3.4 外墙工程防水

外墙饰面有许多形式，防水要求也不尽相同，这里所指的是外墙饰面为涂料时防水层的设防与施工；以及外墙饰面为饰面砖时防水层的设防与施工。

3.4.1 工艺流程

外墙工程防水施工工艺：

饰面砖饰面→基层找平、清洁→基面刮涂界面层（Ⅰ型厚 1mm）→砖背面刮涂防水粘结层（Ⅰ型厚 3～5mm）→粘贴饰面砖→填缝→养护。

涂料饰面→基层找平、清洁→基面刮涂界面层（Ⅰ型厚 1mm）→基面刮涂防水层（Ⅰ型厚 2～3mm）→养护（72h）→批刮腻子→涂装饰面涂料。

3.4.2 涂料饰面外墙防水

3.4.2.1 基层处理：同 3.1.2。

3.4.2.2 界面层：同 3.1.3。

3.4.2.3 防水层：界面层初凝前，即可在其面上刮涂Ⅰ型高分子益胶泥稠浆作为防水层，刮涂时应满铺、密实、均匀，涂层厚度约 2～3mm。

3.4.2.4 养护：防水层施工完毕终凝后应用花洒或背负式喷雾器洒水养护，养护 72h 后方可进行批刮腻子、涂装饰面等后续工序的施工。

3.4.3 饰面砖饰面外墙防水

3.4.3.1 基层处理：同 3.1.2。

3.4.3.2 界面层：同 3.1.3。

3.4.3.3 养护：同 3.2.2.5。

3.4.3.4 饰面砖粘结：同 3.2.2.6。

3.4.3.5 填缝：同 3.2.2.7。

3.4.3.6 养护：同 3.2.2.8。

3.5 屋面工程防水

建筑屋面有各种构造形式，差异较大，屋面工程防水应按照屋面构造形式设置防水层，防水层具体作法可参照地下室工程防水。

4 施工注意事项

（1）施工面积较大时，应设置分格缝，分格缝应贯通防水层及找平层，缝宽应大于 10mm，缝内用柔性密封材料嵌实。

（2）先做界面层，随即做防水层；界面层应在初凝前做上面的防水层。

（3）防水层终凝后颜色泛白时，应及时用花洒或背负式喷雾器均匀洒水进行养护，每日数次；不得用水龙头冲洒，以免损坏防水层。

（4）防水层施工完毕养护 72h 后，若后续工序未及时展开，防水层裸露在外，则应对防水层继续进行养护到 14d 龄期。

（5）粘贴饰面砖时，饰面砖可不必浸泡，只需将饰面砖粘结面冲洗干净，晾干即可进行粘结。

（6）粘贴饰面砖，可在防水层终凝后进行，也可在刮涂防水层时采用双面涂层操作法同时进行。

（7）界面层、防水层的基层可潮湿施工，但不得有明水。

（8）管根、地漏边应用柔性密封材料进行密封。当用高分子益胶泥做管根、地漏边的密封时，有管的地方应沿管根翻起 10～20mm。

（9）防水层施工完毕后若要试水，则应在高分子益胶泥终凝 72h 后，水深 20mm，试水 24h 不得有渗漏现象。

（10）用高分子益胶泥粘贴饰面砖，应在粘结层终凝 72h 后方可上人或投入使用。

（11）若用高分子益胶泥粘贴花岗岩、石板材做外墙防水饰面时，宜选用薄形材，石板材的厚度应≤20mm，且板材面积应≤0.6m²/片。

（12）石板材的粘贴厚度不宜＞12mm，超过时则应做桩脚加固处理。施工时应自下而上进行粘结；若下层板材粘结层尚未终凝，而又须沿垂直方向继续向上粘贴时，则应对下层板材作承托支撑处理，应待粘结层终凝后方可拆掉支撑。

（13）粘结石板材时，板材背面应采用角向打磨机沿对角线方向打毛，打毛面积应大于板材面积的 60%。粘结时板材粘结面应用Ⅱ型高分子益胶泥做界面层，界面层厚度为 1～2mm；粘结时板材粘结面应清洁、干燥。

（14）当基面为混凝土或水泥砂浆时，界面层采用稀浆；当基面为旧饰面砖面时界面层采用稠浆。

5 工程实例

5.1 福建省建筑设计研究院住宅楼

福建省建筑设计研究院高层职工住宅大楼卫生间 170 余套，使用华鸿高分子益胶泥采用"防水、粘贴"一道成活工艺进行装修，要求无渗漏、无空鼓、无泛碱现象。该工程由福建省建筑设计院装修工程部负责施工，于 1997 年 6 月竣工，满足设计要求。具体做法见图 5。

5.2 福建省游泳跳水馆

福建省游泳跳水馆系省"九五"期间重点建筑项目，总建筑面积为 15000m²，由一个标准游泳池、一个标准跳水池及相关辅助体育设施组成。由于池中水压较大，所以对建筑防水材料提出了相关的要求：在建筑外墙粘贴面砖过程中要求避免瓷砖空鼓、脱落、泛碱问题。该工程由福建省第六建筑工程公司负责施工。该工程于 2000 年初竣工，至今使用良好。具体做法见图 3、图 4。

5.3 厦门 SM 商业广场

厦门 SM 商业广场是由菲律宾华侨投资的大型超市商场，外墙为全封闭，面积 20000m²，外墙饰面设计粘贴 24.5×5 釉面饰面砖。粘贴面积大，对粘贴粘牢度、平整度要求高，还要求外墙面具有防水功能

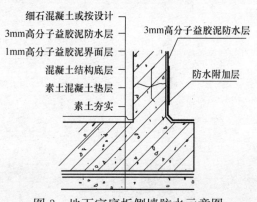

图 3　地下室底板侧墙防水示意图

及不得产生泛碱现象。该工程由福建省第五建筑工程公司厦门工程指挥部负责施工。该工程于 2001 年 1 月竣工，使用效果良好。具体做法见图 4。

5.4 中国水产科学院黄海水产研究所

中国水产科学院黄海水产研究所国家级重点实验室及配套工程科技大厦，专家公寓；其中，地下车库上部楼层高 14 层，地下室深 7m；总建筑面积 4.2 万 m^2，其中，防水面积 1 万多 m^2；要求不渗漏、耐高温、耐冻融、耐老化。该工程由山东红建建安集团公司负责施工，于 2005 年竣工，用户反映良好。具体做法见图 3。

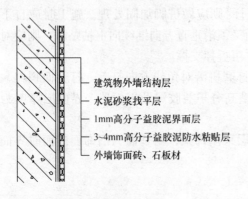

图 4　外墙防水粘结饰面砖，石材示意图

图 5　厨卫间墙地面防水示意图

气泡混合轻质土的特性及其在某隧道病害整治工程中的应用

乔国华

（广东省煤炭建设（集团）公司）

摘　要：在充分研究气泡混合轻质土的特性的基础上，将其率先应用于高速公路隧道空洞病害的整治工程中，取得了良好的效果。在施工过程中，研发了一套高效、适应性强、施工效果好的气泡混合轻质土灌注设备，并掌握了一套先进的气泡混合轻质土仰灌施工工艺，取得了良好的经济和社会效益。

关键词：高速公路隧道病害整治　气泡混合轻质土　灌注设备

The characteristics and application of light-weight mixed soil with air-bubble to treat tunnel disease

Qiao Guohua

（Guangdong province coal construction group company）

Abstract：The application of light-weight mixed soil with air-bubble to treat cavity disease of expressway tunnels has achieved good effect based on the study of characteristics. During the process of construction，a set of filling equipment of light-weight mixed soil with air-bubble is developed，which acheives the high efficiency，strong adaptability and good construction effect.

Key Words：treat cavity disease of expressway tunnels，light-weight mixed soil with air-bubble，filling equipment

　　气泡混合轻质土是土建工程领域内近年来开发的一种新型轻质填充材料，它是在原料土（砂、黏土、工程废弃土）中按照一定比例添加固化剂、水和气泡经充分混合搅拌后所形成。其主要特点是密度比一般土体小，强度和密度可以调整，气泡的体积含有率大，导热系数小，抗震、隔热、隔声及抗冻融性能好等。而且其具有施工简单、固化后可直立等优点。由于具备这些特点，气泡混合轻质土在软基处理、道路加宽、桥台台背（涵洞背）填土、滑坡地段填土、挡土墙的填土、陡峭地段的垂直填土以及解决道路冻胀翻浆等方面

[作者简介] 乔国华，高级工程师，广东省煤炭建设（集团）有限公司副总工程师，主要从事建筑防水补强、桥隧和岩土工程病害处治等工作，联系地址：广州市越秀区东湖西路 51 号地下 B 座 510100，邮箱：joez@163.com

得到了广泛的应用。

然而，其在国内的隧道病害整治方面的应用却很少，原因主要是隧道围岩和衬砌空洞仰灌填筑的施工工艺较复杂，一般难以保证气泡混合轻质土的填筑效果。

广东某高速公路隧道病害整治工程在国内率先把气泡混合轻质土应用于隧道衬砌空洞填充领域，通过在施工中采用试验手段等，突破了技术上的困难，成功地将气泡混合轻质土的填充技术应用到隧道空洞填充中，取得了良好的经济和社会效益，为同类加固工程提供了宝贵的经验。

1 隧道概况

深汕高速公路西段是连接珠江三角和粤东地区的一条交通大动脉，通车已 10 余年，经过海丰县的某隧道是一个双向分离式隧道，左线隧道建于 1991 年，1993 年通车，进口里程：K117+186，出口里程：K118+406，隧道长 1220m。右线隧道建于 1994 年，1996 年通车，进口里程 K117+204，出口里程：K118+435，隧道长 1231m，隧道路面宽约 9m。

隧道穿过的地层主要为第四系全新统海积层、第四系残、坡积层及侏罗系上绞组，隧道围岩除进出口为Ⅱ、Ⅲ类围岩外，其余均为Ⅳ、Ⅴ类围岩；左线隧道及右线隧道进出口均为明洞衬砌，衬砌厚度为 90cm，其余地段均采用复合式衬砌，复合式衬砌二衬最小设计厚度为 30cm、35cm、40cm。

2 病害情况

根据检测报告可知，隧道存在的病害主要为：

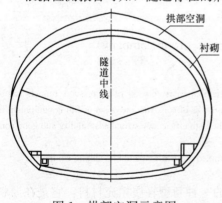

图 1 拱部空洞示意图

（1）隧道局部拱部二次衬砌背后存在空洞或回填不密实，而且有的地段空洞规模较大，空洞高度最高处超过 1m 并且相互连通，形成"水窖"，拱部空洞示意如图 1 所示；

（2）隧道局部二次衬砌厚度小于设计厚度；

（3）隧道局部二次衬砌存在裂缝，使得隧道在拱部和侧墙的裂缝和施工缝处存在严重的渗漏水问题。

3 气泡混合轻质土的特性

气泡混合轻质土有许多的特性和优点，这也正是气泡混合轻质土在该隧道病害整治工程中取得良好效果的原因。

3.1 气泡混合轻质土的基本性能

（1）密度

气泡混合轻质土内均匀分布着大量独立闭合的气泡，从而使材料的密度比常规土工材料小得多，根据需要调整产品中的气泡、固化剂及砂土的比率，气泡混合轻质土的密度可在 0.5～1.5t/m 的范围内自由调整。

气泡混合轻质土固化前材料中气泡随着一次浇筑厚度的增加而有所压缩，从而引起密度的变化，试验结果表明一次浇筑厚度越厚下部密度的增加越大。因此应控制每层的浇筑厚度。

（2）强度

和密度的可调节一样，通过适当调整气泡、固化剂及土的比率，气泡混合轻质土强度可在 0.3～13MPa 的范围内自由调整。随着气泡含有率的增加（密度的减小），气泡混合轻质土的强度会逐渐降低。

（3）透水性

气泡混合轻质土的透水性能试验结果表明：无论是非饱和状态还是饱和状态，透水系数均小于 10^{-5} cm/s 量级。该高速公路隧道渗漏水整治与空洞填充是相结合的，因而，气泡混合轻质土透水性小的性质还在解决渗漏水问题上具有很好的效果。

（4）耐久性

由于该高速公路隧道气泡混合轻质土灌注还要起到堵水的目的，因而对气泡混合轻质土在抗冻融、干湿循环、徐变等方面的耐久性质是有一定要求的。而气泡混合轻质土属于水泥类材料，其具有很好的耐久性质。有关学者的研究也表明气泡混合轻质土的抗冻融性能比不含气泡的水泥加固土好得多，而且有试验表明，当压缩荷载在 0.5 倍的屈服荷载以下时，最终压缩应变不超过 5％，徐变系数也较小[4]；在干湿循环作用下，气泡混合轻质土的稳定性与其他材料相比是很有优势的[5]。

3.2　气泡混合轻质土的施工性

（1）气泡混合轻质土的施工特点

①具有良好的施工性能。可通过管道泵送，最大输送距离可达 1500m，最大泵送高度可达 30m。

②施工时不需要机械振捣和碾压作业，施工后也不需要养生。

③施工工期短，对于隧道病害整治不需要全封闭交通。

④气泡混合轻质土中气泡体积含有率大，成品的体积可达原材料体积的 3 倍以上，提高了施工材料的运送率和具有良好的经济效益。

因此，气泡混合轻质土特别适合在机械设备、人员不方便进入的狭小的空间内、远距离及施工工期短等情况下的施工。

（2）影响气泡混合轻质土施工质量的特性及因素

在考察其施工性时，需要对施工时气泡混合轻质土工材料的流动性、分离性及压送性等性能进行评价。只有在满足流动性的要求后，才能保证在压送过程中不出现滞留堵塞现象，在控制流动性的同时，还需要将浇筑后出现的材料分离控制在要求的范围以内，否则将对强度发挥、材料的均质性、单位体积质量等产生较大的影响。在施工时选用的压送设备的压力大小、压送配管布置等同样影响气泡混合轻质土工材料的施工性。当流动指标较大，呈较好的流动性时，往往会出现比较明显的分离现象，反之，控制材料的分离指标处于较低水平，但往往影响其流动性。因此，要取得较好施工性，必须要分析各指标之间的相互关系，调整并使气泡混合轻质土工材料处于较好的施工性状。

①气泡混合轻质土的流动性和分离性及其影响因素

影响气泡混合轻质土工材料流动性和分析性的主要因素为水灰比。随着水灰质量比的增加，流动指标值也随之增大（见图2），分离率也将随之增大（见图3）。根据日本的有关研究表明，一般将施工时的气泡混合轻质土工材料流动指标值控制在（180±20）mm的程度为宜。

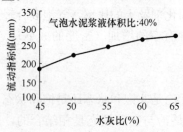

图2　气泡混合浆液的水灰质量
比与流动指标值

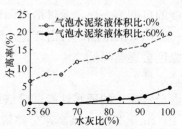

图3　分离率与水灰
质量比示意图

另一个影响气泡混合轻质土工材料流动性和分离率的重要因素为掺入气泡体积的大小。随着掺入气泡体积量的增加，流动指标值将趋于减小如图4所示，因为气泡在浆液材料中起着增加黏滞性的作用。但随着气泡水泥浆液体积比的增加，分离率迅速降低（见图5）。

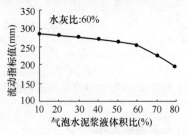

图4　气泡混合浆液的气泡
水泥浆液体积比与流动指标值

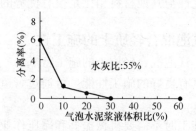

图5　分离率与气泡水泥
浆液体积比

根据实际施工经验，为了保持良好的施工性及品质，气泡混合浆液的分离率应控制在1‰～2‰以下的范围。在气泡混合轻质土工材料的配合设计中，要求同时满足施工时的流动性及分离性条件。如图4中所示，当设计气泡水泥浆液体积比为60％，则满足分离率在1％以下条件的水灰质量比应控制在80％以下，同时要满足流动指标值在（180±20）mm范围内的条件时，则水灰质量比应在42～52范围内进行选择。

②气泡混合轻质土的压送性

气泡混合轻质土的压送性主要是指气泡混合轻质土经灌注设备泵送后气泡混合轻质土密度的变化情况。一般可以通过考察其压送前后密度的变化情况来表达。为保持良好的压送性，应合理选择灌注设备和压送管的内径、灌注压力等参数，使管内流速能够保持在一定水平以上。

348

4 病害整治方案的选定

该高速公路隧道病害整治包括以下三个方面的内容：一是拱部衬砌背后空洞的填充；二是隧道二衬的结构补强；三是隧道渗漏水的整治。

对于衬砌背后空洞的填充，传统的方法是在空洞内灌注水泥砂浆，填充整个空洞。然而该方案却存在以下的缺点：

一是该隧道空洞规模较大（空洞最高达 1.5m），由于水泥砂浆比重较大，因此在凝固形成自稳拱前会对二衬产生较大的压力，不利于拱部的稳定性。施工时为保证拱部的稳定性需增加钢拱架支撑的数量，经济性较差；

二是水泥砂浆流动性大，易离析沉淀，而且水泥砂浆干缩和渗透性大，不易保证渗漏水整治的效果；

三是根据通车需要，该高速公路隧道只能进行半幅封闭半幅通车施工，施工场地狭小，而且仰灌的施工难度较大，加上工期紧张，灌注砂浆不能达到高效、高速、高质量的目的。

通过对经过经济和技术分析对比，以及先期的灌注水泥砂浆和气泡混合轻质土对比实践后，决定对拱部二衬背后的空洞采取灌注气泡混合轻质土的方案。

对于衬砌厚度小于最小设计厚度区段衬砌的结构补强措施则根据空洞规模和二衬的厚度分别采用素喷混凝土、挂网喷射混凝土和锚杆加挂网喷射混凝土的措施。

隧道渗漏水整治采取拱部以堵为主，边墙以排为主，防、堵、排、截相结合的综合整治方案。

根据施工方案，整个病害整治工作的主要施工工序为：准备工作→注浆孔钻孔→制安注浆管→灌注气泡混合轻质土→锚杆钻孔与安装→锚杆注浆→渗漏水整治→挂网→喷射混凝土。

5 气泡混合轻质土灌注试验与施工

5.1 气泡混合轻质土灌注试验

气泡混合轻质土灌注试验的目的有两个，一是在密度和强度满足设计要求的情况下，寻找能使气泡混合轻质土的施工性能最佳又具有良好经济性的气泡混合轻质土的施工配合比。二是通过试验来选择并改进气泡混合轻质土灌注设备，并获得保证气泡混合轻质土仰灌施工条件下良好压送性的各项技术参数。

5.1.1 配合比试验结果

气泡混合轻质土的配合比试验结果如表 1 所示。试验数据反映的气泡混合轻质土的性质与理论是比较相符的。经过对试验数据的分析，在满足气泡混合轻质土密度和强度设计要求：抗压强度≥1.0MPa（28d），密度≤1000kg/m³ 的前提下，最终采用第一组配合比进行配料，此时气泡混合轻质土的浆液流动值最适合仰灌施工，分离率也较小，而且单价较低具有较好经济性。

项　　目	水泥量 (kg/m³)	砂用量 (kg/m³)	水灰比	气泡浆液体积比 (%)	流动值 (mm)	分离率 (%)	密度 (kg/m³)	抗压强度 (MPa)	参考单价 (元/m³)
初试配合比	416	250	0.45	60	200	1	750	1.43	300
第一组	333	200	0.45	70	160	0.5	590	0.86	280
第二组	500	300	0.45	50	250	2	880	1.78	350
第三组	500	0	0.45	80	150	0.2	550	1.07	330

5.1.2 灌注设备试验结果

本次试验灌注设备包括常规的注浆泵、泥浆泵、混凝土喷射机，以及我们自制的MT-FQG型风压灌浆罐。常规设备灌注气泡混合轻质土的试验结果见表2，可以发现这些常规设备的压送性是比较差的，灌注后的气泡混合轻质土性质变化过大，起不到气泡混合轻质土的灌注效果。于是以混凝土喷射机为原理研制了MT-FQG型风压灌浆罐（见图6）。

MT-FQG型灌浆罐设有进浆口、进风口和出浆口、检修口以及压力表，进浆口与搅拌系统连接，出浆口和输浆管连接，风压机与进气管连接提供输送动力。灌注施工时须彻底密封才能进行有效灌注。灌浆罐体积可以根据施工要求与搅拌系统的搅拌能力相配套，常规设计体积为0.6m³。动力系统和喷射混凝土机基本相同，但由于气泡混合轻质土浆液的特殊性，采用的灌浆压力要小，试验表明当灌浆罐压力恒定在0.5MPa时，能使灌浆罐输送管流速较小并稳定，气泡混合轻质土浆液压送后的单位体积质量变化幅度很小，配合适当的管径，具有很高的灌注效率和效果。每套气泡混合轻质土灌注设备还包括两台搅拌机、一台发泡筒（见图7）和一台风压机，一个班组可以灌注气泡混合轻质土达45m³以上，对比水泥砂浆的灌注，其效率有了很大提高。

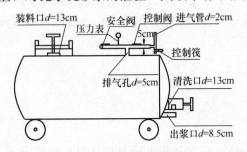

图6　灌浆罐示意图

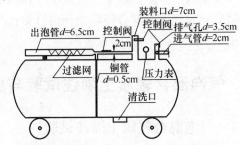

图7　发泡罐示意图

设备名称	优　　点	缺　　点
注浆泵	适宜灌注水泥浆、水泥砂浆，特别是水泥砂浆，流量大，输送能力强	对于轻质土，由于密度小，活塞吸浆能力不好，使不能实现灌浆
泥浆泵	可以进行灌注轻质土	轻质土浆液经过叶轮的强力搅拌，待输送出来后，浆液可能变成了水泥砂浆
喷射混凝土机	可灌注轻质土浆液输送速度比较快	空腔容积太小，不能贮存浆液，施工效率低，且空腔密封性差，浆液流失严重

5.2 气泡混合轻质土的施工工艺

气泡混合轻质土灌注工艺流程主要为：施工准备→钢拱架制安→成孔→灌注气泡混合轻质土→封孔作业。

（1）准备工作

准备工作包括交通维护等安全措施准备和施工场地和材料的准备等。

（2）钢拱架制安

钢拱架作为一种临时支撑措施，主要是考虑到隧道局部衬砌太薄（≤20cm），部分区段空洞注浆量较大，在灌注的气泡混合轻质土未形成良好的自稳拱结构前，会对拱部衬砌稳定性产生不利影响，因而通过钢拱架的临时支撑，保证气泡混合轻质土施工时拱部的稳定性。钢拱架在进场前按设计要求在工厂粗加工好，现场安装和局部修改，同时钢拱架根据施工工艺周转使用。

（3）成孔

钻孔采用风钻钻孔，孔径为45～50mm，钻孔间距为3m，梅花形布置。钻孔后须清孔，然后埋设注浆管。注浆管采用马牙扣形注浆管，直径为ϕ42mm，注浆管的长度根据空洞大小而定。同时拱顶还应设观察孔，观察孔间距为2m。

（4）气泡混合轻质土仰灌施工工艺

依据试验结果，每套气泡混合轻质土的灌注设备包括搅拌机两台、发泡筒、灌浆罐、风压机各一台。风压机作为动力设备，在给灌浆罐提供压力灌注气泡混合轻质土的同时，还与发泡筒相连，把产生的气泡输送到搅拌机与混凝土浆液混合从而产生气泡混合轻质土浆液。气泡混合轻质土固化材料为32.5级普通硅酸盐水泥，原料土为海丰当地产河砂，泡沫剂根据本公司ZL03126980.X专利技术配制，各材料配合比见表1的第一组配合比。

气泡混合轻质土灌注工艺流程如图8所示，首先按照确定的配合比将水泥、砂和水在

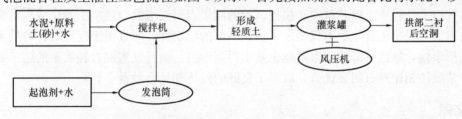

图8 气泡混合轻质土灌注流程示意图

搅拌机中混合搅拌成原浆，同时发泡筒内产生的气泡经风压压送至搅拌机内与原浆混合成气泡混合轻质土浆液。然后将搅拌机内的气泡混合轻质土浆液装入特制的灌浆罐便可进行气泡混合轻质土的灌注。

1）初步灌浆

初步灌浆要求风压机风量不小于1.5m³/min，灌浆压力为0.5MPa。由于气泡混合轻质土的密度会随着一次浇筑厚度的增大而增加的特点，因而需分层灌注气泡混合轻质土。

分层注浆每层浇筑的厚度为30～40cm，其方法如下：当3号注浆孔（图9）

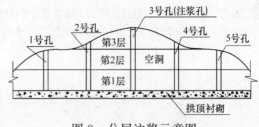

图9 分层注浆示意图

进行注浆，1、5号观察孔观测有浆液冒出时，停止注浆，即达到第一层注浆厚度，待第一层达到设计强度的70%后，再进行第二层注浆工序，发现2、4号的观测孔有浆液冒出时，暂停注浆，待第二层达到设计强度的30%后，再对剩余空隙进行注浆填充。每层厚度基本相等为宜，但第一层厚度不应大于40cm。同时注浆应该按照一定的顺序：沿隧道轴线逐段压注，每段先注拱部最低一排孔，后注拱顶，先两头后中间。

2）二次注浆

由于气泡混合轻质土仰灌施工的复杂性，灌注后的浆液会流淌沉积，加上衬砌背后空洞的不均匀，初步灌注并不能完全灌满空洞，因而为了保证灌注质量和同时强化隧道渗漏水的整治效果，需进行补充灌浆，待气泡混合轻质土达到一定的强度后，在拱顶位置重新钻孔，补充灌注气泡混合轻质土，灌浆压力≥1.0MPa，这也称为气泡混合轻质土的二次灌注。

（5）封孔作业

气泡混合轻质土注浆结束标准为：当注浆压力稳定上升达到设计压力稳定10min，不进浆或进浆量很少时，即可停止注浆，进行封孔作业。具体操作为：停泵后立即封闭空口阀门，拆卸和清洗管路，待浆液凝固后割除外露注浆管，然后用塑胶泥封堵管口。

6　结束语

隧道衬砌及围岩空洞气泡混合轻质土的仰灌是一项复杂而特殊的工作，尤其在国内外没有类似工程实践和缺乏技术指导的条件下，显得更为困难。充分利用气泡混合轻质土的特性，研发出了一套切实可行的气泡混合轻质土灌注设备和仰灌施工工艺。实践也表明，仰灌施工的关键是找到具有良好施工性的设备和掌握合理的材料及设备的各项技术参数。后期的气泡混合轻质土取芯试验和拉拔试验的结果表明气泡混合轻质土灌注效果是非常好的，气泡混合轻质土自稳拱不仅增加了隧道拱部的稳定性，而且由于气泡混合轻质土材料良好的抗渗性，隧道拱部渗漏水问题也基本得到解决。而且气泡混合轻质土的施工效率与水泥砂浆灌注相比具有明显优势，取得了良好的经济和社会效益。

参考文献

［1］ 陈忠平，王树林．气泡混合轻质土及其应用综述[J]．中外公路，2003，23(5)

［2］ 顾欢达，顾熙，申燕等．发泡颗粒气泡混合轻质土材料的基本性质[J]．苏州科技学院学报（工程技术版），2003，16(4)

［3］ 顾欢达，顾熙．影响气泡混合轻质土工材料施工稳定性的因素及其试验研究[J]．岩土工程技术，2003，(1)

［4］ 蔡力，陈忠平等．气泡混合轻质土的主要力学特性及其应用综述[J]．公路交通科技，2005，22(12)

［5］ 中华人民共和国行业标准《公路隧道施工技术规范》JTJ 042-94

哈工程大水下智能机器人试验水池防渗工程

樊细杨　　周志超

（大连细扬防水工程集团有限公司）

摘　要：介绍了哈尔滨工程大学水下智能机器人试验水池防水工程的组成和构造设计，其防水工程施工工艺作了重点阐述。

关键词：水池　防渗　水泥基渗透结晶型防水材料　水泥基渗透结晶弹性防水材料

The Seepage-Proofing Project of the Underwater Intelligent Robot Experimental Pool in Harbin Engineering Technology

Fan Xiyang　Zhou Zhichao

(Dalian Xiyang Waterproofing Eng. Group Co. ltd)

Abstract：The article introduces the composition，the design of the Seapage-Proofing Project of the Underwater Intelligent Robot Experimental Pool in Harbin Engineering Technology，and emphasizes the implementation techniques of the water-proofing projects.

Key Words：pool，seepage-proofing，the CCCW waterproofing materials，the CCCW elastic waterproofing materials

1　工程概况

哈尔滨工程大学水下智能机器人试验水池是国家级的科研试验项目，其功能是进行水下智能机器人的试验，测试各项科研数据，以加强国防科技力量，培养国防高科技人才。项目由哈尔滨工程大学船舶学院投资建设、使用及管理，中船第九设计研究院负责设计，土建工程由黑龙江省二建建筑工程有限责任公司施工，防渗工程由大连细扬防水工程集团有限公司施工。

[作者简介] 樊细杨，汉族，1956 年 2 月出生，湖南省资兴市人，大连细扬防水工程集团董事长，现兼任湖北工业大学教授，中国建材企业管理协会副会长

2 试验水池的防渗

对于试验水池的建设来说，构造规范、选材慎重与精心施工，是防止渗漏的关键，也是保证试验水池建设成功的关键。

2.1 水池结构特点

为确保试验水池防渗的可靠性，在进行防渗施工前，需对水池的构造及基面作一分析。

2.1.1 构造特点

该试验水池为地下结构，净深 11m、宽 30m、长 60m，注水量为 19800t 左右，池底水压力约为 0.11MPa，属大型蓄水池。整个试验水池由设备间、池体、船坞、造波台和缓波台组成，设备间用于置放监控设施，池体用于机器人游走及测试试验数据，船坞用于机器人的停放，造波台用于模拟海洋气候形成的波浪，缓波台用于缓冲机器人行走时所造成的波浪。

2.1.2 基面特点

由于该水池对抗渗要求较高，模板几乎是一次性成型，模板与模板之间的接槎缝隙控制在 2mm 以内，基面很光滑，犹如镜面。

2.2 防渗材料的选用

本工程防渗材料选用了大连细扬防水工程集团有限公司生产的水泥基渗透结晶型防水材料（以下简称 CCCW）和水泥基渗透结晶弹性防水材料（以下简称水泥基渗透弹性涂料）。CCCW 系刚性材料，虽然能够自行愈合微小裂缝，但其没有延展性，当基面出现较大裂缝时，无法在短时间内阻止水流进入基体内部。而水泥基渗透弹性涂料系双组分柔性涂料，涂刷后可形成高强、坚韧的防水涂膜，具有良好的延展性，当基面出现较大裂缝时，可以阻止水流进入基体内部。在柔性材料阻截外部水流的同时，刚性材料借助柔性材料传递的水分子，在基体内部发生物化反应，形成不溶于水的结晶体，从而达到止水的目的。因此这种刚柔结合的方式是一种有效的互补模式，能确保水池防渗效果。

2.3 施工工艺

2.3.1 施工准备

为确保所选用的 CCCW 和水泥基渗透弹性涂料的有效渗透和粘结，基面必须经过处理，即将混凝土表面的毛细管网打开，因此需对基面进行人工打磨，打磨程度为去除基面面层（光滑面）为止。水池的阴阳角做成圆弧角，穿墙螺栓及拉片先进行切割，再用水泥素灰抹实，直至与基面持平。

2.3.2 CCCW 施工工艺

在经过处理的基面上，首先用清水对基面进行养护，让基面保持一定的含水率，但不得有明水；再将按比例配制好的 CCCW 涂刷到基面上，共涂刷 2 遍；涂刷时应注意尽可能避免涂料流淌，以免影响表面效果；待 CCCW 干固后，在其表层上进行水雾养护 3h，并对池壁上注水管口、排水管口及管壁等部位打防水密封胶。

2.3.3 水泥基渗透弹性涂料施工工艺

CCCW 施工及养护完毕后，再将配制好的水泥基渗透弹性涂料在上面涂刷 3 遍；涂刷时应注意，前一遍涂刷表干（用手平摸不粘手为准）后方可进行下一遍涂刷，并注意避免涂料的流淌；待水泥基渗透弹性涂料干固后，进水雾养护 2d。

2.3.4 配色

在防水涂料的最后一道工序开始之前，也就是在中涂表干之后，将事先配制好的彩色涂料（彩色层涂料的颜料加量为液料质量的 10％以下），均匀涂刷一遍即可。

3 结语

该防渗工程竣工后，对水池进行了注水闭水试验，后经施工单位及校方领导全面认真检查，无一渗点。自投入使用以来，水池运营良好。

补偿收缩混凝土在京沪高铁南京
南站北广场工程中的应用

张建业 刘加平 田 倩 姚 婷

（江苏省建筑科学研究院有限公司；江苏博特新材料有限公司）

摘 要：本文以京沪高铁南京南站北广场工程为例，应用有限元分析方法证明补偿收缩混凝土是一种有效抑制混凝土收缩开裂的技术途径；工程中采用超长无缝施工技术，结合良好的补偿收缩混凝土混凝土质量控制及规范的浇筑养护技术，是可以降低混凝土结构开裂风险的。

关键词：补偿收缩混凝土 膨胀剂 有限元分析 养护

The Usage of Compensation Concrete in
Nanjing Railway South Station

Zhang Jianye Liu Jiaping Tian Qian Yao Ting

(State Key Laboratory of High Performance Civil Engineering materials, Jiansu Research Institute of Building Science)

Abstract：It is proved that compensation concrete is a useful way to reduce cracking risk by using Finite Element Method in Nanjing railway south station. With continuous constructing method in over- length structure, compensation concrete, proper casting and curing technology, it is possible to prevent cracking in concrete.

Key Words：compensation concrete, expansion agent, Finite Element Method, curing method

京沪高铁南京南站北广场工程为一层地下混凝土超长结构，呈扇形，东西向长395.6m，南北向135m，总建筑面积约40515m²，底板最厚达2.2m，墙板高达6m，如图1所示。对于这种超长超大面积的混凝土结构，如何降低其开裂风险是至关重要的。补偿收缩混凝土经国内外学者及工程技术人员探索，在解决混凝土收缩开裂方面已取得了明显效果。其抗裂机理是补偿收缩混凝土在硬化过程中可产生一定的膨胀变形（实际上为限制条件下的变形），以抵消或补偿部分导致混凝土开裂的收缩。对于火车南站这种超长结构工程如何设计补偿收缩混凝土，使用何种施工技术方法及通过何种浇筑养护措施保证补偿

[作者简介] 张建业，工程师，地址：南京江宁区万安西路 59 号 211103。电话：15805181562，邮箱：hnayzjy@gmail. com

收缩混凝土优势性能的充分发挥，是工程抗裂成功与否的关键所在。

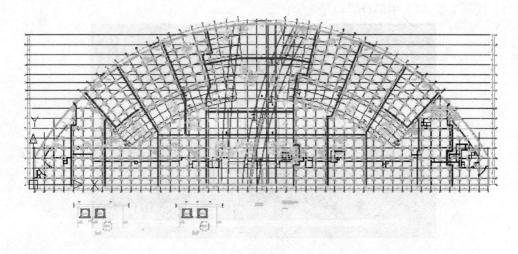

图 1   南京南站北广场底板基础

1   有限元模拟补偿收缩混凝土抗裂效果

著名混凝土裂缝控制专家王铁梦教授调查发现，高层建筑地下室底板出现裂缝的数量约占被调查工程底板总数的 10%，而地下室外侧墙混凝土开裂的数量约占被调查工程总数的 85% 以上[1]，因此本文着重选取墙板作为研究对象。火车南站墙板使用高 6m、厚 0.5m、长 50m、强度等级 C40 的混凝土，整体浇筑于强度等级 C35、厚度 2.2m 的底板老混凝土上，如图 2 所示。

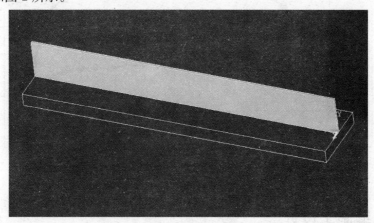

图 2   火车南站墙板模型示意图

假定墙板混凝土从浇筑的 20℃ 历时 1.5d 升温到 50℃，然后在龄期 7d 降温到 30℃，由于混凝土早期处于塑性—硬化阶段，弹性模量较低，从安全角度考虑，认为升温阶段不产生膨胀压应力，降温阶段取线膨胀系数 10×10^{-6}/℃。普通混凝土 7d 收缩应变 150×10^{-6}，掺江苏博特新材料有限公司生产的 HME®-Ⅲ 膨胀剂混凝土 7d 膨胀应变 200×10^{-6}，两种混凝土应力松弛系数均为 0.3。普通混凝土长度方向拉应力有限元分析结果如

图 3 所示，拉应力呈现从两端到中间迅速增大然后稳定的趋势，且底部拉应力大于顶部拉应力，这与文献［1］中的计算也是吻合的。

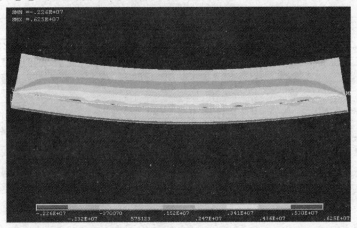

图 3　墙板拉应力云图

以墙体高度中部（3m）处为例对比普通混凝土与补偿收缩混凝土拉应力，如图 4 所示，普通混凝土所受最大拉应力达 2.6MPa，远超设计强度，因此混凝土开裂的风险很大，而掺膨胀剂混凝土所受最大拉应力仅为 0.7MPa，低于设计强度，开裂风险很低。可见膨胀剂可有效补偿混凝土的干燥收缩及温降收缩，选取限制膨胀率 2.0×10^{-4} 补偿收缩混凝土可以有效抑制墙板开裂。

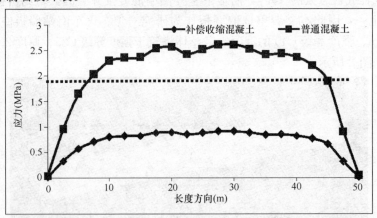

图 4　普通混凝土与补偿收缩混凝土拉应力对比

2　超长无缝施工设计

出于工期及结构整体性考虑，工程上都不希望留后浇带，根据《混凝土结构设计规范》（GB 50010—2002）[2]，使用普通混凝土现浇地下室墙壁等结构时，钢筋混凝土结构伸缩缝最大间距仅为 20～30m，而使用补偿收缩混凝土可延长浇筑长度，依据《补偿收缩混凝土应用技术规范》（JGJ/T 178—2009）[3] 规定，其浇筑长度可延长到 60m 以上，如表 1 所示。

补偿收缩混凝土连续浇筑结构长度　　　　　　　　　　　　　　　表 1

结构类别	结构长度 L（m）	结构厚度 H（m）	浇筑方式选择	构造形式
墙　体	$L \leqslant 60$	—	连续浇筑	—
	$L > 60$	—	断续浇筑	后浇式膨胀加强带或后浇带
板式结构	$L \leqslant 60$	—	连续浇筑	—
	$60 < L \leqslant 120$	$H \leqslant 1.5$	连续浇筑	连续式膨胀加强带
	$60 < L \leqslant 120$	$H > 1.5$	断续浇筑	后浇式、间歇式膨胀加强带或后浇带
	$L > 120$	—	断续浇筑	后浇式、间歇式膨胀加强带或后浇带

　　图 5 为混凝土膨胀加强带模型示意图。超长混凝土结构使用普通混凝土的温度收缩应力曲线为 ABCDE，其中 σ 从两边向中间增长到 B、D 两点时，$\sigma \geqslant f_{tk}$（混凝土抗拉强度），开始发生开裂，释放能量；仅采用小掺量膨胀剂的膨胀混凝土进行浇筑的超长混凝土结构，能够抵消部分温度收缩应力，其收缩应力曲线为 AFGHE，应力从两边向中间随结构长度的延伸而增长，达到 F、H 两点时，$\sigma \geqslant f_{tk}$，开始产生开裂，当采用小掺量膨胀剂的膨胀混凝土，并在适当部位局部加大膨胀剂掺量形成膨胀加强带，对超长混凝土结构进行叠加式重复补偿时，其温度应力曲线为 AIJKE，拉应力进一步减小，开裂风险更低。

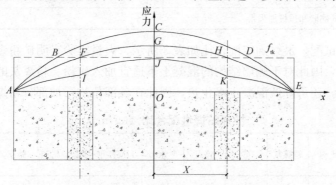

图 5　混凝土膨胀加强带模型示意图

　　根据"以防为主，抗放结合"的裂缝控制原则，底板及侧墙采用超长结构无缝设计，使用"补偿收缩混凝土＋膨胀加强带"设计方法进行施工。

　　（1）"放"。整个地下室划分成多个施工区，将原来的后浇带拓宽为 2～3m 的后浇式膨胀加强带。膨胀加强带的混凝土应在施工区混凝土浇筑 7～14d 以后浇筑。

　　（2）"防"。虽然进行了分割，对于连续浇筑的施工区单块仍有长度超过规范要求的部分存在，建议通过采用补偿收缩混凝土进行加强。

　　各施工区使用较低膨胀率的补偿收缩混凝土，其间设置 2m 宽的膨胀加强带，保湿养护 7d 后使用较高膨胀率的补偿收缩混凝土填充。补偿收缩混凝土要特别加强养护，保湿养护 7～14d，以保证混凝土充分膨胀，有效补偿两侧混凝土的干燥收缩。以上超长无缝设计方法与传统后浇带设计一样，要设钢片止水带，所不同之处，回填时间为 7～14d，比传统后浇缝缩短了 30 多天。设计示意图如图 6 所示。

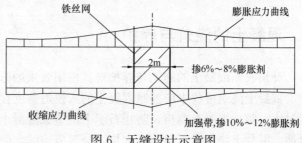

图 6　无缝设计示意图

3 补偿收缩混凝土配合比设计

补偿收缩混凝土设计的重点是确定膨胀剂的掺量，以获得合适的限制膨胀率，在结构中建立一定的预压应力，这一预压应力可补偿混凝土在硬化过程中产生的温差和干缩的拉应力，防止混凝土开裂。根据《混凝土外加剂应用技术规范》（GB-50119—2003）、《补偿收缩混凝土应用技术规程》（JGJ/T 178—2009）等相关规范的要求，在征求相关专家、设计人员意见的基础上，确定混凝土设计限制膨胀率如表 2 所示，结合南京原材料情况及不同结构部位，具体建议配合比如表 3 所示。

混凝土限制膨胀率（$\times 10^{-4}$）　　　　　　　　　　　　　表 2

结构部位	最小限制膨胀率（$\times 10^{-4}$）
C35 底板	2.0
C40 底板加强带	4.0
C40 侧墙和顶板	2.0
C45 侧墙和顶板加强带	4.0

根据搅拌站试配，最终确定配合比如表 3 所示，大量实验表明矿粉多数情况下会增大混凝土的自收缩，因此对于侧墙结构的混凝土不适宜加入矿粉。粉煤灰的使用不仅会有效降低混凝土收缩，还可降低混凝土水化热，因此在各部位均添加部分粉煤灰。

搅拌站提供配合比（kg/m³）　　　　　　　　　　　　　表 3

强度等级	水泥	矿粉	粉煤灰	砂	碎石	水	HME-Ⅲ	PCA（Ⅰ）	砂率	部位
C35P6	248	40	79	710	1111	168	32	4.8	39%	底板
C40P6	325	0	63	690	1127	160	34	5.5	38%	侧墙、顶板
C40P6	273	43	64	685	1118	164	52	5.6	38%	底板膨胀加强带
C45P6	331	0	67	662	1128	158	54	6.3	37%	侧墙顶板膨胀加强带

图 7 为典型一般部位补偿收缩混凝土与膨胀加强带混凝土实测限制膨胀率数据。可见混凝土在钢筋限制作用下依旧可以发挥有效的膨胀作用，并且将膨胀能储存在钢筋中。在水养 14d 后开始干燥，虽然此时混凝土开始收缩，但是在水养阶段储存起来的膨胀能开始发挥作用以抵消后期干燥的收缩作用。在 42d 龄期时混凝土也未发生明显收缩作用，这为混凝土结构良好的抗裂性提供了有力保障。

4 混凝土的浇筑与养护

补偿收缩混凝土的施工与养护对其使用效果的影响是非常大的，必须加以重视。

混凝土浇筑过程中应控制混凝土的入模坍落度在 140～180mm，浇筑时应注意落差不能过大，防止混凝土离析，防止石子下沉造成混凝土不均匀引起沉缩裂缝。浇筑布料点要合适。混凝土浇筑时下料不应太快，浇筑应连续，防止出现冷缝。

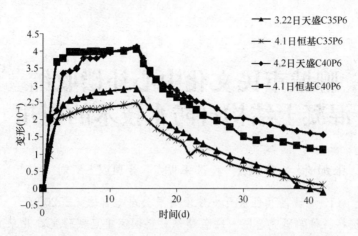

图7　火车南站现场取样限制膨胀率（C40 为膨胀加强带）

　　为了避免大面积板式结构混凝土塑性开裂，应在抹面之后混凝土表面开始变干时即开始采取覆盖薄膜措施进行养护。若施工期间温度较高、风速较大，混凝土容易在抹面之前即发生塑性开裂，此时可以在浇筑完毕、抹面之前，向混凝土表面喷洒水分蒸发抑制剂以降低水分蒸发、抑制塑性开裂。

　　底板补偿收缩混凝土凝结、抹面之后且在膨胀加强带浇筑之前，宜采取薄膜覆盖养护，同时应保持混凝土表面湿润；在膨胀加强带浇筑完毕且凝结抹面之后，膨胀加强带及前期的补偿收缩混凝土均采取直接蓄水的方法进行养护，且养护总龄期不应少于 14d。

　　墙体补偿混凝土浇筑完成后，可以带模养护。膨胀加强带浇筑完毕后，应在顶端设多孔淋水管。达到脱模强度后，可松动对拉螺栓，使墙体外侧与模板之间有 2～3mm 的缝隙，确保上部淋水进入模板与墙壁间。拆模后也应进行薄膜覆盖或洒水养护。

5　结语

　　通过有限元分析证明补偿收缩混凝土是一种有效抑制超长结构，尤其是墙板结构开裂的技术途径。京沪高铁南京南站北广场灵活应用补偿收缩混凝土加膨胀加强带超长无缝施工技术，使用江苏博特新材料有限公司生产的 HME®- Ⅲ 膨胀剂作为补偿收缩混凝土的膨胀源，并在施工与养护阶段对混凝土质量进行严格控制，保证了工程质量，缩短了施工工期，降低了施工成本。火车南站北广场完成至今未发现明显裂纹与渗漏现象，证明了良好的施工技术、优质的膨胀剂以及严格的施工与养护要求是可以控制地下室超长结构开裂的。

参考文献

[1]　王铁梦．工程结构裂缝控制［M］．北京：中国建筑工业出版社，1997，29-60；144-158
[2]　混凝土结构设计规范．（GB 50010—2002）［S］，中华人民共和国国家标准，2002
[3]　补偿收缩混凝土应用技术规范．（JGJ/T 178—2009）［S］，中华人民共和国建筑工程技术规范，2009

聊城市民文化中心补偿收缩
混凝土结构自防水技术的应用

徐培清[1]　张加奇[1]　贾福杰[2]　张玉明[3]　聂凤义[1]　刘　伟[1]　燕东国[1]

(1. 聊城昌润住房开发建设有限公司　聊城　252000；
2. 中国建筑材料科学研究总院　绿色建筑材料国家重点实验室，北京　100024；
3. 聊城市规划建筑设计院　聊城　252000)

摘　要：本文介绍了聊城市民文化中心地下室结构自防水施工的情况，采用了掺加 UEA-D 膨胀剂的补偿收缩混凝土。以混凝土强度性能、限制膨胀率为目标，兼顾混凝土施工性能，通过试验确定了基础筏板、防水外墙及车库顶板的施工配合比，并在沉降后浇带部位采用了超前止水措施，工程取得了良好的自防水效果。

关键词：地下室　补偿收缩混凝土　结构自防水　施工

Application of shrinkage compensating concrete technique in the self-waterproofing structure construction of Liaocheng city culture center

Xu Peiqing[1]　Zhang Jiaqi[1]　Jia Fujie[2]　Zhang Yuming[3]
Nie Fengyi[1]　Liu Wei[1]　Yan Dongguo[1]

(1. Liaocheng ChangRun housing development and construction Co.，Ltd，Liaocheng252000；
2. State Key Laboratory of Green Building Materials，China Building Materials Academy，
Beijing　100024；3. Liaocheng city planning and Architectural Design Institute，
Liaocheng　252000)

Abstract：This paper introduced the self waterproof construction situation in the basement structure of Liaocheng citizens cultural center，with the use of shrinkage compensating concrete adding UEA-D expansive agent. Construction mixture ratio of foundation board，waterproof wall and the garage roof were determined considering of the performance of concrete，restrained expansion rate，and concrete construction performance，a lead sealingmeasures was used in the settlement after pouring belt，As matters turned out，we received a good waterproof effect in this project.

Key Words：basement，shrinkage compensating concrete，self-waterproofing structure，construction

[作者简介] 徐培清（1972—　），男，工程师。单位地址：聊城市经济开发区黄山南路 60 号（252000）。联系方式：电话：06362119013，18606351058；Email：xpq. cr@vip. 163. com

1　工程概况

聊城市民文化中心位于聊城市东昌东路以北，徒骇河以西，由山东省聊城市规划建筑设计院设计，占地面积 122 亩，主体建筑面积 83000m²，其中地上 56000m²，地下 27000m²。建筑层数为地下一层，地上五层。地下车库结构为板柱-抗震墙结构，基础形式为筏板基础＋柱墩，屋盖采用柱支撑现浇密肋楼盖形式。根据设计图纸，该建筑长 193.8m、宽 154.8m，筏板设计强度等级 C30，抗渗等级 P8，该建筑为超长结构。

图 1　地下室筏板基础补偿收缩混凝土施工情况

2　技术方案

2.1　工程难点分析

（1）本工程地下室平面尺寸长 193.8m、宽 154.8m，板厚为 400mm 和 600mm 两种，属于超长结构混凝土施工。

（2）为避免结构施工中减免有害裂缝的产生，保证结构自防水施工的质量，需采用补偿收缩混凝土。

2.2　关键技术

利用膨胀剂拌制的补偿收缩混凝土是结构自防水的理想材料，大多膨胀剂在水化过程中以形成钙矾石为膨胀源，这种膨胀结晶是稳定的水化物，填充于毛细缝中，使大孔变小孔，使总孔隙率减少，从而增加混凝土的密实性，这是补偿收缩混凝土的抗渗原理，这种混凝土的抗渗等级大于 P30，对于补偿收缩混凝土来说，在结构中，受限制的条件下，会产生限制膨胀，可以补偿混凝土的限制收缩，抵消钢筋混凝土结构在收缩过程中产生的全部或大部分的拉应力，从而使结构不裂或把裂缝控制在无害裂缝的范围内[1]。

（1）混凝土原材料选择：

水泥：42.5 普通硅酸盐水泥，性能符合国家标准。

砂：中砂，含泥量应小于 3%。

石：碎石，连续级配，含泥量＜1%。

混凝土膨胀剂：符合 GB 23439—2009《混凝土膨胀剂》规定的产品，7d 膨胀率不低于 0.025%。

活性掺合料：二级以上粉煤灰，S95级磨细矿渣粉。

泵送剂或防冻剂（AD）：性能符合国家及行业标准，减水率不小于20%。

（2）为保证地下室自防水质量，避免工程出现有害裂缝，根据不同部位，提出表1所示的技术要求。

地下室混凝土技术要求   表1

部　位	强度等级	抗渗等级	限制膨胀率（%）	入模坍落度（mm）
底板	C30	P8	≥0.020	170±10
外墙	C30	P8	≥0.025	160±20
膨胀加强带、后浇带	C35	P8	≥0.030	180±20

（3）配合比设计

地下室筏板和外墙混凝土设计强度等级C30P8，以混凝土强度性能、限制膨胀率为目标，兼顾混凝土施工性能，通过试验确定了基础筏板，防水外墙及车库顶板的施工配合比如表2所示，强度达到设计要求，并且对底板混凝土进行了限制膨胀率试验，试验结果限制膨胀率达到了0.026%，也符合设计要求，如图2所示。

混凝土常温施工配合比   表2

编　号	强度等级	混凝土配合比（kg/m³）								混凝土强度（MPa）		
		C	FA	SL	UEA-D	W	S	G	AD	7d	28d	60d
C1	30/底板	210	80	65	45	170	855	965	11.2	32.5	49.4	55.0
C2	30/外墙	210	80	60	50	170	855	965	11.2	31.0	51.3	56.6
C3	35/加强带	225	80	70	55	170	841	949	12.9	31.9	52.6	57.8

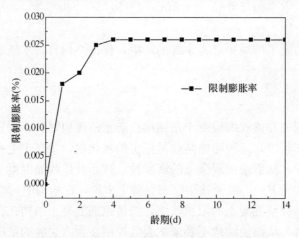

图2　底板混凝土限制膨胀率试验结果

（4）后浇带或膨胀加强带设置

严格按照图纸留置后浇带、膨胀加强带。其中沉降后浇带须在主体结构完成后，经沉降观测合格后方可浇筑；板式结构的膨胀加强带可根据施工要求连续或间歇施工，而墙体不易养护，容易产生收缩裂缝，墙体膨胀加强带均为后浇式膨胀加强带，后浇式膨胀加强带留置时间约14d。外墙后浇式膨胀加强带设置如图3所示。

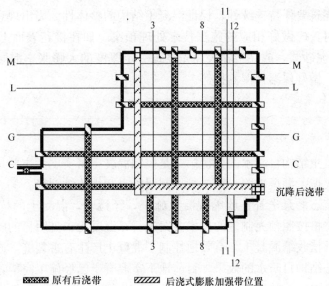

■■■ 原有后浇带　　▨▨ 后浇式膨胀加强带位置

图 3　外墙膨胀加强带分布图

（5）节点处理措施

沉降后浇带处采用中国建筑材料科学研究总院的后浇带超前止水专利技术，该技术可以在地下建筑结构重量能够平衡上浮力之后，提前撤掉降水，不仅节约地下水资源，降低施工成本，还可以减少因降水对周边建筑稳定性的影响。与已有技术相比，该技术具有超前止水效果可靠、调节变形能力强、不用下挖垫层、工程量小、施工简单、节省工期、降低工程造价等优点。施工情况见图 4、图 5。

图 4　超前止水钢板

图 5　超前止水钢板施工图片

3　施工过程控制

（1）技术交底

在施工前，根据各工种的技术要求实施全员技术交底。混凝土公司、施工现场各个环节，都应事先对人员进行合理设置，无论是管理人员，还是施工工人，都要坚守自己的岗位，明确各自的职责，确保混凝土浇筑工作顺利完成。

（2）施工工具及材料准备

将振捣棒、刮尺、覆盖用的薄膜和毛毯等准备齐全方可开始浇筑。

（3）应急措施预案

对于混凝土浇筑要保持连续性，保证混凝土结构的整体性。当出现意想不到的事情无法完成继续浇筑时，应做好相应的施工技术处理预案。如在接茬表面上先铺上 20mm 左右的 1：2 膨胀水泥砂浆，或在接茬表面先浇筑一定厚度的大膨胀率混凝土，然后再浇筑补偿收缩混凝土，做好保温保湿养护等。

4　施工总结

地下工程混凝土结构自防水的关键第一是控制混凝土密实度，主要是混凝土的抗渗性和浇筑中不出现欠振、漏振缺陷，第二是控制混凝土产生收缩裂缝。

本工程采用流态的泵送补偿收缩混凝土施工，经检验，混凝土的抗渗性符合设计要求，施工过程中严格按照预先制定的技术方案进行，混凝土未见明显的施工缺陷。由于采用掺加膨胀剂的补偿收缩混凝土，有效地控制了混凝土产生有害裂缝，通过对关键节点的处理，保障混凝土结构自防水的效果。目前地下室混凝土已经施工完毕，尚未发现显见的施工缺陷，也未见渗漏，效果达到设计要求。

参考文献

[1]　赵顺增，游宝坤. 补偿收缩混凝土裂渗控制技术及其应用［M］. 北京：中国建筑工业出版社，2010

HCSA 膨胀剂在天津福雅花园住宅小区地下人防车库中的应用

武旭南[1]　刘　立[1]　支树鹏[2]　李振和[2]

(1. 中国建筑材料科学研究总院，绿色建筑材料国家重点实验室，北京　100024；
2. 天津住宅集团津城置业有限公司，天津　300070)

摘　要：本文介绍了 HCSA 膨胀剂在天津福雅花园住宅小区的应用，通过合理的技术措施减免了部分后浇带，制定科学合理的混凝土配合比，并采取措施解决施工难点，使整个工程取得了很好的防裂抗渗效果。

关键词：HCSA 膨胀剂　补偿收缩混凝土　地下人防车库　自防水

Application of HCSA Expansive Agent in Underground Civil-air Defense Garage of Tianjin Fuya Garden Community

Wu Xunan[1]　Liu Li[1]　Zhi Shupeng[2]　Li Zhenhe[2]

(1. State Key Laboratory of Green Building Materials,
China Building Materials Academy, Beijing　100024；
2. Tianjin Habitat Group Jincheng Estates Co, Ltd, Tianjin　300070)

Abstract：This paper introduces the application of HCSA expansive agent in Tianjin Fuya Garden community. By rational canceling some post-poured belt, optimizing concrete mix proportion, and taking preventive measures, good effect of anti-crack & anti-leakage was obtained.

Key Words：HCSA expansive agent, shrinkage compensating concrete, underground civil-air defense, self-waterproofing

1　工程概况

天津福雅花园限价商品房项目，是天津住宅建设发展集团有限公司开发建设的民心工程。本工程位于天津市西青区外环线内，东临福姜路，西至盛姜路，总建筑面积约 11 万

[作者简介]　武旭南（1977—），男，工程师。单位地址：北京市朝阳区管庄东里 1 号（100024）。联系电话：010-51167601，e-mail nmwuxunan@sina. com

m^2，由 15 个高层住宅楼和一个地下人防车库组成，地下人防车库与 7 号、9 号、12 号楼地下室连为一体。地下人防车库长 118m，宽 108m，底板厚 500mm，防水外墙厚 300mm，高度 3.6m；顶板采用吸能技术，用泡沫板铺设在顶板上下层钢筋之间，上下层钢筋的混凝土保护层厚度各为 100mm，后浇带带宽为 800mm。

2 技术措施

天津市地下水位高，本工程的地下人防车库属于超长超宽，对防水质量要求高，并且工期紧张。地下人防车库原设计方案采用防水混凝土，并附加改性沥青防水卷材的防水措施，整个地下人防车库被沉降后浇带和收缩后浇带分割成多个区域。沉降后浇带需等楼座和地下车库沉降稳定后封灌。收缩后浇带主要是释放混凝土冷缩和后期干缩应力而留置的，需等两侧混凝土浇筑完成 60～90d 后封灌。如果按照原设计方案，一方面外防水成本高且工期长，桩头部位铺设卷材施工困难，并且外防水施工对基层含水率要求高，工期会延宕很长时间。另一方面后浇带部位的钢筋贯通不断，施工缝处的凿毛非常困难，而且剔凿物不好取出来，反而容易造成渗漏的隐患。为了缩短工期，提高防水工程整体质量，建设单位决定采用中国建筑材料科学研究总院补偿收缩混凝土技术，使用混凝土结构自防水，取消外防水和部分后浇带。

地下人防车库强度等级为 C35P8，通过分析地下人防车库建筑图纸，依据《补偿收缩混凝土应用技术规程》JGJ/T 178—2009，并与设计单位协商，制定了以下的补偿收缩混凝土技术要求，见表 1。

福雅花园地下人防车库补偿收缩混凝土技术要求　　　　　　　表 1

部　位	强度等级	抗渗等级	限制膨胀率（‰）
底板	C35	P8	0.020
外墙、顶板	C35	P8	0.030
膨胀加强带、后浇带	C40	P8	0.040

地下人防车库中保留 3～4 轴与 F～G 轴；5～6 轴与 C～D 轴；8～9 轴与 J～K 轴；8～9 轴与 Q～P 轴 4 条后浇带，保留的后浇带具有沉降后浇带和收缩后浇带的双重功能。通过这 4 条后浇带把整个地下人防车库划分成 I 区（9～14 轴与 A～K 轴）和 II 区（1～9 轴与 A～K 轴）两个大的区块，每个区块内又被划分成 3 个小的区块，如果施工组织和搅拌站供应混凝土顺利，可以一次性浇筑完成一个大区块。如遇故障，可以后浇带为界限，断续浇筑。

3 混凝土配合比

按照以上的补偿收缩混凝土的技术要求，决定采用由中国建筑材料科学研究总院研制，天津豹鸣股份有限公司生产的 II 型混凝土膨胀剂 HCSA（7d 膨胀率大于 0.06％），并从混凝土搅拌站提取现场施工原材料，进行混凝土的试配。

原材料情况：天津振兴 P.O 42.5MPa 水泥；包钢建安 II 级粉煤灰和 S95 级矿渣粉；

河砂，细度模数 2.3～2.7；碎石，最大粒径 5～31.5mm；泵送剂为萘系缓凝高效减水剂，减水率 20%。

以混凝土强度性能、限制膨胀率为目标，兼顾混凝土施工性能，通过试验确定补偿收缩混凝土配合比，见表 2。

福雅花园地下人防车库补偿收缩混凝土配合比 表 2

部 位	混凝土配合比（kg/m³）							
	水泥	粉煤灰	矿渣	HCSA	水	砂	石	泵送剂
底板	240	60	100	30	180	752	1038	8.6
外墙、顶板	235	60	100	35	180	752	1038	8.6
膨胀加强带、后浇带	262	65	108	40	180	698	1047	9.5

4 施工中的难点和注意事项

（1）防水外墙水平施工缝在上翻底板 600mm 处，吊模支撑，很难一次性浇筑起来，容易出现混凝土欠振或施工冷缝，造成底板与外墙阴角处渗水。为此，要求在上翻导墙与底板相连的阴角处，底板上层钢筋部位，用宽为 500mm 的钢丝网绑扎封盖，防止浇筑上翻导墙时混凝土向外流淌，并在浇筑上翻导墙时降低混凝土坍落度至 140～160mm，这样可以一次性浇筑起来，见图 1。

（2）地下人防车库顶板由于用泡沫板铺设在顶板上下层钢筋之间，空隙小，见图 2。为避免因混凝土下料和振捣困难造成的施工缺陷，要求混凝土搅拌站在浇筑顶板混凝土时石子粒径不应超过 25mm，坍落度控制在 200～220mm。

图 1 底板阴角处的封盖钢丝网

图 2 人防顶板钢筋之间的泡沫板

（3）浇筑混凝土时，混凝土振捣要依次振捣密实，每隔两个钢筋网格都必须振捣一次，振捣时间不小于 10 秒。振捣时，快插慢拨，振点布置要均匀，振捣时间以混凝土不泛浆，不出气泡为止。

（4）混凝土浇筑完成后，面层提浆抹光处理，上铺塑料薄膜和麻袋片，要求顶板在 48 小时后才能上人，严禁堆积放置钢管，钢筋等重质材料。

（5）养护方面需安排专门的养护人员，底板和顶板采用覆盖塑料薄膜和蓄水养护，7 天内混凝土不能见白。防水外墙带模养护 7 天，有强度后，松动螺栓，顶部架设水管喷淋养护。拆模后涂刷混凝土养护剂养护。

（6）混凝土拆模后，缺陷部位不能擅自处理，必须由中国建筑材料科学研究总院现场技术人员查看后，出具修补方案，按照修补方案精细处理。

5 施工效果

福雅花园地下人防车库于2009年4月开始浇筑底板混凝土，至2009年6月顶板混凝土浇筑完成，共浇筑补偿收缩混凝土11000m³，整个地下人防车库按照预先的计划分成Ⅰ区和Ⅱ区，在施工方面严格按照规定的技术措施执行，整个浇筑过程顺利。图3为浇筑底板混凝土时用抹面机抹光照片，图4为顶板混凝土浇筑完成后的养护照片。拆模后，整个工程仅有一处边墙拐角处因欠振造成的小面积蜂窝麻面，按照修补方案处理后，无大碍。2009年7月底，后浇带封灌完毕，取消降水并回填土。经检查共发现3处洇水，都是因施工缺陷造成的。分别为穿墙螺栓处，水平施工缝处和底板与外墙阴角处洇水，经压浆处理后再无洇水现象。

图3 底板混凝土浇筑过程　　　　　图4 顶板混凝土的养护

通过本工程的实践应用，HCSA膨胀剂配制的补偿收缩混凝土在超长超宽的地下人防车库中取得了非常好的抗裂防渗效果。为建设单位节省了工期，节约了造价，受到各方的一致好评。

参考文献

[1] 赵顺增，刘立. HCSA高性能混凝土膨胀剂性能研究[J]. 膨胀剂与膨胀混凝土，2005，3
[2] 赵顺增，游宝坤. 补偿收缩混凝土应用技术规程实施指南[M]. 中国建筑工业出版社. 2009

HCSA 高性能混凝土膨胀剂在天津滨海国贸中心的应用

刘 常 王宇平 张 静

(中国核工业第二二建设有限公司天津分公司 天津 300457)

摘 要：本文简要介绍了 HCSA 高性能混凝土膨胀剂在天津滨海国贸中心工程中的应用情况，涉及钢管混凝土施工、结构自防水和大体积混凝土抗裂等技术。采用 HCSA 膨胀剂配制的补偿收缩混凝土具有良好的抗裂性能，混凝土质量良好，工程质量获得了建设方好评。工程实践表明，建设高质量的补偿收缩混凝土工程，膨胀剂的性能是基础，科学合理的混凝土配合比和精心的施工非常重要。

关键词：HCSA 钢管混凝土 结构自防水 混凝土抗裂 补偿收缩混凝土

Application of HCSA expansive agent in the international trade center of Tianjin coastal

Liu Chang Wang Yuping Zhang Jing

Abstract：This article briefly introduced the HCSA high performance concrete expansive agent in the international trade center, tianjin coastal engineering, the application of concrete filled steel tubular construction, structure involved the waterproofing and mass concrete crack techniques. The HCSA expansion agent shrinkage-compensating concrete prepared with good crack resistance, concrete quality is good, the engineering quality get project owner high praise. Engineering practice shows that the construction of high quality shrinkage-compensating concrete engineering, the performance of the expansion agent is the foundation, and the scientific and reasonable concrete proportion and elaborate construction is very important.

Key Words：HCSA, steel tube concrete, structure from waterproof, concrete crack, shrinkage-compensating concrete

1 工程概况

天津滨海国贸中心位于天津滨海新区响螺湾商务区内。该项目总建筑面积 92000m²，为钢管混凝土框架—钢筋混凝土核心筒结构、桩承筏板基础。结构外围采用 16 根直径 1500mm、壁厚 40mm 圆钢管柱与钢筋混凝土框架梁及钢筋混凝土核心筒形成整体框架。地下室大底板面积约 5600m²，主楼与群房交接处设有一道后浇带。群楼底板厚 1.6m，混

[作者简介] 刘常（1981—），男，助理工程师。单位地址：天津市开发区泰祥路伴景湾 2 号楼 1 门 601 室（300457）。
联系方式：电话：15222377866；E-mail：WYP95203@126. com

凝土浇筑面积约 3400m²，浇筑方量约 4000m³；主楼底板厚 2.9m，混凝土浇筑面积约 2200m²，浇筑方量约 6200m³。

2 技术要求

我们知道混凝土的体积收缩主要有干燥收缩、温度收缩、化学减缩和碳化收缩四种，而在施工过程中，一般是前三种占主导，这些收缩会对混凝土结构造成不同程度的影响。

滨海国贸中心工程底板属于超长的大体积混凝土，我们将主控项目放在温度收缩、自收缩和化学减缩方面。目前国内已有许多掺膨胀剂的补偿收缩混凝土的成功经验，经过试验和研究，决定在混凝土内掺加新型高性能的 HCSA 膨胀剂，该膨胀剂具有与高强度发展相协调的膨胀速率，膨胀能高、稳定性好、安全可靠、对后期水分补充的依赖程度低等特点。在混凝土配合比设计中，同时掺加优质粉煤灰和磨细矿渣粉，减少水泥用量，实现低热微膨胀的技术效果，达到防止大体积混凝土收缩开裂的目的。

3 原材料和混凝土配合比试验

水泥：天津振兴 P.O42.5 级水泥，3d 抗压强度达 25MPa 以上，28d 抗压强度达 46MPa 以上，其他指标符合国家标准。

细骨料：山东长岛中砂，细度模数 2.8 左右，含泥量小于 2.0%，其他指标符合国家标准。

粗骨料：蓟县碎石，属 5～25mm 连续级配，含泥量小于 1.0%，坚固性良好，其他指标符合国家标准。

粉煤灰：天津三友热电Ⅱ级粉煤灰，细度不大于 20%，活性较高，各项指标均满足标准要求。

矿渣粉：唐山兴旺 S95 级矿粉，7d 活性指数大于 80%，28d 活性指数大于 100%，各项指标都优于国家标准。

外加剂：天津鸿祥泰 HXT-2 高效减水剂，减水率高，对水泥适应性强。

膨胀剂：天津豹鸣股份公司生产 HCSA 高性能膨胀剂，各项指标优于国家标准，有良好的抗裂防水性能。

施工前，项目部同天津二建建筑工程有限公司混凝土分公司，根据设计强度等级（大底板 C45、钢管柱 C60）及其他设计要求严格按照《普通混凝土配合比设计规程》并遵从以下原则对大地板及钢管混凝土进行了配合比设计：

（1）在高效减水剂中掺入较多的缓凝组分，延缓水泥水化速度，降低水泥放热峰值，缩小温差，避免较大的温差应力，标准状态下混凝土的终凝时间设计为 48h；

（2）使用矿物掺合料如粉煤灰、磨细矿渣粉替代部分水泥，降低绝热温升。

结果见表 1、表 2。

混 凝 土 配 合 比 　　　　　　　　　　　　　　表 1

部位	水胶比（%）	单方材料用量（kg/m³）							
		水	水泥	矿渣粉	粉煤灰	细骨料	粗骨料	高效减水剂	HCSA
大底板	0.35	160	280	97	147	682	1114	8.2	54
钢管柱	0.30	168	302	34	93	672	1097	11.6	54

部位	凝结时间（h：m）		坍落度（cm）	强度（MPa）		自由膨胀率（%）
	初凝	终凝		7d	28d	
大底板	16：30	22：20	19.0	39.2	52.6	0.118
钢管柱	15：25	21：50	18.5	52.5	71.8	0.119

混凝土试验结果　　　　　　　表2

4 施工措施及效果

4.1 底板大体积混凝土施工措施及效果

混凝土生产、施工严格按照现行国家标准生产、施工；混凝土公司严格按照混凝土配合比及技术要求组织生产，尤其是混凝土外加剂、水泥、活性掺合料的控制，控制混凝土出机坍落度为（180±20）mm，为保证混凝土的抗裂性及抗渗性，在满足混凝土正常浇筑的情况下，混凝土坍落度尽可能要小，混凝土入模坍落度应控制在低限即（160～180）mm；精心施工，加强振捣，确保浇筑后的混凝土饱满密实，充分发挥混凝土的抗拉性能；混凝土浇筑前应充分考虑到各种不利因素，合理安排施工进度，完善技术措施，确保不出现"冷缝"，混凝土接茬时间不超过4～5h。

（1）混凝土的浇筑

根据现场实际情况考虑将底板混凝土分层（每层浇筑400～500mm厚）分块进行浇筑：每个施工段以后浇带为界进行分块（详见图1），达到减少浇筑层厚来降低混凝土的中心绝对温度。该项目底板混凝土量大且必须连续浇筑，为此混凝土浇筑前必须与混凝土供应商联系确保混凝土的及时供应，浇筑时必须连续以保证混凝土浇筑质量。

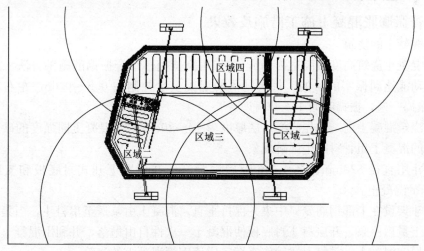

图1　底板混凝土浇筑分布区域示意图

混凝土采用插入式振动棒进行振捣，振动棒插入点间距应均匀，排列方式采用行列式和交错式两种，由振捣手灵活掌握。插入点间距不应超过振动棒的有效作用半径的1.25倍，振捣棒插点间距一般为30～40cm，振捣时应"快插慢拔"，见图2。

（2）混凝土浇筑保证措施

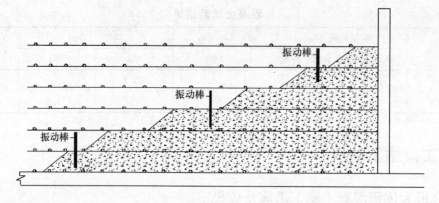

图 2　混凝土振捣示意图

　　混凝土成型完，由于混凝土表面水泥浆较厚，首先用长刮尺刮平，初步分散水泥浆，待表面收干后，用木抹刀搓压表面，以防止表面裂缝出现；混凝土浇筑完毕后立即覆盖塑料薄膜和草席，加强混凝土浇水养护，实现混凝土保湿养护，提高抗裂性能。

　　底板混凝土浇筑期间的日平均气温为 24℃，混凝土入模平均温度为 29.5℃，在筏板大体积混凝土中按 10m×10m 见方布置测温点，测温点分 3 层即顶层、内层、底层安放，密切对混凝土的温升情况进行监控，及时增减保温层的厚度，对降温速率和温差进行控制，严格控制混凝土中心温度和表面温度、表面温度和环境温度之差小于 25℃，防止产生温度裂缝。

　　（3）混凝土质量

　　该项目底板大体积混凝土工程于 2009 年 9 月结束，施工顺利，底板和边墙至今未发现裂缝，取得了非常好的结构自防水和大体积混凝土抗裂效果。

4.2　钢管微膨胀混凝土施工措施及效果

　　（1）混凝土的浇筑

　　鉴于混凝土浇筑高度最高达为 6m，故采用高位抛落结合振捣的施工方法。利用混凝土下落的动能达到振实的目的。每次抛落的混凝土量控制在 0.5～0.6m³ 左右，每浇筑 1m 高度振捣一遍，振捣时间 15～20 秒。

　　每次浇筑混凝土前，应先浇灌一层厚度为 10～20cm 的与混凝土同强度的砂浆，以免自由下落的混凝土粗骨料产生弹跳现象。

　　集料斗用直径 820mm、高 1.5m 螺旋钢管制作并设置下开式封底板和支脚，可集 0.5～0.8m³ 混凝土。

　　集料斗架设在上部钢筋笼口中央并保持垂直，混凝土由泵送至集料斗，当集料斗放满控制混凝土量后停泵，开启料斗封底板使混凝土一次性自由抛落，并利用混凝土下落时产生的动能振实混凝土。重复上述动作直至完成该钢管混凝土的浇筑。

　　（2）混凝土浇筑保证措施

　　钢管柱在运输、安装直至混凝土浇筑前，应在钢管柱口加盖防护罩，以防止水、油、异物等落入。

　　每根钢管柱的混凝土浇筑应该连续进行，中途不能停歇，因特殊原因需要停歇时不得超过 45 分钟。

加强对钢管柱核心混凝土的凿毛，清理和养护工作。利用覆盖法和柱头蓄水法相结合的方法进行养护。

混凝土浇筑过程中用小铁锤敲击钢管壁的声音进行判断，声音沉闷而且哑者，说明混凝土填充饱满，若声音空洞或者有回声，则应用超声波检测，对不密实的部位应采取钻孔注浆法进行补强，然后将钻孔补焊封闭。

（3）混凝土质量

经监理工程师旁站从现场取样的混凝土试块经养护后的试验结果都符合设计要求的强度，并在 2011 年 6 月委托天津市质量监督检验站第二十四站对该项目钢管柱混凝土密实度进行超声波检测，检测均未见大面积孔洞、不密实等缺陷，混凝土内部质量良好。

5 经验体会

本工程采用 HCSA 高性能混凝土膨胀剂具有膨胀快、膨胀值大，而且混凝土强度高的特点，特别是与大量活性掺合料共同使用时，具有激发掺合料强度的现象，其抗裂防渗性能非常好。我们认为，建设高质量的补偿收缩混凝土工程，膨胀剂的性能是基础，科学合理的混凝土配合比和精心的施工是关键。

HCSA 膨胀剂在乐陵银座商城工程中的应用

孟祥磊

（山东银座商城有限公司，济南 250063）

摘　要： 本文介绍了 HCSA 膨胀剂在山东乐陵银座商厦地下工程中的应用情况。工程实践表明，采用 HCSA 高性能补偿收缩混凝土，精心处理各防水节点，完全能够取得满意的混凝土结构自防水效果。

关键词： HCSA 膨胀剂　补偿收缩混凝土　膨胀加强带

The application of HCSA expansive agent in Laoling Ginza Mart

Meng Xianglei

（Shandong Ginza Mart Co. Ltd，Jinan 250063）

Abstract： This paper introduces the application of HCSA expansive agents in Shandong Laoling Ginza Mart. Engineering practice shows that good effect of concrete structure self-waterproof has been obtained by using shrinkage compensating concrete with HCSA expansive agents，careful treatment of waterproofing joints.

Key Words： HCSA expansive agent，shrinkage compensating concrete，expansion strengthening belt

1　工程概况

乐陵银座商城位于乐陵市枣城南大街以东，阜盛西路以南。占地面积 30 余亩，无地下室，地上 4 层，总建筑面积 26700.8m²，建筑高度 21.35m。基础形式为管桩—独立承台，主体为框架结构。一层边跨柱截面为 700mm×700mm，其余为 800mm×800mm、楼上均为 700mm×700mm。框架梁截面为 700mm×600mm。楼板除楼梯间外为现浇模壳板。整体结构南北、东西长度均为 80.7m。整体结构除膨胀加强带处混凝土强度等级为 C35，膨胀加强带处为 C40。

[作者简介] 孟祥磊（1976—），男，工程师。单位地址：山东省济南市泺源大街 66 号（250063）。联系电话：13506413207

2 技术方案

乐陵银座工程结构较长，长、宽各为80m，为避免出现有害裂缝，防止各楼层板和屋面板由于裂缝漏水影响商场使用，该工程采用HCSA高性能混凝土膨胀剂，目的是解决超大面积薄板结构的抗裂防水性。制定补偿收缩混凝土技术方案时，在结构收缩应力最大的地方给予较大的膨胀应力——加设膨胀加强带，带宽为2m，在带的两侧用密孔铁丝网将带内混凝土与带外混凝土分开，原方案设计了4条井字形膨胀加强带。为方便工程施工缝划分，便于施工组织，经论证本工程采取普遍提高混凝土限制膨胀率的技术措施，将混凝土限制膨胀率的设计指标由0.020%提高至0.030%，膨胀加强带优化为2条十字形，见图1。本工程采用连续式、间歇式两种膨胀加强带[1]。

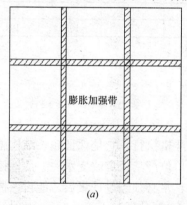
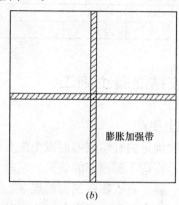

图1　膨胀加强带的优化设置

（a）4条井字形；（b）2条十字形

3 补偿收缩混凝土

由于本工程结构超长，为保证工程质量，依据JGJ/T 178—2009《补偿收缩混凝土应用技术规程》[2]提出表1所示的补偿收缩混凝土限制膨胀率技术指标。膨胀剂采用天津豹鸣股份有限公司生产的HCSA高性能混凝土膨胀剂配制补偿收缩混凝土。

补偿收缩混凝土技术指标　　　　　　　　　　　　表1

部　　位	强度等级	限制膨胀率（%）
楼板混凝土	C35	0.030
膨胀加强带混凝土	C40	0.040

3.1 原材料的优选

（1）水泥：42.5普通硅酸盐水泥。

（2）砂：中砂或机制砂，含泥量应小于3%。

（3）石：碎石，连续级配，粒径范围：5~31.5mm，含泥量<1%。

（4）混凝土膨胀剂：天津豹鸣股份有限公司生产的HCSA，7d膨胀率不低于0.06%。

（5）活性掺合料：二级粉煤灰。

（6）泵送剂。

3.2 混凝土配合比

以混凝土强度性能、限制膨胀率为目标，兼顾混凝土施工性能，进行混凝土试配。混凝土入模坍落度控制为（180±30）mm，在满足正常浇筑的情况下，混凝土坍落度尽可能要小，混凝土入模坍落度控制在低限。膨胀剂的掺量依据 JGJ/T 178—2009《补偿收缩混凝土应用技术规程》规定的试验方法确定，一般部位混凝土中 HCSA 膨胀剂的掺量为 35kg/m³，膨胀加强带部位混凝土中 HCSA 膨胀剂的掺量为 50kg/m³。

补偿收缩混凝土的配合比见表 2。

补偿收缩混凝土配合比（kg/m³）   表 2

部位	强度等级	水泥	粉煤灰	HCSA	砂	石	水	泵送剂
楼板	C35	383	70	35	687	1020	194	12.2
膨胀加强带	C40	378	70	50	687	1020	194	12.2

4 补偿收缩混凝土施工

4.1 混凝土生产

经过试验确定的补偿收缩混凝土配合比必须严格执行，它是保证超长结构施工质量的基础。否则，将达不到预期的效果。混凝土生产单位严禁任意改变水泥、活性掺合料、外加剂。水泥、砂、石、膨胀剂、粉煤灰、外加剂、水必须经过计量后才能投入搅拌机，计量误差为水泥、膨胀剂、粉煤灰、水、外加剂为±1%，砂、石为±2%。及时测定砂、石的含水量，调整混凝土拌合用水量，变更混凝土坍落度必须由现场技术人员执行，严禁随意增加用水量。此外，严格控制混凝土搅拌时间，确保混凝土拌合物搅拌均匀。

4.2 混凝土浇筑

浇筑前认真检查钢筋是否按设计图纸配置、绑扎牢靠，模板表面应涂上脱模剂。模板按设计尺寸安装，模板缝要严密，防止漏浆。同时，将模板及钢筋间的所有杂物清理干净。

（1）采取分块一次性整体浇筑的施工方式，根据膨胀加强带分为数个施工段，施工段浇筑方向采取"循序推进，一次到位"[3]的浇筑方法，使混凝土暴露面最小，浇筑强度最大，浇筑时间最短。

（2）混凝土振捣要依次振捣密实，混凝土振捣必须密实，不能漏振、欠振，也不可过振。振捣时，快插慢拔，振点布置要均匀，振捣时间以混凝土不泛浆，不出气泡为止。在施工缝、预埋件及穿墙管道处应加强振捣，以免振捣不实。振捣时应尽量不触及模板和钢筋，以防止其移位、变形。

（3）楼板成型完，首先用长刮尺刮平，初步分散水泥浆，待表面收干后，立即用塑料薄膜严密覆盖。图 2 是混凝土施工现场图片。

4.3 混凝土养护

混凝土的养护是保证混凝土质量的很重要的措施，本工程安排专人负责养护工作。

图 2　施工现场

　　为防止温度应力和失水干缩引起混凝土开裂，要覆盖塑料薄膜和蓄水进行保温保湿养护措施。具体做法：表面修整完成后，立即覆盖塑料薄膜，避免水分散失，表面混凝土终凝后，应采用覆盖塑料薄膜覆盖，并在混凝土终凝后实施洒水养护。在养护其间，混凝土不准发白，混凝土的养护不小于 14d。

5　混凝土质量检验与控制

　　（1）严格执行混凝土配合比，按要求使用 HCSA 高性能膨胀剂，保证原材料的计量准确和稳定，如有变化及时调整配合比，并保证混凝土拌合物均匀。

　　（2）在施工现场定期抽检混凝土拌合物坍落度，每班不少于两次，作为控制及评定混凝土拌合物质量的依据。现场严禁加水，坍落度（180±30）mm。

　　（3）混凝土浇灌前应充分考虑到各种不利因素，合理安排施工进度，完善技术措施，确保不出现"冷缝"[4]。注意混凝土接槎时间不得超过混凝土初凝时间，混凝土接槎时间不得超过 5h。

　　（4）混凝土拆除模板后，及时检查混凝土是否存在蜂窝、麻面及孔洞等施工缺陷，外观是否平整、密实、光滑。图 3 是拆除模板后混凝土外观。

图 3　拆模后混凝土外观

　　（5）混凝土试件留置按 GB 50204—2002《混凝土结构工程施工及验收规范》执行，表 3 是乐陵市建筑工程质量检测站对乐陵银座商城各层楼板及膨胀加强带混凝土立方体试块抗压强度测试结果。

各楼层混凝土留置试块抗压强度（MPa）　　　　　表 3

部位	一层	二层	三层	四层
楼板	38.7	38.6	41.8	45.2
膨胀加强带	42.5	42.5	52.3	57.8

6　工程效果

乐陵银座工程于 2011 年 6 月 1 日开始一层底板混凝土浇筑，于 2011 年 7 月 20 日完成四层顶板浇筑。工程实践表明，通过采用 HCSA 高性能混凝土膨胀剂，合理设置膨胀加强带，加强补偿收缩混凝土施工管理，可以在保证工程质量的前提下，加快工程施工进度，各楼层和屋面顶板混凝土浇筑完毕后，经洒水、蓄水检验，均未发现渗漏，在如此大面积的薄板结构中实属罕见，抗裂防水效果好，说明 HCSA 高性能混凝土膨胀剂是一种优良的混凝土结构抗裂防水材料。

参考文献

[1] 赵顺增，游宝坤. 补偿收缩混凝土应用技术规程实施指南 [M]. 北京：中国建筑工业出版社，2009，11

[2] 赵顺增，刘立. JGJ/T 178—2009 补偿收缩混凝土应用技术规程 [S]. 北京：中国建筑工业出版社，2009

[3] 赵文娟. 超长无缝施工技术在中科宏圣大厦地下工程中的应用 [J]. 膨胀剂与膨胀混凝土，2006，1：19-22

[4] 朱洪杰，李建河，刘立等. 北京工业大学第三教学楼超长结构的抗裂施工技术 [J]. 膨胀剂与膨胀混凝土，2006，2：20-24

补偿收缩混凝土在沧州
招商大厦工程中的应用

刘新立

（河北建设集团有限公司，保定市　071051）

摘　要：沧州市招商大厦工程建筑面积75000m²，基础结构形式为钢筋混凝土筏板基础，地下室底板是典型的超度大体积混凝土结构。地下室底板用五纵三横共八条后浇带分割成20个施工流水段。通过使用掺加UEA型膨胀剂的防水混凝土，有效地解决了大体积、超长结构和大面积薄板结构的抗裂问题，地下室混凝土结构的防水性能满足了设计和施工要求。

关键词：超长度　大体积　大面积薄板结构　UEA膨胀剂　膨胀混凝土　抗裂防水性能

Application of Shrinkage Compensating
Concrete in Cangzhou City Business Edifice

Liu Xinli

（Hebei Construction Group Co., Ltd, Baoding　071051）

Abstract：Cangzhou City business edifice has construction area of 75000 square meters，adopted reinforced concrete raft foundation；its basement floor is a typical super-long mass concrete structure. The baseplate is segmented into 20 constructions by 8 post-pouring belts. By using shrinkage compensating concrete with UEA expansive agents，the anti-cracking problems of super-long structure and large-scale thin plate structure have been successfully solved. Waterproof effects satisfy requirement of design and construction.

Key Words：super-long, large volume, large-scale thin plate structure, UEA expansive agents, expansive concrete, anti-cracking and waterproof

1　工程概况

沧州市招商大厦工程建筑面积75000m²，其中地下面积15000m²。地下室外墙周长605m，基础结构形式为钢筋混凝土筏板基础，筏板800mm厚，地下室底板是典型的超长大体积混凝土结构。地下室外墙为300mm厚，地下室顶板厚250mm，地下

［作者简介］刘新立（1964—），男，高级工程师。单位地址：北京市经济技术开发区景园北街2门3号楼（100076）。
联系电话：13501373812

图 1　工程施工流水段示意图

室外墙和顶板属于超长大面积薄板结构。按建筑平面共分为Ⅰ、Ⅱ、Ⅲ三个区段，其中Ⅰ、Ⅲ段地下二层，地上六层，Ⅱ区地下二层，地上二层；总高 37.5m。地下室底板用五纵三横共八条后浇带分割成 20 个施工流水段，地下室底板、外墙和楼板混凝土分段连续浇筑，工程施工流水段示意见图 1。地下室采用了掺加"豹鸣牌"UEA 型膨胀剂的 C35/P8 防水补偿收缩混凝土；结构形式为全现浇钢筋混凝土框架结构。基础埋深 10m，年平均地下水位 3.0m。

1.1　设计要求

设计对结构各部位混凝土限制膨胀率要求见表 1。

限制膨胀率技术指标　　　　　　　　　　　　　　表 1

部　　位	强度等级	抗渗等级	限制膨胀率（％）
基础底板	C35	P8	≥0.020
外墙	C35	P8	≥0.020
梁板	C35	—	≥0.050
膨胀加强带	C40	P8	≥0.025

1.2　单方混凝土泥用量

（1）防水混凝土水泥用量不得少于 320kg/m³；

（2）掺活性掺合料时水泥用量不得大于 280kg/m³。

2　混凝土配合比

2.1　原材料

（1）水泥：鹿泉金隅鼎鑫水泥有限公司生产的 P.O42.5 水泥；

（2）中砂：正定河砂，细度模数 2.3～2.7；

（3）碎石：保定满城，5～10mm，10～20mm，16～31.5mm；

（4）粉煤灰：德州电力Ⅰ级 F 类粉煤灰；

（5）矿粉：中达龙 S95 级矿粉；

（6）膨胀剂：天津豹鸣股份有限公司产膨胀剂 UEA；

（7）泵送剂：北京建筑工程研究院 AN4000 聚羧酸减水剂。

2.2　混凝土配合比

以强度等级和限制膨胀率为主要技术指标，采用上述原材料，通过试验确定的补偿收缩混凝土配合比见表2。

混凝土配合比（kg/m³）　　　　　　　　　表2

部位	水泥	UEA	矿粉	粉煤灰	水	砂	石	泵送剂
底板	235	40	55	75	174	722	1129	7.3
外墙	230	45	65	75	178	716	1121	7.5
楼板	240	42	48	85	176	717	1122	7.1
底板、外墙膨胀后浇带	280	45	45	80	178	689	1123	8.1
楼板膨胀后浇带	280	41	49	80	178	689	1123	8.1

抗压强度以R60天抗压强度作为本工程地下结构工程混凝土强度检验标准。

3 施工关键点的控制

沧州市招商大厦工程地下室防水等级为Ⅰ级，要求地下室不允许渗水，结构表面无湿渍；地下室底板外墙厚度大，面积和长度均超长，针对结构防裂防渗，保证混凝土结构耐久性等问题，在施工前的技术交底会上，中国建筑材料科学研究总院现场技术人员重点提出以下几点要求。

3.1 混凝土施工参数

适宜的混凝土坍落度是保证施工质量的前提，对各部位混凝土坍落度确定如下：

（1）基础底板：180±20mm；

（2）外墙：200±20mm；

（3）梁板：170±20mm。

混凝土的初凝时间不少于10h。

3.2 混凝土施工方法

（1）基础底板混凝土浇筑采取斜面分层法，筏板梁采取二次浇筑的方法，即先浇基础板后浇基础梁的方法。

（2）选用HBT100T型地泵＋铺地管，末端用混凝土布料杆输送混凝土的方法。

（3）混凝土的振捣选用ZN50型插入式振捣器。

（4）混凝土的收活

本工程基础底板施工在3月20日～5月20日之间，大气温度适宜大体积混凝土施工，混凝土表面平整后，在表面覆盖一层薄塑料薄膜。

3.3 混凝土养护

（1）基础底板和顶板混凝土养护

基础底板和顶板覆盖塑料薄膜蓄水养护14d。

（2）外墙混凝土养护

防水外墙要求带模养护7d，能拆模后，松动螺栓，露出2～3mm的缝隙勤洒水养护。拆除模板后，在阳角处覆盖麻袋片或毛毡，浇水后流至墙面养护14d。

3.4 施工技术措施

（1）外墙混凝土保护层 40mm，为加强外墙混凝土外侧混凝土防裂性能，在外墙外侧保护层内增设 ϕ4-100×100mm 钢丝网。

（2）因本地区地下水位高，在沉降后浇带部位采用了中国建材科学研究总院的超前止水专利技术，至目前为止，地下室未见任何渗漏现象。

4 工程效果

本工程于 2011 年 3 月 20 日开始浇筑底板混凝土，至 2011 年 5 月 20 日外墙和顶板浇筑完毕，共浇筑补偿收缩混凝土 20000m³。因工期紧张和模板周转的原因，外墙实际带模养护 3～5d。至 2011 年 8 月回填土前，外墙未发现任何可见裂缝，2011 年 11 月 28 日检查内墙面时也未见任何混凝土裂缝。工程实践表明，UEA 膨胀剂配制的补偿收缩混凝土在本工程的应用是非常成功的，起到了真正的抗裂防水效果，为建设单位节约了工期和施工费用，受到各方的一致好评。

ZY 膨胀剂在滨海新区渤龙湖总部基地超长大体积地下室结构抗渗混凝土中的应用

齐冬有　单立福　范德科　韩立林

（北京新中岩建材科技有限公司，北京　100024）

摘　要：滨海新区渤龙湖总部基地建设地为盐碱地，地下水有含有 Na^+、Mg^{2+}、Cl^-、SO_4^{2-} 等有害成分，对钢筋混凝土有一定腐蚀作用。设计要求混凝土强度等级为 C35，抗渗等级 P10，混凝土结构具有一定自防水功能。本项目地下室平面面积为 267.8m×66.26m，地下室地板厚度 40cm、墙板厚度 30cm、顶板厚度 25cm，属于超长、薄板结构。本项目通过掺加 ZY 膨胀剂提高混凝土密实度，达到自防水的效果，并应用超长结构无缝施工技术，实现地下室混凝土结构的一次性连续浇筑，有效地避免了有害混凝土裂缝的产生。

关键词：抗渗混凝土　膨胀剂　结构自防水　无缝施工技术

Application of ZY Expansion Agent in Resisting Crack and Preventing Infiltration of Reinforced-Concrete Structure Basement of Bolonghu Headquarters in Binhai New Area

Qi Dongyou　Shan Lifu　Fan Deke　Han Lilin

（New Zhong Yan Building Materials Technology Co. Ltd，Beijing　100024）

Abstract：Bolonghu headquarters of Tianjin new area is built on saline-alkali soil，There is so many harmful ions and ingredients on reinforced concrete. The design requirements for C35 strength grade of concrete，anti-permeability level P10，concrete structure with waterproof function. The basement of the area is 267.8m×66.26m，thickness of which floor is 40 cm，wall is 30cm，ceiling is 25cm，belongs to the long thin plate structure. ZY expansive agent improved the compactness of the concrete，making the concrete into structural self-waterproofing. Application of seamless super-length structure construction technology achieved continuous casting of the basement structural concrete，effectively avoid harmful the cracking of the concrete.

Key Words：Impermeable concrete，expansive agent，structural self-waterproofing，constructing methods of seamless construction

[作者简介] 齐冬有（1972—），男，高级工程师。单位地址：北京朝阳区管庄东里 1 号（100024）。联系方式：010—51167708，e-mail：qidongyou@cbmamail.com.cn

1 工程概况

天津市滨海新区渤龙湖总部基地是由天津海泰集团投资建设的天津重点工程项目，地处渤海新区，原为盐碱地，地下水有含有 Na^+、Mg^{2+}、Cl^-、SO_4^{2-} 等有害成分，对钢筋混凝土有一定腐蚀作用。项目由中国建筑设计研究院、北京市建筑设计院、清华大学建筑设计院和天津市设计院共同设计。总建筑面积约 100 万 m^2。根据中国建筑设计院介绍，该院承担的 M4 地块总建筑面积约 30 万 m^2，共有 6 栋办公楼，地下室长度在 150～320m 之间，地下室总建筑面积约 9 万 m^2。由于该工程地下室结构尺寸较大，给设计、施工带来很多不便。为了保证工程质量，便于设计、施工，加快施工进度，经建设各方多次论证，确定在 M4 地块地下室采用 ZY 膨胀剂配制补偿收缩混凝土进行无缝设计、施工，并使混凝土达到一定的结构自防水功能。

以 1-02 栋地下室为例，平面面积为 267.8m×66.26m，地板厚度 40cm、墙板厚度 30cm、顶板厚度 25cm。地下室下面采用混凝土桩承载，桩头承台含在混凝土底板内。采用现浇混凝土，混凝土设计强度等级为 C35，抗渗等级 P10。

2 本工程需解决的技术问题

2.1 超长结构混凝土收缩开裂的问题

本工程为超长钢筋混凝土结构，若按照传统方法施工，每隔 20～40m 需留一条后浇带，以解决混凝土结构的收缩开裂问题。按照规范规定，后浇带至少需 42 天以后才能用膨胀混凝土回填，这样就会延长工期；而且后浇带的清理、灌缝非常麻烦，处理不好常常会成为渗漏的隐患。此外，后浇带混凝土与先浇混凝土的结合非常薄弱，将严重影响结构的整体性和安全性。

2.2 防水问题

通常的外防水材料（如沥青卷材、聚氨酯防水涂料等）寿命较短，普遍存在外防水寿命和结构寿命不同步的问题。在外防水失效后，混凝土结构本身能不能防水才是决定性的因素。该项目地处天津滨海新区，原为盐碱地，地下水有含有 Na^+、Mg^{2+}、Cl^-、SO_4^{2-} 等有害成分，一旦混凝土开裂或混凝土自防水功能差，地下水中的有害成分就会快速渗透进入混凝土内部，从而对混凝土原有水化矿物及结构产生破坏，并使钢筋产生锈蚀，严重影响建筑结构的使用寿命。

3 抗渗混凝土的施工技术方案

本工程采用掺 ZY 混凝土膨胀剂配制补偿收缩混凝土，并进行无缝设计、施工，而且使混凝土达到一定的结构自防水功能。在混凝土中掺加 ZY 膨胀剂，使其产生适度的膨胀来补偿收缩，以膨胀所产生的压应力来抵消收缩所产生的拉应力。根据结构不同的部位，调整其掺加量，在结构收缩应力最大的中部采用大膨胀混凝土（即膨胀加强带），在结构收缩应力较小的部位采用微膨胀混凝土，以使混凝土的收缩拉应力得到大小适宜的补偿。

3.1 膨胀加强带的设置

根据本工程基础承台等具体情况，地下室底板的膨胀加强带建议设置纵向在 5～6、11～12、17～18、22～23、27～28 和 38～39 轴之间，横向 J～K 轴之间，见图 1。膨胀加强带内采用 5mm 孔径的钢丝网拦截，并支撑牢固。在加强带上并垂直于加强带方向增加应力钢筋，钢筋的材质与结构钢筋相同，直径小于结构 1～2 个规格，设置间距为结构钢筋的 2 倍，绑扎在两根结构钢筋中间，长度为穿过加强带并延长到两侧各 50cm。底板和顶板的应力钢筋只在上部面层钢筋上绑扎，墙板需内、外钢筋都绑扎。

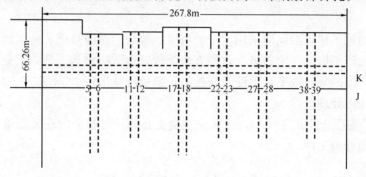

图 1　膨胀加强带位置示意图

墙板上膨胀加强带中应加钢板止水带，墙板上的膨胀加强带与顶板膨胀加强带与底板相对应。具有沉降功能的后浇缝按设计要求施工。

3.2 抗渗混凝土的配制

膨胀剂的掺加量应按 $E/(C+F+E)$ 方法计算。E-膨胀剂，C-水泥，F-矿粉或粉煤灰。底板部位、墙板和顶板部位混凝土膨胀剂的掺量为 10%，膨胀加强带掺量为 13%。膨胀剂采用北京新中岩建材科技有限公司生产的 ZY 膨胀剂，水泥采用金隅 P. O42.5，其他原材料及混凝土技术指标符合设计院及相关标准的要求，混凝土配合比见表 1。考虑到夏天施工，在配置混凝土时应考虑加入缓凝型高效减水剂。根据季节变化适当调整化学外加剂的品种和掺量。施工现场混凝土的初凝时间应大于 6 小时，混凝土的坍落度控制在 (16 ± 2) cm。

混 凝 土 配 合 比　　　　　　　　表 1

部　位	配合比（kg/m³）							
	水泥	砂	石	水	粉煤灰	矿粉	外加剂	膨胀剂
膨胀加强带	230	730	1080	180	60	80	7.3	48
非膨胀加强带	230	730	1080	180	49	80	7.3	37

3.3 ZY 混凝土的浇筑

（1）在浇灌补偿收缩混凝土前，模板及钢筋间的所有杂物必须清理干净。

（2）ZY 混凝土连续浇筑，必须保证"软接槎"，接槎时间不得超过终凝，以防产生冷接槎，造成防水隐患。

（3）ZY 混凝土振捣必须密实，不能漏振、欠振、也不可过振。振捣时间宜为 10～30 秒，以混凝土开始泛浆和不冒气泡为准。

3.4 底板 ZY 混凝土的浇筑方法

（1）浇筑工序

ZY 混凝土的浇筑施工，从一个方向开始浇捣，阶梯形逐渐推进，振捣必须密实。浇筑到膨胀加强带时，用专门配置的大膨胀 ZY 补偿收缩混凝土填充膨胀加强带；膨胀加强带浇筑完成后，再换回正常的微膨胀 ZY 补偿收缩混凝土继续往前浇筑，依次反复进行直到全部完成。

基础底板的施工建议沿纵向采用"一个坡度、薄层、循序推进、一次到顶"的连续方法，混凝土自然流淌形成一个斜坡。这种方法能较好地适应泵送工艺，避免泵管的经常拆除冲洗和接长，提高泵送效率，保证及时接缝，避免冷缝出现。

（2）二次抹面处理工序

在完成 ZY 混凝土浇筑工序后，为防止混凝土在硬化过程中出现表面龟裂现象，要及时进行二次抹面处理工序。

（3）养护工序

ZY 补偿收缩混凝土的养护非常重要，这是由于 ZY 混凝土中形成的膨胀结晶-钙矾石以及水泥水化都需要大量的水，否则会影响膨胀效能。因此在每一块混凝土浇筑、抹面完成后，要及时用麻袋、塑料薄膜等覆盖其表面；当整块混凝土终凝后，及时浇水养护，放线后可采用蓄水养护，养护期不少于 14 天。夏天浇水养护时间可选在早 10：00 之前和下午 5：00 以后进行。

3.5 外墙浇筑方法

（1）底板与外墙之间的水平施工缝是本工程防水最危险的地带，此处水位最深，水压最大，而施工缝处新老混凝土的界面又很薄弱，处理不好，常常会成为渗漏的隐患。为此，在水平施工缝设一道钢板止水带。

外墙施工前，首先将施工缝处混凝土凿毛，将钢筋间的所有杂物清理冲洗干净，并保持润湿，再铺上一层 20～30mm 厚的膨胀水泥砂浆，膨胀水泥砂浆所用的材料和灰砂比应与自防水混凝土的材料和灰砂比相同，然后再混凝土。外墙混凝土采用分层浇灌。泵管的布置须符合施工流水作业的要求。墙板混凝土的下料高度控制在 2m 以内，其他工序同底板混凝土的浇筑方法。

（2）外墙混凝土壁薄而暴露面大，工程实践表明，这里是最容易开裂的部位之一。开裂的原因是多方面的，一般是由于拆模过早，水分蒸发快，立面养护困难，受阳光直射、气候变化以及风吹等因素影响，易因骤冷骤热或急剧干燥而产生开裂现象，尤其是气温剧变、遭遇风吹日晒时。因此，外墙混凝土必须采取有效的保湿保温养护措施。

为保证墙板的防水质量，在墙板混凝土浇筑完 1 天后，可以松动模板的支撑螺栓，并在墙体上端架设淋水管，喷淋墙体；混凝土浇筑 3 天后，拆掉墙体上的模板，立即在墙板的内、外表面采用麻袋片或塑料薄膜覆盖，用人工浇水养护，要始终保持麻袋片潮湿，养护14天。

（3）在墙板混凝土养护工作完成后，要及时作外防水，否则应继续进行适当的养护。外防水作业完成后，要及时回填土保温保湿。

（4）墙板的膨胀加强带内应设置钢板止水带，膨胀加强带的回填应在带两侧混凝土浇筑完成3天以后再用专用混凝土进行填充。

3.6　顶板混凝土的浇筑方法

（1）顶板的膨胀加强带浇筑方法同墙板。

（2）当浇筑完一块混凝土后，立即用麻袋、塑料薄膜覆盖已完成抹面工序的混凝土表面；当混凝土硬化后不久，应及时在混凝土表面覆盖麻袋，浇水养护14天。

（3）±0.000顶板施工完毕后，裸露部分必须及时覆土，厚度500mm以上。

现场施工图片见图2。

图2　地下室施工图片

4　工程应用效果

本工程通过掺加ZY膨胀剂提高混凝土的密实度，达到了抗渗混凝土的设计要求；并应用超长结构无缝施工技术，实现了地下室混凝土结构的一次性连续浇筑。在工程施工过程中制定了科学严密的施工技术方案，严控各个施工环节，取得很好的效果。2011年9月1日本工程地下室主体结构施工完成，目前未出现有害裂缝。

天津宝境栖园地下车库混凝土结构自防水技术

李义龙[1]   赵忠强[2]   李长成[3]   田智超[1]

(1. 天津华北地质勘查局，天津   300170；

2. 天津市天明混凝土有限公司，天津   301800；

3. 中国建筑材料科学研究总院，绿色建筑材料国家重点实验室，北京   100024)

摘　要： 补偿收缩混凝土结构自防水技术具有成本低、施工简便、工期短，耐久性好、与结构物同寿命等优点。本文介绍了天津宝境栖园地下车库补偿收缩混凝土结构自防水技术应用情况，着重论述了抗裂防渗施工工艺、细部节点防水处理及施工注意事项，由于施工组织合理，取得了较好的防水效果。

关键词： 结构自防水　HCSA 高性能膨胀剂　补偿收缩混凝土　地下车库

The Application of Concrete Structure Self-waterproof Technology in Tianjin Baojing Garden underground Garage Project

Li Yilong[1]   Zhao Zhongqiang[2]   Li Changcheng[3]   Tian Zhichao[1]

(1. Tianjin North China Geological Exploration Bureau，Tianjin   300170；
2. Tianjin Tianming Concrete Co. ，Ltd，Tianjin   301800；
3. State Key Laboratory of Green Building Materials，
China Building Materials Academy，Beijing   100024)

Abstract： Shrinkage compensating concrete structure self-waterproofing technology has the advantage of low cost, convenient construction process, short working term, fine durability, and long service life. This paper introduce the application of shrinkage compensating concrete self-waterproof technology in Tianjin Baodi Baojing garden underground garage project. Description is focused on construction technique of anti-crack and anti-seepage concrete, waterproofing design of all details, and construction attention. And good water-proofing effect is obtained by an appropriate construction.

Key Words： structure self-waterproofing technology, HCSA expansive agent, shrinkage compensating concrete, underground garage

　　刚性防水技术[1]是指以水泥、砂、石为原材料并掺入少量外加剂或高分子聚合物材

[作者简介] 李义龙 (1984—)，男，助理工程师。单位地址：天津河东区广瑞西路 67 号 (300170)。联系电话：15002234689

料，通过调整配合比，降低孔隙率，改善孔结构，或通过补偿收缩，提高混凝土的抗裂防渗能力等方法，使混凝土构筑物达到防水的技术。补偿收缩混凝土是结构自防水技术的一个新突破，它通过水化反应产生体积膨胀，在钢筋和临位结构限制下，在钢筋混凝土中建立 0.2～0.7MPa 的预压应力，抵消混凝土结构在收缩过程中产生的全部或大部分的拉应力[2]，使结构不裂或把裂缝控制在无害裂缝（一般缝宽在 0.1mm 以下）范围内，从而达到混凝土结构自防水。此外，采用补偿收缩混凝土做结构自防水具有成本低、施工简便、工期短，耐久性好、与结构物同寿命、不污染环境等优点。HCSA 高性能混凝土膨胀剂已成功用于许多地下防水工程[3-5]，本文介绍了补偿收缩混凝土结构自防水技术在天津宝坻宝境栖园地下车库工程中的应用情况，对同类工程具有一定的借鉴意义。

1　工程概况

天津市宝坻区宝境栖园住宅小区地下车库工程建筑面积 10990m²，框架结构，地下一层，设计使用年限为 50 年，地下防水等级为Ⅱ级。基础底板厚 400mm，外墙 300mm，底板、外墙及顶板总防水面积 26233m²，混凝土设计强度等级 C30，抗渗等级 P8。该工程由天津市华夏建筑设计院设计，河北建设集团天辰建筑工程有限公司施工，天津市港保税区中天建设管理咨询有限公司负责监理，天津市天明混凝土有限公司供应商品混凝土。该车库工程划分为五个区，为防止收缩开裂，原设计在每区结构长向设置一条后浇带，后浇带要求 60d 后回灌，并且采用 SBS 外防水和渗透性结晶防水材料进行防水设计，见图 1。

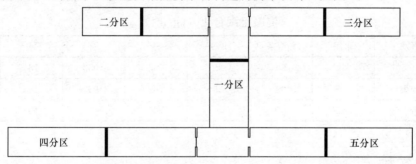

图 1　地下车库分区图

2　技术方案

由于地下和水工工程的特殊性，混凝土设计使用寿命在 70～100 年，而外包防水层的使用寿命只有 15～20 年，两者不同步。再加上柔性防水层在施工中存在许多问题，难以做到天衣无缝。显然，结构自防水才是治本，抗裂比防渗更重要。为加快施工进度，在保证工程质量的前提下缩短工期，决定取消外防水，采用 HCSA 高性能补偿收缩混凝土结构自防水技术，并由中国建筑材料科学研究总院提供抗裂防渗施工技术现场指导。

2.1　补偿收缩混凝土技术指标

为保证地下室自防水质量，避免工程出现有害裂缝，根据不同部位，依据 JGJ/T

178—2009《补偿收缩混凝土应用技术规程》提出表 1 所示的补偿收缩混凝土限制膨胀率技术指标。补偿收缩混凝土外加剂采用 GB 23439—2009《混凝土膨胀剂》规定的 II 型产品，本工程采用天津豹鸣股份有限公司生产的 HCSA，要求混凝土膨胀剂应具有独立检测机构随机抽检合格报告。膨胀剂掺量依据 JGJ/T 178—2009《补偿收缩混凝土应用技术规程》规定的试验方法确定，具体掺量见表 1。

补偿收缩混凝土技术指标 　　　　　　　　　　　　　　　　表 1

部　　位	强度等级	混凝土膨胀率（%）	HCSA 掺量（kg/m³）
底板	C30	≥0.020	30
外墙、顶板	C30	≥0.025	35
后浇带	C35	≥0.030	40

2.2　补偿收缩混凝土

补偿收偿混凝土采用泵送商品混凝土，坍落度要求为底板入模坍落度（160±30）mm、外墙及顶板入模坍落度（180±20）mm，为保证混凝土的抗裂性及抗渗性，在满足混凝土正常浇筑的情况下，混凝土坍落度尽可能要小，混凝土入模坍落度应控制在低限。

水泥，唐山金剑水泥有限公司生产的 PO. 42.5 普通硅酸盐水泥。细骨料，产自遵化，河砂，细度模数 2.8。粗骨料，产自三河，碎石，5～25mm。外加剂，天津恒利鑫外加剂厂生产的 SL-4 泵送剂。粉煤灰，来自天津第一热电厂，F 类 II 级。混凝土配合比见表 2。

混凝土配合比（kg/m³） 　　　　　　　　　　　　　　　　表 2

部　　位	水泥	粉煤灰	HCSA	砂	石	水	减水剂
底板	310	60	30	762	1053	185	8.8
外墙、顶板	315	60	35	762	1053	185	8.8
后浇带	325	65	40	732	1053	185	9.46

3　工程实施

施工严格按照国家现行行业标准 JGJ/T 178—2009《补偿收缩混凝土应用技术规程》要求实施。浇筑、振捣及养护是混凝土工程施工的关键工序，直接影响混凝土的质量和整体性。

3.1　施工工艺

混凝土浇筑过程中应做到合理分工、上令下行、耐心负责、模板支护合理、下料均匀、振捣密实、合理养护和强有力的后勤保障。

（1）混凝土浇筑前确认施工部位及混凝土强度等级，检查混凝土坍落度是否符合要求。泵口下料的人统领全局，其浇筑顺序、下料多少及是否均匀，直接决定着整体施工效率。采取分块一次性整体浇筑的施工方式，施工段浇筑方向采取"一个坡度，循序推进，一次到位"的浇筑方法，使混凝土暴露面最小，浇筑强度最大，浇筑时间最短。此外，施工过程中随时用钢筋插入已浇筑部位，确保混凝土没有初凝（不硬）。新旧混凝土的接槎时间应≤4小时，以避免出现施工冷缝。

（2）混凝土的密实直接决定着补偿收缩混凝土抗裂防渗的效果。因此，混凝土振捣要依次振捣密实，不能漏振、欠振或过振。快插慢拨，振点布置均匀，每间隔2个钢筋网格振捣一次。振捣时间以混凝土不泛浆，不出气泡为止，宜为10～30s。在施工缝、预埋件及穿墙管道处应加强振捣，以免造成渗水通道。振捣尽量不触及模板和钢筋，以防止其移位、变形。

（3）混凝土底板振捣密实后，收光找平，直接覆盖塑料薄膜进行养护。覆盖塑料薄膜可以使混凝土与空气隔绝，水分不再蒸发，水泥靠混凝土中的水分完成水化作用而凝结硬化。显著改善施工条件，节省人工、节约用水，保证混凝土的养护质量。混凝土可以上人后洒水养护，保持底板14h内处于湿润状态，并且养护期间混凝土不准发白。混凝土墙体在终凝后松动固定模板的螺栓，在模板顶部浇水对墙体混凝土进行养护，带模养护7d，模板拆除后，涂刷混凝土养护剂养护，避免墙体暴露，受阳光直射，否干燥太快易产生开裂。

（4）模板拆除严格按照国家现行标准 GB 50204—2002《混凝土结构工程施工质量验收规范》要求进行。

3.2　施工控制要点

（1）混凝土搅拌站必须严格执行混凝土配合比，按要求使用 HCSA 高性能混凝土膨胀剂，保证混凝土和易性。

（2）施工现场定期抽检混凝土拌合物坍落度，每班不少于两次，作为控制及评定混凝土拌合物质量的依据。如果坍落度不符合施工要求，直接作退货处理，严禁现场加水。

（3）混凝土浇筑时注意新旧混凝土的接槎时间≤4小时，以避免出现施工冷缝。

（4）混凝土振捣时，严禁用振捣棒别钢筋下料，防止已经收面的混凝土被传导振裂。严禁用振捣棒振动钢板止水带，防止已经浇筑完毕的钢板止水带与混凝土之间出现裂隙，钢板止水带的部位可采用人工插捣。同时，加强底板与外墙的阴角振捣。

（5）混凝土未上强度时，严禁上人，避免破坏混凝土结构。

（6）加强养护，混凝土应养护14天，养护期间混凝土不能出现发白现象。

3.3　注意事项

（1）浇筑外墙时，应在导墙处先浇筑30mm左右厚的砂浆，以防止出现孔洞、烂根等施工缺陷。

（2）后浇带回浇时必须清理干净，止水钢板上下方的混凝土应凿毛处理，止水钢板表面的浮浆应剔除。

（3）混凝土应平整、密实，拆除模板后应及时检查混凝土表面有无麻面、蜂窝、孔洞、露筋、缺棱掉角、缝隙夹层等缺陷，外形尺寸是否超过规范允许偏差。禁止工人私自处理缺陷，成立专门的施工小组对混凝土施工过程中出现的缺陷进行专业化处理，消除渗漏水隐患。

4 工程效果

宝境栖园地下车库工程自 2011 年 10 月下旬开始施工，历时 2 个月完成主体工程的补偿收缩混凝土浇筑工作，回填土后未出现开裂、渗漏现象。实践证明，取消外防水，采用 HCSA 高性能补偿收缩混凝土结构自防水技术，可以起到有效的抗裂防渗效果，并且在保证工程质量的前提下，加快施工进度，节省工程造价。本工程的成功实践，得益于设计、施工、结构自防水技术服务及混凝土搅拌站等相关单位人员的密切配合。

参考文献

[1] 游宝坤，赵顺增，李应权. 我国刚性防水技术的发展 [J]. 膨胀剂与膨胀混凝土，2009，3，1-4＋9

[2] 赵顺增，游宝坤. 补偿收缩混凝土裂渗控制技术及其应用 [M]. 北京：中国建筑工业出版社，2010，65-73

[3] 王锋安，岳泽，刘立. HCSA 在中国剧院艺术广场地下车库的应用 [J]. 膨胀剂与膨胀混凝土，2007，2，19-22

[4] 王谷丰，杨继民，丁鹏，胡双燕. HCSA 膨胀剂在赤峰云铜 10 万吨铜电解工程中的应用 [J]. 膨胀剂与膨胀混凝土，2008，1，21-24

[5] 高宝安，董恒颢，赵顺增，刘立. HCSA 膨胀剂在天津春和仁居住宅小区地下建筑中的应用 [J]. 膨胀剂与膨胀混凝土，2008，2，93-94

HCSA 膨胀剂在渤海锦绣城地下
车库防水外墙的应用

武旭南[1]　舒为先[2]　舒金涛[2]　傅克镇[2]　郑方杰[2]
韩团结[3]　杭玉勇[3]　舒连峰[4]　巩象顺[4]

(1. 中国建筑材料科学研究总院，绿色建筑材料国家重点实验室，北京　100024；
2. 山东省博兴县渤海置业有限公司，滨州　256500；
3. 博兴县金龙混凝土有限公司，滨州　256500；
4. 淄博建鲁工程建设项目管理公司，淄博　255000)

摘　要：本文介绍了渤海锦绣城地下车库 38～39 号楼标段超长结构混凝土防水外墙的收缩裂缝控制技术措施。根据该标段取得的施工经验，认为冷缩应力是外墙早期产生微裂缝的主要原因，同时在混凝土养护期间内，地下车库悬挑顶板上部放置重物和下部钢管支撑拆除过早是产生裂缝的另一原因。根据该标段取得的裂缝控制经验，改进了裂缝控制措施，后续施工的 3000 多米防水外墙，再未发现裂缝，取得了非常好的应用效果。

关键词：HCSA 膨胀剂　补偿收缩混凝土　防水外墙　裂缝

Application of HCSA Expansive Agent in Garage Outside Waterproof Wall of Bohai Splendid City

Wu Xunan[1]　Shu Weixian[2]　Shu Jintao[2]　Fu Kezhen[2]
Zheng Fangjie[2]　Han Tuanjie[3]　Hang Yuyong[3]
Shu Lianfeng[4]　Gong Xiangshun[4]

(1. State Key Laboratory of Green Building Materials, China Building Materials Academy, Beijing　100024；2. Shandong Boxing Bohai Home Co. Ltd, Binzhou　256500；3. Boxing KingLong Concrete Co., Ltd, Binzhou　256500；4. Zibo Jianlu Construction Project Management Co., Ltd., Zibo　255000)

Abstract：This paper introduces shrinkage cracks control measurements of outside waterproof walls in 38～39 section super-long underground garage of Bohai Splendid city. Cold shrinkage stress is the main reason of early micro-cracks of out-

[作者简介] 武旭南（1977—），男，助理工程师。单位地址：北京市朝阳区管庄东里 1 号（100024）。联系电话：010—51167601, e-mail: nmwuxunan@sina. com

side-walls based on construction experience. Meanwhile, storing heavy objects and decentering supporting steel tube prematurely during curingare the another causes of cracks of overhang roof. Good effect was obtained by improvements of cracks control measurements, and the latter 3000m outside waterproof walls have no cracks.

Key Words：HCSA expansive agents, shrinkage compensating concrete, outside waterproof walls, cracks

1　工程概况

渤海锦绣城地下车库东西长 420m，南北宽 320m，属于超长超宽结构，工程难度大，抗裂要求高。地下车库中矗立着 38 幢楼座，2010 年 8 月至 2011 年 3 月各楼座的地下室防水部位的施工全部完成。2011 年 9 月开始施工的地下车库由沉降后浇带，控制型膨胀加强带和后浇式膨胀加强带分割成 42 个标段，9 个沉降景观，抗裂防渗的难点就在于地下车库防水外墙的裂缝控制。

38～39 号楼地下车库标段面积为 1250m²，地下车库形状呈"H"形，北侧带窗口外墙长约 50m，不设后浇带；南侧普通外墙长约 100m，设置两条后浇式膨胀加强带，膨胀加强带间距约 30m，带宽 0.8m，两侧混凝土浇筑完 14d 后可以回填。本标段防水外墙较多，两种墙体构造形式都有，浇筑时间较其他标段早，所以本标段外墙裂缝的控制结果，对后续的外墙抗裂防渗有很重要经验。

地下车库防水外墙的构造形式有两种：（1）普通外墙，高度 3.9m，厚度 300mm，与 250mm 厚的顶板直接相连，如图 1 所示；（2）带窗口外墙，防水外墙高度 2.4m，厚度 300mm，上部是 1.2m×1.2m 的采光窗口，窗口上部是高 1m、宽 0.5m 的挡土大梁，顶板在大梁高度 0.3m 处，厚度 250mm，如图 2 所示。

第 1 种普通外墙的抗裂难度相对较小，施工的关键是控制混凝土的入模温度和养护时间。第 2 种带窗口外墙的构造形式比较复杂，大体量的挡土大梁与薄墙的温度不均匀，中间又通过采光窗口连接，可能会造成结构裂缝和温度裂缝的双重累加，以致防水外墙的裂缝增多。

图 1　普通外墙

图 2　带窗口外墙

2　技术措施

在工程设计阶段，针对本工程超长结构的特点，业主和设计单位向《补偿收缩混凝土应用技术规程》JGJ/T 178—2009 主编单位中国建筑材料科学研究总院进行裂缝控制技咨询，并委托中国建筑材料科学研究总院对工程的裂渗技术进行现场服务。根据中国建筑材料科学研究总院的意见，按照国家现行标准《补偿收缩混凝土应用技术规程》JGJ/T 178—2009 进行设计，地下工程全部使用优质的 Ⅱ 型混凝土膨胀剂 HCSA（7d 膨胀率不低于 0.06％）配制的补偿收缩混凝土，减免混凝土墙体收缩开裂的风险。

针对容易开裂的第 2 种墙体构造形式，现场工程技术人员建议建设单位采取二次浇筑方式，先浇窗口以下的防水外墙，等外墙的混凝土温度降至环境温度后，再浇窗口以上的大梁及顶板。但由于工程进度和模板支护困难等原因，建设单位还是希望一起浇筑。为了防止冷缩应力所产生的温度裂缝，通过采取以下措施保证工程进度和裂缝控制的双重目标。

（1）制定低热微膨胀的高性能混凝土配合比。通过分析本工程特点，以国家现行标准《补偿收缩混凝土应用技术规程》JGJ/T 178—2009 为依据，与设计单位协商，确定地下车库各部位的限制膨胀率，见表 1。

渤海锦绣城地下车库限制膨胀率指标 表 1

部　位	限制膨胀率（％）
底　板	0.025
外墙，顶板	0.025
后浇带，膨胀加强带	0.035

以混凝土强度性能、限制膨胀率为目标，兼顾混凝土施工性能，通过混凝土搅拌站提供的原材料，经试配，确定低热微膨胀高性能混凝土施工配合比，见表 2。

渤海锦绣城地下车库补偿收缩混凝土配合比 表 2

部　位	强度等级	抗渗等级	混凝土配合比（kg/m³）						
			水泥	粉煤灰	HCSA	水	砂	石	外加剂
底板	C30	P6	280	88	42	180	742	1068	12.3
外墙，顶板	C30	P6	298	70	42	180	742	1068	12.3
后浇带，膨胀加强带	C35	P6	315	68	60	180	734	1056	12.9

（2）混凝土入模温度应不超过 25℃。

（3）地下车库普通外墙，混凝土浇筑完成后带模养护 7d。地下车库带窗口外墙，混凝土浇筑完成后，在混凝土升温阶段，即混凝土入模后 24h 左右，将挡土大梁内外模板和外墙附壁柱的模板拆除完毕，下部的防水外墙带模养护 7d。

（4）以上部位模板拆除后，都应及时覆盖毛毡，洒水养护至 14d。

3　施工效果

2011 年 10 月 7 日 8：00～10 月 8 日 11：00 浇筑完顶板、外墙混凝土，总计浇筑补偿收缩混凝土 650m³，当天室外最高气温为 26℃，混凝土的入模温度为 28℃。按照要求，10 月 8 日 17：00 开始拆除北侧带窗口外墙的挡土大梁和外墙附壁柱的模板，模板拆完后及时覆盖毛毡，洒水养护。10月19日外墙模板拆除，表3是外墙模板拆完后，现场裂缝观察记录情况。

外墙收缩裂缝情况统计   表3

外墙形式	查看日期	裂缝数量	目测裂缝形态	出现部位
北侧带窗口外墙	10月19日	无	无	无
	10月22日	1条	窗口下沿"八"字形走向，细微，宽度小于0.2mm，长度0.5m左右	外墙附壁柱与相邻窗口下沿之间
	10月29日	2条	原有裂缝变清晰变长，宽度小于0.2mm，长度1.0m左右。新增裂缝与原有裂缝形态相同，宽度小于0.2mm，长度0.3m左右	新增裂缝在窗口下沿
	11月6日	2条	原有裂缝无变化，第2条裂缝变清晰变长，宽度小于0.2mm，长度0.5m左右	无变化
	11月24日	2条	无变化	无变化
南侧普通外墙	10月19日	1条	垂直走向，宽度小于0.2mm，长度约2m，枣核形状	外墙西侧后浇带以西10m左右，顶板下部梁与外墙相连处
	10月22日	3条	原有裂缝无变化。新增2条裂缝，垂直走向，宽度小于0.2mm，长度约1.5m，枣核形状	新增裂缝出现在两条外墙后浇带的中间，顶板下部梁与外墙相连处
	10月29日	4条	原有裂缝变长变清晰，宽度小于0.2mm，长度约2m。新增1条裂缝与前期生成的裂缝形态，长度基本一样	新增裂缝出现在两条外墙后浇带的中间，顶板下部梁与外墙相连处
	11月6日	5条	原有裂缝基本无变化，新增1条裂缝与前期生成的裂缝形态，长度基本一样	新增裂缝出现在两条外墙后浇带的中间，顶板下部梁与外墙相连处
	11月24日	5条	无变化	无变化

　　北侧50m带窗口外墙共发现两条微裂缝，此种裂缝属于结构应力集中裂缝，裂缝沿窗口呈八字方向延伸。常规的措施是在裂缝垂直方向加配构造钢筋，但是鉴于此种裂缝数量很少，且宽度很小，属于无害裂缝，经有关各方技术人员协商，不再进行加筋处理。另外，根据混凝土开裂时间判断，产生应力集中的原因还是混凝土冷缩应力。施工时混凝土入模温度为28℃，没有达到技术措施中要求的不超过25℃，因此建议再适当降低混凝土入模温度。

　　南侧100m的普通外墙，总计发现5条微裂缝。而且主要出现在两条墙体后浇带之间，在混凝土浇筑完成1个月内，裂缝呈逐渐增多的趋势，而两条后浇带外侧基本没有裂缝。这样的结果，令人颇感意外。通过询问施工企业相关情况，查看前期的影像资料和在地下车库内部查看，判断出南侧外墙微裂缝增多的原因：

（1）39 号楼南侧塔吊在 10 月 15 日～10 月 17 日拆除，拆除完的塔吊放置在刚浇筑完成 7d 的车库顶板上。而且此部位的顶板宽度仅为 4m 左右，北侧为沉降后浇带，尚未封灌，南侧为防水外墙，放置塔吊的位置，基本和外墙裂缝增多的部位相同。塔吊所处位置如图 3 所示。

（2）4m 宽的车库顶板及下部梁，北侧被沉降后浇带断开，南侧与防水外墙相连，中间没有框架柱支撑，属于悬挑结构。车库内部模板和钢管拆除后，没有及时用钢管抵住梁底，造成整个顶板及梁的重量都由外墙来支撑，因外墙的负重过大，造成墙体的开裂。后期要求施工企业用钢管抵住梁底，如图 4 所示。通过观察外墙情况，基本没有新增裂缝，原有裂缝形态也没有变化。

图 3　拆卸塔吊过程　　　　　　　图 4　顶板悬挑部位

（3）施工企业外墙模板拆除后，未及时挂毛毡，洒水养护不到位，南侧外墙日照时间长，容易失水干缩形成裂缝。从裂缝产生时间来看，也不排除冷缩的可能性。

以上出现的微裂缝，按照本工程预先规定的修补方案修补，并及时覆土回填，未造成渗漏水的隐患。而且，补偿收缩混凝土在回填土后，在潮湿的养护条件下，后期还可析出膨胀结晶体，封闭缝隙，这就是俗称的自愈合功能。

4　小结

汲取了 38～39 号楼地下车库标段的工程实践经验，2011 年 11 月中旬后，采取了控制混凝土入模温度控制在 20℃以内，后浇带的悬挑部分加强支撑，不允许在顶板上集中堆放重物等施工措施，后续施工的总计约 3000m 的地下车库外墙，两种结构的外墙均未发现可见裂缝，取得了非常好的效果，为掺加 HCSA 高性能混凝土膨胀剂的补偿收缩混凝土，在超长地下工程防水外墙的防裂技术方面探索了宝贵的工程经验。

参考文献

[1]　赵顺增，游宝坤 . 补偿收缩混凝土裂渗控制技术及其应用[M]. 中国建筑工业出版社，2010
[2]　赵顺增，游宝坤 . 补偿收缩混凝土应用技术规程实施指南[M]. 中国建筑工业出版社，2009

天津浯水道宝福家园地下车库
混凝土结构自防水技术

高保安[1] 李连成[1] 常 毅[2] 刘 军[3]

(1. 天津市河东房建公司，天津 300232；
2. 天津市信浩房地产开发有限公司，天津 300000；
3. 天津市房地产信托集团有限公司，天津 300000)

摘 要：混凝土结构自防水技术已成功用于许多重大防水工程，本文介绍了掺 HCSA 膨胀剂的补偿收缩混凝土在天津宝福家园地下车库工程中的应用情况。通过制定合理施工方案、优化混凝土配合比、加强施工振捣、养护及施工缺陷处理，成功取消外防水，加快工程进度，取得了良好的抗裂防渗效果。

关键词：结构自防水 补偿收缩混凝土 HCSA 膨胀剂

The Application of Concrete Structure
Self-waterproof Technology in Tianjin
Wushui way Baofu Home Garage

Gao Bao-an[1] Li Liancheng[1] Chang Yi[2] Liu Jun[3]

(1. Tianjin Hedong district Houses Construction Company，Tianjin 300232；
2. Tianjin Xinhao Real Estate Co，Ltd，Tianjin 300000；
3. Tianjin Xintuo Group Real Estate Co，Ltd，Tianjin 300000)

Abstract：Concrete structure self-waterproof technology has been successfully applied in many major waterproof projects，this paper introduces the application of shrinkage compensating concrete with HCSA expansive agents in Tianjin Baofu homeland garage. To accelerate the construction process，the garage has succeeded in canceling outside waterproof based on formulating a detailed construction plan，optimizing concrete mix proportion，strengthening vibrating and curing，and careful remedying defects. Finally，good effect of anti-crack & anti-leakage is also obtained.

[作者简介] 高保安（1968— ），男，高级工程师。单位地址：天津河北区白庙工业区普济河道（300232）。联系电话：022-86563023

Key Words：structure self-waterproof，shrinkage-compensating concrete，HCSA expansive agent

近年来，地下防水工程结构日趋大型化、复杂化，常规的柔性卷材防水加简单的防水混凝土施工经常产生漏水事故。实践表明，通过精心选择混凝土材料、严密的施工配合比设计、科学的施工部署、严格的组织施工，杜绝因施工产生的渗水隐患，补偿收缩刚性自防水混凝土技术[1]可以在保证质量的前提下完全取消柔性卷材防水，极大缩短工期，具有显著的社会效益和经济效益。结构自防水工程，设计是前提，材料是基础，施工环节是重要的保证，重视三方面的工作能达到混凝土结构自防水的目的[2]。本文主要介绍了掺HCSA 膨胀剂补偿收缩混凝土在天津浯水道限价房宝福家园地下车库工程结构自防水施工中的应用情况。

1　工程概况

天津浯水道限价房东至规划鄱阳路，南至规划淇水道，西至规划泽山路，北至规划路，占地面积 193000m²。该地块共包括地块 A、地块 B 和地块 C 计三宗地，其中限价商品住房建设套数地块 A 不低于 876 套、地块 B 不低于 641 套、地块 C 不低于 1050 套。宝福家园位于 B 地块，其地下车库为地下 1 层，顶板覆土 600mm，设计标高±0.000，现浇钢筋混凝土框架结构，结构设计使用年限为 50 年，防水等级为二级。该工程由天津市颐和城市建筑设计有限公司设计，天津市房地产信托集团公司开发，天津住宅集团建筑总承包公司承建。

2　技术方案

宝福家园地下车库工程原采用后浇带施工技术解决地下超长结构的防水抗裂问题，后浇带要求 60 天后回灌。由于后浇带的留置严重制约了工期，经论证决定采用补偿收缩混凝土结构自防水技术，提高混凝土抗裂性能，用膨胀加强带合理取消部分后浇带，膨胀剂选用 HCSA 高性能混凝土膨胀剂，并由中国建筑材料科学研究总院提供技术指导。在保证工程质量的前提下，加快施工进度，合理缩短工期。

"整体补偿、局部加强"，本工程全面采用补偿收缩混凝土，根据本工程设计图纸及工程实际情况，可以采用分段浇筑的方式，用间歇式膨胀加强带[3]取代收缩后浇带，膨胀加强带设在收缩后浇带的位置上，带宽为 2m，在带的两侧用密孔铁丝网将带内混凝土与带外混凝土分开。混凝土浇至加强带一侧停下，待施工条件具备后，清理施工缝杂物，再继续浇筑加强带混凝土和另一侧补偿收缩混凝土。本工程膨胀加强带的设置见图 1，膨胀加强带的构造见图 2。

3　补偿收缩混凝土

由于本工程结构超长，为避免出现有害裂缝，保证工程质量，采用天津豹鸣股份有限公司生产的 HCSA 高性能混凝土膨胀剂配制补偿收缩混凝土。依据 JGJ/T 178—2009

《补偿收缩混凝土应用技术规程》提出表1所示的补偿收缩混凝土限制膨胀率技术指标。膨胀剂掺量依据 JGJ/T 178—2009《补偿收缩混凝土应用技术规程》规定的试验方法确定，具体掺量见表1。

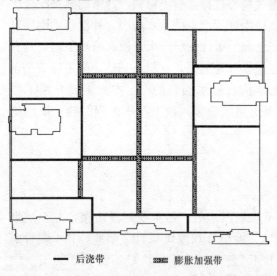

— 后浇带　　▨▨▨ 膨胀加强带

图1　膨胀加强带的位置

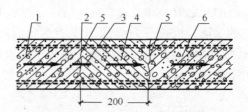

图2　间歇式膨胀加强带示意图

1—先浇筑的补偿收缩混凝土；2—施工缝；3—钢板止水带；4—后浇筑的膨胀加强带混凝土；5—密孔钢丝网；6—与膨胀加强带同时浇筑的补偿收缩混凝土

补偿收缩混凝土技术指标　　　　　　　　　　　表1

部　位	混凝土膨胀率（%）	HCSA 掺量（kg/m³）
底板	≥0.020	30
外墙、顶板	≥0.025	35
后浇带、膨胀加强带	≥0.030	40

3.1　原材料

水泥，天津振兴水泥有限公司生产的 P.O42.5 普通硅酸盐水泥。

粉煤灰，天津海德润滋建材公司生产的Ⅱ级粉煤灰。

矿渣粉，唐山汉丰环保建材有限公司生产的 S95 矿渣粉。

膨胀剂，天津豹鸣股份有限公司生产的 HCSA 高性能混凝土膨胀剂，GB 23439—2009《混凝土膨胀剂》规定的Ⅱ型产品，7d 限制膨胀率不低于 0.05%。

细骨料，产自绥中，中砂，含泥量应小于3%。

粗骨料，产自三河，碎石，连续级配，粒径范围：5～25mm，含泥量<1%。

减水剂：天津市澳德混凝土外加剂制造有限公司生产的 TM-9 聚羧酸高性能减水剂，减水率不小于20%。

3.2　混凝土配合比

以混凝土强度性能、限制膨胀率为目标，兼顾混凝土施工性能，进行混凝土试配。底板入模坍落度（160±30）mm，外墙、顶板入模坍落度（180±30）mm，在满足混凝土正常浇筑的情况下，混凝土坍落度尽可能要小，混凝土入模坍落度控制在低限。补偿收缩混凝土的配合比见表2。

补偿收缩混凝土配合比

表 2

编号	强度等级	混凝土配合比（kg/m³）							
		水泥	粉煤灰	矿渣	HCSA	水	砂	石	减水剂
1	C30	196	64	85	30	180	732	1097	6
2	C30	191	64	85	35	180	732	1097	6
3	C35	209	59	92	40	180	708	1107	6.3

注：1为底板混凝土，2为外墙、顶板混凝土，3为后浇带、膨胀加强带混凝土。

4 施工措施

补偿收缩混凝土结构自防水技术是一项综合技术，它包括原材料控制、配合比设计、混凝土生产、施工和养护等，只有合理分工、通力协作，才能保证其抗裂防渗效果。

4.1 混凝土生产

严格按照混凝土配合比生产，水泥、膨胀剂、粉煤灰、矿粉、水和外加剂的计量误差控制在±1%，砂、石的计量误差控制在±2%。严禁随意增加用水量，并且及时测定砂、石的含水量，调整混凝土拌合用水量，保证混凝土的到场坍落度及和易性。此外，混凝土的搅拌时间为普通混凝土搅拌时间的 1.6 倍，确保混凝土拌合物搅拌均匀。

4.2 混凝土浇筑

混凝土浇筑前检查模板尺寸是否正确、支护是否牢固，保证浇筑时不跑模、不漏浆。混凝土到场后核对混凝土标号，以避免混凝土浇筑错误，定期测量混凝土的坍落度，若混凝土坍落度、和易性不符合施工要求，坚决退货，确保混凝土质量。

混凝土浇筑时根据后浇带、膨胀加强带分为数个施工段，施工段浇筑方向采取"一个坡度，循序推进，一次到位"的浇筑方法，使混凝土暴露面最小，浇筑强度最大，浇筑时间最短。外墙、顶板浇筑时正好属于夏季施工，为确保混凝土浇筑质量，严格控制混凝土入模温度小于 25℃。同时，施工前提前准备麻袋片覆盖在地泵管上以降低温度，若车库顶板浇筑不及时时，也可覆盖在快硬部位上并浇水保湿，延缓混凝土凝结。当室外最高温度大于 30℃时，安排晚上浇筑，并保证夜晚照明。浇筑外墙前，预见浇筑 5cm 左右的砂浆，防止墙底或柱子出现烂根。混凝土浇筑接近膨胀加强带时，提前通知搅拌站发膨胀加强带的大膨胀补偿收缩混凝土，待膨胀加强带浇筑完毕后，再将混凝土换成小膨胀补偿收缩混凝土。

混凝土浇筑时保证每个泵口振捣棒 4 根以上，保证混凝土振捣密实。加强施工缝、预埋件、穿墙管道及底板与外墙的阴角处的振捣，以免振捣不实，造成渗水通道。此外，振捣时应尽量不触及模板和钢筋，以防止其移位、变形[4]。浇筑外墙时，每根振捣棒上要根据外墙高度做标记，导墙不出现烂根现象。混凝土现场施工情况见图 3。

4.3 混凝土养护

混凝土养护直接决定着补偿收缩混凝土抗裂防渗效果，本工程安排专人负责混凝土的养护工作。底板、顶板混凝土收实压光后，直接覆盖塑料薄膜进行养护，待混凝土可上人时，安排人员定期浇水养护，保证混凝土湿养护 14 天。相比较而言，外墙更容易出现裂缝，因此外墙的养护更加仔细。混凝土墙体在终凝后松动固定模板的螺栓，在模板顶部浇水对墙体混凝土进行养护，带模养护 7 天，模板拆除后立即涂刷混凝土养护剂养护，同时避免墙体受阳光直射。混凝土养护见图 4。

图 3　混凝土浇筑　　　　　　　　　　图 4　混凝土养护

5　施工注意事项

注意混凝土接槎时间不得超过混凝土初凝时间，避免出现施工冷缝，造成渗水隐患，混凝土接槎时间不得超过 5 小时。混凝土浇灌前应充分考虑到各种不利因素，合理安排施工进度，完善技术措施，确保不出现"冷缝"。

安排专人负责混凝土的养护工作，保证混凝土湿养护 14 天，并且在养护期间混凝土不出面"发白"现象。

外墙上的施工缝、穿墙螺栓孔和穿墙管道是容易渗漏的部位，对这些节点进行平整处理后，安排专人对其进行聚合物水泥防水材料或防水砂浆处理，涂刷聚合物水泥防水材料不少于两遍，厚度不小于 2mm。

后浇带回灌前，对止水钢板上下混凝土进行凿毛处理，松散的混凝土必须剔除，止水钢板上的浮浆清理干净。

6　工程效果

天津涪水道宝福家园地下车库工程补偿收缩混凝土整体施工质量较好，经业主、监理、施工方检查，未发现明显的有害裂缝，个别渗水点在车库回填土 6 个月后自动愈合，未再出现漏水现象。由于施工组织得当，各部门通力协作，该车库工程取得较好的补偿收缩混凝土结构自防水效果。

参考文献

[1]　赵顺增，游宝坤. 补偿收缩混凝土裂渗控制技术及其应用[M]. 北京:中国建筑工业出版社,2010,65-73
[2]　朱鸿钢. 浅谈大体积刚性自防水混凝土底板冬期施工技术[J]. 混凝土,2002,12:53-56
[3]　赵顺增，游宝坤. 补偿收缩混凝土应用技术规程实施指南[M]. 北京:中国建筑工业出版社,2009,8-15
[4]　刘立，苏伍明，张伟. 高性能 HCSA 在杨柳青购物广场工程中的应用[A]. 混凝土膨胀剂及其应用-混凝土裂渗控制新技术,第四届全国混凝土膨胀剂学术交流会论文集. 北京:中国建筑工业出版社,2006,370-376

HCSA 膨胀剂在格兰绿都
住宅小区一期车库的应用

刘建华

（甘肃普天房地产开发有限公司，甘肃省兰州市　730050）

摘　要：本文介绍了掺加 HCSA 高性能混凝土膨胀剂的补偿收缩混凝土自防水技术在兰州市格兰绿都住宅小区地下车库工程中的应用，采用膨胀加强带合理取代后浇带，大大提高施工速度，达到提高功效、节约成本的目的。

关键词：补偿收缩混凝土　HCSA 膨胀剂　地下车库

Application of HCSA Expansive Agent in Grand Green Community Phase I Underground Garage

Liu Jianhua

（Gansu Potevio Real Estate Development Co．，Ltd，Lanzhou 730050）

Abstract：This paper introduces the application of shrinkage compensating concrete with HCSA expansive agents structure self-waterproof technology in Lanzhou Grand green community the first phase underground garage．By reasonable replacing the concrete post casting belt by expanding reinforcing belt，the construction speed was improved．The cost was also saved．

Key Words：shrinkage compensating concrete，HCSA expansive agent，underground garage

1　工程概况

　　"格兰绿都"住宅小区由甘肃普天房地产开发有限公司开发建设，是高品质、多功能的"英伦风情"商住社区。"格兰绿都"总建设用地面积 81992.3m²，用地范围内共布局 17 栋单体建筑，共 23 个单元的住宅，总建筑面积约 33 万 m²。

　　"格兰绿都"开发建设分二期进行，一期建设占地面积 36533.4m²，总建筑面积 120156m²，其中地下车库位于一期建设的 8 号、9 号楼北侧与 12 号、13 号楼南侧之间，

[作者简介] 刘建华（1964—），男，高级工程师、国家一级注册建造师。单位地址：甘肃省兰州市七里河区林家庄 420 号（730050）。联系电话：13893247899，0931—2666199

一期车库总面积 7764.74m²，可容纳汽车 184 辆。地下车库防水设计等级为Ⅱ级，抗震设计按八度设防，设计使用年限为 50 年。本工程地下一层车库为框架结构，底板为 3 个标高，顶板分 4 个标高，层高为 4.45m、5.15m、4.55m，其中 5 号、8 号、9 号、12 号和 13 号楼的地下一层人防用通道与车库连接。车库东北角设预留连通口与二期车库一层连接。

2 补偿收缩混凝土技术在地下车库施工中的论证

本工程原设计地下室防水等级为Ⅱ级：采用钢筋混凝土结构自防水与外防水卷材两道做法，板底、板侧、板顶均做外防水卷材。外防水为改性沥青聚乙烯胎 SBS 防水卷材（3mm＋3mm 厚）二道设防。由于一期地下车库动土开工时，其南侧 8 号、9 号楼，北侧 12 号、13 号楼主体工程已经完成，地下车库按常规开挖及施工可能会影响相邻这几栋主楼地基及主体安全，设计单位经过现场实际查勘确定：

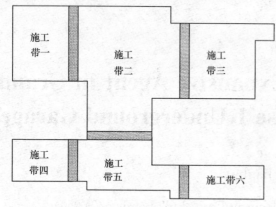

图 1　地下车库原后浇带设计方案

（1）将地下车库平面划分为 6 条施工带（见图 1），施工缝内设不锈钢止水带，外贴橡胶止水带，防水构造做法见图 1。

（2）施工时应按顺序从施工带 1 至 3 和 4 至 6 两个流水作业施工，其中流水一（施工带 1 至 3）和流水二（施工带 4 至 6）相对应部位施工带可以同时进行，同一流水段的各条施工带应单独施工，分 2 次回填。每条施工带墙体施工完毕且达到 50％强度后回填至-4.500，达到 70％以上强度时回填至±0.000。在第 1次回填完成后方可全面进行下一条施工带的施工。

（3）除第 1、4 条施工带外，其余已开挖的基坑需立即回填至各楼地下室筏板顶标高，并对基坑回填提出要求。

按照设计单位要求施工，一期地下车库要设 6 条施工后浇带，且施工顺序从施工带 1 至施工带 6 分段施工，各段施工混凝土强度要求对回填影响较大，施工单位根据设计院施工方案对工期进行计算后发现，全部完成车库施工至少需要 6 个月的时间，这样会严重影响整个项目的建设进度和一期车库按期投入使用。建设单位经过认真慎重的研究，召集由设计单位及省市有关专家参加的专题研讨会议，与会专家通过现场实地踏勘和计算，一致认为可以对设计方提供的施工方案进行优化，优化的重点是提高施工速度尽快将基坑回填，而提高施工速度的关键在于解决 6 条后浇带的施工问题。通过专家论证，会议决定在混凝土中添加适当比例的"高性能混凝土膨胀剂"补偿混凝土的收缩，同时将后浇带改为"膨胀加强带"。通过采取"补偿收缩混凝土技术"[1-3]在大幅度提高施工速度的同时，还保证了地下车库防水的设计要求，达到提高功效、节约成本的双重目的。

2010 年 10 月经过建设单位对国内生产"高效能膨胀剂"企业和国内同类工程的实地

考察，最终选定采用天津豹鸣股份有限公司生产的 HCSA 高性能混凝土膨胀剂用于解决"格兰绿都"住宅小区一期地下车库后浇带施工和混凝土结构自防水问题。

3 施工技术措施

3.1 原材料的选择

水泥：甘肃寿鹿山水泥有限公司生产的 P.O 42.5 普通硅酸盐水泥。

膨胀剂：采用 GB 23439—2009《混凝土膨胀剂》规定的 Ⅱ 型产品，水中 7d 膨胀率 ≥0.050%，空气中 21d 膨胀率 ≥-0.010%。本工程使用天津豹鸣股份有限公司生产的 HCSA 高性能混凝土膨胀剂，膨胀剂掺量依据 JGJ/T 178—2009《补偿收缩混凝土应用技术规程》规定的试验方法确定。

粉煤灰：兰化中凯 Ⅱ 级粉煤灰，品质满足 GB/T 1596—2005 规定的技术要求。

细骨料：临洮河砂，细度模数 2.9。

粗骨料：临洮碎石，粒径 5～31.5mm。

外加剂，RS 新型高效复合防冻剂，液剂。

3.2 混凝土配合比

为保证地下室自防水质量，避免工程出现有害裂缝，依据 JGJ/T 178—2009《补偿收缩混凝土应用技术规程》，补偿收缩混凝土限制膨胀率技术指标满足外墙、顶板混凝土膨胀率 ≥0.025%，膨胀加强带混凝土膨胀率 ≥0.030%。以混凝土强度性能、限制膨胀率为目标，兼顾混凝土施工性能，通过试配确定表 1 所示的补偿收缩混凝土配合比，混凝土抗压强度见表 1。

混凝土配合比及强度性能　　　　　　　　　　　　　表 1

配合比（kg/m³）							抗压强度（MPa）		
水泥	粉煤灰	膨胀剂	砂	石	水	防冻剂	7d	28d	60d
328	87	35	724	1082	170	11.48	25.1	33.5	41.9

3.3 混凝土生产

混凝土生产时严格按照配合比计量，粗、细骨料误差控制在 2% 以内，水泥、膨胀剂及粉煤灰控制在 1% 以内。及时测定砂、石的含水量，调整混凝土拌合用水量，变更混凝土坍落度必须由现场技术人员执行，严禁随意增加用水量。严格控制混凝土搅拌时间，搅拌时间应取普通混凝土搅拌时间的 1.6 倍，确保混凝土拌合物搅拌均匀。严格检查混凝土的出站坍落度，同时保证混凝土不离析、不泌水、和易性好，使混凝土到现场坍落度和施工性能都满足施工要求。

3.4 混凝土施工工艺

（1）浇筑：采取分块一次性整体浇筑的施工方式，施工段浇筑方向采取"一个坡度，循序推进，一次到位"的浇筑方法，使混凝土暴露面最小，浇筑强度最大，浇筑时间最短。

(2)振捣：加强混凝土振捣，保证混凝土振捣密实，不能漏振、欠振，也不可过振。振捣时快插慢拨，振点布置要均匀，振捣时间以混凝土不泛浆，不出气泡为止。在界面施工过程中，明确振捣有效范围，下发施工作业交底。

(3)养护：混凝土浇筑完毕后，及时覆盖塑料薄膜，对暴露在大气中的混凝土表面进行潮湿养护，养护时间不少于14天。

3.5 施工质量保证

为保证施工质量，施工过程中着重控制以下几个关键点：

(1)搅拌站严格执行混凝土配合比，保证现场混凝土坍落度，及时测定砂、石含水率变化，调整混凝土拌合水用量。

(2)施工过程中，严禁随意加水。

(3)浇筑混凝土时注意接槎时间，避免出现施工冷缝。

(4)加强施工振捣，确保混凝土密实，施工过程中避免振动止水钢板和钢筋。

(5)加强混凝土养护工作，保证潮湿养护14天。

(6)成立专门小组负责施工缺陷处理，严禁工人私自处理。

(7)地库回填土前，进行闭水试验，做到及时发现问题及时处理，不留渗漏隐患，图2为地库顶板闭水试验。

图2 地库闭水测试

4 应用效果和效果分析

通过采取补偿收缩混凝土技术，本工程除配电室局部仍按原设计施工，使用SBS柔性卷材外，其余地下室墙、板、梁均取消外防水，改为混凝土自防水，并取得以下效果：

(1)缩短工期3个月，提高工效50%。

(2)地下车库顺利通过闭水试验检验，于2011年3月完成基坑回填和顶板覆土，目前园林景观工程也一部分完成，经历了雨水和种植浇水，经实际检查，地下车库未发现有渗漏水现象，地下室自防水效果良好。

(3)经济效益分析：使用补偿收缩混凝土技术，大大降低了工程造价，按原设计二道SBS柔性卷材计算，每平方米最少需75元投入，改为补偿收缩混凝土自防水施工工艺，每平方米仅需28~30元，可节省45~47元，加上取消后浇带施工缩短施工期的人工费，经济效益十分显著。

参考文献

［1］ 赵顺增，游宝坤．补偿收缩混凝土裂渗控制技术及其应用［M］．北京：中国建筑工业出版社，
2010，65-73

［2］ 杨杰，康镶．超长底板混凝土结构加强带取代后浇的工程应用实例［J］．膨胀剂与膨胀混凝土，
2011，4：12-16

［3］ 武旭南，葛利强，葛利昌等．天津空港福光职工公寓地下室刚性防水技术实践［J］．膨胀剂与膨胀
混凝土，2011，4：9-11

补偿收缩混凝土在天津淮兴园
地下车库中的应用

李　娜[1]　贾福杰[2]　刘　立[2]　武旭南[2]　李长成[2]

（1　天津市北辰区建设工程质量安全监督管理支队，天津　300134；
2　中国建筑材料科学研究总院　绿色建筑材料国家重点实验室，北京　100024）

摘　要：天津淮兴园住宅小区地下车库施工采用补偿收缩混凝土技术，通过合理分块，科学设缝，用膨胀加强带取代温度后浇带，有效地控制了混凝土结构裂缝，达到了结构自防水的目的，加快了施工进度，保证了良好的工程质量。
关键词：补偿收缩　结构自防水　膨胀加强带

Application of Shrinkage Compensating Concrete in Tianjin Huai Xing Garden Underground Garage

Li Na[1]　Jia Fujie[2]　Liu Li[2]　Wu Xunan[2]　Li Changcheng[2]

（1　Construction project quality and safety supervision management
detachment of Tianjin Beichen district，Tianjin 300134；
2　State Key Laboratory of Green Building Materials，
China Building Materials Academy，Beijing　100024）

Abstract：With the use of shrinkage compensating concrete technology in Tianjin Huai Xing Garden underground garage，and through the reasonable block，science joints，replacing the temperature after-pouring-belt with expansion-reinforcing-band，we effectively controlled the concrete structure cracks，reached the purpose of structure self waterproof，quicken the construction progress，and ensured good quality of the project.
Key Words：shrinkage-compensating, structural self waterproofing, expansion reinforcing band

1　工程概况

　　淮兴园住宅小区是天津住宅集团为解决中低收入家庭住房问题而开发的全市最大保障

[作者简介] 李娜（1983.12～），女，助理工程师。工作单位：天津市北辰区建筑管理站。联系电话：022-26391395，15822516480

房项目——华城佳苑三期项目，小区位居于天津市中环线普济河道立交桥北侧，紧邻普济河东道、淮河道城市快速路，地铁 3、5 号线以及淮河道、万科花园两座公交总站，交通便利，地理位置优越。

淮兴园住宅小区地下车库为框架剪力墙结构，地下室底板长 242m，宽 159m，属于典型的超长结构，按照现行混凝土结构设计规范需要每隔 30m 设置后浇带解决超长抗裂问题，按此规定淮兴园住宅小区大型地下车库可能被划分为 30～40 块，大大增加了施工和质量控制难度，增加了混凝土结构的薄弱环节，留下相当多的隐患，由此引发结构的整体性、安全性以及防水等使用功能问题，并大幅度延长施工周期。

结合以往工程实践，经与设计单位天津市房屋鉴定设计院协商，本工程地下施工决定采用由中国建筑材料研究总院提供技术支持的补偿收缩混凝土结构自防水技术，取消部分后浇带，简化施工程序，保证防水质量。

2 补偿收缩技术方案

依据国家标准 GB 23439—2009《混凝土膨胀剂》、GB 50119—2003《混凝土外加剂应用技术规范》、行业标准 JGJ/T 178—2009《补偿收缩混凝土应用技术规程》，根据工程特点，提出淮兴园住宅小区地下结构补偿收缩混凝土相关技术要求。

2.1 膨胀剂技术指标

补偿收缩混凝土外加剂采用 GB 23439—2009《混凝土膨胀剂》规定的 II 型产品，关键指标见表 1。本工程采用的混凝土膨胀剂应具有独立检测机构随机抽检合格报告。

膨胀剂技术要求 表 1

项　目	膨胀剂膨胀率（%）
水中 7d	≥0.050
空气中 21d	≥−0.010

2.2 混凝土膨胀指标

依据 JGJ/T 178—2009《补偿收缩混凝土应用技术规程》提出表 2 所示的补偿收缩混凝土限制膨胀率技术指标。膨胀剂掺量依据 JGJ/T 178—2009《补偿收缩混凝土应用技术规程》规定的试验方法确定。

补偿收缩混凝土技术指标 表 2

部　位	混凝土膨胀率（%）
底板	≥0.020
外墙、顶板	≥0.025
后浇带、膨胀加强带	≥0.030

2.3 后浇带或膨胀加强带间距

地下车库、基础底板、外墙及顶板采用补偿收缩混凝土，并设置后浇带、膨胀加强带。在满足表1、表2的情况下，后浇带或膨胀加强带间距可控制在80m以内。底板、顶板根据施工需要，留为连续或间歇式膨胀加强带，外墙加强带均为后浇式膨胀加强带。

根据《补偿混凝土应用技术规程》JGJ/J 178—2009 相关要求，考虑本工程结构的实际情况，确定了后浇带的划分，及补偿收缩混凝土的浇筑方式和构造形式。详见图1。

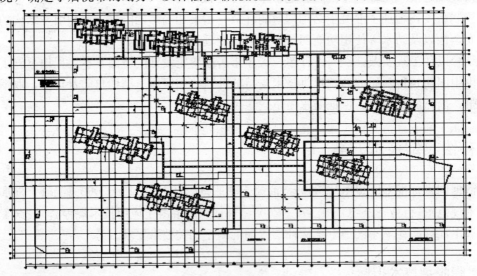

图1　后浇带分布位置图

3　施工控制技术

3.1　混凝土材料控制

3.1.1　原材料要求

（1）水泥：42.5普通硅酸盐水泥，性能符合国家标准。本工程采用唐山冀东总厂生产的42.5普通硅酸盐水泥。

（2）砂：中砂，含泥量应小于3％。

（3）石：碎石，连续级配，含泥量<1％。

（4）混凝土膨胀剂：达到 GB 23439—2009《混凝土膨胀剂》规定的Ⅱ型产品，本工程采用天津豹鸣股份有限公司生产的 HCSA。

（5）活性掺合料：二级以上粉煤灰，S95级磨细矿渣粉。

（6）泵送剂：性能符合国家及行业标准，减水率不小于20％。

3.1.2　混凝土配合比

补偿收缩混凝土最重要的指标除了普通混凝土强度性能，重要的控制指标还有混凝土限制膨胀率为目标，因此必须通过试验确定混凝土配合比，经过试验确定的补偿收缩混凝土配合比是超长结构施工的基础，必须严格执行，否则，将达不到预期的效果。混凝土生产单位严禁任意改变水泥、活性掺合料、外加剂。本工程混凝土配合比见表3。

编号	部位		混凝土配合比（kg/m³）							
			水泥	粉煤灰	矿渣	HCSA	水	砂	石	泵送剂
1	底板	C30	220	60	90	30	180	764	1056	8.0
2	外墙、顶板	C30	215	60	90	35	180	764	1056	8.0
3	底板	C35	238	65	97	30	180	752	1038	8.6
4	外墙、顶板	C35	233	65	97	35	180	752	1038	8.6
5	膨胀加强带	C40	260	70	105	40	180	715	1030	9.5

3.2　混凝土生产控制

3.2.1　工作准备

混凝土浇筑前对混凝土生产厂家进行实地检察，进行统一的技术交底，要求统一配合比，统一关键原材料。

3.2.2　原材料的计量

水泥、砂、石、膨胀剂、粉煤灰、磨细矿渣、外加剂、水必须经过计量后才能投入搅拌机，计量误差应符合下列要求：

水泥、膨胀剂、粉煤灰、磨细矿渣、水、外加剂：±1％；

砂、石：±2％。

3.2.3　混凝土搅拌

（1）在拌制混凝土时，要与搅拌人员协商好，按配合比投料，膨胀剂应有专门的计量仪器。

（2）及时测定砂、石的含水量，调整混凝土拌合用水量，变更混凝土坍落度必须由现场技术人员执行，严禁随意增加用水量。

3.3　施工控制

3.3.1　混凝土浇灌

（1）在浇灌混凝土前，模板及钢筋间的所有杂物必须清理干净。完善施工准备工作：备足振捣棒、塑料薄膜、彩条布、抽水泵等，将振捣人员分配好，一个泵口三个人，一个人跟着泵口走，辅助下料，另外两人，需贝照要求排着将混凝土振捣密实；模板工要有值班的，如后浇带处铁丝网跑灰，应及时加固；钢筋工、电工都要有值班的人在；施工方和搅拌站在混凝土浇筑时都要有现场负责人在现场协调。

（2）浇筑采取分块一次性整体浇筑的施工方式，根据后浇带、膨胀加强带分为5个施工段，每个施工段内的底板、顶板膨胀加强带均为连续式膨胀加强带，外墙膨胀加强带均为后浇式膨胀加强带，后浇式膨胀加强带留置时间为14d以上，浇筑方法采用一次到位的浇筑方式，连续过程中混凝土合理安排施工进度，完善技术措施，避免出现施工冷缝，造成渗水隐患。

混凝土浇筑时应从一侧向另一侧浇筑，车泵与地泵协调好，同时同方向浇筑，把施工暴露工作面放到最小，另外，首先应考虑到电梯井坑的分次浇筑，计划好时间，先浇筑电梯井坑的混凝土，然后浇筑底板混凝土，控制好新旧混凝土的接槎时间。

避免施工冷缝是结构自防水施工的控制要点，本工程要求混凝土接槎时间不超过 5 个小时。电梯井坑和导墙部位等需分次浇筑的部位是本工程控制要点，在混凝土初凝之前将新混凝土浇筑好，时间不能太长，以免形成冷缝，不能太短，混凝土没有塑性前，导墙容易返浆，留不住灰。

（3）振捣是自防水施工的关键。本工程要求混凝土振捣要依次振捣密实，混凝土振捣必须密实，不能漏振、欠振，也不可过振，要求每 2～3 个钢筋网格振捣一棒，振捣时间不少于 10s，不大于 30。振捣时，快插慢拨，振点布置要均匀，振捣时间以混凝土不泛浆，不出气泡为止。在施工缝、预埋件及穿墙管道处应加强振捣，以免振捣不实，造成渗水通道。严禁振捣棒触碰止水钢板；严禁振捣棒别钢筋下料；对于钢筋密集区要加强振捣；对于电梯井坑和导墙部位，需分次浇筑的地方，需要振捣好，不能因为怕返浆和跑模而不敢振，造成漏振现象。

（4）底板、顶板成型完，首先用长刮尺刮平混凝土表面浮浆，初步分散水泥浆，待表面收干后，用电抹刀搓压表面，防止出现表面沉塑裂缝。

3.3.2　混凝土养护

混凝土的养护是保证混凝土质量的很重要的措施，每个施工段均设立专人负责养护工作。

（1）底板、顶板：为防止温度应力和失水干缩引起混凝土开裂，板式构件成型抹压后，立刻覆盖塑料薄膜进行保湿养护措施，混凝土终凝后，专人洒水养护，确保底板在 14 天内保持湿润状态，在养护其间混凝土不准发白。

（2）墙体：混凝土终凝后松动固定模板的螺栓，在模板顶部浇水对墙体混凝土进行养护，带模养护 7d，模板拆除后，涂刷混凝土养护剂养护。

（3）养护期：混凝土的养护期不小于 14 天。

4　效果与经济评价

淮兴园地下车库于 2011 年 4 月开工至 6 月结束，共浇筑补偿收缩混凝土约 33000m³，图 2 为淮兴园地下车库底板浇筑、养护照片。施工过程中，对底板、外墙、膨胀加强带混凝土进行了现场抽检，混凝土强度、抗渗以及膨胀率均达到设计要求。工程经设计、施工、监理公司等多方努力，工程已按时竣工。竣工至今经雨季高水位浸泡，地下工程无渗水迹象发生，总体防水效果非常好。

本工程由于采取新材料、新工艺的钢筋混凝土结构自防水技术，在提高工程质量的同时取得了良好的经济效益，取消后浇带 20 余条，节省工期 30 余天，降低了施工难度。

5　结语

通过淮兴园地下车库抗裂施工的成功实践，认识到补偿收缩混凝土超长施工技术是一项综合技术，具有显著经济社会效益：一般混凝土地下结构工程采用高性能补偿收缩混凝土后，在有可靠的施工控制措施条件下，可取消结构外侧柔性防水层及相应的附属工艺，节约综合防水费用 60%以上，并简化工序，缩短工期，减少渗漏隐患；对于超大（长）

图 2　淮兴园地下车库筏板基础混凝土分块施工情况

结构应用补偿收缩混凝土，除提高抗渗作用外，还能增强结构混凝土抗裂性能，补偿收缩，并适当降低外侧防水层要求，在投入大致平衡情况下实现提高混凝土品质，减少渗漏隐患，方便施工，减少后浇带设置，节约止水带、降水等间接费用。

参考文献

[1]　吴中伟，张鸿直．膨胀混凝土[M]．中国铁道出版社，1990
[2]　游宝坤，李乃珍．膨胀剂及其补偿收缩混凝土[M]．中国建材工业出版社，2005
[3]　赵顺增．刘立等．HCSA 高性能混凝土膨胀剂性能研究[J]．膨胀剂与膨胀混凝土，2005(3)
[4]　赵顺增．刘立等．混凝土膨胀剂及其裂渗控制技术[M]．中国建材工业出版社，2010

天津浯水道宝喜家园地下车库
超前止水施工技术

高保安[1]　常　毅[2]　刘　军[3]　李连成[1]

(1. 天津市河东房建公司，天津 300232；
2. 天津市信浩房地产开发有限公司，天津　300000；
3. 天津市房地产信托集团有限公司，天津　300000)

摘　要：地下防水工程的质量直接影响到建筑的使用功能和寿命，本文以天津浯水道宝福家园地下车库为例，介绍了超前止水技术在车库底板施工中的应用，施工工艺、注意事项及质量控制措施，取得了较好的防水效果。

关键词：超前止水方法　地下车库　后浇带

The Application of Advanced Water-stop Construction Technique in Tianjin Wushui way Baoxi Home Garage

Gao Bao-an[1]　Chang Yi[2]　Liu Jun[3]　Li Liancheng[1]

(1. Tianjin Hedong district Houses Construction Company，Tianjin 300232；
2. Tianjin Xinhao Real Estate Co，Ltd，Tianjin 300000；
3. Tianjin Xintuo Group Real Estate Co，Ltd，Tianjin 300000)

Abstract：The quality of water proof in underground engineering directly affects the function and service life. Based on construction of Tianjin Wushui way Baoxi home, this paper introduces the application of advanced water-stop technique in garage baseplate. Construction technology, relevant precautions, and quality control of construction are also mainly emphasized. Due to appropriate organization of construction, good quality of waterproof is obtained.

Key Words：advanced water-stop technique, underground garage, post-pouring belts

　　在高层建筑的地下工程中，为了调节不同高差建筑之间的沉降，往往需要设置沉降后浇带。然而，沉降后浇带必须在主体结构施工完成以后才能再浇筑[1]，这就要求持续进行

[作者简介] 高保安（1968—　），男，高级工程师。单位地址：天津河北区白庙工业区普济河道（300232）。联系电话：022-86563023

降水，保证地下水位保持在基础以下，在主体结构完成并浇筑后浇带混凝土后，才能停止降水。当建筑物主体施工时间较长时，势必会大大增加降水费用，增加工程成本。地下工程超前止水技术可以在地下建筑结构重量能够平衡上浮力之后，提前撤掉降水，不仅节约地下水资源，降低施工成本，还可以减少因降水对周边建筑稳定性的影响，已成功用于许多地下防水工程[2-3]。本文介绍了一种基于超前止水钢板的地下工程超前止水技术在天津浯水道限价房宝喜家园地下车库工程中的应用。

1 工程概况

天津浯水道限价房占地面积 193000m²，该限价房划分为 A、B 和 C 三地块，宝喜家园位于 C 地块，其地下车库为地下 1 层，顶板覆土 600mm，现浇钢筋混凝土框架结构，结构设计使用年限为 50 年，防水等级为二级。该工程由天津市颐和城市建筑设计有限公司设计，天津市房地产信托集团公司开发，天津住宅集团建筑总承包公司承建。本工程采用掺 HCSA 高性能混凝土膨胀剂的补偿收缩混凝土结构自防水技术，膨胀加强带合理取消部分后浇带。主楼与地库之间的沉降后浇带予以保留，膨胀加强带和沉降后浇带设置见图 1。

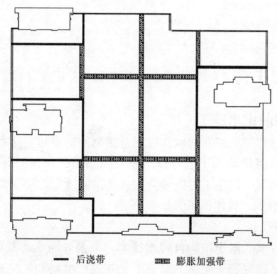

—— 后浇带　　▩▩▩ 膨胀加强带

图 1　膨胀加强带和沉降后浇带设置

2 超前止水技术方案

沉降后浇带通常需要在结构沉降变形稳定之后（即结构封顶之后）才能浇筑，留置时间很长。长时间抽取地下水，工程费用很大。此外，基础完成后，不立即进行回填土对深基坑工程存在安全隐患，并影响到后续其他工序的施工以及整个工程工期。

为加快施工进度，经专家组论证，本工程采用中国建筑材料科学研究总院的地下工程超前止水技术[4]（专利号：ZL20112009854.2）。该技术适用于基础位于地下水位以下的高层建筑或主体施工时间较长的基础底板、外墙后浇带工程。地下工程超前止水技术直接在基础垫层混凝土预留后浇带的部位铺设带有止水构造的超前止水钢板，钢板的边缘止水凸起嵌入基础底板的保护层混凝土之中，不仅可以防止地下水渗入后浇带，而且钢板的延性足以适应后浇带变形的要求。当地下建筑结构重量能够平衡上浮力之后，提前撤掉降水，等到主体建筑封顶沉降变形稳定后，再浇筑后浇带混凝土。

地下工程超前止水技术后浇带超前止水构造见图2。

超前止水钢板的止水构造分为一道止水凸起构造、多道止水凸起构造、镶嵌遇水膨胀橡胶止水条及止水外沿的一道止水凸起等，结合工程实际，本工程采用镶嵌遇水膨胀橡胶止水条构造的止水钢板，图3是该类超前止水钢板的示意图。

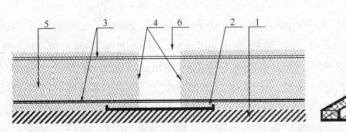 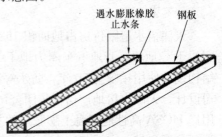

图2　后浇带超前止水构造

1—基础垫层混凝土；2—超前止水钢板；3—钢筋；4—后浇带侧模；
5—基础底板混凝土；6—后浇带

图3　镶嵌遇水膨胀橡胶
止水条的超前止水钢板

3　超前止水施工工艺

3.1　底板后浇带超前止水施工

根据施工经验充分利用所掌握的设计规定，编制后浇带超前止水专项施工方案，对施工人员进行超前止水后浇带施工工艺、控制要点及质量控制进行详细交底，如后浇带钢筋、模板、混凝土浇筑等项目施工时应采取的具体措施等。地下车库基础底板后浇带超前止水构造的做法详见图2，具体施工方法如下。

（1）基础垫层找平

本工程采用补偿收缩混凝土结构自防水技术，取消外防水。基础混凝土垫层浇筑后，对预留后浇带部位的基础混凝土垫层的局部不平处进行水泥砂浆找平处理。

（2）铺设超前止水钢板

为防止超前止水钢板使用期间锈蚀损坏，对钢板表面涂刷防锈漆或环氧漆。直接在找平处理后的基础垫层混凝土预留后浇带的部位直接铺设超前止水钢板，保证超前止水钢板的中心线与后浇带中心线重叠，沿长度方向的接缝满焊或用防水胶粘结（两块相邻的超前止水钢板底缘的宽度相差2倍板厚度，保证超前止水钢板可以形成连锁搭接），焊缝刷防锈漆。

（3）绑扎钢筋和支护模板

按钢筋工程施工图纸进行基础底板钢筋绑扎工作，保证钢筋绑扎牢固，钢筋铺设位置及间距正常。

后浇带侧模采用焊接外包钢丝网钢筋梯子，支护时确保侧模牢固，防止混凝土浇筑时发生跑模现象。

（4）底板混凝土浇筑

浇灌混凝土前，后浇带两侧所有杂物必须清理干净。补偿收缩混凝土浇筑时，加强振捣使混凝土密实，快插慢拔，振点布置要均匀，振捣时应尽量不触及模板和钢筋，以防止其移位、变形，并确保超前止水钢板的边缘止水凸起嵌入基础底板的保护层混凝土之中。

3.2 外墙后浇带超前止水施工

地下车库外墙后浇带超前止水构造施工工艺与基础底板类似，只需要将止水钢板立在后浇带部位，并点焊在钢筋上或固定在外墙模板上，浇筑混凝土即可。

3.3 施工注意事项

（1）后浇带两侧的混凝土应加强振捣，确保混凝土密实，防止因漏振、欠振引起的渗水隐患。

（2）施工时必须使超前止水钢板的边缘止水凸起嵌入后浇带基础底板的混凝土之中，确保超前止水钢板的止水效果。

（3）停止降水的时间应根据已建结构的自重和水的浮力经计算加以确定。

（4）后浇带混凝土的回灌时间，应符合规范和设计的有关要求。

图 4 是地下车库超前止水钢板施工现场。

图 4　地下车库后浇带超前止水施工

4　工程效果

宝喜家园地下车库采用超前止水施工工艺，当地下建筑结构重量能够平衡上浮力之后，即提前撤掉降水，沉降后浇带处未发现任何渗漏现象，说明本工艺行之有效。与原设计方法相比，该技术具有超前止水效果可靠、调节变形能力强、不用下挖垫层、工程量小、施工简单、节省工期、降低工程造价等优点，技术优势非常明显。

5　结语

近年来，随着建筑业的发展，高层、超高层、大体量的工程越来越多，沉降后浇带的应用越来越多。地下工程超前止水技术可以在地下建筑结构重量能够平衡上浮力之后，提前撤掉降水，不仅节约地下水资源，降低施工成本，还可以减少因降水对周边建筑稳定性的影响。超前止水技术在宝喜家园地下车库工程的成功应用，对类似地下工程后浇带施工处理具有一定的指导借鉴意义。

参考文献

[1] 刘震，张明朗. 后浇带的结构设计及施工[J]. 兰州工业高等工业专科学校学报，200，7(3)：28-30
[2] 葛杰，杨朱建. 解决地下室超前止水后浇带混凝土抗渗漏问题[J]. 安装，2009，12：32-34
[3] 徐先华. 地下室外墙后浇带混凝土导墙防水节点施工技术[J]. 浙江建筑，2011，28(11)：47-49
[4] 赵顺增，刘立. 一种地下工程后浇带超前止水的方法及超前止水钢板构造[P]. 中国专利：CN 102226345 A，2011-10-26

浅议渤海锦绣城小区补偿收缩混凝土的质量控制

舒连峰[1]　李忠东[1]　王　兵[1]　田孝义[1]　巩象顺[1]　崔亦方[1]　舒为先[2]
舒金涛[2]　傅克镇[2]　梅从海[3]

(1　淄博建鲁工程建设项目管理公司，淄博 255000；
2　山东省博兴县渤海置业有限公司，滨州　256500
3　江苏省建工集团有限公司，南通　226000)

摘　要：本文简述了渤海锦绣城小区楼座地下室补偿收缩混凝土的技术方案，针对原材料、混凝土搅拌站、施工单位提出具体的质量控制要点，并对现场存在问题提出处理措施。
关键词：补偿收缩混凝土　膨胀加强带　质量控制

Discussion on Quality Control of Shrinkage Compensating Concrete in Bohai Splendid City

Shu Lianfeng[1]　　Li Zhongdong[1]　　Wang Bing[1]　　Tian Xiaoyi[1]
Gong Xiangshun[1]　　Cui Yifang[1]　　Shu Weixian[2]　　Shu Jintao[2]
Fu Kezhen[2]　　Mei Conghai[3]

(1. Zibo Jianlu Construction Management Company, Zibo 255000；
2. Shandong Boxing Bohai Home Co. Ltd, Binzhou 256500；
3. Jiangsu Construction Group Co. Ltd, Nantong 226000)

Abstract：This paper introduces the technical scheme of shrinkage compensating concrete in Bohai splendid city garage. Quality control points of raw materials, concrete batching plant, and construction units are mainly presented. To problems on site, project group put forward corresponding remedial measures timely.
Key Words：shrinkage compensating concrete, expansion strengthening belt, quality control

随着建筑业的蓬勃发展，补偿收缩混凝土技术在防止混凝土收缩裂缝、结构自防水方

[作者简介] 舒连峰（1968—　），男，注册一级建造师、注册监理工程师、注册咨询工程师。单位地址：山东淄博市张店区，淄博建鲁工程建设项目管理公司（255000）。联系电话：15054386709，e-mail：lianfeng. 99@163. com

面得到越来越广泛的应用，现以渤海锦绣城小区楼座地下室补偿收缩混凝土的质量控制为例，谈谈个人看法。

1 工程概况

本工程为博兴县渤海置业有限公司投资建造的博兴县锦绣城住宅小区工程，位于博兴县新城二路与博城一路交界处西南角。总建筑面积为 409581m²，分别为 38 栋住宅楼，2栋会所。住宅建筑面积 292368.03m²，地下两层，其中地下一层为储藏室，地下二层主要为停车场、储藏室及设备房。地下部分东西最大长度约 418m，南北最大长度约 333m。地上主要由以下部分组成：塔式住宅 9 栋，18 层，剪力墙结构；单元式住宅 11 层 16 栋，17 层、18 层 13 栋，剪力墙结构。整个小区地下车库连成一体，属于超长混凝土结构，对防水要求比较高，为保证地下室自防水质量，避免工程出现有害裂缝，建设单位聘请中国建筑材料科学研究总院为补偿收缩混凝土技术支持单位，提供优质的补偿收缩混凝土配合比，并与设计单位协商，根据不同楼座的情况，提出表1、表2的技术要求，用膨胀加强带取代原先的后浇带，加快了工程进度，节省了工程造价。

渤海锦绣城各楼座补偿收缩混凝土技术要求　　　　　　　　表 1

部　位	强度等级	限制膨胀率（％）	抗渗等级
底板	C30、C35	0.020	P6
外墙	C30、C35	0.025	P6
顶板	C30、C35	0.025	P6
膨胀加强带	C35、C40	0.030	P6

渤海锦绣城各楼座补偿收缩混凝土浇筑方式　　　　　　　　表 2

楼　号	基础长度	措　施	楼　号	基础长度	措　施
1	49m	一次连续浇筑	18	54.4m	一次连续浇筑
2	37m	一次连续浇筑	19	32m	一次连续浇筑
3	46m	一次连续浇筑	20	33m	一次连续浇筑
5	46.6m	一次连续浇筑	21	65.5m	连续式加强带
6	46.6m	一次连续浇筑	22	31.5m	一次连续浇筑
7	51.3m	连续式加强带	23	33m	一次连续浇筑
8	55m	连续式加强带	25	52.8m	连续式加强带
9	55m	连续式加强带	26	52.8m	连续式加强带
10	73m	连续式加强带	27	62m	连续式加强带
11	49m	连续式加强带	28	71.2m²	连续式加强带
12	51.3m	连续式加强带	29	49m	连续式加强带
13	32m	一次连续浇筑	30	50m	一次连续浇筑
15	33m	一次连续浇筑	31	49m	连续式加强带
16	65.5m	连续式加强带	32	55m	连续式加强带
17	32m	一次连续浇筑	33	49m	连续式加强带

楼 号	基础长度	措 施	楼 号	基础长度	措 施
35	30m	一次连续浇筑	39	52.5m	连续式加强带
36	49m	连续式加强带	40	73m	连续式加强带
37	30m	一次连续浇筑	41	55m	连续式加强带
38	49m	连续式加强带	42	55m	连续式加强带

2 技术方案

2.1 为实现表1、表2的技术要求，避免出现有害裂缝，保证工程质量，采用全面掺加高性能膨胀剂 HCSA 的补偿收缩混凝土。

2.2 本工程采用"整体补偿，局部加强"的抗裂技术方案解决硬化阶段的抗裂问题：全面掺加高性能膨胀剂 HCSA，在结构收缩应力最大的地方给予较大的膨胀应力——加设膨胀加强带。膨胀加强带全部取代收缩后浇带，膨胀加强带带宽2m，设在原后浇带的位置上，在带的两侧用3～5mm密孔钢板网（3mm的设置1层，5mm的孔错位设置2层）将带内混凝土与带外混凝土分开。注意：带外的膨胀混凝土不能浇到带内。在本工程中采用图1、图2所示的连续式、后浇式两种膨胀加强带。

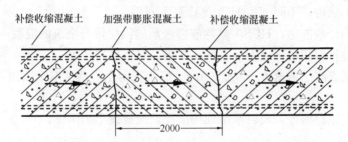

图1 底板连续式膨胀加强带示意图

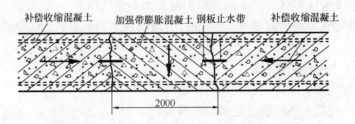

图2 墙体后浇式膨胀加强带示意图

（1）底板连续式膨胀加强带可与两侧混凝土同时浇筑，不需留缝。如遇施工组织原因需要留置施工缝时，可预先设置止水措施。

（2）墙体后浇式膨胀加强带，两侧需要预先设置止水措施。等两侧混凝土浇筑完后14d再回填。

2.3 合理安排施工进度，避免出现施工冷缝。

3 原材料、混凝土搅拌站、施工单位质量控制

3.1 原材料

3.1.1 水泥：青龙山 42.5MPa 普通硅酸盐水泥。

3.1.2 砂：中砂，含泥量应小于 3%。

3.1.3 石：碎石，连续级配，粒径范围：5~31.5mm，含泥量<1%。

3.1.4 混凝土膨胀剂：天津豹鸣股份有限公司生产的 HCSA，7d 膨胀率不低于 0.06%。

3.1.5 粉煤灰：西王集团电厂Ⅱ级。

3.1.6 泵送剂：美亚建材科技有限公司生产的 FH-B1，掺量 3.0%。

3.2 混凝土搅拌站质量控制

3.2.1 按要求使用 HCSA 高性能膨胀剂。

3.2.2 HCSA 高性能膨胀剂要单独存放，严禁受潮雨淋。存放期不能过长，以免造成膨胀剂失效。

3.2.3 严格执行混凝土配合比；HCSA 高性能膨胀剂的掺量不能与矿物掺合料混淆，造成施工质量事故。

3.2.4 保证及时供应混凝土。

3.2.5 注意施工部位，不同部位 HCSA 掺量不同。

3.2.6 原材料的计量准确，HCSA 高性能膨胀剂的供应量与浇筑的混凝土方量应相符。

3.2.7 混凝土搅拌时间是普通混凝土的 1.6 倍，保证搅拌均匀。

3.2.8 保证现场混凝土坍落度 200±20mm。底板混凝土坍落度取上限值，墙体混凝土坍落度取下限值。

3.2.9 现场做好跟踪服务，及时根据现场情况调配混凝土坍落度。

3.3 施工单位控制要点

3.3.1 订购混凝土时注明部位，不同部位的混凝土不要浇错。

3.3.2 现场严禁加水，坍落度 200±20mm；对现场加水采取退货、罚款处理。

3.3.3 振捣

(1) 做好对工人的技术交底；

(2) 夜间浇筑混凝土准备足够的照明设施；

(3) 阴天浇筑混凝土必须准备足够的塑料布；

(4) 准备 4 支 50 棒，3 支 30 棒；

(5) 混凝土进场测试坍落度，严格控制停留时间，保证混凝土连续浇筑；

(6) 浇筑混凝土时每个方格网都要振捣，振捣时间大于 10 秒，小于 30 秒，做到快插满拔，不能漏振、欠振、过振；

(7) 注意部位：止水钢板、施工缝、预埋件及穿墙管道处；

(8) 严禁用振捣棒别钢筋下料，防止已经收面的混凝土被传导振裂；

(9) 严禁用振捣棒振动钢板止水带，防止已经浇筑完毕的钢板止水带与混凝土之间出

现裂隙，丧失止水效果，钢板止水带的部位采用 30 棒振捣；

(10) 底板与外墙的阴角加强振捣。

3.3.4 杜绝施工冷缝：混凝土接槎时间不得超过 4h。

3.3.5 养护

(1) 安排专人养护；

(2) 平板结构采用覆盖塑料薄膜和蓄水养护；

(3) 立墙带模养护 7d，涂刷混凝土养护剂养护；

(4) 立墙养护时，设置水平喷淋管，在 14d 的养护期内，24h 不间断淋水。

3.3.6 防水节点

(1) 浇筑完的混凝土拆模后，严禁施工单位擅自处理缺陷部位，由中国建筑材料科学研究总院出具修补方案，监理单位负责监督执行；

(2) 水平施工缝、竖直施工缝设置止水措施；

(3) 施工缝、穿墙螺栓、穿墙管道处理；

(4) 严格清理和处理后浇带。

3.3.7 浇筑一段筏板后及时召开会议进行总结。

3.3.8 对于浇筑质量好、养护到位的班组给予奖励。

4 存在问题及处理措施

(1) 15 号、16 号楼基础底板连续浇筑，8 月份中午温度高，混凝土工多人中暑，造成筏板混凝土没有连续浇筑形成冷缝。处理措施：及时更换混凝土班组，多准备混凝土工人，实行两班倒，备足防暑、降温药品，浇筑时间尽量避开高温时段。将冷缝两侧各 200mm 宽度基层表面突起物、砂浆等铲平，并用清水清理冲洗干净；首先在冷缝两侧清理面涂刷聚合物乳液，并在 30 分钟内涂刷 1 层聚合物改性净浆，厚度 1～2mm；第 1 层聚合物净浆凝结硬化后，再涂刷第二层聚合物净浆，厚度 1～2mm；第二层聚合物净浆凝结硬化后，覆盖含水湿毛毡，养护期不少于 7d。

(2) 16 号楼 1～5 轴底板新浇混凝土被大雨冲淋，造成表面水泥浆富集，将导致表面强度降低。处理措施：雨停后，将表面水抽净，去掉底板表面浮浆和松散的混凝土，清除厚度约为 30～50mm，表面清洗干净后浇筑一层豆石混凝土，豆石混凝土强度等级 C35，膨胀剂掺加量为 47kg/m^3，表面压实抹平，覆盖塑料薄膜，洒水养护 14d。

5 结束语

渤海锦绣城小区楼座地下室采用补偿收缩混凝土作为结构自防水，在模板支撑应有足够的刚度和强度下，重点控制了补偿收缩混凝土的振捣、养护，经过蓄水试验，得到了很好防水效果，增加了推广补偿收缩混凝土的信心。

参考文献

[1] 中国建筑材料科学研究总院内部资料. 渤海锦绣城各楼座地下室补偿收缩混凝土抗裂防渗施工方案

补偿收缩混凝土结构自防水技术在福光职工公寓的应用

武旭南[1]　葛利强[2]　葛利昌[2]　贾福杰[1]

(1. 中国建筑材料科学研究总院，绿色建筑材料国家
重点实验室，北京　100024；2. 天津市房信建筑工程
总承包有限公司，天津　300000)

摘　要：本文介绍了天津空港福光职工公寓地下室的混凝土裂渗控制技术。工程实践证明，采用 HCSA 高性能混凝土膨胀剂配制补偿收缩混凝土，精心施工，可以确保地下工程刚性结构自防水的效果。

关键词：HCSA 膨胀剂　补偿收缩混凝土　防水　地下工程

The application of shrinkage compensating concrete structure self-waterproofing in Fuguang apartment

Wu Xunan[1]　Ge Liqiang[2]　Ge Lichang[2]　Jia Fujie[1]

(1. State Key Laboratory of Green Building Materials，China
Building Materials Academy，Beijing 100024；2. Tianjin Real
Faith Building Engineering General Contract Co. Ltd，Tianjin 300000)

Abstract：The application of crack-resistance and seepage control technology in Tianjin airports Fuguang apartment basement was presented in this paper. The engineering practice proves that it can get good rigid self-waterproofing in underground engineering by applying shrinkage-compensating concrete with HCSA high performance expansive agents and elaborate construction.

Key Words：HCSA expansive agents，shrinkage compensating concrete，self-waterproofing，underground engineering

1　工程概况

天津空港福光职工公寓 G 座 A 区地下室位于天津市空港经济区中环东路与东十道交

[作者简介] 武旭南（1977—　），男，助理工程师。单位地址：北京市朝阳区管庄东里 1 号（100024）。联系电话：010-51167601

口，地下室建筑面积 1945m²，基础类型为筏板基础，地下一层，地上四层，长 56.0m，宽 39.0m。地下室防水等级为 I 级，底板 400mm，外墙 300mm，外露顶板 180mm，墙体高度 4.0m。

2 补偿收缩混凝土技术方案

地下室原设计方案是防水混凝土，附加 4＋3mm 厚 SBS 改性沥青防水卷材。并在③～④轴之间设置了一条收缩后浇带，要求在混凝土浇筑 60d 后回灌。如果按照原设计方案，外防水成本高且工期长，桩头部位铺设卷材施工困难，并且外防水施工对基层含水率要求高，工期会延误很长时间。经设计和建设单位协商后，决定采用中国建筑材料科学研究总院的补偿收缩混凝土技术，使用混凝土结构自防水，取消附加卷材防水。

地下室设计强度等级为 C35P6，通过分析地下室建筑图纸，依据《补偿收缩混凝土应用技术规程》JGJ/T 178—2009，决定选用膨胀率高的 II 型混凝土膨胀剂 HCSA，配制成优质的补偿收缩混凝土，用膨胀加强带取代原后浇带，连续施工，一次性整体浇筑。并确定如表 1 所示的各部位混凝土的限制膨胀率指标。

限制膨胀率技术指标　　　　　　　　　　　　　　　　　　　表 1

部 位	强度等级	抗渗等级	限制膨胀率（％）
底板	C35	P6	0.020
外墙、顶板	C35	P6	0.030
膨胀加强带	C40	P6	0.040

3 混凝土配合比

水泥：冀东宁河分厂 P.O42.5Mpa；河砂，细度模数 2.3～2.7；碎石，最大粒径 5～31.5mm；天津军电合利 II 级粉煤灰；许家台宝丰 S95 级矿粉。膨胀剂为天津豹鸣股份有限公司产 II 型膨胀剂 HCSA，7d 膨胀率 0.060％；泵送剂为天津武清区津航建材有限公司 MF—5，减水率 20％。

以强度等级和限制膨胀率为主要技术指标，采用以上原材料，通过试验确定补偿收缩混凝土配合比见表 2。

混凝土配合比　　　　　　　　　　　　　　　　　　　　　表 2

部 位	水泥	HCSA	矿粉	粉煤灰	水	砂	石	泵送剂
底板	218	30	97	65	180	760	1048	9.0
外墙、顶板	213	35	97	65	180	760	1048	9.0
膨胀加强带	224	40	110	66	175	732	1053	10.12

4 施工关键点的掌控

本工程为职工公寓，地下室防水等级为 I 级。规范要求地下室不允许渗水，结构表面无湿渍。本工程地下室面积和构件厚度不大，底板，外墙和顶板都可以一次性浇筑。但抗裂防渗要求高，需要精心施工，主要是避免施工过程中一些混凝土的质量通病，在施工前的技术交底会上，中国建筑材料科学研究总院现场技术人员重点对以下几个方面提出要求。

4.1　防水外墙水平施工缝部位振捣

防水外墙水平施工缝在上翻底板 300mm 处，吊模支撑，很难一次性浇筑起来，容易出现混凝土欠振或施工冷缝，造成底板与外墙阴角处渗水。

要求：（1）要加强现场管理，底板混凝土浇筑完毕后，要安排专人随时查看，在混凝土初凝前及时浇筑；（2）浇筑此部位的混凝土坍落度要稍低，坍落度为 140～160mm；（3）振捣时要安排有经验的振捣工，用直径 30mm 的小振动棒精细振捣，并避免振动止水钢板。

4.2　混凝土要避免出现施工冷缝

要求：（1）搅拌站要保证浇筑期间混凝土的正常发车频率，不能断车。要有备用搅拌线，各种原材料要保证及时供应，尤其是 HCSA 膨胀剂要提前送到搅拌站；（2）现场合理安排泵车布泵，尽量不留浇筑死角。有死角部位，用溜槽或塔吊等辅助下料；（3）浇筑过程中如果出现冷缝，要在冷缝部位用去除粗骨料的 C40P6 配合比的砂浆浇筑 50mm，并加强振捣。施工完毕后，用聚合物乳液配制聚合物改性净浆，涂刷两遍，厚度约为 1mm。

4.3　浇筑外墙时要防止出现温度裂缝

外墙混凝土浇筑季节是 5 月中旬，顶板、墙、梁、柱一起浇筑。此时环境温度约为 25～30℃，为避免水化热引起的温度裂缝，采取以下措施：（1）优化混凝土配合比，降低水化热；（2）要求搅拌站用井水搅拌，并将混凝土的初凝时间延长至 15h；（3）浇筑外墙要夜晚施工，入模温度控制在 25℃ 以下。

4.4　混凝土的养护

主要是防水外墙的养护，要求：底板和顶板覆盖塑料薄膜湿养 14d。防水外墙要求带模养护 7d，能拆模后，松动螺栓，露出 2～3mm 的缝隙勤洒水养护。拆除模板后，在阳角处覆盖麻袋片或毛毡，浇水后流至墙面养护 14d。

5　工程效果

本工程于 2011 年 4 月 27 日开始浇筑底板混凝土，至 2011 年 5 月 11 日外墙和顶板浇筑完毕，共浇筑补偿收缩混凝土 2200m³。因工期紧张和模板替换的原因，外墙实际带模养护 3d。图 1 为底板混凝土基本浇筑完毕。图 2 为外墙刚拆完模板情况。当时检查，底板未见有害裂缝，拆模时查看外墙，也未见任何微细裂纹。

2011 年 6 月 9 日，地下室浇筑完后 1 个月，取消降水并回填土。从内部查看，长向北墙约有 2 条微裂纹，南墙约有 3 条微裂纹，短向东、西墙无裂纹。裂纹基本出现在墙体中部附壁柱两侧，垂直走向，长度 2～3m，裂缝宽度小于 0.2mm，属于无害裂缝。经过几次下雨考验，裂缝部位无湿渍，经分析，应该是温度裂缝。附壁柱的宽度为600mm，墙体厚度300mm，同时浇筑，产生温度应力，体积大的附壁柱把薄墙带裂。另外，拆模时间略早，正好在混凝土温升最高的时段，如按要求带模7d，可能就不会有裂纹。

通过本工程实践，HCSA膨胀剂配制的补偿收缩混凝土在本工程的应用非常成功，起到了真正的抗裂防水的效果，为建设单位节约了工期和施工费用，受到各方的一致好评。

图1　底板混凝土浇筑　　　图2　外墙刚拆完模板情况

天津宝境栖园地下车库补偿收缩
混凝土冬期施工技术措施

唐　辉[1]　李长成[2]　田智超[1]　于海亮[3]　赵东海[3]

（1. 天津华北地质勘查局，天津　300170；2. 中国建筑材料科学研究总院，
绿色建筑材料国家重点实验室，北京　100024；3. 天津市港保税区中天建设
管理咨询有限公司，天津　3000451）

摘　要：本文介绍了天津宝坻宝境栖园地下车库补偿收缩混凝土冬期施工技术，通过采取掺加 HCSA 高性能膨胀剂、优化混凝土配合比、分层浇筑、加强振捣、注重混凝土保温养护、仔细处理施工缺陷、尽早回浇后浇带和回填土等措施，取得了较好的抗裂防渗效果，对类似地下工程冬期施工具有一定的指导意义。

关键词：补偿收缩混凝土　冬期施工　HCSA 高性能膨胀剂　地下车库

Winter Construction Technology of Shrinkage Compensating Concrete in Tianjin Baojing Garden Underground Garage Project

Tang Hui[1]　Li Changcheng[2]　Tian Zhichao[1]
Yu Hailiang[3]　Zhao Donghai[3]

（1. Tianjin North China Geological Exploration Bureau，Tianjin，300170；
2. State Key Laboratory of Green Building Materials，China Building Materials
Academy，Beijing 100024；3. Tianjin Port Free Trade Zone Zhongtian
Construction Consultation Management Co.，LTD，Tianjin，300451）

Abstract：This paper presents the winter construction technology of underground garage of Tianjin Baodi baojingxiyuan. Good effect of anti-crack & anti-leakage was obtained by using HCSA expansive agent，optimizing concrete mix proportion，multi-layers method，proper vibration，improving heat-preservation curing，careful treatments to construction defects，and pouring post-pouring belt and backfilling soil as soon as possible. has certain guiding meaning for future similar underground engineering winter construction. In addition，this successful project has been approved of a practical and in-

[作者简介] 唐辉（1981－），男，助理工程师。单位地址：天津河东区广瑞西路 67 号（300170）。联系电
话：18622400508

structive way to other similar projects

Key Words：shrinkage compensating concrete，winter construction，HCSA expansive agent，underground garage

冬期施工由于施工条件及环境的不利因素，会对整个施工过程中的质量、进度、安全等有所影响。冬季是混凝土工程质量事故的多发季节，而且质量事故的出现具有隐蔽性、滞后性，大多数质量问题在次年春季才开始暴露，从而给事故处理带来很大的难度，轻者进行修补，重者重新施工，不仅给工程带来损失，而且影响工程的使用寿命。补偿收缩混凝土抗裂防渗技术已成功用于很多地下防水工程[1-2]。本文以天津宝坻宝境栖园地下车库工程为例，介绍了掺 HCSA 高性能混凝土膨胀剂的补偿收缩混凝土冬期施工技术，由于施工组织合理，取得较好的抗裂防渗效果，对类似地下车库工程的冬期施工具有一定的借鉴意义。

1 工程概况

天津宝坻区宝境栖园地下车库工程建筑面积 $10990m^2$，框架结构，地下一层，设计使用年限为 50 年，地下防水等级为 Ⅱ 级。地库基础底板厚 400mm，外墙 300mm，划分为五个区，为防止混凝土收缩开裂，在结构长向设置一条后浇带，见图 1。该工程由天津市华夏建筑设计院设计，河北建设集团天辰建筑工程有限公司施工，天津市港保税区中天建设管理咨询有限公司负责监理，天津市天明混凝土有限公司供应商品混凝土。为加快施工进度，在保证工程质量的前提下缩短工期，决定取消外防水，采用掺 HCSA 高性能混凝土膨胀剂的补偿收缩混凝土结构自防水技术，并由中国建筑材料科学研究总院提供抗裂防渗施工技术现场指导。工程原定于 2011 年 9 月开工，但因故推迟，10 月 22 日至 11 月 15 日才完成底板浇筑工作，外墙和顶板则进入冬期施工阶段。

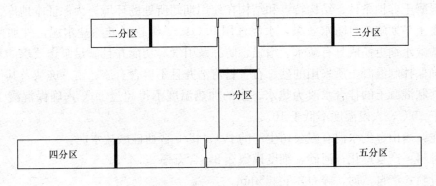

图 1　地下车库分区图

2 技术方案

混凝土冬期施工方法主要有蓄热法、综合蓄热法、电加热法、电热毯法、暖棚法、负温养护法、硫铝酸盐水泥混凝土法。其中，综合蓄热法[3]是在混凝土中掺加化学外加剂，利用原材料加热和水泥水化热的热量，通过适当保温，延缓混凝土冷却，使混凝土在一定时间内保持正温，再利用外加剂的早强组分作用，加快混凝土的硬化速度，使混凝土在温度降到0℃前达到预期要求强度的冬期施工方法。混凝土综合蓄热法施工在混凝土的制作和浇筑过程中，各项措施容易控制和掌握。因此，综合考虑工程自然环境、施工成本，该地库工程冬期施工方法采用综合蓄热法。本工程混凝土采用商品混凝土，冬期施工中严格检查控制混凝土原材料及外加剂的质量，要求混凝土运输时对罐车进行保温处理，力争对混凝土加热、搅拌、运输、浇筑、测温、养护都进行严格监控。

2.1 补偿收缩混凝土技术指标

为保证地下室自防水质量，避免工程出现有害裂缝，根据不同部位，依据JGJ/T 178—2009《补偿收缩混凝土应用技术规程》提出表1所示的补偿收缩混凝土限制膨胀率技术指标。补偿收缩混凝土外加剂采用GB 23439—2009《混凝土膨胀剂》规定的Ⅱ型产品，本工程采用天津豹鸣股份有限公司生产的HCSA，水中7d膨胀率≥0.050％，空气中21d膨胀率≥−0.010％。膨胀剂掺量依据JGJ/T 178—2009《补偿收缩混凝土应用技术规程》规定的试验方法确定，具体掺量见表1。

补偿收缩混凝土技术指标　　　　　　　　　　　　　　表1

部位	强度等级	混凝土限制膨胀率（％）	HCSA掺量（kg/m³）
外墙、顶板	C30	≥0.025	35
后浇带	C35	≥0.030	40

2.2 原材料的控制

严格控制混凝土所用材料是保证混凝土冬期施工质量的先决条件，而原材料的选择又取决于混凝土养护条件、结构特点和结构在使用期间所处的环境。为保证本地库工程补偿收缩混凝土冬期施工自防水效果，水泥选用P.O42.5级普通硅酸盐水泥，外加剂由原来的聚羧酸减水剂更换成具有减水、增强、防冻及引气等功能并且满足泵送要求的复合型防冻剂。确保拌制混凝土所采用的砂、石骨料清洁并且不得含有冰、雪、冻块及其他易冻裂物质。拌制混凝土的拌合水改为热水，水的加热温度不得超过60℃，确保混凝土出机温度应高于20℃，入模温度不低于10℃。

水泥：唐山金剑水泥有限公司生产的P.O.42.5普通硅酸盐水泥。

细骨料：产自遵化，河砂，细度模数2.8，含石率23.4％。

粗骨料：产自三河，碎石，5～25mm。

外加剂：天津恒利鑫外加剂厂生产的SL-4复合防冻型泵送剂。

粉煤灰：来自天津第一热电厂，F类Ⅱ级。

2.3 混凝土配合比优化

为保证混凝土在受冻前尽快达到受冻临界强度，除采用具有早强成分的复合防冻剂外，还通过适当增加水泥用量，降低水胶比，提高混凝土强度的方法。优化调整后的混凝土配合比见表2。

混凝土配合比 表 2

编号	配合比（kg/m³）							抗压强度（MPa）		
	水泥	粉煤灰	膨胀剂	砂	石	水	外加剂	3d	7d	28d
C30	305	60	35	762	1053	175	12.0	23.1	35.2	48.4
C35	325	65	40	750	1035	175	12.9	27.7	41.2	50.5

注：C30 表示优化调整后强度等级为 C30 的外墙、顶板混凝土，C35 表示优化调整后强度等级为 C35 的后浇带混凝土。

3 施工方案

3.1 混凝土浇筑

（1）混凝土浇筑前仔细检查模板是否按设计尺寸安装，模板缝要严密，防止漏浆，并且清理干净模板及钢筋间的所有杂物。

（2）预先在地下车库的外墙和顶板设置若干个温度测控点，采用中国建筑材料科学研究总院研发的远程无线混凝土温度测控仪对混凝土的温度变化历程进行全程监控。

（3）混凝土浇筑时按先外墙、柱后顶板的顺序进行，采用分层循环推进、薄层浇筑的施工方法，使混凝土暴露面最小，浇筑强度最大，浇筑时间最短。加快施工速度，保证新旧混凝土的接茬时间应≤4 小时，以避免出现施工冷缝。外墙浇筑混凝土前，先在导墙上打 30mm 左右的砂浆层，以便于新旧混凝土接茬，防止出现烂根等施工缺陷。

（4）施工时加强混凝土振捣，尽可能提高混凝土的密实程度。振捣时间应比常温时有所增加，振捣时间以混凝土不泛浆，不出气泡为止，快插慢拔，振点布置均匀，接茬时应插入下层混凝土 50mm。在施工缝、预埋件及穿墙管道处以及钢筋较密、插筋根部、斜坡上下口处要重点加强振捣，以免造成渗水通道。振捣时应尽量不触及模板和钢筋，以防止其移位、变形，将已硬化的混凝土与钢筋振开。

3.2 混凝土养护

混凝土工程冬期施工的实质是指在自然负温气候条件下采取防风、防干、保温防冻等措施，尽量创造正温的养护环境，使混凝土在一定时间内保持正温，保证混凝土在达到临界强度前不被冻坏[4]。因此，混凝土振捣密实、压光收实后应立即覆盖塑料薄膜，并且保证塑料薄膜互相搭接。塑料薄膜上方再用毛毡进行保温覆盖养护，并且保证毛毡覆盖 7d。混凝土墙体毛毡保温养护不便，施工过程中采用带模 7d 的方法进行保温养护，模板拆除后，涂刷混凝土养护剂养护，防止风吹干燥太快产生开裂。

3.3 施工检查

混凝土浇筑完毕后，重点抓混凝土的保温养护工作，做到及时发现问题、及时处理，全力保证地库混凝土质量，问题如下：

（1）混凝土浇筑 12h 后有个别工人在车库顶板搬运材料，此时混凝土强度较低，过早上人极易造成裂缝，破坏地库整体防水效果。通过安排专人负责巡查，坚决杜绝此类事情发生。

（2）为加快施工进度，个别分区地库在混凝土浇筑第 2 天，将外墙模板拆除。由于此时混凝土处于温度高点，突然拆除模板导致混凝土内外温差较大，温度应力引起外墙发生垂直裂缝，每隔 4m 左右出现一条。

3.4 防水节点处理

混凝土外墙模板拆除后，及时处理麻面、孔洞等施工缺陷，穿墙螺栓孔和外墙水平施工缝。由于冬季气温太低，常规用于处理缺陷的聚合砂浆无法达到其应有的效果，因此改用速凝型水不漏对其进行修补。

3.5 回填后浇带

认真清理后浇带，将后浇带止水钢板上下的松散混凝土剔除并凿毛处理，止水钢板上的浮浆清理干净，排净后浇带内的积水，及时回填后浇带。后浇带施工过程中，特别加强了混凝土振捣和保温养护工作。

3.6 回填土

外墙穿墙螺栓孔、施工缺陷处理完成后，经设计、监理、甲方和施工方验收完毕后，及时对地库进行回填土作业，利用土壤对地库进行天然保温、保湿养护，防止冬期混凝土受冻发生破坏。

4 施工控制要点和注意事项

（1）注意新旧混凝土接槎时间≤4 小时，加快施工进度，以避免出现施工冷缝。

（2）加强混凝土保温养护工作，混凝土浇筑后及时覆盖塑料薄膜和毛毡，外墙保证 7d 带养护。

（3）避免上人过早，人为造成裂缝，破坏地库整体混凝土结构自防水效果。

（4）做好测温记录，本工程采用的远程无线混凝土温度测控仪监控显示，混凝土入模温度为 20℃，最高温度 38.5℃，全程记录了混凝土温度变化历程，避免人工测温的不及时和不准确。

（5）认真处理施工缺陷和外墙穿墙螺栓孔和水平、竖直施工缝。

（6）回浇后浇带时应注意降水，并尽早回填土。

5 结语

该地下车库工程于 12 月 2 日完成外墙、顶板浇筑工作，12 月 25 日回填后浇带，回填土后地库主体未发渗漏现象。本工程的补偿收缩混凝土冬期施工的成功实践，归功于冬施混凝土施工方案制定合理，甲方、监理、施工方和技术服务人员的通力合作。

参考文献

[1] 游宝坤，赵顺增，韩立林，刘立. 补偿收缩混凝土为奥运工程再立新功[A]. "全国特种混凝土技

及工程应用"学术交流会暨 2008 年混凝土质量专业委员会年会[C]. 2008

[2] 单连梅，刘兴军，张英群. 浅谈大体积混凝土超长无缝冬期施工[J]. 膨胀剂与膨胀混凝土. 2010，4，19-22

[3] 建筑工程冬期施工规程(JGJ/T 104—2011). 北京：中国建筑工业出版社，2011

[4] 冯晓明. 预拌混凝土冬期施工技术及质量控制措施[J]. 混凝土，2005，11，75-78

XYPEX 材料在地铁车站混凝土结构中的应用研究

鞠丽艳[1]　董　锋[2]　欧志刚[3]

(1. 上海申通地铁集团有限公司；2. 上海建工集团基础公司；
3. 广州市泰利斯固结补强工程有限公司)

摘　要：针对轨道交通地下车站混凝土结构受渗透水影响大，地下水所产生的溶蚀、潜蚀和化学侵蚀将直接影响到混凝土结构耐久性的问题，介绍了 XYPEX 水泥基渗透结晶材料所具有的提高混凝土致密性、抗渗性以及控制混凝土早期裂缝，提高混凝土结构的耐久性等性能。

关键词：XYPEX 材料　地铁车站　抗渗　裂缝控制　自愈修复　耐久性

The Application of XYPEX® CCCW in Concrete Structure Subway Station

Ju Liyan[1]　Dong Feng[2]　Ou Zhigang[3]

(1. Shanghai Shentong Metro Group, Shang Hai；2. Foundation Engineering
Company of Shanghai Construction Engineering Group；3. Guangzhou Tailisi
Structucal Reinforcement Engineering CO. , Ltd)

Abstract：The concrete structure is prone to be damaged by underground water. Dissultion and chemical attack are the main aspects related to the durability of such structure. Cementitious capillary crystalline waterproofing materials, with the trademark XYPEX® is proven an effective answer to the question by the enhancement of impermeability.

Key Words：XYPEX materials, metro station, impermeability, crack deliminish, self-healing, durability

上海轨道交通地下车站混凝土结构受渗透水的影响很大，地下水所产生的溶蚀、潜蚀和化学侵蚀将直接影响到混凝土结构的耐久性。为提高地铁车站使用的安全性和耐久性，在上海地铁 10 号线豫园站工程中，在车站混凝土结构中选用了 XYPEX 材料，并对其进行了施工应用的试验和研究。

1　工程概况

10 号线豫园站位于人民路以南的河南南路与福佑路的交叉处，为地下三层岛式车站，采用明挖顺作法施工。车站埋深 23.6m，顶板覆土厚 4.14m，车站主体部分建筑面积达 10206m²，防水等级为一级。车站所处位置地质条件为高含水淤泥质土，地下水为承压水，通常在地表下 3.0～8.0m，呈周期性变化，为城区高水区。由于车站采用叠合式衬砌结构，即地下连续墙维护结构通过钢筋与内衬结构混凝土叠合形成共同受力的永久性结构，以解决内衬的抗浮问题。因此，地铁车站的底板和侧墙无法采用外包式防水施工。为解决类似地铁车站结构混凝土自防水问题并保证其耐久性，在混凝土中加入了 XYPEX 水泥基渗透结晶材料，以提高混凝土的密实性、防水性、抗腐蚀性能以及产生裂缝后出现渗水、漏水时的自愈修复能力；同时，也为提高混凝土结构的耐久性、减少后期治理难度以及降低维修费用提供可行的指导依据。

2 XYPEX 材料的应用特性

该工程选用低水化热低含碱量水泥（普硅 42.5 级），采用低水泥用量和双掺材料（粉煤灰＋矿粉）混凝土，控制水胶比（水∶水泥＋双掺材料）≤0.45，结构混凝土强度不低于 C30。

2.1 XYPEX 材料在混凝土中的渗透结晶特性

1993 年，XYPEX 材料引入我国后，已在水利水电、地铁、桥梁和隧道等大型工程中得到了广泛使用。该材料在混凝土中具有遇水渗透结晶封闭自修复的功能，通过改善并提高混凝土的抗渗性和密实性，从而提高混凝土的抗腐蚀能力。

XYPEX 材料通过催化（激活）混凝土中的钙离子，生成枝蔓状的结晶体，结晶体充盈在混凝土的空隙（裂隙）中，使混凝土密实性增加，提高抗渗能力，可有效保护混凝土和钢筋不受侵害蚀变。

由于 XYPEX 材料渗透结晶的催化功能具有重复性和长期性，当混凝土出现裂缝时，其中的催化剂被激活，使水与裂缝周边的钙离子生成络合钙离子的结晶体，该结晶体对裂缝（0.4mm 左右）处具有自动修复的功能。

同时，XYPEX 材料还能有效地解决地铁车站叠合式结构全包防水中存在的问题。该材料的渗透结晶自愈修复的时间与裂缝的宽度和渗水量大小有关，以修复 0.4mm 混凝土缝隙为例，所需的时间一般在 7～180d。

2.2 XYPEX 材料施工应用的试验和效果

10 号线豫园站主体结构共浇筑混凝土 11089m³，共耗用 33.85 t XYPEX 材料。2006 年 8 月～2007 年 3 月，在进行室内试验时，共采用 8 种不同级配的混凝土，选用了不同用量的 XYPEX 材料，并对其效果进行对比。在取得室内试验结果后，经相关部门评审并确定现场试验参数，经设计认可后，于 2007 年 7 月 30 日至同年 10 月 23 日进行现场主体混凝土结构的应用试验。

现场试验时，采用湿法加入法，在混凝土搅拌站掺入 XYPEX 材料，掺入量为每立方混凝土用灰粉量的 0.8%～0.98%（水泥＋矿粉＋粉煤灰）；主体结构防水混凝土采用双掺级配（矿粉、粉煤灰），混凝土水胶比＜0.45；南北端头采用萘系磺酸盐减水剂，标准段采用聚羧酸减水剂。

浇筑 XYPEX 混凝土主体结构的次序为：南端头—北端头—标准段，各段浇筑 XYPEX 混凝土的材料配比以及拆模时其裂缝的初始状况分别见表 1、表 2。

浇筑 XYPEX 混凝土的材料配比 表 1

段　位	浇筑混凝土（m³）	掺入 XYPEX 材料用量（%）
两端头	9645.79	0.8
北端头	9775.7	0.8
标准段	14425.81	0.98

XYPEX 混凝土拆模后的裂缝统计表 表 2

段位	南端头 面积（m²）	裂缝（条）竖向	裂缝（条）横向	方位	北端头 面积（m²）	裂缝（条）竖向	裂缝（条）横向	方位	标准段 面积（m²）	裂缝（条）竖向	裂缝（条）横向
东西	802	6	3	东面	947	8	1	东面	970	10	1
南面	417	1		北面	526	2		北面	340		
西面	802	1	3	西面	947	6		西面	970	12	
顶板	910		5	顶板	941			顶板	1710		
底板	910	1		底板	941			底板	1710	4	1
合计	3841	20			4302	17			5700	28	

注：1. 拆模时间 28d，为双修 XYPEX 混凝土，水胶比 0.45；
　　2. 北端头底板因堆放材料及积水无法统计。

在主体结构拆模后（一般 28d），立即对混凝土裂缝进行统计和素描，并做对应位置的照片留存；对主体结构产生的裂缝进行定期跟踪观察，记录主体结构产生裂缝后的自愈修复效果，观察时间为第 1、3、4、18 个月，并采用照片留存对比观察。

2.3　XYPEX 混凝土裂缝的状况极其特点

主体结构 XYPEX 混凝土经 28d 拆模后，经观察，出现裂缝明显少于常规混凝土，特别是主体结构顶板直接受气候温差变化影响，拆模后裂缝明显减少。如：南端头拆模时间为 2007 年 7 月，顶板面积 910m²，仅出现 5 条裂缝；北端头拆模时间 2007 年 10 月，顶板面积 941 m²，未出现裂缝；标准段拆模时间 2008 年 5 月，顶板面积 1710 m²，未出现裂缝。这说明 XYPEX 材料在早期水化过程中，对混凝土中的胶凝材料进行催化形成的钙离子络合物不但能有效改善混凝土的密实性，同时也改善混凝土结构的抗裂缝性。

通过对 XYPEX 混凝土不同时间跟踪观察统计的分析，拆模后出现的裂缝通过 XYPEX 材料的催化结晶作用，裂缝被结晶体充盈封闭达到自愈修复的目的；通过对 6~8 个月自愈修复效果的观察，修复率一般在 66%~100%。XYPEX 材料对其他特性部位的自愈修复效果也是明显的。通过对混凝土出现的蜂窝、孔洞、钢支撑位、钢筋头、混凝土面渗的效果观测，XYPEX 材料在混凝土中的催化作用在对上述部位都具有一定的修复作用。

在本次主体结构混凝土自修复试验中，作用反应时间较长部位在施工缝，这可能与施工缝的缝隙较宽、需结晶修复时间过长有关。

3 现场应用试验效果的分析

清华大学水利水电工程系对掺 XYPEX 材料的混凝土进行了抗渗自愈试验和抗裂试验，试验结果为：XYPEX 材料在混凝土中具有催化—渗透—结晶—封闭—修复裂缝的效果，能改善混凝土的密实性，有效降低和控制混凝土早期水化过程的干缩开裂，减少裂缝的产生。

经过 18 个月的跟踪观察证明：XYPEX 材料在混凝土中的催化作用具有长效和重复作用，对混凝土出现的裂缝具有不断激活、不断自愈修复作用的效果；主体混凝土结构的自愈修复率在 80%～87.5%，横缝的自愈修复率在 66%～100%，平均为 83%（见图 1）。

图 1 自愈修复的混凝土结构

清华大学水利水电工程系为此出具了《XYPEX 掺合剂自愈抗裂缝性能研究试验报告》，从理论上验证了同一级配混凝土加入 XYPEX 材料后，28d 试件比未加入的试件抗渗能力提高 35%；56d 试件比未加入试件的抗渗能力提高 64%。随着时间延长，渗透结晶效果越明显，抗渗效果越显著。

XYPEX 材料在混凝土中的催化—渗透—结晶—封闭—自愈的功能效果，不但对裂缝修复具有明显的效果，同时对钢筋头、钢支撑位、蜂窝、孔隙都具有良好的修复效果。在观察期内，对于漏水量不大和潮湿面的上述部位都达到封闭和避免渗漏的效果。

4 结语

通过对 XYPEX 材料的试验研究，说明该材料适用于不同类型、不同级配的混凝土、低水胶比混凝土以及不同减水剂的使用。通过对加入方法的对比试验，选用湿法加入，更易于控制质量，同时，便于现场施工。

采用 XYPEX 材料混凝土做地下工程主体结构，不仅能有效控制结构前期混凝土出现的裂缝，而且能明显提高混凝土的抗渗性，能降低运营地铁混凝土的渗漏治理难度和维修费用。因此，对于地下工程前期和后期混凝土的病害治理及地铁的运营安全，都有其重要的意义。

第四部分

刚性防水技术相关标准、规范节选

GB 8076—2008《混凝土外加剂》

本标准表1中抗压强度比、收缩率比、相对耐久性为强制性的，其余为推荐性的。

1 范围

本标准适用于高性能减水剂（早强型、标准型、缓凝型）、高效减水剂（标准型、缓凝型）、普通减水剂（早强型、标准型、缓凝型）、引气减水剂、泵送剂、早强剂、缓凝剂及引气剂共八类混凝土外加剂。

2 要求

2.1 受检混凝土性能指标

掺外加剂混凝土的性能应符合表1的要求。

表1 受检混凝土性能指标

项 目		外加剂品种											
		高性能减水剂 HPWR			高效减水剂 HWR		普通减水剂 WR			引气减水剂 AEWR	泵送剂 PA	早强剂 Ac	缓凝剂 Re	引气剂 AE
		早强型 HPWR-A	标准型 HRWR-S	缓凝型 HPWR-R	标准型 HWR-S	缓凝型 HWR-R	早强型 WR-A	标准型 WR-S	缓凝型 WR-R					
减水率/%，不小于		25	25	25	14	14	8	8	8	10	12	—	—	6
泌水率比/%，不大于		50	60	70	90	100	95	100	100	70	70	100	100	70
含气量/%		≤6.0	≤6.0	≤6.0	≤3.0	≤4.5	≤4.0	≤4.0	≤5.5	≥3.0	≤5.5	—	—	≥3.0
凝结时间之差/min	初凝	−90~+90	−90~+90	>+90	−90~+120	>+90	−90~+90	−90~+120	>+90	−90~+120	—	−90~+90	>+90	−90~+120
	终凝			—		—			—				—	
1h经时变化量	坍落度/mm	—	≤80	≤60							≤80			—
	含气量/%	—								−1.5~+1.5				−1.5~+1.5
抗压强度比/%，不小于	1d	180	170	—	140	—	135	—	—	—	—	135	—	—
	3d	170	160	—	130	—	130	115	—	115	—	130	—	95
	7d	145	150	140	125	125	110	115	110	110	115	110	100	95
	28d	130	140	130	120	120	100	110	110	100	110	100	100	90
收缩率比/%，不大于	28d	110	110	110	135	135	135	135	135	135	135	135	135	135

续表1

项 目	外加剂品种											
	高性能减水剂 HPWR			高效减水剂 HWR		普通减水剂 WR			引气减水剂 AEWR	泵送剂 PA	早强剂 Ac	缓凝剂 Re	引气剂 AE
	早强型 HPWR -A	标准型 HRWR -S	缓凝型 HPWR -R	标准型 HWR -S	缓凝型 HWR -R	早强型 WR-A	标准型 WR-S	缓凝型 WR-R					
相对耐久性(200次)/%，不小于	—	—	—	—	—	—	—	—	80	—	—	—	80

注1：表1中抗压强度比、收缩率比、相对耐久性为强制性指标，其余为推荐性指标。

注2：除含气量和相对耐久性外，表中所列数据为掺外加剂混凝土与基准混凝土的差值或比值。

注3：凝结时间之差性能指标中的"－"号表示提高，"＋"号表示延缓。

注4：相对耐久性（200次）性能指标中的"≥80"表示将28d龄期的受检混凝土试件快速冻融循环200次后，动弹性模量保留值≥80%。

注5：1h含气量经时变化量指标中的"－"号表示含气量增加，"＋"号表示含气量减少。

注6：其他品种的外加剂是否需要测定相对耐久性指标，由供、需双方协商确定。

注7：当用户对泵送剂等产品有特殊要求时，需要进行的补充试验项目、试验方法及指标，由供需双方协商决定。

2.2 匀质性指标

匀质性指标应符合表2的要求。

表2 匀质性指标

项 目	指 标
氯离子含量/%	不超过生产厂控制值
总碱量/%	不超过生产厂控制值
含固量/%	S>25%时，应控制在 0.95S～1.05 S； S≤25%时，应控制在 0.90S～1.10S
含水率/%	W>5%时，应控制在 0.90W～1.10W； W≤5%时，应控制在 0.80W～1.20W
密度/（g/cm³）	D>1.1时，应控制 D±0.03； D≤1.1时，应控制在 D±0.02
细度	应在生产厂控制范围内
pH 值	应在生产厂控制范围内
硫酸钠含量/%	不超过生产厂控制值

注1：生产厂应在相关的技术资料中明示产品匀质性指标的控制值。

注2：对相同和不同批次之间的匀质性和等效性的其他要求，可由供需双方商定。

注3：表中的S、W和D分别为含固量、含水率和密度的生产厂控制值。

GB 18445—2001《水泥基渗透结晶型防水材料》

本标准的表2中6~8项、表3中3、7、8项为强制性的，其余为推荐性的。

1 范围

本标准适用于以硅酸盐水泥或普通硅酸盐水泥、石英砂等为基材，掺入活性化学物质制成的水泥基渗透结晶型防水材料。

2 技术要求

2.1 匀质性指标

匀质性指标应符合表1的规定。

表1 匀质性指标

序号	试验项目	指标
1	含水量	应在生产厂控制值相对量的5%之内
2	总碱量（$Na_2O + 0.65K_2O$)	
3	氯离子含量	
4	细度（0.315mm 筛）	应在生产厂控制值相对量的10%之内

注：生产厂控制值应在产品说明书中告知用户。

2.2 水泥基渗透结晶型防水涂料的物理力学性能

受检涂料的性能应符合表2的规定。

表2 受检涂料的物理力学性能

序 号	项 目		指标	
			Ⅰ型	Ⅱ型
1	安定性		合格	
2	凝结时间	初凝时间，min ≥	20	
		终凝时间，h ≤	24	
3	抗折强度，MPa ≥	7d	2.80	
		28d	3.50	
4	抗压强度，MPa ≥	7d	12.0	
		28d	18.0	
5	湿基面粘结强度，MPa ≥		1.0	
6	抗渗压力（28d），MPa ≥		0.8	1.2
7	第二次抗渗压力（56d），MPa ≥		0.6	0.8
8	渗透压力比（28d），% ≥		200	300

2.3 水泥基渗透结晶型防水剂的物理力学性能

掺防水剂的混凝土性能应符合表3的规定。

表3 掺防水剂混凝土的物理力学性能

序 号	试 验 项 目			性能指标
1	减水率,%		≥	10
2	泌水率比,%		≤	70
3	抗压强度比	7d,%	≥	120
		28d,%	≥	120
4	含气量,%		≤	4.0
5	凝结时间差	初凝,min		>−90
		终凝,min		—
6	收缩率比 (28d),%		≤	125
7	渗透压力比 (28d),%		≥	200
8	第二次抗渗压力 (56d),MPa		≥	0.6
9	对钢筋的锈蚀作用			对钢筋无锈蚀危害

GB 23439—2009《混凝土膨胀剂》

本标准表1中的限制膨胀率为强制性的，其余为推荐性的。

1　范围

本标准适用于硫铝酸钙类、氧化钙类与硫铝酸钙—氧化钙类粉状混凝土膨胀剂。

2　要求

2.1　化学成分

2.1.1　氧化镁

混凝土膨胀剂中的氧化镁含量应不大于5%。

2.1.2　碱含量（选择性指标）

混凝土膨胀剂中的碱含量按 $Na_2O+0.658K_2O$ 计算值表示。若使用活性骨料，用户要求提供低碱混凝土膨胀剂时，混凝土膨胀剂中的碱含量应不大于0.75%，或由供需双方协商确定。

2.2　物理性能

混凝土膨胀剂的物理性能指标应符合表1规定。

表1　混凝土膨胀剂性能指标

项　　目			指　标　值	
			Ⅰ型	Ⅱ型
细度	比表面积/(m²/kg)	≥	200	
	1.18mm 筛筛余/%	≤	0.5	
凝结时间	初凝/min	≥	45	
	终凝/min	≤	600	
限制膨胀率/%	水中 7d	≥	0.025	0.050
	空气中 21d	≥	−0.020	−0.010
抗压强度/MPa	7d	≥	20.0	
	28d	≥	40.0	
注：本表中的限制膨胀率为强制性的，其余为推荐性的。				

GB 23440—2009《无机防水堵漏材料》

本标准中"物理力学性能"条款为强制性的，其余为推荐性的。

1 范围

本标准适用于建筑工程及土木工程防水、抗渗、堵漏用机防水堵漏材料。

2 要求

2.1 外观

产品外观为色泽均匀、无杂质、无结块的粉末。

2.2 物理力学性能

产品物理力学性能应符合表1的要求。

表1 物理力学性能

序 号	项目		缓凝型（Ⅰ型）	速凝型（Ⅱ型）
1	凝结时间	初凝/min	≥10	≤5
		终凝/min	≤360	≤10
2	抗压强度/MPa	1h	—	≥4.5
		3d	≥13.0	≥15.0
3	抗折强度/MPa	1h	—	≥1.5
		3d	≥3.0	≥4.0
4	涂层抗渗压力/MPa（7d）		≥0.4	—
	试件抗渗压力/MPa（7d）		≥1.5	
5	粘结强度/MPa（7d）		≥0.6	
6	耐热性（100℃，5h）		无开裂、起皮、脱落	
7	冻融循环（20次）		无开裂、起皮、脱落	

GB/T 23445—2009《聚合物水泥防水涂料》

1 范围

本标准适用于房屋建筑及土木工程涂膜防水用聚合物水泥防水涂料。

2 一般要求

产品不应对人体与环境造成有害的影响，所涉及与使用有关的安全和环保要求应符合相关国家标准和规范的规定。产品中有害物质含量应符合 JC 1066—2008 4.1 中 A 级的要求。

3 技术要求

3.1 外观

产品的两组分经分别搅拌后，其液体组分应为无杂质、无凝胶的均匀乳液；固体组分应为无杂质、无结块的粉末。

3.2 物理力学性能

产品物理力学性能应符合表 1 的要求。

表 1 物理力学性能

序号	试验项目			技术指标		
				Ⅰ型	Ⅱ型	Ⅲ型
1	固体含量/%		≥	70	70	70
2	拉伸强度	无处理/MPa	≥	1.2	1.8	1.8
		加热处理后保持率/%	≥	80	80	80
		碱处理后保持率/%	≥	60	70	70
		浸水处理后保持率/%	≥	60	70	70
		紫外线处理后保持率/%	≥	80	—	—
3	断裂伸长率	无处理/%	≥	200	80	30
		加热处理/%	≥	150	65	20
		碱处理/%	≥	150	65	20
		浸水处理/%	≥	150	65	20
		紫外线处理/%	≥	150	—	—
4	低温柔性（Φ10mm 棒）			—10℃ 无裂纹	—	—
5	粘结强度	无处理/MPa	≥	0.5	0.7	1.0
		潮湿基层/MPa	≥	0.5	0.7	1.0
		碱处理/MPa	≥	0.5	0.7	1.0
		浸水处理/MPa	≥	0.5	0.7	1.0

序号	试验项目	技术指标		
		Ⅰ型	Ⅱ型	Ⅲ型
6	不透水性（0.3 MPa，30min）	不透水		
7	抗渗性（砂浆背水面）/（MPa）　　　　≥	—	0.6	0.8

3.3 自闭性

产品的自闭性为可选项目，指标由供需双方商定。

GB/T 25181—2010《预拌砂浆》

1 范围

本标准适用于专业生产厂生产的，用于建筑工程的砌筑、抹灰、地面等工程及其他用途的水泥基预拌砂浆。

2 要求

2.1 湿拌砂浆

2.1.1 湿拌砌筑砂浆的砌体力学性能应符合 GB 50003 的规定，湿拌砌筑砂浆拌合物的表观密度不应小于 1800kg/m³。

2.1.2 湿拌砂浆性能应符合表 1 的要求。

表 1 湿拌砂浆性能指标

项　目		湿拌砌筑砂浆	湿拌抹灰砂浆	湿拌地面砂浆	湿拌防水砂浆
保水率/%		≥88	≥88	≥88	≥88
14d 拉伸粘结强度/MPa		—	M5:≥0.15 >M5:≥0.20	—	≥0.20
28d 收缩率/%		—	≤0.20	—	≤0.15
抗冻性ᵃ	强度损失率/%	≤25			
	质量损失率/%	≤5			
注：ᵃ有抗冻性要求时，应进行抗冻性试验。					

2.1.3 湿拌砂浆抗压强度应符合表 2 的要求。

表 2 预拌砂浆抗压强度　　　　　　　　单位为兆帕

强度等级	M5	M7.5	M10	M15	M20	M25	M30
28d 抗压强度	≥5.0	≥7.5	≥10.0	≥15.0	≥20.0	≥25.0	≥30.0

2.1.4 湿拌防水砂浆抗渗压力应符合表 3 的要求。

表 3 预拌砂浆抗渗压力　　　　　　　　单位为兆帕

抗渗等级	P6	P8	P10
28d 抗渗压力	≥0.6	≥0.8	≥1.0

2.1.5 湿拌砂浆稠度实测值与合同规定的稠度值之差应符合表 4 的要求。

表 4 湿拌砂浆稠度允许偏差　　　　　　　　单位为毫米

规定稠度	允许偏差
50、70、90	±10
110	−10～+5

2.2 干混砂浆

2.2.1 外观

粉状产品应均匀、无结块。

双组分产品液料组分经搅拌后应呈均匀状态、无沉淀;粉料组分应均匀、无结块。

2.2.2 干混砌筑砂浆的砌体力学性能应符合 GB 50003 的规定,干混普通砌筑砂浆拌合物的表观密度不应小于 1800kg/m³。

2.2.3 干混砌筑砂浆、干混抹灰砂浆、干混地面砂浆、干混普通防水砂浆的性能应符合表 5 的要求。

表 5　干混砂浆性能指标

项　目		干混砌筑砂浆		干混抹灰砂浆		干混地面砂浆	干混普通防水砂浆
		普通砌筑砂浆	薄层砌筑砂浆a	普通抹灰砂浆	薄层抹灰砂浆a		
保水率/%		≥88	≥99	≥88	≥99	≥88	≥88
凝结时间/h		3~9	—	3~9	—	3~9	3~9
2h 稠度损失率/%		≤30		≤30		≤30	≤30
14d 拉伸粘结强度/MPa		—	—	M5:≥0.15 >M5:≥0.20	≥0.30	—	≥0.20
28d 收缩率/%				≤0.20	≤0.20		≤0.15
抗冻性b	强度损失率/%	≤25					
	质量损失率/%	≤5					

注:a 干混薄层砌筑砂浆宜用于灰缝厚度不大于 5mm 的砌筑;干混薄层抹灰砂浆宜用于砂浆层厚度不大于 5mm 的抹灰。

　　b 有抗冻性要求时,应进行抗冻性试验。

2.2.4 干混砌筑砂浆、干混抹灰砂浆、干混地面砂浆、干混普通防水砂浆的抗压强度应符合表 2 的要求;干混普通防水砂浆的抗渗压力应符合表 3 的要求。

2.2.5 干混陶瓷砖粘结砂浆的性能应符合表 6 的要求。

表 6　干混陶瓷砖粘结砂浆性能指标

项　目		性能指标	
		Ⅰ(室内)	E(室外)
拉伸粘结强度/MPa	常温常态	≥0.5	≥0.5
	晾置时间,20min	≥0.5	≥0.5
	耐水	≥0.5	≥0.5
	耐冻融	—	≥0.5
	耐热	—	≥0.5
压折比		—	≤3.0

2.2.6 干混界面砂浆的性能应符合表 7 的要求。

表7　干混界面砂浆性能指标

项　目		性能指标			
		C（混凝土界面）	AC（加气混凝土界面）	EPS（模塑聚苯板界面）	XPS（挤塑聚苯板界面）
拉伸粘结强度/MPa	常温常态，14d	≥0.5	≥0.3	≥0.10	≥0.20
	耐水				
	耐冻融				
	耐热				
晾置时间/min		—	≥10	—	—

2.2.7 干混保温板粘结砂浆的性能应符合表8的要求。

表8　干混保温板粘结砂浆性能指标

项　目		EPS（模塑聚苯板）	XPS（挤塑聚苯板）
拉伸粘结强度/MPa（与水泥砂浆）	常温常态	≥0.60	≥0.60
	耐水	≥0.40	≥0.40
拉伸粘结强度/MPa（与保温板）	常温常态	≥0.10	≥0.20
	耐水		
可操作时间/h		1.5～4.0	

2.2.8 干混保温板抹面砂浆的性能应符合表9的要求。

表9　干混保温板抹面砂浆性能指标

项　目		EPS（模塑聚苯板）	XPS（挤塑聚苯板）
拉伸粘结强度/MPa（与保温板）	常温常态	≥0.10	≥0.20
	耐水		
	耐冻融		
柔韧性[a]	抗冲击（J）	≥3.0	
	压折比	≤3.0	
可操作时间/h		1.5～4.0	
24h吸水量/（g/m²）		≤500	

注：[a]　对于外墙外保温采用钢丝网做法时，柔韧性可只检测压折比。

2.2.9 干混聚合物水泥防水砂浆的性能应符合JC/T 984的要求。

2.2.10 干混自流平砂浆的性能应符合JC/T 985的要求。

2.2.11 干混耐磨地坪砂浆的性能应符合JC/T 906的要求。

2.2.12 干混饰面砂浆的性能应符合JC/T 1024的要求。

JG/T 264—2010《混凝土裂缝修复灌浆树脂》

1 范围

本标准适用于对混凝土裂缝进行修复的灌浆树脂。

2 要求

2.1 外观质量应色泽均匀，无结块，无分层沉淀。

2.2 性能应符合表1的规定。

表1 灌浆树脂性能指标

性能项目	项目	指标
工艺性能	混合后初黏度（25℃）/mPa.s	≤500
	适用期（25℃）/min	≥30
胶体性能	拉伸强度/mPa	≥20
	拉伸弹性模量/MPa	≥1500
	伸长率/%	≥1
	压缩强度/MPa	≥40
	弯曲强度/MPa	≥30，且不得呈脆性破坏
粘结性能	拉伸剪切强度（钢—钢）/MPa	≥10
耐久性	2000h人工加速湿热快速老化后，下降率/%	拉伸剪切强度（钢—钢）下降不大于15
	50次人工加速冻融循环快速老化后，下降率/%	拉伸剪切强度（钢—钢）下降不大于15
注：适用期（25℃）指标是常温固化型灌浆树脂的性能指标，在施工现场不得通过加入溶剂来降低树脂的黏度。		

JG/T 316—2011《建筑防水维修用快速堵漏材料技术条件》

1 范围

本标准适用于地下工程混凝土结构和实心砌体结构渗漏治理时采用的快速止水的堵漏材料。

2 要求

2.1 灌浆材料

2.1.1 单组分水活性聚氨酯灌浆材料的浆液和固结体性能应分别符合表1及表2的规定。

表1 单组分水活性聚氨酯灌浆材料浆液性能要求

序　号	项　　目		性能要求	
			亲水型	疏水型
1	外观		均质液体，无结皮、无沉淀	
2	黏度/(mPa·s)	23℃	≤1.0×10³	
		15℃	≤2.5×10³	
3	不挥发物含量/%		≥80	
4	凝胶时间/s		≤100	—
5	凝固时间/s		—	≤300
6	包水性（10倍水）/s		≤200	
7	发泡率/%		—	≥1000

表2 单组分水活性聚氨酯灌浆材料固结体性能要求

序　号	项　　目	性能要求	
		亲水型	疏水型
1	遇水膨胀率/%	≥40	—
2	干湿循环后遇水膨胀率变化率/%	≤10	—
3	潮湿基层粘结强度/MPa	—	≥0.20
4	拉伸强度[a]/mPa	—	≥0.60
5	断裂伸长率[a]/%	—	≥100
6	干燥后尺寸线性变化率/%	—	≤5
a　仅当工程部位有形变要求时检测。			

2.1.2 丙烯酸盐灌浆材料的浆液性能及固结体性能应分别符合表3及表4的规定。

表3 丙烯酸盐灌浆材料浆液性能要求

序号	项目	性能要求
1	外观	均质液体,不含固体颗粒
2	黏度/mPa·s	≤20
3	凝胶时间/min	≤30
4	pH值	≥7.0

表4 丙烯酸盐灌浆材料固结体性能要求

序号	项目	性能要求
1	渗透系数/(cm/s)	$<1\times10^{-6}$
2	挤出破坏比降	≥300
3	固砂体抗压强度(MPa)	≥0.2
4	遇水膨胀率(%)	≥30

2.2 嵌填材料

速凝型无机防水堵漏材料的性能应符合表5的规定。

表5 速凝型无机防水堵漏材料性能要求

序号	项目		性能要求
1	凝结时间/min	初凝	≤5
		终凝	≤10
2	抗压强度/MPa	1h	≥4.5
		3d	≥15
3	抗折强度/MPa	1h	≥1.5
		3d	≥4.0
4	抗渗压力(7d)/MPa		≥1.5
5	粘结强度(7d)/MPa		≥0.6
6	冻融循环(50次)		无开裂、起皮、脱落

JG/T 333—2011《混凝土裂缝修补灌浆材料技术条件》

1 范围

本标准适用于以聚合物基料和水硬性基料为主要原料，加入颜料和填料、助剂等其他组分制得的混凝土裂缝修补灌浆加固材料。

2 要求

2.1 聚合物基料类灌浆材料性能应符合表 1 的规定。

表 1 聚合物基料类灌浆材料性能指标

序 号	项 目	指 标
1	初始黏度/(mPa·s)	<500
2	适用期/min	≥30
3	灌注能力/min	≤8
4	体积收缩率/%	≤3
5	压缩强度/MPa	≥50
6	弯曲强度/MPa	≥30，且不应呈脆性破坏
7	粘结强度[1]/MPa	≥2.5
8	与混凝土的相容性/MPa	≥2.5

注1：粘结强度指与混凝土的粘结强度。

2.2 水硬性基料类灌浆材料的性能应符合表 2 的规定。

表 2 水硬性基料类灌浆材料性能指标

序 号	项 目		指 标
1	初凝时间/min		≥120
2	泌水率/%		≤1.0
3	流动度/mm	初始流动度	≥260
		30min 流动度保留值	≥230
4	竖向膨胀率/%		≥0.020
5	抗压强度/MPa	1d	≥20.0
		3d	≥40.0
		28d	≥60.0
6	氯离子含量/%		≤0.1

JC 474—2008《砂浆、混凝土防水剂》

本标准表2（除凝结时间）和表3（除泌水率比和凝结时间差）为强制性的，其余为推荐性的。

1 范围

本标准适用于砂浆和混凝土防水剂。

2 要求

2.1 防水剂匀质性指标

匀质性指标应符合表1的要求。

表1 匀质性指标

试验项目	指标	
	液 体	粉 状
密度/g/cm³	D＞1.1时，要求为 D±0.03 D≤1.1时，要求为 D±0.02 D 是生产厂提供的密度值	—
氯离子含量/%	应小于生产厂最大控制值	应小于生产厂最大控制值
总碱量/%	应小于生产厂最大控制值	应小于生产厂最大控制值
细度/%	—	0.315mm 筛筛余应小于 15%
含水率/%	—	W≥5%时，0.90W≤X＜1.0W； W＜5%时，0.80W≤X＜1.2W W 是生产厂提供的含水率（质量%）， X 是测试的含水率（质量%）
固含量/%	S≥20%时，0.95S≤X＜1.05S； S＜20%时，0.90S≤X＜1.10S S 是生产厂提供的固体含量（质量%），X 是测试的固体含量（质量%）	—

注：生产厂应在产品说明书中明示产品均质性指标的控制值。

2.2 受检砂浆的性能指标

受检砂浆的性能指标应符合表2的要求。

表2 受检砂浆的性能

试验项目		性能指标	
		一等品	合格品
安定性		合格	合格
凝结时间	初凝/min ≥	45	45
	终凝/h ≤	10	10

试验项目		性能指标	
		一等品	合格品
抗压强度比/% ≥	7d	100	85
	28d	90	80
透水压力比/% ≥		300	200
吸水量比/% ≤		65	75
收缩率比/% ≤		125	135
注：安定性和凝结时间为受检净浆的试验结果，其他项目数据均为受检砂浆与基准砂浆的比值。			

2.3 受检混凝土的性能指标

受检混凝土的性能指标应符合表 3 的要求。

表 3 受检混凝土的性能

试验项目		性能指标	
		一等品	合格品
安定性		合格	合格
泌水率比/% ≤		50	70
凝结时间差/min ≥	初凝	−90[a]	−90[a]
抗压强度比/% ≥	3d	100	90
	7d	110	100
	28d	100	90
渗透高度比/% ≤		30	40
吸水量比（48h）/% ≤		65	75
收缩率比（28d）/% ≤		125	135
注：安定性为受检净浆的试验结果，凝结时间差为受检混凝土与基准混凝土的差值，表中其他数据为受检混凝土与基准混凝土的比值。			
[a] "—"表示提前。			

JC/T 902—2002《建筑表面用有机硅防水剂》

1 范围

本标准适用于以硅烷和硅氧烷为主要原料的水性或溶剂型建筑表面用有机硅防水剂。用于多孔性无机基层（如混凝土、瓷砖、黏土砖、石材等）不承受水压的防水及防护。

2 要求

2.1 外观

产品无沉淀、无漂浮物，呈均匀状态。

2.2 理化性能

产品理化性能应符合表1的规定。

表1 理 化 性 能

序 号	试验项目		指　标	
			W（水性）	S（溶剂型）
1	pH值		规定值±1	
2	固体含量，% ≥		20	5
3	稳定性		无分层、无漂油、无明显沉淀	
4	吸水率比，% ≤		20	
5	渗透性 ≤	标准状态	2mm，无水迹无变色	
		热处理	2mm，无水迹无变色	
		低温处理	2mm，无水迹无变色	
		紫外线处理	2mm，无水迹无变色	
		酸处理	2mm，无水迹无变色	
		碱处理	2mm，无水迹无变色	
注：1、2、3项为未稀释的产品性能，规定值在生产企业说明书中告知用户。				

JC/T 907—2002《混凝土界面处理剂》

1 范围

本标准适用于改善砂浆层与水泥混凝土、加气混凝土等材料基面粘结性能的水泥基界面处理剂，对于新老混凝土之间的界面，废旧瓷砖、马赛克等表面的处理剂也可参照本标准执行。

2 要求

2.1 外观

干粉状产品应均匀一致，不应有结块。液状产品经搅拌后应呈均匀状态，不应有块状沉淀。

2.2 物理力学性能

P类、D类界面剂的物理力学性能应符合表1的规定。

表1 界面剂的物理力学性能

项目			指标	
			Ⅰ型	Ⅱ型
剪切粘结强度/MPa	7d		≥1.0	≥0.7
	14d		≥1.5	≥1.0
拉伸粘结强度/MPa	未处理	7d	≥0.4	≥0.3
		14d	≥0.6	≥0.5
	浸水处理		≥0.5	≥0.3
	热处理			
	冻融循环处理			
	碱处理			
晾置时间/min			—	≥10
注：Ⅰ型产品的晾置时间，根据工程需要由供需双方确定。				

JC/T 984—2011《聚合物水泥防水砂浆》

1 范围

本标准适用于建筑工程用的聚合物水泥防水砂浆。

2 一般要求

本标准包括产品的生产与使用不应对人体、生物与环境造成有害的影响，所涉及与使用有关的安全和环保要求应符合相关国家标准和规范的规定。

3 技术要求

3.1 外观

液体经搅拌后均匀无沉淀；粉料为均匀、无结块的粉末。

3.2 物理力学性能

聚合物水泥防水砂浆的物理力学性能应符合表1的要求。

表1 物理力学性能

序 号	项 目			技术指标	
				Ⅰ 型	Ⅱ 型
1	凝结时间[a]	初凝/min ≥		45	
		终凝/h ≤		24	
2	抗渗压力[b]/MPa	涂层试件 ≥	7d	0.4	0.5
		砂浆试件 ≥	7d	0.8	1.0
			28d	1.5	1.5
3	抗压强度/MPa		≥	18.0	24.0
4	抗折强度/MPa		≥	6.0	8.0
5	柔韧性（横向变形能力）/mm		≥	1.0	
6	粘结强度/MPa ≥		7d	0.8	1.0
			28d	1.0	1.2
7	耐碱性			无开裂、剥落	
8	耐热性			无开裂、剥落	
9	抗冻性			无开裂、剥落	
10	收缩率/%		≤	0.30	0.15
11	吸水率/%		≤	6.0	4.0

注：[a] 凝结时间可根据用户需要及季节变化进行调整。

[b] 当产品使用的厚度不大于5mm时测定涂层试件抗渗压力；当产品使用的厚度大于5mm时测定砂浆试件抗渗压力。亦可根据产品用途，选择测定涂层或砂浆试件的抗渗压力。

JC/T 986—2005《水泥基灌浆材料》

1 范围

本标准适用于设备基础二次灌浆、地脚螺栓锚固、混凝土加固、修补等使用的水泥基灌浆材料。

2 技术要求

水泥基灌浆材料的性能应符合表 1 的要求。

表 1 水泥基灌浆材料的技术性能要求

项　目		技术指标
粒径	4.75mm 方孔筛筛余/%	≤2.0
凝结时间	初凝/min	≥120
泌水率/%		≤1.0
流动度/mm	初始流动度	≥260
	30min 流动度保留值	≥230
抗压强度 MPa	1d	≥22.0
	3d	≥40.0
	28d	≥70.0
竖向膨胀率/%	1d	≥0.020
钢筋握裹强度（圆钢）/MPa	28d	≥4.0
对钢筋锈蚀作用		应说明对钢筋有无锈蚀作用

JC/T 1018—2006《水性渗透型无机防水剂》

1 范围

本标准适用于喷涂或涂刷在水泥砂浆、混凝土基面上的水性渗透型无机防水剂。

2 一般要求

本标准包括的产品不应对人体、生物与环境造成有害的影响，所涉及与使用有关的安全与环保要求，应符合我国相关国家标准和规范的规定。

3 技术要求

产品应符合表1技术要求。

表 1 技 术 要 求

序 号	试验项目		技术指标	
			Ⅰ型	Ⅱ型
1	外观		无色透明、无气味	
2	密度/g/cm³ ≥		1.10	1.07
3	pH 值		13±1	11±1
4	黏度/s ≤		11.0±1.0	
5	表面张力/mN/m ≤		26.0	36.0
6	凝胶化时间/min	初凝	120±30	—
		终凝	180±30	≤400
7	抗渗性/渗入高度，mm ≤		30	35
8	贮存稳定性，10 次循环		外观无变化	

JC/T 1041—2007《混凝土裂缝用环氧树脂灌浆材料》

1 范围

本标准适用于修补混凝土裂缝用的环氧树脂灌浆材料。

2 一般要求

本标准包括的产品不应对人体、生物与环境造成有害的影响，所涉及与使用有关的安全与环保要求，应符合我国相关标准和规范的要求。

3 技术要求

3.1 外观

A、B组分均匀、无分层。

3.2 物理力学性能

环氧树脂灌浆材料浆液性能与固化物性能应符合表1、表2的规定。

表1 环氧树脂灌浆材料浆液性能

序 号	项 目		浆液性能	
			L（低黏度型）	N（普通型）
1	浆液密度/g/cm³	>	1.00	1.00
2	初始黏度/mPa·s	<	30	200
3	可操作时间/min	>	30	30

表2 环氧树脂灌浆材料固化物理性能

序 号	项 目			固化物性能	
				I	II
1	抗压强度/MPa		≥	40	70
2	拉伸剪切强度/MPa		≥	5.0	8.0
3	抗拉强度/MPa		≥	10	15
4	粘结强度	干粘结/MPa	≥	3.0	4.0
		湿粘结ᵃ/MPa	≥	2.0	2.5
5	抗渗压力/MPa		≥	1.0	1.2
6	渗透压比/%		≥	300	400
注：a 湿粘结强度：潮湿条件下必须进行测定。					
固化物性能的测定试龄期为28d。					

JC/T 2037—2010《丙烯酸盐灌浆材料》

1 范围

本标准适用于水利、采矿、交通、工业及民用建筑等领域的防渗堵漏以及软弱地层处理的丙烯酸盐灌浆材料。

2 一般要求

本标准包括的产品不应对人体、生物与环境造成有害的影响，所涉及与使用有关的安全与环保要求，应符合我国相关国家标准和规范的规定。当产品用于饮用水及灌溉等工程时，应达到实际无毒级。

3 技术要求

3.1 丙烯酸盐灌浆材料浆液性能

丙烯酸盐灌浆材料浆液的物理性能指标应符合表1的规定。

表1 浆液物理性能

序 号	项 目	技术要求
1	外观	不含颗粒的均值液体
2	密度[a]/(g/cm^3)	生产厂控制值±0.05
3	黏度/(mPa·s) ≤	10
4	pH 值	6.0～9.0
5	凝胶时间	报告实测值

[a] 生产厂控制值应在产品包装与说明书中明示用户。

3.2 丙烯酸盐灌浆材料固化物物理性能

丙烯酸盐灌浆材料固化物物理性能应符合表2的规定。

表2 固化物物理性能

序 号	项 目	技术要求	
		Ⅰ型	Ⅱ型
1	渗透系数/(cm/s)＜	$1.0×10^{-6}$	$1.0×10^{-7}$
2	固砂体抗压强度/kPa ≥	200	400
3	抗挤压破坏比降 ≥	300	600
4	遇水膨胀率/% ≥	30	

JC/T 2041—2010《聚氨酯灌浆材料》

1 范围

本标准适用于水利水电、建筑、交通、采矿等领域中混凝土裂缝修补、防渗堵漏、加固补强及基础帷幕防渗等工程所用的聚氨酯灌浆材料。

2 一般要求

本标准包括的产品不应对人体、生物与环境造成有害的影响，所涉及与使用有关的安全与环保要求，应符合我国相关国家标准和规范的规定。

3 技术要求

3.1 外观

产品为均匀的液体，无杂质、不分层。

3.2 物理力学性能

产品物理性能指标应符合表1规定。

表 1 物理性能指标

序 号	试验项目		指 标	
			水溶性聚氨酯灌浆材料（WPU）	油溶性聚氨酯灌浆材料（OPU）
1	密度/(g/cm³)	≥	1.00	1.05
2	黏度[a]/mPa.s	≤	1.0×10^3	
3	凝胶时间[a]/s	≤	150	—
4	凝固时间[a]/s	≤	—	800
5	遇水膨胀率/%	≥	20	—
6	包水性(10倍水)/s	≥	200	—
7	不挥发物含量/%	≥	75	78
8	发泡率/%	≥	350	1000
9	抗压强度[b]/MPa	≥	—	6
[a] 也可根据供需双方商定； [b] 有加固要求时检测。				

JC/T 2090—2011《聚合物水泥防水浆料》

1 范围

本标准适用于建筑工程用的聚合物水泥防水浆料。

2 一般要求

本标准包括产品的生产与使用不应对人体、生物与环境造成有害的影响，所涉及与使用有关的安全和环保要求应符合相关国家标准和规范的规定。

3 技术要求

3.1 外观

液料经搅拌后为均匀、无沉淀液体；粉料为均匀、无结块粉末。

3.2 物理力学性能

聚合物水泥防水浆料的物理力学性能应符合表1的要求。

表1 物理力学性能

序号	试验项目			技术指标	
				Ⅰ型	Ⅱ型
1	干燥时间a/h	表干时间	≤	4	
		实干时间	≤	8	
2	抗渗压力/MPa		≥	0.5	0.6
3	不透水性，0.3MPa，30min			—	不透水
4	柔韧性	横向变形能力/mm	≥	2.0	—
		弯折性		—	无裂纹
5	粘结强度/MPa	无处理	≥	0.7	
		潮湿基层	≥	0.7	
		碱处理	≥	0.7	
		浸水处理	≥	0.7	
6	抗压强度/MPa		≥	12.0	
7	抗折强度/MPa		≥	4.0	
8	耐碱性			无开裂、剥落	
9	耐热性			无开裂、剥落	
10	抗冻性			无开裂、剥落	
11	收缩率/%		≤	0.3	—
a 干燥时间项目可根据用户需要及季节变化进行调整。					

HJ 456—2009《环境标志产品技术要求——刚性防水材料》

1 适用范围

本标准适用于无机堵漏防水材料、聚合物水泥防水砂浆和水泥基渗透结晶型防水材料。

2 基本要求

2.1 无机堵漏防水材料的质量应符合 JC 900 的要求；聚合物水泥防水砂浆的质量应符合 JC/T 984 的要求；水泥基渗透结晶型防水材料的质量应符合 GB 18445 的要求。

2.2 产品生产企业污染物排放应符合国家或地方规定的污染物排放标准的要求。

3 技术内容

3.1 产品中不得人为添加铅（Pb）、镉（Cd）、汞（Hg）、硒（Se）、砷（As）、锑（Sb）、六价铬（Cr^{6+}）等元素及其化合物。

3.2 产品的内、外照射指数均不大于 0.6。

3.3 产品有害物限值应符合表 1 要求。

表 1 产品有害物限值

项 目		限 值
甲醛，mg/m³	≤	0.08
苯，mg/m³	≤	0.02
氨，mg/m³	≤	0.1
总挥发性有机化合物（TVOC），mg/m³	≤	0.1

3.4 企业应建立符合 GB 16483 要求的原料安全数据单（MSDS），并可向使用方提供。

GB 50108—2008《地下工程防水技术规范》

本规范主要内容包括：

1. 总则；2. 术语；3. 地下工程防水设计；4. 地下工程混凝土结构主体防水；5. 地下工程混凝土结构细部构造防水；6. 地下工程排水；7. 注浆防水；8. 特殊施工法的结构防水；9. 地下工程渗漏水治理；10. 其他规定；附录 A. 安全与环境保护。

本规范第 3.1.4、3.2.1、3.2.2、4.1.22、4.1.26（1、2）、5.1.3 条（款）为强制性条文，必须严格执行。

1 总 则

1.0.1 为使地下工程防水的设计和施工符合确保质量、技术先进、经济合理、安全适用的要求，制定本规范。

1.0.2 本规范适用于工业与民用建筑地下工程、防护工程、市政隧道、山岭及水底隧道、地下铁道、公路隧道等地下工程防水的设计和施工。

1.0.3 地下工程防水的设计和施工应遵循"防、排、截、堵相结合，刚柔相济，因地制宜，综合治理"的原则。

1.0.4 地下工程防水的设计和施工应符合环境保护的要求，并采取相应措施。

1.0.5 地下工程的防水，应积极采用经过试验、检测和鉴定并经实践检验质量可靠的新材料、新技术、新工艺。

1.0.6 地下工程防水的设计和施工除应符合本规范外，尚应符合国家现行的有关标准的规定。

2 术 语（略）

3 地下工程防水设计

3.1 一 般 规 定

3.1.1 地下工程应进行防水设计，并应做到定级准确、方案可靠、施工简便、耐久适用、经济合理。

3.1.2 地下工程防水方案应根据工程规划、结构设计、材料选择、结构耐久性和施工工艺等确定。

3.1.3 地下工程的防水设计，应根据地表水、地下水、毛细管水等的作用，以及由于人为因素引起的附近水文地质改变的影响确定。单建式的地下工程，宜采用全封闭、部分封闭的防排水设计；附建式的全地下或半地下工程的防水设防高度，应高出室外地坪高程500mm以上。

3.1.4 地下工程迎水面主体结构应采用防水混凝土，并应根据防水等级的要求采取其他防水措施。

3.1.5 地下工程的变形缝（诱导缝）、施工缝、后浇带、穿墙管（盒）、预埋件、预留通道接头、桩头等细部构造，应加强防水措施。

3.1.6 地下工程的排水管沟、地漏、出入口、窗井、风井等，应采取防倒灌措施；寒冷及严寒地区的排水沟应采取防冻措施。

3.1.7 地下工程的防水设计，应根据工程的特点和需要搜集下列资料：

    1 最高地下水位的高程、出现的年代，近几年的实际水位高程和随季节变化情况；

    2 地下水类型、补给来源、水质、流量、流向、压力；

    3 工程地质构造，包括岩层走向、倾角、节理及裂隙，含水地层的特性、分布情况和渗透系数，溶洞及陷穴，填土区、湿陷性土和膨胀土层等情况；

    4 历年气温变化情况、降水量、地层冻结深度；

    5 区域地形、地貌、天然水流、水库、废弃坑井以及地表水、洪水和给水排水系统资料；

    6 工程所在区域的地震烈度、地热，含瓦斯等有害物质的资料；

    7 施工技术水平和材料来源。

3.1.8 地下工程防水设计，应包括下列内容：

    1 防水等级和设防要求；

    2 防水混凝土的抗渗等级和其他技术指标、质量保证措施；

    3 其他防水层选用的材料及其技术指标、质量保证措施；

    4 工程细部构造的防水措施，选用的材料及其技术指标、质量保证措施；

    5 工程的防排水系统、地面挡水、截水系统及工程各种洞口的防倒灌措施。

3.2 防 水 等 级

3.2.1 地下工程的防水等级应分为四级，各等级防水标准应符合表3.2.1的规定。

3.2.2 地下工程不同防水等级的适用范围，应根据工程的重要性和使用中对防水的要求按表3.2.2选定。

表 3.2.1 地下工程防水标准

防水等级	防 水 标 准
一级	不允许渗水，结构表面无湿渍
二级	不允许漏水，结构表面可有少量湿渍； 工业与民用建筑：总湿渍面积不应大于总防水面积（包括顶板、墙面、地面）的1/1000；任意100m² 防水面积上的湿渍不超过2处，单个湿渍的最大面积不大于0.1m²； 其他地下工程：总湿渍面积不应大于总防水面积的2/1000；任意100m² 防水面积上的湿渍不超过3处，单个湿渍的最大面积不大于0.2m²；其中，隧道工程还要求平均渗水量不大于0.05L/m²·d，任意100m² 防水面积上的渗水量不大于0.15L/m²·d
三级	有少量漏水点，不得有线流和漏泥砂； 任意100m² 防水面积上的漏水或湿渍点数不超过7处，单个漏水点的最大漏水量不大于2.5L/d，单个湿渍的最大面积不大于0.3m²

防水等级	防 水 标 准
四级	有漏水点，不得有线流和漏泥砂； 整个工程平均漏水量不大于 2L/m² · d；任意 100m² 防水面积上的平均漏水量不大于 4L/m² · d

表 3.2.2　不同防水等级的适用范围

防水等级	适 用 范 围
一级	人员长期停留的场所；因有少量湿渍会使物品变质、失效的贮物场所及严重影响设备正常运转和危及工程安全运营的部位；极重要的战备工程、地铁车站
二级	人员经常活动的场所；在有少量湿渍的情况下不会使物品变质、失效的贮物场所及基本不影响设备正常运转和工程安全运营的部位；重要的战备工程
三级	人员临时活动的场所；一般战备工程
四级	对渗漏水无严格要求的工程

3.3　防 水 设 防 要 求

3.3.1　地下工程的防水设防要求，应根据使用功能、使用年限、水文地质、结构形式、环境条件、施工方法及材料性能等因素确定。

1　明挖法地下工程的防水设防要求应按表 3.3.1-1 选用；

2　暗挖法地下工程的防水设防要求应按表 3.3.1-2 选用。

3.3.2　处于侵蚀性介质中的工程，应采用耐侵蚀的防水混凝土、防水砂浆、防水卷材或防水涂料等防水材料。

3.3.3　处于冻融侵蚀环境中的地下工程，其混凝土抗冻融循环不得少于 300 次。

3.3.4　结构刚度较差或受振动作用的工程，宜采用延伸率较大的卷材、涂料等柔性防水材料。

表 3.3.1-1　明挖法地下工程防水设防要求

工程部位		主体结构							施工缝						后浇带				变形缝（诱导缝）					
防水等级	防水措施	防水混凝土	防水卷材	防水涂料	塑料防水板	膨润土防水材料	防水砂浆	金属防水板	遇水膨胀止水条（胶）	外贴式止水带	中埋式止水带	外抹防水砂浆	外涂防水涂料	水泥基渗透结晶型防水材料	预埋注浆管	补偿收缩混凝土	外贴式止水带	预埋注浆管	遇水膨胀止水条（胶）	防水密封材料	中埋式止水带	外贴式止水带	可卸式止水带	防水密封材料	外贴防水卷材	外涂防水涂料
一级	应选	应选一至二种							应选二种							应选	应选二种				应选	应选一至二种				
二级	应选	应选一种							应选一至二种							应选	应选一至二种				应选	应选一至二种				
三级	应选	宜选一种							宜选一至二种							应选	宜选一至二种				应选	宜选一至二种				
四级	宜选	—							宜选一种							应选	宜选一种				应选	宜选一种				

表 3.3.1-2　暗挖法地下工程防水设防要求

工程部位		初砌结构						内衬砌施工缝					内衬砌变形缝（诱导缝）				
防水措施		防水混凝土	塑料防水板	防水砂浆	防水涂料	防水卷材	金属防水层	外贴式止水带	预埋注浆管	遇水膨胀止水条（胶）	防水密封材料	中埋式止水带	水泥基渗透结晶型防水涂料	中埋式止水带	外贴式止水带	可卸式止水带	防水密封材料	遇水膨胀止水条（胶）
防水等级	一级	必选	应选一至二种						应选一至二种				应选	应选一至二种				
	二级	应选	应选一种						应选一种				应选	应选一种				
	三级	宜选	宜选一种						宜选一种				应选	宜选一种				
	四级	宜选	宜选一种						宜选一种				应选	宜选一种				

4　地下工程混凝土结构主体防水

4.1　防水混凝土

Ⅰ　一般规定

4.1.1　防水混凝土可通过调整配合比，或掺加外加剂、掺合料等措施配制而成，其抗渗等级不得小于 P6。

4.1.2　防水混凝土的施工配合比应通过试验确定，试配混凝土的抗渗等级应比设计要求提高 0.2MPa。

4.1.3　防水混凝土应满足抗渗等级要求，并应根据地下工程所处的环境和工作条件，满足抗压、抗冻和抗侵蚀性等耐久性要求。

Ⅱ　设　计

4.1.4　防水混凝土的设计抗渗等级，应符合表 4.1.4 的规定。

表 4.1.4　防水混凝土设计抗渗等级

工程埋置深度 H（m）	设计抗渗等级	工程埋置深度 H（m）	设计抗渗等级
$H<10$	P6	$20 \leqslant H<30$	P10
$10 \leqslant H<20$	P8	$H \geqslant 30$	P12

注：1　本表适用于Ⅰ、Ⅱ、Ⅲ类围岩（土层及软弱围岩）。
　　2　山岭隧道防水混凝土的抗渗等级可按现行有关规范执行。

4.1.5 防水混凝土的环境温度不得高于 80℃；处于侵蚀性介质中防水混凝土的耐侵蚀要求应根据介质的性质按有关标准执行。

4.1.6 防水混凝土结构底板的混凝土垫层，强度等级不应小于 C15，厚度不应小于 100mm，在软弱土层中不应小于 150mm。

4.1.7 防水混凝土结构，应符合下列规定：

1 结构厚度不应小于 250mm；

2 裂缝宽度不得大于 0.2mm，并不得贯通；

3 钢筋保护层厚度应根据结构的耐久性和工程环境选用，迎水面钢筋保护层厚度不应小于 50mm。

Ⅲ 材 料

4.1.8 用于防水混凝土的水泥应符合下列规定：

1 水泥品种宜采用硅酸盐水泥、普通硅酸盐水泥，采用其他品种水泥时应经过试验确定；

2 在受侵蚀性介质作用时，应按介质的性质选用相应的水泥品种；

3 不得使用过期或受潮结块的水泥，并不得将不同品种或强度等级的水泥混合使用。

4.1.9 防水混凝土选用矿物掺合料时，应符合下列规定：

1 粉煤灰的品质应符合现行国家标准《用于水泥和混凝土中的粉煤灰》GB 1596 的有关规定，粉煤灰的级别不应低于 Ⅱ 级，烧失量不应大于 5%，用量宜为胶凝材料总量的 20%～30%，当水胶比小于 0.45 时，粉煤灰用量可适当提高；

2 硅粉的品质应符合表 4.1.9 的要求，用量宜为胶凝材料总量的 2%～5%；

表 4.1.9 硅粉品质要求

项　　目	指　　标
比表面积（m²/kg）	≥15000
二氧化硅含量（%）	≥85

3 粒化高炉矿渣粉的品质要求应符合现行国家标准《用于水泥和混凝土中的粒化高炉矿渣粉》GB/T 18096 的有关规定；

4 使用复合掺合料时，其品种和用量应通过试验确定。

4.1.10 用于防水混凝土的砂、石，应符合下列规定：

1 宜选用坚固耐久、粒形良好的洁净石子；最大粒径不宜大于 40mm，泵送时其最大粒径不应大于输送管径的 1/4；吸水率不应大于 1.5%；不得使用碱活性骨料。石子的质量要求应符合国家现行标准《普通混凝土用碎石或卵石质量标准及检验方法》JGJ 53 的有关规定。

2 砂宜选用坚硬、抗风化性强、洁净的中粗砂，不宜使用海砂。砂的质量要求应符合国家现行标准《普通混凝土用砂质量标准及检验方法》JGJ 52 的有关规定。

4.1.11 用于拌制混凝土的水，应符合国家现行标准《混凝土用水标准》JGJ 63 的有关规定。

4.1.12 防水混凝土可根据工程需要掺入减水剂、膨胀剂、防水剂、密实剂、引气剂、复合型外加剂及水泥基渗透结晶型材料，其品种和用量应经试验确定，所用外加剂的技术性能应符合国家现行有关标准的质量要求。

4.1.13 防水混凝土可根据工程抗裂需要掺入合成纤维或钢纤维，纤维的品种及掺量应通过试验确定。

4.1.14 防水混凝土中各类材料的总碱量（Na_2O 当量）不得大于 $3kg/m^3$；氯离子含量不应超过胶凝材料总量的 0.1%。

Ⅳ 施 工

4.1.15 防水混凝土施工前应做好降排水工作，不得在有积水的环境中浇筑混凝土。

4.1.16 防水混凝土的配合比，应符合下列规定：

1 胶凝材料用量应根据混凝土的抗渗等级和强度等级等选用，其总用量不宜小于 $320kg/m^3$；当强度要求较高或地下水有腐蚀性时，胶凝材料用量可通过试验调整；

2 在满足混凝土抗渗等级、强度等级和耐久性条件下，水泥用量不宜小于 $260kg/m^3$；

3 砂率宜为 $35\%\sim40\%$，泵送时可增至 45%；

4 灰砂比宜为 $1:1.5\sim1:2.5$；

5 水胶比不得大于 0.50，有侵蚀性介质时水胶比不宜大于 0.45；

6 防水混凝土采用预拌混凝土时，入泵坍落度宜控制在 $120\sim160mm$，坍落度每小时损失值不应大于 20mm，坍落度总损失值不应大于 40mm；

7 掺加引气剂或引气型减水剂时，混凝土含气量应控制在 $3\%\sim5\%$；

8 预拌混凝土的初凝时间宜为 $6\sim8h$。

4.1.17 防水混凝土配料应按配合比准确称量，其计量允许偏差应符合表 4.1.17 的规定。

表 4.1.17 防水混凝土配料计量允许偏差

混凝土组成材料	每盘计量（%）	累计计量（%）
水泥、掺合料	±2	±1
粗、细骨料	±3	±2
水、外加剂	±2	±1

注：累计计量仅适用于微机控制计量的搅拌站。

4.1.18 使用减水剂时，减水剂宜配制成一定浓度的溶液。

4.1.19 防水混凝土应分层连续浇筑，分层厚度不得大于 500mm。

4.1.20 用于防水混凝土的模板应拼缝严密、支撑牢固。

4.1.21 防水混凝土拌合物应采用机械搅拌，搅拌时间不宜小于 2min。掺外加剂时，搅拌时间应根据外加剂的技术要求确定。

4.1.22 防水混凝土拌合物在运输后如出现离析，必须进行二次搅拌。当坍落度损失后不能满足施工要求时，应加入原水胶比的水泥浆或掺加同品种的减水剂进行搅拌，严禁直接加水。

4.1.23 防水混凝土应采用机械振捣，避免漏振、欠振和超振。

4.1.24 防水混凝土应连续浇筑，宜少留施工缝。当留设施工缝时，应符合下列规定：

1 墙体水平施工缝不应留在剪力最大处或底板与侧墙的交接处，应留在高出底板表面不小于 300mm 的墙体上。拱（板）墙结合的水平施工缝，宜留在拱（板）墙接缝线以下 150～300mm 处。墙体有预留孔洞时，施工缝距孔洞边缘不应小于 300mm；

2 垂直施工缝应避开地下水和裂隙水较多的地段，并宜与变形缝相结合。

4.1.25 施工缝防水构造形式宜按图 4.1.25-1、图 4.1.25-2、图 4.1.25-3、图 4.1.25-4 选用，当采用两种以上构造措施时可进行有效组合。

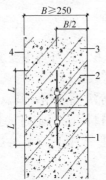 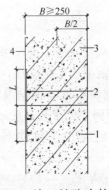

图 4.1.25-1 施工缝防水构造（一）　　　图 4.1.25-2 施工缝防水构造（二）

钢板止水带 $L \geqslant 150$；橡胶止水带 $L \geqslant 200$；　　　外贴止水带 $L \geqslant 150$；

钢边橡胶止水带 $L \geqslant 120$；　　　外涂防水涂料 $L = 200$；外抹防水砂浆 $L = 200$；

1—先浇混凝土；2—中埋止水带；　　　1—先浇混凝土；2—外贴止水带；

3—后浇混凝土；4—结构迎水面　　　3—后浇混凝土；4—结构迎水面

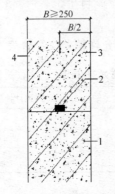 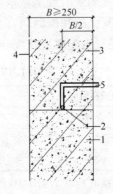

图 4.1.25-3 施工缝防水构造（三）　　　图 4.1.25-4 施工缝防水构造（四）

1—先浇混凝土；2—遇水膨胀止水条（胶）；　　　1—先浇混凝土；2—预埋注浆管；3—后浇

3—后浇混凝土；4—结构迎水面　　　混凝土；4—结构迎水面；5—注浆导管

4.1.26 施工缝的施工应符合下列规定：

1 水平施工缝浇筑混凝土前，应将其表面浮浆和杂物清除，然后铺设净浆或涂刷混凝土界面处理剂、水泥基渗透结晶型防水涂料等材料，再铺 30～50mm 厚的 1:1 水泥砂浆，并应及时浇筑混凝土；

2 垂直施工缝浇筑混凝土前，应将其表面清理干净，再涂刷混凝土界面处理剂或水泥基渗透结晶型防水涂料，并应及时浇筑混凝土；

3 遇水膨胀止水条（胶）应与接缝表面密贴；

4 选用的遇水膨胀止水条应具有缓胀性能，7d 的净膨胀率不宜大于最终膨胀率的 60%，最终膨胀率宜大于 220%；

5 采用中埋式止水带或预埋式注浆管时，应定位准确、固定牢靠。

4.1.27 大体积防水混凝土的施工，应符合下列规定：

1 在设计许可的情况下，掺粉煤灰混凝土设计强度等级的龄期宜为 60d 或 90d；

2 宜选用水化热低和凝结时间长的水泥；

3 宜掺入减水剂、缓凝剂等外加剂和粉煤灰、磨细矿渣粉等掺合料；

4 炎热季节施工时，应采取降低原材料温度、减少混凝土运输时吸收外界热量等降温措施，入模温度不应大于 30℃；

5 混凝土内部预埋管道，宜进行水冷散热；

6 应采取保温保湿养护。混凝土中心温度与表面温度的差值不应大于 25℃，表面温度与大气温度的差值不应大于 20℃，温降梯度不得大于 3℃／d，养护时间不应少于 14d。

4.1.28 防水混凝土结构内部设置的各种钢筋或绑扎铁丝，不得接触模板。用于固定模板的螺栓必须穿过混凝土结构时，可采用工具式螺栓或螺栓加堵头，螺栓上应加焊方形止水环。拆模后应将留下的凹槽用密封材料封堵密实，并用聚合物水泥砂浆抹平（图 4.1.28）。

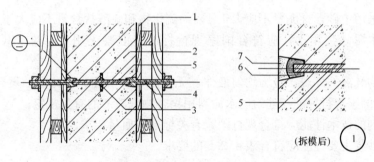

图 4.1.28　固定模板用螺栓的防水构造

1—模板；2—结构混凝土；3—止水环；4—工具式螺栓；
5—固定模板用螺栓；6—密封材料；7—聚合物水泥砂浆

4.1.29 防水混凝土终凝后应立即进行养护，养护时间不得少于 14d。

4.1.30 防水混凝土的冬期施工，应符合下列规定：

1 混凝土入模温度不应低于 5℃；

2 混凝土养护应采用综合蓄热法、蓄热法、暖棚法、掺化学外加剂等方法，不得采用电热法或蒸气直接加热法；

3 应采取保湿保温措施。

4.2　水泥砂浆防水层

Ⅰ　一　般　规　定

4.2.1 防水砂浆应包括聚合物水泥防水砂浆、掺外加剂或掺合料的防水砂浆，宜采用多层抹压法施工。

4.2.2 水泥砂浆防水层可用于地下工程主体结构的迎水面或背水面，不应用于受持续振动或温度高于80℃的地下工程防水。

4.2.3 水泥砂浆防水层应在基础垫层、初期支护、围护结构及内衬结构验收合格后方可施工。

Ⅱ 设 计

4.2.4 水泥砂浆的品种和配合比设计应根据防水工程要求确定。

4.2.5 聚合物水泥防水砂浆厚度单层施工宜为6～8mm，双层施工宜为10～12mm；掺外加剂或掺合料的水泥防水砂浆厚度宜为18～20mm。

4.2.6 水泥砂浆防水层的基层混凝土强度或砌体用的砂浆强度均不应低于设计值的80%。

Ⅲ 材 料

4.2.7 用于水泥砂浆防水层的材料，应符合下列规定：

   1 应使用硅酸盐水泥、普通硅酸盐水泥或特种水泥，不得使用过期或受潮结块的水泥；

   2 砂宜采用中砂，含泥量不应大于1%，硫化物和硫酸盐含量不应大于1%；

   3 拌制水泥砂浆用水，应符合国家现行标准《混凝土用水标准》JGJ 63的有关规定；

   4 聚合物乳液的外观：应为均匀液体，无杂质、无沉淀、不分层。聚合物乳液的质量要求应符合国家现行标准《建筑防水涂料用聚合物乳液》的有关规定；

   5 外加剂的技术性能应符合现行国家有关标准的质量要求。

4.2.8 防水砂浆主要性能应符合表4.2.8的要求。

表 4.2.8 防水砂浆主要性能要求

防水砂浆种类	粘结强度（MPa）	抗渗性（MPa）	抗折强度（MPa）	干缩率（%）	吸水率（%）	冻融循环（次）	耐碱性	耐水性（%）
掺外加剂、掺合料的防水砂浆	＞0.6	≥0.8	同普通砂浆	同普通砂浆	≤3	＞50	10%NaOH溶液浸泡14d无变化	—
聚合物水泥防水砂浆	＞1.2	≥1.5	≥8.0	≤0.15	≤4	＞50		≥80

注：耐水性指标是指砂浆浸水168h后材料的粘结强度及抗渗性的保持率。

Ⅳ 施 工

4.2.9 基层表面应平整、坚实、清洁，并应充分湿润、无明水。

4.2.10 基层表面的孔洞、缝隙，应采用与防水层相同的防水砂浆堵塞并抹平。

4.2.11 施工前应将预埋件、穿墙管预留凹槽内嵌填密封材料后，再施工水泥砂浆防水层。

4.2.12 防水砂浆的配合比和施工方法应符合所掺材料的规定，其中聚合物水泥防水砂浆的用水量应包括乳液中的含水量。

4.2.13 水泥砂浆防水层应分层铺抹或喷射，铺抹时应压实、抹平，最后一层表面应提浆压光。

4.2.14 聚合物水泥防水砂浆拌合后应在规定时间内用完，施工中不得任意加水。

4.2.15 水泥砂浆防水层各层应紧密粘合，每层宜连续施工；必须留设施工缝时，应采用阶梯坡形槎，但离阴阳角处的距离不得小于 200mm。

4.2.16 水泥砂浆防水层不得在雨天、五级及以上大风中施工。冬期施工时，气温不应低于 5℃。夏季不宜在 30℃ 以上或烈日照射下施工。

4.2.17 水泥砂浆防水层终凝后，应及时进行养护，养护温度不宜低于 5℃，并应保持砂浆表面湿润，养护时间不得少于 14d。

聚合物水泥防水砂浆未达到硬化状态时，不得浇水养护或直接受雨水冲刷，硬化后应采用干湿交替的养护方法。潮湿环境中，可在自然条件下养护。

4.3 卷 材 防 水 层（略）

4.4 涂 料 防 水 层

Ⅰ 一 般 规 定

4.4.1 涂料防水层应包括无机防水涂料和有机防水涂料。无机防水涂料可选用掺外加剂、掺合料的水泥基防水涂料、水泥基渗透结晶型防水涂料。有机防水涂料可选用反应型、水乳型、聚合物水泥等涂料。

4.4.2 无机防水涂料宜用于结构主体的背水面，有机防水涂料宜用于地下工程主体结构的迎水面，用于背水面的有机防水涂料应具有较高的抗渗性，且与基层有较好的粘结性。

Ⅱ 设 计

4.4.3 防水涂料品种的选择应符合下列规定：

1 潮湿基层宜选用与潮湿基面粘结力大的无机防水涂料或有机防水涂料，也可采用先涂无机防水涂料而后再涂有机防水涂料构成复合防水涂层；

2 冬期施工宜选用反应型涂料；

3 埋置深度较深的重要工程、有振动或有较大变形的工程，宜选用高弹性防水涂料；

4 有腐蚀性的地下环境宜选用耐腐蚀性较好的有机防水涂料，并应做刚性保护层；

5 聚合物水泥防水涂料应选用Ⅱ型产品。

4.4.4 采用有机防水涂料时，基层阴阳角应做成圆弧形，阴角直径宜大于 50mm，阳角直径宜大于 10mm，在底板转角部位应增加胎体增强材料，并应增涂防水涂料。

4.4.5 防水涂料宜采用外防外涂或外防内涂，其构造做法见图 4.4.5-1、图 4.4.5-2。

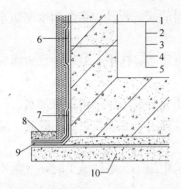

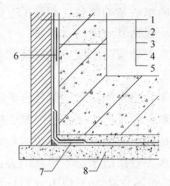

图 4.4.5-1 防水涂料外防外涂构造做法

1—保护墙；2—砂浆保护层；3—涂料防水层；
4—砂浆找平层；5—结构墙体；6—涂料防水层
加强层；7—涂料防水加强层；8—涂料防水层搭
接部位保护层；9—涂料防水层搭接部位；
10—混凝土垫层

图 4.4.5-2 防水涂料外防内涂构造做法

1—保护墙；2—涂料保护层；3—涂料防水层；
4—找平层；5—结构墙体；6—涂料防水层加
强层；7—涂料防水加强层；8—混凝土垫层

4.4.6 掺外加剂、掺合料的水泥基防水涂料厚度不得小于 3.0mm；水泥基渗透结晶型防水涂料的用量不应小于 1.5kg/m²，且厚度不应小于 1.0mm；有机防水涂料的厚度不得小于 1.2mm。

Ⅲ 材 料

4.4.7 涂料防水层所选用的涂料应符合下列规定：

1 应具有良好的耐水性、耐久性、耐腐蚀性及耐菌性；

2 应无毒、难燃、低污染；

3 无机防水涂料应具有良好的湿干粘结性和耐磨性，有机防水涂料应具有较好的延伸性及较大适应基层变形能力。

4.4.8 无机防水涂料的性能指标应符合表 4.4.8-1 的规定，有机防水涂料的性能指标应符合表 4.4.8-2 的规定。

表 4.4.8-1 无机防水涂料的性能指标

涂料种类	抗折强度 （MPa）	粘结强度 （MPa）	一次抗渗性 （MPa）	二次抗渗性 （MPa）	冻融循环 （次）
掺外加剂、掺合料 水泥基防水涂料	≥4	≥1.0	>0.8	—	>50
水泥基渗透结晶 型防水涂料	≥4	≥1.0	>1.0	>0.8	>50

表 4.4.8-2 有机防水涂料的性能指标

涂料 种类	可操作 时间 （min）	潮湿基面 粘结强度 （MPa）	抗渗性（MPa）			浸水 168h 后 拉伸强度 （MPa）	浸水 168h 后 断裂伸长率 （%）	耐水性 （%）	表干 （h）	实干 （h）
			涂膜 （120min）	砂浆 迎水面	砂浆 背水面					
反应型	≥20	≥0.5	≥0.3	≥0.8	≥0.3	≥1.7	≥400	≥80	≤12	≤24

涂料种类	可操作时间（min）	潮湿基面粘结强度（MPa）	抗渗性（MPa）			浸水 168h 后拉伸强度（MPa）	浸水 168h 后断裂伸长率（%）	耐水性（%）	表干（h）	实干（h）
			涂膜（120min）	砂浆迎水面	砂浆背水面					
水乳型	≥50	≥0.2	≥0.3	≥0.8	≥0.3	≥0.5	≥350	≥80	≤4	≤12
聚合物水泥	≥30	≥1.0	≥0.3	≥0.8	≥0.6	≥1.5	≥80	≥80	≤4	≤12

注：1 浸水 168h 后的拉伸强度和断裂伸长率是在浸水取出后只经擦干即进行试验所得的值。

2 耐水性指标是指材料浸水 168h 后取出擦干即进行试验，其粘结强度及抗渗性的保持率。

Ⅳ 施 工

4.4.9 无机防水涂料基层表面应干净、平整、无浮浆和明显积水。

4.4.10 有机防水涂料基层表面应基本干燥，无气孔、凹凸不平、蜂窝麻面等缺陷。涂料施工前，基层阴阳角应做成圆弧形。

4.4.11 涂料防水层严禁在雨天、雾天、五级及以上大风时施工，不得在施工环境温度低于 5℃及高于 35℃或烈日暴晒时施工。涂膜固化前如有降雨可能时，应及时做好已完涂层的保护工作。

4.4.12 防水涂料的配制应按涂料的技术要求进行。

4.4.13 防水涂料应分层刷涂或喷涂，涂层应均匀，不得漏刷漏涂；接槎宽度不应小于 100mm。

4.4.14 铺贴胎体增强材料时，应使胎体层充分浸透防水涂料，不得有露槎及褶皱。

4.4.15 有机防水涂料施工完后应及时做保护层，保护层应符合下列规定：

1 底板、顶板应采用 20mm 厚 1：2.5 水泥砂浆层和 40～50mm 厚的细石混凝土保护层，防水层与保护层之间宜设置隔离层；

2 侧墙背水面保护层应采用 20mm 厚 1：2.5 水泥砂浆；

3 侧墙迎水面保护层宜选用软质保护材料或 20mm 厚 1：2.5 水泥砂浆。

4.5 塑料防水板防水层（略）

4.6 金属防水层（略）

4.7 膨润土防水材料防水层

Ⅰ 一般规定

4.7.1 膨润土防水材料应包括膨润土防水毯和膨润土防水板及其配套材料，并应采用机械固定法铺设。

4.7.2 膨润土防水材料防水层应用于 pH 值为 4～10 的地下环境，含盐量较高的地下环境应采用经过改性处理的膨润土，并应经检测合格后方可使用。

4.7.3 膨润土防水层应用于地下工程主体结构的迎水面，防水层两侧应具有一定的夹持力。

Ⅱ 设 计

4.7.4 铺设膨润土防水材料防水层的基层混凝土强度等级不得小于 C15，水泥砂浆强度等级不得低于 M7.5。

4.7.5 阴、阳角部位应做成直径不小于 30mm 的圆弧或 30mm×30mm 的坡角。

4.7.6 变形缝、后浇带等接缝部位应设置宽度不小于 500mm 的加强层，加强层应设置在防水层与结构外表面之间。

4.7.7 穿墙管件部位宜采用膨润土橡胶止水条、膨润土密封膏或膨润土粉进行加强处理。

Ⅲ 材 料

4.7.8 膨润土防水材料应符合下列规定：

1 膨润土防水材料中的膨润土颗粒应采用钠基膨润土，不应采用钙基膨润土；

2 膨润土防水材料应具有良好的不透水性、耐久性、耐腐蚀性和耐菌性；

3 膨润土防水毯非织布外表面宜附加一层高密度聚乙烯膜；

4 膨润土防水毯的织布层和非织布层之间应连结紧密、牢固，膨润土颗粒应分布均匀；

5 膨润土防水板的膨润土颗粒应分布均匀、粘贴牢固，基材应采用厚度为 0.6～1.0mm 的高密度聚乙烯片材。

4.7.9 膨润土防水材料的性能指标应符合表 4.7.9 的要求。

表 4.7.9 膨润土防水材料性能指标

项 目		性 能 指 标		
		针刺法钠基膨润土防水毯	刺覆膜法钠基膨润土防水毯	胶粘法钠基膨润土防水毯
单位面积质量（g/m², 干重）		≥4000		
膨润土膨胀指数（mL/2g）		24		
拉伸强度（N/100mm）		≥600	≥700	≥600
最大负荷下伸长率（%）		≥10	≥10	≥8
剥离强度	非制造布—编织布（N/10cm）	≥40	≥40	—
	PE膜—非制造布（N/10cm）	—	≥30	—
渗透系数（cm/s）		≤5×10⁻¹¹	≤5×10⁻¹²	≤1×10⁻¹³
滤失量（mL）		≤18		
膨润土耐久性（mL/2g）		≥20		

4.7.10 基层应坚实、清洁，不得有明水和积水。平整度应符合本规范第4.5.11条的规定。

4.7.11 膨润土防水材料应采用水泥钉和垫片固定。立面和斜面上的固定间距宜为400～500mm，平面上应在搭接缝处固定。

4.7.12 膨润土防水毯的织布面应与结构外表面或底板垫层混凝土密贴；膨润土防水板的膨润土面应与结构外表面或底板垫层密贴。

4.7.13 膨润土防水材料应采用搭接法连接，搭接宽度应大于100mm。搭接部位的固定位置距搭接边缘的距离宜为25～30mm，搭接处应涂膨润土密封膏。平面搭接缝可干洒膨润土颗粒，用量宜为0.3～0.5kg/m。

4.7.14 立面和斜面铺设膨润土防水材料时，应上层压着下层，卷材与基层、卷材与卷材之间应密贴，并应平整无褶皱。

4.7.15 膨润土防水材料分段铺设时，应采取临时防护措施。

4.7.16 甩槎与下幅防水材料连接时，应将收口压板、临时保护膜等去掉，并应将搭接部位清理干净，涂抹膨润土密封膏，然后搭接固定。

4.7.17 膨润土防水材料的永久收口部位应用收口压条和水泥钉固定，并应用膨润土密封膏覆盖。

4.7.18 膨润土防水材料与其他防水材料过渡时，过渡搭接宽度应大于400mm，搭接范围内应涂抹膨润土密封膏或铺洒膨润土粉。

4.7.19 破损部位应采用与防水层相同的材料进行修补，补丁边缘与破损部位边缘的距离不应小于100mm；膨润土防水板表面膨润土颗粒损失严重时应涂抹膨润土密封膏。

4.8 地下工程种植顶板防水（略）

5 地下工程混凝土结构细部构造防水

5.1 变 形 缝

Ⅰ 一 般 规 定

5.1.1 变形缝应满足密封防水、适应变形、施工方便、检修容易等要求。

5.1.2 用于伸缩的变形缝宜少设，可根据不同的工程结构类别、工程地质情况采用后浇带、加强带、诱导缝等替代措施。

5.1.3 变形缝处混凝土结构的厚度不应小于300mm。

Ⅱ 设 计

5.1.4 用于沉降的变形缝最大允许沉降差值不应大于30mm。

5.1.5 变形缝的宽度宜为20～30mm。

5.1.6 变形缝的防水措施可根据工程开挖方法、防水等级按本规范表 3.3.1-1、表 3.3.1-2 选用。变形缝的几种复合防水构造形式，见图 5.1.6-1、图 5.1.6-2、图 5.1.6-3。

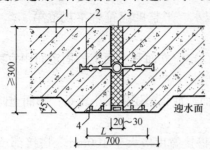

图 5.1.6-1 中埋式止水带与外贴
防水层复合使用

外贴式止水带 L≥300

外贴防水卷材 L≥400

外涂防水涂层 L≥400

1—混凝土结构；2—中埋式止水带；

3—填缝材料；4—外贴止水带

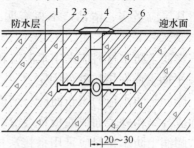

图 5.1.6-2 中埋式止水带与
嵌缝材料复合使用

1—混凝土结构；2—中埋式止水带；

3—防水层；4—隔离层；5—密封

材料；6—填缝材料

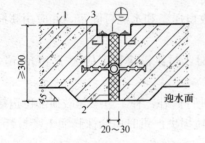

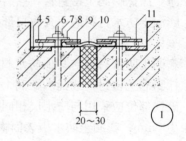

图 5.1.6-3 中埋式止水带与可卸式止水带复合使用

1—混凝土结构；2—填缝材料；3—中埋式止水带；4—预埋钢板；5—紧固件压板；6—预埋螺栓；

7—螺母；8—垫圈；9—紧固件压块；10—Ω 型止水带；11—紧固件圆钢

5.1.7 环境温度高于 50℃ 处的变形缝，中埋式止水带可采用金属制作（图 5.1.7）。

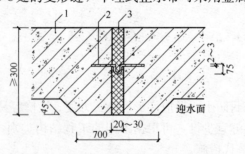

图 5.1.7 中埋式金属止水带

1—混凝土结构；2—金属止水带；3—填缝材料

Ⅲ 材 料

5.1.8 变形缝采用橡胶止水带时，物理性能应符合表 5.1.8 的要求。

484

表 5.1.8　橡胶止水带物理性能

项　　目			性能要求		
			B 型	S 型	J 型
硬度（邵尔 A，度）			60±5	60±5	60±5
拉伸强度（MPa）			≥15	≥12	≥10
扯断伸长率（%）			≥380	≥380	≥300
压缩永久变形		70℃×24h,%	≤35	≤35	≤25
		23℃×168h,%	≤20	≤20	≤20
撕裂强度（kN/m）			≥30	≥25	≥25
脆性温度（℃）			≤−45	≤−40	≤−40
热空气老化	70℃×168h	硬度变化（邵尔 A，度）	+8	+8	—
		拉伸强度 MPa	≥12	≥10	—
		扯断伸长率%	≥300	≥300	—
	100℃×168h	硬度变化（邵尔 A，度）	—	—	+8
		拉伸强度（MPa）	—	—	≥9
		扯断伸长率（%）	—	—	≥250
橡胶与金属粘合			断面在弹性体内		

注：1　B 型适用于变形缝用止水带，S 型适用于施工缝用止水带，J 型适用于有特殊耐老化要求的接缝用止水带；
　　2　橡胶与金属粘合指标仅适用于具有钢边的止水带。

5.1.9　密封材料应采用混凝土建筑接缝用密封胶，不同模量建筑密封胶的物理性能应符合表 5.1.9 的要求。

表 5.1.9　建筑密封胶物理性能

项　　目			性　能　要　求			
			25（低模量）	25（高模量）	20（低模量）	20（高模量）
流动性	下垂度（N 型）	垂直（mm）	≤3			
		水平（mm）	≤3			
	流平性（S 型）		光滑平整			
挤出性（mL/min）			≥80			
弹性恢复率（%）			≥80		≥60	
拉伸模量（MPa）	23℃ −20℃		≤0.4 和 ≤0.6	>0.4 或 >0.6	≤0.4 和 ≤0.6	>0.4 或 >0.6
定性粘结性			无破坏			
浸水后定伸粘结性			无破坏			
热压冷拉后粘结性			无破坏			
体积收缩率（%）			≤25			

注：体积收缩率仅适用于乳胶型和溶剂型产品。

5.1.10 中埋式止水带施工应符合下列规定：

1 止水带埋设位置应准确，其中间空心圆环应与变形缝的中心线重合；

2 止水带应固定，顶、底板内止水带应成盆状安设；

3 中埋式止水带先施工一侧混凝土时，其端模应支撑牢固，并应严防漏浆；

4 止水带的接缝宜为一处，应设在边墙较高位置上，不得设在结构转角处，接头宜采用热压焊接；

5 中埋式止水带在转弯处应做成圆弧形，橡胶、钢边橡胶止水带的转角半径不应小于 200mm，转角半径应随止水带的宽度增大而相应加大。

5.1.11 安设于结构内侧的可卸式止水带施工时应符合下列规定：

1 所需配件应一次配齐；

2 转角处应做成 45°折角，并应增加紧固件的数量。

5.1.12 形缝与施工缝均用外贴式止水带（中埋式）时，其相交部位宜采用十字配件（图 5.1.12-1）。变形缝用外贴式止水带的转角部位宜采用直角配件（图 5.1.12-2）。

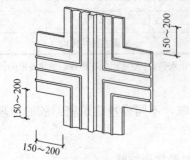

图 5.1.12-1　外贴式止水带在施工
缝与变形缝相交处的十字配件

图 5.1.12-2　外贴式止水带在
转角处的直角配件

5.1.13 密封材料嵌填施工时，应符合下列规定：

1 缝内两侧基面应平整干净、干燥，并应刷涂与密封材料相容的基层处理剂；

2 嵌缝底部应设置背衬材料；

3 嵌填应密实连续、饱满，并应粘结牢固。

5.1.14 在缝表面粘贴卷材或涂刷涂料前，应在缝上设置隔离层。卷材防水层、涂料防水层的施工应符合本规范第 4.3 和 4.4 节的有关规定。

5.2 后 浇 带

Ⅰ 一 般 规 定

5.2.1 后浇带宜用于不允许留设变形缝的工程部位。

5.2.2 后浇带应在其两侧混凝土龄期达到 42d 后再施工；高层建筑的后浇带施工应按规定时间进行。

5.2.3 后浇带应采用补偿收缩混凝土浇筑，其抗渗和抗压强度等级不应低于两侧混凝土。

5.2.4 后浇带应设在受力和变形较小的部位，其间距和位置应按结构设计要求确定，宽度宜为 700～1000 mm。

5.2.5 后浇带两侧可做成平直缝或阶梯缝，其防水构造宜采用图 5.2.5-1、图 5.2.5-2、图 5.2.5-3 的形式。

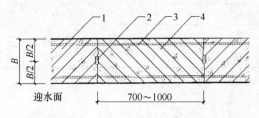

图 5.2.5-1 后浇带防水构造（一）
1—先浇混凝土；2—遇水膨胀止水条（胶）；
3—结构主筋；4—后浇补偿收缩混凝土

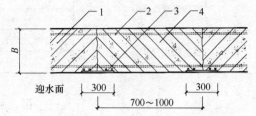

图 5.2.5-2 后浇带防水构造（二）
1—先浇混凝土；2—结构主筋；3—外贴式止水带；
4—后浇补偿收缩混凝土

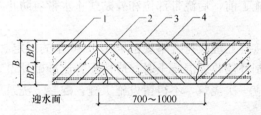

图 5.2.5-3 后浇带防水构造（三）
1—先浇混凝土；2—遇水膨胀止水条（胶）；
3—结构主筋；4—后浇补偿收缩混凝土

5.2.6 采用掺膨胀剂的补偿收缩混凝土，水中养护 14d 后的限制膨胀率不应小于 0.015％，膨胀剂的掺量应根据不同部位的限制膨胀率设定值经试验确定。

Ⅲ 材 料

5.2.7 用于补偿收缩混凝土的水泥、砂、石、拌合水及外加剂、掺合料等应符合本规范第 4.1 节的有关规定。

5.2.8 混凝土膨胀剂的物理性能应符合表 5.2.8 的要求。

表 5.2.8 混凝土膨胀剂物理性能

项 目		性能指标
细 度	比表面积(m²/kg)	≥250
	0.08mm 筛余(%)	≤12
	1.25mm 筛余(%)	≤0.5
凝结时间	初凝(min)	≥45
	终凝(h)	≤10

续表 5.2.8

项　　目			性能指标
限制膨胀率(%)	水中	7d	≥0.025
		28d	≤0.10
	空气中	21d	≥−0.020
抗压强度(MPa)		7d	≥25.0
		28d	≥45.0
抗折强度(MPa)		7d	≥4.5
		28d	≥6.5

Ⅳ　施　　工

5.2.9　补偿收缩混凝土的配合比除应符合本规范第4.1.16条的规定外，尚应符合下列要求：

1　膨胀剂掺量不宜大于12%；

2　膨胀剂掺量应以胶凝材料总量的百分比表示。

5.2.10　后浇带混凝土施工前，后浇带部位和外贴式止水带应防止落入杂物和损伤外贴止水带。

5.2.11　后浇带两侧的接缝处理应符合本规范第4.1.26条的规定。

5.2.12　采用膨胀剂拌制补偿收缩混凝土时，应按配合比准确计量。

5.2.13　后浇带混凝土应一次浇筑，不得留设施工缝；混凝土浇筑后应及时养护，养护时间不得少于28d。

5.2.14　后浇带需超前止水时，后浇带部位的混凝土应局部加厚，并应增设外贴式或中埋式止水带（图5.2.14）。

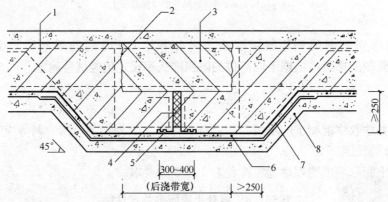

图5.2.14　后浇带超前止水构造

1—混凝土结构；2—钢丝网片；3—后浇带；4—填缝材料；5—外贴式止水带；

6—细石混凝土保护层；7—卷材防水层；8—垫层混凝土

5.3　穿　墙　管　(盒)

5.3.1　穿墙管（盒）应在浇筑混凝土前预埋。

5.3.2 穿墙管与内墙角、凹凸部位的距离应大于 250mm。

5.3.3 结构变形或管道伸缩量较小时，穿墙管可采用主管直接埋入混凝土内的固定式防水法，主管应加焊止水环或环绕遇水膨胀止水圈，并应在迎水面预留凹槽，槽内应采用密封材料嵌填密实。其防水构造宜采用图 5.3.3-1、图 5.3.3-2 的形式。

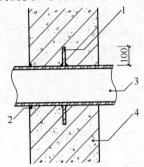 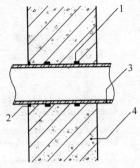

图 5.3.3-1　固定式穿墙管防水构造（一）　　图 5.3.3-2　固定式穿墙管防水构造（二）

1—止水环；2—密封材料；3—主管；　　　　　1—遇水膨胀止水圈；2—密封材料；
4—混凝土结构　　　　　　　　　　　　3—主管；4—混凝土结构

5.3.4 结构变形或管道伸缩量较大或有更换要求时，应采用套管式防水法，套管应加焊止水环（图 5.3.4）。

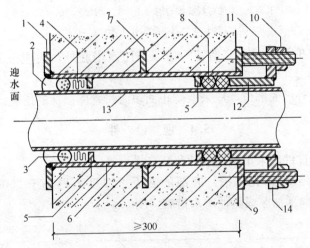

图 5.3.4　套管式穿墙管防水构造

1—翼环；2—密封材料；3—背衬材料；4—充填材料；5—挡圈；6—套管；7—止水环；
8—橡胶圈；9—翼盘；10—螺母；11—双头螺栓；12—短管；13—主管；14—法兰盘

5.3.5 穿墙管防水施工时应符合下列要求：

1 金属止水环应与主管或套管满焊密实。采用套管式穿墙防水构造时，翼环与套管应满焊密实，并应在施工前将套管内表面清理干净；

2 相邻穿墙管间的间距应大于 300mm；

3 采用遇水膨胀止水圈的穿墙管，管径宜小于 50mm，止水圈应采用胶粘剂满粘固定于管上，并应涂缓胀剂或采用缓胀型遇水膨胀止水圈。

5.3.6 穿墙管线较多时，宜相对集中，并应采用穿墙盒方法。穿墙盒的封口钢板应与墙上的预埋角钢焊严，并应从钢板上的预留浇注孔注入柔性密封材料或细石混凝土（图5.3.6）。

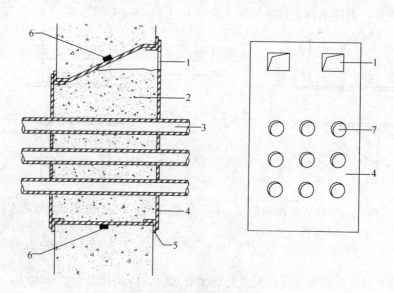

图 5.3.6　穿墙群管防水构造
1—浇注孔；2—柔性材料或细石混凝土；3—穿墙管；4—封口钢板；
5—固定角钢；6—遇水膨胀止水条；7—预留孔

5.3.7 当工程有防护要求时，穿墙管除应采取防水措施外，尚应采取满足防护要求的措施。

5.3.8 穿墙管伸出外墙的部位，应采取防止回填时将管体损坏的措施。

5.4　埋　设　件

5.4.1 结构上的埋设件应采用预埋或预留孔（槽）等。

5.4.2 埋设件端部或预留孔（槽）底部的混凝土厚度不得小于 250mm，当厚度小于 250mm 时，应采取局部加厚或其他防水措施（图5.4.2）。

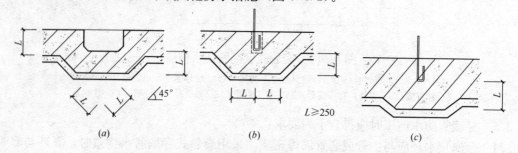

图 5.4.2　预埋件或预留孔（槽）处理
（a）预留槽；（b）预留孔；（c）预埋件

5.4.3 预留孔（槽）内的防水层，宜与孔（槽）外的结构防水层保持连续。

5.5 预留通道接头

5.5.1 预留通道接头处的最大沉降差值不得大于 30mm。

5.5.2 预留通道接头应采取变形缝防水构造形式（图 5.5.2-1、图 5.5.2-2）。

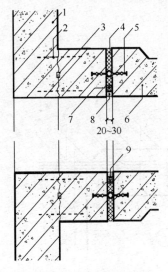

图 5.5.2-1 预留通道
接头防水构造（一）

1—先浇混凝土结构；2—连接钢筋；
3—遇水膨胀止水条（胶）；4—填缝材
料；5—中埋式止水带；6—后浇混凝土
结构；7—遇水膨胀橡胶条（胶）；8—密
封材料；9—填充材料

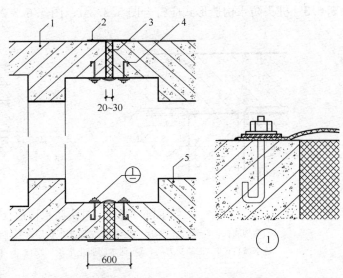

图 5.5.2-2 预留通道接头防水构造（二）

1—先浇混凝土结构；2—防水涂料；3—填缝材料；
4—可卸式止水带；5—后浇混凝土结构

5.5.3 预留通道接头的防水施工应符合下列规定：

1 中埋式止水带、遇水膨胀橡胶条（胶）、预埋注浆管、密封材料、可卸式止水带的施工应符合本规范第 5.1 节的有关规定；

2 预留通道先施工部位的混凝土、中埋式止水带和防水相关的预埋件等应及时保护，并应确保端部表面混凝土和中埋式止水带清洁，埋设件不得锈蚀；

3 采用图 5.5.2-1 的防水构造时，在接头混凝土施工前应将先浇混凝土端部表面凿毛，露出钢筋或预埋的钢筋接驳器钢板，与待浇混凝土部位的钢筋焊接或连接好后再行浇筑；

4 当先浇混凝土中未预埋可卸式止水带的预埋螺栓时，可选用金属或尼龙的膨胀螺栓固定可卸式止水带。采用金属膨胀螺栓时，可选用不锈钢材料或用金属涂膜、环氧涂料等涂层进行防锈处理。

5.6 桩 头

5.6.1 桩头防水设计应符合下列规定：

1 桩头所用防水材料应具有良好的粘结性、湿固化性；

2 桩头防水材料应与垫层防水层连为一体。

5.6.2 桩头防水施工应符合下列规定：

　　1 应按设计要求将桩顶剔凿至混凝土密实处，并应清洗干净；

　　2 破桩后如发现渗漏水，应及时采取堵漏措施；

　　3 涂刷水泥基渗透结晶型防水涂料时，应连续、均匀，不得少涂或漏涂，并应及时进行养护；

　　4 采用其他防水材料时，基面应符合施工要求；

　　5 应对遇水膨胀止水条（胶）进行保护。

5.6.3 桩头防水构造形式应符合图5.6.3-1、图5.6.3-2的规定。

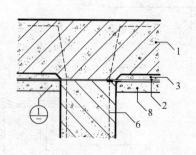
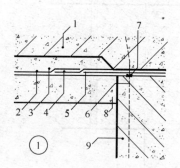

图5.6.3-1　桩头防水构造（一）

1—结构底板；2—底板防水层；3—细石混凝土保护层；4—防水层；5—水泥基渗透结晶型
防水涂料；6—桩基受力筋；7—遇水膨胀止水条（胶）；8—混凝土垫层；9—桩基混凝土

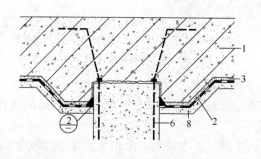
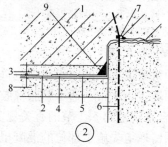

图5.6.3-2　桩头防水构造（二）

1—结构底板；2—底板防水层；3—细石混凝土保护层；4—聚合物水泥防水砂浆；
5—水泥基渗透结晶型防水涂料；6—桩基受力筋；7—遇水膨胀止水条（胶）；
8—混凝土垫层；9—密封材料

5.7　孔　口

5.7.1 地下工程通向地面的各种孔口应采取防地面水倒灌的措施。人员出入口高出地面的高度宜为500mm，汽车出入口设置明沟排水时，其高度宜为150mm，并应采取防雨措施。

5.7.2 窗井的底部在最高地下水位以上时，窗井的底板和墙应做防水处理，并宜与主体结构断开（图5.7.2）。

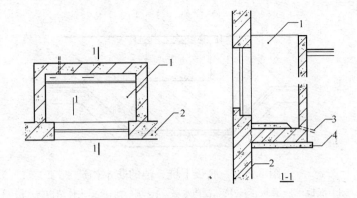

图 5.7.2　窗井防水构造

1—窗井；2—主体结构；3—排水管；4—垫层

5.7.3 窗井或窗井的一部分在最高地下水位以下时，窗井应与主体结构连成整体，其防水层也应连成整体，并应在窗井内设置集水井（图 5.7.3）。

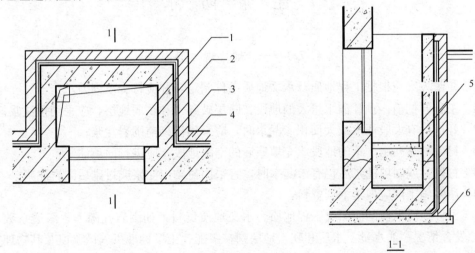

图 5.7.3　窗井防水构造

1—窗井；2—防水层；3—主体结构；4—防水层保护层；5—集水井；6—垫层

5.7.4 无论地下水位高低，窗台下部的墙体和底板应做防水层。

5.7.5 窗井内的底板，应低于窗下缘 300mm。窗井墙高出地面不得小于 500mm。窗井外地面应作散水，散水与墙面间应采用密封材料嵌填。

5.7.6 通风口应与窗井同样处理，竖井窗下缘离室外地面高度不得小于 500mm。

5.8　坑、池

5.8.1 坑、池、储水库宜采用防水混凝土整体浇筑，内部应设防水层。受振动作用时应设柔性防水层。

5.8.2 底板以下的坑、池，其局部底板应相应降低，并应使防水层保持连续（图 5.8.2）。

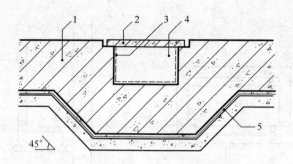

图 5.8.2　底板下坑、池的防水构造
1—底板；2—盖板；3—坑、池防水层；4—坑、池；5—主体结构防水层

6　地下工程排水（略）

7　注　浆　防　水

7.1　一　般　规　定

7.1.1　注浆方案应根据工程地质及水文地质条件制定，并应符合下列要求：

　1　工程开挖前，预计涌水量大的地段、断层破碎带和软弱地层，应采用预注浆；

　2　开挖后有大股涌水或大面积渗漏水时，应采用衬砌前围岩注浆；

　3　衬砌后渗漏水严重的地段或充填壁后的空隙地段，应进行回填注浆；

　4　衬砌后或回填注浆后仍有渗漏水时，宜采用衬砌内注浆或衬砌后围岩注浆。

7.1.2　注浆施工前应搜集下列资料：

　1　工程地质纵横剖面图及工程地质、水文地质资料，如围岩孔隙率、渗透系数、节理裂隙发育情况、涌水量、水压和软土地层颗粒级配、土壤标准贯入试验值及其物理力学指标等；

　2　工程开挖中工作面的岩性、岩层产状、节理裂隙发育程度及超、欠挖值等；

　3　工程衬砌类型、防水等级等；

　4　工程渗漏水的地点、位置、渗漏形式、水量大小、水质、水压等。

7.1.3　注浆实施前应符合下列规定：

　1　预注浆前先施作的止浆墙（垫），注浆时应达到设计强度；

　2　回填注浆应在衬砌混凝土达到设计强度后进行；

　3　衬砌后围岩注浆应在回填注浆固结体强度达到70%后进行。

7.1.4　在岩溶发育地区，注浆防水应从探测、方案、机具、工艺等方面作出专项设计。

7.2　设　　　计

7.2.1　预注浆钻孔的注浆孔数、布孔方式及钻孔角度等注浆参数的设计，应根据岩层裂隙状态、地下水情况、设备能力、浆液有效扩散半径、钻孔偏斜率和对注浆效果的要求等确定。

7.2.2 预注浆的段长，应根据工程地质、水文地质条件、钻孔设备及工期要求确定，宜为 10～50m，但掘进时应保留止水岩垫（墙）的厚度。注浆孔底距开挖轮廓的边缘，宜为毛洞高度（直径）的 0.5～1 倍，特殊工程可按计算和试验确定。

7.2.3 衬砌前围岩注浆应符合下列规定：

1 注浆深度宜为 3～5m；

2 应在软弱地层或水量较大处布孔；

3 大面积渗漏时，布孔宜密、钻孔宜浅；

4 裂隙渗漏时，布孔宜疏，钻孔宜深；

5 大股涌水时，布孔应在水流上游，且自涌水点四周由远到近布设。

7.2.4 回填注浆孔的孔径，不宜小于 40mm，间距宜为 5～10m，并应按梅花形排列。

7.2.5 衬砌后围岩注浆钻孔深入围岩不应大于 1m，孔径不宜小于 40mm，孔距可根据渗漏水情况确定。

7.2.6 岩石地层预注浆或衬砌后围岩注浆的压力，应大于静水压力 0.5～1.5MPa，回填注浆及衬砌内注浆的压力应小于 0.5MPa。

7.2.7 衬砌内注浆钻孔应根据衬砌渗漏水情况布置，孔深宜为衬砌厚度的 1/3～2/3，注浆压力宜为 0.5～0.8MPa。

7.3 材　料

7.3.1 注浆材料应符合下列规定：

1 原料来源广，价格适宜；

2 具有良好的可灌性；

3 凝胶时间可根据需要调节；

4 固化时收缩小，与围岩、混凝土、砂土等有一定的粘结力；

5 固结体具有微膨胀性，强度应满足开挖或堵水要求；

6 稳定性好，耐久性强；

7 具有耐侵蚀性；

8 无毒、低毒、低污染；

9 注浆工艺简单，操作方便、安全。

7.3.2 注浆材料的选用，应根据工程地质、水文地质条件、注浆目的、注浆工艺、设备和成本等因素确定，并应符合下列规定：

1 预注浆和衬砌前围岩注浆，宜采用水泥浆液或水泥－水玻璃浆液，必要时可采用化学浆液；

2 衬砌后围岩注浆，宜采用水泥浆液、超细水泥浆液或自流平水泥浆液等；

3 回填注浆宜选用水泥浆液、水泥砂浆或掺有膨润土的水泥浆液；

4 衬砌内注浆宜选用超细水泥浆液、自流平水泥浆液或化学浆液。

7.3.3 水泥类浆液宜选用普通硅酸盐水泥，其他浆液材料应符合有关规定。浆液的配合比，应经现场试验后确定。

7.4 施 工

7.4.1 注浆孔数量、布置间距、钻孔深度除应符合设计要求外，尚应符合下列规定：

1 注浆孔深小于 10m 时，孔位最大允许偏差应为 100mm，钻孔偏斜率最大允许偏差应为 1%；

2 注浆孔深大于 10m 时，孔位最大允许偏差应为 50mm，钻孔偏斜率最大允许偏差应为 0.5%。

7.4.2 岩石地层或衬砌内注浆前，应将钻孔冲洗干净。

7.4.3 注浆前，应进行测定注浆孔吸水率和地层吸浆速度等参数的压水试验。

7.4.4 回填注浆时，对岩石破碎、渗漏水量较大的地段，宜在衬砌与围岩间采用定量、重复注浆法分段设置隔水墙。

7.4.5 回填注浆、衬砌后围岩注浆施工顺序，应符合下列规定：

1 应沿工程轴线由低到高，由下往上，从少水处到多水处；

2 在多水地段，应先两头，后中间；

3 对竖井应由上往下分段注浆，在本段内应从下往上注浆。

7.4.6 注浆过程中应加强监测，当发生围岩或衬砌变形、堵塞排水系统、窜浆、危及地面建筑物等异常情况时，可采取下列措施：

1 降低注浆压力或采用间歇注浆，直到停止注浆；

2 改变注浆材料或缩短浆液凝胶时间；

3 调整注浆实施方案。

7.4.7 单孔注浆结束的条件，应符合下列规定：

1 预注浆各孔段均应达到设计要求并应稳定 10min，且进浆速度应为开始进浆速度的 1/4 或注浆量达到设计注浆量的 80%；

2 衬砌后回填注浆及围岩注浆应达到设计终压；

3 其他各类注浆，应满足设计要求。

7.4.8 预注浆和衬砌后围岩注浆结束前，应在分析资料的基础上，采取钻孔取芯法对注浆效果进行检查，必要时应进行压（抽）水试验。当检查孔的吸水量大于 1.0L/min·m 时，应进行补充注浆。

7.4.9 注浆结束后，应将注浆孔及检查孔封填密实。

8 特殊施工法的结构防水

8.1 盾 构 法 隧 道

8.1.1 盾构法施工的隧道，宜采用钢筋混凝土管片、复合管片等装配式衬砌或现浇混凝土衬砌。衬砌管片应采用防水混凝土制作。当隧道处于侵蚀性介质的地层时，应采取相应的耐侵蚀混凝土或外涂耐侵蚀的外防水涂层的措施。当处于严重腐蚀地层时，可同时采取耐侵蚀混凝土和外涂耐侵蚀的外防水涂层两种措施。

8.1.2 不同防水等级盾构隧道衬砌防水措施应符合表 8.1.2 的要求。

表 8.1.2　不同防水等级盾构隧道的衬砌防水措施

措施选择＼防水措施＼防水等级	高精度管片	接缝防水				混凝土内衬或其他内衬	外防水涂料
		密封垫	嵌缝	注入密封剂	螺孔密封圈		
一级	必选	必选	全隧道或部分区段应选	可选	必选	宜选	对混凝土有中等以上腐蚀的地层应选，在非腐蚀地层宜选
二级	必选	必选	部分区段宜选	可选	必选	局部宜选	对混凝土有中等以上腐蚀的地层宜选
三级	应选	必选	部分区段宜选	—	应选		对混凝土有中等以上腐蚀的地层宜选
四级	可选	宜选	可选				—

8.1.3　钢筋混凝土管片应采用高精度钢模制作，钢模宽度及弧、弦长允许偏差宜为±0.4mm。

钢筋混凝土管片制作尺寸的允许偏差应符合下列规定：

1　宽度应为±1mm；

2　弧、弦长应为±1mm；

3　厚度应为+3mm，−1mm。

8.1.4　管片防水混凝土的抗渗等级应符合本规范表4.1.4的规定，且不得小于P8。管片应进行混凝土氯离子扩散系数或混凝土渗透系数的检测，并宜进行管片的单块抗渗检漏。

8.1.5　管片应至少设置一道密封垫沟槽。接缝密封垫宜选择具有合理构造形式、良好弹性或遇水膨胀性、耐久性、耐水性的橡胶类材料，其外形应与沟槽相匹配。弹性橡胶密封垫材料、遇水膨胀橡胶密封垫胶料的物理性能应符合表8.1.5-1和表8.1.5-2的规定。

表 8.1.5-1　弹性橡胶密封垫材料物理性能

序号	项 目			指　标	
				氯丁橡胶	三元乙丙胶
1	硬度（邵尔A，度）			45±5～60±5	55±5～70±5
2	伸长率（%）			≥350	≥330
3	拉伸强度（MPa）			≥10.5	≥9.5
4	热空气老化	70℃×96h	硬度变化值（邵尔A，度）	≤+8	≤+6
			拉伸强度变化率（%）	≥−20	≥−15
			扯断伸长率变化率（%）	≥−30	≥−30
5	压缩永久变形（70℃×24h）（%）			≤35	≤28
6	防霉等级			达到与优于2级	达到与优于2级

注：以上指标均为成品切片测试的数据，若只能以胶料制成试样测试，则其伸长率、拉伸强度的性能数据应达到本规定的120%。

表 8.1.5-2　遇水膨胀橡胶密封垫胶料物理性能

序号	项目		性能要求		
			PZ-150	PZ-250	PZ-400
1	硬度(邵尔 A，度)		42±7	42±7	45±7
2	拉伸强度(MPa)		≥3.5	≥3.5	≥3
3	扯断伸长率(%)		≥450	≥450	≥350
4	体积膨胀倍率(%)		≥150	≥250	≥400
5	反复浸水试验	拉伸强度(MPa)	≥3	≥3	≥2
		扯断伸长率(%)	≥350	≥350	≥250
		体积膨胀倍率(%)	≥150	≥250	≥300
6	低温弯折(−20℃×2h)		无裂纹		
7	防霉等级		达到与优于 2 级		

注：1　成品切片测试应达到本指标的 80%。
　　2　接头部位的拉伸强度指标不得低于本指标的 50%。
　　3　体积膨胀倍率是浸泡前后的试样质量的比率。

8.1.6　管片接缝密封垫应被完全压入密封垫沟槽内，密封垫沟槽的截面积应大于或等于密封垫的截面积，其关系宜符合下式规定：

$$A = 1 \sim 1.15A_0 \tag{8.1.6}$$

式中　A——密封垫沟槽截面积；

　　　A_0——密封垫截面积。

管片接缝密封垫应满足在计算的接缝最大张开量和估算的错位量下、埋深水头的 2～3 倍水压下不渗漏的技术要求；重要工程中选用的接缝密封垫，应进行一字缝或十字缝水密性的试验检测。

8.1.7　螺孔防水应符合下列规定：

1　管片肋腔的螺孔口应设置锥形倒角的螺孔密封圈沟槽；

2　螺孔密封圈的外形应与沟槽相匹配，并应有利于压密止水或膨胀止水。在满足止水的要求下，螺孔密封圈的断面宜小。

螺孔密封圈应为合成橡胶或遇水膨胀橡胶制品。其技术指标要求应符合本规范表 8.1.5-1 和表 8.1.5-2 的规定。

8.1.8　嵌缝防水应符合下列规定：

1　在管片内侧环纵向边沿设置嵌缝槽，其深宽比不应小于 2.5，槽深宜为 25～55mm，单面槽宽宜为 5～10mm。嵌缝槽断面构造形状应符合图 8.1.8 的规定；

2　嵌缝材料应有良好的不透水性、潮湿基面粘结性、耐久性、弹性和抗下坠性；

3　应根据隧道使用功能和本规范表 8.1.2 中的防水等级要求，确定嵌缝作业区的范围与嵌填嵌缝槽的部位，并设计嵌缝堵水、引排水措施；

4　嵌缝防水施工应在盾构千斤顶顶力影响范围外进行。同时，应根据盾构施工方法、隧道的稳定性确定嵌缝作业开始的时间；

5　嵌缝作业应在接缝堵漏和无明显渗水后进行，嵌缝槽表面混凝土如有缺损，应采用聚合物水泥砂浆或特种水泥修补，强度应达到或超过混凝土本体的强度。嵌缝材料嵌填时，应先刷涂基层处理剂，嵌填应密实、平整。

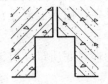

图 8.1.8　管片嵌缝槽断面构造形式

8.1.9　复合式衬砌的内层衬砌混凝土浇筑前，应将外层管片的渗漏水引排或封堵。采用塑料防水板等夹层防水层的复合式衬砌，应根据隧道排水情况选用相应的缓冲层和防水板材料，并应按本规范第 4.5 节和第 6.4 节的有关规定执行。

8.1.10　管片外防水涂料宜采用环氧或改性环氧涂料等封闭型材料、水泥基渗透结晶型或硅氧烷类等渗透自愈型材料，应符合下列规定：

　1　耐化学腐蚀性、抗微生物侵蚀性、耐水性、耐磨性应良好，且应无毒或低毒；

　2　在管片外弧面混凝土裂缝宽度达到 0.3mm 时，应仍能在最大埋深处水压下不渗漏；

　3　应具有防杂散电流的功能，体积电阻率应高。

8.1.11　竖井与隧道结合处，可用刚性接头，但接缝宜采用柔性材料密封处理，并宜加固竖井洞圈周围土体。在软土地层距竖井结合处一定范围内的衬砌段，宜增设变形缝。变形缝环面应贴设垫片，同时应采用适应变形量大的弹性密封垫。

8.1.12　盾构隧道的连接通道及其与隧道接缝的防水应符合下列规定：

　1　采用双层衬砌的连接通道，内衬应采用防水混凝土。衬砌支护与内衬间宜设塑料防水板与土工织物组成的夹层防水层，并宜配以分区注浆系统加强防水；

　2　当采用内防水层时，内防水层宜为聚合物水泥砂浆等抗裂防渗材料；

　3　连接通道与盾构隧道接头应选用缓膨胀型遇水膨胀类止水条（胶）、预留注浆管以及接头密封材料。

8.2　沉　　井

8.2.1　沉井主体应采用防水混凝土浇筑，分段制作时，施工缝的防水措施应根据其防水等级按本规范表 3.3.1-1 选用。

8.2.2　沉井施工缝的施工应符合本规范第 4.1.25 条的规定。固定模板的螺栓穿过混凝土井壁时，螺栓部位的防水处理应符合本规范第 4.1.28 条的规定。

8.2.3　沉井的干封底应符合下列规定：

　1　地下水位应降至底板底高程 500mm 以下，降水作业应在底板混凝土达到设计强度，且沉井内部结构完成并满足抗浮要求后，方可停止；

　2　封底前井壁与底板连接部位应凿毛或涂刷界面处理剂，并应清洗干净；

　3　待垫层混凝土达到 50%设计强度后，浇筑混凝土底板，应一次浇筑，并应分格连续对称进行；

　4　降水用的集水井应采用微膨胀混凝土填筑密实。

8.2.4　沉井水下封底应符合下列规定：

1 水下封底宜采用水下不分散混凝土，其坍落度宜为 200±20mm；

2 封底混凝土应在沉井全部底面积上连续均匀浇筑，浇筑时导管插入混凝土深度不宜小于 1.5m；

3 封底混凝土应达到设计强度后，方可从井内抽水，并应检查封底质量，对渗漏水部位应进行堵漏处理；

4 防水混凝土底板应连续浇筑，不得留设施工缝，底板与井壁接缝处的防水措施按本规范表 3.3.1-1 选用，施工要求应符合本规范第 4.1.25 条的规定。

8.2.5 当沉井与位于不透水层内的地下工程连接时，应先封住井壁外侧含水层的渗水通道。

8.3 地 下 连 续 墙

8.3.1 地下连续墙应根据工程要求和施工条件划分单元槽段，宜减少槽段数量。墙体幅间接缝应避开拐角部位。

8.3.2 地下连续墙用作主体结构时，应符合下列规定：

1 单层地下连续墙不应直接用于防水等级为一级的地下工程墙体。单墙用于地下工程墙体时，应使用高分子聚合物泥浆护壁材料；

2 墙的厚度宜大于 600mm；

3 应根据地质条件选择护壁泥浆及配合比，遇有地下水含盐或受化学污染时，泥浆配合比应进行调整；

4 单元槽段整修后墙面平整度的允许偏差不宜大于 50mm；

5 浇筑混凝土前应清槽、置换泥浆和清除沉渣，沉渣厚度不应大于 100mm，并应将接缝面的泥皮、杂物清理干净；

6 钢筋笼浸泡泥浆时间不应超过 10h，钢筋保护层厚度不应小于 70mm；

7 幅间接缝应采用工字钢或十字钢板接头，锁口管应能承受混凝土浇筑时的侧压力，浇筑混凝土时不得发生位移和混凝土绕管；

8 胶凝材料用量不应少于 400kg/m³，水胶比应小于 0.55，坍落度不得小于 180mm，石子粒径不宜大于导管直径的 1/8。浇筑导管埋入混凝土深度宜为 1.5～3m，在槽段端部的浇筑导管与端部的距离宜为 1～1.5m，混凝土浇筑应连续进行。冬期施工时应采取保温措施，墙顶混凝土未达到设计强度 50% 时，不得受冻；

9 支撑的预埋件应设置止水片或遇水膨胀止水条（胶），支撑部位及墙体的裂缝、孔洞等缺陷应采用防水砂浆及时修补；墙体幅间接缝如有渗漏，应采用注浆、嵌填弹性密封材料等进行防水处理，并应采取引排措施；

10 底板混凝土应达到设计强度后方可停止降水，并应将降水井封堵密实；

11 墙体与工程顶板、底板、中楼板的连接处均应凿毛，并应清洗干净，同时应设置 1～2 道遇水膨胀止水条（胶），接驳器处宜喷涂水泥基渗透结晶型防水涂料或涂抹聚合物水泥防水砂浆。

8.3.3 地下连续墙与内衬构成的复合式衬砌，应符合下列规定：

1 应用作防水等级为一、二级的工程；

2 应根据基坑基础形式、支撑方式内衬构造特点选择防水层；

3 墙体施工应符合本规范第 8.3.2 条第 3～10 款的规定，并应按设计规定对墙面、墙缝渗漏水进行处理，并应在基面找平满足设计要求后施工防水层，浇筑内衬混凝土；

4 内衬墙应采用防水混凝土浇筑，施工缝、变形缝和诱导缝的防水措施应按本规范表 3.3.1-1 选用，并与地下连续墙墙缝互相错开。施工要求应符合本规范第 4.1 节和第 5.1 节的有关规定。

8.3.4 地下连续墙作为围护并与内衬墙构成叠合结构时，其抗渗等级要求可比本规范第 4.1.4 条规定的抗渗等级降低一级；地下连续墙与内衬墙构成分离式结构时，可不要求地下连续墙的混凝土抗渗等级。

8.4 逆 筑 结 构

8.4.1 直接采用地下连续墙作围护的逆筑结构，应符合本规范第 8.3.1 条和第 8.3.2 条的规定。

8.4.2 采用地下连续墙和防水混凝土内衬的复合式逆筑结构，应符合下列规定：

1 可用于防水等级为一、二级的工程；

2 地下连续墙的施工应符合本规范第 8.3.2 条第 3～8 款和第 10 款的规定；

3 顶板、楼板及下部 500mm 的墙体应同时浇筑，墙体的下部应做成斜坡形；斜坡形下部应预留 300～500mm 空间，并应待下部先浇混凝土施工 14d 后再行浇筑；浇筑前所有缝面应凿毛、清理干净，并应设置遇水膨胀止水条（胶）和预埋注浆管。上部施工缝设置遇水膨胀止水条时，应使用胶粘剂和射钉（或水泥钉）固定牢靠。浇筑混凝土应采用补偿收缩混凝土（图 8.4.2）；

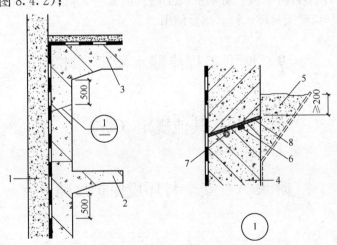

图 8.4.2　逆筑法施工接缝防水构造

1—地下连续墙；2—楼板；3—顶板；4—补偿收缩混凝土；5—应凿去的混凝土；
6—遇水膨胀止水条或预埋注浆管；7—遇水膨胀止水胶；8—粘结剂

4 底板应连续浇筑，不宜留设施工缝，底板与桩头相交处的防水处理应符合本规范第 5.6 节的有关规定。

8.4.3 采用桩基支护逆筑法施工时，应符合下列规定：

1 应用于各防水等级的工程；

2 侧墙水平、垂直施工缝，应采取二道防水措施；

3 逆筑施工缝、底板、底板与桩头的接缝做法应符合本规范第8.4.2条第3～4款的规定。

8.5 锚 喷 支 护

8.5.1 喷射混凝土施工前，应根据围岩裂隙及渗漏水的情况，预先采用引排或注浆堵水。

采用引排措施时，应采用耐侵蚀、耐久性好的塑料丝盲沟或弹塑性软式导水管等导水材料。

8.5.2 锚喷支护用作工程内衬墙时，应符合下列规定：

1 宜用于防水等级为三级的工程；

2 喷射混凝土宜掺入速凝剂、膨胀剂或复合型外加剂、钢纤维与合成纤维等材料，其品种及掺量应通过试验确定；

3 喷射混凝土的厚度应大于80mm，对地下工程变截面及轴线转折点的阳角部位，应增加50mm以上厚度的喷射混凝土；

4 喷射混凝土设置预埋件时，应采取防水处理；

5 喷射混凝土终凝2h后，应喷水养护，养护时间不得少于14d。

8.5.3 锚喷支护作为复合式衬砌的一部分时，应符合下列规定：

1 宜用于防水等级为一、二级工程的初期支护；

2 锚喷支护的施工应符合本规范第8.5.2条第2款～第5款的规定。

8.5.4 锚喷支护、塑料防水板、防水混凝土内衬的复合式衬砌，应根据工程情况选用，也可把锚喷支护和离壁式衬砌、衬套结合使用。

9 地下工程渗漏水治理（略）

10 其他规定（略）

附录A 安全与环境保护（略）

GB 50119—2003《混凝土外加剂应用技术规范》

本规范主要内容包括：

1. 总则；2. 基本规定；3. 普通减水剂及高效减水剂；4. 引气剂及引气减水剂；5. 缓凝剂、缓凝减水剂及缓凝高效减水剂；6. 早强剂及早强减水剂；7. 防冻剂；8. 膨胀剂；9. 泵送剂；10. 防水剂；11. 速凝剂；附录 A. 混凝土外加剂对水泥的适应性检测方法；附录 B. 补偿收缩混凝土的膨胀率及干缩率的测定方法；附录 C. 灌浆用膨胀砂浆竖向膨胀率的测定方法。

其中，第 2.1.2、6.2.3、6.2.4、7.2.2 条为强制性条文，必须严格执行。

1 总　　则

1.0.1　为了正确选择和合理使用各类外加剂，使之掺入混凝土中能改善性能，达到预期的效果，制定本规范。

1.0.2　本规范适用于普通减水剂、高效减水剂、引气剂、引气减水剂、缓凝剂、缓凝减水剂、缓凝高效减水剂、早强剂、早强减水剂、防冻剂、膨胀剂、泵送剂、防水剂及速凝剂等十四种外加剂在混凝土工程中的应用。

1.0.3　外加剂混凝土的制作与应用，除应符合本规范外，尚应符合国家现行的有关强制性标准的规定。

2 基　本　规　定

2.1　外　加　剂　的　选　择

2.1.1　外加剂的品种应根据工程设计和施工要求选择，通过试验及技术经济比较确定。

2.1.2　严禁使用对人体产生危害、对环境产生污染的外加剂。

2.1.3　掺外加剂混凝土所用水泥，宜采用硅酸盐水泥、普通硅酸盐水泥、矿渣硅酸盐水泥、火山灰质硅酸盐水泥、粉煤灰硅酸盐水泥和复合硅酸盐水泥，并应检验外加剂与水泥的适应性，符合要求方可使用。

2.1.4　掺外加剂混凝土所用材料如水泥、砂、石、掺合料、外加剂均应符合国家现行的有关标准的规定。试配掺外加剂的混凝土时，应采用工程使用的原材料，检测项目应根据设计及施工要求确定，检测条件应与施工条件相同，当工程所用原材料或混凝土性能要求发生变化时，应再进行试配试验。

2.1.5　不同品种外加剂复合使用时，应注意其相容性及对混凝土性能的影响，使用前应进行试验，满足要求方可使用。

2.2 外加剂的掺量

2.2.1 外加剂掺量应以胶凝材料总量的百分比表示，或以 mL/kg 胶凝材料表示。

2.2.2 外加剂的掺量应按供货单位推荐掺量、使用要求、施工条件、混凝土原材料等因素通过试验确定。

2.2.3 对含有氯离子、硫酸根等离子的外加剂应符合本规范及有关标准的规定。

2.2.4 处于与水相接触或潮湿环境中的混凝土，当使用碱活性骨料时，由外加剂带入的碱含量（以当量氧化钠计）不宜超过 1kg/m³ 混凝土，混凝土总碱含量尚应符合有关标准的规定。

2.3 外加剂的质量控制

2.3.1 选用的外加剂应有供货单位提供的下列技术文件：

    1 产品说明书，并应标明产品主要成分；

    2 出厂检验报告及合格证；

    3 掺外加剂混凝土性能检验报告。

2.3.2 外加剂运到工地（或混凝土搅拌站）应立即取代表性样品进行检验，进货与工程试配时一致，方可入库、使用。若发现不一致，应停止使用。

2.3.3 外加剂应按不同供货单位、不同品种、不同牌号分别存放，标识应清楚。

2.3.4 粉状外加剂应防止受潮结块，如有结块，经性能检验合格后应粉碎至全部通过 0.63mm 筛后方可使用。液体外加剂应放置阴凉干燥处，防止日晒、受冻、污染、进水或蒸发，如有沉淀等现象，经性能检验合格后方可使用。

2.3.5 外加剂配料控制系统标识应清楚、计量应准确，计量误差不应大于外加剂用量的 2%。

3 普通减水剂及高效减水剂

3.1 品 种

3.1.1 混凝土工程中可采用下列普通减水剂：

木质素磺酸盐类：木质素磺酸钙、木质素磺酸钠、木质素磺酸镁及丹宁等。

3.1.2 混凝土工程中可采用下列高效减水剂：

    1 多环芳香族磺酸盐类：萘和萘的同系磺化物与甲醛缩合的盐类、胺基磺酸盐等；

    2 水溶性树脂磺酸盐类：磺化三聚氰胺树脂、磺化古码隆树脂等；

    3 脂肪族类：聚羧酸盐类、聚丙烯酸盐类、脂肪族羟甲基磺酸盐高缩聚物等；

    4 其他：改性木质素磺酸钙、改性丹宁等。

3.2 适 用 范 围

3.2.1 普通减水剂及高效减水剂可用于素混凝土、钢筋混凝土、预应力混凝土，并可制备高强高性能混凝土。

3.2.2 普通减水剂宜用于日最低气温 5℃ 以上施工的混凝土，不宜单独用于蒸养混凝土；高效减水剂宜用于日最低气温 0℃ 以上施工的混凝土。

3.2.3 当掺用含有木质素磺酸盐类物质的外加剂时应先做水泥适应性试验，合格后方可使用。

3.3 施 工

3.3.1 普通减水剂、高效减水剂进入工地（或混凝土搅拌站）的检验项目应包括 pH 值、密度（或细度）、混凝土减水率，符合要求方可入库、使用。

3.3.2 减水剂掺量应根据供货单位的推荐掺量、气温高低、施工要求，通过试验确定。

3.3.3 减水剂以溶液掺加时，溶液中的水量应从拌合水中扣除。

3.3.4 液体减水剂宜与拌合水同时加入搅拌机内，粉剂减水剂宜与胶凝材料同时加入搅拌机内，需二次添加外加剂时，应通过试验确定，混凝土搅拌均匀方可出料。

3.3.5 根据工程需要，减水剂可与其他外加剂复合使用。其掺量应根据试验确定。配制溶液时，如产生絮凝或沉淀等现象，应分别配制溶液并分别加入搅拌机内。

3.3.6 掺普通减水剂、高效减水剂的混凝土采用自然养护时，应加强初期养护；采用蒸养时，混凝土应具有必要的结构强度才能升温，蒸养制度应通过试验确定。

4 引气剂及引气减水剂

4.1 品 种

4.1.1 混凝土工程中可采用下列引气剂：

  1 松香树脂类：松香热聚物、松香皂类等；

  2 烷基和烷基芳烃磺酸盐类：十二烷基磺酸盐、烷基苯磺酸盐、烷基苯酚聚氧乙烯醚等；

  3 脂肪醇磺酸盐类：脂肪醇聚氧乙烯醚、脂肪醇聚氧乙烯磺酸钠、脂肪醇硫酸钠等；

  4 皂甙类：三萜皂甙等；

  5 其他：蛋白质盐、石油磺酸盐等。

4.1.2 混凝土工程中可采用由引气剂与减水剂复合而成的引气减水剂。

4.2 适 用 范 围

4.2.1 引气剂及引气减水剂，可用于抗冻混凝土、抗渗混凝土、抗硫酸盐混凝土、泌水严重的混凝土、贫混凝土、轻骨料混凝土、人工骨料配制的普通混凝土、高性能混凝土以及有饰面要求的混凝土。

4.2.2 引气剂、引气减水剂不宜用于蒸养混凝土及预应力混凝土，必要时，应经试验确定。

4.3 施 工

4.3.1 引气剂及引气减水剂进入工地（或混凝土搅拌站）的检验项目应包括 pH 值、密度（或细度）、含气量、引气减水剂应增测减水率，符合要求方可入库、使用。

4.3.2 抗冻性要求高的混凝土，必须掺引气剂或引气减水剂，其掺量应根据混凝土的含气量要求，通过试验确定。

掺引气剂及引气减水剂混凝土的含气量，不宜超过表4.3.2规定的含气量；对抗冻性要求高的混凝土，宜采用表4.3.2规定的含气量数值。

表4.3.2 掺引气剂及引气减水剂混凝土的含气量

粗骨料最大粒径(mm)	20(19)	25(22.4)	40(37.5)	50(45)	80(75)
混凝土含气量(%)	5.5	5.0	4.5	4.0	3.5
注：括号内数值为《建筑用卵石、碎石》GB/T 14685中标准筛的尺寸。					

4.3.3 引气剂及引气减水剂，宜以溶液掺加，使用时加入拌合水中，溶液中的水量应从拌合水中扣除。

4.3.4 引气剂及引气减水剂配制溶液时，必须充分溶解后方可使用。

4.3.5 引气剂可与减水剂、早强剂、缓凝剂、防冻剂复合使用。配制溶液时，如产生絮凝或沉淀等现象，应分别配制溶液并分别加入搅拌机内。

4.3.6 施工时，应严格控制混凝土的含气量。当材料、配合比，或施工条件变化时，应相应增减引气剂或引气减水剂的掺量。

4.3.7 检验掺引气剂及引气减水剂混凝土的含气量，应在搅拌机出料口进行取样，并应考虑混凝土在运输的振捣过程中含气量的损失。对含气量有设计要求的混凝土，施工中应每间隔一定时间进行现场检验。

4.3.8 掺引气剂及引气减水剂混凝土，必须采用机械搅拌，搅拌时间及搅拌量应通过试验确定。出料到浇筑的停放时间也不宜过长，采用插入式振捣时，振捣时间不宜超过20s。

5 缓凝剂、缓凝减水剂及缓凝高效减水剂

5.1 品 种

5.1.1 混凝土工程中可采用下列缓凝剂及缓凝减水剂：
1 糖类：糖钙、葡萄糖酸盐等；
2 木质素磺酸盐类：木质素磺酸钙、木质素磺酸钠等；
3 羟基羧酸及其盐类：柠檬酸、酒石酸钾钠等；
4 无机盐类：锌盐、磷酸盐等；
5 其他：胺盐及其衍生物、纤维素醚等。

5.1.2 混凝土工程中可采用由缓凝剂与高效减水剂复合而成的缓凝高效减水剂。

5.2 适 用 范 围

5.2.1 缓凝剂、缓凝减水剂及缓凝高效减水剂可用于大体积混凝土、碾压混凝土、炎热气候条件下施工的混凝土、大面积浇筑的混凝土、避免冷缝产生的混凝土。需较长时间停

放或长距离运输的混凝土、自流平免振混凝土、滑模施工或拉模施工的混凝土及其他需要延缓凝结时间的混凝土。缓凝高效减水剂可制备高强高性能混凝土。

5.2.2 缓凝剂、缓凝减水剂及缓凝高效减水剂宜用于日最低气温 5℃ 以上施工的混凝土，不宜单独用于有早强要求的混凝土及蒸养混凝土。

5.2.3 柠檬酸及酒石酸钾钠等缓凝剂不宜单独用于水泥用量较低、水灰比较大的贫混凝土。

5.2.4 当掺用含有糖类及木质素磺酸盐类物质的外加剂时应先做水泥适应性试验，合格后方可使用。

5.2.5 使用缓凝剂、缓凝减水剂及缓凝高效减水剂施工时，宜根据温度选择品种并调整掺量，满足工程要求方可使用。

5.3 施　　工

5.3.1 缓凝剂、缓凝减水剂及缓凝高效减水剂进入工地（或混凝土搅拌站）的检验项目应包括 pH 值、密度（或细度）、混凝土凝结时间，缓凝减水剂及缓凝高效减水剂应增测减水率，合格后方可入库、使用。

5.3.2 缓凝剂、缓凝减水剂及缓凝高效减水剂的品种及掺量应根据环境温度、施工要求的混凝土凝结时间、运输距离、停放时间、强度等来确定。

5.3.3 缓凝剂、缓凝减水剂及缓凝高效减水剂以溶液掺加时计量必须正确，使用时加入拌合水中，溶液中的水量应从拌合水中扣除。难溶和不溶物较多的应采用干掺法并延长混凝土搅拌时间 30s。

5.3.4 掺缓凝剂、缓凝减水剂及缓凝高效减水剂的混凝土浇筑、振捣后，应及时抹压并始终保持混凝土表面潮湿，终凝以后应浇水养护，当气温较低时，应加强保温保湿养护。

6 早强剂及早强减水剂

6.1 品　　种

6.1.1 混凝土工程中可采用下列早强剂：

　1　强电解质无机盐类早强剂：硫酸盐、硫酸复盐、硝酸盐、亚硝酸盐、氯盐等；

　2　水溶性有机化合物：三乙醇胺，甲酸盐、乙酸盐、丙酸盐等；

　3　其他：有机化合物、无机盐复合物。

6.1.2 混凝土工程中可采用由早强剂与减水剂复合而成的早强减水剂。

6.2 适　用　范　围

6.2.1 早强剂及早强减水剂适用于蒸养混凝土及常温、低温和最低温度不低于−5℃ 环境中施工的有早强要求的混凝土工程。炎热环境条件下不宜使用早强剂、早强减水剂。

6.2.2 掺入混凝土后对人体产生危害或对环境产生污染的化学物质严禁用作早强剂。含有六价铬盐、亚硝酸盐等有害成分的早强剂严禁用于饮水工程及与食品相接触的工程。硝铵类严禁用于办公、居住等建筑工程。

6.2.3 下列结构中严禁采用含有氯盐配制的早强剂及早强减水剂：

　　1 预应力混凝土结构；

　　2 相对湿度大于80％环境中使用的结构、处于水位变化部位的结构、露天结构及经常受水淋、受水流冲刷的结构；

　　3 大体积混凝土；

　　4 直接接触酸、碱或其他侵蚀性介质的结构；

　　5 经常处于温度为60℃以上的结构，需经蒸养的钢筋混凝土预制构件；

　　6 有装饰要求的混凝土，特别是要求色彩一致的或是表面有金属装饰的混凝土；

　　7 薄壁混凝土结构，中级和重级工作制吊车的梁、屋架、落锤及锻锤混凝土基础等结构；

　　8 使用冷拉钢筋或冷拔低碳钢丝的结构；

　　9 骨料具有碱活性的混凝土结构。

6.2.4 在下列混凝土结构中严禁采用含有强电解质无机盐类的早强剂及早强减水剂：

　　1 与镀锌钢材或铝铁相接触部位的结构，以及有外露钢筋预但铁件而无防护措施的结构；

　　2 使用直流电源的结构以及距高压直流电源100m以内的结构。

6.2.5 含钾、钠离子的早强剂用于骨料具有碱活性的混凝土结构时，应符合本规范第2.2.4条的规定。

6.3 施　工

6.3.1 早强剂、早强减水剂进入工地（或混凝土搅拌站）的检验项目应包括密度（或细度），1d、3d抗压强度及对钢筋的锈蚀作用。早强减水剂应增测减水率；混凝土有饰面要求的还应观测硬化后混凝土表面是否析盐。符合要求，方可入库、使用。

6.3.2 常用早强剂掺量应符合表6.3.2中的规定。

表6.3.2　常用早强剂掺量限值

混凝土种类	使用环境	早强剂名称	掺量限值（水泥重量%）不大于
预应力混凝土	干燥环境	三乙醇胺	0.05
		硫酸钠	1.0
钢筋混凝土	干燥环境	氯离子[Cl⁻]	0.6
		硫酸钠	2.0
钢筋混凝土	干燥环境	与缓凝减水剂复合的硫酸钠	3.0
		三乙醇胺	0.05
	潮湿环境	硫酸钠	1.5
		三乙醇胺	0.05
有饰面要求的混凝土		硫酸钠	0.8
素混凝土		氯离子[CL⁻]	1.8
注：预应力混凝土及潮湿环境中使用的钢筋混凝土中不得掺氯盐早强剂。			

6.3.3 粉剂早强剂和早强减水剂直接掺入混凝土干料中应延长搅拌时间 30s。

6.3.4 常温及低温下使用早强剂或早强减水剂的混凝土采用自然养护时宜使用塑料薄膜覆盖或喷洒养护液。终凝后应立即浇水潮湿养护。最低气温低于 0℃时除塑料薄膜外还应加盖保温材料。最低气温低于-5℃时应使用防冻剂。

6.3.5 掺早强剂或早强减水剂的混凝土采用蒸汽养护时，其蒸养制度应通过试验确定。

7 防 冻 剂

7.1 品 种

7.1.1 混凝土工程中可采用下列防冻剂：

1 强电解质无机盐类：

1）氯盐类：以氯盐为防冻组分的外加剂；

2）氯盐阻锈类：以氯盐与阻锈组为防冻组分的外加剂；

3）无氯盐类：以亚硝酸盐、硝酸盐等无机盐为防冻组分的外加剂。

2 水溶性有机化合物类：以某些醇类等有机化合物为防冻组分的外加剂。

3 有机化合物与无机盐复合类。

4 复合型防冻剂：以防冻组分复合早强、引气、减水等组分的外加剂。

7.2 适 用 范 围

7.2.1 含强电解质无机盐的防冻剂用于混凝土中，必须符合本规范第 6.2.3 条、第 6.2.4 条的规定。

7.2.2 含亚硝酸盐、碳酸盐的防冻剂严禁用于预应力混凝土结构。

7.2.3 含有六价铬盐、亚硝酸盐等有害成分的防冻剂，严禁用于饮水工程及与食品相接触的工程，严禁食用。

7.2.4 含有硝铵、尿素等产生刺激性气味的防冻剂，严禁用于办公、居住等建筑工程。

7.2.5 强电解质无机盐防冻剂应符合本规范第 6.2.5 条的规定，其掺量应符合本规范第 6.3.2 条的规定。

7.2.6 有机化合物类防冻剂可用于素混凝土、钢筋混凝土及预应力混凝土工程；

7.2.7 有机化合物与无机盐复合防冻剂及复合型防冻剂可用于素混凝土、钢筋混凝土及预应力混凝土工程，并应符合本规范第 7.2.1 条、第 7.2.2 条、第 7.2.3 条、第 7.2.4 条、第 7.2.5 条的规定：

7.2.8 对水工、桥梁及有特殊抗冻融性要求的混凝土工程，应通过试验确定防冻剂品种及掺量。

7.3 施 工

7.3.1 防冻剂的选用应符合下列规定：

1 在日最低气温为 0～-5℃，混凝土采用塑料薄膜和保温材料覆盖养护时，可采用早强剂或早强减水剂；

2 在日最低气温为−5～−10℃、−10～−15℃、−15～−20℃，采用上款保温措施时，宜分别采用规定温度为−5℃、−10℃、−15℃的防冻剂；

3 防冻剂的规定温度为按《混凝土防冻剂》（JC 475）规定的试验条件成型的试件，在恒负温条件下养护的温度。施工使用的最低气温可比规定温度低 5℃。

7.3.2 防冻剂运到工地（或混凝土搅拌站）首先应检查是否有沉淀、结晶或结块。检验项目应包括密度（或细度），R_{-7}、R_{+8} 抗压强度比，钢筋锈蚀试验：合格后方可入库、使用。

7.3.3 掺防冻剂混凝土所用原材料，应符合下列要求：

1 宜选用硅酸盐水泥、普通硅酸盐水泥。水泥存放期超过 3 个月时，使用前必须进行强度检验，合格后方可使用；

2 粗、细骨料必须清洁，不得含有冰、雪等冻结物及易冻裂的物质；

3 当骨料具有碱活性时，由防冻剂带入的碱含量、混凝土的总碱含量，应符合本规范第 2.2.4 条的规定；

4 储存液体防冻剂的设备应有保温措施。

7.3.4 掺防冻剂的混凝土配合比，宜符合下列规定：

1 含引气组分的防冻剂混凝土的砂率，比不掺外加剂混凝土的砂率可降低 2%～3%；

2 混凝土水灰比不宜超过 0.6，水泥用量不宜低于 300kg/m³，重要承重结构、薄壁结构的混凝土水泥用量可增加 10%，大体积混凝土的最少水泥用量应根据实际情况而定。强度等级不大于 C15 的混凝土，其水灰比和最少水泥用量可不受此限制。

7.3.5 掺防冻剂混凝土采用的原材料，应根据不同的气温，按下列方法进行加热：

1 气温低于−5℃时，可用热水拌合混凝土：水温高于 65℃时，热水应先与骨料拌合，再加入水泥；

2 气温低于−10℃时：骨料可移入暖棚或采取加热措施，骨料冻结成块时须加热，加热温度不得高于 65℃，并应避免灼烧，用蒸汽直接加热骨料带入的水分，应从拌合水中扣除。

7.3.6 掺防冻剂混凝土搅拌时，应符合下列规定：

1 严格控制防冻剂的掺量；

2 严格控制水灰比，由骨料带入的水及防冻剂溶液中的水，应从拌合水中扣除；

3 搅拌前，应用热水或蒸汽冲洗搅拌机，搅拌时间应比常温延长 50%；

4 掺防冻剂混凝土拌合物的出机温度，严寒地区不得低于 15℃；寒冷地区不得低于 10℃。入模温度，严寒地区不得低于 10℃，寒冷地区不得低于 5℃。

7.3.7 防冻剂与其他品种外加剂共同使用时，应先进行试验，满足要求方可使用。

7.3.8 掺防冻剂混凝土的运输及浇筑除应满足不掺外加剂混凝土的要求外，还应符合下列规定：

1 混凝土浇筑前，应清除模板和钢筋上的冰雪和污垢，不得用蒸汽直接融化冰雪，避免再度结冰；

2 混凝土浇筑完毕应及时对其表面用塑料薄膜及保温材料覆盖。掺防冻剂的商品混凝土，应对混凝土搅拌运输车罐体包裹保温外套。

7.3.9 掺防冻剂混凝土的养护，应符合下列规定：

1 在负温条件下养护时，不得浇水，混凝土浇筑后，应立即用塑料薄膜及保温材料覆盖，严寒地区应加强保温措施；

2 初期养护温度不得低于规定温度；

3 当混凝土温度降到规定温度时，混凝土强度必须达到受冻临界强度；当最低气温不低于−10℃时，混凝土抗压强度不得小于 3.5MPa；当最低温度不低于−15℃时，混凝土抗压强度不得小于 4.0MPa；当最低温度不低于−20℃时，混凝土抗压强度不得小于 5.0MPa；

4 拆模后混凝土的表面温度与环境温度之差大于 20℃时，应采用保温材料覆盖养护。

7.4 掺防冻剂混凝土的质量控制

7.4.1 混凝土浇筑后，在结构最薄弱和易冻的部位，应加强保温防冻措施，并应在有代表性的部位或易冷却的部位布置测温点。测温测头埋入深度应为 100～150mm，也可为板厚的 1/2 或墙厚的 1/2。在达到受冻临界强度前应每隔 2h 测温一次，以后应每隔 6h 测一次，并应同时测定环境温度。

7.4.2 掺防冻剂混凝土的质量应满足设计要求，并应符合下列规定：

1 应在浇筑地点制作一定数量的混凝土试件进行强度试验。其中一组试件应在标准条件下养护，其余放置在工程条件下养护。在达到受冻临界强度时，拆模前、拆除支撑前及与工程同条件养护 28d、再标准养护 28d 均应进行试压。试件不得在冻结状态下试压，边长为 100mm 立方体试件，应在 15～20℃室内解冻 3～4h 或应浸入 10～15℃的水中解冻 3h；边长为 150mm 立方体试件应在 15～20℃室内解冻 5～6h 或浸入 10～15℃的水中解冻 6h，试件擦干后试压；

2 检验抗冻、抗渗所用试件，应与工程同条件养护 28d，再标准养护 28d 后进行抗冻或抗渗试验。

8 膨 胀 剂

8.1 品 种

8.1.1 混凝土工程可采用下列膨胀剂：

1 硫铝酸钙类

2 硫铝酸钙—氧化钙类；

3 氧化钙类。

8.2 适 用 范 围

8.2.1 膨胀剂的适用范围应符合表 8.2.1 的规定。

8.2.2 含硫铝酸钙类、硫铝酸钙—氧化钙类膨胀剂的混凝土（砂浆）不得用于长期环境温度为 80℃以上的工程。

表 8.2.1 膨胀剂的适用范围

用　途	适　用　范　围
补偿收缩混凝土	地下、水中、海水中、隧道等构筑物，大体积混凝土（除大坝外），配筋路面和板、屋面与厕浴间防水、构件补强、渗漏修补、预应力混凝土、回填槽等
填充用膨胀剂混凝土	结构后浇带、隧洞堵头、钢管与隧道之间的填充等
灌浆用膨胀砂浆	机械设备的底座灌浆、地脚螺栓的固定、梁柱接头、构件补强、加固等
自应力混凝土	仅用于常温下使用的自应力钢筋混凝土压力管

8.2.3 含氧化钙类膨胀剂配制的混凝土（砂浆）不得用于海水或有侵蚀性水的工程。

8.2.4 掺膨胀剂的混凝土适用于钢筋混凝土工程和填充性混凝土工程。

8.2.5 掺膨胀剂的大体积混凝土，其内部最高温度应符合有关标准的规定，混凝土内外温差宜小于 25℃。

8.2.6 掺膨胀剂的补偿收缩混凝土刚性屋面宜用于南方地区，其设计、施工应按《屋面工程质量验收规范》GB 50207 执行。

8.3 掺膨胀剂混凝土（砂浆）的性能要求

8.3.1 施工用补偿收缩混凝土，其性能应满足表 8.3.1 的要求，限制膨胀率与干缩率的检验应按附录 B 方法进行；抗压强度试验应按《普通混凝土力学性能试验方法标准》GB/T 50081 进行。

表 8.3.1 补偿收缩混凝土的性能

项　　目	限制膨胀率（×10⁻⁴）	限制干缩率（×10⁻⁴）	抗压强度（MPa）
龄　　期	水中 14d	水中 14d，空气中 28d	28d
性能指标	≥1.5	≤3.0	≥25

8.3.2 填充用膨胀混凝土；其性能应满足 8.3.2 的要求，限制膨胀率与干缩率的检验应按附录 B 进行。

表 8.3.2 填充用膨胀混凝土的性能

项　　目	限制膨胀率（×10⁻⁴）	限制干缩率（×10⁻⁴）	抗压强度（MPa）
龄　　期	水中 14d	水中 14d，空气中 28d	28d
性能指标	≥2.5	≤3.0	≥30.0

8.3.3 掺膨胀剂混凝土的抗压强度试验应按《普通混凝土力学性能试验方法标准》GB/T 50081 进行。填充用膨胀混凝土的强度试件应在成型后第三天拆模。

8.3.4 灌浆用膨胀砂浆；其性能应满足表 8.3.4 的要求。灌浆用膨胀砂浆用水量按砂浆流动度 250±10mm 的用水量。抗压强度采用 40mm×40mm×160mm 试模，无振动成型，拆模、养护、强度检验应按《水泥胶砂强度检验方法（ISO 法）》GB/T 17671 进行，竖向膨胀率测定方法应按附录 C 进行。

表 8.3.4　灌浆用膨胀砂浆性能

流动度 (mm)	竖向膨胀率（×10⁻⁴）		抗压强度（MPa）		
	3d	7d	1d	3d	28d
250	≥10	≥20	≥20	≥30	≥60

8.3.5　自应力混凝土：掺膨胀剂的自应力混凝土的性能应符合《自应力硅酸盐水泥》JC/T 218 的规定。

8.4　设　计　要　求

8.4.1　掺膨胀剂的补偿收缩混凝土应在限制条件下使用，构造（温度）钢筋的设计和特殊部位的附加筋，应符合《混凝土结构设计规范》（GB 50010）规定。

8.4.2　墙体易于出现竖向收缩裂缝，其水平构造筋的配筋率宜大于 0.4%，水平筋的间距宜小于 150mm，墙体的中部或顶端 300～400mm 范围内水平筋间距宜为 50～100mm。

8.4.3　墙体与柱子连接部位宜插入长度 1500～2000mm，8～10mm 的加强钢筋，插入柱子 200～300mm，插入边墙 1200～1600mm，其配筋率应提高 10%～15%。

8.4.4　结构开口部位、变截面部位和出入口部位应适量增加附加筋。

8.4.5　楼板宜配置细而密的构造配筋网，钢筋间距宜小于 150mm。配筋率宜为 0.6% 左右；现浇补偿收缩钢筋混凝土防水屋面应配双层钢筋网，构造筋间距宜小于 150mm，配筋率宜大于 0.5%。楼面和屋面后浇缝最大间距不宜超过 50m。

8.4.6　地下室和水工构筑物的底板和边墙的后浇缝最大间距不宜超过 60m，后浇缝回填时间应不少于 28d。

8.5　施　　　工

8.5.1　掺膨胀剂混凝土所采用的原材料应符合下列规定：

　　1　膨胀剂：应符合《混凝土膨胀剂》JC 476 标准的规定；膨胀剂运到工地（或混凝土搅拌站）应进行限制膨胀率检测，合格后方可入库、使用；

　　2　水泥：应符合现行通用水泥国家标准，不得使用硫铝酸盐水泥、铁铝酸盐水泥和高铝水泥。

8.5.2　掺膨胀剂的混凝土的配合比设计应符合下列规定：

　　1　胶凝材料量少用量（水泥、膨胀剂和掺合料的总量）应符合表 8.5.2 的规定；

表 8.5.2　胶凝材料量少用量

膨胀混凝土	胶凝材料量少用量(kg/m³)
补偿收缩混凝土	300
填充用膨胀混凝土	350
自应力混凝土	500

　　2　水胶比不宜大于 0.5；

　　3　用于有抗渗要求的补偿收缩混凝土的水泥用量应不小于 320kg/m³，当掺入掺合料时，其水泥用量不应小于 280kg/m³。

513

4 补偿收缩混凝土的膨胀剂掺量不宜大于 12%，不宜小于 6%；填充用膨胀混凝土的膨胀剂掺量不宜大于 15%，不宜小于 10%；

5 以水泥和膨胀剂为胶凝材料的混凝土。设基准混凝土配合比中水泥用量为 m_{C0}、膨胀剂取代水泥率为 K，膨胀剂用量 $m_E = m_{C0} \cdot K$、水泥用量 $m_C = m_{C0} - m_E$；

6 以水泥、掺合料和膨胀剂为胶凝材料的混凝土，设膨胀剂取代胶凝材料率为 K、设基准混凝土配合比中水泥用量为 m_C 和掺合料用量为 m_F，膨胀剂用量 $m_E = (m'_C + m''_F) \cdot K$、掺合料用量 $m_F = m'_F(1-K)$、水泥用量 $m_C = m'_C(1-K)$。

8.5.3 其他外加剂用量的确定方法：膨胀剂可与其他混凝土外加剂复合使用，应有较好的适应性，膨胀剂不宜与氯盐类外加剂复合使用，与防冻剂复合使用时应慎重，外加剂品种和掺量应通过试验确定。

8.5.4 粉状膨胀剂应与混凝土其他材料一起投入搅拌机，拌合时间应延长 30s。

8.5.5 混凝土浇筑应符合下列规定：

1 在计划浇筑区段内连续浇筑混凝土，不得中断；

2 混凝土浇筑以阶梯式推进，浇筑间隔时间不得超过混凝土的初凝时间；

3 混凝土不得漏振、欠振和过振；

4 混凝土养护应符合下列规定；

8.5.6 混凝土养护应符合下列规定：

1 对于大体积混凝土和大面积板面混凝土，表面抹压后用塑料薄膜覆盖，混凝土硬化后，宜采用蓄水养护或用湿麻袋覆盖，保持混凝土表面潮湿，养护时间不应少于 14d；

2 对于墙体等不易保水的结构，宜从顶部设水管喷淋，拆模时间不宜少于 3d，拆膜后宜用湿麻袋紧贴墙体覆盖，并浇水养护，保持混凝土表面潮湿，养护时间不宜少于 14d；

3 冬期施工时，混凝土浇筑后，应立即用塑料薄膜和保温材料覆盖，养护期应不少于 14d。对于墙体，带模板养护不应少于 7d。

8.5.7 灌浆用膨胀砂浆施工应符合下列规定：

1 灌浆用膨胀砂浆的水料（胶凝材料＋砂）比应为 0.14～0.16，搅拌时间不宜少于 3min；

2 膨胀砂浆不得使用机械振捣，宜用人工插捣排除气泡，每个部位应从一个方向浇筑；

3 浇筑完成后，应立即用湿麻袋等覆盖暴露部分，砂浆硬化后应立即浇水养护，养护期不宜少于 7d；

4 灌浆用膨胀砂浆浇筑和养护期间，最低气温低于 5℃时，应采取保温保湿养护措施。

8.6 混凝土的品质检查

8.6.1 掺膨胀剂的混凝土品质，应以抗压强度、限制膨胀率和限制干缩率的试验值为依据。有抗渗要求时，还应做抗渗试验。

8.6.2 掺膨胀剂混凝土的抗压强度和抗渗检验，应按《普通混凝土力学性能试验方法标准》GB/T 50081 和《普通混凝土长期性能和耐久性能试验方法》GBJ 82 进行。

9 泵 送 剂

9.1 品　种

9.1.1 混凝土工程中，可采用由减水剂、缓凝剂、引气剂等复合而成的泵送剂。

9.2 适 用 范 围

9.2.1 泵送剂适用于工业与民用建筑及其他构筑物的泵送施工的混凝土；特别适用于大体积混凝土、高层建筑和超高层建筑；适用于滑模施工等；也适用于水下灌注桩混凝土。

9.3 施　工

9.3.1 泵送剂运到工地（或混凝土搅拌站）的检验项目应包括 pH 值、密度（或细度）、坍落度增加值及坍落度损失。符合要求方可入库、使用。

9.3.2 含有水不溶物的粉状泵送剂应与胶凝材料一起加入搅拌机中；水溶性粉状泵送剂宜用水溶解后或直接加入搅拌机中，应延长混凝土搅拌时间 30s。

9.3.3 液体泵送剂应与拌合水一起加入搅拌机中，溶液中的水应从拌合水中扣除。

9.3.4 泵送剂的品种、掺量应按供货单位提供的推荐掺量和环境温度、泵送高度、泵送距离、运输距离等要求经混凝土试配后确定。

9.3.5 配制泵送混凝土的砂、石应符合下列要求：

1 粗骨料最大粒径不宜超过 40mm；泵送高度超过 50m 时，碎石最大粒径不宜超过 25mm；卵石最大粒径不宜超过 30mm；

2 骨料最大粒径与输送管内径之比，碎石不宜大于混凝土输送管内径的 1/3；卵石不宜大于混凝土输送管内径的 2/5；

3 粗骨料应采用连续级配，针片状颗粒含量不宜大于 10%；

4 细骨料宜采用中砂，通过 0.315mm 筛孔的颗粒含量不宜小于 15%，且不大于 30%，通过 0.160mm 筛孔的颗粒含量不宜小于 5%。

9.3.6 掺泵送剂的泵送混凝土配合比设计应符合下列规定：

1 应符合《普通混凝土配合比设计规程》JGJ 55、《混凝土结构工程施工质量验收规范》GB 50204 及《粉煤灰混凝土应用技术规范》GB 146 等；

2 泵送混凝土的胶凝材料总量不宜小于 300kg/m³；

3 泵送混凝土的砂率宜为 35%～45%；

4 泵送混凝土的水胶比不宜大于 0.6；

5 泵送混凝土含气量不宜超过 5%；

6 泵送混凝土坍落度不宜小于 100mm。

9.3.7 在不可预测情况下造成商品混凝土坍落度损失过大时，可采用后添加泵送剂的方法掺入混凝土搅拌运输车中，必须快速运转，搅拌均匀后，测定坍落度符合要求后放可合使用。后添加的量应预先试验确定。

10 防 水 剂

10.1 品 种

10.1.1 无机化合物类：氯化铁、硅灰粉末、锆化合物等。

10.1.2 有机化合物类：脂肪酸及其盐类、有机硅表面活性剂（甲基硅醇钠、乙基硅醇钠、聚乙基羟基硅氧烷）、石蜡、地沥青、橡胶及水溶性树脂乳液等。

10.1.3 混合物类：无机类混合物、有机类混合物、无机类与有机类混合物。

10.1.4 复合类：上述各类与引气剂、减水剂、调凝剂等外加剂复合的复合型防水剂。

10.2 适 用 范 围

10.2.1 防水剂可用于工业与民用建筑的屋面、地下室、隧道、巷道、给排水池、水泵站等有防水抗渗要求的混凝土工程。

10.2.2 含氯盐的防水剂可用于素混凝土、钢筋混凝土工程，严禁用于预应力混凝土工程，并应符合本规范第6.2.3条、第6.2.4条、第6.2.5条的规定；其掺量应符合本规范第6.3.2条的规定。

10.3 施 工

10.3.1 防水剂进入工地（或混凝土搅拌站）的检验项目应包括pH值、密度（或细度）、钢筋锈蚀，符合要求方可入库、使用。

10.3.2 防水混凝土施工应选择与防水剂适应性好的水泥。一般应优先选用普通硅酸盐水泥，有抗硫酸盐要求时，可选用火山灰质硅酸盐水泥，并经过试验确定。

10.3.3 防水剂应按供货单位推荐掺量掺入，超量掺加时应经试验确定，符合要求方可使用。

10.3.4 防水剂混凝土宜采用5～25mm连续级配石子。

10.3.5 防水剂混凝土搅拌时间应较普通混凝土延长30s。

10.3.6 防水剂混凝土应加强早期养护，潮湿养护不得少于7d。

10.3.7 处于侵蚀介质中的防水剂混凝土，当耐腐蚀系数小于0.8时，应采取防腐措施。防水剂混凝土结构表面温度不应超过100℃，否则必须采取隔断热源的保护措施。

11 速 凝 剂

11.1 品 种

11.1.1 在喷射混凝土工程中可采用的粉状速凝剂：以铝酸盐、碳酸盐等为主要成分的无机盐混合物等。

11.1.2 在喷射混凝土工程是可采用的液体速凝剂：以铝酸盐、水玻璃等为主要成分，与其他无机盐复合而成的复合物。

11.2　适用范围

11.2.1　速凝剂可用于采用喷射法施工的喷射混凝土，亦可用于需要速凝的其他混凝土。

11.3　施　工

11.3.1　速凝剂进入工地（或混凝土搅拌站）的检验项目应包括密度（或细度）、凝结时间、1d抗压强度，符合要求方可入库、使用。

11.3.2　喷射混凝土施工应选用与水泥适应性好、凝结硬化快、回弹小、28d强度损失少、低掺量的速凝剂品种。

11.3.3　速凝剂掺量一般为2%～8%，掺量可随速凝剂品种、施工温度和工程要求适当增减。

11.3.4　喷射混凝土施工时，应采用新鲜的硅酸盐水泥、普通硅酸盐水泥、矿渣硅酸盐水泥，不得使用过期或受潮结块的水泥。

11.3.5　喷射混凝土宜采用最大粒径不大于20mm的卵石或碎石，细度模数为2.8～3.5的中砂或粗砂。

11.3.6　喷射混凝土的经验配合比为：水泥用量约400kg/m³，砂率45%～60%，水灰比约为0.4。

11.3.7　喷射混凝土施工人员应注意劳动防护和人身安全。

附录A　混凝土外加剂对水泥的适应性检测方法（略）

附录B　补偿收缩混凝土的膨胀率及干缩率的测定方法（略）

附录C　灌浆用膨胀砂浆竖向膨胀率的测定方法（略）

GB 50208—2011《地下防水工程质量验收规范》

本规范主要内容包括:

总则;术语;基本规定;主体结构防水工程;细部构造防水工程;特殊施工法结构防水工程;排水工程;注浆工程;子分部工程质量验收。附录 A 地下工程用防水材料的质量指标;附录 B 地下工程用防水材料标准及进场抽样检验;附录 C 地下工程渗漏水调查与检测;附录 D 防水卷材接缝粘结质量检验。

本规范第 4.1.6、4.4.8、5.2.3、5.3.4、7.2.12 条为强制性条文,必须严格执行。

1 总 则

1.0.1 为了加强建筑工程质量管理,统一地下防水工程质量验收,保证工程质量,制定本规范。

1.0.2 本规范适用于房屋建筑、防护工程、市政隧道、地下铁道等地下防水工程质量验收。

1.0.3 地下防水工程采用的新技术,必须经过科技成果鉴定、评估或新产品、新技术鉴定。新技术应用前,应对新的或首次采用的施工工艺进行评审,并制定相应的技术标准。

1.0.4 地下防水工程的施工应符合国家有关安全与劳动防护和环境保护的规定。

1.0.5 地下防水工程质量验收除应符合本规范外,尚应符合国家现行有关标准的规定。

2 术 语(略)

3 基 本 规 定

3.0.1 地下工程的防水等级标准应符合表 3.0.1 的规定。

表 3.0.1 地下工程防水等级标准

防水等级	防 水 标 准
一级	不允许渗水,结构表面无湿渍
二级	不允许漏水,结构表面可有少量湿渍; 房屋建筑地下工程:总湿渍面积不应大于总防水面积(包括顶板、墙面、地面)的1/1000;任意100m²防水面积上的湿渍不超过2处,单个湿渍的最大面积不大于 0.1m²; 其他地下工程:总湿渍面积不应大于总防水面积的2/1000;任意100m²防水面积上的湿渍不超过3处,单个湿渍的最大面积不大于 0.2m²;其中,隧道工程还要求平均渗水量不大于0.05L/(m²·d),任意100m²防水面积上的渗水量不大于 0.15L/(m²·d)

续表 3.0.1

防水等级	防水标准
三级	有少量漏水点，不得有线流和漏泥砂； 任意100m²防水面积上的漏水或湿渍点数不超过7处，单个漏水点的最大漏水量不大于2.5L/d，单个湿渍的最大面积不大于0.3m²
四级	有漏水点，不得有线流和漏泥砂； 整个工程平均漏水量不大于2L/(m²·d)；任意100m²防水面积上的平均漏水量不大于4L/(m²·d)

3.0.2 明挖法和暗挖法地下工程的防水设防要求，应按表3.0.2-1和表3.0.2-2选用。

表 3.0.2-1　明挖法地下工程防水设防

工程部位		主体结构							施工缝							后浇带				变形缝、诱导缝					
防水措施		防水混凝土	防水卷材	防水涂料	塑料防水板	膨润土防水材料	防水砂浆	金属板	遇水膨胀止水条或止水胶	外贴式止水带	中埋式止水带	外抹防水砂浆	外涂防水涂料	水泥基渗透结晶型防水涂料	预埋注浆管	补偿收缩混凝土	外贴式止水带	预埋注浆管	遇水膨胀止水条或止水胶	中埋式止水带	外贴式止水带	可卸式止水带	防水密封材料	外贴防水卷材	外涂防水涂料
防水等级	一级	应选	应选一至二种						应选二种							应选	应选二种			应选	应选二种				
	二级	应选	应选一种						应选一至二种							应选	应选一至二种			应选	应选一至二种				
	三级	应选	宜选一种						宜选一至二种							应选	宜选一至二种			应选	宜选一至二种				
	四级	宜选	—						宜选一种							应选	宜选一种			应选	宜选一种				

表 3.0.2-2　暗挖法地下工程防水设防

工程部位		衬砌结构							内衬砌施工缝						内衬砌变形缝、诱导缝			
防水措施		防水混凝土	防水卷材	防水涂料	塑料防水板	膨润土防水材料	防水砂浆	金属板	遇水膨胀止水条或止水胶	外贴式止水带	中埋式止水带	防水密封材料	水泥基渗透结晶型防水涂料	预埋注浆管	中埋式止水带	外贴式止水带	可卸式止水带	防水密封材料
防水等级	一级	必选	应选一至二种						应选一至二种						应选	应选一至二种		
	二级	应选	应选一种						应选一种						应选	应选一种		
	三级	宜选	宜选一种						宜选一种						应选	宜选一种		
	四级	宜选	宜选一种						宜选一种						应选	宜选一种		

3.0.3 地下防水工程必须由持有资质等级证书的防水专业队伍进行施工，主要施工人员应持有省级及其以上建设行政主管部门或其指定单位颁发的执业资格证书或防水专业岗位证书。

3.0.4 地下防水工程施工前，应通过图纸会审，掌握结构主体及细部构造的防水要求，施工单位应编制防水工程专项施工方案，经监理单位或建设单位审查批准后执行。

3.0.5 地下工程所使用防水材料的品种、规格、性能等必须符合现行国家或行业产品标准和设计要求。

3.0.6 防水材料必须经具备相应资质的检测单位进行抽样检验，并出具产品性能检测报告。

3.0.7 防水材料的进场验收应符合下列规定：

    1 对材料的外观、品种、规格、包装、尺寸和数量等进行检查验收，并经监理单位或建设单位代表检查确认，形成相应验收记录。

    2 对材料的质量证明文件进行检查，并经监理单位或建设单位代表检查确认，纳入工程技术档案。

    3 材料进场后应按本规范附录 A 和附录 B 的规定抽样检验，检验应执行见证取样送检制度，并出具材料进场检验报告。

    4 材料的物理性能检验项目全部指标达到标准规定时，即为合格；若有一项指标不符合标准规定时，应在受检产品中重新取样进行该项指标复验，复验结果符合标准规定，则判定该批材料为合格。

3.0.8 地下工程使用的防水材料及其配套材料，应符合现行行业标准《建筑防水涂料中有害物质限量》JC 1066 的规定，不得对周围环境造成污染。

3.0.9 地下防水工程的施工，应建立各道工序的自检、交接检和专职人员检查的制度，并有完整的检查记录；工程隐蔽前，应由施工单位通知有关单位进行验收，并形成隐蔽工程验收记录；未经监理单位或建设单位代表对上道工序的检查确认，不得进行下道工序的施工。

3.0.10 地下防水工程施工期间，必须保持地下水位稳定在工程底部最低高程 500mm 以下，必要时应采取降水措施。对采用明沟排水的基坑，应保持基坑干燥。

3.0.11 地下防水工程不得在雨天、雪天和五级风及其以上时施工；防水材料施工环境气温条件宜符合表 3.0.11 的规定。

表 3.0.11　防水材料施工环境气温条件

防 水 材 料	施工环境气温条件
高聚物改性沥青防水卷材	冷粘法、自粘法不低于 5℃，热熔法不低于 −10℃
合成高分子防水卷材	冷粘法、自粘法不低于 5℃，焊接法不低于 −10℃
有机防水涂料	溶剂型 −5～35℃，反应型、水乳型 5～35℃
无机防水涂料	5～35℃
防水混凝土、防水砂浆	5～35℃
膨润土防水材料	不低于 −20℃

3.0.12 地下防水工程是一个子分部工程，其分项工程的划分应符合表 3.0.12 的规定。

表 3.0.12　地下防水工程的分项工程

子分部工程		分 项 工 程
地下防水工程	主体结构防水	防水混凝土、水泥砂浆防水层、卷材防水层、涂料防水层、塑料防水板防水层、金属板防水层、膨润土防水材料防水层
	细部构造防水	施工缝、变形缝、后浇带、穿墙管、埋设件、预留通道接头、桩头、孔口、坑、池
	特殊施工法结构防水	锚喷支护、地下连续墙、盾构隧道、沉井、逆筑结构
	排水	渗排水、盲沟排水、隧道排水、坑道排水、塑料排水板排水
	注浆	预注浆、后注浆、结构裂缝注浆

3.0.13　地下防水工程的分项工程检验批和抽样检验数量应符合下列规定：

　　1　主体结构防水工程和细部构造防水工程应按结构层、变形缝或后浇带等施工段划分检验批；

　　2　特殊施工法结构防水工程应按隧道区间、变形缝等施工段划分检验批；

　　3　排水工程和注浆工程应各为一个检验批；

　　4　各检验批的抽样检验数量：细部构造应为全数检查，其他均应符合本规范的规定。

3.0.14　地下工程应按设计的防水等级标准进行验收。地下工程渗漏水调查与检测应按本规范附录 C 执行。

4　主体结构防水工程

4.1　防　水　混　凝　土

4.1.1　防水混凝土适用于抗渗等级不小于 P6 的地下混凝土结构。不适用于环境温度高于 80℃ 的地下工程。处于侵蚀性介质中，防水混凝土的耐侵蚀性要求应符合现行国家标准《工业建筑防腐蚀设计规范》GB 50046、《混凝土结构耐久性设计规范》GB 50476 的有关规定。

4.1.2　水泥的选择应符合下列规定：

　　1　宜采用普通硅酸盐水泥或硅酸盐水泥，采用其他品种水泥时应经试验确定；

　　2　在受侵蚀性介质作用时，应按介质的性质选用相应的水泥品种；

　　3　不得使用过期或受潮结块的水泥，并不得将不同品种或强度等级的水泥混合使用。

4.1.3　砂、石的选择应符合下列规定：

　　1　砂宜选用中粗砂，含泥量不应大于 3.0%，泥块含量不宜大于 1.0%；

　　2　不宜使用海砂。在没有河砂的条件时，应对海砂进行处理后才能使用，且控制氯离子含量不得大于 0.06%；

　　3　碎石或卵石的粒径宜为 5～40mm，含泥量不应大于 1.0%，泥块含量不应大于 0.5%；

　　4　对长期处于潮湿环境的重要结构混凝土用砂、石，应进行碱活性检验。

4.1.4　矿物掺合料的选择应符合下列规定：

　　1　粉煤灰的级别不应低于 Ⅱ 级，烧失量不应大于 5%；

2 硅粉的比表面积不应小于 15000m²/kg，SiO₂ 含量不应小于 85%；

3 粒化高炉矿渣粉的品质要求应符合现行国家标准《用于水泥和混凝土中的粒化高炉矿渣粉》GB/T 18046 的有关规定。

4.1.5 混凝土拌合用水，应符合现行行业标准《混凝土用水标准》JGJ 63 的规定。

4.1.6 外加剂的选择应符合下列规定：

1 外加剂的品种和用量应经试验确定，所用外加剂应符合现行国家标准《混凝土外加剂应用技术规范》GB 50119 的质量要求；

2 掺加引气剂或引气型减水剂的混凝土，其含气量宜控制在 3%～5%；

3 考虑外加剂对硬化混凝土收缩性能的影响；

4 严禁使用对人体产生危害、对环境产生污染的外加剂。

4.1.7 防水混凝土的配合比应经试验确定，并应符合下列规定：

1 试配要求的抗渗水压值应比设计值提高 0.2MPa；

2 混凝土胶凝材料总量不宜小于 320kg/m³，其中水泥用量不宜小于 260kg/m³，粉煤灰掺量宜为胶凝材料总量的 20%～30%，硅粉的掺量宜为胶凝材料总量的 2%～5%；

3 水胶比不得大于 0.50，有侵蚀性介质时水胶比不宜大于 0.45；

4 砂率宜为 35%～40%，泵送时可增至 45%；

5 灰砂比宜为 1∶1.5～1∶2.5；

6 混凝土拌合物的氯离子含量不应超过胶凝材料总量的 0.1%；混凝土中各类材料的总碱量即 Na₂O 当量不得大于 3kg/m³。

4.1.8 防水混凝土采用预拌混凝土时，入泵坍落度宜控制在 120～160mm，坍落度每小时损失不应大于 20mm，坍落度总损失值不应大于 40mm。

4.1.9 混凝土拌制和浇筑过程控制应符合下列规定：

1 拌制混凝土所用材料的品种、规格和用量，每工作班检查不应少于两次。每盘混凝土组成材料计量结果的允许偏差应符合表 4.1.9-1 的规定。

表 4.1.9-1　混凝土组成材料计量结果的允许偏差（%）

混凝土组成材料	每盘计量	累计计量
水泥、掺合料	±2	±1
粗、细骨料	±3	±2
水、外加剂	±2	±1

注：累计计量仅适用于微机控制计量的搅拌站。

2 混凝土在浇筑地点的坍落度，每工作班至少检查两次，坍落度试验应符合现行国家标准《普通混凝土拌合物性能试验方法标准》GB/T 50080 的有关规定。混凝土坍落度允许偏差应符合表 4.1.9-2 的规定。

表 4.1.9-2　混凝土坍落度允许偏差（mm）

要求坍落度	允许偏差
≤40	±10
50～90	±15
>90	±20

3 泵送混凝土在交货地点的入泵坍落度，每工作班至少检查两次。混凝土入泵时的坍落度允许偏差应符合表 4.1.9-3 的规定。

表 4.1.9-3　混凝土入泵时的坍落度允许偏差（mm）

所需坍落度	允许偏差
≤100	±20
>100	±30

4 防水混凝土拌合物在运输后如出现离析，必须进行二次搅拌。当坍落度损失后不能满足施工要求时，应加入原水胶比的水泥浆或掺加同品种的减水剂进行搅拌，严禁直接加水。

4.1.10 防水混凝土抗压强度试件，应在混凝土浇筑地点随机取样后制作，并应符合下列规定：

1 同一工程、同一配合比的混凝土，取样频率与试件留置组数应符合现行国家标准《混凝土结构工程施工质量验收规范》GB 50204 的有关规定。

2 抗压强度试验应符合现行国家标准《普通混凝土力学性能试验方法标准》GB/T 50081 的有关规定。

3 结构构件的混凝土强度评定应符合现行《混凝土强度检验评定标准》GBJ 107 的规定。

4.1.11 防水混凝土抗渗性能应采用标准条件下养护混凝土抗渗试件的试验结果评定，试件应在混凝土浇筑地点随机取样后制作，并应符合下列规定：

1 连续浇筑混凝土每 500m³ 应留置一组 6 个抗渗试件，且每项工程不得少于两组。采用预拌混凝土的抗渗试件，留置组数应视结构的规模和要求而定。

2 抗渗性能试验应符合现行国家标准《普通混凝土长期性能和耐久性能试验方法标准》GB/T 50082 的有关规定。

4.1.12 大体积防水混凝土的施工应采取材料选择、温度控制、保温保湿等技术措施。在设计许可的情况下，掺粉煤灰混凝土设计强度等级的龄期宜为 60d 或 90d。

4.1.13 防水混凝土分项工程检验批的抽样检验数量，应按混凝土外露面积每 100m² 抽查 1 处，每处 10m²，且不得少于 3 处。

Ⅰ　主　控　项　目

4.1.14 防水混凝土的原材料、配合比及坍落度必须符合设计要求。

检验方法：检查产品合格证、产品性能检测报告、计量措施和材料进场检验报告。

4.1.15 防水混凝土的抗压强度和抗渗性能必须符合设计要求。

检验方法：检查混凝土抗压强度、抗渗性能检验报告。

4.1.16 防水混凝土结构的施工缝、变形缝、后浇带、穿墙管、埋设件等设置和构造必须符合设计要求。

检验方法：观察检查和检查隐蔽工程验收记录。

Ⅱ　一　般　项　目

4.1.17 防水混凝土结构表面应坚实、平整，不得有露筋、蜂窝等缺陷；埋设件位置应准确。

　　检验方法：观察检查。

4.1.18　防水混凝土结构表面的裂缝宽度不应大于 0.2mm，并不得贯通。

　　检验方法：用刻度放大镜检查。

4.1.19　防水混凝土结构厚度不应小于 250mm，其允许偏差应为＋8mm、－5mm；主体结构迎水面钢筋保护层厚度不应小于 50mm，其允许偏差应为±5mm。

　　检验方法：尺量检查和检查隐蔽工程验收记录。

4.2　水泥砂浆防水层

4.2.1　水泥砂浆防水层适用于地下工程主体结构的迎水面或背水面。不适用于受持续振动或环境温度高于 80℃的地下工程。

4.2.2　水泥砂浆防水层应采用聚合物水泥防水砂浆、掺外加剂或掺合料的防水砂浆。

4.2.3　水泥砂浆防水层所用的材料应符合下列规定：

　　1　水泥应使用普通硅酸盐水泥、硅酸盐水泥或特种水泥，不得使用过期或受潮结块的水泥。

　　2　砂宜采用中砂，含泥量不应大于 1.0%，硫化物及硫酸盐含量不应大于 1.0%。

　　3　用于拌制水泥砂浆的水，应采用不含有害物质的洁净水。

　　4　聚合物乳液的外观为均匀液体，无杂质、无沉淀、不分层。

　　5　外加剂的技术性能应符合现行国家或行业有关标准的质量要求。

4.2.4　水泥砂浆防水层的基层质量应符合下列规定：

　　1　基层表面应平整、坚实、清洁，并应充分湿润、无明水；

　　2　基层表面的孔洞、缝隙，应采用与防水层相同的水泥砂浆堵塞并抹平；

　　3　施工前应将预埋件、穿墙管预留凹槽内嵌填密封材料后，再施工水泥砂浆防水层。

4.2.5　水泥砂浆防水层施工应符合下列规定：

　　1　水泥砂浆的配制，应按所掺材料的技术要求准确计量；

　　2　分层铺抹或喷涂，铺抹时应压实、抹平，最后一层表面应提浆压光；

　　3　防水层各层应紧密粘合，每层宜连续施工；必须留设施工缝时，应采用阶梯坡形槎，但与阴阳角处的距离不得小于 200mm；

　　4　水泥砂浆终凝后应及时进行养护，养护温度不宜低于 5℃，并应保持砂浆表面湿润，养护时间不得少于 14d。聚合物水泥防水砂浆未达到硬化状态时，不得浇水养护或直接受雨水冲刷，硬化后应采用干湿交替的养护方法。潮湿环境中，可在自然条件下养护。

4.2.6　水泥砂浆防水层分项工程检验批的抽样检验数量，应按施工面积每 100m² 抽查 1 处，每处 10m²，且不得少于 3 处。

Ⅰ　主　控　项　目

4.2.7　防水砂浆的原材料及配合比必须符合设计要求。

　　检验方法：检查产品合格证、产品性能检测报告、计量措施和材料进场检验报告。

4.2.8　防水砂浆的粘结强度和抗渗性能必须符合设计要求。

　　检验方法：检查砂浆粘结强度、抗渗性能检验报告。

4.2.9 水泥砂浆防水层与基层之间应结合牢固，无空鼓现象。

检验方法：观察和用小锤轻击检查。

Ⅱ 一 般 项 目

4.2.10 水泥砂浆防水层表面应密实、平整，不得有裂纹、起砂、麻面等缺陷。

检验方法：观察检查。

4.2.11 水泥砂浆防水层施工缝留槎位置应正确，接槎应按层次顺序操作，层层搭接紧密。

检验方法：观察检查和检查隐蔽工程验收记录。

4.2.12 水泥砂浆防水层的平均厚度应符合设计要求，最小厚度不得小于设计厚度的85%。

检验方法：用针测法检查。

4.2.13 水泥砂浆防水层表面平整度的允许偏差为5mm。

检验方法：用2m靠尺和楔形塞尺检查。

4.3 卷 材 防 水 层

4.3.1 卷材防水层适用于受侵蚀性介质作用或受振动作用的地下工程；卷材防水层应铺设在主体结构的迎水面。

4.3.2 卷材防水层应采用高聚物改性沥青类防水卷材和合成高分子类防水卷材。所选用的基层处理剂、胶粘剂、密封材料等均应与铺贴的卷材相匹配。

4.3.3 在进场材料检验的同时，防水卷材接缝粘结质量检验应按本规范附录D执行。

4.3.4 铺贴防水卷材前，基面应干净、干燥，并应涂刷基层处理剂；当基面潮湿时，应涂刷湿固化型胶粘剂或潮湿界面隔离剂。

4.3.5 基层阴阳角应做成圆弧或45°坡角，其尺寸应根据卷材品种确定；在转角处、变形缝、施工缝、穿墙管等部位应铺贴卷材加强层，加强层宽度不应小于300～500mm。

4.3.6 防水卷材的搭接宽度应符合表4.3.6的要求。铺贴双层卷材时，上下两层和相邻两幅卷材的接缝应错开1/3～1/2幅宽，且两层卷材不得相互垂直铺贴。

表 4.3.6 防水卷材的搭接宽度

卷材品种	搭接宽度（mm）
弹性体改性沥青防水卷材	100
改性沥青聚乙烯胎防水卷材	100
自粘聚合物改性沥青防水卷材	80
三元乙丙橡胶防水卷材	100/60（胶粘剂/胶粘带）
聚氯乙烯防水卷材	60/80（单焊缝/双焊缝）
	100（胶粘剂）
聚乙烯丙纶复合防水卷材	100（粘结料）
高分子自粘胶膜防水卷材	70/80（自粘胶/胶粘带）

4.3.7 冷粘法铺贴卷材应符合下列规定：

1 胶粘剂应涂刷均匀，不得露底、堆积；

2 根据胶粘剂的性能，应控制胶粘剂涂刷与卷材铺贴的间隔时间；

3 铺贴时不得用力拉伸卷材，排除卷材下面的空气，辊压粘贴牢固；

4 铺贴卷材应平整、顺直，搭接尺寸准确，不得扭曲、皱折；

5 卷材接缝部位应采用专用胶粘剂或胶粘带满粘，接缝口应用密封材料封严，其宽度不应小于10mm。

4.3.8 热熔法铺贴卷材应符合下列规定：

1 火焰加热器加热卷材应均匀，不得加热不足或烧穿卷材；

2 卷材表面热熔后应立即滚铺，排除卷材下面的空气，并粘贴牢固；

3 铺贴卷材应平整、顺直，搭接尺寸准确，不得扭曲、皱折；

4 卷材接缝部位应溢出热熔的改性沥青胶料，并粘贴牢固，封闭严密。

4.3.9 自粘法铺贴卷材应符合下列规定：

1 铺贴卷材时，应将有黏性的一面朝向主体结构。

2 外墙、顶板铺贴时，排除卷材下面的空气，辊压粘贴牢固；

3 铺贴卷材应平整、顺直，搭接尺寸准确，不得扭曲、皱折和起泡；

4 立面卷材铺贴完成后，应将卷材端头固定，并应用密封材料封严；

5 低温施工时，宜对卷材和基面采用热风适当加热，然后铺贴卷材。

4.3.10 卷材接缝采用焊接法施工应符合下列规定：

1 焊接前卷材应铺放平整，搭接尺寸准确，焊接缝的结合面应清扫干净。

2 焊接时应先焊长边搭接缝，后焊短边搭接缝；

3 控制热风加热温度和时间，焊接处不得漏焊、跳焊或焊接不牢；

4 焊接时不得损害非焊接部位的卷材。

4.3.11 铺贴聚乙烯丙纶复合防水卷材应符合下列规定：

1 应采用配套的聚合物水泥防水粘结材料；

2 卷材与基层粘贴应采用满粘法，粘结面积不应小于90%，刮涂粘结料应均匀，不得露底、堆积、流淌；

3 固化后的粘结料厚度不应小于1.3mm；

4 卷材接缝部位应挤出粘结料，接缝表面处应涂刮1.3mm厚50mm宽聚合物水泥粘结料封边；

5 聚合物水泥粘结料固化前，不得在其上行走或进行后续作业；

4.3.12 高分子自粘胶膜防水卷材宜采用预铺反粘法施工，并应符合下列规定：

1 卷材宜单层铺设；

2 在潮湿基面铺设时，基面应平整坚固、无明水；

3 卷材长边应采用自粘边搭接，短边应采用胶粘带搭接，卷材端部搭接区应相互错开；

4 立面施工时，在自粘边位置距离卷材边缘10～20mm内，每隔400～600mm应进行机械固定，并应保证固定位置被卷材完全覆盖；

5 浇筑结构混凝土时不得损伤防水层。

4.3.13 卷材防水层完工并经验收合格后应及时做保护层。保护层应符合下列规定：

1 板的细石混凝土保护层与防水层之间宜设置隔离层。细石混凝土保护层厚度：机械回填时，不宜小于 70mm，人工回填时不宜小于 50mm；

2 板的细石混凝土保护层厚度不应小于 50mm；

3 墙宜采用软质保护材料或铺抹 20mm 厚 1：2.5 水泥砂浆。

4.3.14 卷材防水层分项工程检验批的抽样检验数量，应按铺贴面积每 100m² 抽查 1 处，每处 10m²，且不得少于 3 处。

Ⅰ 主 控 项 目

4.3.15 卷材防水层所用卷材及主要配套材料必须符合设计要求。

检验方法：检查产品合格证、产品性能检测报告和材料进场检验报告。

4.3.16 卷材防水层在转角处、变形缝、施工缝、穿墙管等部位做法必须符合设计要求。

检验方法：观察检查和检查隐蔽工程验收记录。

Ⅱ 一 般 项 目

4.3.17 卷材防水层的搭接缝应粘贴或焊接牢固，密封严密，不得有扭曲、皱折、翘边和起泡等缺陷。

检验方法：观察检查。

4.3.18 采用外防外贴法铺贴卷材防水层时，立面卷材接槎的搭接宽度，高聚物改性沥青类卷材应为 150mm，合成高分子类卷材应为 100mm，且上层卷材应盖过下层卷材。

检验方法：观察和尺量检查。

4.3.19 侧墙卷材防水层的保护层与防水层应结合紧密，保护层厚度应符合设计要求。

检验方法：观察和尺量检查。

4.3.20 卷材搭接宽度的允许偏差为 −10mm。

检验方法：观察和尺量检查。

4.4 涂 料 防 水 层

4.4.1 涂料防水层适用于受侵蚀性介质作用或受振动作用的地下工程；有机防水涂料宜用于主体结构的迎水面，无机防水涂料宜用于主体结构的迎水面或背水面。

4.4.2 有机防水涂料应采用反应型、水乳型、聚合物水泥等涂料；无机防水涂料应采用掺外加剂、掺合料的水泥基防水涂料或水泥基渗透结晶型防水涂料。

4.4.3 有机防水涂料基面应干燥。当基面较潮湿时，应涂刷湿固化型胶结剂或潮湿界面隔离剂；无机防水涂料施工前，基面应充分润湿，但不得有明水。

4.4.4 涂料防水层的施工应符合下列规定：

1 多组分涂料应按配合比准确计量，搅拌均匀，并应根据有效时间确定每次配制的用量；

2 涂料应分层涂刷或喷涂，涂层应均匀，涂刷应待前遍涂层干燥成膜后进行。每遍涂刷时应交替改变涂层的涂刷方向，同层涂膜的先后搭压宽度宜为 30~50mm；

3 涂料防水层的甩槎处接槎宽度不应小于 100mm，接涂前应将其甩槎表面处理干净；

4 采用有机防水涂料时，基层阴阳角处应做成圆弧；在转角处、变形缝、施工缝、穿墙管等部位应增加胎体增强材料和增涂防水涂料，宽度不应小于500mm；

5 涂料防水层中铺贴胎体材料时，同层相邻的搭接宽度不应小于100mm，上下层接缝应错开1/3幅宽。

4.4.5 涂料防水层完工并经验收合格后应及时做保护层。保护层应符合本规范4.3.13的规定。

4.4.6 涂料防水层分项工程检验批的抽样检验数量，应按涂层面积每100m²抽查1处，每处10m²，且不得少于3处。

Ⅰ 主 控 项 目

4.4.7 涂料防水层所用的材料及配合比必须符合设计要求。

检验方法：检查产品合格证、产品性能检测报告、计量措施和材料进场检验报告。

4.4.8 涂料防水层的平均厚度应符合设计要求，最小厚度不得小于设计厚度的90%。

检验方法：用针测法检查。

4.4.9 涂料防水层在转角处、变形缝、施工缝、穿墙管等部位做法必须符合设计要求。

检验方法：观察检查和检查隐蔽工程验收记录。

Ⅱ 一 般 项 目

4.4.10 涂料防水层应与基层粘结牢固，涂刷均匀，不得流淌、鼓泡、露槎。

检验方法：观察检查。

4.4.11 涂层间夹铺胎体增强材料时，防水涂料胎体应充分浸透，不得露胎体、翘边和皱折。

检验方法：观察检查。

4.4.12 侧墙涂料防水层的保护层与防水层应结合紧密，保护层厚度应符合设计要求。

检验方法：观察检查。

4.5 塑料防水板防水层

4.5.1 塑料防水板防水层适用于经常承受水压、侵蚀性介质或有振动作用的地下工程；塑料防水板宜铺设在复合式衬砌的初期支护与二次衬砌之间。

4.5.2 塑料防水板防水层的基面应平整，无尖锐突出物，基面平整度 D/L 不应大于1/6。

注：D—初期支护基面相邻两凸面间凹进去的深度；

L—初期支护基面相邻两凸面间的距离。

4.5.3 初期支护的渗漏水，应在塑料防水板防水层铺设前封堵或引排。

4.5.4 塑料防水板的铺设应符合下列规定：

1 铺设塑料防水板前应先铺缓冲层，缓冲层应用暗钉圈固定在基面上。缓冲层搭接宽度不应小于50mm。铺设塑料防水板时，应边铺边用压焊机将塑料防水板与暗钉圈焊接；

2 两幅塑料防水板的搭接宽度不应小于100mm，下部塑料防水板应压住上部塑料防水板。接缝焊接时，塑料防水板的搭接层数不得超过3层；

    3 塑料防水板的搭接缝应采用双焊缝，每条焊缝的有效宽度不应小于10mm；

    4 塑料防水板铺设时宜设置分区预埋注浆系统；

    5 分段设置塑料防水板防水层时，两端应采取封闭措施。

4.5.5 塑料防水板的铺设应超前二次衬砌混凝土施工，超前距离宜为5～20m。

4.5.6 塑料防水板应牢固地固定在基面上，固定点间距应根据基面平整情况确定，拱部宜为0.5～0.8m，边墙宜为1.0～1.5m，底部宜为1.5～2.0m；局部凹凸较大时，应在凹处加密固定点。

4.5.7 塑料防水板防水层分项工程检验批的抽样检验数量，应按铺设面积每100m²抽查1处，每处10m²，且不得少于3处。焊缝检验应按焊缝条数抽查5%，每条焊缝为1处，且不得少于3处。

Ⅰ 主 控 项 目

4.5.8 塑料防水板及其配套材料必须符合设计要求。

    检验方法：检查产品合格证、产品性能检测报告和材料进场检验报告。

4.5.9 塑料防水板的搭接缝必须采用双缝热熔焊接，每条焊缝的有效宽度不应小于10mm。

    检验方法：双焊缝间空腔内充气检查和尺量检查。

Ⅱ 一 般 项 目

4.5.10 塑料防水板应采用无钉孔铺设，其固定点的间距应符合本规范4.5.6的规定。

    检验方法：观察和尺量检查。

4.5.11 塑料防水板与暗钉圈应焊接牢靠，不得漏焊、假焊和焊穿。

    检验方法：观察检查。

4.5.12 塑料防水板的铺设应平顺，不得有下垂、绷紧和破损现象。

    检验方法：观察检查。

4.5.13 塑料防水板搭接宽度的允许偏差为−10mm。

    检验方法：尺量检查。

4.6 金 属 板 防 水 层

4.6.1 金属板防水层适用于抗渗性能要求较高的地下工程；金属板应铺设在主体结构迎水面。

4.6.2 金属板防水层所采用的金属材料和保护材料应符合设计要求。金属板及其焊接材料的规格、外观质量和主要物理性能，应符合国家现行标准的规定。

4.6.3 金属板的拼接及金属板与工程结构的锚固件连接应采用焊接。金属板的拼接焊缝应进行外观检查和无损检验。

4.6.4 金属板表面有锈蚀、麻点或划痕等缺陷时，其深度不得大于该板材厚度的负偏差值。

4.6.5 金属板防水层分项工程检验批的抽样检验数量，应按铺设面积每10m²抽查1处，每处 1m²，且不得少于 3 处。焊缝表面缺陷检验应按焊缝的条数抽查 5%，且不得少于 1 条焊缝；每条焊缝检查 1 处，总抽查数不得少于 10 处。

Ⅰ 主 控 项 目

4.6.6 金属板和焊接材料必须符合设计要求。

检验方法：检查产品合格证、产品性能检测报告和材料进场检验报告。

4.6.7 焊工必须持有有效的执业资格证书。

检验方法：检查焊工执业资格证书和考核日期。

Ⅱ 一 般 项 目

4.6.8 金属板表面不得有明显凹面和损伤。

检验方法：观察检查。

4.6.9 焊缝不得有裂纹、未熔合、夹渣、焊瘤、咬边、烧穿、弧坑、针状气孔等缺陷。

检验方法：观察检查和使用放大镜、焊缝量规及钢尺检查，必要时采用渗透或磁粉探伤检查。

4.6.10 焊缝的焊波应均匀，焊渣和飞溅物应清除干净；保护涂层不得有漏涂、脱皮和反锈现象。

检验方法：观察检查。

4.7 膨润土防水材料防水层

4.7.1 膨润土防水材料防水层适用于 pH 值为 4～10 的地下环境中；膨润土防水材料防水层应用于复合式衬砌的初期支护与二次衬砌之间以及明挖法地下工程主体结构的迎水面，防水层两侧应具有一定的夹持力。

4.7.2 膨润土防水材料中的膨润土颗粒应采用钠基膨润土，不应采用钙基膨润土。

4.7.3 膨润土防水材料防水层基面应坚实、清洁，不得有明水，基面平整度应符合本规范 4.5.2 的规定；基层阴阳角应做成圆弧或坡角。

4.7.4 膨润土防水毯的织布面和膨润土防水板的膨润土面，均应与结构外表面密贴。

4.7.5 膨润土防水材料应采用水泥钉和垫片固定；立面和斜面上的固定间距宜为 400～500mm，平面上应在搭接缝处固定。

4.7.6 膨润土防水材料的搭接宽度应大于 100mm；搭接部位的固定间距宜为 200～300mm，固定点与搭接边缘的距离宜为 25～30mm，搭接处应涂抹膨润土密封膏。平面搭接缝处可干撒膨润土颗粒，其用量宜为 0.3～0.5kg/m。

4.7.7 膨润土防水材料的收口部位应采用金属压条和水泥钉固定，并用膨润土密封膏覆盖。

4.7.8 转角处和变形缝、施工缝、后浇带等接缝部位均应设置宽度不小于 500mm 加强层，加强层应设置在防水层与结构外表面之间。穿墙管件部位宜采用膨润土橡胶止水条、膨润土密封膏进行加强处理。

4.7.9 膨润土防水材料分段铺设时，应采取临时遮挡防护措施。

4.7.10 膨润土防水材料防水层分项工程检验批的抽样检验数量，应按铺设面积每 100m²

抽查 1 处，每处 10m²，且不得少于 3 处。

Ⅰ 主 控 项 目

4.7.11 膨润土防水材料必须符合设计要求。

检验方法：检查产品合格证、产品性能检测报告和材料进场检验报告。

4.7.12 膨润土防水材料防水层在转角处、变形缝、施工缝、后浇带、穿墙管等部位做法必须符合设计要求。

检验方法：观察检查和检查隐蔽工程验收记录。

Ⅱ 一 般 项 目

4.7.13 膨润土防水毯的织布面或防水板的膨润土面，应朝向工程主体结构的迎水面。

检验方法：观察检查。

4.7.14 立面或斜面铺设的膨润土防水材料应上层压住下层，防水层与基层、防水层与防水层之间应密贴，并应平整无褶皱。

检验方法：观察检查。

4.7.15 膨润土防水材料的搭接和收口部位应符合本规范 4.7.5、4.7.6、4.7.7 的规定。

检验方法：观察和尺量检查。

4.7.16 膨润土防水材料搭接宽度的允许偏差为 −10mm。

检验方法：观察和尺量检查。

5 细部构造防水工程

5.1 施 工 缝

Ⅰ 主 控 项 目

5.1.1 施工缝用止水带、遇水膨胀止水条或止水胶、水泥基渗透结晶型防水涂料和预埋注浆管必须符合设计要求。

检验方法：检查产品合格证、产品性能检测报告和材料进场检验报告。

5.1.2 施工缝防水构造必须符合设计要求。

检验方法：观察检查和检查隐蔽工程验收记录。

Ⅱ 一 般 项 目

5.1.3 墙体水平施工缝应留设在高出底板表面不小于 300mm 的墙体上。拱、板与墙结合的水平施工缝，宜留在拱、板与墙交接处以下 150～300mm 处；垂直施工缝应避开地下水和裂隙水较多的地段，并宜与变形缝相结合。

检验方法：观察检查和检查隐蔽工程验收记录。

5.1.4 在施工缝处继续浇筑混凝土时，已浇筑的混凝土抗压强度不应小于 1.2MPa。

检验方法：观察检查和检查隐蔽工程验收记录。

5.1.5 水平施工缝浇筑混凝土前，应将其表面浮浆和杂物清除，然后铺设净浆、涂刷混凝土界面处理剂或水泥基渗透结晶型防水涂料，再铺 30～50mm 厚的 1：1 水泥砂浆，并及时浇筑混凝土。

检验方法：观察检查和检查隐蔽工程验收记录。

5.1.6 垂直施工缝浇筑混凝土前，应将其表面清理干净，再涂刷混凝土界面处理剂或水泥基渗透结晶型防水涂料，并及时浇筑混凝土。

检验方法：观察检查和检查隐蔽工程验收记录。

5.1.7 中埋式止水带及外贴式止水带埋设位置应准确，固定应牢靠。

检验方法：观察检查和检查隐蔽工程验收记录。

5.1.8 遇水膨胀止水条应具有缓膨胀性能；止水条与施工缝基面应密贴，中间不得有空鼓、脱离等现象；止水条应牢固地安装在缝表面或预留凹槽内；止水条采用搭接连接时，搭接宽度不得小于 30mm。

检验方法：观察检查和检查隐蔽工程验收记录。

5.1.9 遇水膨胀止水胶应采用专用注胶器挤出粘结在施工缝表面，并做到连续、均匀、饱满，无气泡和孔洞，挤出宽度及厚度应符合设计要求；止水胶挤出成形后，固化期内应采取临时保护措施；止水胶固化前不得浇筑混凝土。

检验方法：观察检查和检查隐蔽工程验收记录。

5.1.10 预埋注浆管应设置在施工缝断面中部，注浆管与施工缝基面应密贴并固定牢靠，固定间距宜为 200～300mm；注浆导管与注浆管的连接应牢固、严密，导管埋入混凝土内的部分应与结构钢筋绑扎牢固，导管的末端应临时封堵严密。

检验方法：观察检查和检查隐蔽工程验收记录。

5.2 变 形 缝

Ⅰ 主 控 项 目

5.2.1 变形缝用止水带、填缝材料和密封材料必须符合设计要求。

检验方法：检查产品合格证、产品性能检测报告和材料进场检验报告。

5.2.2 变形缝防水构造必须符合设计要求。

检验方法：观察检查和检查隐蔽工程验收记录。

5.2.3 中埋式止水带埋设位置应准确，其中间空心圆环与变形缝的中心线应重合。

检验方法：观察检查和检查隐蔽工程验收记录。

Ⅱ 一 般 项 目

5.2.4 中埋式止水带的接缝应设在边墙较高位置上，不得设在结构转角处；接头宜采用热压焊接，接缝应平整、牢固，不得有裂口和脱胶现象。

检验方法：观察检查和检查隐蔽工程验收记录。

5.2.5 中埋式止水带在转弯处应做成圆弧形；顶板、底板内止水带应安装成盆状，并宜采用专用钢筋套或扁钢固定。

检验方法：观察检查和检查隐蔽工程验收记录。

5.2.6 外贴式止水带在变形缝与施工缝相交部位宜采用十字配件；外贴式止水带在变形缝转角部位宜采用直角配件。止水带埋设位置应准确，固定应牢靠，并与固定止水带的基层密贴，不得出现空鼓、翘边等现象。

检验方法：观察检查和检查隐蔽工程验收记录。

5.2.7 安设于结构内侧的可卸式止水带所需配件应一次配齐，转角处应做成 45°坡角，并增加紧固件的数量。

检验方法：观察检查和检查隐蔽工程验收记录。

5.2.8 嵌填密封材料的缝内两侧基面应平整、洁净、干燥，并应涂刷基层处理剂；嵌缝底部应设置背衬材料；密封材料嵌填应严密、连续、饱满，粘结牢固。

检验方法：观察检查和检查隐蔽工程验收记录。

5.2.9 变形缝处表面粘贴卷材或涂刷涂料前，应在缝上设置隔离层和加强层。

检验方法：观察检查和检查隐蔽工程验收记录。

5.3 后 浇 带

Ⅰ 主 控 项 目

5.3.1 后浇带用遇水膨胀止水条或止水胶、预埋注浆管、外贴式止水带必须符合设计要求。

检验方法：检查产品合格证、产品性能检测报告和材料进场检验报告。

5.3.2 补偿收缩混凝土的原材料及配合比必须符合设计要求。

检验方法：检查产品合格证、产品性能检测报告、计量措施和材料进场检验报告。

5.3.3 后浇带防水构造必须符合设计要求。

检验方法：观察检查和检查隐蔽工程验收记录。

5.3.4 采用掺膨胀剂的补偿收缩混凝土，其抗压强度、抗渗性能和限制膨胀率必须符合设计要求。

检验方法：检查混凝土抗压强度、抗渗性能和水中养护 14d 后的限制膨胀率检验报告。

Ⅱ 一 般 项 目

5.3.5 补偿收缩混凝土浇筑前，后浇带部位和外贴式止水带应采取保护措施。

检验方法：观察检查。

5.3.6 后浇带两侧的接缝表面应先清理干净，再涂刷混凝土界面处理剂或水泥基渗透结晶型防水涂料；后浇混凝土的浇筑时间应符合设计要求。

检验方法：观察检查和检查隐蔽工程验收记录。

5.3.7 遇水膨胀止水条的施工应符合本规范 5.1.8 的规定；遇水膨胀止水胶的施工应符合本规范 5.1.9 的规定；预埋注浆管的施工应符合本规范 5.1.10 的规定；外贴式止水带的施工应符合本规范 5.2.6 的规定。

检验方法：观察检查和检查隐蔽工程验收记录。

5.3.8 后浇带混凝土应一次浇筑，不得留设施工缝；混凝土浇筑后应及时养护，养护时间不得少于 28d。

检验方法：观察检查和检查隐蔽工程验收记录。

5.4 穿 墙 管

Ⅰ 主 控 项 目

5.4.1 穿墙管用遇水膨胀止水条和密封材料必须符合设计要求。

检验方法：检查产品合格证、产品性能检测报告、材料进场检验报告。

5.4.2 穿墙管防水构造必须符合设计要求。

检验方法：观察检查和检查隐蔽工程验收记录。

Ⅱ 一 般 项 目

5.4.3 固定式穿墙管应加焊止水环或环绕遇水膨胀止水圈，并做好防腐处理；穿墙管应在主体结构迎水面预留凹槽，槽内应用密封材料嵌填密实。

检验方法：观察检查和检查隐蔽工程验收记录。

5.4.4 套管式穿墙管的套管与止水环及翼环应连续满焊，并做好防腐处理；套管内表面应清理干净，穿墙管与套管之间应用密封材料和橡胶密封圈进行密封处理，并采用法兰盘及螺栓进行固定。

检验方法：观察检查和检查隐蔽工程验收记录。

5.4.5 穿墙盒的封口钢板与混凝土结构墙上预埋的角钢应焊严，并从钢板上的预留浇注孔注入改性沥青密封材料或细石混凝土，封填后将浇注孔口用钢板焊接封闭。

检验方法：观察检查和检查隐蔽工程验收记录。

5.4.6 当主体结构迎水面有柔性防水层时，防水层与穿墙管连接处应增设加强层。

检验方法：观察检查和检查隐蔽工程验收记录。

5.4.7 密封材料嵌填应密实、连续、饱满，粘结牢固。

检验方法：观察检查和检查隐蔽工程验收记录。

5.5 埋 设 件

Ⅰ 主 控 项 目

5.5.1 埋设件用密封材料必须符合设计要求。

检验方法：检查产品合格证、产品性能检测报告、材料进场检验报告。

5.5.2 埋设件防水构造必须符合设计要求。

检验方法：观察检查和检查隐蔽工程验收记录。

Ⅱ 一 般 项 目

5.5.3 埋设件应位置准确，固定牢靠；埋设件应进行防腐处理。

检验方法：观察、尺量和手扳检查。

5.5.4 埋设件端部或预留孔、槽底部的混凝土厚度不得小于 250mm；当混凝土厚度小于

250mm 时，应局部加厚或采取其他防水措施。

检验方法：尺量检查和检查隐蔽工程验收记录。

5.5.5 结构迎水面的埋设件周围应预留凹槽，凹槽内应用密封材料填实。

检验方法：观察检查和检查隐蔽工程验收记录。

5.5.6 用于固定模板的螺栓必须穿过混凝土结构时，可采用工具式螺栓或螺栓加堵头，螺栓上应加焊止水环。拆模后留下的凹槽应用密封材料封堵密实，并用聚合物水泥砂浆抹平。

检验方法：观察检查和检查隐蔽工程验收记录。

5.5.7 预留孔、槽内的防水层应与主体防水层保持连续。

检验方法：观察检查和检查隐蔽工程验收记录。

5.5.8 密封材料嵌填应密实、连续、饱满，粘结牢固。

检验方法：观察检查和检查隐蔽工程验收记录。

5.6 预留通道接头

Ⅰ 主 控 项 目

5.6.1 预留通道接头用中埋式止水带、遇水膨胀止水条或止水胶、预埋注浆管、密封材料和可卸式止水带必须符合设计要求。

检验方法：检查产品合格证、产品性能检测报告、材料进场检验报告。

5.6.2 预留通道接头防水构造必须符合设计要求。

检验方法：观察检查和检查隐蔽工程验收记录。

5.6.3 中埋式止水带埋设位置应准确，其中间空心圆环与通道接头中心线应重合。

检验方法：观察检查和检查隐蔽工程验收记录。

Ⅱ 一 般 项 目

5.6.4 预留通道先浇混凝土结构、中埋式止水带和预埋件应及时保护，预埋件应进行防锈处理。

检验方法：观察检查。

5.6.5 遇水膨胀止水条的施工应符合本规范 5.1.8 的规定，遇水膨胀止水胶的施工应符合本规范 5.1.9 的规定；预埋注浆管的施工应符合本规范 5.1.10 的规定。

检验方法：观察检查和检查隐蔽工程验收记录。

5.6.6 密封材料嵌填应密实、连续、饱满，粘结牢固。

检验方法：观察检查和检查隐蔽工程验收记录。

5.6.7 用膨胀螺栓固定可卸式止水带时，止水带与紧固件压块以及止水带与基面之间应结合紧密。采用金属膨胀螺栓时，应选用不锈钢材料或进行防锈处理。

检验方法：观察检查和检查隐蔽工程验收记录。

5.6.8 预留通道接头外部应设保护墙。

检验方法：观察检查和检查隐蔽工程验收记录。

5.7 桩　头

Ⅰ 主 控 项 目

5.7.1 桩头用聚合物水泥防水砂浆、水泥基渗透结晶型防水涂料、遇水膨胀止水条或止水胶和密封材料必须符合设计要求。

检验方法：检查产品合格证、产品性能检测报告和材料进场检验报告。

5.7.2 桩头防水构造必须符合设计要求。

检验方法：观察检查和检查隐蔽工程验收记录。

5.7.3 桩头混凝土应密实，如发现渗漏水应及时采取封堵措施。

检验方法：观察检查和检查隐蔽工程验收记录。

Ⅱ 一 般 项 目

5.7.4 桩头顶面和侧面裸露处应涂刷水泥基渗透结晶型防水涂料，并延伸到结构底板垫层 150mm 处；桩头四周 300mm 范围内应抹聚合物水泥防水砂浆过渡层。

检验方法：观察检查和检查隐蔽工程验收记录。

5.7.5 结构底板防水层应做在聚合物水泥防水砂浆过渡层上并延伸至桩头侧壁，其与桩头侧壁接缝处应采用密封材料嵌填。

检验方法：观察检查和检查隐蔽工程验收记录。

5.7.6 桩头的受力钢筋根部应采用遇水膨胀止水条或止水胶，并应采取保护措施。

检验方法：观察检查和检查隐蔽工程验收记录。

5.7.7 遇水膨胀止水条的施工应符合本规范 5.1.8 的规定，遇水膨胀止水胶的施工应符合本规范 5.1.9 的规定。

检验方法：观察检查和检查隐蔽工程验收记录。

5.7.8 密封材料嵌填应密实、连续、饱满，粘结牢固。

检验方法：观察检查和检查隐蔽工程验收记录。

5.8 孔　口

Ⅰ 主 控 项 目

5.8.1 孔口用防水卷材、防水涂料和密封材料必须符合设计要求。

检验方法：检查产品合格证、产品性能检测报告、材料进场检验报告。

5.8.2 孔口防水构造必须符合设计要求。

检验方法：观察检查和检查隐蔽工程验收记录。

Ⅱ 一 般 项 目

5.8.3 人员出入口应高出地面不小于 500mm；汽车出入口设置明沟排水时，其高出地面宜为 150mm，并应采取防雨措施。

检验方法：观察和尺量检查。

5.8.4 窗井的底部在最高地下水位以上时，窗井的墙体和底板应做防水处理，并宜与主体结构断开。窗台下部的墙体和底板应做防水层。

　　检验方法：观察检查和检查隐蔽工程验收记录。

5.8.5 窗井或窗井的一部分在最高地下水位以下时，窗井应与主体结构连成整体，其防水层也应连成整体，并应在窗井内设置集水井。窗台下部的墙体和底板应做防水层。

　　检验方法：观察检查和检查隐蔽工程验收记录。

5.8.6 窗井内的底板应低于窗下缘 300mm。窗井墙高出室外地面不得小于 500mm；窗井外地面应做散水，散水与墙面间应采用密封材料嵌填。

　　检验方法：观察检查和尺量检查。

5.8.7 密封材料嵌填应密实、连续、饱满，粘结牢固。

　　检验方法：观察检查和检查隐蔽工程验收记录。

5.9　坑、池

Ⅰ　主 控 项 目

5.9.1 坑、池防水混凝土的原材料、配合比及坍落度必须符合设计要求。

　　检验方法：检查产品合格证、产品性能检测报告、计量措施和材料进场检验报告。

5.9.2 坑、池防水构造必须符合设计要求。

　　检验方法：观察检查和检查隐蔽工程验收记录。

5.9.3 坑、池、储水库内部防水层完成后，应进行蓄水试验。

　　检验方法：观察检查和检查蓄水试验记录。

Ⅱ　一 般 项 目

5.9.4 坑、池、储水库宜采用防水混凝土整体浇筑，混凝土表面应坚实、平整，不得有露筋、蜂窝和裂缝等缺陷。

　　检验方法：观察检查和检查隐蔽工程验收记录。

5.9.5 坑、池底板的混凝土厚度不应小于 250mm；当底板的厚度小于 250mm 时，应采取局部加厚措施，并应使防水层保持连续。

　　检验方法：观察检查和检查隐蔽工程验收记录。

5.9.6 坑、池施工完后，应及时遮盖和防止杂物堵塞。

　　检验方法：观察检查。

6　特殊施工法结构防水工程

6.1　锚 喷 支 护

6.1.1 锚喷支护适用于暗挖法地下工程的支护结构及复合式衬砌的初期支护。

6.1.2 喷射混凝土施工前，应根据围岩裂隙及渗漏水的情况，预先采用引排或注浆堵水。

6.1.3 喷射混凝土所用原材料应符合下列规定：

1 选用普通硅酸盐水泥或硅酸盐水泥；

2 中砂或粗砂的细度模数宜大于2.5，含泥量不应大于3.0%。干法喷射时，含水率宜为5%～7%；

3 采用卵石或碎石，粒径不应大于15mm，含泥量不应大于1.0%；使用碱性速凝剂时，不得使用含有活性二氧化硅的石料；

4 不含有害物质的洁净水；

5 速凝剂的初凝时间不应大于5min，终凝时间不应大于10min。

6.1.4 混合料必须计量准确，搅拌均匀，并应符合下列规定：

1 水泥与砂石质量比宜为1∶4～1∶4.5，砂率宜为45%～55%，水胶比不得大于0.45，外加剂和外掺料的掺量应通过试验确定；

2 水泥和速凝剂称量允许偏差均为±2%，砂、石称量允许偏差均为±3%；

3 混合料在运输和存放过程中严防受潮，存放时间不应超过2h；当掺入速凝剂时，存放时间不应超过20min。

6.1.5 喷射混凝土终凝2h后应采取喷水养护，养护时间不得少于14d；当气温低于5℃时，不得喷水养护。

6.1.6 喷射混凝土试件制作组数应符合下列规定：

1 地下铁道工程应按区间或小于区间断面的结构，每20延米拱和墙各取抗压试件一组；车站取抗压试件两组。其他工程应按每喷射50m³同一配合比的混合料或混合料小于50m³的独立工程取抗压试件一组。

2 地下铁道工程应按区间结构每40延米取抗渗试件一组；车站每20延米取抗渗试件一组。其他工程当设计有抗渗要求时，可增做抗渗性能试验。

6.1.7 锚杆必须进行抗拔力试验。同一批锚杆每100根应取一组试件，每组3根，不足100根也取3根。同一批试件抗拔力平均值不应小于设计锚固力，且同一批试件抗拔力的最小值不应小于设计锚固力的90%。

6.1.8 锚喷支护分项工程检验批的抽样检验数量，应按区间或小于区间断面的结构每20延米抽查1处，车站每10延米抽查1处，每处10m²，且不得少于3处。

Ⅰ 主 控 项 目

6.1.9 喷射混凝土所用原材料、混合料配合比及钢筋网、锚杆、钢拱架等必须符合设计要求。

检验方法：检查产品合格证、产品性能检测报告、计量措施和材料进场检验报告。

6.1.10 喷射混凝土抗压强度、抗渗性能和锚杆抗拔力必须符合设计要求。

检验方法：检查混凝土抗压强度、抗渗性能检验报告和锚杆抗拔力检验报告。

6.1.11 锚喷支护的渗漏水量必须符合设计要求。

检验方法：观察检查和检查渗漏水检测记录。

Ⅱ 一 般 项 目

6.1.12 喷层与围岩以及喷层之间应粘结紧密，不得有空鼓现象。

检验方法：用小锤敲击检查

6.1.13 喷层厚度有 60％以上检查点不应小于设计厚度，最小厚度不得小于设计厚度的 50％，且平均厚度不得小于设计厚度。

检验方法：用针探法或凿孔法检查。

6.1.14 喷射混凝土应密实、平整，无裂缝、脱落、漏喷、露筋。

检验方法：观察检查。

6.1.15 喷射混凝土表面平整度 D/L 不得大于 1/6。

检验方法：尺量检查。

6.2 地 下 连 续 墙

6.2.1 地下连续墙适用于地下工程的主体结构、支护结构以及复合式衬砌的初期支护。

6.2.2 地下连续墙应采用防水混凝土。胶凝材料用量不应小于 $400kg/m^3$，水胶比不得大于 0.55，坍落度不得小于 180mm。

6.2.3 地下连续墙施工时，混凝土应按每一个单元槽段留置一组抗压试件，每 5 个槽段留置一组抗渗试件。

6.2.4 叠合式侧墙的地下连续墙与内衬结构连接处，应凿毛并清洗干净，必要时应作特殊防水处理。

6.2.5 地下连续墙应根据工程要求和施工条件减少槽段数量；地下连续墙槽段接缝应避开拐角部位。

6.2.6 地下连续墙如有裂缝、孔洞、露筋等缺陷，应采用聚合物水泥砂浆修补；地下连续墙槽段接缝如有渗漏，应采用引排或注浆封堵。

6.2.7 地下连续墙分项工程检验批的抽样检验数量，应按每连续 5 个槽段抽查 1 个槽段，且不得少于 3 个槽段。

Ⅰ 主 控 项 目

6.2.8 防水混凝土所用原材料、配合比及坍落度必须符合设计要求。

检验方法：检查产品合格证、产品性能检测报告、计量措施和材料进场检验报告。

6.2.9 防水混凝土抗压强度和抗渗性能必须符合设计要求。

检验方法：检查混凝土的抗压强度、抗渗性能检验报告。

6.2.10 地下连续墙的渗漏水量必须符合设计要求。

检验方法：观察检查和检查渗漏水检测记录。

Ⅱ 一 般 项 目

6.2.11 地下连续墙的槽段接缝构造应符合设计要求。

检验方法：观察检查和检查隐蔽工程验收记录。

6.2.12 地下连续墙墙面不得有露筋、露石和夹泥现象。

检验方法：观察检查。

6.2.13 地下连续墙墙体表面平整度，临时支护墙体允许偏差为 50mm，单一或复合墙体允许偏差为 30mm。

检验方法：尺量检查。

6.3 盾 构 隧 道

6.3.1 盾构隧道适用于在软土和软岩土中采用盾构掘进和拼装管片方法修建的衬砌结构。

6.3.2 盾构隧道衬砌防水措施应按表6.3.2选用。

表6.3.2 盾构隧道衬砌防水措施

防水措施		高精度管片	接缝防水				混凝土内衬或其他内衬	外防水涂料
			密封垫	嵌缝材料	密封剂	螺孔密封圈		
防水等级	一级	必选	必选	全隧道或部分区段应选	可选	必选	宜选	对混凝土有中等以上腐蚀的地层应选，在非腐蚀地层宜选
	二级	必选	必选	部分区段宜选	可选	必选	局部宜选	对混凝土有中等以上腐蚀的地层宜选
	三级	应选	必选	部分区段宜选	—	应选	—	对混凝土有中等以上腐蚀的地层宜选
	四级	可选	宜选	可选	—	—	—	—

6.3.3 钢筋混凝土管片的质量应符合下列规定：

1 管片混凝土抗压强度和抗渗压力以及混凝土氯离子扩散系数均应符合设计要求；

2 管片不应有露筋、孔洞、疏松、夹渣、有害裂缝、缺棱掉角、飞边等缺陷；

3 单块管片制作尺寸允许偏差应符合表6.3.3的规定。

表6.3.3 单块管片制作尺寸允许偏差

项　目	允许偏差（mm）
宽　度	±1
弧长、弦长	±1
厚　度	+3，−1

6.3.4 钢筋混凝土管片抗压和抗渗试件制作应符合下列规定：

1 直径8m以下隧道，同一配合比按每生产10环制作抗压试件一组，每生产30环制作抗渗试件一组；

2 直径8m以上隧道，同一配合比按每工作台班制作抗压试件一组，每生产10环制作抗渗试件一组。

6.3.5 钢筋混凝土管片的单块抗渗检漏应符合下列规定：

1 检验数量：管片每生产100环应抽查1块管片进行检漏测试，连续3次达到检测标准，则改为每生产200环抽查1块管片，再连续3次达到检测标准，按最终检测频率为400环抽查1块管片进行检漏测试。如出现一次不达标，则恢复每100环抽查1块管片的最初检测频率，再按上述要求进行抽检。当检漏频率为每100环抽查1块时，如出现不达标，则双倍复检，如再出现不达标，必须逐块检测。

2 检验方法：管片外表在0.8MPa水压下，恒压3h，渗水进入管片外背高度不得超过50mm。按设计抗渗压力保持时间不小于3h，渗水深度不超过管片厚度50mm为合格。

6.3.6 盾构隧道衬砌的管片密封垫防水应符合下列规定：

1 密封垫沟槽表面应干燥、无灰尘，雨天不得进行密封垫粘贴施工；

2 密封垫应与沟槽紧密贴合，不得有起鼓、超长和缺口现象；

3 密封垫粘贴完毕并达到规定强度后，方可进行管片拼装；

4 采用遇水膨胀橡胶密封垫时，非粘贴面应涂刷缓膨胀剂或采取符合缓膨胀的措施。

6.3.7 盾构隧道衬砌的管片嵌缝材料防水应符合下列规定：

1 根据盾构施工方法和隧道的稳定性，确定嵌缝作业开始的时间；

2 嵌缝槽如有缺损，应采用与管片混凝土强度等级相同的聚合物水泥砂浆修补；

3 嵌缝槽表面应坚实、平整、洁净、干燥；

4 嵌缝作业应在无明显渗水后进行；

5 嵌填材料施工时，应先刷涂基层处理剂，嵌填应密实、平整。

6.3.8 盾构隧道衬砌的管片密封剂防水应符合下列规定：

1 接缝管片渗漏时，应采用密封剂堵漏；

2 密封剂注入口应无缺损，注入通道应通畅；

3 密封剂材料注入施工前，应采取控制注入范围的措施。

6.3.9 盾构隧道衬砌的管片螺孔密封圈防水应符合下列规定：

1 螺栓拧紧前，应确保螺栓孔密封圈定位准确，并与螺栓孔沟槽相贴合；

2 螺栓孔渗漏时，应采取封堵措施；

3 不得使用已破损或提前膨胀的密封圈。

6.3.10 盾构隧道分项工程检验批的抽样检验数量，应按每连续 5 环抽查 1 环，且不得少于 3 环。

Ⅰ 主 控 项 目

6.3.11 盾构隧道衬砌所用防水材料必须符合设计要求。

检验方法：检查产品合格证、产品性能检测报告和材料进场检验报告。

6.3.12 钢筋混凝土管片的抗压强度和抗渗性能必须符合设计要求。

检验方法：检查混凝土抗压强度、抗渗性能检验报告和管片单块检漏测试报告。

6.3.13 盾构隧道衬砌的渗漏水量必须符合设计要求。

检验方法：观察检查和检查渗漏水检测记录。

Ⅱ 一 般 项 目

6.3.14 管片接缝密封垫及其沟槽的断面尺寸应符合设计要求。

检验方法：观察检查和检查隐蔽工程验收记录。

6.3.15 密封垫在沟槽内应套箍和粘贴牢固，不得歪斜、扭曲。

检验方法：观察检查。

6.3.16 管片嵌缝槽的深宽比及断面构造形式、尺寸应符合设计要求。

检验方法：观察检查和检查隐蔽工程验收记录。

6.3.17 嵌缝材料嵌填应密实、连续、饱满，表面平整，密贴牢固。

检验方法：观察检查。

6.3.18 管片的环向及纵向螺栓应全部穿进并拧紧；衬砌内表面的外露铁件防腐处理应符合设计要求。

检验方法：观察检查。

6.4 沉 井

6.4.1 沉井适用于下沉施工的地下建筑物或构筑物。

6.4.2 沉井结构应采用防水混凝土浇筑。沉井分段制作时，施工缝的防水措施应符合本规范5.1的有关规定；固定模板的螺栓穿过混凝土井壁时，螺栓部位的防水处理应符合本规范5.5.6的规定。

6.4.3 沉井干封底施工应符合下列规定：

1 沉井基底土面应全部挖至设计标高，待其下沉稳定后再将井内积水排干；

2 清除浮土杂物，底板与井壁连接部位应凿毛、清洗干净或涂刷混凝土界面处理剂，及时浇筑防水混凝土封底；

3 在软土中封底时，宜分格逐段对称进行；

4 封底混凝土施工过程中，应从底板上的集水井中不间断地抽水；

5 封底混凝土达到设计强度后方可停止抽水。集水井的封堵应采用微膨胀混凝土填充捣实，并用法兰、焊接钢板等方法封平。

6.4.4 沉井水下封底施工应符合下列规定：

1 井底应将浮泥清除干净，并铺碎石垫层；

2 底板与井壁连接部位应冲刷干净；

3 封底宜采用水下不分散混凝土，其坍落度宜为180～220mm；

4 封底混凝土应在沉井全部底面积上连续均匀浇筑；

5 封底混凝土达到设计强度后，方可从井内抽水，并应检查封底质量。

6.4.5 防水混凝土底板应连续浇筑，不得留设施工缝；底板与井壁接缝处的防水处理应符合本规范5.1的有关规定。

6.4.6 沉井分项工程检验批的抽样检验数量，应按混凝土外露面积每100m² 抽查1处，每处10m²，且不得少于3处。

Ⅰ 主 控 项 目

6.4.7 沉井混凝土的原材料、配合比及坍落度必须符合设计要求。

检验方法：检查产品合格证、产品性能检测报告、计量措施和材料进场检验报告。

6.4.8 沉井混凝土的抗压强度和抗渗性能必须符合设计要求。

检验方法：检查混凝土抗压强度、抗渗性能试验报告。

6.4.9 沉井的渗漏水量必须符合设计要求。

检验方法：观察检查和检查渗漏水检测记录。

Ⅱ 一 般 项 目

6.4.10 沉井干封底和水下封底的施工应符合本规范6.4.3和6.4.4的规定。

检验方法：观察检查和检查隐蔽工程验收记录。

6.4.11 沉井底板与井壁接缝处的防水处理应符合设计要求。

检验方法：观察检查和检查隐蔽工程验收记录。

6.5 逆 筑 结 构

6.5.1 逆筑结构适用于地下连续墙为主体结构或地下连续墙与内衬构成复合式衬砌进行逆筑法施工的地下工程。

6.5.2 地下连续墙为主体结构逆筑法施工应符合下列规定：

1 地下连续墙墙面应凿毛、清洗干净，并宜做水泥砂浆防水层；

2 地下连续墙与顶板、中楼板、底板接缝部位应凿毛处理，施工缝的施工应符合本规范5.1的有关规定；

3 钢筋接驳器处宜涂刷水泥基渗透结晶型防水涂料。

6.5.3 地下连续墙与内衬构成复合式衬砌逆筑法施工除应符合6.5.2的规定外，尚应符合下列规定：

1 顶板及中楼板下部500mm内衬墙应同时浇筑，内衬墙下部应做成斜坡形；斜坡形下部应预留300～500mm空间，并应待下部先浇混凝土施工14d后再行浇筑。

2 浇筑混凝土前，内衬墙的接缝面应凿毛、清洗干净，并应设置遇水膨胀止水条或止水胶和预埋注浆管。

3 内衬墙的后浇筑混凝土应采用补偿收缩混凝土，浇筑口宜高于斜坡顶端200mm以上。

6.5.4 内衬墙垂直施工缝应与地下连续墙的槽段接缝相互错开2.0～3.0m。

6.5.5 底板混凝土应连续浇筑，不宜留设施工缝；底板与桩头接缝部位的防水处理应符合本规范5.7的有关规定。

6.5.6 底板混凝土达到设计强度后方可停止降水，并应将降水井封堵密实。

6.5.7 逆筑结构分项工程检验批的抽样检验数量，应按混凝土外露面积每100m²抽查1处，每处10m²，且不得少于3处。

Ⅰ 主 控 项 目

6.5.8 补偿收缩混凝土的原材料、配合比及坍落度必须符合设计要求。

检验方法：检查产品合格证、产品性能检测报告、计量措施和材料进场检验报告。

6.5.9 内衬墙接缝用遇水膨胀止水条或止水胶和预埋注浆管必须符合设计要求。

检验方法：检查产品合格证、产品性能检测报告和材料进场检验报告。

6.5.10 逆筑结构的渗漏水量必须符合设计要求。

检验方法：观察检查和检查渗漏水检测记录。

Ⅱ 一 般 项 目

6.5.11 逆筑结构的施工应符合本规范6.5.2和6.5.3的规定。

检验方法：观察检查和检查隐蔽工程验收记录。

6.5.12 遇水膨胀止水条的施工应符合本规范5.1.8的规定；遇水膨胀止水胶的施工应符合本规范5.1.9的规定；预埋注浆管的施工应符合本规范5.1.10的规定。

检验方法：观察检查和检查隐蔽工程验收记录。

7 排 水 工 程

7.1 渗排水、盲沟排水

7.1.1 渗排水适用于无自流排水条件、防水要求较高且有抗浮要求的地下工程。盲沟排水适用于地基为弱透水性土层、地下水量不大或排水面积较小，地下水位在结构底板以下或在丰水期地下水位高于结构底板的地下工程。

7.1.2 渗排水应符合下列规定：

    1 渗排水层用砂、石应洁净，含泥量不应大于 2.0%；

    2 粗砂过滤层总厚度宜为 300mm，如较厚时应分层铺填。过滤层与基坑土层接触处，应采用厚度为 100~150mm、粒径为 5~10mm 的石子铺填；

    3 集水管应设置在粗砂过滤层下部，坡度不宜小于 1%，且不得有倒坡现象。集水管之间的距离宜为 5m~10m，并与集水井相通；

    4 工程底板与渗排水层之间应做隔浆层，建筑周围的渗排水层顶面应做散水坡。

7.1.3 盲沟排水应符合下列规定：

    1 盲沟成型尺寸和坡度应符合设计要求；

    2 盲沟的类型及盲沟与基础的距离应符合设计要求；

    3 盲沟用砂、石应洁净，含泥量不应大于 2.0%；

    4 盲沟反滤层的层次和粒径组成应符合表 7.1.3 的规定；

表 7.1.3 盲沟反滤层的层次和粒径组成

反滤层的层次	建筑物地区地层为砂性土时（塑性指数 $I_P<3$）	建筑地区地层为黏性土时（塑性指数 $I_P>3$）
第一层（贴天然土）	用 1~3mm 粒径砂子组成	用 2~5mm 粒径砂子组成
第二层	用 3~10mm 粒径小卵石组成	用 5~10mm 粒径小卵石组成

    5 盲沟在转弯处和高低处应设置检查井，出水口处应设置滤水箅子。

7.1.4 渗排水、盲沟排水均应在地基工程验收合格后进行施工。

7.1.5 集水管宜采用无砂混凝土管、硬质塑料管或软式透水管。

7.1.6 渗排水、盲沟排水分项工程检验批的抽样检验数量，应按 10% 抽查，其中按两轴线间或 10 延米为 1 处，且不得少于 3 处。

Ⅰ 主 控 项 目

7.1.7 盲沟反滤层的层次和粒径组成必须符合设计要求。

    检验方法：检查砂、石试验报告和隐蔽工程验收记录。

7.1.8 集水管的埋置深度和坡度必须符合设计要求。

    检验方法：观察和尺量检查。

7.1.9 渗排水构造应符合设计要求。

检验方法：观察检查和检查隐蔽工程验收记录。

7.1.10 渗排水层的铺设应分层、铺平、拍实。

检验方法：观察检查和检查隐蔽工程验收记录。

7.1.11 盲沟排水构造应符合设计要求。

检验方法：观察检查和检查隐蔽工程验收记录。

7.1.12 集水管采用平接式或承插式接口应连接牢固，不得扭曲变形和错位。

检验方法：观察检查。

7.2 隧道排水、坑道排水

7.2.1 隧道排水、坑道排水适用于贴壁式、复合式、离壁式衬砌。

7.2.2 隧道或坑道内如设置排水泵房时，主排水泵站和辅助排水泵站、集水池的有效容积应符合设计要求。

7.2.3 主排水泵站、辅助排水泵站和污水泵房的废水及污水，应分别排入城市雨水和污水管道系统。污水的排放尚应符合国家现行有关标准的规定。

7.2.4 坑道排水应符合有关特殊功能设计的要求。

7.2.5 隧道贴壁式、复合式衬砌围岩疏导排水应符合下列规定：

1 集中地下水出露处，宜在衬砌背后设置盲沟、盲管或钻孔等引排措施。

2 水量较大、出水面广时，衬砌背后应设置环向、纵向盲沟组成排水系统，将水集排至排水沟内。

3 当地下水丰富、含水层明显且有补给来源时，可采用辅助坑道或泄水洞等截、排水设施。

7.2.6 盲沟中心宜采用无砂混凝土管或硬质塑料管，其管周围应设置反滤层；盲管应采用软式透水管。

7.2.7 排水明沟的纵向坡度应与隧道或坑道坡度一致，排水明沟应设置盖板和检查井。

7.2.8 隧道离壁式衬砌侧墙外排水沟应做成明沟，其纵向坡度不应小于0.5%。

7.2.9 隧道排水、坑道排水分项工程检验批的抽样检验数量，应按10%抽查，其中按两轴线间或每10延米为1处，且不得少于3处。

Ⅰ 主 控 项 目

7.2.10 盲沟反滤层的层次和粒径组成必须符合设计要求。

检验方法：检查砂、石试验报告。

7.2.11 无砂混凝土管、硬质塑料管或软式透水管必须符合设计要求。

检验方法：检查产品合格证和产品性能检测报告。

7.2.12 隧道、坑道排水系统必须通畅。

检验方法：观察检查。

7.2.13 盲沟、盲管及横向导水管的管径、间距、坡度均应符合设计要求。

检验方法：观察和尺量检查。

7.2.14 隧道或坑道内排水明沟及离壁式衬砌外排水沟，其断面尺寸及坡度应符合设计要求。

检验方法：观察和尺量检查。

7.2.15 盲管应与岩壁或初期支护密贴，并应固定牢固；环向、纵向盲管接头宜与盲管相配套。

检验方法：观察检查。

7.2.16 贴壁式、复合式衬砌的盲沟与混凝土衬砌接触部位应做隔浆层。

检验方法：观察检查和检查隐蔽工程验收记录。

7.3 塑料排水板排水

7.3.1 塑料排水板适用于无自流排水条件且防水要求较高的地下工程，以及地下工程种植顶板排水。

7.3.2 塑料排水板应选用抗压强度大且耐久性好的凸凹型排水板、网状交织排水板。

7.3.3 塑料排水板排水构造应符合设计要求，并宜符合以下工艺流程：

1 室内底板排水按混凝土底板→铺设塑料排水板（支点向下）→混凝土垫层→配筋混凝土面层等顺序进行。

2 室内侧墙排水按混凝土侧墙→粘贴塑料排水板（支点向墙面）→钢丝网固定→水泥砂浆面层等顺序进行。

3 种植顶板排水按混凝土顶板→找坡层→防水层→混凝土保护层→铺设塑料排水板（支点向上）→铺设土工布→覆土等顺序进行。

4 隧道或坑道排水按初期支护→铺设土工布→铺设塑料排水板（支点向初期支护）→二次衬砌结构等顺序进行。

7.3.4 铺设塑料排水板应采用搭接法施工，长短边搭接宽度均不应小于100mm。塑料排水板的接缝处宜采用配套胶粘剂粘结或热熔焊接。

7.3.5 地下工程种植顶板种植土若低于周边土体时，塑料排水板排水层必须结合排水沟或盲沟分区设置，并保证排水畅通。

7.3.6 塑料排水板应与土工布复合使用。土工布宜采用$200\sim400g/m^2$的聚酯无纺布。土工布应铺设在塑料排水板的凸面上，相邻土工布搭接宽度不应小于200mm，搭接部位应采用粘合或缝合。

7.3.7 塑料排水板排水分项工程检验批的抽样检验数量，应按铺设面积每$100m^2$抽查1处，每处$10m^2$，且不得少于3处。

Ⅰ 主 控 项 目

7.3.8 塑料排水板和土工布必须符合设计要求。

检验方法：检查产品合格证、产品性能检测报告。

7.3.9 塑料排水板排水层必须与排水系统连通，不得有堵塞现象。

检验方法：观察检查。

7.3.10 塑料排水板排水层构造做法应符合本规范 7.3.3 的规定。

检验方法：观察检查和检查隐蔽工程验收记录。

7.3.11 塑料排水板的搭接宽度和搭接方法应符合本规范 7.3.4 的规定。

检验方法：观察和尺量检查。

7.3.12 土工布铺设应平整、无皱折；土工布的搭接宽度和搭接方法应符合本规范 7.3.6 的规定。

检验方法：观察和尺量检查。

8 注 浆 工 程

8.1 预注浆、后注浆

8.1.1 预注浆适用于工程开挖前预计涌水量较大的地段或软弱地层；后注浆适用于工程开挖后处理围岩渗漏及初期壁后孔隙回填。

8.1.2 注浆材料应符合下列规定：

1 具有较好的可注性；

2 具有固结体收缩小，良好的粘结性、抗渗性、耐久性和化学稳定性；

3 低毒并对环境污染小；

4 注浆工艺简单，施工操作方便，安全可靠。

8.1.3 在砂卵石层中宜采用渗透注浆法；在黏土层中宜采用劈裂注浆法；在淤泥质软土中宜采用高压喷射注浆法。

8.1.4 注浆浆液应符合下列规定：

1 预注浆宜采用水泥浆液、黏土水泥浆液或化学浆液；

2 后注浆宜采用水泥浆液、水泥砂浆或掺有石灰、黏土膨润土、粉煤灰的水泥浆液；

3 注浆浆液配合比应经现场试验确定。

8.1.5 注浆过程控制应符合下列规定：

1 根据工程地质条件、注浆目的等控制注浆压力和注浆量；

2 回填注浆应在衬砌混凝土达到设计强度的 70% 后进行，衬砌后围岩注浆应在充填注浆固结体达到设计强度的 70% 后进行；

3 浆液不得溢出地面和超出有效注浆范围，地面注浆结束后注浆孔应封填密实；

4 注浆范围和建筑物的水平距离很近时，应加强对临近建筑物和地下埋设物的现场监控；

5 注浆点距离饮用水源或公共水域较近时，注浆施工如有污染应及时采取相应措施。

8.1.6 预注浆、后注浆分项工程检验批的抽样检验数量，应按加固或堵漏面积每 100m² 抽查 1 处，每处 10m²，且不得少于 3 处。

8.1.7 配制浆液的原材料及配合比必须符合设计要求。

  检验方法：检查产品合格证、产品性能检测报告、计量措施和材料进场检验报告。

8.1.8 预注浆及后注浆的注浆效果必须符合设计要求。

  检验方法：采取钻孔取芯法检查；必要时采取压水或抽水试验方法检查。

8.1.9 注浆孔的数量、布置间距、钻孔深度及角度应符合设计要求。

  检验方法：尺量检查和检查隐蔽工程验收记录。

8.1.10 注浆各阶段的控制压力和注浆要求应符合设计要求。

  检验方法：观察检查和检查隐蔽工程验收记录。

8.1.11 注浆时浆液不得溢出地面和超出有效注浆范围。

  检验方法：观察检查。

8.1.12 注浆对地面产生的沉降量不得超过 30mm，地面的隆起不得超过 20mm。

  检验方法：用水准仪测量。

8.2 结 构 裂 缝 注 浆

8.2.1 结构裂缝注浆适用于宽度大于 0.2mm 的静止裂缝、贯穿性裂缝等堵水注浆。

8.2.2 裂缝注浆应待结构基本稳定和混凝土达到设计强度后进行。

8.2.3 结构裂缝堵水注浆宜选用聚氨酯、丙烯酸盐等化学浆液；补强加固的结构裂缝注浆宜选用改性环氧树脂、超细水泥等浆液。

8.2.4 结构裂缝注浆应符合下列规定：

  1 施工前，应沿缝清除基面上油污杂质；

  2 浅裂缝应骑缝粘埋注浆嘴，必要时沿缝开凿"U"形槽并用速凝水泥砂浆封缝；

  3 深裂缝应骑缝钻孔或斜向钻孔至裂缝深部，孔内安设注浆管或注浆嘴，间距应根据裂缝宽度而定，但每条裂缝至少有一个进浆孔和一个排气孔；

  4 注浆嘴及注浆管应设在裂缝的交叉处、较宽处及贯穿处等部位。对封缝的密封效果应进行检查；

  5 注浆后待缝内浆液固化后，方可拆下注浆嘴并进行封口抹平。

8.2.5 结构裂缝注浆分项工程检验批的抽样检验数量，应按裂缝的条数抽查 10%，每条裂缝检查 1 处，且不得少于 3 处。

8.2.6 注浆材料及其配合比必须符合设计要求。

  检验方法：检查产品合格证、产品性能检测报告、计量措施和材料进场检验报告。

8.2.7 结构裂缝注浆的注浆效果必须符合设计要求。

  检验方法：观察检查和压水或压气检查；必要时钻取芯样采取劈裂抗拉强度试验方法检查。

8.2.8 注浆孔的数量、布置间距、钻孔深度及角度应符合设计要求。

检验方法：尺量检查和检查隐蔽工程验收记录。

8.2.9 注浆各阶段的控制压力和注浆要求应符合设计要求。

检验方法：观察检查和检查隐蔽工程验收记录。

9 子分部工程质量验收

9.0.1 地下防水工程质量验收的程序和组织，应符合现行国家标准《建筑工程施工质量验收统一标准》GB 50300 的规定。

9.0.2 检验批的合格判定应符合下列规定：

    1 主控项目的质量经抽样检验全部合格；

    2 一般项目的质量经抽样检验 80% 以上检测点合格，其余不得有影响使用功能的缺陷。对有允许偏差的检验项目，其最大偏差不得超过本规范规定允许偏差的 1.5 倍；

    3 施工具有明确的操作依据和完整的质量检查记录。

9.0.3 分项工程质量验收合格应符合下列规定：

    1 分项工程所含检验批的质量均应验收合格；

    2 分项工程所含检验批的质量验收记录应完整。

9.0.4 子分部工程质量验收合格应符合下列规定：

    1 子分部所含分项工程的质量均应验收合格；

    2 质量控制资料应完整；

    3 地下工程渗漏水检测应符合设计的防水等级标准要求；

    4 观感质量验收应符合要求。

9.0.5 地下防水工程竣工和记录资料应符合表 9.0.5 的要求。

表 9.0.5 地下防水工程竣工和记录资料

序号	项 目	竣工和记录资料
1	防水设计	施工图、设计交底记录、图纸会审记录、设计变更通知单和材料代用核定单
2	资质、资格证明	施工单位资质及施工人员上岗证复印证件
3	施工方案	施工方法、技术措施、质量保证措施
4	技术交底	施工操作要求及安全等注意事项
5	材料质量证明	产品合格证、产品性能检测报告、材料进场检验报告
6	混凝土、砂浆质量证明	试配及施工配合比，混凝土抗压强度和抗渗性能检验报告
7	中间检查记录	施工质量验收记录、隐蔽工程验收记录、施工检查记录
8	检验记录	渗漏水检测记录、观感质量检查记录
9	施工日志	逐日施工情况
10	其他资料	事故处理报告、技术总结

9.0.6 地下防水工程应对下列部位做好隐蔽工程验收记录：

1 防水层的基层；

2 防水混凝土结构和防水层被掩盖的部位；

3 施工缝、变形缝、后浇带等防水构造做法；

4 管道穿过防水层的封固部位；

5 渗排水层、盲沟和坑槽；

6 结构裂缝注浆处理部位；

7 衬砌前围岩渗漏水处理部位；

8 基坑的超挖和回填。

9.0.7 地下防水工程的观感质量检查应符合下列要求：

1 防水混凝土应密实，表面应平整，不得有露筋、蜂窝等缺陷；裂缝宽度不得大于0.2mm，并不得贯通。

2 水泥砂浆防水层应密实、平整，粘结牢固，不得有空鼓、裂纹、起砂、麻面等缺陷。

3 卷材防水层接缝应粘贴牢固，封闭严密，防水层不得有损伤、空鼓、皱折等缺陷。

4 涂料防水层应与基层粘结牢固，不得有脱皮、流淌、鼓泡、露胎、皱折等缺陷。

5 塑料防水板防水层应铺设牢固、平整，搭接焊缝严密，不得有焊穿、下垂、绷紧现象。

6 金属板防水层焊缝不得有裂纹、未熔合、夹渣、焊瘤、咬边、烧穿、弧坑、针状气孔等缺陷。

7 施工缝、变形缝、后浇带、穿墙管、埋设件、预留通道接头、桩头、孔口、坑、池等防水构造应符合设计要求。

8 锚喷支护、地下连续墙、盾构隧道、沉井、逆筑结构等防水构造应符合设计要求。

9 排水系统不淤积、不堵塞，确保排水畅通。

10 结构裂缝的注浆效果应符合设计要求。

9.0.8 地下工程出现渗漏水时，应及时进行治理，达到设计的防水等级标准要求后方可验收。

9.0.9 地下防水工程验收后，应填写子分部工程质量验收记录，随同工程验收资料分别由建设单位和施工单位存档。

附录 A　地下工程用防水材料的质量指标

A.1　防水卷材（略）

A.2　防　水　涂　料

A.2.1 有机防水涂料的主要物理性能应符合表 A.2.1 的要求。

A.2.2 无机防水涂料的主要物理性能应符合表 A.2.2 的要求。

表 A.2.1 有机防水涂料的主要物理性能

项 目		指 标		
		反应型防水涂料	水乳型防水涂料	聚合物水泥防水涂料
可操作时间(min)		≥20	≥50	≥30
潮湿基面粘结强度(MPa)		≥0.5	≥0.2	≥1.0
抗渗性 (MPa)	涂膜(120min)	≥0.3	≥0.3	≥0.3
	砂浆迎水面	≥0.8	≥0.8	≥0.8
	砂浆背水面	≥0.3	≥0.3	≥0.6
浸水 168h 后拉伸强度 (MPa)		≥1.7	≥0.5	≥1.5
浸水 168h 后断裂伸长率(%)		≥400	≥350	≥80
耐水性(%)		≥80	≥80	≥80
表干(h)		≤12	≤4	≤4
实干(h)		≤24	≤12	≤12

注：1 浸水 168h 后的拉伸强度和断裂伸长率是在浸水取出后只经擦干即进行试验所得的值。
　　2 耐水性指标是指材料浸水 168h 后取出擦干即进行试验，其粘结强度及抗渗性的保持率。

表 A.2.2 无机防水涂料的主要物理性能

项 目	指 标	
	掺外加剂、掺合料水泥基防水涂料	水泥基渗透结晶型防水涂料
抗折强度(MPa)	>4	≥4
粘结强度(MPa)	>1.0	≥1.0
一次抗渗性(MPa)	>0.8	≥1.0
二次抗渗性(MPa)	—	>0.8
冻融循环(次)	>50	>50

A.3 止水密封材料

A.3.1 橡胶止水带的主要物理性能应符合表 A.3.1 的要求。

表 A.3.1 橡胶止水带的主要物理性能

项 目		指 标		
		变形缝用止水带	施工缝用止水带	有特殊耐老化要求 的接缝用止水带
硬度(邵尔 A，度)		60±5	60±5	60±5
拉伸强度(MPa)		≥15	≥12	≥10
扯断伸长率(%)		≥380	≥380	≥300
压缩永久变形 (%)	70℃×24h	≤35	≤35	≤25
	23℃×168h	≤20	≤20	≤20
撕裂强度(kN/m)		≥30	≥25	≥25
脆性温度(℃)		≤−45	≤−40	≤−40

项　目			指　标		
			变形缝用止水带	施工缝用止水带	有特殊耐老化要求的接缝用止水带
热空气老化	70℃×168h	硬度变化(邵尔 A，度)	+8	+8	—
		拉伸强度(MPa)	≥12	≥10	—
		扯断伸长率(%)	≥300	≥300	—
	100℃×168h	硬度变化(邵尔 A，度)	—	—	+8
		拉伸强度(MPa)	—	—	≥9
		扯断伸长率(%)	—	—	≥250
	橡胶与金属粘合		断面在弹性体内		

注：橡胶与金属粘合指标仅适用于具有钢边的止水带。

A.3.2 混凝土建筑接缝用密封胶的主要物理性能应符合表 A.3.2 的要求。

表 A.3.2　混凝土建筑接缝用密封胶的主要物理性能

项　目			指　标			
			25(低模量)	25(高模量)	20(低模量)	20(高模量)
流动性	下垂度(N 型)	垂直(mm)	≤3			
		水平(mm)	≤3			
	流平性(S 形)		光滑平整			
挤出性(mL/min)			≥80			
弹性恢复率(%)			≥80		≥60	
拉伸模量(MPa)	23℃		≤0.4 和	>0.4 或	≤0.4 和	>0.4 或
	−20℃		≤0.6	>0.6	≤0.6	>0.6
定伸粘结性			无破坏			
浸水后定伸粘结性			无破坏			
热压冷拉后粘结性			无破坏			
体积收缩率(%)			≤25			

注：体积收缩率仅适用于乳胶型和溶剂型产品。

A.3.3 腻子型遇水膨胀止水条的主要物理性能应符合表 A.3.3 的要求。

表 A.3.3　腻子型遇水膨胀止水条的主要物理性能

项　目	指　标
硬度(C 型微孔材料硬度计，度)	≤40
7d 膨胀率	≤最终膨胀率的 60%
最终膨胀率(21d，%)	≥220
耐热性(80℃×2h)	无流淌
低温柔性(−20℃×2h，绕 Φ10 圆棒)	无裂纹
耐水性(浸泡 15h)	整体膨胀无碎块

A. 3. 4 遇水膨胀止水胶的主要物理性能应符合表 A. 3. 4 的要求。

表 A. 3. 4　遇水膨胀止水胶的主要物理性能

项　　目		指　　标	
		PJ220	PJ400
固含量(%)		≥85	
密度(g/cm³)		规定值±0.1	
下垂度(mm)		≤2	
表干时间(h)		≤24	
7d 拉伸粘结强度(MPa)		≥0.4	≥0.2
低温柔性(−20℃)		无裂纹	
拉伸性能	拉伸强度(MPa)	≥0.5	
	断裂伸长率(%)	≥400	
体积膨胀倍率(%)		≥220	≥400
长期浸水体积膨胀倍率保持率(%)		≥90	
抗水压(MPa)		1.5，不渗水	2.5，不渗水

A. 3. 5 弹性橡胶密封垫材料的主要物理性能应符合表 A. 3. 5 的要求。

表 A. 3. 5　弹性橡胶密封垫材料的主要物理性能

项　　目		指　　标	
		氯丁橡胶	三元乙丙橡胶
硬度(邵尔 A，度)		45±5～60±5	55±5～70±5
伸长率(%)		≥350	≥330
拉伸强度(MPa)		≥10.5	≥9.5
热空气老化 (70℃×96h)	硬度变化值(邵尔 A，度)	≤+8	≤+6
	拉伸强度变化率(%)	≥−20	≥−15
	扯断伸长率变化率(%)	≥−30	≥−30
压缩永久变形(70℃×24h,%)		≤35	≤28
防霉等级		达到与优于 2 级	达到与优于 2 级

注：以上指标均为成品切片测试的数据，若只能以胶料制成试样测试，则其伸长率、拉伸强度的性能数据应达到
　　本规定的 120%。

A. 3. 6 遇水膨胀橡胶密封垫胶料的主要物理性能应符合表 A. 3. 6 的要求。

表 A. 3. 6　遇水膨胀橡胶密封垫胶料的主要物理性能

项　　目	指　　标		
	PZ-150	PZ-250	PZ-400
硬度(邵尔 A，度)	42±7	42±7	45±7
拉伸强度(MPa)	≥3.5	≥3.5	≥3.0
扯断伸长率(%)	≥450	≥450	≥350

续表 A.3.6

项 目		指 标		
		PZ-150	PZ-250	PZ-400
体积膨胀倍率(%)		≥150	≥250	≥400
反复浸水试验	拉伸强度(MPa)	≥3	≥3	≥2
	扯断伸长率(%)	≥350	≥350	≥250
	体积膨胀倍率(%)	≥150	≥250	≥300
低温弯折(−20℃×2h)		无裂纹		
防霉等级		达到与优于 2 级		

注：1 PZ-×××是指产品工艺为制品型，按产品在静态蒸馏水中的体积膨胀倍率（即浸泡后的试样质量与浸泡前的试样质量的比率）划分的类型。
　　2 成品切片测试应达到本指标的 80%。
　　3 接头部位的拉伸强度指标不得低于本指标的 50%。

A.4 其 他 防 水 材 料

A.4.1 防水砂浆的主要物理性能应符合表 A.4.1 的要求。

表 A.4.1 防水砂浆的主要物理性能

项 目	指 标	
	掺外加剂、掺合料的防水砂浆	聚合物水泥防水砂浆
粘结强度(MPa)	>0.6	>1.2
抗渗性(MPa)	≥0.8	≥1.5
抗折强度(MPa)	同普通砂浆	≥8.0
干缩率(%)	同普通砂浆	≤0.15
吸水率(%)	≤3	≤4
冻融循环(次)	>50	>50
耐碱性	10%NaOH 溶液浸泡 14d 无变化	—
耐水性(%)	—	≥80

注：耐水性指标是指砂浆浸水 168h 后材料的粘结强度及抗渗性的保持率。

A.4.2 塑料防水板的主要物理性能应符合表 A.4.2 的要求。

表 A.4.2 塑料防水板的主要物理性能

项 目	指 标			
	乙烯-醋酸乙烯共聚物	乙烯-沥青共混聚合物	聚氯乙烯	高密度聚乙烯
拉伸强度(MPa)	≥16	≥14	≥10	≥16
断裂延伸率(%)	≥550	≥500	≥200	≥550
不透水性(120min，MPa)	≥0.3	≥0.3	≥0.3	≥0.3
低温弯折性(℃)	−35，无裂纹	−35，无裂纹	−20，无裂纹	−35，无裂纹
热处理尺寸变化率(%)	≤2.0	≤2.5	≤2.0	≤2.0

A.4.3 膨润土防水毯的主要物理性能应符合表 A.4.3 的要求。

表 A.4.3 膨润土防水毯的主要物理性能

项 目		指 标		
		针刺法钠基膨润土防水毯	刺覆膜法钠基膨润土防水毯	胶粘法钠基膨润土防水毯
单位面积质量(干重，g/m²)		$\geqslant$4000		
膨润土膨胀指数(mL/2g)		$\geqslant$24		
拉伸强度(N/100mm)		$\geqslant$600	$\geqslant$700	$\geqslant$600
最大负荷下伸长率(%)		$\geqslant$10	$\geqslant$10	$\geqslant$8
剥离强度	非织造布-编织布(N/100mm)	$\geqslant$40	$\geqslant$40	—
	PE膜-非织造布(N/100mm)	—	$\geqslant$30	—
渗透系数(m/s)		$\leqslant$5.0×10⁻¹¹	$\leqslant$5.0×10⁻¹²	$\leqslant$1.0×10⁻¹²
滤失量(mL)		$\leqslant$18		
膨润土耐久性(mL/2g)		$\geqslant$20		

附录 B 地下工程用防水材料标准及进场抽样检验

B.0.1 地下工程用防水材料标准应按表 B.0.1 的规定选用。

表 B.0.1 地下工程用防水材料标准

类 别	标 准 名 称	标 准 号
防水卷材	1. 聚氯乙烯防水材料 2. 高分子防水材料 第1部分 片材 3. 弹性体改性沥青防水卷材 4. 改性沥青聚乙烯胎防水卷材 5. 带自粘层的防水卷材 6. 自粘聚合物改性沥青防水卷材	GB 12952 GB 18173.1 GB 18242 GB 18967 GB/T 23260 GB 23441
防水涂料	1. 聚氨酯防水涂料 2. 聚合物乳液建筑防水涂料 3. 聚合物水泥防水涂料 4. 建筑防水涂料用聚合物乳液	GB/T 19250 JC/T 864 JC/T 894 JC/T 1017
密封材料	1. 聚氨酯建筑密封胶 2. 聚硫建筑密封胶 3. 混凝土建筑接缝用密封胶 4. 丁基橡胶防水密封胶粘带	JC/T 482 JC/T 483 JC/T 881 JC/T 942
其他防水材料	1. 高分子防水材料 第2部分 止水带 2. 高分子防水材料 第3部分 遇水膨胀橡胶 3. 高分子防水卷材胶粘剂 4. 沥青基防水卷材用基层处理剂 5. 膨润土橡胶遇水膨胀止水条 6. 遇水膨胀止水胶 7. 钠基膨润土防水毯	GB 18173.2 GB 18173.3 JC 863 JC/T 1069 JG/T 141 JG/T 312 JG/T 193

类　别	标　准　名　称	标准号
刚性防水材料	1. 水泥基渗透结晶型防水材料 2. 砂浆、混凝土防水剂 3. 混凝土膨胀剂 4. 聚合物水泥防水砂浆	GB 18445 JC 474 JC 476 JC/T 984
防水材料试验方法	1. 建筑防水卷材试验方法 2. 建筑胶粘剂试验方法 3. 建筑密封材料试验方法 4. 建筑防水涂料试验方法 5. 建筑防水材料老化试验方法	GB/T 328 GB/T 12954 GB/T 13477 GB/T 16777 GB/T 18244

B.0.2 地下工程用防水材料进场抽样检验应符合表 B.0.2 的规定。

表 B.0.2　地下工程用防水材料进场抽样检验

序号	材料名称	抽样数量	外观质量检验	物理性能检验
1	高聚物改性沥青类防水卷材	大于 1000 卷抽 5 卷，每 500～1000 卷抽 4 卷，100～499 卷抽 3 卷，100 卷以下抽 2 卷，进行规格尺寸和外观质量检验。在外观质量检验合格的卷材中，任取一卷作物理性能检验	断裂、皱折、孔洞、剥离、边缘不整齐、胎体露白、未浸透，撒布材料粒度、颜色，每卷卷材的接头	可溶物含量，拉力，延伸率，低温柔度，热老化后低温柔度，不透水性
2	合成高分子类防水卷材	大于 1000 卷抽 5 卷，每 500～1000 卷抽 4 卷，100～499 卷抽 3 卷，100 卷以下抽 2 卷，进行规格尺寸和外观质量检验。在外观质量检验合格的卷材中，任取一卷作物理性能检验	折痕、杂质、胶块、凹痕，每卷卷材的接头	断裂拉伸强度，断裂伸长率，低温弯折性，不透水性，撕裂强度
3	有机防水涂料	每 5t 为一批，不足 5t 按一批抽样	均匀黏稠体，无凝胶，无结块	潮湿基面粘结强度，涂膜抗渗性，浸水 168h 后拉伸强度，浸水 168h 后断裂伸长率，耐水性
4	无机防水涂料	每 10t 为一批，不足 10t 按一批抽样	液体组分：无杂质、凝胶的均匀乳液 固体组分：无杂质、结块的粉末	抗折强度，粘结强度，抗渗性
5	膨润土防水材料	每 100 卷为一批，不足 100 卷按一批抽样；100 卷以下抽 5 卷，进行尺寸偏差和外观质量检验。在外观质量检验合格的卷材中，任取一卷作物理性能检验	表面平整、厚度均匀，无破洞、破边，无残留断针，针刺均匀	单位面积质量，膨润土膨胀指数，渗透系数、滤失量
6	混凝土建筑接缝用密封胶	每 2t 为一批，不足 2t 按一批抽样	细腻、均匀膏状物或黏稠液体，无气泡、结皮和凝胶现象	流动性、挤出性、定伸粘结性

序号	材料名称	抽样数量	外观质量检验	物理性能检验
7	橡胶止水带	每月同标记的止水带产量为一批抽样	尺寸公差；开裂，缺胶，海绵状，中心孔偏心，凹痕，气泡，杂质，明疤	拉伸强度，扯断伸长率，撕裂强度
8	腻子型遇水膨胀止水条	每5000m为一批，不足5000m按一批抽样	尺寸公差；柔软、弹性匀质，色泽均匀，无明显凹凸	硬度，7d膨胀率，最终膨胀率，耐水性
9	遇水膨胀止水胶	每5t为一批，不足5t按一批抽样	细腻、黏稠、均匀膏状物，无气泡、结皮和凝胶	表干时间，拉伸强度，体积膨胀倍率
10	弹性橡胶密封垫材料	每月同标记的密封垫材料产量为一批抽样	尺寸公差；开裂，缺胶，凹痕，气泡，杂质，明疤	硬度，伸长率，拉伸强度，压缩永久变形
11	遇水膨胀橡胶密封垫胶料	每月同标记的膨胀橡胶产量为一批抽样	尺寸公差；开裂，缺胶，凹痕，气泡，杂质，明疤	硬度，拉伸强度，扯断伸长率，体积膨胀倍率，低温弯折
12	聚合物水泥防水砂浆	每10t为一批，不足10t按一批抽样	干粉类：均匀，无结块；乳胶类：液料经搅拌后均匀无沉淀，粉料均匀、无结块	7d粘结强度，7d抗渗性，耐水性

附录 C 地下工程渗漏水调查与检测

C.1 渗 漏 水 调 查

C.1.1 明挖法地下工程应在混凝土结构和防水层验收合格以及回填土完成后，即可停止降水；待地下水位恢复至自然水位且趋向稳定时，方可进行地下工程渗漏水调查。

C.1.2 地下防水工程质量验收时，施工单位必须提供"结构内表面的渗漏水展开图"。

C.1.3 房屋建筑地下工程应调查混凝土结构内表面的侧墙和底板。地下商场、地铁车站、军事地下库等单建式地下工程，应调查混凝土结构内表面的侧墙、底板和顶板。

C.1.4 施工单位应在"结构内表面的渗漏水展开图"上标示下列内容：

1 发现的裂缝位置、宽度、长度和渗漏水现象；

2 经堵漏及补强的原渗漏水部位；

3 符合防水等级标准的渗漏水位置。

C.1.5 渗漏水现象的定义和标识符号，可按表 C.1.5 选用。

表 C.1.5 渗漏水现象的定义和标识符号

渗漏水现象	定 义	标识符号
湿渍	地下混凝土结构背水面，呈现明显色泽变化的潮湿斑	�
渗水	地下混凝土结构背水面有水渗出，墙壁上可观察到明显的流挂水迹	○
水珠	地下混凝土结构背水面的顶板或拱顶，可观察到悬垂的水珠，其滴落间隔时间超过1min	◇
滴漏	地下混凝土结构背水面的顶板或拱顶，渗漏水滴落速度至少为1滴/min	▽
线漏	地下混凝土结构背水面，呈渗漏成线或喷水状态	↓

C.1.6 "结构内表面的渗漏水展开图"应经检查、核对后，施工单位归入竣工验收资料。

C.2 渗 漏 水 检 测

C.2.1 当被验收的地下工程有结露现象时，不宜进行渗漏水检测。

C.2.2 渗漏水检测工具宜按表 C.2.2 使用。

表 C.2.2 渗漏水检测工具

名　称	用　途
0.5m 至 1m 钢直尺	量测混凝土湿渍、渗水范围
精度为 0.1mm 的钢尺	量测混凝土裂缝宽度
放大镜	观测混凝土裂缝
有刻度的塑料量筒	量测滴水量
秒表	量测渗漏水滴落速度
吸墨纸或报纸	检验湿渍与渗水
粉笔	在混凝土上用粉笔勾画湿渍、渗水范围
工作登高扶梯	顶板渗漏水、混凝土裂缝检验
带有密封缘口的规定尺寸方框	量测明显滴漏和连续渗流，根据工程需要可自行设计

C.2.3 房屋建筑地下工程渗漏水检测应符合下列要求：

1 湿渍检测时，检查人员用干手触摸湿斑，无水分浸润感觉。用吸墨纸或报纸贴附，纸不变颜色；要用粉笔勾画出湿渍范围，然后用钢尺测量并计算面积，标示在"结构内表面的渗漏水展开图"上。

2 渗水检测时，检查人员用干手触摸可感觉到水分浸润，手上会沾有水分。用吸墨纸或报纸贴附，纸会浸润变颜色；要用粉笔勾画出渗水范围，然后用钢尺测量并计算面积，标示在"结构内表面的渗漏水展开图"上。

3 通过集水井积水，检测在设定时间内的水位上升数值，计算渗漏水量。

C.2.4 隧道工程渗漏水检测应符合下列要求：

1 隧道工程的湿渍和渗水应按房屋建筑地下工程渗漏水检测。

2 隧道上半部的明显滴漏和连续渗流，可直接用有刻度的容器收集量测，或用带有密封缘口的规定尺寸方框，安装在要求量测的隧道内表面，将渗漏水导入量测容器内，然后计算 24h 的渗漏水量，标示在"结构内表面的渗漏水展开图"上。

3 若检测器具或登高有困难时，允许通过目测计取每分钟或数分钟内的滴落数目，计算出该点的渗漏水量。通常，当滴落速度为 3 滴~4 滴/min 时，24h 的漏水量就是 1L。当滴落速度大于 300 滴/min 时，则形成连续线流。

4 为使不同施工方法、不同长度和断面尺寸隧道的渗漏水状况能够相互加以比较，必须确定一个具有代表性的标准单位。渗漏水量的单位通常使用 L/(m² · d)。

5 未实施机电设备安装的区间隧道验收，隧道内表面积的计算应为横断面的内径周长乘以隧道长度，对盾构法隧道不计取管片嵌缝槽、螺栓孔盒子凹进部位等实际面积；完成了机电设备安装的隧道系统验收，隧道内表面积计算应为横断面的内径周长乘以隧道长度，不计取凹槽、道床、排水沟等实际面积。

6 隧道渗漏水量的计算可通过集水井积水，检测在设定时间内的水位上升数值，计算渗漏水量；或通过隧道最低处积水，检测在设定时间内的水位上升数值，计算渗漏水量；或通过隧道内设量水堰，检测在设定时间内水流量，计算渗漏水量；或通过隧道专用排水泵运转，检测在设定时间内排水量，计算渗漏水量。

C.3 渗漏水检测记录

C.3.1 地下工程渗漏水调查与检测，应由施工单位项目技术负责人组织质量员、施工员实施。施工单位应填写地下工程渗漏水检测记录，并签字盖章；监理单位或建设单位应在记录上填写处理意见与结论，并签字盖章。

C.3.2 地下工程渗漏水检测记录应按表 C.3.2 执行。

表 C.3.2　地下工程渗漏水检测记录

工程名称		结构类型		
防水等级		检测部位		
渗漏水量检测	1. 单个湿渍的最大面积　　m²；总湿渍面积　　m²			
	2. 每 100m² 的渗水量　　L/(m²·d)；整个工程平均渗水量　　L/(m²·d)			
	3. 单个漏水点的最大漏水量　　L/d；整个工程平均漏水量　　L/(m²·d)			
结构内表面的渗漏水展开图	(渗漏水现象用标识符号描述)			
处理意见与结论	(按地下工程防水等级标准)			
会签栏	监理或建设单位(签章) 年　月　日	施工单位(签章)		
		项目技术负责人 年　月　日	质量员	施工员

附录 D　防水卷材接缝粘结质量检验（略）

GB/T 50448—2008
《水泥基灌浆材料应用技术规范》

本规范主要内容包括：

1. 总则；2. 术语；3. 基本规定；4. 材料；5. 进场复验；6. 工程设计；7. 施工；8. 工程验收；附录 A. 检验方法；附录 B. 锚固地脚螺栓施工工艺；附录 C. 二次灌浆施工工艺。

1 总 则

1.0.1 为使水泥基灌浆材料在工程设计、施工和使用中达到技术先进，安全适用，经济合理，确保质量，制定本规范。

1.0.2 本规范适用于水泥基灌浆材料应用的检验与验收、灌浆工程的设计应用、施工质量控制与工程验收。

1.0.3 在应用水泥基灌浆材料的工程除应满足本规范的规定外，尚应符合国家现行有关标准的规定。

2 术 语（略）

3 基 本 规 定

3.0.1 水泥基灌浆材料适用于地脚螺栓锚固、设备基础及钢结构柱脚底板的灌浆、混凝土结构改造、加固及后张预应力混凝土结构孔道灌浆。

3.0.2 水泥基灌浆材料应用设计应根据强度要求、设备运行时的环境温度、灌浆层厚度、地脚螺栓表面与孔壁的净间距、施工环境温度、养护措施等因素选择材料；水泥基灌浆材料应有生产厂家提供的工作环境温度范围、施工环境温度范围及相应的性能指标。

3.0.3 水泥基灌浆材料拌合用水的质量应符合国家现行标准《混凝土拌合用水标准》JGJ 63 的有关规定。水泥基灌浆材料在施工时，应按照产品要求的用水量拌合，不得通过增加用水量来提高其流动性。

3.0.4 水泥基灌浆材料应用过程中，应采取有效措施避免操作人员吸入有害粉尘和造成环境污染。

4 材 料

4.1 水泥基灌浆材料性能

4.1.1 水泥基灌浆材料主要性能

水泥基灌浆材料主要性能应符合表 4.1.1 的规定。

表 4.1.1 水泥基灌浆材料主要性能指标

类 别		I 类	II 类	III 类	IV 类	
最大集料粒径(mm)		≤4.75			>4.75 且≤16	
流动度 (mm)	初始值	≥380	≥340	≥290	≥270*	≥650**
	30min 保留值, 不小于	≥340	≥310	≥260	≥240*	≥550**
竖向膨胀率 (%)	3h	0.1～3.5				
	24h 与 3h 的膨胀值之差	0.02～0.5				
抗压强度 (MPa)	1d	≥20.0				
	3d	≥40.0				
	28d	≥60.0				
对钢筋有无锈蚀作用		无				
泌水率(%)		0				

注：1 表中性能指标均应按产品要求的最大用水量检验。

2 * 表示坍落度数值，** 表示坍落扩展度数值。

3 水泥基灌浆材料类别的选择应按本规范第 6 章中的有关规定执行。

4 快凝快硬型水泥基灌浆材料的性能指标除 30min 流动度(或坍落度和坍落扩展度)保留值、24h 与 3h 的膨胀值之差及 24h 内抗压强度值由供需双方协商确定外，其他性能指标尚应符合本表的规定。

5 当 IV 类水泥基灌浆材料用于混凝土结构改造和加固时，对其 3h 的竖向膨胀率指标不作要求。

6 对于冬期施工时的水泥基灌浆材料的 30min 保留值和 24h 与 3h 的膨胀值之差不作要求。

4.1.2 用于冬期施工的水泥基灌浆材料性能除应符合表 4.1.1 的规定外，尚应符合表 4.1.2 的规定。

表 4.1.2 用于冬期施工的水泥基灌浆材料性能指标

规定温度(℃)	抗压强度比(%)		
	R_{-7}	R_{-7+28}	R_{-7+56}
-5	≥20	≥80	≥90
-10	≥12		

注：1 R_{-7} 表示负温养护 7 天的试件抗压强度值与标准养护 28 天的试件抗压强度值的比值。

2 R_{-7+28}、R_{-7+56} 分别表示负温养护 7 天转标准养护 28 天和负温养护 7 天转标准养护 56 天的试件抗压强度值与标准养护 28 天的试件抗压强度值的比值。

3 施工时最低气温可比规定温度低 5℃。

4.1.3 用于高温环境的水泥基灌浆材料性能除应符合表 4.1.1 的规定外，尚应符合表

4.1.3 的规定。

表4.1.3 用于高温环境的水泥基灌浆材料耐热性能指标

使用环境温度(℃)	抗压强度比(%)	热震性(20次)
200~500	≥100	1) 试块表面无脱落； 2) 热震后的试件浸水端抗压强度与试件标准养护28d 的抗压强度比(%)≥90

4.2 检 验

4.2.1 流动度的检验应按附录A.0.2进行。

4.2.2 坍落度和坍落扩展度的检验应按附录A.0.3进行。

4.2.3 抗压强度的检验应按附录A.0.4进行。

4.2.4 竖向膨胀率的检验应按附录A.0.5进行。仲裁检验应按附录A.0.5规定的方法一："架百分表法"进行。

4.2.5 对钢筋有无锈蚀作用的检验应按现行国家标准《普通混凝土拌合物性能试验方法标准》GB/T 50080中附录C的规定进行。

4.2.6 泌水率的检验应按现行国家标准《普通混凝土拌合物性能试验方法标准》GB/T 50080中5.1节的有关规定进行。浆体装入试样桶时不得振动或插捣，

4.2.7 氯离子含量的检验应按现行国家标准《混凝土外加剂匀质性试验方法》GB/T 8077中第9章的方法进行。

检验方法见附录A.0.7。

4.2.8 用于冬期施工的水泥基灌浆材料性能检验应按附录A.0.6进行。

4.2.9 用于高温环境的水泥基灌浆材料性能检验应按附录A.0.7进行。

5 进 场 复 验

5.1 一 般 规 定

5.1.1 水泥基灌浆材料进场时应复验，合格后方可用于施工。

5.1.2 复验项目应包括水泥基灌浆材料性能和净含量。

5.1.3 进场复验应经国家计量认证和实验室认可的检验单位按本规范第4章规定的检验方法进行检验。

5.1.4 复验性能指标应符合本规范第4.1节的相关要求。

5.1.5 净含量应符合下列要求：

  1 每袋净质量应为25kg或50kg，且不得少于标志质量的99%。

  2 随机抽取40袋25kg包装或20袋50kg包装的产品，其总质量不得少于1000kg；

  3 其他包装形式由供需双方协商确定，但净含量应符合上述原则规定。

5.2 编 号 及 取 样

5.2.1 泥基灌浆材料每200t为一个编号，不足一个编号的按一个编号计，每一编号为一

取样单位。

5.2.2 取样方法按现行国家标准《水泥取样方法》GB 12573 进行。取样应有代表性，总量不得少于 30kg。

5.2.3 将样品混合均匀，用四分法，将每一编号取样量缩减至试验所需量的 2.5 倍。

5.3 试 样 及 留 样

5.3.1 每一编号取得的试样应充分混合均匀，分为两等份。其中一份按本规范表 4.1.1 规定的项目进行检验，另一份应密封保存至有效期，以备有疑问时进行仲裁检验。

5.4 检 验 分 类

5.4.1 进场的水泥基灌浆材料应具有下列技术文件：产品合格证、使用说明书、出厂检验报告。

5.4.2 出厂检验报告内容应包括：产品名称与型号、检验依据标准、生产日期、用水量、流动度（或坍落度和坍落扩展度）的初始值和 30min 保留值、竖向膨胀率、1d 抗压强度、检验部门印章、检验人员签字（或代号）。当用户需要时，生产厂家应在水泥基灌浆材料发出之日起 7d 内补发 3d 抗压强度值、32d 内补发 28d 抗压强度值。

6 工 程 设 计

6.1 地 脚 螺 栓 锚 固

6.1.1 地脚螺栓锚固宜根据表 6.1.3 的规定选择水泥基灌浆材料。

表 6.1.3 地脚螺栓锚固用水泥基灌浆材料的选择

螺栓表现与孔壁的净间距（mm）	水泥基灌浆材料类别
15～50	Ⅱ类、Ⅲ类
50～100	Ⅲ类、Ⅳ类
＞100	Ⅳ类

6.1.2 螺栓锚固埋设深度应满足设计要求。埋设深度不宜小于 15 倍的螺栓直径。

6.1.3 基础混凝土强度等级不宜低于 C20。

6.2 二 次 灌 浆

6.2.1 二次灌浆除应满足设计强度要求外，尚宜根据表 6.2.1 灌浆层厚度选择水泥基灌浆材料。

表 6.2.1 二次灌浆用水泥基灌浆材料的选择

灌浆层厚度（mm）	水泥基灌浆材料类别
5～30	Ⅰ类
20～100	Ⅱ类

续表 6.2.1

灌浆层厚度（mm）	水泥基灌浆材料类别
80～200	Ⅲ类
>200	Ⅳ类

注：1 采用压力法或高位漏斗法灌浆施工时，可放宽水泥基灌浆材料的类别选择。

　　2 当灌浆层厚度大于 150mm 时，可平均分成两次灌浆。根据实际分层厚度按上表选择合适的水泥基灌浆材料类别。第二次灌浆宜在第一次灌浆 24h 后，灌浆前应对第一次灌浆层表面做凿毛处理。

6.2.2 设备基础混凝土强度等级不宜低于 C20。

6.3 混凝土结构改造和加固

6.3.1 混凝土柱采用加大截面加固法加固时（如图 6.3.1 所示），混凝土柱与模板的间距 b 不应小于 60mm，应采用第Ⅳ类水泥基灌浆材料。

6.3.2 混凝土柱采用加钢板套加固时（如图 6.3.2 所示），原混凝土柱表面与外钢板套的间距 b 为 10～20mm 时，应采用第Ⅰ、Ⅱ类水泥基灌浆材料；当 b 小于 20mm，应采用第Ⅱ、Ⅲ类水泥基灌浆材料。

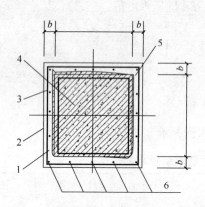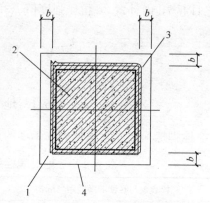

图 6.3.1　混凝土柱加大截面法灌浆加固
1—水泥基灌浆材料；2—模板；3—新增箍筋；
4—原混凝土柱；5—原混凝土面；
6—新增纵向钢筋

图 6.3.2　混凝土柱加钢板套法灌浆加固
1—水泥基灌浆材料；2—原混凝土柱；
3—原混凝土面；4—钢板套

6.3.3 混凝土柱采用干式外包钢加固法加固时（如图 6.3.3 所示），角钢与模板的间距 b_1 不小于 30mm，角钢与原混凝土柱的间距 b_2 不小于 20mm 时，应采用第Ⅳ类水泥基灌浆材料。

6.3.4 混凝土梁采用加大截面法加固时（如图 6.3.4 所示），梁侧表面与模板之间的距离 b_1 不小于 60mm 或梁的底面与模板之间的距离 b_2 不小于 80mm 时，应采用第Ⅳ类水泥基灌浆材料。

6.3.5 楼板采用叠合层法增加板厚加固时（如图 6.3.5 示），当楼板上层增加的板厚 b_1 不小于 40mm 或楼板下层加固增加的板厚 b_2 不小于 80mm 时，应采用第Ⅳ类水泥基灌浆材料。

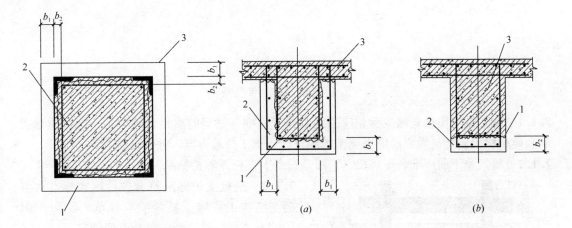

图 6.3.3 混凝土柱外
包钢法灌浆加固

1—水泥基灌浆材料；2—原混凝土柱；
3—外包角钢

图 6.3.4 混凝土梁加大截面法灌浆加固
（a）混凝土梁三面加大截面法灌浆加固；
（b）混凝土梁底面加大截面法灌浆加固

1—原混凝土面；2—水泥基灌浆材料；3—原梁截面

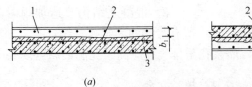

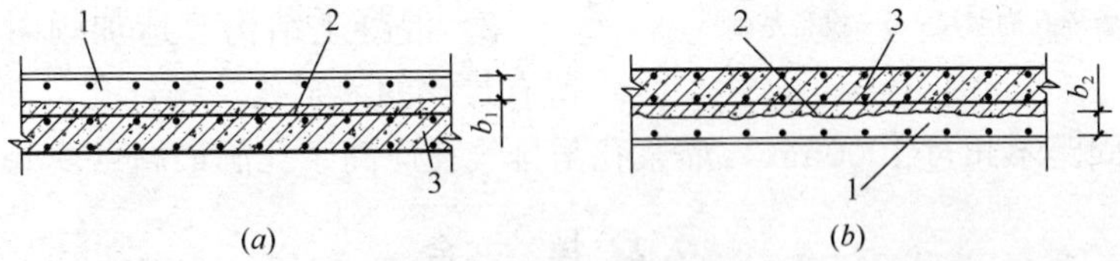

图 6.3.5 混凝土板叠合层法增加板厚灌浆加固
（a）楼板上层加固；（b）楼板上层加固

1—水泥基灌浆材料；2—原混凝土面；3—原混凝土楼板

6.3.6 混凝土结构施工中出现的蜂窝、孔洞、柱子烂根的修补，灌浆层厚度不小于
50mm 时，应采用第Ⅳ类水泥基灌浆材料。

6.4 后张预应力混凝土结构孔道灌浆

6.4.1 后张预应力混凝土结构孔道灌浆应根据现行国家标准《混凝土结构设计规范》GB
50010 环境类别分类，按表 6.4.1 的规定选择水泥基灌浆材料。

表 6.4.1 后张预应力混凝土结构孔道用水泥基灌浆材料的选择

环境类别	一、二	三	四、五
灌浆材料	可采用第Ⅰ类 水泥基灌浆材料	宜采用第Ⅰ类 水泥基灌浆材料	应采用第Ⅰ类 水泥基灌浆材料

6.4.2 水泥基灌浆材料性能要求：

1 氯离子含量不应超过水泥基灌浆材料的总量的 0.06%；

2 当有特殊性能要求时，尚应符合相关标准或设计要求。

7 施 工

7.1 施 工 准 备

7.1.1 施工现场质量管理应有相应的施工技术标准、健全的质量管理体系、施工质量控制和质量检验制度。灌浆前应有施工组织设计或施工技术方案，并经审查批准。

7.1.2 灌浆施工前应准备搅拌机具、灌浆设备、模板及养护物品。

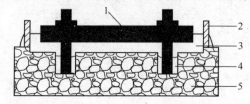

图 7.1.3 模板支设示意图
1—设备底座；2—模板；3—二次灌浆层；
4—地脚螺栓孔灌浆层；5—设备基础

7.1.3 模板支护除应符合现行国家标准《混凝土结构工程施工质量验收规范》GB 50204 中的有关规定外，尚应符合下列规定：

1 二次灌浆时，模板与设备底座四周的水平距离宜控制在 100mm 左右；模板顶部标高应不低于设备底座上表面 50mm（图 7.1.3）；

2 混凝土结构改造加固时，模板支护应留有足够的灌浆孔及排气孔，灌浆孔的孔径不小于 50mm，间距不超过 1000mm，灌浆孔与排气孔应高于孔洞最高点 50mm。

7.2 拌 合

7.2.1 水泥基灌浆材料拌合时，应按照产品要求的用水量加水。

7.2.2 水泥基灌浆材料宜采用机械拌合。拌合时宜先加入 2/3 的水拌合约 3min，然后加入剩余水量拌合直至均匀。若生产厂家对产品有具体拌合要求，应按其要求进行拌合。

7.2.3 搅和地点宜靠近灌浆地点。

7.3 地脚螺栓锚固灌浆

7.3.1 锚固地脚螺栓施工工艺应符合附录 B 的要求。

7.3.2 地脚螺栓成孔时，螺栓孔的水平偏差不得大于 5mm，垂直度偏差不得大于 5°。螺栓孔壁应粗糙，应将孔内清理干净，不得有浮灰、油污等杂质，灌浆前用水浸泡 8～12h，清除孔内积水。当环境温度低于 5℃时应采取措施预热，温度保持在 10℃以上。

7.3.3 灌浆前应清除地脚螺栓表面的油污和铁锈。

7.3.4 将拌合好的灌浆材料灌入螺栓孔内时，可根据需要调整螺栓的位置。灌浆过程中严禁振捣，可适当插捣，灌浆结束后不得再次调整螺栓。

7.3.5 孔内灌浆层上表面宜低于基础混凝土表面 50mm 左右。

7.4 二 次 灌 浆

7.4.1 二次灌浆应根据工程实际情况，选用合适的灌浆方法。工艺流程应符合附录 C 的要求。

7.4.2 灌浆前，应将与灌浆材料接触的设备底板和混凝土基础表面清理干净，不得有松动的碎石、浮浆、浮灰、油污、蜡质等。灌浆前24h，基础混凝土表面应充分润湿，灌浆前1h，清除积水。

7.4.3 二次灌浆时，应从一侧进行灌浆，直至从另一侧溢出为止，不得从相对两侧同时进行灌浆。灌浆开始后，必须连续进行，并尽可能缩短灌浆时间。

7.4.4 轨道基础或灌浆距离较长时，视实际工程情况可分段施工。

7.4.5 在灌浆过程中严禁振捣，必要时可采用灌浆助推器（图7.4.5）沿浆体流动方向的底部推动灌浆材料，严禁从灌浆层的中、上部推动。

7.4.6 设备基础灌浆完毕后，应在灌浆后3～6h沿底板边缘向外切45°斜角（图7.4.6）。

图7.4.5 灌浆助推器

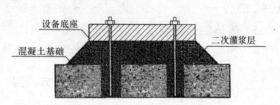

图7.4.6 切边后示意图

7.5 混凝土结构改造和加固灌浆

7.5.1 水泥基灌浆材料接触的混凝土表面应充分凿毛。

7.5.2 混凝土结构缺陷修补，应剔除酥松的混凝土并使其露出钢筋，将修补区域边缘切成垂直形状，深度不小于20mm。

7.5.3 灌浆前应清除所有的碎石、粉尘或其他杂物，并湿润基层混凝土表面。

7.5.4 将拌合均匀的灌浆材料灌入模板中并适当敲击模板。

7.5.5 灌浆层厚度大于150mm时，应采取相关措施，防止产生温度裂缝。

7.6 后张预应力混凝土结构孔道灌浆

7.6.1 后预应力混凝土结构孔道灌浆方法应根据现行国家标准《混凝土结构设计规范》GB 50010环境类别分类，符合表7.6.1的规定。

表7.6.1 灌浆工艺的选择

环境类别	一、二	三	四、五
灌浆工艺	可采用压力法灌浆 或真空压浆法灌浆	宜采用压力法灌浆 或真空压浆法灌浆	应采用真空 压浆法灌浆

7.6.2 正式灌浆前宜选择有代表性的孔道进行灌浆试验。

7.6.3 灌浆工艺应符合国家现行有关标准的要求；灌浆过程中，不得在水泥基灌浆材料中掺入其他外加剂、掺合料。

7.7 冬 期 施 工

7.7.1 日平均温度低于5℃时按冬期施工并符合下列要求：

1 灌浆前采取措施预热基础表面，使其温度保持在 10℃ 以上，并清除积水；

2 应采用不超过 60℃ 的温水拌合水泥基灌浆材料，浆体的入模温度在 10℃ 以上；

3 受冻前，水泥基灌浆材料的抗压强度不得低于 5MPa。

7.8 高温气候环境施工

7.8.1 灌浆部位温度大于 35℃，应按高温气候环境施工并符合下列要求：

1 灌浆前 24h 采取措施，防止灌浆部位受到阳光直射或其他热辐射；

2 采取适当降温措施，与水泥基灌浆材料接触的混凝土基础和设备底板的温度不应大于 35℃；

3 浆体的入模温度不应大于 30℃；

4 灌浆后应及时采取保湿养护措施。

7.9 常 温 养 护

7.9.1 灌浆时，日平均温度不应低于 5℃，灌浆完毕后裸露部分应及时喷洒养护剂或覆盖塑料薄膜，加盖湿草袋保持湿润。采用塑料薄膜覆盖时，水泥基灌浆材料的裸露表面应覆盖严密，保持塑料薄膜内有凝结水。灌浆料表面不便浇水时，可喷洒养护剂。

7.9.2 应保持灌浆材料处于湿润状态，养护时间不得少于 7d。

7.9.3 当采用快凝快硬型水泥基灌浆材料时，养护措施应根据产品要求的方法执行。

7.10 冬 期 施 工 养 护

7.10.1 冬期施工，工程对强度增长无特殊要求时，灌浆完毕后裸露部分应及时覆盖塑料薄膜并加盖保温材料。起始养护温度不应低于 5℃。在负温条件养护时不得浇水。

7.10.2 拆模后水泥基灌浆材料表面温度与环境温度之差大于 20℃ 时，应采用保温材料覆盖养护。

7.10.3 如环境温度低于水泥基灌浆材料要求的最低施工温度或需要加快强度增长时，可采用人工加热养护方式；养护措施应符合国家现行标准《建筑工程冬期施工规程》JGJ 104 的有关规定。

8 工 程 验 收

8.0.1 工程验收除应按设计要求及现行国家标准《混凝土结构工程施工质量验收规范》GB 50204 的有关规定执行外，尚应符合下列规定：

1 灌浆施工时，以每 50t 为一个留样编号，不足 50t 时按一个编号计。

2 以标准养护条件下地抗压强度留样试块的测试数据作为验收数据；同条件养护试件的留置组数应根据实际需要确定。

3 留样试件尺寸及试验方法应按附录 A 的相关规定执行。

8.0.2 工程质量验收文件应包括水泥基灌浆材料的产品合格证、出厂检验报告和进场复验报告、施工检验报告、施工技术方案与施工记录等文件。

附录 A 检 验 方 法 （略）

附录 B 锚固地脚螺栓施工工艺 （略）

附录 C 二次灌浆施工工艺 （略）

CECS 195：2006《聚合物水泥、
渗透结晶型防水材料应用技术规程》

本规程主要内容包括：

1. 总则；2. 术语；3. 基本规定；4. 聚合物水泥防水涂料；5. 聚合物水泥防水砂浆；6. 渗透结晶型防水材料；7. 工程验收及防护。

1 总　　则

1.0.1 为了规范聚合物水泥、渗透结晶型防水材料的性能要求、设计、施工和验收，保证防水工程质量，制定本规程。

1.0.2 本规程适用于聚合物水泥防水涂料、聚合物水泥防水砂浆和渗透结晶型防水材料的防水工程设计、施工和质量验收。

1.0.3 采用聚合物水泥、渗透结晶型防水材料的防水工程，其技术文件和承包合同文件中对材料性能和施工质量验收的要求，不得低于本规程的规定。

1.0.4 聚合物水泥、渗透结晶型防水材料的性能要求、设计、施工和质量检验，除应符合本规程要求外，尚应符合国家现行有关标准的规定。

2 术　　语（略）

3 基　本　规　定

3.0.1 聚合物水泥、渗透结晶型防水材料可用于建筑物和构筑物的防水工程。

3.0.2 渗透结晶型防水材料可在混凝土结构层上直接使用。

3.0.3 采用聚合物水泥、渗透结晶型防水材料进行防水设防的主体结构应具有较好的强度和刚度。

3.0.4 防水工程应根据使用功能、结构形式、环境条件、施工方法和工程特点进行防水构造设计，重要部位应有详图。防水设计应包括下列内容：

　1 屋面和地下工程的防水等级和设防要求；

　2 聚合物水泥、渗透结晶型防水材料的品种、规格及其技术指标；

　3 工程细部构造的防水措施，选用的材料及其技术指标。

3.0.5 聚合物水泥、渗透结晶型防水材料应有产品合格证书和性能检测报告，材料的品种、规格、性能等应符合国家现行有关标准和设计要求。

　　材料进场后，应按国家现行有关标准或本规程的规定抽样复验，并提出试验报告；不合格的材料，不得在防水工程中使用。

3.0.6 聚合物水泥、渗透结晶型防水材料施工前，应对基层进行质量检验。不得在不合格的基层上进行防水施工。

3.0.7 聚合物水泥、渗透结晶型防水材料的施工应在细部构造施工完毕，并验收合格后进行。

3.0.8 聚合物水泥、渗透结晶型防水材料应由经资质审查合格的防水专业队伍进行施工。作业人员应持有当地建设主管部门颁发的上岗证。

3.0.9 聚合物水泥、渗透结晶型防水材料的施工单位应有专人负责施工管理与质量控制。

3.0.10 聚合物水泥、渗透结晶型防水材料的施工，施工单位应建立各道工序的自检、交接检验和专职人员检验的"三检"制度，并有完整的检查记录。未经监理人员（或业主代表）检查验收，不得进行下一道工序施工。

3.0.11 聚合物水泥、渗透结晶型防水材料施工完成后，应按相应的国家现行有关标准或本规程的规定进行质量检验。

3.0.12 聚合物水泥、渗透结晶型防水材料宜在5～35℃的环境气温条件下施工。露天施工不得在雨天、雪天和五级风及其以上的环境条件下作业。

4 聚合物水泥防水涂料

4.1 一 般 规 定

4.1.1 聚合物水泥防水涂料的基层表面应平整、坚固，不起皮、不起砂、不疏松。基层转角处应做成圆弧形。

4.1.2 聚合物水泥防水涂料应在干燥、通风、阴凉的场所贮存，贮存时间不得超过六个月。其液体组分贮存温度不得低于5℃。

4.2 材 料 要 求

4.2.1 聚合物水泥防水涂料的两组分经分别搅拌后，其液体组分应为无杂质、无凝胶的均匀乳液；固体组分应为无杂质、无结块的粉末。

4.2.2 聚合物水泥防水涂料的物理力学性能应符合表4.2.2的要求。

表4.2.2 聚合物水泥防水涂料的物理力学性能

序号	试 验 项 目		性能要求	
			Ⅰ型	Ⅱ型
1	固体含量（%）		≥65	
2	干燥时间	表干时间（h）	≤4	
		实干时间（h）	≤8	
3	拉伸强度	无处理（MPa）	≥1.2	≥1.8
4	断裂延伸率	无处理（%）	≥200	≥80
5	低温柔性（Φ10mm棒）		−10℃无裂纹	—

续表 4.2.2

序号	试 验 项 目	性能要求	
		Ⅰ型	Ⅱ型
6	不透水性（0.3MPa，30min）	不透水	不透水
7	潮湿基面粘结强度（MPa）	0.5	1.0
8	抗渗性（背水面，MPa）	—	≥0.6

4.2.3 进入施工现场的聚合物水泥防水涂料以每 10t 为一批，不足 10t 按一批抽样，进行外观质量检验；在外观质量检验合格的涂料中，任取两组分共 5kg 样品做物理力学性能试验。

4.2.4 聚合物水泥防水涂料的性能检验应符合下列规定：

　1 Ⅰ型聚合物水泥防水涂料应检验固体含量、干燥时间、无处理拉伸强度、无处理断裂延伸率、低温柔性和不透水性。

　2 Ⅱ型聚合物水泥防水涂料应检验固体含量、干燥时间、无处理拉伸强度、无处理断裂延伸率、潮湿基面粘结强度和抗渗性。

4.3　设　　计

4.3.1 聚合物水泥防水涂料用于屋面工程或建筑外墙等非长期浸水工程部位时，宜选用Ⅰ型防水涂料；用于地下工程、建筑室内工程或混凝土构筑物等长期浸水工程部位时，宜选用Ⅱ型防水涂料。

4.3.2 用于涂膜防水层的胎体增强材料宜选用聚酯网格布或耐碱玻纤网格布。

4.3.3 聚合物水泥防水涂料宜用于结构迎水面。

4.3.4 聚合物水泥防水涂料的涂膜厚度选用应符合下列规定：

　1 屋面工程：防水等级为Ⅰ、Ⅱ级，二道或二道以上设防时，厚度不应小于 1.5mm；防水等级为Ⅲ、Ⅳ级，一道防水设防时，厚度不应小于 2mm。

　2 地下防水工程：防水等级为Ⅰ、Ⅱ级时，厚度不小于 2mm；防水等级为Ⅲ、Ⅳ级时，厚度不应小于 1.5mm。

　3 建筑室内防水工程、建筑外墙防水工程、构筑物防水工程：重要工程，厚度不应小于 1.5mm；一般工程，厚度不应小于 1.2mm。

4.3.5 多道设防时，聚合物水泥防水涂料应与其他材料复合使用。

4.3.6 细部构造应有详细设计。除采用密封材料涂封严密外，应增加防水涂料的涂刷遍数，并宜增设胎体增强材料。

4.4　施　　工

4.4.1 基层表面的蜂窝、麻面、气孔、凹凸不平、缝隙等缺陷，应进行修补处理。

4.4.2 涂料施工前，应清除基层上的浮浆、浮灰等杂质；基层表面不得有积水。

4.4.3 涂料施工前应先对细部构造进行密封或增强处理。

4.4.4 涂料的配制和搅拌应符合下列规定：

　1 涂料配制前，应先将液体组分搅拌均匀。

2 计量应按照产品说明书的要求进行，不得任意改变配合比。

3 配料应采用机械搅拌，配制好的涂料应色泽均匀，无粉团、沉淀。

4.4.5 涂料涂布前，应先涂刷基层处理剂。

4.4.6 涂膜应多遍完成，每遍涂料的用量不宜大于 0.6kg/m²，涂刷应待前遍涂层干燥成膜后进行。

4.4.7 每遍涂刷应交替改变涂层的涂刷方向，同一涂层涂刷时，先后接槎宽度宜为 30～50mm。

4.4.8 涂膜防水层的甩槎应注意保护，接槎宽度不应小于 100mm，接涂前应将甩槎表面清洗干净。

4.4.9 铺贴胎体增强材料时，应铺贴平整、排除气泡，不得有褶皱和胎体外露，并使胎体层充分浸透防水涂料；胎体的搭接宽度不应小于 50mm；采用二层胎体时，上下层胎体不得相互垂直铺设，搭接缝应错开不小于 1/3 幅宽。

胎体的底层和面层涂膜厚度均不应小于 0.5mm。

4.4.10 在潮湿环境施工时，应加强通风排湿。

4.4.11 涂膜防水层完工并经验收合格后，应及时做好保护层。保护层施工时应有成品保护措施。

4.5 质量要求及检验

4.5.1 聚合物水泥防水涂料和胎体增强材料的品种、规格和质量应符合设计和国家现行有关标准的要求。

4.5.2 涂料的配合比应符合产品说明书的要求。

4.5.3 屋面工程、建筑室内防水工程、建筑外墙防水工程和构筑物防水工程不得有渗漏现象；地下防水工程应符合相应防水等级标准的要求。

4.5.4 细部构造做法应符合设计要求。

4.5.5 聚合物水泥防水涂料的涂膜厚度，可用针刺法或割取 20mm×20mm 的实样进行测量。

4.5.6 涂膜防水层的平均厚度不得小于设计规定的厚度，最小厚度不得小于设计厚度的 80%。

4.5.7 涂膜防水层与基层应粘结牢固，表面平整，涂刷均匀，无流淌、皱折、鼓泡、露胎体和翘边等缺陷。

4.5.8 涂膜防水层的保护层做法应符合设计要求。

5 聚合物水泥防水砂浆

5.1 一 般 规 定

5.1.1 聚合物水泥防水砂浆的基层应平整、坚固、洁净，不起皮、不起砂、不酥松。

5.1.2 聚合物乳液应在阴凉的场所贮存，贮存温度不得低于 5℃。贮存时间不得超过 6 个月。

5.2 材 料 要 求

5.2.1 聚合物水泥防水砂浆防水层所用的材料应符合下列规定：

1 聚合物乳液：外观应无颗粒、异物和凝固物，固体含量不应小于 35%。宜选用专用产品。

2 应采用强度等级不小于 32.5 级的普通硅酸盐水泥、硅酸盐水泥、特种水泥。严禁使用过期或受潮结块水泥。

3 砂宜采用中砂，含泥量不大于 1%，硫化物和硫酸盐含量不应大于 1%。

4 拌制聚合物水泥防水砂浆所用的水，应符合现行行业标准《混凝土拌合用水标准》JGJ 63 的规定。

5.2.2 聚合物水泥防水砂浆的物理力学性能应符合表 5.2.2 的要求。

表 5.2.2 聚合物水泥防水砂浆的物理力学性能

序号	试 验 项 目		性能要求
1	凝结时间	初凝（h）	≥1
		终凝（h）	≤12
2	粘结强度（MPa）		≥1.0
3	抗渗性（MPa）		≥1.2
4	抗折强度（MPa）		≥7.0
5	干缩率（%）		≤0.15
6	吸水率（%）		≤4
7	耐水性（%）		≥80
8	耐碱性（10%NaOH 溶液浸泡 14d）		无变化
9	冻融循环（次）		>D50

注：耐水性指标是指在浸水 168h 后材料的粘结强度及抗渗性的保持率。

5.2.3 进入施工现场的聚合物乳液每 10t 为一批，不足 10t 按一批抽样，进行外观质量检验。在外观质量检验合格的乳液中，任取 5kg 样品做聚合物水泥防水砂浆物理力学性能试验。

5.2.4 聚合物水泥防水砂浆的物理力学性能应检验粘结强度、抗渗性、抗折强度、吸水率和耐水性。

5.3 设 计

5.3.1 聚合物水泥防水砂浆防水层的基层强度：混凝土不应低于 C20，水泥砂浆不应低于 M10。

5.3.2 聚合物水泥防水砂浆防水层厚度选用应符合下列规定：

1 地下防水工程：防水等级为Ⅰ级或Ⅱ级时，厚度宜为 10～12mm；防水等级为Ⅲ级或Ⅳ级时，厚度宜为 6～8mm。

2 建筑室内防水工程、建筑外墙防水工程、构筑物防水工程：重要工程，厚度宜为 10～12mm；一般工程，厚度宜为 6～8mm。

5.3.3 聚合物水泥防水砂浆聚灰比宜为 10%～15%。

5.3.4 聚合物水泥防水砂浆宜用于迎水面防水，也可用于背水面防水。

5.4 施　工

5.4.1 施工前，应清除基层的疏松层、油污、灰尘等杂物，光滑表面宜打毛。

5.4.2 基面应用水冲洗干净，充分湿润，无明水。

5.4.3 聚合物水泥防水砂浆的配制应符合下列规定：

　　1 配制前，应先将聚合物乳液搅拌均匀。

　　2 计量应按照产品说明书的要求进行，不得任意改变配合比。

　　3 聚合物水泥防水砂浆的拌合器具应清理干净。拌制时水泥与砂先干拌均匀，然后倒入乳液和水搅拌均匀。

　　4 配制好的聚合物水泥防水砂浆宜在 45min 内用完。当气温高、湿度小或风速较大时，宜在 20min 内用完。

5.4.4 涂抹聚合物水泥防水砂浆前，应按产品说明书的要求配制界面处理剂打底，涂刷时力求薄而均匀。

5.4.5 界面处理剂涂刷后，应及时涂抹聚合物水泥防水砂浆。

5.4.6 聚合物水泥防水砂浆涂抹施工应符合下列规定：

　　1 涂层厚度大于 10mm 时，立面和顶面应分层施工，第二层应待前一层指触干后进行，各层应粘结牢固。

　　2 每层宜连续施工，如必须留槎时，应采用阶梯坡形槎，接槎部位离阴阳角不得小于 200mm，上下层接槎应错开 300mm 以上。接槎应依层次顺序操作，层层搭接紧密。

　　3 涂抹可采用抹压或喷涂施工。喷涂施工时，喷枪的喷嘴应垂直于基面，合理调整压力、喷嘴与基面距离。

　　4 涂抹时应压实、抹平；如遇气泡应挑破压实，保证铺抹密实。

　　5 抹平、压实应在初凝前完成。

5.4.7 聚合物水泥防水砂浆防水层终凝后应进行 7d 保湿养护。养护期间不得受冻。

5.4.8 施工结束后，应及时将施工机具清洗干净。

5.5 质量要求及检验

5.5.1 聚合物水泥防水砂浆原材料的品种、规格和质量应符合设计和国家现行有关标准的要求。

5.5.2 聚合物水泥防水砂浆的配合比应符合产品说明书的规定，物理力学性能应符合本规程的要求。

5.5.3 聚合物水泥防水砂浆防水层质量应符合下列要求：

　　1 聚合物水泥防水砂浆防水层应平整、坚固，无裂缝、起皮、起砂等缺陷，应与基层粘结牢固、无空鼓，表面平整度允许偏差不应大于 5mm。

　　2 聚合物水泥防水砂浆防水层的排水坡度应符合设计要求，不得有积水。

5.5.4 原材料及施工过程质量检查应符合下列规定，并做好施工记录：

1 聚合物乳液外观质量：每班检查一次。

2 砂子含水率：每班至少测定一次，在天气变化时，应增加测定次数。

3 计量：每班检查四次。

4 拌合、运输、涂抹、养护：每班至少检查一次。

5.5.5 聚合物水泥防水砂浆防水层的平均厚度不得小于设计规定的厚度，最小厚度不得小于设计厚度的 80%。

6 渗透结晶型防水材料

6.1 一 般 规 定

6.1.1 混凝土基体表面应基本平整、干净，不起皮、不起砂、不疏松。

6.1.2 渗透结晶型防水材料应在干燥、通风、阴凉的场所贮存。

6.2 材 料 要 求

6.2.1 粉状渗透结晶型防水材料应为无杂质、无结块的粉末。液态渗透结晶型防水材料应为无杂质、无沉淀的均匀溶液。

6.2.2 粉状渗透结晶型防水材料的物理力学性能应符合表 6.2.2 的要求。

表 6.2.2 粉状渗透结晶型防水材料物理力学性能

序号	试 验 项 目		性 能 指 标	
			Ⅰ	Ⅱ
1	安定性		合格	
2	凝结时间	初凝时间（min）	≥20	
		终凝时间（h）	≤24	
3	抗折强度（MPa）	7d	≥2.80	
		28d	≥3.50	
4	抗压强度（MPa）	7d	≥12.0	
		28d	≥18.0	
5	湿基面粘结强度（MPa）		≥1.0	
6	抗渗性	第一次抗渗压强（28d）（MPa）	≥0.8	≥1.2
		第二次抗渗压强（56d）（MPa）	≥0.6	≥0.8
		渗透压强比（28d）（%）	≥200	≥300

6.2.3 液态渗透结晶型防水材料的物理力学性能应符合表 6.2.3 的要求。

6.2.4 进入施工现场的粉状渗透结晶型防水材料以每 20t 为一批，不足 20t 按一批抽样，进行外观质量检验；在外观质量检验合格的材料中，任取 5kg 样品做物理力学试验。

6.2.5 进入施工现场的液态渗透结晶型防水材料以每 5t 为一批，不足 5t 按一批抽样，进行外观质量检验；在外观质量检验合格的材料中，任取 2kg 样品做物理力学试验。

6.2.3 液态渗透结晶型防水材料物理力学性能

序号	试 验 项 目		技 术 指 标
1	外观		无色透明、无气味、无毒，不燃的水性溶液
2	密度（g/cm³）		1.01～1.14
3	pH 值		≥10
4	黏度		按照产品说明书要求
5	表面张力		
6	渗透深度（mm）		≥2.0
7	抗渗性	第一次抗渗压强（28d）（MPa）	≥0.8
		第二次抗渗压强（56d）（MPa）	≥0.6
		渗透压强比（28d）（%）	≥200

6.2.6 渗透结晶型防水材料的性能检验应符合下列规定：

　1 粉状渗透结晶型防水材料应检验安定性、凝结时间和第一次抗渗压强。

　2 液态渗透结晶型防水材料应检验表面张力、渗透深度和第一次抗渗压强。

6.3 设　计

6.3.1 渗透结晶型防水材料可在结构刚度较好的地下防水工程、建筑室内防水工程和构筑物防水工程中单独使用，也可与其他防水材料复合使用。

6.3.2 渗透结晶型防水材料宜用于混凝土基体的迎水面，也可用于混凝土基体的背水面。

6.3.3 粉状渗透结晶型防水材料的用量不得小于 0.8kg/m²；重要工程不应小于 1.2kg/m²。

6.3.4 液态渗透结晶型防水材料应按产品说明书的规定进行稀释，稀释后的实际用量不得少于 0.2kg/m²；重要工程不应小于 0.28kg/m²。

6.3.5 细部构造应有详细设计，应采用更可靠的设防措施。宜采用密封材料、遇水膨胀橡胶条、止水带、防水涂料等进行组合设防。

6.4 施　工

6.4.1 渗透结晶型防水材料施工前，对混凝土基层表面应进行下列处理：

　1 基层表面的蜂窝、孔洞、缝隙等缺陷，应进行修补，凸块应凿除。施工前，应清除浮浆、浮灰、油垢和污渍等；

　2 混凝土表面的脱模剂应清除干净；

　3 光滑的混凝土表面应打毛处理，并用高压水冲洗干净；

　4 混凝土基体应充分湿润，基层表面不得有明水。

6.4.2 渗透结晶型防水材料施工前应先对细部构造进行密封或增强处理。

6.4.3 渗透结晶型防水材料施工前应根据设计要求，确定材料的单位面积用量和施工遍数。

6.4.4 粉状渗透结晶型防水材料施工应符合下列规定：

1 粉状渗透结晶型防水材料应按产品说明书提供的配合比控制用水量，配料宜采用机械搅拌。配制好的材料应色泽均匀，无结块、粉团；

2 拌制好的粉状渗透结晶型防水材料，从加水时起计算，材料宜在 20min 内用完，在施工过程中，应不时地搅拌混合料。不得向已经混合好的粉料中另外加水；

3 多遍涂刷时，应交替改变涂刷方向；

4 采用喷涂施工时，喷枪的喷嘴应垂直于基面，合理调整压力、喷嘴与基面距离；

5 每遍涂层施工完成后应按照产品说明书规定的间隔时间进行第二遍作业；

6 涂层终凝后，应及时进行喷雾干湿交替养护，养护时间不得少于 72h。不得采用蓄水或浇水养护；

7 干撒法施工时，当先干撒粉状渗透结晶型防水材料时，应在混凝土浇筑前 30min 以内进行；如先浇筑混凝土，应在混凝土初凝前干撒完毕；

8 养护完毕，经验收合格后，在进行下一道工序前应将表面析出物清理干净。

6.4.5 液态渗透结晶型防水材料施工应符合下列规定：

1 应先将原液充分搅拌，按照产品说明书规定的比例加水混合，搅拌均匀，不得任意改变溶液的浓度；

2 喷涂时应控制好每遍喷涂的用量，喷涂应均匀，无漏涂或流坠；

3 每遍喷涂结束后，应按产品说明书的要求，间隔一定时间后喷洒清水养护；

4 施工结束后，应将基体表面清理干净。

6.5 质量要求及检验

6.5.1 渗透结晶型防水材料的品种、规格和质量应符合设计和国家现行有关标准的要求。

6.5.2 施工配合比应符合产品说明书的要求。

6.5.3 建筑室内防水工程、建筑外墙防水工程或构筑物防水工程不得有渗漏现象；地下防水工程应符合相应防水等级标准的要求。

6.5.4 细部构造做法应符合设计要求。

6.5.5 渗透结晶型防水材料的单位用量不得小于设计规定。

6.5.6 粉状渗透结晶型防水材料的涂层与基层应粘结牢固，不粉化，涂布均匀。

6.5.7 液态渗透结晶型防水材料喷涂应均匀，无流淌、漏涂现象。

6.5.8 养护的方法和时间应符合本规程的规定。

7 工程验收及防护

7.1 工 程 验 收

7.1.1 防水工程应按工序或分项工程进行验收，构成分项工程的各检验批应符合相应质量标准的规定。

7.1.2 工程验收时，应提交下列技术资料，并整理归档：

1 防水设计：设计图及会审记录、设计变更通知单和工程洽商单。

2 施工方案：施工方法、技术措施、质量保证措施。

3 技术交底：施工操作要求及注意事项。

4 材料质量证明文件：出厂合格证、产品质量检验报告、试验报告。

5 施工单位资质证明：资质复印证件。

6 施工日志：逐日施工情况。

7 中间检查记录：分项工程质量验收记录、隐蔽工程检查验收记录、施工检验记录。

8 工程检验记录：抽样质量检验和观察检查、淋水或蓄水检验记录、验收报告。

7.2 防 护

7.2.1 防水工程施工完成后，应及时做好成品保护。

7.2.2 防水工程竣工验收后，严禁在防水层上凿孔打洞。

CECS 203：2006《自密实混凝土应用技术规程》

本规程主要内容包括：

1. 总则；2. 术语；3. 材料要求；4. 自密实混凝土性能要求；5. 自密实混凝土配合比设计；6. 生产与运输；7. 施工；8. 质量检验与验收；附录 A. 自密实混凝土自密实性能检测方法。

1 总　　则

1.0.1 为使自密实混凝土在工程应用中有所依据，做到技术先进、安全适用、经济合理、保证质量，制订本规程。

1.0.2 本规程适用于现场浇筑的混凝土工程和预制混凝土构件的生产，尤其适用于薄壁、钢筋密集、结构形状复杂、振捣困难的结构以及对施工噪声有特殊要求的工程。

1.0.3 自密实混凝土的设计与施工，应充分考虑结构、原材料、生产、施工和环境等条件的差异。

1.0.4 自密实混凝土的应用技术要求，除应符合本规程外，尚应符合国家现行有关标准的规定。

2 术　　语（略）

3 材 料 要 求

3.0.1 自密实混凝土所用原材料除应符合本规程的规定，尚应满足普通混凝土所用原材料的相关标准要求。

3.0.2 根据工程具体需要，自密实混凝土可选用硅酸盐水泥、普通硅酸盐水泥、矿渣硅酸盐水泥、火山灰硅酸盐水泥、粉煤灰硅酸盐水泥、复合硅酸盐水泥；使用矿物掺合料的自密实混凝土，宜选用硅酸盐水泥或普通硅酸盐水泥。

3.0.3 自密实混凝土可掺入粉煤灰、粒化高炉矿渣粉、硅灰、沸石粉、复合矿物掺合料等活性矿物掺合料。其技术性能指标要求如下：

　1 粉煤灰

用于自密实混凝土的粉煤灰应满足现行国家标准《用于水泥和混凝土中的粉煤灰》GB/T 1596 中Ⅰ级或Ⅱ级粉煤灰的技术性能指标要求，具体指标见表 3.0.3-1。强度等级高于 C60 的自密实混凝土宜选用Ⅰ级粉煤灰。C 类粉煤灰的体积安定性检验必须合格。

表 3.0.3-1　粉煤灰技术性能指标

项　　目		级别及技术性能指标	
		Ⅰ级	Ⅱ级
细度（45μm方孔筛筛余）（%） ≤		12.0	25.0
需水量比（%） ≤		95	105
烧失量（%） ≤		5.0	8.0
含水量（%） ≤		1.0	
三氧化硫（%） ≤		3.0	
游离氧化钙（%） ≤	F类粉煤灰	1.0	
	C类粉煤灰	4.0	

2　粒化高炉矿渣粉

用于自密实混凝土的粒化高炉矿渣粉应符合现行国家标准《用于水泥和混凝土中的粒化高炉矿渣粉》GB/T 18046 的技术性能指标要求，具体指标见表 3.0.3-2。

表 3.0.3-2　粒化高炉矿渣技术性能指标

项　　目		级别及技术性能指标		
		S105	S95	S75
密度（g/cm³） ≥		2.8		
比表面积（m²/kg） ≥		350		
活性指数（%） ≥	7d	95	75	55
	28d	105	95	75
流动度比（%） ≥		85	90	95
含水量（%） ≤		1.0		
三氧化硫（%） ≤		4.0		
氯离子含量（%） ≤		0.02		
烧失量（%） ≤		3.0		

3　沸石粉

用于自密实混凝土的沸石粉应满足表 3.0.3-3 规定的要求。指标测定按照现行国家标准《高强高性能混凝土用矿物外加剂》GB/T 18736 中的相关规定进行。

表 3.0.3-3　沸石粉技术性能指标

项　　目		级别及技术性能指标		项　　目		级别及技术性能指标	
		Ⅰ级	Ⅱ级			Ⅰ级	Ⅱ级
吸铵值（mmol/100g） ≥		130	100	需水量比（%） ≥		110	115
比表面积（m²/kg） ≥		700	500	活性指数（%） ≥		90	85

4　硅灰

用于自密实混凝土的硅灰应满足表 3.0.3-4 规定的要求。比表面积用 BET 氮吸附法进行测定，并按照仪器说明书给定的方法计算出比表面积；二氧化硅含量按照现行国家标准《高强高性能混凝土用矿物外加剂》GB/T 18736 中附录 A 的相关规定进行检验。

表 3.0.3-4　硅灰技术性能指标

项　　目		技术性能指标	项　　目		技术性能指标
比表面积（m²/kg）	≥	15000	二氧化硅含量（%）	≥	85

5　复合矿物掺合料

用于自密实混凝土的复合矿物掺合料应满足表 3.0.3-5 规定的要求，细度按照现行国家标准《用于水泥和混凝土中的粉煤灰》GB/T 1596 中的方法进行测定，流动度比按照现行国家标准《用于水泥和混凝土中的粒化高炉矿渣粉》GB/T 18046 中的方法测定；其他项目的试验按照现行国家标准《高强高性能混凝土矿物外加剂》GB/T 18736 中的相关规定进行，并依据复合矿物掺合料中的主要组分来选择相关试验方法。

表 3.0.3-5　复合矿物掺合料技术性能指标

项　　目		级别及技术性能指标		
		F105	F95	F75
比表面积（m²/kg）	≥	450	400	350
细度（0.045mm 方孔筛筛余）（%）	≤	10		
活性指数（%）　7d	≥	90	70	50
28d	≥	105	95	75
流动度比（%）	≥	85	90	95
含水量（%）	≤	1.0		
三氧化硫（%）	≤	4.0		
烧失量（%）	≤	5.0		
氯离子（%）	≤	0.02		

6　惰性掺合料

通过试验，自密实混凝土中也可采用惰性掺合料，其性能指标应符合表 3.0.3-6 的要求。试验按现行国家标准《用于水泥和混凝土中的粒化高炉矿渣粉》GB 18046 中的相关规定进行。

表 3.0.3-6　惰性掺合料技术性能指标

项目	三氧化硫	烧失量	氯离子	比表面积	流动度比	含水量
指标	≤4.0%	≤3.0%	≤0.02%	≥350 m²/kg	≥90%	≤1.0%

3.0.4　细骨料宜选用第 2 级配区的中砂，砂的含泥量、泥块含量宜符合表 3.0.4 的指标要求。试验应按现行行业标准《普通混凝土用砂质量标准及检验方法》JGJ 52 中的相关规定进行。

表 3.0.4　砂的含泥量和泥块含量指标

项　　目	含 泥 量	泥块含量
指标	≤3.0%	≤1.0%

3.0.5 粗骨料宜采用连续级配或 2 个单粒经级配的石子，最大粒径不宜大于 20mm；石子的含泥量、泥块含量及针片状颗粒含量宜符合表 3.0.5 的要求；石子空隙率宜小于 40％。试验应按现行行业标准《普通混凝土用碎石或卵石质量标准及检测方法》JGJ 53 中的相关规定进行。

表 3.0.5 石子的含泥量、泥块含量和针片状颗粒含量指标

项　目	含泥量	泥块含量	针片状颗粒含量
指　标	≤1.0％	≤0.5％	≤8％

3.0.6 减水剂应选用高效减水剂，宜选用聚羧酸系高性能减水剂。如果需要提高混凝土拌合物的粘聚性，自密实混凝土中也可掺入增粘剂。

3.0.7 自密实混凝土拌合用水应符合现行行业标准《混凝土拌合用水标准》JGJ 63 的要求。

3.0.8 根据工程需要，自密实混凝土中可加入钢纤维、合成纤维、混杂纤维，其性能应满足现行协会标准《纤维混凝土结构技术规程》CECS 38 中的相关规定。

4 自密实混凝土性能要求

4.1 自密实混凝土自密实性能等级及性能要求

4.1.1 自密实混凝土的性能应满足建（构）筑物的结构特点和施工要求。

4.1.2 自密实性能包括：流动性、抗离析性和填充性。可采用坍落扩展度试验、V 漏斗试验（或 T_{50} 试验）和 U 型箱试验进行检测。自密实性能等级分为三级，其指标应符合表 4.1.2 的要求，相关项目的检测方法按照本规程附录 A 进行。

表 4.1.2 混凝土自密实性能等级指标

性能等级	一级	二级	三级
U 型箱试验填充高度（mm）	320 以上（隔栅型障碍 1 型）	320 以上（隔栅型障碍 2 型）	320 以上（无障碍）
坍落扩展度（mm）	700±50	650±50	600±50
T_{50}（s）	5～20	3～20	3～20
V 漏斗通过时间（s）	10～25	7～25	4～25

4.1.3 应根据结构物的结构形状、尺寸、配筋状态等选用自密实性能等级。对于一般的钢筋混凝土结构物及构件可采用自密实性能等级二级。

一级：适用于钢筋的最小净间距为 35～60mm、结构形状复杂、构件断面尺寸小的钢筋混凝土结构物及构件的浇筑；

二级：适用于钢筋的最小净间距为 60～200mm 的钢筋混凝土结构物及构件的浇筑；

三级：适用于钢筋的最小净间距 200mm 以上、断面尺寸大、配筋量少的钢筋混凝土

结构物及构件的浇筑，以及无筋结构物的浇筑。

4.2 硬化自密实混凝土的性能

4.2.1 自密实混凝土强度等级应满足配合比设计强度等级的要求。

4.2.2 自密实混凝土的弹性模量、长期性能和耐久性等其他性能，应符合设计或相关标准的要求。

5 自密实混凝土配合比设计

5.1 配合比设计基本规定

5.1.1 自密实混凝土配合比应根据结构物的结构条件、施工条件以及环境条件所要求的自密实性能进行设计，在综合强度、耐久性和其他必要性能要求的基础上，提出实验配合比。

5.1.2 自密实混凝土自密实性能的确认应按照本规程 4.1.2、4.1.3 条自密实混凝土自密实性能等级及相对应的使用范围进行。

5.1.3 在进行自密实混凝土的配合比设计调整时，应考虑水胶比对自密实混凝土设计强度的影响和水粉比对自密实性能的影响。

5.1.4 配合比设计宜采用绝对体积法。

5.1.5 对于某些低强度等级的自密实混凝土，仅靠增加粉体量不能满足浆体黏性时，可以通过试验确认后适当添加增粘剂。

5.1.6 自密实混凝土宜采用增加粉体材料用量和选用优质高效减水剂或高性能减水剂，改善浆体的黏性和流动性。

5.2 自密实混凝土配合比设计

5.2.1 使用材料应按下列原则进行选择：

1 粉体的选定

粉体应根据结构物的结构条件、施工条件以及环境条件所需的新拌混凝土性能和硬化混凝土性能选定。

2 骨料的选定

骨料应根据新拌混凝土性能和硬化混凝土所需的性能选定。

3 外加剂的选定

所选用的外加剂应在其适宜掺量范围内，能够获得所需的新拌混凝土性能，并且对硬化混凝土性能无负面影响。

5.2.2 初期配合比设计应符合下列要求：

1 粗骨料的最大粒径和单位体积粗骨料量

1） 粗骨料最大粒径不宜大于 20mm。

2） 单位体积粗骨料量可参照表 5.2.2 选用。

2 单位体积用水量、水粉比和单位体积粉体体积

表 5.2.2　单位体积粗骨料量

混凝土自密实性能等级	一级	二级	三级
单位体积粗骨料绝对体积（m³）	0.28～0.30	0.30～0.33	0.32～0.35

　　1）单位体积用水量、水粉比和单位体积粉体量的选择，应根据粉体的种类和性质以及骨料的品质进行选定，并保证自密实混凝土所需的性能。

　　2）单位体积用水量宜为 155～180kg。

　　3）水粉比根据粉体的种类和掺量有所不同。按体积比宜取 0.80～1.15。

　　4）根据单位体积用水量和水粉比计算得到单位体积粉体量。单位体积粉体量宜为 0.16～0.23m³。

　　5）自密实混凝土单位体积浆体量宜为 0.32～0.40m³。

　　3　含气量

　　自密实混凝土的含气量应根据粗骨料最大粒径、强度、混凝土结构的环境条件等因素确定，宜为 1.5%～4.0%。有抗冻要求时应根据抗冻性确定新拌混凝土的含气量。

　　4　单位体积细骨料量

　　单位体积细骨料量由单位体积粉体量、骨料中粉体含量、单位体积粗骨料量、单位体积用水量和含气量确定。

　　5　单位体积胶凝材料体积用量

　　单位体积胶凝材料体积用量可由单位体积粉体量减去惰性粉体掺合料体积以及骨料中小于 0.075mm 的粉体颗粒体积确定。

　　6　水灰比与理论单位体积水泥用量

　　根据工程设计的强度计算出水灰比，并得到相应的理论单位体积水泥用量。

　　7　实际单位体积活性矿物掺合料量和实际单位体积水泥用量

　　应根据活性矿物掺合料的种类和工程设计强度确定活性矿物掺合料的取代系数，然后通过胶凝材料体积用量、理论水泥用量和取代系数计算出实际单位体积活性矿物掺合料量和实际单位体积水泥用量。

　　8　水胶比

　　应根据本条第 2、6、7 款计算得到的单位体积用水量、实际单位体积水泥用量以及单位体积活性矿物掺合料量计算出自密实混凝土的水胶比。

　　9　外加剂掺量

　　高效减水剂和高性能减水剂等外加剂掺量应根据所需的自密实混凝土性能经过试配确定。

　　5.2.3　配合比的调整与确定应按下列要求进行：

　　1　验证新拌混凝土的质量

　　采用本规程第 5.2.2 条设计的初期配合比进行试拌，按本规程表 4.1.3 验证是否满足新拌混凝土的性能要求。

　　2　根据新拌混凝土性能进行配合比调整

　　1）当试拌混凝土不能达到所需的新拌混凝土性能时，应对外加剂、单位体积用水量、单位体积粉体量（水粉比）和单位体积粗骨料量进行适当调整。如要求性能中包括含气量，也应加以适当调整。

2）当上述调整仍不能满足要求时，应对使用材料进行变更。如变更较难时，则应对配合比重新进行综合分析，调整新拌混凝土性能目标值，重新设计配合比。

3 验证硬化混凝土质量

新拌混凝土性能满足要求后，应验证硬化混凝土性能是否满足设计要求。当不符合要求时，应对材料和配合比进行适当调整后，重新进行试拌合试验再次确认。

4 配合比的表示方法

配合比的表示方法按表5.2.3的规定。

表5.2.3 配合比的表示方法

自密实混凝土强度等级		
自密实性能等级		
坍落扩展度目标值（mm）		
V漏斗通过时间目标值（s）（或 T_{50} 时间）		
水胶比		
水粉比		
含气量（%）		
粗骨料最大粒径（mm）		
单位体积粗骨料绝对体积（m^3）		
单位体积材料用量	体积用量（L）	质量用量（kg）
水 W		
水泥 C		
掺合料		
细骨料 S		
粗骨料 G		
外加剂　高性能减水剂		
其他外加剂		

注：1）当掺合料为多种材料时，分别以不同栏目表示；
2）液体外加剂中的含水计入单位体积用水量。

6 生 产 与 运 输

6.1 生产与运输设备

6.1.1 搅拌机应符合现行国家标准《混凝土搅拌机》GB/T 9142 的规定，宜采用强制式搅拌机。当采用其他类型的搅拌设备时，应根据需要适当延长搅拌时间。

6.1.2 计量设备应符合下列要求：

1 计量设备的精度应符合现行国家标准《混凝土搅拌站（楼）技术条件》GB 10172 的有关规定；

2 计量设备应按有关规定由法定计量单位进行检定，使用期间应定期进行校准；

3 计量设备应能连续计量不同配比混凝土的各种材料，并应具有实际计量结果逐盘记录和储存功能。

6.1.3 混凝土运输设备应符合下列要求：

1 混凝土运输设备在运送混凝土时，应能保持混凝土拌合物的均匀性，不应产生离析、分层和前后不均匀现象；

2 混凝土搅拌运输车应符合现行行业标准《混凝土搅拌运输车》JG/T 5094 的规定。在施工现场需用外加剂进行扩展度调整时，应使混凝土得到充分搅拌，使其均匀一致。

6.2 原材料贮存与管理

6.2.1 各种材料必须分仓贮存，并应有明显的标识。

6.2.2 水泥应按生产厂家、品种及等级分别贮存，同时应防止受潮和污染。

6.2.3 掺合料应按品种、级别分别贮存，严禁与水泥等其他粉状料混杂。

6.2.4 骨料的贮存宜采用仓储或加屋顶遮盖。

6.2.5 骨料的贮存应保证骨料的均匀性，不应使大小颗粒分离，同时应将不同品种、规格的骨料分别贮存，避免混杂和污染。骨料的贮存地面应为能排水的硬质地面。

6.2.6 外加剂应按生产厂家、品种分别贮存，并应具有防止其发生变化的措施。

6.3 原材料计量与搅拌

6.3.1 各种固体原材料的计量均应按质（重）量计，水和液体外加剂的计量可按体积计。

6.3.2 原材料的计量允许偏差应符合表 6.3.2 的规定。

表 6.3.2 原材料计量允许偏差

序号	原材料 品种	水泥 （%）	骨料 （%）	水 （%）	外加剂 （%）	掺合料 （%）
1	每盘计量允许偏差	±2	±3	±1	±1	±2
2	累计计量允许偏差	±1	±2	±1	±1	±1

注：累计计量允许偏差是指每一运输车中各盘混凝土的每种材料计量和的偏差，该指标只适用于采用微机控制的搅拌站。

6.4 生 产

6.4.1 混凝土应采用符合本规程第 6.1.1 条规定的搅拌机进行生产。

6.4.2 与生产普通混凝土相比应适当延长搅拌时间。

6.4.3 投料顺序宜先投入细骨料、水泥及掺合料搅拌 20s 后，再投入 2/3 的用水量和粗骨料搅拌 30s 以上，然后加入剩余水量和外加剂搅拌 30s 以上。若为冬期施工，则应先投入骨料和全部净用水量后搅拌 30s 以上，然后再投入胶凝材料搅拌 30s 以上，最后加外加剂搅拌 45s 以上。

6.4.4 生产过程中应测定骨料的含水率，每一个工作班应不少于 2 次。当含水率有显著变化时，应增加测定次数，并依据检测结果及时调整用水量及骨料用量，不得随意改变配合比。

6.4.5 混凝土配合比使用过程中，应根据原材料的变化或混凝土质量动态信息及时进行调整。

6.5 质量管理与控制

6.5.1 混凝土生产企业应具备完善的质量管理体系和相应资质的技术人员。

6.5.2 混凝土生产企业应具备与产品相适应的混凝土检测设备、实验条件。

6.5.3 混凝土的检验规则除应符合现行国家标准《预拌混凝土》GB/T 14902 的规定外，尚应进行以下项目的检验：

1 混凝土出厂时应检验其流动性、抗离析性和填充性。

2 混凝土强度试件的制作方法：将混凝土搅拌均匀后直接倒入试模内，不得使用振动台和插捣方法成型。

6.6 运　输

6.6.1 混凝土运输车应采用本规程第 6.1.3 条规定的运输车运送。

6.6.2 运输车在接料前应将车内的残留的其他品种的混凝土清洗干净，并将车内积水排尽。

6.6.3 运输过程中严禁向车内的混凝土加水。

6.6.4 混凝土的运输时间应符合规定，未作规定时，宜在 90min 内卸料完毕。当最高气温低于 25℃时，运送时间可延长 30min。混凝土的初凝时间应根据运输时间和现场情况加以控制，如需延长运送时间时，应采用相应技术措施，并应通过试验验证。

6.6.5 卸料前搅拌运输车应高速旋转 1min 以上方可卸料。

6.6.6 在混凝土卸料前，如需对混凝土扩展度进行调整时，加入外加剂后混凝土搅拌运输车应高速旋转 3min，使混凝土均匀一致，经检测合格后方可卸料。外加剂的种类、掺量应事先试验确定。

6.6.7 混凝土的运输速度应保证施工的连续性。

6.6.8 混凝土在运输过程中应避免遗撒。

7 施　工

7.1 一般规定

7.1.1 施工前应制定适当的自密实混凝土施工方案，应依据方案实施并加强管理。

7.1.2 自密实混凝土的施工措施应根据浇筑部位加以确定。斜坡面部位浇筑自密实混凝土时，应有相应的施工措施。

7.2 模板选择及施工

7.2.1 模板形式除采用传统模板外，也可采用保温一体化模板。

7.2.2 模板及其支护部件应根据工程结构形式、荷载大小、地基土类别、施工程序、施工机具和材料供应等条件进行选择。

7.2.3 模板及其支护应具有足够的承载能力、刚度和稳定性，应能可靠地承受浇筑混凝土的自重、侧压力（按液压计算）、施工过程中产生的荷载。

7.2.4 成型的模板应构造紧密、不漏浆，不影响自密实混凝土均匀性和强度发展，并能保证构件形状正确、规整。

7.2.5 安装模板时，应准确配置混凝土垫块或钢筋定位装置等。

7.2.6 模板的支撑立柱应置于坚实的地（基）面上，并应具有足够的刚度、强度和稳定性，间距适度，防止支撑沉陷，引起模板变形。上下层模板的支撑立柱应对准。

7.2.7 模板及其支护的拆除顺序及相应的施工安全措施在制定施工技术方案时应考虑周全。拆除模板时，不得随意投掷。拆除的模板及支架应随拆随运，不得在楼板面形成局部过大的荷载。同时，也应防止对模板的损伤。

7.2.8 底模及其支架拆除时的混凝土强度应符合设计要求；当无设计要求时，混凝土强度应符合表 7.2.8 的规定。

表 7.2.8　底模拆除时的混凝土强度要求

构件类型	构件跨度 （m）	达到设计的混凝土立方体抗压强度标准值的百分率（%）
板	≤2	≥50
	>2，≤8	≥75
	>8	≥100
梁、拱、壳	≤8	≥75
	>8	≥100
悬臂构件	—	≥100

7.2.9 已拆除的模板及其支架的结构，当施工荷载所产生的效应比使用荷载的效应更不利时，必须经过核算并加设临时支撑。

7.2.10 有特殊要求部位的模板施工，应制定专项施工技术方案。

7.3 现场浇筑

7.3.1 浇筑时要考虑结构的浇筑区域、构件类别、钢筋配置状况以及混凝土拌合物的品质，并选用适当机具与浇筑方法。

7.3.2 应根据试验结果及施工实际确定混凝土泵的种类、台数、输送管径、配管距离等。

7.3.3 浇筑之前要检查模板及支架、钢筋及其保护层厚度、预埋件等的位置、尺寸，确认正确无误后，方可进行浇筑。浇筑的混凝土应填充到钢筋、埋设物周围及模板内各角落，为防止浇筑不均匀及表面气泡，可在模板外侧辅助敲击。

7.3.4 自密实混凝土的泵送和浇筑应保持其连续性，当因停泵时间过长，混凝土不能达到要求的工作性时，应及时清除泵及泵管中的混凝土，重新浇筑。

7.3.5 泵送时应考虑自密实混凝土性能、构件形状、配筋状况，应根据试验结果和施工实际确定自密实混凝土的浇筑速度。

7.3.6 对现场浇筑的混凝土应进行监控，当运抵现场的混凝土坍落扩展度低于设计扩展度下限值时不得施工，可采取经试验确认的可靠方法调整坍落扩展度。在降雨、雪时不宜在露天浇筑混凝土。

7.3.7 浇筑时的最大自由落下高度宜在 5m 以下，最大水平流动距离应根据施工部位对混凝土性能的要求而定，最大不宜超过 7m。

7.3.8 浇筑时应防止钢筋、模板、定位装置等的移动和变形，对于型钢混凝土结构应均匀浇筑，防止扭曲变形。

7.3.9 分层浇筑混凝土时，应在下一层混凝土初凝前将上一层混凝土浇筑完毕。

7.3.10 滑模施工时应保持模板平整光洁，并严格控制混凝土的凝结时间与滑模速率匹配，防止滑模时产生拉裂、塌陷。

7.3.11 板类（含底板）混凝土面层浇筑完毕后，应在初凝后终凝前进行二次抹压。

7.3.12 混凝土浇筑后，静停过程中因气泡溢出导致混凝土沉降，可在浇筑时适当高于所要求的标高，也可在混凝土初凝前补充浇筑至所规定的标高。

7.3.13 除上述规定外，其他按普通混凝土相关标准的规定执行。

7.4 预 制 构 件 生 产

7.4.1 用于生产预制构件的自密实混凝土，应根据生产要求适当调整自密实性能的保持时间。

7.4.2 浇筑大型预制构件时，必须保证自密实混凝土的连续供应。分区或分层浇筑时，应在前次混凝土自密实性能保持时间内及时进行后续浇筑。

7.4.3 采用自密实混凝土生产预制构件时，浇筑速度不宜太快，不应大于自密实混凝土在自重下的流动速度。

7.4.4 采用自密实混凝土生产预制构件，应充分保证侧面模板的刚度和支护强度。

7.4.5 对外观有严格要求的预制构件，应严格选择适当材质的模板和脱模剂种类，同时可对模板进行适当的辅助性振动和敲打。

7.4.6 浇筑采用形状复杂或封闭空间的模板时，在模板上部适当位置应设置排气孔或采用透气模板。

7.4.7 预制构件需要短时间脱模时，经过后期强度的验证，可采用蒸汽养护，也可采用具有早强功能的外加剂。

7.5 养 护

7.5.1 应制定养护方案，派专人负责养护工作。

7.5.2 混凝土浇筑完毕，应及时养护，并适当延长预养护时间，养护时间不得少于 14d。钢管混凝土和保温模板一体化施工技术等不拆模、无外露混凝土面的可省略养护过程。

7.5.3 浇筑后的自密实混凝土可采用覆盖、洒水、喷雾或用薄膜保湿、喷养护剂（液）等养护措施。

7.5.4 底板和楼板等平面结构构件，自密实混凝土浇筑收浆和抹压后，应及时采用塑料薄膜覆盖。混凝土硬化至可上人时，应揭去塑料薄膜，铺上麻袋或草帘，用水浇透，有条件时尽量蓄水养护。

7.5.5 截面较大的柱子，宜用湿麻袋围裹喷水养护，或用塑料薄膜围裹自生养护，也可涂刷养护液。

7.5.6 墙柱体自密实混凝土浇筑完毕，混凝土达到 2.5MPa 后，必要时可松动模板，离缝约 3~5mm，在墙柱体顶部架设淋水管，喷淋养护。拆除模板后，应在墙面覆挂麻袋或草帘等覆盖物，避免阳光直照墙面。连续喷水养护时间应根据工程环境条件确定。地下室外墙宜尽早防护及回填土。

7.5.7 冬期施工不能向裸露部位的自密实混凝土直接浇水养护，应用保温材料和塑料薄膜进行保温、保湿养护。保温材料的厚度应经热工计算确定。

8　质量检验与验收

8.0.1 预拌混凝土到达施工现场后应逐车检测坍落扩展度、T_{50}，不得发生外沿泌浆及中心骨料堆积现象，也可增加全量检查装置的检查。

8.0.2 自密实混凝土的强度检验评定应符合现行国家标准《混凝土强度检验评定标准》GBJ 107 等标准的规定。

8.0.3 自密实混凝土含气量与合同规定值之差不应超过±1.5%。对于港工、水工以及铁道等对耐久性有特殊要求的混凝土含气量应符合相关标准。

8.0.4 氯离子含量应符合现行国家标准《混凝土结构设计规范》GB 50010 的要求。

8.0.5 碱骨料反应检测指标应符合现行国家标准《混凝土结构设计规范》GB 50010 的要求。

8.0.6 放射性核素放射性比活度应符合现行国家标准《建筑材料放射性核素限量》GB 6566 的要求。

8.0.7 自密实混凝土工程质量的检验与验收应按现行国家标准《混凝土结构工程施工质量验收规范》GB 50204 的规定执行。

当需方对自密实混凝土其他性能有要求时，应按国家现行有关标准进行试验，无相应标准时应按合同规定进行试验，其结果应符合标准及合同要求。

附录 A　自密实混凝土自密实性能检测方法（略）

JGJ/T 178—2009《补偿收缩混凝土应用技术规程》

本规程主要内容包括：

1. 总则；2. 术语；3. 基本规定；4. 设计原则；5. 原材料选择；6. 配合比；7. 生产和运输；8. 浇筑和养护；9. 施工缝、防水节点和施工缺陷的处理措施；10. 验收；附录A. 限制状态下补偿收缩混凝土抗压强度检验方法。

1 总 则

1.0.1 为规范补偿收缩混凝土的工程应用，减少或消除混凝土收缩裂缝，提高混凝土结构防水性，保证工程质量，制定本规程。

1.0.2 本规程适用于补偿收缩混凝土的设计、施工和验收。

1.0.3 补偿收缩混凝土的应用除应符合本规程外，尚应符合国家现行有关标准的规定。

2 术 语（略）

3 基 本 规 定

3.0.1 补偿收缩混凝土宜用于混凝土结构自防水、工程接缝填充、采取连续施工的超长混凝土结构、大体积混凝土等工程。以钙矾石作为膨胀源的补偿收缩混凝土，不得用于长期处于环境温度高于80℃的钢筋混凝土工程。

3.0.2 补偿收缩混凝土的质量除应符合现行国家标准《混凝土质量控制标准》GB 50164的规定外，还应符合设计所要求的强度等级、限制膨胀率、抗渗等级和耐久性技术指标。

3.0.3 补偿收缩混凝土的限制膨胀率应符合表3.0.3的规定。

表 3.0.3 补偿收缩混凝土的限制膨胀率

用　　途	限制膨胀率（％）	
	水中 14d	水中 14d 转空气中 28d
用于补偿混凝土收缩	≥ 0.015	≥ −0.030
用于后浇带、膨胀加强带和工程接缝填充	≥ 0.025	≥ −0.020

3.0.4 补偿收缩混凝土限制膨胀率的试验和检验应按照现行国家标准《混凝土外加剂应用技术规范》GB 50119的有关规定进行。

3.0.5 补偿收缩混凝土的抗压强度应满足下列要求：

　　1 对大体积混凝土工程或地下工程，补偿收缩混凝土的抗压强度可以标准养护60d

或 90d 的强度为准。

2 除对大体积混凝土工程或地下工程外，补偿收缩混凝土的抗压强度以标准养护 28d 的强度为准。

3.0.6 补偿收缩混凝土设计强度等级不宜低于 C25；用于填充的补偿收缩混凝土设计强度等级不宜低于 C30。

3.0.7 补偿收缩混凝土的抗压强度检验应按照现行国家标准《普通混凝土力学性能试验方法标准》GB/T 50081 进行。用于填充的补偿收缩混凝土的抗压强度检测，可按照本规程附录 A 进行。

4 设 计 原 则

4.0.1 设计使用补偿收缩混凝土时，应在设计图纸中明确注明不同结构部位的限制膨胀率指标要求。

4.0.2 补偿收缩混凝土的设计取值应符合下列规定：

1 补偿收缩混凝土的设计强度等级应符合现行国家标准《混凝土结构设计规范》GB 50010 的规定。用于后浇带和膨胀加强带的补偿收缩混凝土的设计强度等级应比两侧混凝土提高一个等级。

2 限制膨胀率的设计取值应符合表 4.0.2 的规定。

表 4.0.2　限制膨胀率的设计取值

结构部位	限制膨胀率（%）
板梁结构	≥0.015
墙体结构	≥0.020
后浇带、膨胀加强带等部位	≥0.025

3 限制膨胀率的取值应以 0.005% 的间隔为一个等级。

4 对下列情况，表 4.0.2 中的限制膨胀率取值宜适当增大：

（1）强度等级大于等于 C50 的混凝土，限制膨胀率宜提高一个等级；

（2）约束程度大的桩基础底板等构件；

（3）气候干燥地区、夏季炎热且养护条件差的构件；

（4）结构总长度大于 120m；

（5）屋面板；

（6）室内结构越冬外露施工。

4.0.3 大体积、大面积及超长混凝土结构的后浇带可采用膨胀加强带的措施，并应符合下列规定：

1 膨胀加强带可采用连续式、间歇式或后浇式等形式（见图 4.0.3-1～图 4.0.3-3）；

2 膨胀加强带的设置可按照常规后浇带的设置原则进行；

3 膨胀加强带宽度宜为 2000mm，应在其两侧用密孔钢（板）丝网将带内混凝土与带外混凝土分开；

4 非沉降的膨胀加强带可在两侧补偿收缩混凝土浇筑 28d 后再浇筑，大体积混凝土的膨胀加强带应在两侧的混凝土中心温度降至环境温度时再浇筑。

4.0.4 补偿收缩混凝土的浇筑方式和构造形式应根据结构长度,按表4.0.4进行选择。膨胀加强带之间的间距宜为30～60m。强约束板式结构宜采用后浇式膨胀加强带分段浇筑。

表4.0.4 补偿收缩混凝土浇筑方式和构造形式

结构类别	结构长度 L (m)	结构厚度 H (m)	浇筑方式	构造形式
墙体	L≤60	—	连续浇筑	连续式膨胀加强带
	L>60	—	分段浇筑	后浇式膨胀加强带
板式结构	L≤60		连续浇筑	—
	60<L≤120	H≤1.5	连续浇筑	连续式膨胀加强带
	60<L≤120	H>1.5	分段浇筑	后浇式、间歇式膨胀加强带
	L>120	—	分段浇筑	后浇式、间歇式膨胀加强带

注:不含现浇挑檐、女儿墙等外露结构。

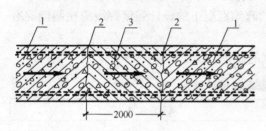

图4.0.3-1 连续式膨胀加强带
1—补偿收缩混凝土;2—密孔钢丝网;
3—膨胀加强带混凝土

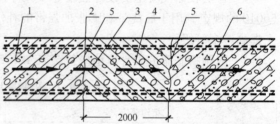

图4.0.3-2 间歇式膨胀加强带
1—先浇筑的补偿收缩混凝土;2—施工缝;3—钢板止水带;4—后浇筑的膨胀加强带混凝土;5—密孔钢丝网;6—与膨胀加强带同时浇筑的补偿收缩混凝土

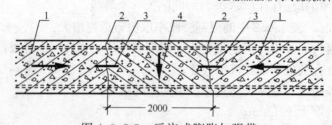

图4.0.3-3 后浇式膨胀加强带
1—补偿收缩混凝土;2—施工缝;3—钢板止水带;4—膨胀加强带混凝土

4.0.5 补偿收缩混凝土中的配筋配置应符合下列规定:

1 补偿收缩混凝土应采用双排双向配筋,钢筋间距宜符合表4.0.5的要求。当地下室外墙的净高度大于3.6m时,在墙体高度的水平中线部位上下500mm范围内,水平筋的间距不宜大于100mm。配筋率应符合现行国家标准《混凝土结构设计规范》

表4.0.5 钢筋间距

结构部位	钢筋间距(mm)
底板	150～200
楼板	100～200
屋面板、墙体水平筋	100～150

GB 50010 的有关规定。

    2 附加钢筋的配置宜符合下列规定：

        1） 当房屋平面形体有较大凹凸时，在房屋和凹角处的楼板、房屋两端阳角处及山墙处的楼板、与周围梁柱墙等构件整体浇筑且受约束较强的楼板，宜加强配筋。

        2） 在出入口位置、结构截面变化处、构造复杂的突出部位、楼板预留孔洞、标高不同的相邻构件连接处等，宜加强配筋。

4.0.6 当地下结构或水工结构采用补偿收缩混凝土作结构自防水时，在施工保证措施完善的前提下，迎水面可不做柔性防水。

5 原 材 料 选 择

5.0.1 水泥应符合现行国家标准《通用硅酸盐水泥》GB 175 或《中热硅酸盐水泥、低热硅酸盐水泥、低热矿渣硅酸盐水泥》GB 200 的规定。

5.0.2 膨胀剂的品种和性能应符合现行行业标准《混凝土膨胀剂》JC 476 的规定。膨胀剂应单独存放，并不得受潮。当膨胀剂在存放过程中发生结块、胀袋现象时，应进行品质复验。

5.0.3 外加剂和矿物掺合料的选择应符合下列规定：

    1 减水剂、缓凝剂、泵送剂、防冻剂等混凝土外加剂应分别符合国家现行标准《混凝土外加剂》GB 8076、行业标准《混凝土泵送剂》JC 473、《混凝土防冻剂》JC 475 等的规定。

    2 粉煤灰应符合现行国家标准《用于水泥和混凝土中的粉煤灰》GB 1596 的规定，不得使用高钙粉煤灰。使用的矿渣粉应符合现行国家标准《用于水泥和混凝土中的粒化高炉矿渣粉》GB/T 18046 的规定。

5.0.4 骨料应符合现行行业标准《普通混凝土用砂、石质量标准及检验方法》JGJ 52 的规定。轻骨料应符合现行国家标准《轻集料及其试验方法第 1 部分：轻集料》GB/T 17431.1 的规定。

5.0.5 拌合水应符合现行国家行业标准《混凝土用水标准》JGJ 63 的规定。

6 配 合 比

6.0.1 补偿收缩混凝土的配合比设计，应满足设计所需要的强度、膨胀性能、抗渗性、耐久性等技术指标和施工工作性要求。配合比设计应符合现行国行业标准《普通混凝土配合比设计规程》JGJ 55 的规定。使用的膨胀剂品种应根据工程要求和施工要求事先进行选择。

6.0.2 膨胀剂掺量应根据设计要求的限制膨胀率，并应采用实际工程使用的材料，经过混凝土配合比试验后确定。配合比试验的限制膨胀率值应比设计值高 0.005%，试验时，每立方米混凝土膨胀剂用量可按照表 6.0.2 选取。

6.0.3 补偿收缩混凝土的水胶比不宜大于 0.50。

6.0.4 单位胶凝材料用量应符合现行国家标准《混凝土外加剂应用技术规范》GB 50119

的规定，且补偿收缩混凝土单位胶凝材料用量不宜小于 300kg/m³，用于膨胀加强带和工程接缝填充部位的补偿收缩混凝土单位胶凝材料用量不宜小于 350kg/m³。

表 6.0.2　每立方米混凝土膨胀剂用量

用　途	每立方米混凝土膨胀剂用量（kg/m³）
用于补偿混凝土收缩	30～50
用于后浇带、膨胀加强带和工程接缝填充	40～60

6.0.5　有耐久性要求的补偿收缩混凝土，其配合比设计应符合现行国家标准《混凝土结构耐久性设计规范》GB/T 50476 的规定。

7　生　产　和　运　输

7.0.1　补偿收缩混凝土宜在预拌混凝土厂生产，并应符合现行国家标准《混凝土质量控制标准》GB 50164 的有关规定。

7.0.2　补偿收缩混凝土的各种原材料应采用专用计量设备进行准确计量。计量设备应定期校验，使用前应进行零点校核。原材料每盘称量的允许偏差应符合表 7.0.2 的规定。

表 7.0.2　原材料每盘称量的允许偏差

材料名称	允许偏差（%）
水泥、膨胀剂、矿物掺合料	±2
粗、细骨料	±3
水、外加剂	±2

7.0.3　补偿收缩混凝土应搅拌均匀。对预拌补偿收缩混凝土，其搅拌时间可与普通混凝土的搅拌时间相同，现场拌制的补偿收缩混凝土的搅拌时间应比普通混凝土的搅拌时间延长 30s 以上。

8　浇　筑　和　养　护

8.0.1　补偿收缩混凝土的浇筑和养护应符合现行国家标准《混凝土质量控制标准》GB 50164 的有关规定。

8.0.2　补偿收缩混凝土的浇筑应符合下列规定：

　　1　浇筑前应制定浇筑计划，检查膨胀加强带和后浇带的设置是否符合设计要求，浇筑部位应清理干净。

　　2　当施工中遇到雨、雪、冰雹需留施工缝时，对新浇混凝土部分应立即用塑料薄膜覆盖；当出现混凝土已硬化的情况时，应在其上铺设 30～50mm 厚的同配合比无粗骨料的膨胀水泥砂浆，再浇筑混凝土。

　　3　当超长的板式结构采用膨胀加强带取代后浇带时，应根据所选膨胀加强带的构造形式，按规定顺序浇筑。间歇式膨胀加强和后浇式膨胀加强带浇筑前，应将先期浇筑的混凝土表面清理干净，充分湿润。

　　4　水平构件应在终凝前采用机械或人工的方式，对混凝土表面进行三次抹压。

8.0.3　补偿收缩混凝土的养护应符合下列规定：

　　1　补偿收缩混凝土浇筑完成后，应及时对暴露在大气中的混凝土表面进行潮湿养护，养护期不得少于14d。对水平构件，常温施工时，可采取覆盖塑料薄膜并定时洒水、铺湿麻袋等方式。底板宜采取直接蓄水养护方式。墙体浇筑完成后，可在顶端设多孔淋水管，达到脱模强度后，可松动对拉螺栓，使墙体外侧与模板之间有2~3mm的缝隙，确保上部淋水进入模板与墙壁间，也可采取其他保湿养护措施。

2 在冬期施工时，构件拆模时间应延至7d以上，表层不得直接洒水，可采用塑料薄膜保水，薄膜上部再覆盖岩棉被等保温材料。

3 已浇筑完混凝土的地下室，应在进入冬期施工前完成灰土的回填工作。

4 当采用保温养护、加热养护、蒸汽养护或其他快速养护等特殊养护方式时，养护制度应通过试验确定。

9 施工缝、防水节点和施工缺陷的处理措施

9.0.1 墙体混凝土预留的水平施工缝和竖向施工缝应在迎水面进行混凝土自防水的修补处理，可在浇筑混凝土时沿缝预留凹槽，也可在拆模后在施工缝位置开凿深10mm、宽100mm的凹形槽。穿墙管（盒）、固定模板的对穿螺栓等节点位置，也应开凿凹槽。应先用清水将凹槽冲洗干净，再涂刷一层混凝土界面剂，然后再用膨胀水泥砂浆填实抹平并湿润养护14d。也可在修补部位表面涂刷防水涂料。

9.0.2 现浇混凝土所产生的外观质量缺陷，应按照现行国家标准《混凝土结构工程施工质量验收规范》GB 50204的相关规定进行处理。较大的蜂窝、孔洞等应采用比结构混凝土高一个强度等级的补偿收缩混凝土进行修补；对有防水要求的部位，还宜在修补的表面采用膨胀水泥砂浆进行防水处理，采用补偿收缩混凝土或膨胀水泥砂浆修补的部位应湿润养护14d。

9.0.3 对于贯穿性的混凝土裂缝，当混凝土有防水要求时，应采用压力灌浆法进行修补。对于非贯通性的混凝土裂缝，可进行表面封堵，也可沿着裂缝开凿凹形槽，采用刚性防水材料或膨胀水泥砂浆修补。

10 验 收

10.0.1 补偿收缩混凝土工程的验收应符合现行国家标准《建筑工程施工质量验收统一标准》GB 50300的有关规定。

10.0.2 补偿收缩混凝土的原材料验收应符合下列规定：

1 同一生产厂家、同一类型、同一编号且连续进场的膨胀剂，应按不超过200t为一批，每批抽样不应少于一次，检查产品合格证、出厂检验报告和进场复验报告。

2 水泥、外加剂等其他原材料按照现行国家标准《混凝土结构工程施工质量验收规范》GB 50204的规定进行验收。

10.0.3 对于补偿收缩混凝土的限制膨胀率的检验，应在浇筑地点制作限制膨胀率试验的试件，在标准条件下水中养护14d后进行试验，并应符合下列规定：

1 对于配合比试配，应至少进行一组限制膨胀率试验，试验结果应满足配合比设计要求。

2 施工过程中，对于连续生产的同一配合比的混凝土，应至少分成两个批次取样进行限制膨胀率试验，每个批次应至少制作一组试件，各批次的试验结果均应满足工程设计要求。

3 对于多组试件的试验，应取平均值作为试验结果。

4 限制膨胀率试验应按照现行国家标准《混凝土外加剂应用技术规范》GB 50119 的有关规定进行。

10.0.4 当现场取样试件的限制膨胀率低于设计值，而实际工程没有发生贯通裂缝，可通过验收；当现场取样试件的限制膨胀率符合设计值，而实际工程发生贯通裂缝，应按照本规程第 9 章的措施修补，或由施工单位提出技术处理方案，并经认可后进行处理。处理后应重新检查验收。

当现场取样试件的限制膨胀率低于设计值，实际工程也发生贯通裂缝，应组织专家进行专项评审并提出处理意见，经认可后进行处理。处理后，应重新检查验收。

附录 A 限制状态下补偿收缩混凝土抗压强度检验方法 （略）

JGJ/T 211—2010《建筑工程水泥——水玻璃双液注浆技术规程》

本规程主要内容包括：

1. 总则；2. 术语和符号；3. 基本规定；4. 原材料；5. 浆液的制备；6. 施工机具；7. 软弱地层注浆加固；8. 注浆堵水防渗；9. 竣工资料和工程验收。

1 总　　则

1.0.1 为规范建筑工程水泥—水玻璃双液注浆技术要求，做到技术先进、经济合理、安全适用、确保工程质量，制定本规程。

1.0.2 本规程适用于以水泥—水玻璃（C-S）为注浆浆液，实施软弱地层加固、注浆堵水防渗等建筑工程双液注浆的设计、施工和验收。

1.0.3 建筑工程水泥—水玻璃双液注浆设计、施工、验收等，除应符合本规程外，尚应符合国家现行有关标准的规定。

2　术语和符号（略）

3　基　本　规　定

3.0.1 水泥—水玻璃双液注浆前，应分析工程场地的岩土工程勘察、上部结构和基础设计及施工等资料，调查邻近建（构）筑物基础、地下工程和管线分布等施工场地的环境情况，并宜取得结构或基础隐患的评价分析报告。

3.0.2 对岩土的分类应符合现行国家标准《岩土工程勘察规范》GB 50021 和《土的工程分类标准》GB 50145 的规定。采用水泥—水玻璃双液注浆设计和施工时，应取得岩土层的颗粒级配、含水量、密度、孔隙比、渗透性、强度、压缩性、承载力等指标。当无试验或经验指标时，土的孔隙比和渗透系数可按表 3.0.2 取值。

表 3.0.2　土的孔隙比和渗透系数

土类	天然含水量 ω_0（%）	孔隙比 e	渗透系数 k（mm/s）
填土	—	0.7~1.0	—
淤泥	—	>1.5	—
淤泥质土	—	1.0~1.5	—

土类	天然含水量 ω_0（%）	孔隙比 e	渗透系数 k（mm/s）
黏土	26～29	0.7～0.8	$<1.2\times10^{-5}$
	30～34	0.8～0.9	
	34～40	0.9～1.0	
粉质黏土	19～22	0.4～1.0	1.2×10^{-5}～5.0×10^{-4}
	23～25	0.6～0.7	
	26～29	0.7～0.8	
	30～34	0.8～0.9	
	34～40	0.9～1.0	
粉土	15～18	0.4～0.5	5.0×10^{-4}～5.0×10^{-3}
	19～22	0.5～0.6	
	23～25	0.6～0.7	
粉砂	15～18	0.5～0.6	5.0×10^{-3}～1.2×10^{-2}
	19～22	0.6～0.7	
	23～25	0.7～0.8	
细砂	15～18	0.4～0.5	1.2×10^{-2}～5.0×10^{-2}
	19～22	0.5～0.6	
	23～25	0.6～0.7	
中砂	15～18	0.4～0.5	5×10^{-2}～2.4×10^{-1}
	19～22	0.5～0.6	
	23～25	0.6～0.7	
粗砂	15～18	0.4～0.5	2.4×10^{-1}～0.6
	19～22	0.5～0.6	
	23～25	0.6～0.7	
砾砂	—	0.4～1.0	0.6～1.8
卵石	—	0.35～0.91	$>1.3\times10^{-1}$

3.0.3 水泥—水玻璃双液注浆施工前，应通过试验性施工确定钻孔工艺、浆液配合比、注浆方法和工艺，并应符合下列规定：

1 水泥—水玻璃双液注浆试验孔的布置应选取具代表性的地段。当地质条件复杂时，对不同水文地质和工程地质特征的地段，均宜设置试验孔。

2 注浆试验孔深度应大于设计孔深1.0m，全孔取芯，并应详细记录地层分层情况和地层特性。

3 试验时，双液注浆应采用孔口封闭、自下而上的上行式孔内阻塞注浆；当注浆地层深度较深、地质条件复杂时，可采取自上而下的下行式注浆。注浆时，应由低压、较大注入量开始，至终压、较小注入量结束，且注浆终压力应不小于设计压力。

4 当在软弱地层进行水泥—水玻璃双液注浆加固试验时，宜采用标准贯入进行检验。当在土层中进行堵水防渗注浆试验时，宜采用钻孔取芯结合注水试验进行检验；当在岩层中进行堵水防渗注浆试验时，宜采用钻孔取芯结合压水试验进行检验。

　　5　应及时整理、分析试验资料，优化工艺参数；确定不同水文地质特征地段的注浆材料、配合比、施工工艺等。

3.0.4　在炎热季节进行水泥—水玻璃双液注浆施工时，应采取防晒和降温措施；在寒冷季节进行水泥—水玻璃双液注浆施工时，机房和注浆管路应采取防冻措施。

4　原　材　料

4.0.1　水泥—水玻璃浆液应采用普通硅酸盐水泥配置，普通硅酸盐水泥的性能应符合现行国家标准《通用硅酸盐水泥》GB 175 的规定。

4.0.2　配制水泥—水玻璃浆液所采用的水玻璃模数应在 2.4～3.2 之间，其浓度不应小于 40°Bé。

4.0.3　配制水泥—水玻璃浆液所采用的拌合用水应符合现行行业标准《混凝土用水标准》JGJ 63 的有关规定。

4.0.4　配制水泥—水玻璃浆液时，可根据工程的实际需要，掺加粉煤灰、膨润土、矿渣微粉等掺合料及其他添加剂。

5　浆　液　的　制　备

5.0.1　水泥—水玻璃双液注浆材料应按浆液配比进行计算，且水泥等固相材料宜采用质量（重量）称量法进行计量，允许偏差应为±5％；水和添加剂可按体积进行计量，允许偏差应为±1％。

5.0.2　水泥浆应搅拌均匀，且搅拌时间不应小于 3min，并应测量水泥浆液密度。

5.0.3　集中制备水泥浆时，宜制备水灰比为 0.5 的水泥浆，且输送水泥浆的管道流速宜为 1.4～2.0m/s。注浆前，应根据水泥—水玻璃双液注浆浆液设计配比对集中制备的水泥浆的水灰比进行调配。

5.0.4　水玻璃宜在使用前加水稀释到 20～35°Bé 备用，并应确保搅拌均匀。

5.0.5　水泥—水玻璃双液注浆浆液在使用前应过滤。浆液自制备至用完的时间应不超过其初凝时间，且不宜大于 2h。

5.0.6　水泥—水玻璃双液注浆浆液温度应保持在 5～40℃之间；用热水搅拌制备水泥—水玻璃双液注浆浆液时，拌合水的温度不得超过 40℃。

6　施　工　机　具

6.0.1　水泥—水玻璃双液注浆应根据注浆的方法和目的，选用地质钻机和其他成孔设备。

6.0.2　水泥—水玻璃双液注浆用制浆设备应根据所搅拌浆液的类型、注浆泵的排量确定，并应满足连续、均匀拌制的要求。制浆设备可选用搅拌机。

6.0.3　水泥—水玻璃双液注浆宜采用专用双液注浆泵，并应符合下列规定：

　　1　注浆泵的技术性能应与所注浆液的类型、浓度相适应；

2 注浆泵的额定工作压力应大于 1.5 倍的最大注浆压力；

3 注浆泵的排浆量应能满足最大注入率和双液浆配比调整的要求。

6.0.4 水泥—水玻璃双液注浆管路应使浆液流动畅通，并应能承受至少 2 倍的设计注浆压力。注浆管可采用钻杆、花管、双重管等不同形式和规格的管材。

6.0.5 注浆泵出口和注浆孔口处均应安装压力表，且其使用压力应在压力表最大标称值的 1/4～3/4 之间。压力表与管路之间应设置隔浆装置。

6.0.6 水泥—水玻璃双液注浆用止浆塞应与所采用的注浆方式、方法、注浆压力及地质条件相适应，应有良好的膨胀和耐压性能，在最大注浆压力下能可靠地封闭注浆孔段，并易于安装和卸除。

6.0.7 双液注浆的混合器可设置在孔底和孔口。

7 软弱地层注浆加固

7.1 一 般 规 定

7.1.1 对软弱地层进行水泥—水玻璃双液注浆加固前，应进行水泥—水玻璃双液注浆加固方案的可行性论证。

7.1.2 水泥—水玻璃双液注浆方案确定后，应结合工程情况进行试验性施工，并根据试验结果调整水泥—水玻璃双液注浆设计参数和施工工艺。

7.2 设 计

7.2.1 软弱地层水泥—水玻璃双液注浆加固设计应根据软弱地层加固的目的和邻近建（构）筑物的状况确定强度和变形要求，并确定水泥—水玻璃双液注浆加固深度及范围。

7.2.2 软弱地层水泥—水玻璃双液注浆加固时，注浆孔的布置应符合下列规定：

1 应采用梅花形布置，注浆孔艰巨宜为浆液扩散半径的 0.8～1.7 倍，排间距宜为孔距的 0.8～1.0 倍；

2 注浆孔深度应穿透软弱地层，并进入下一土层 0.5～1.0m，或注浆加固深度应满足地基承载力和变形的要求。

7.2.3 软弱地层水泥—水玻璃双液注浆加固的注浆压力应根据注浆试验确定。

7.2.4 渗透注浆初步设计时，在无当地工程经验情况下，容许注浆压力可按下式计算：

$$p_e = p_1 + 1.015\lambda\gamma_1 \frac{lv^2}{2d} + C \tag{7.2.4}$$

式中 p_e ——容许注浆压力，MPa；

       p_1 ——地下水压力，根据地下水位确定，MPa；

       λ ——沿程阻力系数；

       γ_1 ——浆液重度，kN/m³；

       l ——注浆管长，m；

       v ——浆液流速，m/s；

       d ——注浆管直径，m；

C——常数，可取 0.3～0.5MPa。

7.2.5 劈裂注浆初步设计时，在无当地工程经验情况下，最小注浆压力可按下式计算：

$$p_{\min} = \frac{\gamma h}{1000} + \sigma_t \qquad (7.2.5)$$

式中 $p_{\min}$ ——最小注浆压力，MPa；

　　　h ——地面至注浆段的深度，m；

　　　γ ——注浆地基的天然重度，kN/m³；

　　　σ_t ——土的抗拉强度，可取 0.005～0.040MPa。

7.2.6 软弱地层水泥—水玻璃双液注浆加固的注浆量应根据注浆类型、土的孔隙率和裂隙率及浆液充填程度，由试验确定。

7.2.7 渗透注浆初步设计时，在无当地工程经验情况下，注浆量可按下式计算：

$$Q = \frac{e}{1+e}\pi R^2 h\alpha(1+\beta) \qquad (7.2.7)$$

式中 Q ——注浆量，m³；

　　　e ——土体孔隙比，可按本规程表 3.0.2 规定取值；

　　　R ——浆液扩散半径，m；

　　　h ——注浆段的长度，m；

　　　α ——有效注浆系数，可按表 7.2.7 规定取值；

　　　β ——损失系数，可取 0.3～0.5。

表 7.2.7 有效注浆系数 α

土的类型	浆 液 黏 度		
	<2MPa·s	2～4MPa·s	>4MPa·s
粗砂	1.0	1.0	0.9
中砂	1.0	0.9	0.8

7.2.8 劈裂注浆初步设计时，在无当地工程经验情况下，注浆量可按下列方式计算：

1 按照土的含水量确定注浆量

$$Q = V\frac{d_g}{1+e_0}(\omega_0 - \omega_p)\cdot f \qquad (7.2.8-1)$$

式中 Q ——注浆量，m³；

　　　V ——土体体积，m³；

　　　d_g ——土颗粒相对密度；

　　　e_0 ——初始孔隙比；

　　　ω_0 ——土的天然含水量；

　　　ω_p ——土的塑限含水量；

　　　f ——加压系数，可采用 1.05～1.20。

2 按照土被压缩的难易程度为依据确定注浆量

$$Q = V\frac{C_c}{1+e_1}f\lg\frac{p_0+\Delta p}{p_0} \qquad (7.2.8-2)$$

式中 Q ——注浆量，m³；

V——土体体积，m^3；

C_c——土的压缩指数；

p_0——压缩临塑荷载，MPa，$p_0 = \dfrac{\pi(c \cdot \cot \varphi + \gamma d)}{\cot \varphi - \dfrac{\pi}{2} + \varphi} + \gamma h$；

$p_0 + \Delta p$——注浆压力，MPa；

e_1——注浆后的孔隙比；

f——加压系数，可根据现场情况，取 $1.05 \sim 1.20$；

φ——土体的摩擦角，°；

γ——土体重度，kN/m^3；

c——土体内聚力，MPa；

h——地面至注浆段的深度，m。

3 采用经验法

$$Q = C_1 V \tag{7.2.8-3}$$

式中 Q——注浆量，m^3；

C_1——经验系数，可取 $0.1 \sim 0.3$；应根据土体的加固要求确定，需要加固强度较高时取较大值；

V——土体体积，m^3。

7.2.9 软弱地层水泥—水玻璃双液注浆加固的注浆量初步设计值应综合考虑地层特性，取渗透注浆量和劈裂注浆量计算值中的较大值。

7.2.10 软弱地层水泥—水玻璃双液注浆加固时，注浆泵排量应控制在 $10 \sim 60 L/min$。

7.2.11 既有建筑物地基补强注浆孔的位置、孔距、排距和深度应根据现场注浆试验确定，应根据现场注浆试验确定，并应在注浆的过程中实行动态施工，施工过程中应做好监测。

7.2.12 对于桩基的桩底和桩侧土采用水泥—水玻璃双液注浆加固时，应符合下列规定：

1 对于断桩，应沿桩侧布置注浆孔，采用双液浆封闭桩侧软弱土层；

2 对于桩端地层承载力或沉降不能满足设计要求的基桩，桩底以下地基的加固深度不宜小于桩径的 5 倍，且当桩径小于等于 0.8m 时，不宜小于 3m；当桩径大于 0.8m 时，不宜小于 3m；

3 对于摩擦桩承载力特征值或沉降不能满足设计要求的基桩，桩侧注浆范围应为距地面 $3.0 \sim 4.0m$ 至桩底以下 0.5m。

7.2.13 当采用水泥—水玻璃双液注浆作为地下室外墙渗水处理、结构补强前的辅助处理措施时，应符合下列规定：

1 注浆孔孔距应为 $0.8 \sim 1.0m$；

2 处理范围应自地下室外墙至墙体外 $0.5 \sim 1.5m$，深度控制到地下室地板下 $0.2 \sim 0.5m$。

7.3 施 工

7.3.1 水泥—水玻璃双液注浆加固软弱地层时，珠江钻孔应符合下列规定：

1 可采用回转钻进、冲击钻进、冲击回转钻进和振动、射水钻进等钻孔方法；

2 钻孔孔位与设计空位允许偏差应为±50mm；钻孔允许偏斜率应为1‰；钻孔孔径应大于注浆管外径60mm以上；钻孔的有效深度宜超过设计钻孔深度0.3m；

3 应选取部分注浆孔作为先导孔，且先导孔数量宜为总孔数的3%～5%，先导孔宜采取芯样，并核对地层岩土特性；若地层岩土特性有变化时，应补充土工试验和原位测试来确定岩土参数；

4 钻进时应详细记录孔位、孔深、地层变化和漏浆、掉钻等特殊情况及其处理措施。

7.3.2 软弱地层水泥—水玻璃双液注浆可采用预埋注浆管方式注浆和直接采用钻杆注浆。采用预埋注浆管方式时，注浆钻孔完成后，应及时埋设塑料管、金属管等注浆管。

7.3.3 水泥浆和水玻璃的混合位置（混合器位置）应根据浆液的初凝时间确定。初凝时间大于2min时，宜在孔口混合；初凝时间小于2min时，应在孔内或孔底混合。

7.3.4 水泥—水玻璃浆液的配制应符合下列规定：

1 应根据设计浆液配合比，单独配制纯水泥浆液和适当浓度的水玻璃；

2 水泥浆水灰比可取1.5∶1～0.5∶1，水泥浆液和水玻璃液体体积比宜为1∶0.1～1∶1。需要添加粉煤灰时，宜先配制水泥粉煤灰浆液或水玻璃粉煤灰浆液。

7.3.5 软弱地层水泥—水玻璃双液注浆时，应根据注浆压力变化及浆液扩散情况调整水灰比、水玻璃浓度、纯水泥浆与水玻璃体积比。

7.3.6 软弱地层水泥—水玻璃双液注浆止浆方式应根据注浆工艺要求确定，浅孔注浆时宜选择孔口封闭法，深孔注浆时宜选择孔内封闭法。

7.3.7 软弱地层水泥—水玻璃双液注浆应根据不同的地质条件和工程要求，选用全孔一次注浆法、自上而下的下行式注浆法、自下而上的上行式注浆法等。

7.3.8 软弱地层水泥—水玻璃双液注浆应连续进行，因故中断时，间断时间应小于浆液的初凝时间。

7.3.9 定量注浆时，每段注浆量达到设计注浆量后方可结束注浆。当采用以注浆压力为控制指标时，注浆压力达到设计压力后，可结束注浆。当注浆后经检测达不到设计要求时，应调整设计注浆量，并及时补浆。

7.4 质量检验

7.4.1 软弱地层水泥—水玻璃双液注浆加固宜根据设计要求采用静载法、标贯试验，或采用静力触探法、动力触探法等方法进行检验，并应结合实际效果综合评价加固效果。

7.4.2 检验点应布置在下列部位：

1 有代表性的孔位；

2 施工中出现异常情况的部位；

3 地基情况复杂，可能对注浆质量产生影响的部位。

7.4.3 检验点的数量应满足软弱地层水泥—水玻璃双液注浆加固设计要求。当设计无具体要求时，检验点的数量宜为施工孔数1%，且不宜少于3点。

7.4.4 质量检验应在注浆固结体强度达75%或注浆结束7d后进行。

7.4.5 软弱地层水泥—水玻璃双液注浆质量检查结果满足设计要求的承载力和注浆固结体强度的90%以上，注浆质量可认为合格。

8 注浆堵水防渗

8.1 一般规定

8.1.1 水泥—水玻璃双液注浆堵水防渗设计前应进行技术可行性论证。

8.1.2 水泥—水玻璃双液注浆堵水防渗注浆过程中应对受注底层连续监测，并应观测地面或邻近的建（构）筑物的变形情况，并应严格控制变形值，且其值不得超过设计规定。

8.1.3 一般工程水泥—水玻璃双液注浆堵水防渗应进行试验性施工，重要工程水泥—水玻璃双液注浆堵水防渗应进行专门的注浆试验。

8.2 设　　计

8.2.1 水泥—水玻璃双液注浆堵水防渗应根据地层的分布、厚度、透水性等工程部位的地质条件，明确注浆目的和工程要求并确定注浆的部位和结构形式、技术参数、设计要求等。

8.2.2 堵水防渗设置帷幕时，应设置先导孔。先导孔应在先注排或主排注浆孔中布置，也可在一序孔中选取。

8.2.3 水泥—水玻璃双液注浆堵水防渗设计应符合下列规定：

1 在粗砂层或砾砂层中注浆堵水防渗时，必须根据工程设计要求确定防渗标准。

2 浆液的扩散半径应考虑地层的渗透性，并应通过注浆试验确定。对于卵石层，扩散半径可取；对于砂层，扩散半径可取 0.5～1.0m。

3 应根据工程施工状况选择注浆孔的布置方式、孔距和排距。渗透注浆时，根据被注土体的深度及要求达到的标准，孔距宜为 1.0～2.5m；劈裂注浆时，孔距宜为 1.5～3.0m。

4 注浆压力宜通过现场试验确定。对于松散底层，注浆压力宜为 0.3～1.0MPa；对于淤泥质土和粉质黏土，注浆压力宜为 0.2～1.5MPa；对于中细砂层，注浆压力宜为 0.3～3.0MPa。

5 水泥浆与水玻璃浆液的体积比应根据室内试验确定，可取为 1:0.1～1:1。

6 水泥—水玻璃双液注浆宜在相对静水条件下进行。在应急处理、特殊条件下或动水条件下施工时，应采取适当减小水泥浆与水玻璃浆液体积比等防止浆液在动水条件下流失的措施；必要时，应进行注浆试验确定注浆工艺、施工参数及浆液配合比。

8.3 施　　工

8.3.1 用于堵水防渗的双液注浆钻孔应符合下列规定：

1 松散地层的注浆孔宜采用冲击式或回转钻机钻进，也可采用跟管钻进或直接插管。当采用泥浆护壁钻进时，应对注浆段进行冲洗。

2 空位允许偏差应为 100mm，孔深应符合设计规定，并应做好施工记录。

3 注浆孔直径不应小于 45mm。

4 垂直孔或顶角小于 5°的注浆孔，孔底的允许偏差应符合表 8.3.1 的规定。钻孔偏差值超过设计规定时，应及时纠偏并采取补救措施。

表 8.3.1 注浆孔孔底允许偏差（m）

孔深		<20	20～30	30～40	40～50	>50
允许偏差	单排孔	0.25	0.45	0.5	0.6	0.8
	二或三排孔	0.25	0.50	0.55	0.7	1.0

注：注浆孔的顶角大于5°时的注浆孔孔底的偏差可根据实际情况按表8.3.1中规定适当放宽一级。

    5 钻孔过程中应详细记录岩性变化、掉钻、塌孔、钻速变化、回水颜色变化、漏水、涌水等情况。

    6 钻孔遇有洞穴、塌孔或掉块难以钻进时，可先进行注浆处理，再钻进；出现漏水或涌水时，应查明情况，分析原因，经处理后再行钻进。

    7 钻孔完成后，孔口应妥善保护，防止污水倒灌和异物落入。

8.3.2 在粉质黏土层捉弄个进行堵水防渗注浆时，一序孔注浆前可以进行冲洗。

8.3.3 堵水防渗注浆浆液的配置应符合下列规定：

    1 水泥浆液水灰比应根据试验确定，宜选用单一水灰比，宜选择0.7∶1～1∶1；

    2 水玻璃应根据配比按比例添加，且误差不应大于5%；

    3 水泥浆液搅拌采用低速搅拌机时，搅拌时间应大于3min；

    4 水泥浆液制备后，应测定水泥浆液密度，且与设计浆液密度的误差不应大于5%。

8.3.4 堵水防渗水泥—水玻璃双液注浆应根据设计要求选用全孔一次性注浆、自上而下下行式孔内堵塞注浆或自下而上上行式孔内注浆。

8.3.5 在砂层、卵石层或其他松散底层中进行帷幕注浆时，宜采用自下而上上行式注浆法，一序孔段长宜为0.3～0.5m，二序孔段长可根据注浆量及注浆效果增长，但不得超过1.0m，且注浆压力应适当增大。

8.3.6 堵水防渗注浆孔的终孔段透水率和单位注浆量大于设计规定值时，应加大注浆孔深度。

8.3.7 堵水防渗注浆过程中发生冒浆、漏浆时，应采用嵌缝、表面封堵、间歇注浆等处理措施。注浆过程中发生串浆时，若串浆孔具备注浆条件，应一泵一孔同时注浆；否则，应堵塞串浆孔。待串浆孔注浆结束后，应扫孔、冲洗串浆孔。

8.3.8 堵水防渗注浆应连续进行；因故中断时，应在冲洗钻孔后方可恢复注浆；当无法冲洗或冲洗无效时，则应先进行扫孔，在恢复注浆。恢复注浆后，注入量较中断前下降较大，并在短时间内停止吸浆时，应采取补救措施。

8.3.9 堵水防渗水泥—水玻璃双液注浆结束标准应为注浆压力达到设计值。

8.4 质 量 检 验

8.4.1 堵水防渗水泥—水玻璃双液注浆检查孔的压水试验或注水试验应在注浆结束14d后进行。

8.4.2 堵水防渗水泥—水玻璃双液注浆检查点应布置在不同水文地质特征地段的钻孔轴线上，其数量不应少于注浆孔数的3%～5%，每地段内不应少于1个。

8.4.3 堵水防渗水泥—水玻璃双液注浆检查孔应进行取芯，并应进行地质编录、照相，岩心应妥善保管。

8.4.4 堵水防渗水泥—水玻璃双液注浆中，应对检查孔全部资料进行系统整理，编制钻孔柱状图，整理的资料应能反映注浆后的地质条件改变情况。

8.4.5 堵水防渗水泥—水玻璃双液注浆质量检查结果满足设计要求的单位吸水率或渗透系数的 95% 以上，注浆质量可认为合格。

8.4.6 堵水防渗水泥—水玻璃双液注浆检查孔施工完成后，应根据具体情况采取下列措施：

    1 凡质量不合格部分，除应进行检查孔补充注浆外，尚应具体分析所在部位情况，必要时应进行补充钻孔和注浆处理；

    2 检查孔检查合格后，应进行封孔处理。

9 竣工资料和工程验收

9.1 竣 工 资 料

9.1.1 建筑工程双液注浆工程竣工资料和报告应包括原始资料、成果资料、工程质量检验报告、工程竣工报告和工程技术总结等。

9.1.2 水泥—水玻璃双液注浆加固工程原始资料和成果资料应包括以下内容：

    1 岩土工程详细勘察报告；

    2 注浆方案设计；

    3 注浆施工组织设计；

    4 施工单位和试验或检测单位资质证书；

    5 注浆施工记录表；

    6 钻孔、注浆孔施工记录表；

    7 注浆材料送检报告和合格证书；

    8 注浆材料试验报告；

    9 静载法、标贯实验、静力触探法、动力触探法和取样法的试验或检测报告。

9.1.3 水泥—水玻璃双液注浆堵水防渗工程原始资料和成果资料应包括下列内容：

    1 岩土工程详细勘察报告；

    2 注浆方案设计；

    3 注浆施工组织设计；

    4 施工单位和试验或检测单位资质证书；

    5 注浆施工记录表；

    6 钻孔、注浆孔施工记录表；

    7 注浆材料送检报告和合格证书；

    8 注浆材料检验报告；

    9 检查孔岩芯柱状图；

    10 检查孔压水试验成果一览表。

9.2 工 程 验 收

9.2.1 建筑工程双液注浆工程应按现行国家标准《建筑工程施工质量验收统一标准》GB 50300 规定的程序进行施工质量验收，并按本规程附录 A 进行记录。

9.2.2 工程验收的内容应包括：

1 设计图纸和设计变更记录；

2 施工方案；

3 材料质量合格证书和试验检验合格报告；

4 施工记录；

5 隐蔽工程验收记录；

6 见证取样试验记录；

7 注浆效果检测试验报告；

8 工程竣工报告；

9 施工照片或录像资料。

JGJ/T 212—2010《地下工程渗漏治理技术规程》

本规程主要内容包括：

1. 总则；2. 术语；3. 基本规定；4. 现浇混凝土结构渗漏治理；5. 预制衬砌隧道渗漏治理；6. 实心砌体结构渗漏治理；7. 质量验收；附录 A. 安全及环境保护；附录 B. 盾构法隧道渗漏调查；附录 C. 材料现场抽样复验项目；附录 D. 材料性能。

1 总 则

1.0.1 为规范地下工程渗漏治理的现场调查、方案设计、施工和质量验收，保证工程质量，做到经济合理、安全适用，制定本规程。

1.0.2 本规程适用于地下工程渗漏水的治理。

1.0.3 地下工程渗漏治理的设计和施工应遵循"以堵为主，堵排结合，因地制宜，多道设防，综合治理"的原则。

1.0.4 地下工程渗漏治理除应符合本规程外，尚应符合国家现行有关标准的规定。

2 术 语（略）

3 基 本 规 定

3.1 现 场 调 查

3.1.1 渗漏治理前应进行现场调查。现场调查宜包括下列内容：

1 工程所在周围的环境；

2 渗漏水水源及变化规律；

3 渗漏水发生的部位、现状及影响范围；

4 结构稳定情况及损害程度；

5 使用条件、气候变化和自然灾害对工程的影响；

6 现场作业条件。

3.1.2 地下工程渗漏水现场检测方法宜符合现行国家标准《地下防水工程质量验收规范》GB 50208 的规定。

3.1.3 渗漏治理前应收集工程的技术资料，并宜包括下列内容：

1 工程设计相关资料；

2 原防水设防构造使用的防水材料及其性能指标；

3 渗漏部位相关的施工组织设计或施工方案；

4 隐蔽工程验收记录及相关的验收资料；

5 历次渗漏水治理的技术资料。

3.1.4 应结合现场调查结果和收集到的技术资料，从设计、材料、施工和使用等方面综合分析渗漏的原因，并应提出书面报告。

3.2 方 案 设 计

3.2.1 渗漏治理应结合现场调查的书面报告进行渗漏治理方案设计，治理方案宜包括下列内容：

1 工程概况；

2 渗漏原因分析及治理措施；

3 所选材料及其技术指标；

4 排水系统。

3.2.2 有降水或排水条件的工程，治理前宜先进行降水或排水措施。

3.2.3 工程结构仍在变形和未稳定的裂缝时，宜待结构稳定后再进行治理。接缝渗漏的治理宜在开度较大时进行。

3.2.4 严禁采用有损结构安全的渗漏治理工艺及材料。

3.2.5 渗漏部位有结构安全隐患时，应按国家现行有关标准规定进行修复后再进行渗漏治理。渗漏治理应在结构安全的前提下进行。

3.2.6 渗漏治理宜先止水或引水再进行其他治理措施；

3.3 施 工

3.3.1 渗漏治理所选材料应符合下列规定：

1 材料的施工应适应现场环境条件；

2 材料应与原防水材料相容，并避免对环境造成污染；

3 材料应满足工程的特定使用功能要求。

3.3.2 灌浆材料的选择宜符合下列规定：

1 注浆止水时，宜根据渗漏量、可灌性及现场环境条件选择聚氨酯、丙烯酸盐、水泥—水玻璃或水泥基灌浆材料，并宜通过现场配合比试验确定合适的浆液固化时间；

2 有结构补强的渗漏部位，宜选用环氧树脂、水泥基或油溶性聚氨酯等固结体强度高的灌浆材料。

3 聚氨酯灌浆材料在存放和配制过程中不得与水接触，包装开启后宜一次用完；

4 环氧树脂灌浆材料不宜在水流速度较大的条件下使用，且不宜用作注浆止水材料；

5 丙烯酸盐灌浆材料不得用于有补强要求的工程。

3.3.3 密封材料的使用应符合下列规定：

1 遇水膨胀止水条（胶）应在约束膨胀的条件下使用；

2 结构背水面宜使用高模量的合成高分子密封材料，施工前宜先涂布配套的基层处理剂，接缝底部应设置背衬材料。

3.3.4 刚性防水材料的使用应符合下列规定：

1 环氧树脂类防水涂料宜选用渗透型产品，用量不宜小于 0.5kg/m²，涂刷次数不应小于 2 遍；

2 水泥渗透结晶型防水涂料的用量不应小于 1.5kg/m²，且涂膜厚度不应小于 1.0mm；

3 聚合物水泥防水砂浆层的厚度宜为 6～8mm，双层施工时宜为 10～12mm；

4 新浇补偿收缩混凝土的抗渗等级及强度不应小于原有混凝土的设计要求。

3.3.5 聚合物水泥防水涂层的厚度不宜小于 2.0mm，并应设置水泥砂浆保护层。

3.4 施 工

3.4.1 渗漏治理前，施工方应根据渗漏治理方案设计编制施工方案，并应进行技术和安全交底。

3.4.2 渗漏治理所用材料应符合相关标准及设计要求，由并应由相关各方协商决定是否进行现场抽样复验。渗漏治理不得使用不合格的材料。

3.4.3 渗漏治理应由具有防水工程资质的专业施工队伍施工，主要操作人员应持证上岗。

3.4.4 渗漏部位的基层处理应符合材料及施工工艺的要求。

3.4.5 渗漏治理施工应建立各道工序的自检、交接检和专职人员检查的制度。上道工序未经检验确认合格前，不得进行下道工序的施工。

3.4.6 施工过程中应随时检查治理效果，并应做好隐蔽工程验收记录。

3.4.7 当工程现场条件与设计方案有差异时，应暂停施工。当需要变更设计方案时，应做好工程洽商及记录。

3.4.8 对已完成渗漏治理的部位应采取保护措施。

3.4.9 施工时的气候及环境条件应符合材料施工工艺的要求。

3.4.10 注浆止水施工应符合下列规定：

1 注浆止水施工所配置的风、水、电应可靠，必要时可设置专用管路和线路；宜先止水或引水再进行其他治理措施；

2 从事注浆止水的施工人员应接受专业技术、安全、环境保护和应急救援等方面的培训；

3 单液注浆浆液的配制宜遵循"少量多次"和"控制浆温"的原则，双液注浆时浆液配比应准确；

4 基层温度不宜低于 5℃，浆液温度不宜低于 15℃；

5 注浆设备应在能保证正常作业的前提下，采用较小的注浆孔孔径和小内径的注浆管路，且注浆泵宜靠近孔口（注浆嘴），注浆管路长度宜短；

6 注浆止水施工可按照清理渗漏部位、设置注浆嘴、清孔（缝）、封缝、配制浆液、注浆、封孔和基层清理的工序进行；

7 注浆止水施工安全及环境保护应符合本规程附录 A 的规定；

8 注浆过程中发生漏浆时，宜根据具体情况采用降低注浆压力、减小流量和调整配比等措施进行处理，必要时可停止注浆；

9 注浆宜连续进行，因故中断时应尽快恢复注浆。

3.4.11 钻孔注浆施工除应符合本规程第 3.4.10 条的规定外，尚应符合下列规定：

1 钻孔注浆前，应使用钢筋检测仪确定设计钻孔位置的钢筋分布情况；钻孔时，应避开钢筋；

2 注浆孔可采用适宜的钻机钻进，钻进全过程中应采取措施，确保钻孔按设计角度成孔，并宜采取高压空气吹孔，防止或减少粉末、碎屑堵塞裂缝；

3 封缝前应打磨及清理混凝土基层，并宜使用速凝型无机堵漏材料封缝；当采用聚氨酯灌浆材料注浆时，可不预先封缝；

4 宜环式注浆嘴，并应根据基层强度、钻孔深度及孔径选择注浆嘴的长度和外径，注浆嘴应埋置牢固；

5 注浆过程中，当观察到浆液完全替代裂缝中渗漏水并外溢时，可停止从该注浆嘴注浆；

6 注浆全部结束且灌浆材料固化后，应按工程要求处理注浆嘴、封孔，并清除外溢的灌浆材料。

3.4.12 速凝型无机防水堵漏材料的施工应符合下列规定：

1 应按产品说明书的要求严格控制加水量；

2 材料应随用随配，并宜按照"少量多次"的原则配料。

3.4.13 水泥基渗透结晶型防水涂料的施工应符合下列规定：

1 混凝土基层表面应干净并充分润湿，但不得有明水；光滑的混凝土表面应打毛处理；

2 应按产品说明书或设计规定的配合比严格控制用水量；配料时宜采用机械搅拌；

3 配制好的涂料从加水开始应在 20min 内用完，在施工过程中，应不时地搅拌混合料；不得向配好的涂料中加水加料；

4 多遍涂刷时，应交替改变涂刷方向；

5 涂层终凝后应及时进行喷雾干湿交替养护，养护时间不得少于 72h，不得采用浇水或蓄水养护。

3.4.14 渗透型环氧树脂防水涂料的施工应符合下列规定：

1 基层表面应干净、坚固、无明水；

2 大面积施工时应按本规程附录 A 的规定做好安全及环境保护；

3 施工灌浆温度不应低于 5℃，并宜按"少量多次"及"控制温度"的原则进行配料；

4 涂刷时宜按照由高到低、由内向外的顺序进行施工；

5 涂刷第一遍的材料用量不宜小于总用量的 1/2，对基层混凝土强度较低的部位，宜加大材料用量。两遍涂刷的时间间隔宜为 0.5～1h；

6 抹压砂浆等后续施工宜在涂料完全固化前进行。

3.4.15 聚合物水泥砂浆的施工应符合下列规定：

1 基层表面应坚实、清洁，并充分润湿无明水；

2 防水层应分层铺抹，铺抹时应压实、抹平，最后一层表面应提浆压光；

3 聚合物水泥防水砂浆拌合后应在规定时间内用完，施工中不得随意加水；

4 砂浆层未达到硬化状态时，不得浇水养护，硬化后应采用干湿交替的方法进行养护，养护温度不宜低于 5℃，并应保持砂浆表面湿润，养护时间不应小于 14d。潮湿环境中，可在自然条件下养护。

4 现浇混凝土结构渗漏治理

4.1 一 般 规 定

4.1.1 现浇混凝土结构地下工程渗漏的治理宜根据渗漏部位、渗漏现象选用表 4.1.1 中所列的技术措施。

表 4.1.1 现浇混凝土结构地下工程渗漏治理的技术措施

治理工艺		渗漏部位					材料
		裂缝或施工缝	变形缝	大面积渗水	孔洞	管道根部	
注浆止水	钻孔注浆	●	●	○	×	●	聚氨酯灌浆材料、丙烯酸盐灌浆材料、水泥—水玻璃灌浆材料、环氧树脂灌浆材料、水泥基灌浆材料等
	埋管（嘴）注浆	×	○	×	×	○	
	贴管（嘴）注浆	○	×	×	×	×	
快速封堵		○	×	●	●	●	速凝型无机防水堵漏材料
安装止水带		×	●	×	×	×	内置式密封止水带、内装可卸式橡胶止水带
嵌填密封		×	○	×	×	○	遇水膨胀止水条（胶）、合成高分子密封材料
设置刚性防水层		●	×	●	●	○	水泥基渗透结晶型防水涂料、缓凝型无机防水堵漏材料、环氧树脂类防水涂料、聚合物水泥防水砂浆
设置柔性防水层		×	×	×	×	○	Ⅱ型或Ⅲ型聚合物水泥防水涂料

注：●——宜选；○——可选；×——不宜选。

4.1.2 当裂缝或施工缝采用注浆止水时，灌浆材料除应符合注浆止水要求外，尚宜满足结构补强需要。变形缝内注浆止水材料应选用固结体适应变形能力强的灌浆材料。

4.1.3 当工程部位长期承受振动荷载、结构尚未稳定或形变较大时，应在止水后于变形缝背水面安装止水带。

4.1.4 地下工程渗漏治理宜采取强制通风措施，并应避免结露。

4.2 方 案 设 计

4.2.1 裂缝渗漏宜先止水，再在基层表面设置刚性防水层，并应符合下列规定：

    1 水压或渗漏量大的裂缝宜采取钻孔注浆止水，并应符合下列规定：

      1) 对无补强要求的裂缝，注浆孔宜交叉布置在裂缝两侧，钻孔应斜穿裂缝，垂直深度宜为混凝土结构厚度 h 的 $1/3 \sim 1/2$，钻孔与裂缝水平距离宜为 $100 \sim 250$mm，孔间距宜为 $300 \sim 500$mm，孔径不宜大于 20mm，斜孔倾角 θ 宜为

45°～60°。当需要预先封缝时，封缝的宽度宜为 50mm（图 4.2.1-1）；

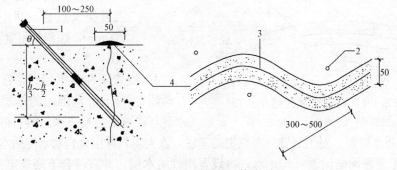

图 4.2.1-1 钻孔注浆布孔
1—注浆嘴；2—钻孔；3—裂缝；4—封缝材料

2）对有补强要求的裂缝，宜先钻斜孔并注入聚氨酯灌浆材料止水，钻孔垂直深度不宜小于结构厚度 h 的 1/3；再宜二次钻斜孔，注入可在潮湿环境下固化的环氧树脂灌浆材料或水泥基灌浆材料。钻孔垂直深度不宜小于结构厚度 h 的 1/2（图 4.2.1-2）。

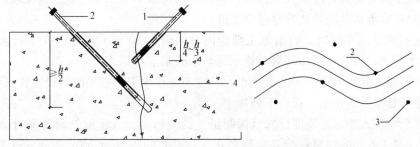

图 4.2.1-2 钻孔注浆止水及补强的布孔
1—注浆嘴；2—注浆止水钻孔；3—注浆补强钻孔；4—裂缝

3）注浆嘴深入钻孔的深度不宜大于钻孔长度的 1/2；

4）对于厚度不足 200mm 的混凝土结构，宜垂直裂缝钻孔，钻孔深度宜为结构厚度的 1/2。

2 对于水压与渗漏量小的裂缝，可按本条第 1 款的规定注浆止水，也可用速凝型无机防水堵漏材料快速封堵止水。当采用快速封堵时，宜沿裂缝走向在基层表面切割出深度约 40～50mm、宽度宜为 40mm 的"U"形凹槽，然后在凹槽中嵌填速凝型无机防水堵漏材料止水，并宜预留深度不小于 20mm 的凹槽，再用经含水泥基渗透结晶型防水涂料的聚合物防水砂浆找平（图 4.2.1-3）。

3 对于潮湿而无明水的裂缝，宜采用贴嘴注浆注入可在潮湿环境下固化的环氧树脂灌浆材料，并宜符合下列规定：

1）注浆嘴底座宜带有贯通的小孔；

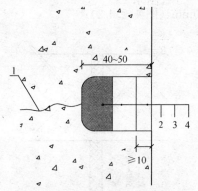

图 4.2.1-3 用速凝材料直接
封堵裂缝渗漏水
1—裂缝；2—速凝型无机防水堵漏材料；
3—聚合物水泥防水砂浆

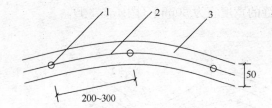

图 4.2.1-4　贴嘴注浆封缝布孔图

1—注浆嘴；2—裂缝；3—封缝材料

2）注浆嘴宜布置在裂缝较宽的位置及其交叉点处，间距宜为 200～300mm，裂缝封闭宽度宜为 50mm（图 4.2.1-4）；

4 设置刚性防水层时，宜沿裂缝走向在两侧各 200mm 范围内的基层表面先涂布水泥基渗透结晶型防水涂料，再宜单层抹压聚合物水泥防水砂浆。对于裂缝分布较密的基层，宜大面积抹压聚合物水泥防水砂浆。

4.2.2 施工缝渗漏的治理宜先止水，再设置刚性防水层，并宜符合下列规定：

1 预埋注浆系统完好的施工缝，宜先使用预埋注浆系统超细水泥或水溶性灌浆材料止水；

2 钻孔注浆止水或嵌填速凝型无机防水堵漏材料快速封堵止水措施宜符合本规程第 4.2.1 条的规定；

3 逆筑结构墙体施工缝的渗漏宜采取钻孔注浆止水并补强。注浆止水材料宜使用聚氨酯或水泥基灌浆材料，注浆孔的布置宜符合本规程第 4.2.1 条的规定。在倾斜的施工缝面上布孔时，宜垂直基层钻孔并穿过施工缝；

4 设置刚性防水层时，宜沿施工缝走向在两侧各 200mm 范围内先涂布水泥基渗透结晶型防水涂料，再宜单层抹压聚合物水泥防水砂浆。

4.2.3 变形缝渗漏的治理宜先注浆止水，并宜安装止水带，必要时可设置排水装置。

4.2.4 变形缝渗漏的止水宜符合下列规定：

1 对于中埋式止水带宽度已知且渗漏量大的变形缝，宜采取钻斜孔穿过结构至止水带迎水面、并注入油溶性聚氨酯灌浆材料止水，钻孔间距宜为 500～1000mm（图 4.2.4-1）；对于查清漏水点位置的，注浆范围宜为漏水部位左右两侧各 2m，对于未查清漏水点位置的，宜沿整条变形缝注浆止水；

2 对于顶板上查明渗漏点且渗漏量较小的变形缝，可在漏点附近的变形缝两侧混凝土中垂直钻孔至中埋式橡胶钢边止水带两翼部并注入聚氨酯灌浆材料止水，钻孔间距宜为 500mm（图 4.2.4-2）；

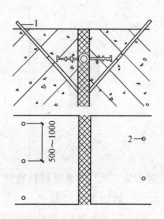

图 4.2.4-1　钻孔至止水带迎水面注浆止水

1—注浆嘴；2—钻孔

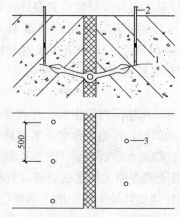

图 4.2.4-2　钻孔至止水带两翼钢边并注浆止水

1—中埋式橡胶钢边止水带；2—注浆嘴；3—注浆孔

3 因结构底板上中埋式止水带局部损坏而发生渗漏的变形缝，可采用埋管（嘴）注浆止水，并宜符合下列规定：

　　1） 对于查清渗漏位置的变形缝，宜先在渗漏部位左右各不大于 3m 的变形缝中布置浆液阻断点；对于未查清渗漏位置的变形缝，浆液阻断点宜布置在底板与侧墙相交处的变形缝中；

　　2） 埋设管（嘴）前宜清理浆液阻断点之间变形缝内的填充物，形成深度不小于 50mm 的凹槽；

　　3） 注浆管（嘴）宜使用硬质金属或塑料管，并宜配置阀门；

　　4） 注浆管（嘴）宜位于变形缝中部并垂直于止水带中心孔，并宜采用速凝型无机防水堵漏材料埋设注浆管（嘴）并封闭凹槽（图 4.2.4-3）；

　　5） 注浆管（嘴）间距可为 500～1000mm，并宜根据水压、渗漏水量及灌浆材料的凝结时间确定；

　　6） 注浆材料宜使用聚氨酯灌浆材料，注浆压力不宜小于静水压力的 2.0 倍。

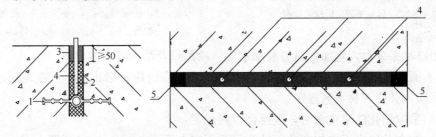

图 4.2.4-3　变形缝埋管（嘴）注浆止水

1—中埋式橡胶止水带；2—填缝材料；3—速凝型无机防水堵漏材料；4—注浆管（嘴）；5—浆液阻断点

4.2.5 变形缝背水面安装止水带应符合下列规定：

　　1 对于有内装可卸式橡胶止水带的变形缝，应先拆除止水带然后重新安装；

　　2 安装内置式密封止水带前应先清理并修补变形缝两侧各 100mm 范围内的基层，并应做到基层坚固、密实、平整；必要时可向下打磨基层并修补形成深度不大于 10mm 凹槽；

　　3 内置式密封止水带应采取热焊搭接，搭接长度不应小于 50mm，中部应形成 Ω 型，Ω 弧长宜为变形缝宽度的 1.2～1.5 倍；

　　4 当采用胶粘剂粘贴内置式密封止水带时，应先涂布底涂料，并宜在厂家规定的时间内用配套的胶粘剂粘贴止水带，止水带在变形缝两侧基层上的粘结宽度均不应小于 50mm（图 4.2.5-1）；

　　5 当采用螺栓固定内置式密封止水带时，宜先在变形缝两侧基层中埋设膨胀螺栓或用化学植筋方法设置螺栓，螺栓间距不宜大于 300mm，转角附近的螺栓可适当加密，止水带在变形缝两侧基层上的粘结宽度各不应小于 100mm。基层及金属压板间应采用 2～3mm 厚的丁基橡胶防水密封胶粘带压密封实，螺栓根部应做好密封处理（图 4.2.5-2）；

　　6 当工程埋深较大且静水压力较高时，宜采用螺栓固定内置式密封止水带，并宜采用纤维内增强型密封止水带；在易遭受外力破坏的环境中使用，应采取可适应变形的止水带保护措施。

4.2.6 注浆止水后遗留的局部、微量渗漏水或受现场施工条件限制无法彻底止水的变形缝，可沿变形缝走向在结构顶部及两侧设置排水槽。排水槽宜为不锈钢或塑料材质，并宜与排水系统相连，排水应畅通，排水流量应大于最大渗漏量。

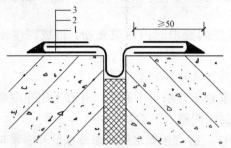

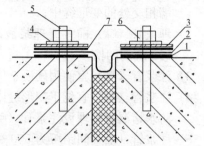

图 4.2.5-1　粘贴内置式密封止水带
1—粘合剂层；2—内置式密封止水带；
3—胶粘剂固化形成的锚固点

图 4.2.5-2　螺栓固定内置式密封止水带
1—丁基橡胶防水密封胶带；2—内置式密封止
水带；3—金属压板；4—垫片；5—预埋螺栓；
6—螺母；7—丁基橡胶防水密封胶粘带

采用排水系统时，宜加强对渗漏水水质、渗漏量及结构安全的监测。

4.2.7 大面积渗漏且有明水时，宜先采取钻孔注浆或快速封堵止水，再在基层表面设置刚性防水层，并应符合下列规定：

    1　当采取钻孔注浆止水时，应符合下列规定：

      1)　宜在基层表面均匀布孔，钻孔间距不宜大于 500mm，钻孔深度不宜小于结构厚度的 1/2，孔径不宜大于 20mm，并宜采用聚氨酯或丙烯酸盐灌浆材料；

      2)　当工程周围土体疏松且地下水位较高时，可钻孔穿透结构至迎水面并注浆，钻孔间距及注浆压力宜根据浆液及周围土体的性质确定，注浆材料宜采用水泥基、水泥—水玻璃或丙烯酸盐等灌浆材料。注浆时应采取有效措施防止浆液对周围建筑物及设施造成破坏。

    2　当采取快速封堵止水时，宜大面积均匀抹压速凝型无机防水堵漏材料，厚度不宜小于 5mm。对于抹压速凝型无机防水堵漏材料后出现的渗漏点，宜在渗漏点处进行钻孔注浆止水。

    3　设置刚性防水层时，宜先涂布水泥基渗透结晶型防水涂料或渗透型环氧树脂类防水涂料，再抹压聚合物水泥防水砂浆，必要时可在砂浆层中铺设耐碱玻纤网格布。

4.2.8 大面积渗漏而无明水时，宜先多遍涂刷水泥基渗透结晶型防水涂料或渗透型环氧树脂类防水涂料，再抹压聚合物水泥防水砂浆。

4.2.9 孔洞的渗漏宜先采取注浆或快速封堵止水，再设置刚性防水层，并应符合下列规定：

    1　水压较大或孔洞直径大于 50mm 时，宜采用埋管（嘴）注浆止水。注浆管（嘴）宜使用硬质金属管或塑料管，并宜配置阀门，管径应符合引水卸压及注浆设备的要求。注浆材料宜使用速凝型水泥—水玻璃灌浆材料或聚氨酯灌浆材料。注浆压力应根据灌浆材料及工艺进行选择。

    2　当水压较小或直径不大于 50mm 时，可按本条第 1 款的规定采用埋管（嘴）注浆止水，也可采用快速封堵止水。当采用快速封堵止水时，宜先清除孔洞周围疏松的混凝土，并宜将孔洞周围剔凿成 V 形凹坑，凹坑最宽处的直径宜大于孔洞直径 50mm 以上，深度不宜小于 40mm，再在凹坑中嵌填速凝型无机防水堵漏材料止水；

    3 止水后宜在孔洞周围 200mm 的范围内的基层表面涂布水泥基渗透结晶型防水涂料或渗透型环氧树脂类防水涂料，并抹压聚合物水泥防水砂浆。

4.2.10 凸出基层管根部的渗漏宜先止水，再设置刚性防水层，必要时可设置柔性防水层，并应符合下列规定：

    1 管根部渗漏的治理应符合下列规定：

        1）当渗漏量大时，宜采用钻孔注浆止水，钻孔宜斜穿基层并达到管道表面，钻孔与管道外侧最近直线距离不宜小于 100mm，注浆嘴不应少于 2 个，并宜对称布置。也可采用埋管（嘴）注浆止水。埋设硬质金属或塑料注浆管（嘴）前，宜先在管道根部剔凿直径不小于 50mm、深度不大于 30mm 的凹槽，用速凝型无机防水堵漏材料以与基层呈 30°～60°的夹角埋设注浆管（嘴），并封闭管道与基层间的接缝。注浆压力不宜小于静水压力的 2 倍，并宜采用聚氨酯灌浆材料。

        2）当渗漏量小时，可按本款第 1 项的规定注浆止水，也可采用快速封堵止水。当采用快速封堵止水时，宜先沿管道根部剔凿环行凹槽宽，凹槽的宽度不宜大于 40mm、深度不宜大于 50mm，再嵌填速凝型无机防水堵漏材料。嵌填速凝型无机防水堵漏材料后，预留凹槽的深度不宜小于 10mm，并宜用聚合物水泥防水砂浆找平。

    2 止水后，宜在管道周围 200mm 宽范围内的基层表面涂布水泥基渗透结晶型防水涂料。当管道热胀冷缩形变量较大时，宜在其四周涂布柔性防水涂料，涂层在管壁上的高度不宜小于 100mm，收头部位宜用金属箍压紧，并宜设置水泥砂浆保护层。必要时，可杂涂层中铺设纤维增强材料。

    3 金属管道应采取除锈及防锈措施。

4.2.11 支模对拉螺栓渗漏的治理，应先剔凿螺栓根部的基层，形成深度不小于 40mm 的凹槽，再切割螺栓并嵌填速凝型无机防水堵漏材料止水，并用聚合水泥防水砂浆找平。

4.2.12 地下连续墙幅间接缝渗漏的治理应符合下列规定：

    1 当渗漏水量较小时，宜先沿接缝走向按本规程第 4.2.1 条的规定采用钻孔注浆或快速封堵止水，再在接缝部位两侧各 500mm 范围内的基层表面涂布水泥基渗透结晶型防水涂料，并宜用聚合物水泥防水砂浆找平或重新浇筑补偿收缩混凝土。接缝的止水宜符合下列规定：

        1）当采用注浆止水时，宜钻孔穿过接缝并注入聚氨酯灌浆材料止水，注浆压力不宜小于静水压力的 2 倍。

        2）当采用快速封堵止水时，宜沿裂缝走向切割形成 U 形凹槽，凹槽的宽度不应小于 100mm，深度不应小于 50mm，嵌填速凝型无机防水堵漏材料止水后预留凹槽的深度不应小于 20mm。

    2 当渗漏水量较大、水压高且可能发生涌水、涌砂、涌泥等险情或危及结构安全时，应先在基坑内侧渗漏部位回填土方或砂包，再在基坑接缝外侧用高压旋喷设备注入灌速凝型水泥—水玻璃灌浆材料形成止水帷幕，止水帷幕应深入结构底板 2m 以下。待漏水量减小后，再宜逐步挖除土方或移除砂包并按本条第 1 款的规定从内侧止水并设置刚性防水层。

3 设置止水帷幕时应采取措施防止对周围建筑或构筑物造成破坏。

4.2.13 混凝土蜂窝、麻面的渗漏，宜先止水再设置刚性防水层，必要时宜重新浇筑补偿收缩混凝土修补，并应符合下列规定：

1 止水前应先剔除混凝土中的酥松及杂质，再根据渗漏现象分别按本规程第 4.2.1 条和第 4.2.9 条的规定钻孔注浆或嵌填速凝型无机防水堵漏材料止水；

2 止水后，宜在渗漏部位及其周边 200mm 范围内涂布水泥基渗透结晶型防水涂料，并抹压聚合物水泥防水砂浆找平。

当渗漏部位混凝土质量差时，应在止水后先清理渗漏部位及其周边外延 1.0m 范围内的基层，露出坚实的混凝土，再涂布水泥基渗透结晶型防水涂料，并浇筑补偿收缩混凝土。当清理深度大于钢筋保护层厚度时，宜在新浇混凝土中设置直径不小于 6mm 的钢筋网片。

4.3 施 工

4.3.1 裂缝的止水及刚性防水层的施工应符合下列规定：

1 钻斜孔注浆时应严格控制注浆压力等参数，注并沿裂缝走向自下而上依次进行。

2 使用速凝型无机防水堵漏材料快速封堵止水应符合下列规定：

1) 应在材料初凝前用力将拌合料压紧在待封堵区域直至材料完全硬化；

2) 宜按照从上到下的顺序进行施工；

3) 快速封堵止水时，宜沿凹槽走向分段嵌填速凝型无机防水堵漏材料止水并间隔留置引水孔，引水孔间距宜为 500～1000mm，最后再用速凝型无机防水堵漏材料封闭引水孔。

3 潮湿而无明水裂缝的贴嘴注浆宜符合下列规定：

1) 粘贴注浆嘴和封缝前，宜先将裂缝两侧待封闭区域内的基层打磨平整并清理干净，再宜用配套的材料粘贴注浆嘴并封缝；

2) 粘贴注浆嘴时，宜先将定位针穿过注浆嘴，对准裂缝插入，将注浆嘴骑缝粘贴在基层表面，宜以拔出定位针时不沾附胶粘剂为合格。粘贴注浆嘴后可不拔出定位针；

3) 立面上应沿裂缝走向自下而上依次进行注浆。当观察到邻近注浆嘴出浆时，可停止从该注浆嘴注浆，并从下一注浆嘴重新开始注浆；

4) 注浆全部结束且孔内灌浆材料固化，并经检查无湿渍、无明水后，应按工程要求拆除注浆嘴、封孔、清理基层。

4 刚性防水层的施工应符合材料要求及本规程的规定。

4.3.2 施工缝渗漏的止水及刚性防水层的施工应符合下列规定：

1 宜采取预埋注浆系统注浆止水时，应符合下列规定：

1) 宜采取较低的注浆压力从一端向另一端、由低到高进行注浆；

2) 当浆液不再流入并且压力损失很小时，应维持该压力并保持 2min 以上，然后终止注浆；

    3）需要重复注浆时，应在浆液固化前清理注浆通道。

  2 钻孔注浆止水、快速封堵止水及刚性防水层的施工应符合本规程 4.3.1 条的规定。

4.3.3 变形缝渗漏的注浆止水施工应符合下列规定：

  1 钻孔注浆止水施工应符合本规程第 4.3.1 条的规定；

  2 浆液阻断点应埋设牢固且能承受注浆压力而不破坏；

  3 埋管（嘴）注浆止水施工应符合下列规定：

    1）注浆管（嘴）应埋置牢固并应做好引水处理；

    2）注浆过程中，当观察到邻近注浆嘴出浆时，可停止注浆，并应封闭该注浆嘴，然后从下一注浆嘴开始注浆；

    3）停止注浆且待浆液固化，并经检查无湿渍、无明水后，应按工程要求拆除注浆嘴、封孔、清理基层。

4.3.4 变形缝背水面止水带的安装应符合下列规定：

  1 止水带的安装应在无渗漏水的条件下进行；

  2 止水带接触的混凝土基层表面条件应符合设计及施工要求；

  3 内装可卸式橡胶止水带的安装应符合现行国家标准《地下工程防水技术规范》GB 50108 的规定；

  4 粘贴内置式密封止水带应符合下列要求：

    1）转角处应使用专用修补材料做成圆角或钝角；

    2）底涂料及专用胶粘剂应涂布均匀，用量应符合材料要求；

    3）粘贴止水带时，宜使用压辊在止水带与混凝土基层搭接部位来回多遍辊压排气；

    4）胶粘剂未完全固化前，止水带应避免受压或发生位移，并应采取保护措施。

  5 采用螺栓固定内置式密封止水带应符合下列规定：

    1）转角处应使用专用修补材料做成钝角，并宜配备专用的金属压板配件；

    2）膨胀螺栓的长度和直径应符合设计要求，金属膨胀螺栓宜采取防锈处理工艺。安装时，应采取措施避免造成变形缝两侧基层的破坏。

  6 进行止水带外设保护装置施工时应采取措施避免造成止水带破坏。

4.3.5 安装变形缝外置排水槽时，排水槽应固定牢固，排水坡度应符合设计要求，转角部位应使用专用的配件。

4.3.6 大面积渗漏治理施工应符合下列规定：

  1 当向地下工程结构的迎水面注浆止水时，钻孔及注浆设备应符合设计要求；

  2 当采取快速封堵止水时，应先清理基层，除去表面的酥松、起皮和杂质，然后分多遍抹压速凝型无机防水堵漏材料并形成连续的防水层；

  3 涂刷水泥基渗透结晶型防水涂料后渗透型环氧树脂类防水涂料时，应按照从高处向低处、先细部后整体、先远处后近的顺序进行施工；

  4 刚性防水层的施工应符合材料要求及本规程的规定。

4.3.7 孔洞渗漏施工应符合下列规定：

  1 埋管（嘴）注浆止水施工宜符合下列规定：

1）注浆管（嘴）应埋置牢固并做好引水泄压处理；

2）待浆液固化并经检查无明水后，应按设计要求处理注浆嘴、封孔并清理基层。

2 当采用快速封堵止水及设置刚性防水层时，其施工应符合本规程第 4.3.1 条的规定。

4.3.8 凸出基层管道根部渗漏治理施工应符合下列规定：

1 采用钻斜孔注浆止水时，除宜符合本规程第 4.3.1 条的规定外，尚宜采取措施避免由于钻孔造成管道的破损，注浆时宜自下而上进行；

2 埋管（嘴）注浆止水的施工工艺符合本规程第 4.3.7 条第 1 款的规定；

3 快速封堵止水应符合本规程第 4.3.1 条第 2 款的规定；

4 柔性防水涂料的施工应符合下列规定：

1）基层表面应无明水，阴角宜处理成圆弧形；

2）涂料宜分层刷涂，不得漏涂；

3）铺贴纤维增强材料时，纤维增强材料应铺设平整并充分浸透防水涂料。

4.3.9 地下连续墙幅间接缝渗漏治理施工应符合下列规定：

1 注浆止水或快速封堵止水及刚性防水层的施工宜符合本规程第 4.3.1 条的规定；

2 浇筑补偿收缩混凝土前应先在混凝土基层表面涂布水泥基渗透结晶型防水涂料，补偿收缩混凝土的配制、浇筑及养护应符合现行国家标准《地下工程防水技术规范》GB 50108 的规定；

3 高压旋喷成型止水帷幕应由具有地基处理专业施工资质的队伍施工。

4.3.10 混凝土蜂窝、麻面渗漏治理的施工宜分别按照裂缝、孔洞或大面积渗漏等不同现象分别按照本规程第 4.3.1 条、第 4.3.6 条及 4.3.8 条的规定进行施工。

5 预制衬砌隧道渗漏治理

5.1 一 般 规 定

5.1.1 盾构法隧道渗漏的调查可按本规程附录 B 的规定进行。

5.1.2 混凝土结构盾构法隧道的连接通道及内衬、沉管法隧道管段和顶管法隧道管节的渗漏宜根据现场情况，按本规程第 4 章的规定进行治理。

5.1.3 盾构法隧道接缝渗漏的治理宜根据渗漏部位选用表 5.1.3 所列的技术措施。

表 5.1.3 盾构法隧道接缝渗漏治理的技术措施

技术措施	渗 漏 部 位				材 料
	管片环、纵缝及螺孔	隧道进出洞口段	隧道与连接通道相交部位	道床以下管片接头	
注浆止水	●	●	●	●	聚氨酯灌浆材料、环氧树脂灌浆材料等
壁后注浆	、 ○	○	○	●	超细水泥灌浆材料、水泥—水玻璃灌浆材料、聚氨酯灌浆材料、丙烯酸盐灌浆材料等

技术措施	渗漏部位				材　料
	管片环、纵缝及螺孔	隧道进出洞口段	隧道与连接通道相交部位	道床以下管片接头	
快速封堵	○	×	×	×	速凝型聚合物砂浆或速凝型无机防水堵漏材料等
嵌填密封	○	○	○	×	聚硫密封胶、聚氨酯密封胶等合成高分子密封材料

注：●——宜选，○——可选，×——不宜选。

5.2 方 案 设 计

5.2.1 混凝土管片环、纵缝渗漏的治理根据渗漏水状况及现场施工条件采取注浆止水或嵌填密封，必要时可进行壁后注浆，并应符合下列规定：

1 对于有渗漏明水的环、纵缝宜采取注浆止水。注浆止水前，宜先在渗漏部分周围无明水渗出的环、纵缝部位骑缝垂直钻孔至遇水膨胀止水条处或弹性密封垫处，并在孔内形成由聚氨酯灌浆材料或其他密封材料形成浆液阻断点。随后宜在浆液阻断点围成的区域内部，用速凝型聚合物砂浆等骑缝埋设注浆嘴并封堵接缝，并注入可在潮湿环境下固化、固结体有弹性的改性环氧树脂灌浆材料；注浆嘴间距不宜大于1000mm，注浆压力不宜大于0.6MPa，治理范围宜以渗漏接缝为中心，前后各1环。

2 对于有明水渗出但施工现场不具备预先设置浆液阻断点的接缝的渗漏，宜先用速凝型聚合物砂浆骑缝埋设注浆嘴，并宜封堵渗漏接缝两侧各3~5环内管片的环、纵缝。注浆嘴间距不宜小于1000mm，注浆材料宜采用可在潮湿环境下固化、固结体有弹性的改性环氧树脂灌浆材料，注浆压力不宜大于0.2MPa。

3 对于潮湿而无明水的接缝，宜采用嵌填密封处理，并应符合下列规定：

　　1）对于影响混凝土管片密封防水性能的边、角破损部位，宜先进行修补，修补材料的强度不应小于管片混凝土的强度；

　　2）拱顶及侧壁宜采用在嵌缝沟槽中依次涂刷基层处理剂、设置背衬材料、嵌填柔性密封材料的治理工艺（图5.2.2）；

　　3）背衬材料性能应符合密封材料固化要求，直径应大于嵌缝沟槽宽度20%~50%，且不应与密封材料相粘结；

　　4）轨道交通盾构法隧道拱顶环向嵌缝范围宜为隧道竖向轴线顶部两侧各22.5°，拱底嵌缝范围宜为隧道竖向轴线底部两侧各43°；变形缝处宜整环嵌缝。特殊功能的隧道可采取整环嵌缝或按设计要求进行；

　　5）嵌缝范围宜以渗漏接缝为中心，沿隧道推进方向前后各不宜小于2环。

4 当隧道下沉或偏移量超过设计允许值并发生

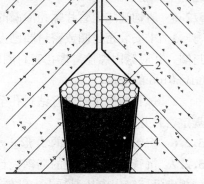

图5.2.2　拱顶管片环(纵)缝嵌缝
1—环(纵)缝；2—背衬材料；
3—柔性密封材料；4—界面处理剂

渗漏时，宜以渗漏部位为中心在其前后各 2 环的范围内进行壁后注浆。壁后注浆完成后，若仍有渗漏可按本条第 1 款或第 2 款的规定在接缝间注浆止水，对潮湿而无明水的接缝宜按第 3 款的规定进行嵌填密封处理。壁后注浆宜符合下列规定：

  1） 注浆前应查明待注区域衬砌外回填的现状；

  2） 注浆时宜按设计要求布孔，并宜优先使用管片的预留注浆孔进行壁后注浆。注浆孔应设置在邻接块和标准块上；隧道下沉量大时，尚应在底部拱底块上增设注浆孔；

  3） 应根据隧道外部土体的性质选择合适的注浆材料，黏土地层宜采用水泥—水玻璃双液灌浆材料，砂性地层宜采用聚氨酯灌浆材料或丙烯酸盐灌浆材料；

  4） 宜根据浆液性质及回填现状选择合适的注浆压力及单孔注浆量；

  5） 注浆过程中，应采取措施实时监测隧道形变量；

  5 速凝型聚合物砂浆宜具有一定的柔韧性、良好的潮湿基层粘结强度，各项性能应符合设计要求。

5.2.2 隧道进出洞口段渗漏的治理宜采取注浆止水及嵌填密封等技术措施，并应符合下列规定：

  1 隧道与端头井后浇混凝土环梁接缝的渗漏宜按本规程第 4.2.2 条的规定钻斜孔注入聚氨酯灌浆材料止水；

  2 隧道进出洞段 25 环管片接缝渗漏的治理及壁后注浆宜符合本规程第 5.2.1 条的规定。

5.2.3 隧道与连接通道接缝相交部位的渗漏宜根据渗漏部位采取注浆止水或嵌填密封等技术措施，必要时可进行壁后注浆，并宜符合下列规定：

  1 接缝的渗漏宜按本规程第 4.2.2 条的规定钻斜孔注入聚氨酯灌浆材料止水；

  2 连接通道两侧各 5 环范围的管片接缝渗漏的治理及壁后注浆，宜符合本规程第 5.2.1 条的规定。

5.2.4 轨道交通盾构法隧道道床以下管片接头渗漏宜按本规程第 5.2.1 条的规定采取后壁注浆机注浆止水等技术措施进行治理，注浆范围宜为渗漏部位两侧各 5 环以内的隧道邻接块、标准块及拱底块。拱底块预留注浆孔已被覆盖的，应在道床两侧重新设置注浆孔再进行壁后注浆。

5.2.5 盾构法隧道管片螺孔渗漏的治理应符合下列规定：

  1 未安装密封圈或密封圈已失效的螺孔，应重新安装或更换符合设计要求的螺孔密封圈，并应紧固螺栓。螺孔密封圈的性能应符合现行国家标准《地下工程防水技术规范》GB 50108 的规定；

  2 螺孔内渗水时，宜钻斜孔至螺孔注入聚氨酯灌浆材料止水，并宜按本条第 1 款的规定密封并紧固螺栓。

5.2.6 沉管法隧道管段的 Ω 形止水带边缘出现渗漏时，宜重新紧固止水带边缘的螺栓。

5.2.7 沉管法隧道管段的端钢壳与混凝土管段接缝渗漏的治理，宜按本规程第 4.2.1 条的规定沿接缝走向从混凝土中钻斜孔至端钢壳，并宜根据渗漏量大小选择注入聚氨酯灌浆材料或可在潮湿环境下固化的环氧树脂灌浆材料。

5.2.8 顶管法隧道管节接缝渗漏的治理，宜沿接缝走向按本规程第 4.2.2 条的规定，采用钻孔灌注聚氨酯灌浆材料或水泥基灌浆材料止水，并宜全断面嵌填高模量合成高分子密封材料。施工条件允许时，宜按本规程4.2.5条的规定安装内置式密封止水带。

5.3 施 工

5.3.1 管片环、纵接缝渗漏的注浆止水、嵌填密封及壁后注浆的施工应符合下列规定：

1 钻孔注浆止水的施工应符合下列规定：

　1）钻孔注浆设置浆液阻断点时，应使用带定位装置的钻孔设备，钻孔直径宜小，并宜钻双孔注浆形成宽度不宜小于100mm的阻断点；

　2）注浆嘴应垂直与接缝中心并埋设牢固，在用速凝型聚合物砂浆封闭接缝前，应清楚接缝中已失效的嵌缝材料及杂物等；

　3）注浆宜按照从拱底到拱顶、从渗漏水接缝向两侧的顺序进行，当观察到邻近注浆嘴出浆时，可终止从该注浆嘴注浆并封闭注浆嘴，并宜从下一注浆嘴开始注浆；

　4）注浆结束后，应按要求拆除注浆嘴并封孔。

2 嵌填密封应符合下列规定：

　1）嵌缝作业应在无明水条件下进行；

　2）嵌缝作业前应清理待嵌缝沟槽，做到缝内两侧基层坚实、平整、干净，并应涂刷与密封材料相容的基层处理剂；

　3）背衬材料应铺设到位，预留深度符合设计要求，不得有遗漏；

　4）密封材料宜采用机械工具嵌填，并应做到连续、均匀、密室、饱满，与基层粘结牢固；

　5）速凝型聚合物砂浆应按要求进行养护。

3 壁后注浆施工应符合下列规定：

　1）注浆宜按确定孔位、通（开）孔、安装注浆嘴、配浆、注浆、拔管、封孔的顺序进行；

　2）注浆嘴应配备防喷装置；

　3）宜按照从上部邻接块向下部标准块的方向进行注浆；

　4）注浆过程中应按设计要求控制注浆压力和单孔注浆量；

　5）注浆结束后，应按设计要求做好注浆孔的封闭。

5.3.2 隧道进出洞口段、隧道与连接通道相交部位及轨道交通盾构法隧道道床以下管片接头渗漏治理的施工宜符合设计要求及本规程第5.3.1条的规定。

5.3.3 管片螺孔渗漏的嵌填密封及注浆止水施工应符合下列规定：

1 重新安装螺孔密封圈时，密封圈应定位准确，并应能够被正确技入密封沟槽内；

2 从手孔钻孔至螺孔时，定位应准确，并应采用直径较小的钻杆成孔。

5.3.4 重新紧固沉管法隧道管段的Ω形止水带时应定位准确，并应按设计要求紧固螺栓、做好金属部件的防锈处理。

5.3.5 沉管法隧道管段的端钢壳与混凝土管段接缝渗漏的施工应符合本规程第4.3.1条的规定。

5.3.6 顶管法隧道管节接缝渗漏的注浆止水工艺应符合本规程第4.3.2条的规定。全断面嵌填高模量密封材料时，应先涂布基层处理剂，并设置背衬材料，然后嵌填密封材料。内置式密封止水带的安装应符合本规程第 4.3.4 条的规定。

6 实心砌体结构渗漏治理

6.1 一 般 规 定

6.1.1 实心砌体结构地下工程渗漏治理宜根据渗漏部位、渗漏现象选用表 6.1.1 中所列的技术措施。

表 6.1.1 实心砌体结构地下工程渗漏治理的技术措施

技术措施	渗漏部位、渗漏现象			材 料
	裂缝、砌块灰缝	大面积渗漏	管道根部	
注浆止水	○	×	●	丙烯酸盐灌浆材料、水泥基灌浆材料、聚氨酯灌浆材料、环氧树脂灌浆材料等
快速封堵	●	●	●	速凝型无机防水堵漏材料
设置刚性防水层	●	●	○	聚合物水泥防水砂浆、渗透型环氧树脂类防水涂料等
设置柔性防水层	×	×	○	Ⅱ型或Ⅲ型聚合物水泥防水涂料

注：●——宜选，○——可选，×——不宜选。

6.1.2 实心砌体结构地下工程渗漏治理后宜在背水面形成完整的防水层。

6.2 方 案 设 计

6.2.1 裂缝或砌块灰缝的渗漏宜采取注浆止水或快速封堵、设置刚性防水层等治理措施，并宜符合下列规定：

    1 当渗漏量大时，宜采取埋管（嘴）注浆止水，并宜符合下列规定：

    1）注浆管（嘴）宜选用金属管或硬质塑料管，并宜配置阀门；

    2）注浆管（嘴）宜沿裂缝或砌块灰缝走向布置，间距不宜小于 500mm；埋设注浆管（嘴）前宜在选定位置开凿深度为 30～40mm、宽度不大于 30mm 的"U"型凹槽，注浆嘴应垂直对准凹槽中心部位裂缝并用速凝型无机防水堵漏材料埋置牢固，注浆前阀门宜保持开启状态；

    3）裂缝表面宜采用速凝型无机防水堵漏材料封闭，封缝的宽度不宜小于 50mm；

    4）宜选用丙烯酸盐、水溶性聚氨酯等黏度较小的灌浆材料，注浆压力不宜大于 0.3MPa。

    2 当渗漏量小时，可按本条第 1 款的规定注浆止水，也可采用快速封堵止水。当采取快速封堵时，宜沿裂缝或接缝走向切割出深度 20～30mm、宽度不大于 30mm 的"U"型凹槽，然后分段在凹槽中埋设引水管并嵌填速凝型无机防水堵漏材料止水，最后封闭引水孔，并宜用聚合物水泥防水砂浆找平。

3 设置刚性防水层时，宜沿裂缝或接缝走向在两侧各 200mm 范围内的基层表面多遍涂布渗透型环氧树脂类防水涂料或抹压聚合物水泥防水砂浆。对于裂缝分布较密的基层，应大面积设置刚性防水层。

6.2.2 实心砌体结构地下工程墙体大面积渗漏的治理，宜先在有明水渗出的部位埋管引水卸压，再在砌体结构表面大面积抹压厚度不小于 5mm 的速凝型无机防水堵漏材料止水。经检查无渗漏后，宜涂刷渗透型环氧树脂类防水涂料或抹压聚合物水泥防水砂浆，最后再宜用速凝型无机防水堵漏材料封闭引水孔。当基层表面无渗漏明水时，宜直接大面积多遍涂刷渗透型环氧树脂类防水涂料，并宜抹压聚合物水泥防水砂浆。

6.2.3 砌体结构地下工程管道根部渗漏的治理宜先止水、再设置刚性防水层，必要时设置柔性防水层，并宜符合本规程第 4.2.10 条的规定。

6.2.4 砌体结构地下工程发生因毛细作用导致的墙体返潮、析盐等病害时，宜在墙体下部用聚合物水泥防水砂浆设置防潮层，防潮层的厚度不宜小于 10mm。

6.3 施 工

6.3.1 砌体结构裂缝或砌块接缝渗漏的止水及刚性防水层的设置应符合下列规定：

1 埋管（嘴）注浆止水除应符合本规程第 4.3.1 条的规定外，尚应符合下列规定：

  1）宜按照从下往上、由里向外的顺序进行注浆；

  2）当观察岛浆液从相邻注浆嘴中流出时，应停止从该注浆孔注浆并关闭阀门，并从相邻注浆嘴开始注浆；

  3）注浆全部结束后，应按要求处理注浆嘴、封孔并清理基层。

2 使用速凝型无机防水堵漏材料快速封堵裂缝或砌体灰缝渗漏的施工宜符合本规程第 4.3.1 条的规定。

3 刚性防水层的施工应符合材料要求及本规程的规定。

6.3.2 实心砌体结构地下工程墙体大面积渗漏治理施工应符合下列规定：

1 在砌体结构表面抹压速凝型无机防水堵漏材料止水前，应清理基层，做到坚实、干净，再抹压速凝型无机防水堵漏材料止水；

2 渗透型环氧树脂类防水涂料及聚合物水泥防水砂浆的施工应符合本规程第 4.3.6 条的规定。

6.3.3 管道根部渗漏治理的施工应符合本规程第 4.3.8 条的规定。

6.3.4 用聚合物水泥防水砂浆设置防潮层时，防潮层应抹压平整。

7 质 量 验 收

7.1 一 般 规 定

7.1.1 对于需要进场检验的材料，应按本规程附录 C 的规定进行现场抽样复验，材料的性能应符合本规程附录 D 的规定，并应提交检验合格报告。

7.1.2 隐蔽工程在隐蔽前应由施工方会同有关各方进行验收。

7.1.3 工程施工质量的验收，应在施工单位自行检查评定合格的基础上进行。

7.1.4 渗漏治理的部位应全数检查。

7.1.5 工程质量验收应提供下列资料：

　1 调查报告、设计方案、图纸会审记录、设计变更、洽商记录单；

　2 施工方案及技术、安全交底；

　3 材料的产品合格证、质量检验报告；

　4 隐蔽工程验收记录；

　5 工程检验批质量验收记录；

　6 施工队伍的资质证书及主要操作人员的上岗证书；

　7 技术总结报告等其他必需提供的资料。

7.2 质 量 验 收

主 控 项 目

7.2.1 材料性能应符合设计要求。

　检验方法：检查出厂合格证、质量检测报告等。进场抽检复验的材料还应提交进场抽样复检合格报告。

7.2.2 渗漏治理效果应符合设计要求。

　检验方法：观察检查。

7.2.3 治理部位不得有渗漏或积水现象，排水系统应畅通。

　检验方法：观察检查。

附录 A　安全及环境保护

A.0.1 注浆施工时，操作人员应穿防护服，戴口罩、手套和防护眼镜。

A.0.2 挥发性材料应密封贮存，妥善保管和处理，不得随意倾倒。

A.0.3 使用易燃材料时，施工现场禁止出现明火。

A.0.4 施工现场应通风良好。

附录 B　盾构法隧道渗漏调查

B.0.1 输水隧道在竣工时的检查重点应是漏入量，在运营时的检查重点应是漏失量。轨道交通隧道、水下道路隧道及重要的电缆隧道等的检查重点应是拱底位置的渗水和拱顶的滴漏。

B.0.2 渗漏水及损害程度资料的调查应包括下列内容：

　1 设计资料；

　2 施工记录；

　3 维修资料；

　4 隧道环境变化。

B.0.3 盾构法隧道渗漏水及损害的现场调查内容及方法应宜符合表 B.0.3 的规定。

表 B.0.3　盾构法隧道渗漏水及损害的现场调查内容及方法

序号	调查内容		调查方法或仪器
1	渗漏水现状	漏泥、钢筋锈蚀	目测及钢筋检测仪
		管片裂缝与破损的形式、尺寸、是否贯通，缝内有无异物，干湿状况	用刻度尺、放大镜等工具目测
		发生渗漏的接缝、裂缝、孔洞及蜂窝麻面的位置、尺寸、渗漏水量	用刻度尺、放大镜等工具目测并按现行国家标准《地下防水工程施工质量验收规范》GB 50208 的规定量测渗漏水量
		水质	水质采样分析
2	沉降形变	隧道的沉降量、变形量壁后注浆回填状况	用水平仪、经纬仪检测沉降及位移；用地震波仪、声波仪检测回填注浆状况
3	密封防水材料现状	材料的种类及老化状况	目测或现场取样分析
4	混凝土质量现状	混凝土病害状况	超声回弹检测混凝土强度；采样检测混凝土中氯离子浓度及碳化深度

B.0.4　盾构法隧道内渗漏水及损害的状态和位置宜采用表 B.0.4 的图例在盾构法隧道管片渗漏水平面展开图上进行标识。

表 B.0.4　盾构法隧道管片渗漏水平面展开图图例

渗漏形式		图例	渗漏形式		图例
接缝渗漏	渗水	⊙⊙⊙⊙⊙⊙	预留注浆孔渗漏	渗水	
	滴漏			滴漏	
	线漏	↓ ↓ ↓ ↓ ↓		线漏	
	漏泥	※※※※※		渗水	
管片缺损及预埋件锈蚀	混凝土缺损		螺栓孔渗漏	滴漏	
	预埋件锈蚀			线漏	

B. 0. 5 绘制盾构法隧道管片渗漏水平面展开图时，应将衬砌以 5～10 环为一组逐环展开，再将不同位置、不同渗漏及损害的图例在图上标出。

附录 C 材料现场抽样复验项目

C. 0. 1 材料现场抽样复验应符合表 C. 0. 1 的规定。

表 C. 0. 1 材料现场抽样复验项目

序号	材料名称	现场抽样数量	外观质量检验	物理性能检验
1	聚氨酯灌浆材料	每 2t 为一批，不足 2t 按一批抽样	包装完好无损，且标明灌浆材料名称，生产日期、生产厂名，产品有效期	黏度，固体含量，凝胶时间发泡倍率
2	环氧树脂灌浆材料	每 2t 为一批，不足 2t 按一批抽样	包装完好无损，且标明灌浆材料名称，生产日期、生产厂名，产品有效期	黏度，可操作时间，抗压强度
3	丙烯酸盐灌浆材料	每 2t 为一批，不足 2t 按一批抽样	包装完好无损，且标明灌浆材料名称，生产日期、生产厂名，产品有效期	密度，黏度，凝胶时间，固砂体抗压强度
4	水泥基灌浆材料	每 5t 为一批，不足 5t 按一批抽样	包装完好无损，且标明灌浆材料名称，生产日期、生产厂名，产品有效期	粒径，流动度，泌水率，抗压强度
5	合成高分子密封材料	每 500 支为一批，不足 500 支按一批抽样	均匀膏状，无结皮、凝胶或不易分散的固体团状	拉伸模量，拉伸粘结性，柔性
6	遇水膨胀止水条	每一批至少抽一次	色泽均匀，柔软有弹性，无明显凹陷	拉伸强度，扯断伸长率，体积膨胀倍率
7	遇水膨胀止水胶	每 500 支为一批，不足 500 支按一批抽样	包装完好无损，且标明材料名称，生产日期，生产厂家，产品有效期	表干时间、延伸率、抗拉强度、体积膨胀倍率
8	内装可卸式橡胶止水带	每一批至少抽一次	尺寸公差；开裂，缺胶，海绵状，中心孔偏心；气泡，杂质，明疤	拉伸强度，扯断伸长率，撕裂强度
9	内置式密封止水带及配套胶粘剂	每一批至少抽一次	止水带的尺寸公差，表面有无开裂；胶粘剂名称，生产日期，生产厂家，产品有效期，使用温度	拉伸强度，扯断伸长率，撕裂强度；可操作时间，粘结强度、剥离强度
10	改性渗透型环氧树脂类防水涂料	每 1t 为一批，不足 1t 按一批抽样	包装完好无损，且标明材料名称，生产日期、生产厂名，产品有效期	黏度，初凝时间，粘结强度，表面张力

序号	材料名称	现场抽样数量	外观质量检验	物理性能检验
11	水泥基渗透结晶型防水涂料	每 5t 为一批，不足 5t 按一批抽样	包装完好无损，且标明材料名称、生产日期、生产厂名，产品有效期	凝结时间、抗折强度（28d）、潮湿基面粘结强度，抗渗压力（28d）
12	无机防水堵漏材料	缓凝型每 10t 为一批，不足 10t 按一批抽样速凝型每 5t 为一批，不足 5t 按一批抽样	均匀、无杂质、无结块	缓凝型：抗折强度，粘结强度，抗渗性速凝型：初凝时间，终凝时间，粘结强度，抗渗性
13	聚合物水泥防水砂浆	每 10t 为一批，不足 10t 按一批抽样	粉体型均匀，无结块；乳液型液料经搅拌后均匀无沉淀，粉料均匀，无结块	抗渗压力，粘结强度
14	聚合物水泥防水涂料	每 10t 为一批，不足 10t 按一批抽样	包装完好无损，且标明材料名称、生产日期、生产厂名，产品有效期；液料经搅拌后均匀无沉淀，粉料均匀，无结块	固体含量、拉伸强度，断裂延伸率，低温柔性，不透水性，粘结强度

附录 D 材料性能

D.0.1 灌浆材料的物理性能应符合下列规定：

1 聚氨酯灌浆材料的物理性能应符合表 D.0.1-1 的规定，并应按现行行业标准《聚氨酯灌浆材料》JC/T 2041 规定的方法进行检测。

表 D.0.1-1 聚氨酯灌浆材料的物理性能

序号	试验项目	性能	
		水溶性	油溶性
1	黏度（mPa·s）	≤1000	
2	不挥发物含量（%）	≥75	≥78
3	凝胶时间（s）	≤150	—
4	凝固时间（s）	—	≤800
5	包水性（10 倍水，s）	≤200	—
6	发泡率（%）	≥350	≥1000
7	固结体抗压强度（MPa）	—	≥6.0

注：第 7 项仅在有加固要求时检测。

2 环氧树脂灌浆材料的物理性能应符合表 D.0.1-2 和表 D.0.1-3 的规定，并应按国家现行行业标准《混凝土裂缝用环氧树脂灌浆材料》JC/T 1041 规定的方法进行检测。

表 D.0.1-2　环氧树脂灌浆材料的物理性能

序号	项　　目	性　　能	
		低黏度型	普通型
1	外观	A、B组分均匀，无分层	
2	初始黏度（mPa·s）	≤30	≤200
3	可操作时间（min）	>30	

表 D.0.1-3　环氧树脂灌浆材料固化物的物理性能

序号	项　　目		性能
1	抗压强度（MPa）		≥40
2	抗拉强度（MPa）		≥10
3	粘结强度（MPa）	干燥基层	≥3.0
		潮湿基层	≥2.0
4	抗渗压力（MPa）		≥1.0

3 丙烯酸盐灌浆材料的物理性能与试验方法应符合表 D.0.1-4 及表 D.0.1-5 的规定，并应按现行行业标准《丙烯酸盐灌浆材料》JC/T 2037 规定的方法进行检测。

表 D.0.1-4　丙烯酸盐灌浆材料的物理性能

序号	项　目	性　　能
1	外观	不含颗粒的均质液体
2	密度（g/cm³）	1.1±0.1
3	初始黏度（mPa·s）	≤10
4	凝胶时间（min）	≤30
5	pH	≥7.0

表 D.0.1-5　丙烯酸盐灌浆材料固结体的物理性能

序号	项　目	性　　能
1	渗透系数（cm/s）	≤10⁻⁶
2	抗挤压破坏比降	≥200
3	固砂体抗压强度（MPa）	≥0.2
4	遇水膨胀率（%）	≥30

4 水泥基灌浆材料的物理性能与试验方法应符合表 D.0.1-6 的规定。

表 D.0.1-6　水泥基灌浆材料的物理性能与试验方法

序号	项　　目		性能要求	试验方法
1	粒径（4.75mm方孔筛筛余，%）		≤2.0	
2	泌水率（%）		0	
3	流动度（mm）	初始流动度	≥290	
		30min 流动度保留值	≥260	
4	抗压强度（MPa）	1d	≥20	现行行业标准《水泥基灌浆材料》JC/T 986
		3d	≥40	
		28d	≥60	
5	竖向膨胀率（%）	3h	0.1～3.5	
		24h与3h膨胀率之差	0.02～0.5	
6	对钢筋有无腐蚀作用		无	

632

序号	项　目		性能要求	试验方法
7	比表面积（m²/kg）	干磨法	≥600	现行行业标准《水泥比表面积测定方法》GB/T 8074
		湿磨法	≥800	

注：第7项仅适用于超细水泥灌浆材料。

5 水泥—水玻璃双液注浆材料应符合下列规定：

（1）宜采用普通硅酸盐水泥配制浆液，普通硅酸盐水泥的性能应符合现行国家标准《通用硅酸盐水泥》GB175 的规定，水泥浆的水胶比（w/c）宜为 0.6～1.0；

（2）水玻璃性能应符合现行国家标准《工业硅酸钠》GB/T 4209 的规定，模数宜为 2.4～3.2，浓度不宜低于 30°Bé；

（3）拌合用水应符合国家现行标准《混凝土用水标准》JGJ 63 的规定；

（4）浆液的凝胶时间应事先通过试验确定，水泥浆与水玻璃溶液的体积比可在 1：0.1～1：1之间。

D.0.2 密封材料的性能应符合下列规定：

1 建筑接缝用密封胶的物理性能应符合表 D.0.2-1 的规定，并应按现行行业标准《混凝土接缝用密封胶》JC/T 881 规定的方法进行检测。

表 D.0.2-1　建筑接缝用密封胶物理性能

序号	项　目			性　能			
				25LM	25HM	20LM	20HM
1	流动性	下垂度（N 型）	垂直（mm）	≤3			
			水平（mm）	≤3			
		流平性（S 型）		光滑平整			
2	挤出性（ml/min）			≥80			
3	弹性恢复率（%）			≥80		≥60	
4	拉伸模量（MPa）		23℃ −20℃	≤0.4 和 ≤0.6	>0.4 或 >0.6	≤0.4 和 ≤0.6	>0.4 或 >0.6
5	定伸粘结性			无破坏			
6	浸水后定伸粘结性			无破坏			
7	热压冷拉后粘结性			无破坏			
8	质量损失（%）			≤10			

注：N 型—非下垂型；S—自流平型。

2 遇水膨胀止水胶的物理性能与试验方法应符合表 D.0.2-2 的规定。

3 遇水膨胀橡胶止水条的物理性能应符合表 D.0.2-3 的规定，并应按现行国家标准《高分子防水材料　第 3 部分　遇水膨胀橡胶》GB 18173.3 规定的方法进行检测。

表 D.0.2-2 遇水膨胀止水胶的物理性能与试验方法

序号	项 目		指标	试验方法
1	表干时间（h）		≤12	现行国家标准《建筑蜜蜂材料试验方法 第5部分表干时间的测定》GB/T 13477.2
2	拉伸性能	拉伸强度（MPa）	≥0.5	现行国家标准《建筑防水涂料试验方法》GB/T 16777
		断裂伸长率（%）	≥400	
3	吸水体积膨胀倍率（%）		≥220	现行国家标准《高分子防水材料第3部分 遇水膨胀橡胶》GB 18173.3
4	溶剂浸泡后体积膨胀倍率保持率（3d,%）	5% Ca (OH)₂	≥90	
		5% NaCl	≥90	

表 D.0.2-3 遇水膨胀橡胶止水条的物理性能

序号	项 目		性 能	
			PZ-150	PZ-250
1	硬度（邵尔A，度）		42±7	
2	拉伸强度（MPa）		≥3.5	
3	扯断伸长率（%）		≥450	
4	体积膨胀倍率（%）		≥150	≥250
5	反复浸水试验	拉伸强度（MPa）	≥3	
		扯断伸长率（%）	≥350	
		体积膨胀倍率（%）	≥150	≥250
6	低温弯折（−20℃，2h）		无裂纹	
7	防霉等级		达到或优于2级	

4 内装可卸式橡胶止水带的物理性能应符合表 D.0.2-4 的规定，并应按现行国家标准《高分子防水材料 第2部分 止水带》GB 18173.2 的规定进行检测。

表 D.0.2-4 内装可卸式橡胶止水带的物理性能

序号	项 目		性能要求
1	硬度（邵尔A，度）		60±5
2	拉伸强度（MPa）		≥15
3	断裂伸长率（%）		≥380
4	压缩永久变形（%）	70℃，24h	≤35
		23℃，168h	≤20
5	撕裂强度（kN/m）		≥30
6	脆性温度（℃，无破坏）		≤−45
7	热空气老化（70℃，168h）	硬度变化（邵尔A，度）	+8
		拉伸强度 MPa	≥12
		断裂伸长率（%）	≥300

5 内置式密封止水带及配套胶粘剂的物理性能与试验方法应符合表 D.0.2-5 和表 D.0.2-6 的规定。

表 D.0.2-5　内置式密封止水带的物理性能

序号	项　　目	指　标	试验方法
1	厚度（mm）	≥1.0	现行国家标准《高分子防水材料 第1部分 高分子片材》GB 18173.1
2	抗拉强度（MPa）	≥10.0	
3	断裂伸长率（%）	≥200	
4	接缝剥离强度（N/mm）	≥4.0	
5	低温柔性（-25℃）	无裂纹	

表 D.0.2-6　配套胶粘剂的物理性能

序号	项　　目	指　　标	试验方法
1	可操作时间（h）	≥0.5	现行行业标准《混凝土裂缝用环氧树脂灌浆材料》JC/T 1041
2	抗压强度（MPa）	≥60	
3	与混凝土基层粘结强度（MPa）	≥2.5	现行国家标准《建筑防水涂料试验方法》GB/T 16777

6 丁基橡胶防水密封胶带的物理性能应符合表 D.0.2-7 的规定，并应按现行行业标准《丁基橡胶防水密封胶粘带》JC/T 942 规定的方法进行检测。

表 D.0.2-7　丁基橡胶防水密封胶带的物理性能

序号	项　　目		性　　能
1	持粘性(min)		≥20
2	耐热性(80℃，2h)		无流淌、龟裂、变形
3	低温柔性(-40℃)		无裂纹
4	剪切状态下的粘合性(N/mm)		≥2
5	剥离强度(N/mm)	防水卷材	≥0.4
		水泥砂浆板	≥0.6
		彩钢板	
6	剥离强度保持率(%)	热处理(80℃，168h) 防水卷材	≥80
		水泥砂浆板	
		彩钢板	
		碱处理(饱和 Ca(OH)₂，168h) 防水卷材	≥80
		水泥砂浆板	
		彩钢板	
		浸水处理(168h) 防水卷材	≥80
		水泥砂浆板	
		彩钢板	

注：仅双面胶粘带测试。

D.0.3 刚性防水材料应满足下列规定：

1 渗透型环氧树脂类防水涂料的物理性能与试验方法应符合表 D.0.3-1 的规定。

表 D.0.3-1　渗透型环氧树脂类防水涂料的物理性能与试验方法

序号	项　　目		性能指标	试 验 方 法
1	黏度(mPa·s)		≤50	现行行业标准《混凝土裂缝用环氧树脂灌浆材料》JC/T 1041
2	初凝时间(h)		≥8	
3	终凝时间(h)		≤72	
4	固结体抗压强度(MPa)		≥50	
5	粘结强度(MPa)	干燥基层	≥3.0	
		潮湿基层	≥2.5	
6	表面张力 (10^{-5}N/cm)		≤50	现行国家标准《表面活性剂用拉起液膜法测定表面张力》GB/T 5549

2 水泥基渗透结晶型防水涂料的性能指标应符合表 D.0.3-2 的规定，并应按现行国家标准《水泥基渗透结晶型防水材料》GB 18445 的规定进行检测。

表 D.0.3-2　水泥基渗透结晶型防水涂料的物理性能

序号	项　　目		性　　能
1	凝结时间	初凝时间（min）	≥20
		终凝时间（h）	≤24
2	抗折强度（MPa）	7d	≥2.8
		28d	≥4.0
3	抗压强度（MPa）	7d	≥12
		28d	≥18
4	潮湿基层粘结强度（28d，MPa）		≥1.0
5	抗渗压力（28d，MPa）	一次抗渗压力（28d）	≥1.0
		二次抗渗压力（56d）	≥0.8
6	冻融循环（50次）		无开裂、起皮、脱落

3 无机防水堵漏材料物理性能应符合表 D.0.3-3 的规定，并应按现行国家标准《无机防水堵漏材料》GB 23440 的规定进行检测。

表 D.0.3-3　无机防水堵漏材料的物理性能

序号	项　　目		性　　能	
			缓凝型	速凝型
1	凝结时间（min）	初凝	≥10	≤5
		终凝	≤360	≤10
2	抗压强度（MPa）	1d	—	≥4.5
		3d	≥13	≥15

序号	项 目		性　能	
			缓凝型	速凝型
3	抗折强度（MPa）	1d	—	≥1.5
		3d	≥3	≥4
4	抗渗压力（7d，MPa）	涂层	≥0.5	—
		试块		≥1.5
5	粘结强度（7d，MPa）			≥0.6
6	冻融循环（50 次）			无开裂、起皮、脱落

4 聚合物水泥防水砂浆物理性能应符合表 D.0.3-4 的规定，并应按现行行业标准《聚合物水泥防水砂浆》JC/T 984 的规定进行检测。

表 D.0.3-4　聚合物水泥防水砂浆的物理性能

序号	项 目		性　能	
			干粉类	乳液类
1	凝结时间	初凝（min）	≥45	
		终凝（h）	≤12	≤24
2	抗渗压力（MPa）	7d	≥1.0	
		28d	≥1.5	
3	抗压强度（28d，MPa）		≥24	
4	抗折强度（28d，MPa）		≥8.0	
5	粘结强度（MPa）	7d	≥1.0	
		28d	≥1.2	
6	冻融循环（次）		＞50	
7	收缩率（28d，%）		≤0.15	
8	耐碱性（10%NaOH 溶液浸泡 14d）		无变化	
9	耐水性（%）		≥80	

注：耐水性指标是指砂浆浸水 168h 后材料的粘结强度及抗渗性的保持率。

D.0.4　聚合物水泥防水涂料的物理性能应符合表 D.0.4 的规定，并应按现行国家标准《聚合物水泥防水涂料》GB/T 23445 的规定进行检测。

表 D.0.4　聚合物水泥防水涂料的物理性能

序号	项 目		性　能	
			Ⅱ型	Ⅲ型
1	固含量（%）		≥70	
2	表干时间（h）		≤4	
3	实干时间（h）		≤12	
4	拉伸强度（MPa）	无处理（MPa）	≥1.8	
		加热处理后保持率（%）	80	
		碱处理后保持率（%）	80	

续表 D.0.4

序号	项 目		性 能	
			Ⅱ型	Ⅲ型
5	断裂伸长率	无处理（MPa）	≥80	≥30
		加热处理后保持率（%）	65	
		碱处理后保持率（%）	65	
6	不透水性（0.3MPa，0.5h）		不透水	
7	潮湿基面粘结强度（MPa）		≥1.0	
8	抗渗性（背水面，MPa）		≥0.6	

JGJ/T 223—2010《预拌砂浆应用技术规程》

本规程主要内容包括：

1. 总则；2. 术语、符号；3. 基本规定；4. 预拌砂浆进场检验、储存与拌合；5. 砌筑砂浆施工与质量验收；6. 抹灰砂浆施工与质量验收；7. 地面砂浆施工与质量验收；8. 防水砂浆施工与质量验收；9. 界面砂浆施工与质量验收；10. 陶瓷砖粘结砂浆施工与质量验收；附录 A. 预拌砂浆进场检验；附录 B. 散装干混砂浆均匀性试验。

1 总　　则

1.0.1 为规范预拌砂浆在建筑工程中的应用，并做到技术先进，经济合理，安全适用，确保质量，制定本规程。

1.0.2 本规程适用于水泥基砌筑砂浆、抹灰砂浆、地面砂浆、防水砂浆、界面砂浆和陶瓷砖粘结砂浆等预拌砂浆的施工与验收。

1.0.3 预拌砂浆的施工与验收除应符合本规程外，尚应符合国家现行有关标准的规定。

2　术语、符号（略）

3　基　本　规　定

3.0.1 预拌砂浆的品种应根据设计、施工等的要求确定。

3.0.2 不同品种、规格的预拌砂浆不应混合使用。

3.0.3 预拌砂浆施工前，施工单位应根据设计和工程要求及预拌砂浆产品说明书等编制施工方案，并应按施工方案进行施工。

3.0.4 预拌砂浆施工时，施工环境温度宜为 5～35℃。当温度低于 5℃或高于 35℃施工时，应采取保证工程质量的措施。五级风及以上、雨天和雪天的露天环境条件下，不应进行预拌砂浆施工。

3.0.5 施工单位应建立各道工序的自检、互检和专职人员检验制度，并应有完整的施工检查记录。

3.0.6 预拌砂浆抗压强度、实体拉伸粘结强度应按验收批进行评定。

4 预拌砂浆进场检验、储存与拌合

4.1 进 场 检 验

4.1.1 预拌砂浆进场时，供方应按规定批次向需方提供质量证明文件。质量证明文件应包括产品型式检验报告和出厂检验报告等。

4.1.2 预拌砂浆进场时应进行外观检验，并应符合下列规定：

　　1 湿拌砂浆应外观均匀，无离析、泌水现象。

　　2 散装干混砂浆应外观均匀，无结块、受潮现象。

　　3 袋装干混砂浆应包装完整，无受潮现象。

4.1.3 湿拌砂浆应进行稠度检验，且稠度允许偏差应符合表 4.1.3 的规定。

表 4.1.3 湿拌砂浆稠度偏差

规定稠度（mm）	允许偏差（mm）
50、70、90	±10
110	−10～+5

4.1.4 预拌砂浆外观、稠度检验合格后，应按本规程附录 A 的规定进行复验。

4.2 湿 拌 砂 浆 储 存

4.2.1 施工现场宜配备湿拌砂浆储存容器，并应符合下列规定：

　　1 储存容器应密闭、不吸水；

　　2 储存容器的数量、容量应满足砂浆品种、供货量的要求；

　　3 储存容器使用时，内部应无杂物、无明水；

　　4 储存容器应便于储运、清洗和砂浆存取；

　　5 砂浆存取时，应有防雨措施；

　　6 储存容器宜采取遮阳、保温等措施。

4.2.2 不同品种、强度等级的湿拌砂浆应分别存放在不同的储存容器中，并应对储存容器进行标识，标识内容应包括砂浆的品种、强度等级和使用时限等。砂浆应先存先用。

4.2.3 湿拌砂浆在储存及使用过程中不应加水。砂浆存放过程中，当出现少量泌水时，应拌合均匀后使用。砂浆用完后，应立即清理其储存容器。

4.2.4 湿拌砂浆储存地点的环境温度宜为 5～35℃。

4.3 干 混 砂 浆 储 存

4.3.1 不同品种的散装干混砂浆应分别储存在散装移动筒仓中，不得混存混用，并应对筒仓进行标识。筒仓数量应满足砂浆品种及施工要求。更换砂浆品种时，筒仓应清空。

4.3.2 筒仓应符合现行行业标准《干混砂浆散装移动筒仓》SB/T 10461 的规定，并应在现场安装牢固。

4.3.3 袋装干混砂浆应储存在干燥、通风、防潮、不受雨淋的场所，并应按品种、批号分别堆放，不得混堆混用，且应先存先用。配套组分中的有机类材料应储存在阴凉、干燥、通风、远离火和热源的场所，不应露天存放和曝晒，储存环境温度应为5～35℃。

4.3.4 散装干混砂浆在储存及使用过程中，当对砂浆质量的均匀性有疑问或争议时，应按本规程附录B的规定检验其均匀性。

4.4 干混砂浆拌合

4.4.1 干混砂浆应按产品说明书的要求加水或其他配套组分拌合，不得添加其他成分。

4.4.2 干混砂浆拌合水应符合现行行业标准《混凝土用水标准》JGJ 63中对混凝土拌合用水的规定。

4.4.3 干混砂浆应采用机械搅拌，搅拌时间除应符合产品说明书的要求外，尚应符合下列规定：

    1 采用连续式搅拌器搅拌时，应搅拌均匀，并应使砂浆拌合物均匀稳定。

    2 采用手持式电动搅拌器搅拌时，应先在容器中加入规定量的水或配套液体，再加入干混砂浆搅拌，搅拌时间宜为3～5min，且应搅拌均匀。应按产品说明书的要求静停后再拌合均匀。

    3 搅拌结束后，应及时清洗搅拌设备。

4.4.4 砂浆拌合物应在砂浆可操作时间内用完，且应满足工程施工的要求。

4.4.5 当砂浆拌合物出现少量泌水时，应拌合均匀后使用。

5 砌筑砂浆施工与质量验收

5.1 一 般 规 定

5.1.1 本章适用于砖、石、砌块等块材砌筑时所用预拌砌筑砂浆的施工与质量验收。

5.1.2 砌筑砂浆的稠度可按表5.1.2选用。

表 5.1.2 砌筑砂浆的稠度

砌体种类	砂浆稠度（mm）	砌体种类	砂浆稠度（mm）
烧结普通砖砌体 粉煤灰砖砌体	70～90	烧结多孔砖、空心砖砌体 轻骨料混凝土小型空心砌块砌体 蒸压加气混凝土砌块砌体	60～80
混凝土多孔砖、实心砖砌体 普通混凝土小型空心砌块砌体 蒸压灰砂砖砌体 蒸压粉煤灰砖砌体	50～70	石砌体	30～50

注：1. 砌筑其他块材时，砌筑砂浆的稠度可根据块材吸水特性及气候条件确定。

    2. 采用薄层砂浆施工法砌筑蒸压加气混凝土砌块等砌体时，砌筑砂浆稠度可根据产品说明书确定。

5.1.3 砌体砌筑时，块材应表面清洁，外观质量合格，产品龄期应符合国家现行有关标准的规定。

5.2 块 材 处 理

5.2.1 砌筑非烧结砖或砌块砌体时，块材的含水率应符合国家现行有关标准的规定。

5.2.2 砌筑烧结普通砖、烧结多孔砖、蒸压灰砂砖、蒸压粉煤灰砖砌体时，砖应提前浇水湿润，并宜符合国家现行有关标准的规定。不应采用干砖或处于吸水饱和状态的砖。

5.2.3 砌筑普通混凝土小型空心砌块、混凝土多孔砖及混凝土实心砖砌体时，不宜对其浇水湿润；当天气干燥炎热时，宜在砌筑前对其喷水湿润。

5.2.4 砌筑轻骨料混凝土小型空心砌块砌体时，应提前浇水湿润。砌筑时，砌块表面不应有明水。

5.2.5 采用薄层砂浆施工法砌筑蒸压加气混凝土砌块砌体时，砌块不宜湿润。

5.3 施 工

5.3.1 砌筑砂浆的水平灰缝厚度宜为 10mm，允许误差宜为 ±2mm。采用薄层砂浆施工法时，水平灰缝厚度不应大于 5mm。

5.3.2 采用铺浆法砌筑砖砌体时，一次铺浆长度不得超过 750mm；当施工期间环境温度超过 30℃时，一次铺浆长度不得超过 500mm。

5.3.3 对砖砌体、小砌块砌体，每日砌筑高度宜控制在 1.5m 以下或一步脚手架高度内；对石砌体，每日砌筑高度不应超过 1.2m。

5.3.4 砌体的灰缝应横平竖直、厚薄均匀、密实饱满。砖砌体的水平灰缝砂浆饱满度不得小于 80%；砖柱水平灰缝和竖向灰缝的砂浆饱满度不得小于 90%；小砌块砌体灰缝的砂浆饱满度，按净面积计算不得低于 90%，填充墙砌体灰缝的砂浆饱满度，按净面积计算不得低于 80%。竖向灰缝不应出现瞎缝和假缝。

5.3.5 竖向灰缝应采用加浆法或挤浆法使其饱满，不应先干砌后灌缝。

5.3.6 当砌体上的砖或砌块被撞动或需移动时，应将原有砂浆清除再铺浆砌筑。

5.4 质 量 验 收

5.4.1 对同品种、同强度等级的砌筑砂浆，湿拌砌筑砂浆应以 50m³ 为一个检验批，干混砌筑砂浆应以 100t 为一个检验批；不足一个检验批的数量时，应按一个检验批计。

5.4.2 每检验批应至少留置 1 组抗压强度试块。

5.4.3 砌筑砂浆取样时，干混砌筑砂浆宜从搅拌机出料口、湿拌砌筑砂浆宜从运输车出料口或储存容器随机取样。砌筑砂浆抗压强度试块的制作、养护、试压等应符合现行行业标准《建筑砂浆基本性能试验方法标准》JGJ/T 70 的规定，龄期应为 28d。

5.4.4 砌筑砂浆抗压强度试块应按验收批进行评定，其合格条件应符合下列规定：

    1 同一验收批砌筑砂浆试块抗压强度平均值应大于或等于设计强度等级所对应的立方体抗压强度的 1.10 倍，且最小值应大于或等于设计强度等级所对应的立方体抗压强度的 0.85 倍；

    2 当同一验收批砌筑砂浆抗压强度试块少于 3 组时，每组试块抗压强度值应大于或等于设计强度等级所对应的立方体抗压强度的 1.10 倍。

    检验方法：检查砂浆试块抗压强度检验报告单。

6 抹灰砂浆施工与质量验收

6.1 一 般 规 定

6.1.1 本章适用于墙面、柱面和顶棚一般抹灰所用预拌抹灰砂浆的施工与质量验收。

6.1.2 抹灰砂浆的稠度应根据施工要求和产品说明书确定。

6.1.3 抹灰砂浆抹灰层的总厚度应符合设计要求。

6.1.4 外墙大面积抹灰时,应设置水平和垂直分格缝。水平分格缝的间距不宜大于 6m,垂直分格缝宜按墙面面积设置,且不宜大于 30m²。

6.1.5 施工前,施工单位宜和砂浆生产企业、监理单位共同模拟现场条件制作样板,在规定龄期进行实体拉伸粘结强度检验,并应在检验合格后封存留样。

6.1.6 天气炎热时,应避免基层受日光直接照射。施工前,基层表面宜洒水湿润。

6.1.7 采用机械喷涂抹灰时,应符合现行行业标准《机械喷涂抹灰施工规程》JGJ/T 105 的规定。

6.2 基 层 处 理

6.2.1 基层应平整、坚固,表面应洁净。上道工序留下的沟槽、孔洞等应进行填实修整。

6.2.2 不同材质的基体交接处,应采取防止开裂的加强措施。当采用在抹灰前铺设加强网时,加强网与各基体的搭接宽度不应小于 100mm。门窗口、墙阳角处的加强护角应提前抹好。

6.2.3 在混凝土、蒸压加气混凝土砌块、蒸压灰砂砖、蒸压粉煤灰砖等基体上抹灰时,应采用相配套的界面砂浆对基层进行处理。

6.2.4 在混凝土小型空心砌块、混凝土多孔砖等基体上抹灰时,宜采用界面砂浆对基层进行处理。

6.2.5 在烧结砖等吸水速度快的基体上抹灰时,应提前对基层浇水湿润。施工时,基层表面不得有明水。

6.2.6 采用薄层砂浆施工法抹灰时,基层可不做界面处理。

6.3 施 工

6.3.1 抹灰施工应在主体结构完工并验收合格后进行。

6.3.2 抹灰工艺应根据设计要求、抹灰砂浆产品说明书、基层情况等确定。

6.3.3 采用普通抹灰砂浆抹灰时,每遍涂抹厚度不宜大于 10mm;采用薄层砂浆施工法抹灰时,宜一次成活,厚度不应大于 5mm。

6.3.4 当抹灰砂浆厚度大于 10mm 时,应分层抹灰,且应在前一层砂浆凝结硬化后再进行后一层抹灰。每层砂浆应分别压实、抹平,且抹平应在砂浆凝结前完成。抹面层砂浆时,表面应平整。

6.3.5 当抹灰砂浆总厚度大于或等于 35mm 时,应采取加强措施。

6.3.6 室内墙面、柱面和门洞口的阳角做法应符合设计要求。

6.3.7 顶棚宜采用薄层抹灰砂浆找平,不应反复赶压。

6.3.8 抹灰砂浆层在凝结前应防止快干、水冲、撞击、振动和受冻。抹灰砂浆施工完成后,应采取措施防止玷污和损坏。

6.3.9 除薄层抹灰砂浆外,抹灰砂浆层凝结后应及时保湿养护,养护时间不得少于 7d。

6.4 质 量 验 收

6.4.1 抹灰工程检验批的划分应符合下列规定:

1 相同材料、工艺和施工条件的室外抹灰工程,每 1000m² 应划分为一个检验批;不足 1000m² 时,应按一个检验批计。

2 相同材料、工艺和施工条件的室内抹灰工程,每 50 个自然间(大面积房间和走廊按抹灰面积 30m² 为一间)应划分为一个检验批;不足 50 间时,应按一个检验批计。

6.4.2 抹灰工程检查数量应符合下列规定:

1 室外抹灰工程,每检验批每 100m² 应至少抽查一处,每处不得小于 10m²。

2 室内抹灰工程,每检验批应至少抽查 10%,并不得少于 3 间;不足 3 间时,应全数检查。

6.4.3 抹灰层应密实,应无脱层、空鼓,面层应无起砂、爆灰和裂缝。

检验方法:观察和用小锤轻击检查。

6.4.4 抹灰表面应光滑、平整、洁净、接槎平整、颜色均匀,分格缝应清晰。

检验方法:观察检查。

6.4.5 护角、孔洞、槽、盒周围的抹灰表面应整齐、光滑;管道后面的抹灰表面应平整。

检验方法:观察检查。

6.4.6 室外抹灰砂浆层应在 28d 龄期时,按现行行业标准《抹灰砂浆技术规程》JGJ/T 220 的规定进行实体拉伸粘结强度检验,并应符合下列规定:

1 相同材料、工艺和施工条件的室外抹灰工程,每 5000m² 应至少取一组试件;不足 5000m² 时,也应取一组。

2 实体拉伸粘结强度应按验收批进行评定。当同一验收批实体拉伸粘结强度的平均值不小于 0.25MPa 时,可判定为合格;否则,应判定为不合格。

检验方法:检查实体拉伸粘结强度检验报告单。

6.4.7 当抹灰砂浆外表面粘贴饰面砖时,应按现行行业标准《外墙饰面砖工程施工及验收规程》JGJ 126、《建筑工程饰面砖粘结强度检验标准》JGJ 110 的规定进行验收。

7 地面砂浆施工与质量验收

7.1 一 般 规 定

7.1.1 本章适用于建筑地面工程的找平层和面层所用预拌地面砂浆的施工与质量验收。

7.1.2 地面砂浆的强度等级不应小于 M15,面层砂浆的稠度宜为 50±10mm。

7.1.3 地面找平层和面层砂浆的厚度应符合设计要求,且不应小于 20mm。

7.2 基 层 处 理

7.2.1 基层应平整、坚固，表面应洁净。上道工序留下的沟槽、孔洞等应进行填实修整。

7.2.2 基层表面宜提前洒水湿润，施工时表面不得有明水。

7.2.3 光滑基面宜采用相匹配的界面砂浆进行界面处理。

7.2.4 有防水要求的地面，施工前应对立管、套管和地漏与楼板节点之间进行密封处理。

7.3 施 工

7.3.1 面层砂浆的铺设宜在室内装饰工程基本完工后进行。

7.3.2 地面砂浆铺设时，应随铺随压实。抹平、压实工作应在砂浆凝结前完成。

7.3.3 做踢脚线前，应弹好水平控制线，并应采取措施控制出墙厚度一致。踢脚线突出墙面厚度不应大于 8mm。

7.3.4 踏步面层施工时，应采取保证每级踏步尺寸均匀的措施，且误差不应大于 10mm。

7.3.5 地面砂浆铺设时宜设置分格缝，分格缝间距不宜大于 6m。

7.3.6 地面面层砂浆凝结后，应及时保湿养护，养护时间不应少于 7d。

7.3.7 地面砂浆施工完成后，应采取措施防止玷污和损坏。面层砂浆的抗压强度未达到设计要求前，应采取保护措施。

7.4 质 量 验 收

7.4.1 地面砂浆检验批的划分应符合下列规定：

1 每一层次或每层施工段（或变形缝）应作为一个检验批。

2 高层及多层建筑的标准层可按每 3 层作为一个检验批，不足 3 层时，应按一个检验批计。

7.4.2 地面砂浆的检查数量应符合下列规定：

1 每检验批应按自然间或标准间随机检验，抽查数量不应少于 3 间，不足 3 间时，应全数检查。走廊（过道）应以 10 延长米为 1 间，工业厂房（按单跨计）、礼堂、门厅应以两个轴线为 1 间计算。

2 对有防水要求的建筑地面，每检验批应按自然间（或标准间）总数随机检验，抽查数量不应少于 4 间，不足 4 间时，应全数检查。

7.4.3 砂浆层应平整、密实，上一层与下一层应结合牢固，应无空鼓、裂缝。当空鼓面积不大于 400mm^2，且每自然间（标准间）不多于 2 处时，可不计。

检验方法：观察和用小锤轻击检查。

7.4.4 砂浆层表面应洁净，并应无起砂、脱皮、麻面等缺陷。

检验方法：观察检查。

7.4.5 踢脚线应与墙面结合牢固、高度一致、出墙厚度均匀。

检验方法：观察和用钢尺、小锤轻击检查。

7.4.6 砂浆面层的允许偏差和检验方法应符合表 7.4.6 的规定。

表 7.4.6 砂浆面层的允许偏差和检验方法

项　　目	允许偏差（mm）	检　验　方　法
表面平整度	4	用 2m 靠尺和楔形塞尺检查
踢脚线上口平直	4	拉 5m 线和用钢尺检查
缝格平直	3	拉 5m 线和用钢尺检查

7.4.7 对同一品种、同一强度等级的地面砂浆，每检验批且不超过 1000mm² 应至少留置一组抗压强度试块。抗压强度试块的制作、养护、试压等应符合现行行业标准《建筑砂浆基本性能试验方法标准》JGJ/T 70 的规定，龄期应为 28d。

7.4.8 地面砂浆抗压强度试块应按验收批进行评定。当同一验收批地面砂浆抗压强度试块平均值大于或等于设计强度等级所对应的立方体抗压强度值时，可判定该批地面砂浆的抗压强度为合格，否则，应判定为不合格。

检验方法：检查地面砂浆抗压强度试块检验报告单。

8　防水砂浆施工与质量验收

8.1　一　般　规　定

8.1.1 本章适用于在混凝土或砌体结构基层上铺设预拌普通防水砂浆、聚合物水泥防水砂浆作刚性防水层的施工与质量验收。

8.1.2 防水砂浆的施工应在基体及主体结构验收合格后进行。

8.1.3 防水砂浆施工前，相关的设备预埋件和管线应安装固定好。

8.1.4 防水砂浆施工完成后，严禁在防水层上凿孔打洞。

8.2　基　层　处　理

8.2.1 基层应平整、坚固，表面应洁净。当基层平整度超出允许偏差时，宜采用适宜材料补平或剔平。

8.2.2 防水砂浆施工时，基层混凝土或砌筑砂浆抗压强度应不低于设计值的 80%。

8.2.3 基层宜采用界面砂浆进行处理；当采用聚合物水泥防水砂浆时，界面可不做处理。

8.2.4 当管道、地漏等穿越楼板、墙体时，应在管道、地漏根部做出一定坡度的环形凹槽，并嵌填适宜的防水密封材料。

8.3　施　　工

8.3.1 防水砂浆可采用抹压法、涂刮法施工，且宜分层涂抹。砂浆应压实、抹平。

8.3.2 普通防水砂浆宜采用多层抹压法施工，并应在前一层砂浆凝结后再涂抹后一层砂浆。砂浆总厚度宜为 18～20mm。

8.3.3 聚合物水泥防水砂浆的厚度，对墙面、室内防水层，厚度宜为 3～6mm；对地下防水层，砂浆层单层厚度宜为 6～8mm，双层厚度宜为 10～12mm。

8.3.4 砂浆防水层各层应紧密结合，每层宜连续施工，当需留施工缝时，应采用阶梯坡形槎，且离阴阳角处不得小于 200mm，上下层接槎应至少错开 100mm。防水层的阴阳角处宜做成圆弧形。

8.3.5 屋面做防水砂浆时，应设置分格缝，分格缝间距不宜大于 6m，缝宽宜为 20mm，分格缝应嵌填密封材料，且应符合现行国家标准《屋面工程技术规范》GB 50345 的规定。

8.3.6 砂浆凝结硬化后，应保湿养护，养护时间不应少于 14d。

8.3.7 防水砂浆凝结硬化前，不得直接受水冲刷。储水结构应待砂浆强度达到设计要求后再注水。

8.4 质 量 验 收

8.4.1 对同一类型、同一品种、同施工条件的防水砂浆层，每 100m² 应划分为一个检验批，不足 100m² 时，应按一个检验批计。

8.4.2 每检验批应至少抽查一处，每处应为 10m²。同一验收批抽查数量不得少于 3 处。

8.4.3 砂浆防水层各层之间应结合牢固、无空鼓。

　　检验方法：观察和用小锤轻击检查。

8.4.4 砂浆防水层表面应平整、密实，不得有裂纹、起砂、麻面等缺陷。

　　检验方法：观察检查。

8.4.5 砂浆防水层的平均厚度应符合设计要求，最小厚度不得小于设计值的 85%。

　　检验方法：观察和尺量检查。

9　界面砂浆施工与质量验收

9.1 一 般 规 定

9.1.1 本章适用于对混凝土、蒸压加气混凝土、模塑聚苯板和挤塑聚苯板等表面采用界面砂浆进行界面处理的施工与质量验收。

9.1.2 界面处理时，应根据基层的材质、设计和施工要求、施工工艺等选择相匹配的界面砂浆。

9.1.3 界面砂浆的施工应在基层验收合格后进行。

9.2 施 　 工

9.2.1 基层应平整、坚固，表面应洁净、无杂物。上道工序留下的沟槽、孔洞等应进行填实修整。

9.2.2 界面砂浆的施工方法应根据基层的材性、平整度及施工要求等确定，并可采用涂抹法、滚刷法及喷涂法。

9.2.3 在混凝土、蒸压加气混凝土基层涂抹界面砂浆时，应涂抹均匀，厚度宜为 2mm，并应待表干时再进行下道工序施工。

9.2.4 在模塑聚苯板、挤塑聚苯板表面滚刷或喷涂界面砂浆时，应刷涂均匀，厚度宜为 1~2mm，并应待表干时再进行下道工序施工。当预先在工厂滚刷或喷涂界面砂浆时，应待涂层固化后再进行下道工序施工。

9.3 质 量 验 收

9.3.1 界面砂浆层应涂刷（抹）均匀，不得漏涂（抹）。

检验方法：全数观察检查。

9.3.2 除模塑聚苯板和挤塑聚苯板表面涂抹界面砂浆外，涂抹界面砂浆的工程应在28d龄期进行实体拉伸粘结强度检验，检验方法可按现行行业标准《抹灰砂浆技术规程》JGJ/T 220的规定进行，也可根据对涂抹在界面砂浆外表面的抹灰砂浆层实体拉伸粘结强度的检验结果进行判定，并应符合下列规定：

1 相同材料、相同施工工艺的涂抹界面砂浆的工程，每5000m² 应至少取一组试件；不足5000m² 时，也应取一组。

2 当实体拉伸粘结强度检验时的破坏面发生在非界面砂浆层时，可判定为合格；否则，应判定为不合格。

检验方法：检查实体拉伸粘结强度检验报告单。

10 陶瓷砖粘结砂浆施工与质量验收

10.1 一 般 规 定

10.1.1 本章适用于在水泥基砂浆、混凝土等基层采用陶瓷砖粘结砂浆粘贴陶瓷墙地砖的施工与质量验收。

10.1.2 陶瓷砖粘结砂浆的品种应根据设计要求、施工部位、基层及所用陶瓷砖性能确定。

10.1.3 陶瓷砖的粘贴方法及涂层厚度应根据施工要求、陶瓷砖规格和性能、基层等情况确定。陶瓷砖粘结砂浆涂层平均厚度不宜大于5mm。

10.1.4 粘贴外墙饰面砖时应设置伸缩缝。伸缩缝采用柔性防水材料嵌填。

10.1.5 天气炎热时，贴砖后应在24h内对已贴砖部位采取遮阳措施。

10.1.6 施工前，施工单位应和砂浆生产单位、监理单位等宜共同制作样板，并应经拉伸粘结强度检验合格后再施工。

10.2 基 层 要 求

10.2.1 基层应平整、坚固，表面应洁净。当基层平整度超出允许偏差时，宜采用适宜材料补平或剔平。

10.2.2 基体或基层的拉伸粘结强度不应小于0.4MPa。

10.2.3 天气干燥、炎热时，施工前可向基层浇水湿润，但基层表面不得有明水。

10.3 施 工

10.3.1 陶瓷砖的粘贴应在基层或基体验收合格后进行。

10.3.2 对有防水要求的厨卫间内墙，应在墙地面防水层及保护层施工完成并验收合格后再粘贴陶瓷砖。

10.3.3 陶瓷砖应清洁，粘结面应无浮灰、杂物和油渍等。

10.3.4 粘贴陶瓷砖前，应按设计要求，在基层表面弹出分格控制线或挂外控制线。

10.3.5 陶瓷砖粘贴的施工工艺应根据陶瓷砖的吸水率、密度及规格等确定。

10.3.6 采用单面粘贴法粘贴陶瓷砖时，应按下列程序进行：

　1 用齿型抹刀的直边，将配制好的陶瓷砖粘结砂浆均匀地涂抹在基层上。

　2 用齿型抹刀的疏齿边，以与基面成 60°的角度，对基面上的砂浆进行梳理，形成带肋的条纹状砂浆。

　3 将陶瓷砖稍用力扭压在砂浆上。

　4 用橡皮锤轻轻敲击陶瓷砖，使其密实、平整。

10.3.7 采用双面粘贴法粘贴陶瓷砖时，应按下列程序进行：

　1 根据本规程第 10.3.6 条规定的程序，在基层上制成带肋的条纹状砂浆。

　2 将陶瓷砖粘结砂浆均匀涂抹在陶瓷砖的背面，再将陶瓷砖稍用力扭压在砂浆上。

　3 用橡皮锤轻轻敲击陶瓷砖，使其密实、平整。

10.3.8 陶瓷砖位置的调整应在陶瓷砖粘结砂浆晾置时间内完成。

10.3.9 陶瓷砖粘贴完成后，应擦除陶瓷砖表面的污垢、残留物等，并应清理砖缝中多余的砂浆。72h 后应检查陶瓷砖有无空鼓，合格后宜采用填缝剂处理陶瓷砖之间的缝隙。

10.3.10 施工完成后，应自然养护 7d 以上，并应做好成品的保护。

10.4 质 量 验 收

10.4.1 饰面砖工程检验批的划分应符合下列规定：

　1 同类墙体、相同材料和施工工艺的外墙饰面砖工程，每 1000m² 应划分为一个检验批；不足 1000m² 时，应按一个检验批计。

　2 同类墙体、相同材料和施工工艺的内墙饰面砖工程，每 50 个自然间（大面积房间和走廊按施工面积 30m² 为一间）应划分为一个检验批；不足 50 间时，应按一个检验批计。

　3 同类地面、相同材料和施工工艺的地面饰面砖工程，每 1000m² 应划分为一个检验批；不足 1000m² 时，应按一个检验批计。

10.4.2 饰面砖工程检查数量应符合下列规定：

　1 外墙饰面砖工程，每检验批每 100m² 应至少抽查一处，每处应为 10m²。

　2 内墙饰面砖工程，每检验批应至少抽查 10%，并不得少于 3 间；不足 3 间时，应全数检查。

　3 地面饰面砖工程，每检验批每 100m² 应至少抽查一处，每处应为 10m²。

10.4.3 陶瓷砖应粘贴牢固，不得有空鼓。

　检验方法：观察和用小锤轻击检查。

10.4.4 饰面砖墙面或地面应平整、洁净、色泽均匀，不得有歪斜、缺棱掉角和裂缝现象。

　检验方法：观察检查。

10.4.5 饰面砖砖缝应连续、平直、光滑，嵌填密实，宽度和深度一致，并应符合设计要求。

检验方法：观察和尺量检查。

10.4.6 陶瓷砖粘贴的尺寸允许偏差和检验方法应符合表10.4.6的要求。

表 10.4.6　陶瓷砖粘贴的尺寸允许偏差和检验方法

检验项目	允许偏差（mm）	检验方法
立面垂直度	3	用2m托线板检查
表面平整度	2	用2m靠尺、楔形塞尺检查
阴阳角方正	2	用方尺、楔形塞尺检查
接缝平直度	3	拉5m线，用尺检查
接缝深度	1	用尺量
接缝宽度	1	用尺量

10.4.7 对外墙饰面砖工程，每检验批应至少检验一组实体拉伸粘结强度。试样应随机抽取，一组试样应由3个试样组成，取样间距不得小于500mm，每相邻的三个楼层应至少取一组试样。

10.4.8 拉伸粘结强度的检验评定应符合现行行业标准《建筑工程饰面砖粘结强度检验标准》JGJ 110 的规定。

附录 A　预拌砂浆进场检验

A.0.1 预拌砂浆进场时，应按表A.0.1的规定进行进场检验。

表 A.0.1　预拌砂浆进场检验项目和检验批量

砂浆品种		检 验 项 目	检 验 批 量
湿拌砌筑砂浆		保水率、抗压强度	同一生产厂家、同一品种、同一等级、同一批号且连续进场的湿拌砂浆，每250m³为一个检验批，不足250m³时，应按一个检验批计
湿拌抹灰砂浆		保水率、抗压强度、拉伸粘结强度	
湿拌地面砂浆		保水率、抗压强度	
湿拌防水砂浆		保水率、抗压强度、抗渗压力、拉伸粘结强度	
干混砌筑砂浆	普通砌筑砂浆	保水率、抗压强度	同一生产厂家、同一品种、同一等级、同一批号且连续进场的干混砂浆，每500t为一个检验批，不足500t时，应按一个检验批计
	薄层砌筑砂浆	保水率、抗压强度	
干混抹灰砂浆	普通抹灰砂浆	保水率、抗压强度、拉伸粘结强度	
	薄层抹灰砂浆	保水率、抗压强度、拉伸粘结强度	
干混地面砂浆		保水率、抗压强度	
干混普通防水砂浆		保水率、抗压强度、抗渗压力、拉伸粘结强度	
聚合物水泥防水砂浆		凝结时间、耐碱性、耐热性	同一生产厂家、同一品种、同一批号且连续进场的砂浆，每50t为一个检验批，不足50t时，应按一个检验批计
界面砂浆		14d常温常态拉伸粘结强度	同一生产厂家、同一品种、同一批号且连续进场的砂浆，每30t为一个检验批，不足30t时，应按一个检验批计

续表 A.0.1

砂浆品种	检 验 项 目	检 验 批 量
陶瓷砖粘结砂浆	常温常态拉伸粘结强度、晾置时间	同一生产厂家、同一品种、同一批号且连续进场的砂浆，每50t为一个检验批，不足50t时，应按一个检验批计

A.0.2 当预拌砂浆进场检验项目全部符合现行行业标准《预拌砂浆》GB/T 25181 的规定时，该批产品可判定为合格；当有一项不符合要求时，该批产品应判定为不合格。

附录 B 散装干混砂浆均匀性试验（略）

中国工程建设标准化协会建筑防水专业委员会简介

本专业委员会（以下简称委员会）是经建设部社团管理办公室同意、民政部批准登记后设立的中国工程建设标准化协会的专业性分支机构，是由单位和个人自愿组成的非营利性组织。代号 TC23。英文译名为 Building Waterproofing Technical Committee of China Associating for Engineering Construction Standardization。

本委员会的宗旨是坚持党的基本路线，遵守宪法、法律、法规和国家政策，遵守社会主义道德风尚，团结组织工程防水专业的专家及有关企业单位，本着"精干务实"的原则，开展工程建设防水技术及标准化活动，提高标准工作的科学技术水平及防水技术的水平，促进工程建设标准化深化改革，为发展我国的社会主义市场经济和加速社会主义现代化建设服务。

挂靠单位为中国建筑科学研究院。

本委员会的业务范围是：

1. 宣传普及工程建设防水专业及相关的标准化知识；

2. 按项目计划组织、修订和管理工程防水专业的中国工程建设标准化协会标准；

3. 组织会员参与工程防水专业工程建设国家标准、行业标准、地方标准的制定、审查、宣贯及有关的科学研究工作；

4. 接受企业委托，协助编制企业标准；

5. 组织开展工程防水专业学术活动；

6. 组织开展工程防水专业的工程建设标准化培训交流活动；

7. 编辑出版工程防水专业的标准化书刊和资料；

8. 组织开展建设工程防水专业的工程建设技术咨询、项目论证和成果评估，工程建设防水产品合格评定和优质产品推荐等；

9. 积极推广工程防水新材料、新技术、新工艺；

10. 经协会批准，组织开展工程防水专业的工程建设标准化国际合作和交流，参与国际标准化活动；

11. 组织工程防水有关的攻关研究工作；

12. 维护工程建设标准化工程者的权益，向有关部门反映意见和要求；

13. 为政府主管部门提供工程防水专业的工程建设标准化信息和政策建议；

14. 接受协会和政府主管部门安排的任务。

江苏博特新材料有限公司简介

江苏博特新材料有限公司是经江苏省建筑科学研究院建筑材料研究所改制而成的科技先导型企业，专业从事土木工程材料相关技术的研究和开发应用工作。在混凝土外加剂领域，已形成科研开发、规模生产和专业化技术服务的完整体系，先后被认定为"住建部混凝土外加剂及建筑涂料产业化基地"、"江苏省混凝土外加剂科技开发基地"、"国家高新技术企业"和"南京市优秀创新型企业"。2006年获批成立"博士后科研工作站"，2009年获批成立"江苏省企业院士工作站"。研发中心被认定为"省级企业技术中心"；2010年荣获"江苏省企业技术中心"称号，并获批组建"高性能土木工程材料国家重点实验室"。公司产品先后被评为"江苏省名牌产品"和"中国名牌产品"称号，并荣获"江苏省质量管理奖"，公司商标还先后荣获"江苏省著名商标"和"中国驰名商标"称号。2010年公司还被授予"江苏省优秀民营企业"称号。

公司坚持走产学研一体化道路，长期从事抗裂防水混凝土结构的技术研究和产品开发，形成整套拥有自主知识产权的混凝土结构自防水技术。自混凝土浇筑成型后的塑性阶段，为了抑制混凝土的早期塑性收缩开裂，我公司自主研发了 Ereducer® -101 塑性混凝土高效水分蒸发抑制剂，以降低混凝土表面的塑性收缩。随着水泥水化的进行，混凝土结构形成，混凝土表面的塑性收缩减少，干燥收缩和自干燥收缩增多，为了降低硬化混凝土的干燥收缩和自干燥收缩，我公司针对性研发了抗裂、防渗系列产品：HME® -I 水工混凝土膨胀剂、HME® -Ⅱ高性能混凝土氧化镁复合膨胀剂、HME® -Ⅲ低碱型混凝土膨胀剂、HME® -Ⅳ混凝土高效膨胀剂、SBTJM® -ⅢC 低碱型混凝土膨胀剂、SBTJM® -ⅢD 混凝土膨胀剂、SBTJM® -Ⅲ改进型（抗裂、防渗）混凝土高效增强剂。这些膨胀材料具有不同的膨胀率和膨胀发展速率，针对不同的防水混凝土结构，选取膨胀率和膨胀发展速率合适的膨胀材料，来分阶段、全过程的补偿收缩，从而能有效解决防水混凝土的收缩开裂问题。

为了进一步提高防水混凝土的使用寿命，我公司从混凝土养护的角度开发了两种养护材料：Ereducer® -201 型混凝土养护剂和 Ereducer® -301 型高性能混凝土养护剂。养护材料与膨胀材料的联合使用，为防水混凝土使用寿命的延长提供了保障。针对某些混凝土构筑物预留孔隙的二次灌注的防水问题，我公司引入微膨胀组分开发了三种类型灌浆材料：SBTHF® 后张预应力混凝土结构灌浆外加剂、SBTHF® -Ⅱ后张预应力混凝土结构灌浆外加剂、JGM® 系列高强无收缩灌浆料。由于微膨胀组分所产生的持续膨胀效能，使二次灌注后的新老混凝土紧密接触，大大提升了防水效果。

公司从防水的整体性出发，自混凝土浇筑后的塑性阶段到结构形成后的硬化阶段，从混凝土表面养护到混凝土内部自身收缩的补偿，自主研发了用于不同混凝土结构的防水材料系列产品，形成了拥有自主知识产权的整套防水技术，同时，针对已建成的混凝土结构，公司还开发出了高渗透的有机硅防水材料和系列化的聚合物（聚氨酯、聚脲、丙烯酸类）防水涂料，实现现有混凝土防水性能的整体提升，真诚希望与工程建设领域的有关单位加强合作，提供优质的防水材料和良好的技术服务。

北京市建筑工程研究院有限责任公司简介

北京市建筑工程研究院有限责任公司（原"北京市建筑工程研究院"）成立于1956年，是北京市重点科研院所和国家级高新技术企业，也是中关村科技园区"十百千工程"重点培育企业和"股权与分红激励"试点单位，"北京建工集团有限责任公司博士后科研工作站"和"北京市功能性高分子建筑材料工程技术研究中心"依托单位。

北京市建筑工程研究院主要从事建筑工程应用技术的研究与开发，专业范围涉及结构工程、地基基础、土建施工、机电机械、检测鉴定、工程材料、建筑节能、工程监理和科技信息等多个领域。

近60年来，公司一直致力于科技创新，累计获得500余项科研成果，其中国家级和省部级科学技术奖150多项，获得国家发明专利140多项。被住建部定为建筑业十大新技术推广项目依托单位。至今为止，已有包括聚羧酸系高性能减水剂、新型喷涂防腐防水涂料、节能保温装饰一体化材料、屋面保温防水材料等几十项科研成果实现产业成果转化，目前我公司在北京市大兴区拥有工程材料产业基地，占地30000平方米，该基地集研发、中试、生产为一体，拥有多条全自动化生产线，是北京行业领域内规模最大的产业基地。

"北京市功能性高分子建筑材料工程技术研究中心"是专门从事工程材料研发的技术研究中心，聚集了国内外领域著名教授和专家，与领域内知名高校和企业形成了联合研发联盟，以自主创新、联合创新、引进创新的形式进行多领域应用技术的开发，成为我公司材料产业的科研孵化平台，为技术创新、技术服务和发展环境提供了原动力。中心完成了以国家"863"项目为主的多项科研项目，成为行业领域内领先地位的科研机构，培养了一批高端技术人才，完成了一批科研成果，孵化了一批材料产业，实现了数亿元的产业集群。

50多年风雨兼程，我院以"科技创新、和谐发展"为企业宗旨，在"建立一所规模适度、特色鲜明、学科优势突出、各方面协调发展，综合效益明显，在业内颇具影响力的建筑工程研究院"的战略发展目标的指引下，紧跟时代前进和技术发展的步伐，继往开来、再创辉煌！

方远建设集团股份有限公司简介

方远建设集团股份有限公司位于浙江省台州市，公司创建于 1979 年，前身为台州市第三建筑安装工程公司，1999 年 6 月 3 日经浙江省人民政府证券委批准，整体改制组建规范化的股份公司。公司注册资本 30008 万元，拥有净资产 7.4 亿元，通过 ISO 9001、ISO 14001 和 OHSAS18001 三合一管理体系认证，建有省级技术中心，拥有各类管理与技术人员 650 名，其中工程技术人员 540 人，工程技术人员中具有高级职称的 35 人，具有中级职称的 317 人，注册建造师 254 人，其中一级建造师 111 人，二级建造师 143 人；注册一级建筑师 3 人，注册一级结构工程师 4 人，注册设备工程师 3 人，拥有各类大中型施工运输机械设备 1000 多套，主要周转材料 10000 余吨。2011 年，公司实现建筑业总产值 70.3 亿元，税利 4.9 亿元。

公司具有房屋建筑工程施工总承包特级资质、市政公用工程施工总承包壹级资质和装修装饰、地基基础、机电设备安装工程专业施工承包壹级资质，工程行业（建筑工程）设计乙级资质，钢结构、园林古建工程、幕墙工程专业施工（设计）承包贰级资质、水利水电工程总承包叁级资质。

公司自创建至今先后荣获中国民营企业 500 强、中施企协科学技术创新先进企业、浙江省著名商标、浙江省双强百佳党组织、第四届全国精神文明建设工作先进单位、中华慈善突出贡献单位（企业）奖、全国优秀施工企业、全国守合同重信用企业，企业银行资信自 1991 年以来连续保持中国建设银行浙江省分行"AAA"级，并被建设银行总行、工商银行总行评定为黄金客户。公司承建项目先后荣获鲁班奖、国家市政金奖、全国施工安全文明工地等奖项。

山东建科建筑材料有限公司简介

山东建科建筑材料有限公司（前身为山东省建筑科学研究院混凝土外加剂研究所）其性质为股份制企业，其中，山东省建筑科学研究院为控股股东。公司从事混凝土及外加剂研究、开发的专业人员 50％左右，其中 70％以上具有硕士、博士、博士后学历。山东建科建筑材料有限公司是中国最早开展混凝土外加剂研究开发、生产销售和工程技术服务的单位，也是中国最早开展防水技术研究、研发相应产品的单位之一，膨胀剂及防水堵漏等防水相关产品的年产值超过 5000 万元。我公司为中国混凝土外加剂协会首批会员单位和"中国建材联合会混凝土外加剂分会重点监控企业数据库"首批通过评审的重点联系企业。先后被授予"高新技术企业"、"国家技术转移示范机构"、"中国建筑材料联合会 企业信用评价 AAA 级信用企业"、"中国混凝土外加剂综合实力十强企业"、"山东省建设技术创新示范企业"、"山东省混凝土外加剂科研中试基地"、"改革开放三十年 山东省建材工业最具影响力企业"等荣誉称号。研发的"NC"系列外加剂被评为"山东省著名商标"、"山东名牌"。公司设有博士后科研工作站，是"泰山学者"设岗单位、山东省外加剂工程技术研究中心挂靠单位。

山东建科建筑材料有限公司混凝土外加剂生产基地共占地 100 余亩，固定资产净值 5000 余万元，单位产品覆盖膨胀剂、防水剂、聚羧酸高性能减水剂、高效减水剂、泵送剂、防冻剂、早强剂、养护剂、高强灌浆料、堵漏剂、快速修补、防腐、阻锈等十五个系列，计 30 余种。我单位产品质量可靠，性能稳定，在全省同行业中首家通过了 2000 版 ISO 9001 国际质量体系认证和国家 3C 强制性产品认证。

多年来，我单位在混凝土及混凝土外加剂研究，工程抗裂防水、混凝土耐久性、高强混凝土、高性能混凝土、低负温施工混凝土、混凝土超长结构无缝施工、大掺量粉煤灰应用技术、高性能减水剂等领域取得了 40 余项重要成果，其中 20 多项成果分别获得国家发明奖、省部级科技进步奖。

我单位秉承求是、创新、奉献、文明的企业文化，以凝聚建筑科技精华、铸就建筑事业大厦为目标，坚持以服务工程建设为导向，为推动我国建设事业的发展和行业科技进步作出新贡献。

金华市欣生沸石开发有限公司简介

金华市欣生沸石开发有限公司是一家利用沸石资源开发科技新产品为主的企业。拥有长期开采权的高品级丝光沸石矿区一处。与清华、浙大、省矿研所等单位和专家有广泛的技术合作关系。形成了集矿产资源开发、高新技术产品研发、生产、销售为一体的企业架构。拥有一支高素质的企业团队，形成了完善的产品研发、生产、营销和技术服务体系。

公司以"依托科技、开发资源；发展企业、回报社会"为宗旨，以"求实、创新、诚信、高效"为经营方针；以"根治建筑渗漏，满足用户需求"为使命，从创新防水理念入手，依托沸石资源优势和矿物特性，应用高新技术手段，以"结构刚性自防水为主、柔性防水为辅，防排结合、标本兼治"的防水理念为指导，于2004年成功研创了欣生牌JX抗裂硅质防水剂系列核心产品。

产品能有效提高砂浆混凝土防渗抗裂性，能有效防止混凝土的收缩性，产品除符合建材行业标准JC—474—2008《砂浆、混凝土防水剂》的要求外，还符合GB 6566—2001《建筑材料放射性核素限量》、符合《建筑材料氨释放量》标准规定的要求。且具有降低和延缓水化热、抑制碱—骨料反应等性能，具有减水、引气、微膨胀等特点，且具有自愈合、憎水等性能。产品在砂浆、混凝土中掺本产品5%，就可达到永久性防水。

产品自2004年投放市场以来，经大量应用证明，产品质量稳定可靠，独具特色，从而得到广大用户和专家机构的充分肯定。目前在全国十五个省市有大量应用，总应用面积达3000多万平方米。2011年销售额达5000多万元。

产品拥有自主知识产权《发明专利》，参编建筑标准《汽车库（坡道式）建筑构造》05J927-1、《工程做法》05J909、《建筑外墙防水工程技术规程》JGJ/T 235—2011以及正在编制《隧道防水技术规范》等标准图集，同时本产品被浙江、四川、福建、广西、安徽、山东、河北、中南等省区编入地方《刚性防水建筑构造》专项标准图集。

产品被建设部列为《全国建设行业——防水专项科技成果推广项目》、获中国环境保护协会《中国绿色之星》证书、获国家建筑材料测试中心《环保建材证明商标准用证》证书。

我们愿将公司的防水新理念和欣生牌JX系列防水新产品推荐给广大用户和专家，让我们携手共同为我国的绿色环保建筑防水事业作出新贡献！

成都市嘉洲新型防水材料有限公司简介

成都市嘉洲新型防水材料有限公司成立于 2000 年，现注册资金 7000 万元。目前已发展壮大为中国西部最具影响力的科研开发、防水材料和涂料生产、材料检测等多方位的防水产业基地。公司具有专业配备完善的管理团队，汇集了西南交通大学等大专院校和科研单位的专家教授研发团队，形成了公司在高分子防水材料领域的研发、生产的强大优势，取得了骄人的业绩。

嘉洲防水坚持"科技创领明天，思想远见未来"的理念，秉承"为社会提供安全、健康、环保、可靠的防水技术、产品及服务"的企业宗旨，专业致力于地下工程（隧道）、桥梁、市政基础设施、国防基础建设等防水工程。

公司专业致力于高分子防水材料的生产研发，购买引进了国内先进生产设备，是西部地区唯一可以生产幅宽七米长丝土工布、幅宽八米土工膜的企业。公司产品有 PVC 防水卷材全系列、自粘型 ECB 防水板、EVA 防水板、氯化聚乙烯（CPE）防水卷材、长丝纺粘针刺土工布、土工膜等多种产品，公司产品在国家重大工程中得到广泛应用，如青藏铁路西格二线、兰渝铁路、大西铁路客运专线、贵广铁路、成渝客专等。

公司携手西南交通大学等科研单位，研发了新型防水产品"喷膜无缝防水"，成为国际先进、国内领先的防水产品，公司也因此获得了四项发明专利、两项实用新型专利，并获得四川省科技进步二等奖和国家科技进步奖。

自 2008 年以来，公司进入跨越式发展的快车道，公司规模、生产设备、人才队伍、销售额度、公司利税均以每年翻两番的速度倍增，产品涵盖全国铁路、公路、水利、国防、民用建筑、市政建设等诸多领域。公司成立至今，获得了四川省人民政府颁发的"四川名牌"、"四川省质量管理先进企业"、"质量信用等级 AAA"等荣誉称号，并成为西部唯一取得铁道部 CRCC 认证（双证）的企业，2011 年，公司又成为西部唯一的国家南水北调工程入围厂家。

沈阳斯勒防水保温工程有限公司简介

沈阳斯勒防水保温工程有限公司是一家专业防水工程项目施工的企业，属于建筑防水行业。沈阳斯勒为斯勒企业总公司（为建筑工程、建筑防水保温材料、装修装饰工程集团公司）旗下核心分公司之一。建筑防水的专业化、规范化、流程化是沈阳斯勒发展的目标。

沈阳斯勒的公司注册资本500万，资产2000多万。公司拥有一支一流的管理团队，共有中高级管理人员30多人，半数人拥有中级以上技术职称，工程施工队伍工人200多人。公司主要产品聚合物防水材料属于当前世界领域最先进防水材料，采用最先进的防水施工工艺。产品的核心竞争力强，具有垄断性，品牌优势突出，为公司发展开辟了广阔发展空间。公司已通过ISO 9001—2008质量管理体系认证，并获得辽宁省行业先进单位、辽宁省行业理事会副会长单位、环渤海地区行业诚信企业、AAA级信用企业等诸多荣誉；沈阳斯勒防水保温工程有限公司，具有专业防水施工资质，2011年工程项目产值7000万元，施工面积200万平方米。碧桂园集团、保利地产、新世界房地产、华府天地开发、远洋集团、绿地地产、佳兆业地产等知名房地产开发公司，成为公司重要核心客户伙伴，占领高端防水市场25％份额。

沈阳斯勒致力于环境保护，绿色发展，构建共赢的工程系统，追求个体企业成长与行业和社会的和谐可持续发展。承建了辽宁多个大型项目，打造了以下经典工程：保利十二橡树庄园项目，是位于沈阳棋盘山中央别墅区核心之上的纯北美贵族建筑，背靠棋盘山和世园会风景区，南邻沈阳母亲河——浑河，背山面水，可谓占尽风水宝地；浅草绿阁项目，园区内近万平方米大型生态水系，环绕着低密度的情景洋房，倡导在繁华都市生活中享受宁静的田园生活；丹东保利·锦江林语项目，堪称"公园里的山居官邸"，揽尽锦江山天然生态，又占据城市中心，可谓出则繁华，入则清幽；此外还有沈阳新世界花园二期、远洋天地、保利·康桥、李相新城、瑞安中华汇沈阳天地，大连香格里拉酒店，辽阳保莱·蓝湾国际，绥中佳兆业·东戴河（国际旅游新城）等项目，在辽宁建筑防水行业内处于领导位置，独领风骚。

沈阳斯勒把"牢固坚韧、发展创新"作为发展口号，始终把客户作为公司行动发展的核心。公司竭诚为建筑防水行业的发展提供高技术、高品质、高性价比的服务。同时，斯勒将秉承不断创新的精神，坚持"携手并进，合作共赢"的原则，成为客户的好伙伴，好助手。公司并把"以人为本，做优秀工程、产品，做优秀企业"作为企业核心理念。公司争取在2～3年内销售额翻两番，达到2～3亿元，我们的目标是向上市公司标准前进。在建筑行业内发挥自身无限发展潜力，开创一番新天地。

广州泰祥混凝土外加剂有限公司简介

广州泰祥混凝土外加剂有限公司是广州市泰祥高科建材实业发展有限公司与广东省建材工业科研院合作，于 1995 年兴建的一个大型生产混凝土外加剂系列产品的企业，是集科研、开发、生产、销售、施工、技术服务为一体的综合性专业化公司。

公司已开发的产品有：新型高效多功能防水剂、砂浆高效防水剂、聚合物高效抗裂防水砂浆乳液、快速高效堵漏剂、高效减水剂、早强减水剂、缓凝早强减水剂、高效缓凝剂等混凝土外加剂系列产品。现已成功开发了目前在国内处于领先水平的聚羧酸减水剂、高效缓凝聚羧酸减水剂等系列产品上市，深受社会的好评，除此还开发的产品有瓷砖，大理石粘结剂、TFC 水性防水涂料和高渗透防水防腐环氧涂料等系列产品。

"玉建牌"系列产品荣获广东省优质产品奖、科学进步三等奖、广州市建材产品使用认证书、广东省建设工业产品准用证、广州市建委推荐使用产品证书，荣获广州市建委、广州市经委、广州市计委列入广州地区统筹投资项目优先选用本地区优质产品名录，荣获广州市著名商标证书，并通过 ISO 质量体系认证。该系列刚性防水产品 TC-01 型高效多功能防水剂具备防水、减水、缓凝、微膨胀、降低混凝土水化热、减少收缩、耐蚀抗冻等多种特点，使用该产品不仅性能可靠，而且施工质量确有保证，是目前配制防水混凝土达到永久防水目的最理想防水材料。本系列产品有各自的特殊性能，自投放市场以来，已在广东地区（包括广州、中山、佛山、顺德、南海、花都、从化、深圳、珠海、河源、惠州、汕头）成功完成上百个政府重点工程，包括广州国际会议展览中心一、二、三期、广州大学城、广州市艺术博物馆、孙中山博物馆、广州文物仓库等等，所做工程均能达到优质的防水效果，受到用户的一致好评。十多年来，公司已在国内海南、广西、南京、成都、西安、重庆、上海、沈阳、云南等地区成立分支机构，广泛与各地房地产公司、施工单位、各大设计院建立了长期合作的发展模式，产品深受全国各地房地产界、建筑界的青睐，并在社会上享有较高的社会信誉。

目前公司拥有花都和新丰两个大型生产基地，占地面积 10 万平方米，建筑面积近 5 万平方米，主要从事化工建材、建筑涂料、刚性防水材料、混凝土外加剂和建筑粘结剂等产品的研发、生产和销售。近年来，公司厚积薄发，在"产、学、研、用"诸方面均取得好成绩，所研发生产的产品，都能达到节能高效、低碳环保的要求，深受各界用户的欢迎。

本公司拥有健全的产品质量保证体系、经验丰富的专业技术人员和健全的施工管理队伍；技术力量雄厚；设备先进；生产条件完整；配套设施和检测手段齐全；质量严格保证。本公司愿与社会各界真诚合作，共创未来。

北京圣洁防水材料有限公司简介

北京圣洁防水材料有限公司是专业生产、销售 GFZ 点牌聚乙烯丙纶防水卷材（GFZ 点牌高分子增强复合防水卷材）并从事防水施工的股份制企业。公司注册资金 2000 万元人民币，占地面积 20000m²，现有员工 320 多人，其中高、中级职称的技术管理人员 50 人，施工人员 270 人。建筑防水工程专业承包资质为贰级。企业强化管理、注重质量，已通过了 ISO 9001 国际质量体系认证，通过了 ISO 14001 环境管理认证。被中国防水协会誉为"全国建材系统质量、服务、信誉 AAA 企业"。是建设部确定的"科技成果推荐产品"，2006 年建设部第 38 号文件中把聚乙烯丙纶卷材-聚合物水泥复合防水体系，纳入《节能省地型建筑推广技术目录》的产品。

圣洁防水材料有限公司建立了全自动化一次性复合工艺卷材生产线。同时，我公司精心研制开发了与其配套的环保型点牌胶及专项施工技术，构成了完整的"GFZ 点牌聚乙烯丙纶卷材-聚合物水泥复合防水体系"并参选华北标办编制的 11BJZ9《建筑构造专项图集》，2005 年参编聚乙烯丙纶卷材复合防水工程技术规程，2006 年参编室内防水技术规程和地下防水技术规程。2007 年参编了 JGJ 155—2007 种植屋面防水施工技术规程，2008 年参编国家标准地下防水施工技术规范 GB 50108—2008，2010 年参编国家标准屋面工程技术规范、屋面工程质量验收规范、地下防水工程验收规范，这些规范都体现了聚乙烯丙纶复合防水卷材的可靠性和稳定性。广泛应用于建筑防水、防渗工程中。产品各项技术性能指标经权威机构检测，符合国家标准要求，2011 年被誉为北京建材行业协会化学建材专业委员会合格检验室荣誉称号，被中国施工企业管理协会、国家建筑材料测试中心誉为"中国建筑施工首选环保建材"产品，中国质量检验协会建材专业委员授予北京圣洁"国家权威检验达标-国家质量检测合格建材产品"称号，中国防水协会授予北京圣洁"全国防水行业科技创新奖"和"质量信得过知名品牌产品"奖，是北京建材行业协会评定的"十强"企业，是中国防水协会评定的防水行业中 20 强企业。2009 年 GFZ 点牌复合防水体系在全国防水行业中第一批通过了北京市园林科学研究所两年的种植实物的检测，产品不但有耐穿刺性能，并对种植物生长有帮助，无危害。

圣洁防水是中国建筑防水协会、中国建筑业协会建筑防水分会、中国质量检验协会建材专业委员会、北京城建科技促进会会员单位，中国建筑学会理事单位，北京建材行业协会化学建材专业委员会理事单位，中国建筑防水协会单层屋面技术分会副会长单位。公司累计承包的防水工程达 600 多项，防水面积达 8000 多万 m²。

公司目标：求实创新，立足国内市场、跻身国际市场，为发展建筑防水事业贡献力量。

北京立达欣科技发展有限公司简介

北京立达欣科技发展有限公司于 2004 年与清华大学合作，依托清华大学深厚的技术优势，共同研制和开发出了可立特® 品牌的水泥基渗透结晶型防水材料系列专利产品。通过与清华大学的合作，我们打破了国外对这种产品的技术壁垒。产品质量等同或优于进口材料。目前，我们已经成为一家专业从事水泥基渗透结晶型防水材料的研制开发、生产销售、技术服务、并取得防水工程施工三级资质的综合性高科技企业，公司注册资金 508 万。

我公司是坐落在朝阳区的一家高新技术企业，是中国建筑防水材料工业协会会员单位，并被认定为中国信用企业认证体系示范单位。公司于 2006 年 6 月 7 日通过 ISO 9001：2000 国际质量管理体系认证，于 2006 年 11 月 7 日通过 ISO 14001：2004 国际环境管理体系认证。

我公司生产的可立特® 品牌的水泥基渗透结晶型防水材料已通过建设部科技发展促进中心评估认证，并被建设部评为 2007 年全国建设行业科技成果推广项目。产品是由普通硅酸盐水泥、石英粉、催化剂以及多种活性化学物质组成，外观为灰色粉末，主要分为速凝型 L-11、缓凝型 L-17 和掺混型 L-21 三种型号。产品的防水特性体现为：永久性、扩散性、潜伏性、自愈性、长效性；主要优点：1. 不需要做找平层和保护层，缩短工期、降低造价。2. 湿基面施工，受天气影响较小，不影响主体工期。3. 防水施工与混凝土浇筑同时进行，相当于零工期。4. 整体无搭接、无收头、不窜水，有利于防水质量。5. 受交叉作业影响较小、基本不需要成品保护，有利于质量和工期。6. 简单方便（尤其是异型部位）、且不需要辅助材料，有利于质量和工期。

公司重点项目案例：国贸三期、荣京丽都、财源国际中心、博联投资商业楼、军地家苑、国家汽车质量监督检验中心、延庆兴运嘉园、非中心、中弘北京像素、国家历史博物馆等、上海上隽嘉苑、新疆国际机场立交桥、海南中弘西岸首府、呼伦贝尔市中心城区公共租赁房（老年公寓）等。

目前，我公司产品被广泛应用在桥梁、隧道、地铁、地下室、厕浴间、屋面、墙体、水池、涵洞、河堤等各类防水工程及各类防水堵漏工程中。销售范围涉及黑龙江、吉林、辽宁、内蒙古、北京、天津、河北、河南、山东、山西、陕西、安徽、江西、四川、广东、福建、新疆等省份和城市。

北京立达欣科技发展有限公司是一个充满生机和蓬勃发展的企业。我们坚信，只要以市场为导向，以创新为动力，以质量求生存，以发展求壮大，我们就一定会赢得更好的明天。

杭州力顿新型建材有限公司简介

杭州力顿新型建材有限公司隶属于浙江盾基建材有限公司，是一家专业经营刚性防水材料，孔道压浆料、灌浆料等特种建材和建筑防水施工的现代化经营企业。公司以中国建筑材料科学研究院、浙江大学等国内一流的科研院校为技术依托，秉承"严谨、务实、超越"核心价值观，本着以技创优，以质取胜，稳步发展的经营理念，专心、专注、专业，诚信经营，创新发展。以浙江省为腹心，逐步向全国市场辐射的战略目标，励志为实现"中国建筑防水工程整体方案第一供应商"的愿景而奋斗。目前企业已形成一个专业化技术服务的完整体系，并全面通过 ISO 9001 质量管理体系认证。

公司主要原材料均采用进口产品，生产的水泥基渗透结晶型防水材料、高强无收缩灌浆料、水泥自流平等一系列产品，被广泛应用于高层建筑、桥梁、高速公路、隧道、大型设备基础、厂房、地下室、防洪工程及污水处理厂等各类建筑工程中。

近几年来，公司不断致力于产品的品质提升及新产品的研发，荟萃大批优秀专家和技术人员。积极跟踪国内外先进产品技术，重点立足于新型建材领域的技术开发和生产经营。公司按现代企业制度的管理模式运作，产品经检验均达到并远远超过国家及行业相关标准。企业配有独立的物理实验室、化学分析室、生产控制室、检测设备齐全、生产质量保证，并不断加强与中国工程建设有关领域的联系与合作，提供良好的材料与技术服务。

公司愿与社会各界人士，在现代经济浪潮中努力拼搏，不断创新，携手共进，共创灿烂美好的明天。

支持单位名录（排名不分先后）

单位名称	主 营 业 务	通讯地址	联系方式
江苏博特新材料有限公司	高效减水剂、聚羧酸高性能减水剂、缓凝减水剂、缓凝剂、引气剂、抗裂和防渗外加剂、灌浆系列产品、快速修补系列产品等建筑新材料的研究、制造、销售、技术服务、技术咨询	江苏省南京市北京西路 12 号；邮编：210008	电话：025-83278608、83278611 传真：025-83278599 网址：http：//www.cnjsjk.cn 企业邮箱：info@cnjsjk.cn
北京市建筑工程研究院有限责任公司	城乡规划编制、工程勘察、建筑工程设计、市政行业设计、工程咨询、建筑装饰设计与施工、建筑智能化系统工程设计、风景园林工程设计、工程建设监理（包括招标代理）、建筑（含市政）工程施工图审查等甲级资质以及地下铁道建筑设计、交通工程设计资质	北京市海淀区复兴路 34 号；邮编：100039	电 话：010-88223852、88223865、88223761、88223820 传真：010-68219518 网址：http：//www.bbcri.net 邮箱：hekuiliukun@sohu.com
方远建设集团股份有限公司	房屋建筑工程施工总承包特级资质、市政公用工程施工总承包壹级资质和装修装饰、地基基础、机电设备安装工程专业施工承包壹级资质，工程行业（建筑工程）设计乙级资质，钢结构、园林古建工程、幕墙工程专业施工（设计）承包贰级资质、水利水电工程总承包叁级资质	浙江省台州市椒江区中山西路 56-2 号；邮编：318000	电话 0576-88816990、88816985 传真 0576-88884010 网址：http：//www.jhxs.com 企业邮箱：fyjs@fyg.cn
山东建科建筑材料有限公司	膨胀剂、防水剂、聚羧酸高性能减水剂、高效减水剂、泵送剂、防冻剂、早强剂、养护剂、高强灌浆料、堵漏剂、快速修补材料、防腐剂、阻锈剂等的生产与销售	山东省济南市天桥区无影山路 29 号；邮编：250031	电话：0531-85997198、85667916 传真：0531-85982600 网址：http：//www.sdjky.com 邮箱：yongweiwang@126.com
金华市欣生沸石开发有限公司	欣生 JX 抗裂硅质防水剂、JX-IIIJ 抗裂减缩剂、JX-Z 憎水抗渗剂、欣生 JX 聚合物防水砂浆等的生产销售与施工	浙江省金华市金西经济开发区（汤溪）；邮编：321000	电话：0579-82131870、82131867、13806787178 传真 0579-82131870 网址：http：//www.jhxs.com 企业邮箱：jhxs2006@163.com
成都市嘉洲新型防水材料有限公司	PVC 防水卷材全系列、自粘型 ECB 防水板、EVA 防水板、氯化聚乙烯（CPE）防水卷材、长丝纺粘针刺土工布、土工膜等的生产、销售和施工	成都市金牛区茶店子西街 36 号金璐天下 20 楼 1 号；邮编：610031	电话：028-87549711、87545916 传真：028-87534431 网址：http：//www.cdjiazhou.com 企业邮箱：jiazhou@cdjiazhou.com
沈阳斯勒防水保温工程有限公司	防水材料的销售；防水保温工程项目施工	沈阳皇姑区闽江街 4 号 6 门；邮编：110000	电话：024-83388068 传真：024-86427755 网址：http：//www.insile.com 企业邮箱：gold_sile@163.com

单位名称	主 营 业 务	通讯地址	联系方式
广州泰祥混凝土外加剂有限公司	"玉建牌"新型高效多功能防水剂、砂浆高效防水剂、聚合物高效抗裂防水砂浆乳液、快速高效堵漏剂、高效减水剂、早强减水剂、缓凝早强减水剂、高效缓凝剂等混凝土外加剂系列产品的生产、销售、施工及技术服务	广州市白云区白云大道南云锦街4号6栋203；邮编：510405	电话：020-61169386、13826133390 传真：020-61169390 网址：http：//www.taixiangjt.com 企业邮箱：tcoffice2008@126.com
北京圣洁防水材料有限公司	GFZ点牌高分子增强复合防水卷材的生产销售、技术服务及施工	北京市海淀区苏家坨镇柳林村东；邮编：100194	电话：010-62442964、13601119715 传真：010-62443568 网址：http：//www.bj-shengjie.com 企业邮箱：aishui_yu@126.com
北京立达欣科技发展有限公司	水泥基渗透结晶型防水材料研制开发、生产销售、技术服务及施工	北京市朝阳区五里桥一街1号院4号楼201；邮编：100024	电话：010-59621085、18911991018 传真：010-59621085 网址：http：//www.bjldx.com 企业邮箱：ldxkj@163.com
杭州力顿新型建材有限公司	水泥基聚合物防水涂料（JS），建筑防水施工，水泥自流平，水泥基渗透结晶防水材料，快速高效堵漏剂，加固无收缩灌浆料，高效混凝土膨胀剂，工程纤维，瓷砖粘结剂，瓷砖填缝剂等新型特种建材	浙江省杭州市古翠路76号怡泰大厦1103-1105室；邮编：310014	电话：0571-88805552、87755448 传真：0571-85819447 网址：http：//hzlidun.cn 企业邮箱：zjdunji@126.com
广东省建筑设计研究院	城乡规划编制、工程勘察、建筑工程设计、市政行业设计、工程咨询、建筑装饰设计与施工、建筑智能化系统工程设计、风景园林工程设计、工程建设监理（包括招标代理）、建筑（含市政）工程施工图审查等甲级资质以及地下铁道建筑设计、交通工程设计资质	广东省广州市流花路97号；邮编：510010	电话：020-86681228、86676222 传真：020-86677463 网址：http：//www.gd-arch.com 企业邮箱：gdarch@163.com
大连细扬防水工程集团有限公司	生产销售防水材料，防水工程施工，发电，装饰装修	大连市西岗区新开路金广大厦29层；邮编：116011	电话：0411-83787417、83787482 传真：0411-83787427 网址：http：//www.xywp.com 企业邮箱：fxy@xywp.com
嘉兴市广兴工贸有限公司	承接各类防水施工工程和维修工程，具有建筑防水工程专业承包三级资质。生产"水星人"防水材料系列产品及"法斯特"内外墙乳胶漆	浙江省嘉兴市中山东路信息弄8号；邮编：314000	电话：0573-82076310、15305735653 传真：0573-82072098 网址：http：//www.jxgx88.com 企业邮箱：jxgxgm@163.com
华鸿（福建）建筑科技有限公司	PA-L型、PA-A型、PA-C型等高分子益胶泥系列产品的生产和销售	福建省沙县金古工业园区；邮编：365500	电话：0598-5823567、5857616 传真：0598-5828758 网址：http：//www.fjhuahong.com 企业邮箱：fjhuahong@163.com

单位名称	主营业务	通讯地址	联系方式
浙江新力化工有限公司	"科力森"丙烯酸乳液、绿色环保型建筑涂料用乳液、纺织涂层乳液、玻璃纤维定位胶、纺织印花乳液、水性聚氨酯乳液及高铁专用阳离子聚合物乳液等系列产品的生产和销售	浙江省上虞市东关竺可桢科技园区；邮编：312352	电话：0575-82560088、400-826-7033 传真：0575-82051479 网址：http://www.xinlichemical.com 企业邮箱：zgf@xinlichemical.com
山东鑫达鲁鑫防水材料有限公司	LX 系列防水卷材、LX 系列防水涂料、LX 系列 PVC、EVA 土工膜、土工片材产品等的生产和销售；具有建筑防水工程承包二级和防腐保温工程承包三级资质	山东省潍坊市潍城区 309 国道 351 公里处；邮编：261056	电话：0536-8171768、8171999 传真：0536-8171999 网址：http://www.xdlxfs.com 企业邮箱：luxin@xdlxfs.com
福建创益实业有限公司	主营防水材料、干粉保温材料和建筑涂料等建材产品的研发、生产、销售和施工，具有建筑防水、保温工程国家二级施工资质、建筑装饰装修工程设计与施工三级资质	福州市晋安区新店赤星村 286 号；邮编：350012	电话：0591-88822555、87951222 传真：0591-87717426 网址：http://www.changecn.com
常熟市三恒建材有限责任公司	"水貂"牌三元乙丙橡胶防水片材、氯化聚乙烯－橡胶共混防水卷材、宽幅 EVA、PE、ECB 高分子防水卷材、S-911 环保型聚氨酯防水涂料等。 "水貂"SDC 混凝土屋面防水系统、SDS 钢屋面防水系统和 SDG 地下防水系统	江苏省常熟市常昆工业园南新路 22 号；邮编：215542	电话：0512-52778299、52774949 传真：0512-52798840 网址：http://www.sanheng.com.cn 企业邮箱：info@sanheng.com.cn
浙江鲁班建筑防水有限公司	生产 20 多个"绿都牌"防水品种。主要产品有：改性沥青自粘、SBS/APP 改性沥青、高分子自粘类防水卷材、聚合物水泥系列、聚氨酯系列、丙烯酸类防水涂料，外墙保温材料系列等。具有防水工程三级专业施工资质	浙江省杭州市潮王路 218 号红石商务大厦 e 座 6 楼；邮编：310005	电话：0571-88223628、88223638 传真：0571-88223638 网址：http://www.zjlbfs.com
福建驰名防水装饰工程有限公司	研制、开发、生产绿色建材"驰铭"牌、"永铭"牌系列防水材料；承接各种工业、民用建筑的屋面、卫浴间、地下室、外墙、隧道、水库等防潮、防腐、防水施工工程	福州市晋安区秀山路 317 号金城哈桑也中心 7 号楼；邮编：350004	电话：0591-87111505 传真：0591-87111506 网址：http://fjchiming.com 企业邮箱：infor@fjchiming.com
厦门中化建防水工程有限公司	拥有二级防水施工资质，地下防水、道桥防水、堵漏、屋面系统、防腐保温工程的施工；"奥克牌"道桥用改性沥青防水涂料等的生产、销售	厦门市湖里区海天路 295 号德辉花园 5 号楼 3 层 B 室；邮编：361009	电话：0592-5629066、13906013836 传真：0592-5620165 网址：http://www.xmfangshui.com 企业邮箱：xmzhj888@126.com